- 2023년도 최신개정 증보판 -

국가계약(질의회신) 유권해석집

공사, 물품, 용역

제1장	정부계약제도 일반
제2장	입찰 및 낙찰자 결정
제3장	계약체결 및 관리
제4장	계약금액의 조정
제5장	공동계약, 하도급 및 대형공사
제6장	기 타

본 질의회신 자료는 (2021.1~2022.12) 국가계약관련 질의회신 유권해석을 분야별 사례별로 정리한 것입니다.

건설정보사

목차

제1장 정부계약제도 일반

◎ 계약담당공무원(계약담당자)의 범위 ·· 31
◎ 계약보증금 문의 ·· 32
◎ 공공건축물 신축공사 현장 전기안전관리자 선임 주체의 건 ······················ 33
◎ 공공기관 구내식당 위탁용역과의 수의계약 가능여부 질의 ························ 34
◎ 공기업 발주 공사계약에서 설계예산서 작성시 공종내용에 따라 제비율적용 제외
  공종으로 적용하는 별도의 기준이 있는지 ·· 35
◎ 국가계약법 및 계약예규상 학술연구용역 적용범위에 대한 문의 ············· 36
◎ 국가계약법과 조달청법 ·· 37
◎ 국가계약법령상 입찰공고하고 낙찰 결과 공개 ·· 38
◎ 국가를 당사자로 하는 계약에 관한 법률 시행령의 한시적 특례적용 관련 문의 ··· 39
◎ 국가종합전자조달(나라장터) 공동수급협정서 기명 날인 관련 문의 ········ 40
◎ 국고보조금을 받는 공공기관이 민간보조사업자에 해당하는지 ················· 41
◎ 낙찰자가 계약을 체결하지 않을 때의 수의계약, 계약금액 증액 가능 범위,
  지연보상금 지급방법 등 ·· 42
◎ 다품목에 대한 단가계약 체결시 계약방법 및 계약금액에 대한 질의 ·········· 44
◎ 대가(기성금, 선금) 지급 가능 여부와 소액수의계약 시 규격 확인 가능 여부에
  대한 문의 ··· 46
◎ 대가의 지급 시 기간의 계산 방법 ··· 48
◎ 대표자가 같은 다른 법인으로 계약상대자 변경 가능 여부 ···························· 49
◎ 물량내역서 장비규격이 설계서에 특정되었다고 볼 수 있는지 여부 ············ 50
◎ 물품 검사검수요청서관련 정산처리 방안 ··· 51
◎ 물품구매와 물품제조구매의 용어 차이 ··· 52

- ◎ 미세먼지 제거를 위한 고압살수 용역을 감독하기 위한 감독권한대행 용역 시행
  가능 유무 ··· 53
- ◎ 법인분할로 인한 계약변경요건 ··· 54
- ◎ 복합공사 일괄발주 원가계산서 간접비(제비율) 적용 문의 ··············· 55
- ◎ 사회적 약자기업(장애인기업)을 우선 배려한 지급자재 발주 문의건 ········· 56
- ◎ 사후정산으로 완수금액이 달라지는 경우 계약변경 여부 ················· 57
- ◎ 산출내역서 변경 가능 여부 ·· 58
- ◎ 상호변경 및 대표이사 변경시 수요기관과 변경계약에 관한 사항 질의 ········· 59
- ◎ 설계변경으로 인한 계약금액 조정시 추가 공사의 기준문의 ············ 60
- ◎ 수의계약 시에도 정부 입찰·계약 집행기준 제19장 적용하여야 하는지 여부 ········· 61
- ◎ 수의계약 체결 후 상호 및 대표자 변경 ·· 63
- ◎ 수의계약시 계약 보증금 면제 관련 문의 ······································· 64
- ◎ 수의계약시 국내입찰업체를 포함한 계약에 대한 질의 ····················· 65
- ◎ 신용카드로 결제시 승낙사항 작성 예외 규정 ································ 66
- ◎ 업무용 차량 입찰 관련 문의 ·· 67
- ◎ 업역개편으로 인한 하도급대금지급보증서의 산출내역 검토간 질의 ······· 68
- ◎ 여성기업 수의계약 관련 ·· 69
- ◎ 예산 및 사업에 따른 국가계약법, 지방계약법 적용 여부 ················ 71
- ◎ 용역계약(장기계속계약) 사회보험료 정산관련 ································ 72
- ◎ 용역입찰 관련 현장설명회 일정문의 ··· 74
- ◎ 유지관리 용역 건강보험료 정산 관련 문의 ··································· 75
- ◎ 의무적 가입대상이 아닌 공사에 대하여 공사손해보험에 가입이 가능한지 여부와
  가능한 경우 설계변경으로 반영 할 수 있는지 여부 ······················· 76
- ◎ 일괄입찰의 설계비 보상기준 ·· 77
- ◎ 입찰공고 전후 시행령 및 고시 변경시 적용 기준 여부 ·················· 63
- ◎ 장기계속계약 차수계약 1차, 2차 납품기한을 동일하게 설정할 수 있나요? ········· 78
- ◎ 장기계속계약 해당 여부 질의 ··· 80
- ◎ 장애인표준사업장과의 수의계약 관련 질의 ··································· 81
- ◎ 조경유지관리 발주 시 공사, 용역 적용 ··· 82
- ◎ 조달청 업무 시행에따른 조달청 법률 ··· 84
- ◎ 종합심사제 입찰에 있어서 신기술협약서가 체결된 공사가 신기술기간이 만료된 경우
  신기술사용료 적용여부 ·· 85

◎ 철근콘크리트용 이형봉강 구매 관련 근거법령 질의 ················· 86
◎ 철판자재의 관급자재 신청가능여부와 단품ESC 적용 가능여부 ······ 87
◎ 청렴계약서 관련 질의 ·· 89
◎ 청렴계약을 위반한 계약의 계속이행을 위한 기준 문의 ············ 91
◎ 추정가격 1억원 미만 구매건의 입찰참가자격을 창업자와 소기업소상공인 중복제한
   가능 여부 ·· 92
◎ 학술연구용역의 책임연구원 소속 이동 관련 ······················ 93
◎ 학술용역 경비항목(여비, 유인물비, 전산처리비, 회의비) 정산가능여부 ······ 94
◎ 해외 법인의 국내 입찰 참가시 기술 자격 증명 및 소속 확인 ······ 95
◎ 해외 소프트웨어 구독 계약 관련 법령 해석 문의 ················· 96
◎ 해외제작 물품의 코로나19로 인한 납기지연시 지체상환금 면제 가능성 여부 ······ 98
◎ 현지차량 운행비 정산 여부 ······································· 99
◎ 환경보전비 적용여부 ··· 100

2020 주요 질의회신

◎ 여성기업(사회적기업)간 경쟁입찰 및 기술개발인증보유업체간 경쟁입찰이
   가능한지 ·· 101
◎ 장기계속공사 계약에 차수별(연차별)공사 계약기간 설정 관련 질의 ······ 103
◎ 정부 입찰·계약 집행기준 선금지급 및 정산 관련 문의 ············ 104
◎ 조달청 계약시 공사비 원가계산서 상 기타경비항목이 사후 정산대상인지 여부 ·· 105
◎ 협상에 의한 계약 예정가격 미작성 이유 ························· 106

제2장 입찰 및 낙찰자 결정

제1절 원가계산 및 예정가격

- ◎ NEP제품 수의계약 시 예정가격 결정기준 ·· 109
- ◎ 도로 굴착심의 인허가, 농지타용도 일시사용허가, 산지 일시사용허가 인허가
  비용 등 ··· 110
- ◎ 사용자교육 사업(용역) 발주 시 기타경비에 포함되는 항목 문의 ·············· 111
- ◎ 설계변경 당시의 단가 산출에 관한 질의 ··· 112
- ◎ 여러 견적의 항목별 최저가격을 활용하여 예정가격을 산출할 수 있는지 여부 ···· 113
- ◎ 예정가격 작성기준에 대한 문의 ·· 114
- ◎ 용역계약의 예정가격 산출 관련 문의 ··· 115
- ◎ 원가계산용역기관 앞 원가계산 의뢰시 자격 요건 확인 방법 ··················· 117
- ◎ 원가산출기준의 적용 ·· 119
- ◎ 일반용역계약 예정가격의 견적가격 산출 관련 문의 ······························· 120
- ◎ 정부입찰 계약집행기준 ··· 122
- ◎ 직접공사비 계상시 포함범위 ·· 123
- ◎ 토목공사 발주시 설계단가 적용 방법 ··· 124
- ◎ 하도급사 직원 간접비(직접공사비에 한함 관련) ···································· 125
- ◎ 학술연구용역 경비 항목 산정관련 ··· 127
- ◎ 학술연구용역 인건비 계상관련 ··· 128
- ◎ 학술용역 인건비 계상 문의 ··· 129
- ◎ 희망수량 경쟁입찰에서 견적가격에 의한 예정가격 결정방법 문의 ············ 130

2020 주요 질의회신

- ◎ 물품구매시 견적서를 통한 예정가격 작성, 일반관리비 및 이윤을 포함한 산출내역서
  작성 필수 여부 ·· 131
- ◎ 예정가격 결정 관련 질의 ·· 132

◎ 용역설계시 제비율 기준 ·· 133
◎ 제조원가계산서 작성시 보험료(산재,고용,건강,연금,산업안전보건관리비) 제비율
　적용기준 ·· 134
◎ 품질관리활동비 설계적용 방법 ··· 135

제2절 입찰참가자격

◎ 감독권한대행 건설사업관리용역 입찰참여 가능여부 ······························ 137
◎ 국가계약법 상 중복제한 가능사유 문의 ··· 138
◎ 국가계약법 시행규칙 제14조제2항에서 언급하고 있는 "법령에 의하여 설립된
　관련협회등 단체"의 범위 ·· 139
◎ 물품입찰에 있어서 발주기관이 물품분류번호로 제한하는 법적근거 ········ 140
◎ 법령에서 요구되는 자격과 제한경쟁 ·· 141
◎ 부정당제재 업체와의 수의계약체결 가능여부 ·· 142
◎ 사업자등록에 따른 국가계약법상 입찰참가자격 유무 관련 ···················· 143
◎ 소기업 또는 소상공인을 대상으로 하는 제한경쟁입찰의 입찰참가자격 ··· 144
◎ 소싱그룹 운영관련 적법성 질의 ·· 145
◎ 수의계약 가능여부 문의 ·· 146
◎ 입찰자의 중복투찰 여부 ·· 148
◎ 장비 임대차 계약에서 추정가격 산정 방법 문의 ··································· 149
◎ 추정가격 1억원 용역계약 제한경쟁 자격 관련 ······································ 150
◎ 학술연구용역 법무법인과 체결 가능 여부 ··· 151

2020 주요 질의회신

◎ 공고일 및 본점 소재지 기준일 문의 ·· 152
◎ 나라장터 입찰 참가신청후 대표이사변경 ··· 154
◎ 설계공모 시 지역제한 가능여부 ··· 155
◎ 입찰참가자격과 분담이행 가능 조건의 상충여부 문의 ······················ 156
◎ 특허출원 통상실시권 관련 수의계약 ·· 157

제3절 입찰방법 및 공고

◎ 1인 견적에 의한 수의계약 기준 ··· 159
◎ 2단계 경쟁 유찰시 수의계약 체결 관련 문의 ····································· 160
◎ 5천만원 이하 공사 여성기업 1인 수의계약 가능여부 ······················· 161
◎ 개찰 시 사전판정 생략에 따른 입찰 무효관련 질의 ·························· 162
◎ 개찰 후 공고 취소 가능 여부 ··· 164
◎ 경쟁입찰 실적 금액 ·· 165
◎ 경쟁입찰공고 후 한시적 규정에 따른 수의계약 ································· 166
◎ 계약방법 결정 ··· 167
◎ 계약상대자로 위수탁되는 용역에 대한 제경비 적용 여부 ················ 168
◎ 계약서상 계약기간 자동연장 효력 관련 질의 ····································· 169
◎ 고시금액 이상에 대한 중소기업자와 우선계약 ··································· 170
◎ 공사계약에 있어 여성기업과 수의계약 가능금액 ······························· 171
◎ 국가계약법 시행령 한시적 특례 적용기간에 관한 고시 효력기간 문의 ········· 172
◎ 국가를당사자로 하는 법령에 관한질문(수의계약) ······························· 173
◎ 규격서에 특허반영 질의 ··· 174

◎ 기술지원협약서 관련 문의 ·· 175
◎ 낙찰자 2개사 선정가능 여부 검토요청 ·· 176
◎ 내자구매 조달업무 관련 질의 ·· 177
◎ 다른 국가기관과 체결하는 수의계약 ·· 178
◎ 단일응찰 수의계약에 관한 질의 ·· 179
◎ 디지털서비스 계약 관련 ·· 180
◎ 물품공급·기술지원 협약서 협약금액을 명시해야하는지 여부 ············· 181
◎ 물품구매 계약변경 문의 ·· 182
◎ 민간기업의 국가계약법 준용 필요여부에 관한 질의 ····························· 183
◎ 변경공고건에 대한 입찰보증금 납부 ·· 185
◎ 분담이행 방식 적용 가능여부 ·· 186
◎ 설계공모 시 공동응모 구성원 수 제한이 있는지? ································ 187
◎ 소기업소상공인 수의견적공고에 따른 1순위낙찰자 자격 ····················· 188
◎ 소액수의 한시적 특례적용 문의 ·· 189
◎ 소액수의계약에서 스스로 계약체결을 포기한 경우 적용 여부 ··········· 190
◎ 소액수의계약의 계약상대자 결정 방법 ·· 191
◎ 소액수의계약의 지역제한 ·· 192
◎ 소프트웨어 개발 용역의 수의계약 가능 여부 및 규정 ························· 193
◎ 수의견적 제출 후 계약포기 시 3개월 내에 수의계약에 참여할 수 없는 것이 맞는지 ·· 194
◎ 수의계약 가능 여부 1 ·· 195
◎ 수의계약 가능 여부 2 ·· 197
◎ 수의계약 대상 계약건에 대하여 자체 규정에 의한 사전 평가 가능 여부 ······· 198
◎ 수의계약 방법 ·· 199
◎ 수의계약 사유 판단 기준 ·· 200
◎ 수의계약 입찰참여 기준 ·· 201
◎ 수의계약 조건 판단 ·· 202
◎ 수의계약시 예정가격 결정 ·· 203
◎ 수의계약에 관한 것 ·· 204
◎ 수의계약에 따른 견적서 제출방법 문의 ·· 205
◎ 수의계약을 위한 입찰을 통한 생산시설 선정 기준에 대한 문의 ······· 207

◎ 수의계약의 견적서 제출 등 ·· 208
◎ 수의계약의 공동수급 가능성 ·· 210
◎ 수의계약이 가능한 경우 지명경쟁입찰에 부칠 수 있는지 ··· 211
◎ 수의시담 관련 질의 ·· 213
◎ 실적제한 적용 가능여부 질의 ··· 214
◎ 여성기업 등을 대상으로 하는 소액수의계약 ·· 215
◎ 우선구매대상기업의 인증 취득 시점에 따른 계약업무 질의 ····································· 216
◎ 우수조달공동상표 수의계약 관련 ·· 217
◎ 유찰에 따른 재공고와 수의계약 관련 질의 ··· 218
◎ 입찰 유찰에 따른 수의계약대상 기업의 범위 및 선정절차 문의 ······························· 219
◎ 입찰 평가 시 추가제안에 대한 가능여부 질의 ·· 220
◎ 입찰공고시 특정한 회사명 및 제품명을 기재할 수 있는지 ····································· 221
◎ 입찰무효 ··· 222
◎ 입찰참가 등록 마감일 및 입찰서제출 마감일 기준에 관한 질의 ······························ 223
◎ 입찰참가 등록 마감일 시간 ··· 224
◎ 입찰참가자격 사전심사(PQ심사) 심사기간 연장 가능 여부 ···································· 225
◎ 장기계속계약 ··· 226
◎ 장기계속계약 체결 가능 여부 문의 ··· 227
◎ 장기계속계약 해당 여부 1 ··· 228
◎ 장기계속계약 해당 여부 2 ··· 229
◎ 재공고입찰 시 입찰참가자격 ·· 230
◎ 재공고입찰과 새로운 공고입찰 ··· 231
◎ 재공고입찰과 수의계약 ·· 232
◎ 재공고입찰을 실시하지 않는 수의계약 관련 질의 ·· 233
◎ 재안내 공고를 했음에도 2인 이상의 견적서를 받을 수 없는 경우 ·························· 234
◎ 적격심사 단독응찰 후 수의계약 관련 (코로나 특례기간) ······································ 235
◎ 전자수의시담 ··· 236
◎ 제한 경쟁입찰이나 수의계약에 해당되는 지 여부 ·· 237
◎ 제한경쟁에 대한 해석 문의 ··· 238
◎ 중소기업자간 제한경쟁입찰 재공고 유찰 후 수의계약 가능 여부 ··························· 239
◎ 추정가격 1억원 미만 용역 유찰 시 중기업 참여 변경 가능 여부 ·························· 240

◎ 특정조달계약 용역입찰의 공고기간 ·· 241
◎ 학술연구용역의 수의계약 ·· 242
◎ 한시적 특례 적용기간 시점에 관한 문의 ·· 244
◎ 한시적 특례 적용사항에 대한 문의 ··· 245
◎ 현 공사업체와 내부 물품 등에 관한 수의계약 체결이 가능 여부 ················· 246
◎ 협상에 의한 계약 2회 유찰 후 수의계약 진행 시 계약 대상자 선정 ·········· 247
◎ 협상에 의한 계약 단독응찰로 인한 유찰시 수의계약 전환 관련 ················· 249
◎ 협상에 의한 계약 시, 가격협상 여부 관련 ··· 250
◎ 협상에 의한 계약체결 시 적격여부 심사 가능 여부 ······································ 251
◎ 협상에 의한 계약체결기준 중 가격의 협상 질의 ·· 253
◎ 홍보 웹툰 제작의 수의계약 가능 여부 ··· 254

2020 주요 질의회신

◎ 5천만원 초과하는 소액수의계약 견적안내공고시 여성기업 등으로 제한
   가능한지 ··· 255
◎ PQ심사 공고 유찰 후 재공고시 공고기간 ·· 257
◎ 국가계약법 시행령 제26조 제6항 제4호 관련 문의 ······································· 258
◎ 국가계약법 시행령 제30조 1인견적과 2인견적의 차이 ································· 259
◎ 한시적 계약 특례 적용에 따른 소액수의 절차 문의 ······································ 260

제4절 입찰 유효, 무효, 취소

◎ 법인사업자와 개인사업자의 대표자가 동일시 투찰 업종사항제한 여부 ········ 261
◎ 지역제한 입찰에서 법인등기부상 주소지를 이전하지 않은 업체 ·················· 262
◎ 공고내용에 오류가 있는 경우에 입찰 유무효 판단 ·· 263

◎ 희망수량경쟁입찰의 유효입찰 성립여부 ·· 264
◎ 공공기관 발주 공동수급(공동이행방식) 입찰 참여 시 구성원 출자비율 오류 시
  입찰참가의 유·무효 여부 확인 ·· 265

2020 주요 질의회신

◎ 설계용역 발주 시 예정가격 오류로 인한 변경 계약 관련 질의 ················· 266

제5절 적격심사(PQ포함) 및 낙찰자선정

◎ 계약해제 후 수의계약 ·· 269
◎ 신인도 평가시 ks제품 인증서 보유자 가점 적용 여부 문의 ······················ 270
◎ 입찰참가자격사전심사 용역에서 참여업체 모두 적격통과 점수 미만일 경우 재투찰
  가능여부 ·· 271
◎ 적격심사 경영상태 평가 시 ·· 272
◎ 적격심사기준중 신인도 평가 점수관련 문의 ··· 273
◎ 협상에 의한 계약체결기준 문의 (기술협상 기간) ······································ 274

2020 주요 질의회신

◎ 1인 수의계약 시 수의시담 방법 및 절차 ··· 275
◎ 국가계약법 시행령 낙찰자 선정 이후 계약 시기 ······································ 276
◎ 여성기업과 1인 견적에 의한 수의계약 가능 문의 ···································· 278
◎ 유찰에 따른 수의계약 추진 ·· 279
◎ 적격심사(신인도 일자리창출 분야)평가방법 문의 ····································· 280

| 제3장 | 계약체결 및 관리 |

제1절 계약체결

◎ 국가계약법 시행령 제50조 계약보증금 면제조항 관련 문의 ················ 283
◎ 국가계약법 시행령 제51조 제4항 관련 질의 ························ 284
◎ 나라장터로 통해 계약 후 산출내역서 오류발견에 따른 산출내역서 문구 조정이
  가능한지 ··· 285
◎ 단가계약일 경우, 계약보증금 납부금액 질의 ·························· 286
◎ 물품구매계약시 인지세 면제 가능 여부 질의 ························· 287
◎ 부정당제재 기간중 계약관련 질의 ···································· 288
◎ 용역 산출내역서의 보험료에 부가가치세 포함 여부 ···················· 289
◎ 용역계약 입찰자격 관련의 건 ·· 290
◎ 지체상금 부과기준 및 가산일수 질의 ································· 291

2020 주요 질의회신

◎ 계약보증서 기간 관련 문의 ·· 293
◎ 공공기관의 자회사와 계약체결시 계약보증금 면제 가능여부 ············ 294
◎ 공동수급체 구성원에 대한 채권양도 가부 ···························· 295
◎ 변경계약으로 인한 계약금액 조정 시 계약보증금률 질의 (코로나19 관련) ········ 296
◎ 장기계속 공사의 연차별 준공에 따른 공사이행보증책임 일부소멸 관련 질의 ····· 297

제2절 감독 및 인수

- ◎ 계약기간 결정과 이행, 지체 ·· 299
- ◎ 국가를 당사자로하는 계약에 관한 법률 감독 검사 겸직 제한 ············ 301
- ◎ 신기술(특허) 하도급금액 결정관련 질의 ································ 302
- ◎ 용역계약 체결 이후, 계약상대자가 상법에 의한 물적분할로 변경될 경우 ······ 304
- ◎ 용역계약기간 연장으로 인한 추가비용 산정 ···························· 305
- ◎ 유용토 중간 적치장 송장관리 ·· 307
- ◎ 준공통지서의 준공일이란? ·· 309
- ◎ 하도급 관리계획 변경관련 질의 ·· 310
- ◎ 하도급 관리계획서 변경관련 ·· 312

2020 주요 질의회신

- ◎ 동등 이상의 제품으로 대체 가능 여부 ···································· 314
- ◎ 소액계약시 착공 및 준공 서류 ·· 316
- ◎ 지급 자재(관급 자재)의 관리 주체 문의 ································ 317
- ◎ 코로나로 인한 행사 취소 관련 ·· 318
- ◎ 하도급계획서 위반 여부 ··· 319

제3절 선금 및 대가지급

- ◎ 4대보험료 정산시 국민건강보험료 등 사후정산 대상 관련 질의 ·········· 321
- ◎ 계약금액 감액에 따른 선금의 반환 ································· 323
- ◎ 계약상대자의 귀책사유 없이 선금을 반환하는 경우 이자상당액을 가산하여
  청구해야 하는지 여부 ·· 324
- ◎ 계약예규에서 정한 법인의 범위 ····································· 325
- ◎ 공사 준공금 지급 시 고용/산재보험료 완납증명서 제출여부 ············ 326
- ◎ 공사용전력 사용비 PS단가 정산방법 문의 ··························· 327
- ◎ 당해 사업이 목적인 비영리법인과의 이윤제외 금액 산정방법 문의 ······ 328
- ◎ 대가 지급시 납세완납 확인 ··· 329
- ◎ 물품 제조 구매 선금 ·· 330
- ◎ 선금급 사용 내역 ··· 331
- ◎ 선급금 정산관련 문의 ··· 332
- ◎ 선급급 채권확보 관련 ··· 333
- ◎ 설치조건부 구매계약시 선금 지급 질의 ······························ 334
- ◎ 소프트웨어사업관련 선금 지급범위 관련 문의 ························ 335
- ◎ 용역 계약의 사후정산 관련 문의 ···································· 336
- ◎ 원수급자 선금 수령 후 하수급인에게 선금을 미지급(하도급업체 선금포기)으로 인한
  선금을 반환 여부 ··· 337
- ◎ 지급된 선금을 연도내 집행할 수 없을 경우 초과 지급된 선금의 처리방법 ········ 338
- ◎ 참여사 폐업에 따른 선금반환관련 질의 ······························ 339
- ◎ 폐기물처리용역 준공정산 관련 ····································· 340
- ◎ 해외 부품 조달 일정 연기로 인하여 계약업체에서 납기가 늦어지는 경우 지체상금
  발생 여부 ·· 341

2020 주요 질의회신

- ◎ 건설 원노급 및 하도급업제 상용직 직원 건강보험료 및 국민연금 정산가능
  여부 질의 ·· 342

◎ 계약체결 이후 착공일 이전에 선금 지급 가능여부 ·················· 344
◎ 공사 선금 지급 시기 및 선금지급한도의 한시적 확대시행 관련 질의 ·················· 345
◎ 선금급 또는 선급 대금 지급관련 ·················· 347
◎ 선금사용 계획서와 선금 사용내역서 ·················· 348

제4절 계약해제·해지

◎ 용역계약 상대자로 부터 계약해지 요청(인허가기관의 인허가 불가)시,
　계약보증금(위약금) 수취여부 ·················· 349

2020 주요 질의회신

◎ 공동수급 도급사 계약해지 가능 여부 ·················· 351

제5절 부정당업자 제재

◎ 계약이행과 관련한 과징금 부과 ·· 353
◎ 계약해지 귀책사유 여부 ·· 354
◎ 계약해지시 부정당제재 미시행 가능 여부 ······························· 355
◎ 공동도급(공동계약방식) 계약건의 하자 이행 요청 및 일부 도급사의 미이행에 따른
  부정당재제 ·· 356
◎ 기타기관의 부정당업자 제제 절차 문의 ·································· 357
◎ 부정당업자 제재기간 관련 문의 ·· 358
◎ 부정당제재 관련 질의 ··· 359
◎ 부정당제재 기간 관련 문의 ·· 360
◎ 부정당제재 시 대표자 변경 미반영 문의 ································ 361
◎ 장기계속공사의 계약상대자에 의한 계약해제 또는 해지 문의 ········ 362
◎ 청렴서약서 관련 위반행위 시기 ·· 363
◎ 협상대상자 선정 후 계약 불가시 재공고 사항인지 등 ················ 364

2020 주요 질의회신

◎ 소액수의 입찰에서 1순위자가 입찰포기시 제재 범위 문의 ··········· 365
◎ 유찰 후 수의계약 관련 사항 질의 ··· 367
◎ 입찰참가자격 제한 ··· 368
◎ 제한(총액) 계약포기에 따른 부정당제재 ································· 369
◎ 컴퓨터(서버) 납품 관련 구성이 불가능한 품목으로 발주한 경우 부정당제재없이
  낙찰 포기 가능유무 ·· 370

제4장 계약금액 조정

제1절 물가변동에 의한 조정

- ◎ 계약 단가변경 관련 문의 ･･ 375
- ◎ 계약금액조정시 기계경비의 비목구분 및 지수산출에 대해서 ･･････････････ 377
- ◎ 국가계약법 물가변동 등에 따른 계약금액 조정 관련 질의 ･･･････････････ 378
- ◎ 물가변동 산출시 기성금 공제여부에 대한 질의 ･･･････････････････････････ 379
- ◎ 물가변동 서류 제출 ･･･ 381
- ◎ 물가변동 적용대가 산정시 노무비기성 반영기준 ･････････････････････････ 382
- ◎ 물가변동 조정요건 미 충족시 기 제출된 개산급 지급신청의 반려여부 ･･･ 383
- ◎ 물가변동에 따른 계약변경시 생산자물가지수 적용 방법 문의 ･･･････････ 384
- ◎ 물가변동에 의한 가격조정 시 조정신청 전 대가지급 이행완료 부분 지급에 대한 질의 ･･･ 385
- ◎ 물가변동에 의한 계약금액 조정 ･･･ 387
- ◎ 물가변동에 의한 설계변경에 관한 사항(용역, 품목조정률) ･････････････ 389
- ◎ 물가변동으로 인한 계약금액 조정 ･･･ 390
- ◎ 물가변동으로 인한 계약금액 조정 시 보완 및 반려 ･･･････････････････････ 391
- ◎ 물가변동으로 인한 계약금액 조정방법 문의(품목조정율) ･･･････････････ 392
- ◎ 물가변동으로 인한 계약금액의 조정시 계약금액 조정내역서 작성 문의 ･･ 393
- ◎ 물가변동으로 인한 계약금액의 조정에 있어 등락폭의 산정시 기준 ･･････ 394
- ◎ 물가변동으로 인한 계약금액조정 질의 ･････････････････････････････････････ 396
- ◎ 물가변동이 연속적으로 발생하는 경우 적용대가 산정기준 ･･･････････････ 398
- ◎ 물가인상으로 인한 계약금액 변동액과 선수금 ･････････････････････････････ 399
- ◎ 물품구매계약 변경계약 근거 ･･･ 400
- ◎ 사후원가검토조건부 계약 수정관련 질의 ･･････････････････････････････････ 401
- ◎ 설계변경시 계약단가로 물량증가분에 대한 조정율 산출방법 ･････････････ 402
- ◎ 식자재 단가계약 체결 후 물가변동율 반영 의무 여부 ･･･････････････････ 403

◎ 외자 계약 진행 중 해외업체의 계약금액 상향 요구에 관한 질의 ············· 404
◎ 용역계약에서 노임단가 변동시 물가변동 가능 여부 ······················· 405
◎ 원자재 가격급등으로 인한 계약금액 조정 ······························· 406
◎ 원자재 가격급등으로 인한 단일 자재 계약금액을 조정할 때 해당 공사비 ······· 407
◎ 철골자재 가격 급등으로 인한 단품슬라이딩 외의 계약금액 조정 방법 ········ 408
◎ 최저임금 변경에 따른 계약금액 변경 관련 문의 ··························· 410
◎ 표준시장단가지수 적용시점 ··· 411
◎ 품목조정 물가변동 반영 방법에 대한 질의 ······························· 412
◎ 품목조정방법으로 물가변동시 가격적용방법 문의 ························ 414

2020 주요 질의회신

◎ 물가변동 적용 후 설계변경으로 해당공종이 삭제되었을 경우 ················ 415
◎ 물가변동 품목조정시 제외 품목 ····································· 417
◎ 물가변동시 신규단가 적용기준 ······································ 418
◎ 물가변동으로 인한 계약금액 조정방법 변경 가능여부 ······················ 419
◎ 조정기준일 산정관련 질의 ·· 421

제2절 설계변경에 의한 조정

◎ 1식 단가에 대한 설계변경 가능 여부 ··· 423
◎ PHC파일 항타작업 관련 설계변경 적용여부 질의 ·························· 424
◎ 가설사무실 기간연장에 따른 변경 중 계약단가에 손실율 미적용 인한 손실율 재적용 여부 ··· 425
◎ 건설공사 폐기물처리 추가비용 환경보전비로 계상 할 수 있는지 여부 ············ 426
◎ 건설현장 근로자 안전교육 추가 시행 시 시공사측 인건비 보전 방안 질의 ········ 427
◎ 계약금액 조정/설계변경에 의한 조정/설계변경 가능여부 ························ 428
◎ 계약내용 변경 및 계약금액 조정 등에 관한 질의 ··································· 430
◎ 계약상대자의 책임없는 사유로 용역비용 증가계약시 적용단가 오류로 계약한 사항을 수정계약요청 할 수 있는지요? ·· 431
◎ 공기연장에 의한 부지임대료 추가반영여부 ·· 432
◎ 공사계약에서 설계단가와 공사업체의 실시공단가의 금액이 너무 차이나는 경우 설계변경이 가능한지 ·· 433
◎ 공사계약일반조건-설계변경:설계서간의 상호 모순 혹은 설계서의 오류로 판단 가능한지 여부 ·· 434
◎ 공사용 가설전기(인입비,전력요금)의 설계변경 가능여부 ························ 435
◎ 공사용 자재 직접구매(관급자재)대상을 사급자재로 적용 가능한지에 대한 질의 · 437
◎ 과업지시서와 산출내역서가 다른 경우 계약금액 조정이 가능한지 ················ 438
◎ 관급 토목공사 설계단가 산정 오류의 설계변경 가능여부 ······················ 439
◎ 관급자재(레미콘)의 납품문제로 인한 설계변경 질의 ····························· 440
◎ 규격누락으로 인한 설계변경 ·· 441
◎ 기본설계서(도면, 내역서) 누락 및 설계 부적합 규격에 대한 설계변경 대상여부 질의 ··· 442
◎ 내역입찰 비목누락 설계변경 가능여부 ··· 443
◎ 녹색인증/BF인증/에너지효율등급인증과 관련하여 준공후 추가요청 발생시 처리방법 ·· 444
◎ 단가계약 수량 초과에 따른 계약변경 가능 범위 질의 ··························· 445
◎ 단가산출서 오류의 경우 설계변경이 가능한지 ···································· 446
◎ 단가산출서상 단가구성항목 변경가능 여부 ·· 447

- ◎ 단가적용 오류 설계변경 가능여부 문의 ·· 448
- ◎ 도면과 내역이 상이한 경우 설계변경여부 ·· 450
- ◎ 레미콘타설 방법 변경에 따른 설계변경 가능 여부 ·································· 451
- ◎ 물가변동으로 인한 계약금액 조정 후 발주처 사유로 인한 설계변경 시 적용단가 문의 ·· 453
- ◎ 물품 제조 구매를 위한 입찰에 따른 낙찰 이후 계약내용 변경 가능 여부 문의 ·· 454
- ◎ 물품 제조 계약의 설계내역서 상이로 인한 설계변경 가능 여부 ············ 455
- ◎ 보수보강 설계변경 및 반영여부 ·· 456
- ◎ 설계공모 완료 후 과업내용 변경에 따른 계약업무 ·································· 457
- ◎ 설계도면변경에 따른 1식단가 내 수량 및 단가산출 설계변경 가능여부 ············ 458
- ◎ 설계변경 가능여부 질의 ·· 460
- ◎ 설계변경시 원가계산 보험료 요율 적용기준 문의 ···································· 461
- ◎ 설계변경에 따른 계약금액 증액 가능 여부(물량내역수정허용공종) ·············· 462
- ◎ 설계변경에 따른 계약금액의 조정이 가능한지 여부 ································ 463
- ◎ 설계변경으로 인한 계약금액 조정 문의 ·· 465
- ◎ 설계변경으로 인한 계약금액의 조정 문의 ·· 466
- ◎ 설계변경으로 인한 계약금액의 조정 심의 ·· 467
- ◎ 설계서(물량내역서) 누락에 따른 설계변경시 신규단가 적용 ················ 468
- ◎ 설계시공일괄입찰(턴키)공사에서 도면과 내역이 상이 할 경우 ············· 469
- ◎ 설계용역 설계변경 관련 질의 ·· 470
- ◎ 설계진행시 설계안전성 검토 수행을 위한 설계변경(용역대가 변경) 근거 문의 ··· 471
- ◎ 소방감리용역 계약변경 문의 ·· 472
- ◎ 수량 변경 시 변경계약서 작성 의무 ·· 474
- ◎ 수량산출서 오류에 따른 설계변경으로 인한 계약금액 조정 가능 여부 ············ 475
- ◎ 시방서와 설계서 상이에 따른 용역설계변경 ·· 476
- ◎ 실정보고 시점에 따른 설계변경 가능 여부 ·· 477
- ◎ 안전관리비 초과분 설계변경 가능 여부 ·· 479
- ◎ 암발파 단가 변경 가능 여부 ·· 480
- ◎ 엔지니어링 용역 설계변경 적용문의 ·· 481
- ◎ 용역 실계변경 시 이윤율 적용 관련 질의 ·· 483
- ◎ 용역계약의 설계변경시 대가의 지급기준 ·· 484

◎ 자재수급 방법을 변경하는 설계변경 ･･ 486
◎ 장기계속공사의 차수별계약 및 설계변경 시 제비율(승율비용) 적용 기준 ････････ 487
◎ 제3자 단가계약의 수량 또는 단가 변경 시 변경계약 생략 여부 ･･････････････････ 489
◎ 제안공모계약 체결 후 추가 물량에 대한 계약방법 의뢰 ･･････････････････････････ 490
◎ 준공예정일 이후 설계변경신청 여부 ･･ 491
◎ 책임감리용역의 설계변경 ･･ 492
◎ 천재지변, 전쟁 등으로 인한 물품 납품 불가 시 품목 제외 가능 여부 ･･････････････ 493
◎ 총 공사비 증가에 따른 감리비 증액 가능여부 ････････････････････････････････････ 494
◎ 총액입찰제 공사의 내역서 누락사항 설계변경 반영여부 ････････････････････････ 495
◎ 턴키공사 설계변경 및 공사비 증액 관련 질의 ････････････････････････････････････ 497
◎ 턴키공사에서 추가 투입된 자재에 대한 폐기물 처리비용 부담주체 문의 ･･････････ 499
◎ 토취장 복구비 설계반영 여부 판단 ･･ 500
◎ 파일 천공시 부상토 관련 문의 ･･ 502
◎ 표준시장단가에 낙찰율 적용 여부 ･･ 503
◎ 품질관리활동비 소급 적용 가능 여부(설계 누락분) ･･････････････････････････････ 504
◎ 품질점검 지적사항 설계변경에 따른 계약금액 조정 ･･････････････････････････････ 505
◎ 해상공사 사석 할증 적용 가능 여부 ･･ 507
◎ 현장설명서와 내역서 상이할시 설계변경 가능한지 ････････････････････････････ 509
◎ 협상에 의한 계약 설계개선으로 인한 계약 변경 문의 ････････････････････････････ 511

2020 주요 질의회신

◎ 도급공사 설계변경 시 간접비의 제비율적용여부 ････････････････････････････････ 513
◎ 설계변경시 간접비 적용방법 ･･ 514
◎ 설계변경시 신규비목 협의단가 적용질의 ･･ 516
◎ 수량산출서에는 재료할증이 포함되어 있으나, 내역서에는 미포함 됨에 따라 설계변경
  가능여부 ･･･ 517
◎ 품질관리활동비 추가 설계반영 여부 ･･ 519

제3절 기타사유에 의한 조정

◎ 공공발주사업에서의 설계용역비 감액 정산 관련 질의 ················ 521
◎ 공사계약에서 공기연장에 따른 간접비 산정방식 ···················· 522
◎ 공사기간에 따른 자재손료 변경 계약 ·································· 524
◎ 공사손해보험 의무 가입대상이 아닌 공사인 경우 가입이 가능한지와 가입시
  설계변경으로 반영할 수 있는지의 여부 ································ 525
◎ 공사중지 중 현장대리인의 현장 철수시 간접비 계상 여부 ········· 526
◎ 국가계약 공사 일용직 근로자 퇴직금의 도급 공사비 반영이 가능한지 ········ 528
◎ 발주기관 사유로 공사를 일시정지 할 경우 경비 정산 ·············· 529
◎ 발주처 사유로인한 공사기간 연장시 간접비 정산 방법 문의 ······ 531
◎ 사토운반거리 변경시 실적단가적용 ···································· 532
◎ 설계도서에 언급이 없는 석재원(골재원) 변경에 따른 운반거리 설계변경
  가능여부 ··· 533
◎ 야간작업 시간변경(당초3시간에서 2시간)으로 변경시 설계변경 ···· 535
◎ 턴키공사에서 관급자재를 사급자재 전환시 계약금액 조정 문의 ···· 536
◎ 현장관리자 공사 관련 보험료(국민건강보험료, 노인장기요양보험료, 국민연금보험료)
  정산 ··· 537

2020 주요 질의회신

◎ 가설자재 손료 설계변경 문의 ··· 539
◎ 계약서상 계약연장 문구로 수의 계약 가능 여부 문의 ············· 541
◎ 공기연장으로 인한 가설재(SHEET PILE)의 손료 추가 적용 방법 계약
  상호 간의 이견 ··· 542
◎ 동절기 공사중지에 대한 계약기간 연장 검토 ······················· 543
◎ 운반거리 변경에 의한 설계변경 여부 ································ 544

제5장 공동계약 하도급 및 대형공사

제1절 공동계약

- ◎ 1개 업체가 단독 및 공동수급체로 중복하여 입찰 가능한지 ·········· 549
- ◎ 공동계약 운영요령 공동이행 구성원 출자비율 변경 가능여부 질의 ·········· 550
- ◎ 공동계약-분담이행에 대한 업종(자격, 면허 등)제한 관련 질의 ·········· 551
- ◎ 공동계약 운용요령 제12조 단서조항 관련 문의 ·········· 552
- ◎ 공동도급 현장의 공동도급사간 지분변경 관련 질의 ·········· 553
- ◎ 공동도급 계약에서 중도탈퇴에 따른 계약보증금 환수 여부 ·········· 555
- ◎ 공동도급 내용의 변경 ·········· 556
- ◎ 공동수급체 구성원 수 제한 관련 질의 ·········· 558
- ◎ 공동수급체 중도탈퇴시 행정조치 질의 ·········· 559
- ◎ 관급자재(지급자재) 레미콘 계약(공동이행방식)에서 각 레미콘사별 계약시 지분율과 납품시 지분율이 차이가 있을 경우 ·········· 560
- ◎ 분담이행 방식으로 입찰하는 경우 분담비율을 명시해야 하는지 ·········· 562
- ◎ 분담이행 방식의 공동계약 관련 질의 ·········· 563
- ◎ 분담처리 이행방식의 공동수급 진행 ·········· 565
- ◎ 사업 발주를 위한 입찰공고 시 공동수급 의무화 가능 여부 질의 ·········· 566
- ◎ 설계용역 수의계약가능여부 관련 문의 ·········· 568
- ◎ 주계약자 계약방식에서 주계약자 계약분을 부계약자로 하도급 또는 설계변경(변경계약) 가능여부 문의 ·········· 569
- ◎ 지역의무공동도급시 계열사간 가능 여부 ·········· 570

2020 주요 질의회신

- ◎ 공동도급의 출자비율 변경 관련 ·········· 571
- ◎ 공동수급 계약 운영 중 공동수급체 구성원 추가 가능 여부 ·········· 573

◎ 공사 실시 장소(지역)에 따른 계약 분담이행방식 적용 가능 여부 ·············· 574
◎ 국가계약법에 의한 공동협정 문의 ·· 575
◎ 동일대표이사 공동도급 ·· 576

제2절 하도급관련(부대입찰) 등

◎ 2개의 공정을 동일한 업체로 하도급 승인받은 경우 단일 건으로 계약
  가능한지 ·· 577
◎ 건설공사 중 국민건강보험료 등 사후정산항목 적용기준 문의 ·············· 578
◎ 공공기관 발주 물품제조 구매계약의 하도급이 가능한지 여부 ·············· 579
◎ 도급계약기간을 초과한 하도급계약 가능여부 질의 ·································· 581
◎ 하도급 계획서 제출 현장에서 계측용역 계약(하도급 계획서에 포함안됨)도 하도급율을
  지켜야 되는지 ··· 582
◎ 하도급인 현장대리인 및 관리자들의 건경보험료 및 국민연금 가능여부 ······· 583

2020주요 질의회신

◎ 신기술(특허)사용협약서 체결시 하도급 비율 문의 ································· 584
◎ 하도급 계약 관련 ··· 586
◎ 하도급 계약 비율 ··· 587
◎ 하도급관리계획서 변경 ·· 588
◎ 하도급관리계획서 변경전 하도급계약 이행가능 여부 ····························· 589

제3절 대형공사

◎ 건설현장 품질관리자 인건비에 대한 질의 ·· 591
◎ 턴키공사에서의 설계도서 검토 ··· 593

2020 주요 질의회신

◎ 기본설계 기술제안방식에서 투찰금액의 정의 ···································· 595
◎ 설계변경시 단가 적용에 대한 질의 ·· 596
◎ 신기술(특허공법) 사용협약서 체결 주체에 관한 질의 ························· 597
◎ 실시설계 기술제안 입찰에서 인허가 처리간 발생한 설계변경사항에 대한 금액사용에
　대한 문의 ··· 599
◎ 턴키공사 정기안전점검 및 초기점검 비용 반영 가능여부 ······················ 601

| 제6장 | 기타 |

◎ 개인사업자에서 법인으로 전환시 조달청 실적 승계여부 ········· 605
◎ 비관리청 항만공사의 국가계약법령 적용 ········· 606

2020 주요 질의회신

◎ 계약 시 지체상금율 설정 및 입찰시 시담금액 관련 질의 ········· 607
◎ 단순상호변경시 변경처리되는동안 입찰가능여부? ········· 608
◎ 민간 발주처와 체결한 공사의 간접비 적용요율 ········· 609
◎ 불용품 매각 계약 미이행(수거지연)으로 인하여 발생하는 비용(지체상금) 청구 ·· 610
◎ 입찰유의서에 현장설명 청취자에 한하여 입찰참가 자격 부여 ········· 611

제 1 장

정부계약제도 일반

제1장 정부계약제도 일반

계약담당공무원(계약담당자)의 범위
2022-08-05

▣ 질의내용

국가계약법 제6조제1항에는 "각 중앙관서의 장은 그 소관에 속하는 계약사무를 처리하기 위하여 필요하다고 인정하면 그 소속 공무원 중에서 계약에 관한 사무를 담당하는 공무원을 임명하여 그 사무를 위임, 대리, 분장하게 할 수 있다"고 규정하고 있으며,

공기업, 준정부기관 계약사무규칙 제2조제5항에는 "공기업, 준정부기관의 계약에 관하여 이 규칙에 규정되지 아니한 사항에 관하여는 국가계약법을 준용하며, "중앙관서의 장"은 "기관장"으로, "계약담당공무원"은 "계약담당자"로 본다"고 규정하고 있습니다.

위 규정에 따라 '협상에 의한 계약'에서의 기술협상 및 평가 혹은 계약관련서류(착공, 착수계 및 준공, 완료계, 선금요청공문 등) 접수 및 검토 등의 계약절차상의 사무 일부를 기관 내부 계약규정(기관장 결재 득한 규정)에 따라 계약의뢰부서에 위임할 수 있는지, 위임할 수 있다면 내부 규정상으로 위임받은 업무담당자(계약의뢰부서)도 계약담당공무원(계약담당자)로 해석할 수 있는지 문의드립니다.

▣ 답변내용

[질의요지] 계약담당공무원

[답변내용] 국가기관이 당사자가 되는 계약에서 계약담당공무원 이라 함은 국가를 당사자로 하는 계약에 관한 법률 시행규칙 제2조제1호에 정한 바와 같이 세입의 원인이 되는 계약에 관한 사무를 각 중앙관서의 장으로부터 위임 받은 공무원, 국고금관리법 제22조의 규정에 의한 재무관(대리재무관.분임재무관 및 대리분임재무관을 포함), 국가를 당사자로 하는 계약에 관한 법률 제6조제1항의 규정에 의한 계약관(대리계약관.분임계약관 및 대리분임계약관을 포함) 및 국고금관리법 제24조의 규정에 의하여 지출관으로부터 자금을 교부받아 지급원인행위를 할 수 있는 관서운영경비출납공무원(대리관서운영경비출납공무원.분임관서운영경비출납공무원 및 대리분임관서운영경비출납공무원을 포함)과 기타 법령에 의하여 세입세출외의 자금 또는 기금의 출납의 원인이 되는 계약을 담당하는 공무원을 말합니다.

따라서, 계약담당공무원이라 함은 당해 사무 및 회계에 대하여 책임있는 결정을 하는 공무원(재무관 등)을 말하는 것으로서 단순히 실무자를 말하는 것은 아닙니다. 다만, 구체적인 경우에서의 계약담당공무원에 대하여는 각 중앙관서의 장이 회계직공무원 임명에 대한 규정과 계약사무처리규정에 따라 지정·위임한 실무자도 계약담당공무원의 범주에 포함할 수도 있을 것이나 위임 가능한 범위 등은 위 회계규정 등과 자체 위임전결 규정 등에 따라 판단해야 할 사안입니다.

계약보증금 문의

2021-05-07

■ 질의내용

국가계약법 제50조에서는 계약보증금율을 100분의 10 이상으로 명시하고, 기재부 장관이 고시한 경우 100분의5 이상으로 규정합니다 그리고 동법 제52조에서는 공사계약의 경우 계약보증금율을 100분의 15이상으로 명시하고 기재부 장관이 고시한 경우 100분의 7.5 이상으로 명시하고 있습니다. 아울러 용역에 대해서 동일하게 적용할수 있다고 규정하고 있습니다.

그렇다면 공공기관에서 용역에 대한 계약을 진행할때 적용해야할 계약보증금율은 100분의 10(기재부 고시한 경우 100분의 5) 인가요? 아니면, 100분의 15(기재부 고시한 경우 100분의7.5) 인가요?

■ 답변내용

[질의요지] 계용역계약의 계약보증금율

[답변내용] 국가기관과 용역계약을 체결하고자 하는 경우에는 "정부입찰·계약집행기준" 제53조 제1항에 따르면 시행령 제52조 제5항에 따라 시행령 제52조제1항 내지 제4항을 준용할 수 있는 용역계약은 다음 각 호와 같습니다.
  1. 건설기술진흥법 제2조제3호에 따른 건설기술용역
  2. 건축사법 제2조제3호에 따른 설계용역
  3. 기타 각 중앙관서의 장이 공익상 이행확보의 필요성이 크다고 인정하는 용역

또한, 제2항에는 "제1항에도 불구하고 시행규칙 제23조의3 각호에 해당하는 용역계약의 경우에는 시행령 제52조 제1항 내지 제4항을 준용하지 아니한다."라고 규정하고 있습니다.

따라서, 귀 질의 용역계약이 위의 조항에 해당하는 용역인지를 계약담당공무원이 판단하여 해당 용역 계약의 계약보증금율을 결정하여야 합니다.

공공건축물 신축공사 현장 전기안전관리자 선임 주체의 건
2022-11-22

■ **질의내용**

당 현장은 국유재산법 제 26조의5, 제26조의6 및 제57조에 따른 기금개발사업으로 기획재정부의 승인을 받아 진행된 통합청사로 현재 기획재정부 소유인 공공건축물로 국가계약법 및 공사계약일반조건 등 근거하여 계약을 진행하였습니다.

해당 현장의 계약 시 협의된 현장설명서 상 준공 전 한국전력공사에서 전기 수전을 받아 발생되는 비용 등 공사를 시행하는데 소요되는 사용료는 시설물 인수인계 전까지 설계변경 없이 도급사가 부담한다고 명시(첨부1)되어 있어 전기요금의 대하여 시공사가 부담하고 있으나,

현장설명서에 전기안전관리자 선임의 관한 내용이 명기되어 있지 않아 시공사와의 전기안전관리자 선임주체에 의견대립이 일어나,

조달청 질의 회신에서 나왔던 자료(첨부2)를 근거로 전기안전관리자 선임주체는 시공사에 있다라고 의견제시를 하였으나,

시공사측에서는 전기사업법 유권해석 사례집(첨부3,4)의 근거로 전기안전관리자 선임주체는 발주처에 있다고 주장하고 있는 실정입니다.

이에 따라 해당 현장의 인수인계 전까지 전기안전관리자 선임 주체가 발주처와 시공사 중 어디인지 확인 부탁드립니다.

■ **답변내용**

[**질의요지**] 계약 당시 초기점검 비용은 실시설계시 확정할 수 없었던 PS항목이며 2014년 상반기 기준을 적용한 업체 견적금액이 반영되어 있는 실정으로, 추후 PS항목인 초기점검 비용 정산시 점검 시행 당시(2020년 02월)의 단가로 조정이 가능한지.

[**답변내용**] 공기업·준정부기관의 계약에 관하여는 「공기업·준정부기관 계약사무규칙」이 우선 적용되고, 동 규칙에 규정되지 아니한 사항에 관하여는 동 규칙 제2조제5항에 따라 동 규정 및 규칙에서 규정하지 아니한 사항은 국가계약법을 준용하여 처리해야 합니다.

1장 정부계약제도 일반 ·········

공공기관 구내식당 위탁용역과의 수의계약 가능여부 질의
2022-11-29

◼ **질의내용**

1. 위탁용역에 별도 운영 비용을 지불하지 않으며, 직원의 식비(5,000원/1식)로 대가 지급
2. 계약 시 위탁용역으로부터 임대보증금을 받고 임대료는 면제
3. 식당 운영을 위한 설비는 기관에서 제공하며, 수도,가스 등 연료비는 위탁용역이 부담

해당 계약은 별도 계약 비용이 존재하지 않고 직원의 식대로 위탁용역의 수익이 발생하는 바, <국가를 당사자로 하는 계약에 관한 법률> 및 <공기업·준정부기관 계약사무규칙>을 기반으로 수의계약의 조건이 성립되는지(경쟁입찰을 거치지 않고 수의계약 체결 및 장기연속계약이 가능할지) 문의 드립니다. 아울러, 매월 식수 인원에 따라 발생하는 식대를 <국가를 당사자로 하는 계약에 관한 법률> 제26조 1항 5의 '추정가격'으로 볼 수 있는지도 함께 질의 드립니다.

◼ **답변내용**

[**질의요지**] 공공기관 구내식당 위탁용역과의 수의계약 가능여부

[**답변내용**] 공공기관의 계약사무를 처리할 때에는 기타공공기관의 경우에는 「기타 공공기관 계약사무 운영규정」을 적용하고 공기업·준정부기관일 경우에는 「공기업·준정부기관 계약사무규칙」을 적용하여야 하며, 동 규정 및 규칙에서 규정하지 아니한 사항은 국가계약법을 준용하여 처리해야 합니다. 또한 국가계약법령해석에 관한 내용이 아닌 수의계약체결 내용과 관련된 사실판단에 관한 사항에 대하여는 해당 발주기관에서 관련 규정 등을 종합검토하여 직접 판단할 사항입니다.

참고로, 수의계약을 체결하기 위해서는 수의계약을 체결하려는 시점에 수의계약에 의할 수 있는 요건이 충족되고 있어야 할 것인 바, 이에 대하여는 각 발주관서의 장이 해당 계약목적물의 특성과 관련 규정을 종합검토하여 온전히 직접 판단할 사항입니다. 또한, 각 중앙관서의 장 또는 계약담당공무원은 「국가를 당사자로 하는 계약에 관한 법률 시행령」 제7조 각 호의 1의 어느 하나의 기준에 따라 추정가격을 산정하는 바, 구체적인 것은 발주기관의 계약담당공무원이 상기 기준에 맞게 해당 계약목적물의 특성과 당초 사업비 예산에 계상된 금액을 기준으로 직접 판단하여 산정할 사항입니다. 아울러 유권해석은 국가의 권한 있는 기관에 의하여 법의 의미내용이 확정되고 설명되는 것으로 구체적인 사실인정이나 적법·정당여부에 대한 사항을 유권해석으로 확인하여 처리하는 것은 적절하지 아니한 것임을 알려드립니다.

정부계약제도 일반

공기업 발주 공사계약에서 설계예산서 작성시 공종내용에 따라 제비율 적용 제외 공종으로 적용하는 별도의 기준이 있는지   2021-05-12

■ 질의내용

설계예산서 작성시 공종내용에따라 제비율적용 제외 공종으로 적용하는 별도의 기준이 있는지 질의합니다.

○공사명 : OO공항 계류장지역 시설공사 ○발주처 : OO공사 (공기업) ○계약유형 : 종합심사낙찰제

도급내역서 중 제비율 적용 제외공종으로 분류되어 있는 내역이 있고, 입찰시 설계가 100%로 입찰, 해당 공종에 대하여는 별도의 간접비(간접노무비, 산재, 고용, 건강, 연금, 퇴직공제, 일반관리비, 이윤 등)가 반영되어 있지 않은 상황입니다.

질의1) 제비율 적용 제외공종으로 반영된 내역에는 [품질시험비, GIS구축비, GPR탐사, 시추조사, 계측비 등]이 반영되어 있는데 제비율 적용 제외공종으로 별도 분류하는 기준이 있는지 궁금합니다.

질의2) 현장에서 지하지장물 확인을 위하여 GPR탐사를 추가 시행하기 위해 설계변경 예정인데, 기존 내역에 GPR탐사가 제비율 적용 제외공종으로 반영되어 있는바, 설계변경시에도 제비율 적용 제외공종으로 분류하여 설계가 100%로 '수량 x 단가' 반영하고 간접비는 반영하지 않는 것인지, 아니면 직공비 내역으로 분류하여 설계가~낙찰율 사이에서 단가 협의하여 결정하고, 간접비를 반영 하는 것인지 질의합니다.

질의3) 아울러, 현장설명서나 입찰공고문, 계약조건 등에 제비율 적용 제외공종에 대하여 사후 정산한다는 내용은 없는데 정산 해야 하는건지 질의합니다.

■ 답변내용

[질의요지] 공기업 발주 공사계약에서 설계예산서 작성시 공종내용에 따라 제비율적용 제외 공종으로 적용하는 별도의 기준이 있는지

[답변내용]

가. 공공기관의 계약사무를 처리할 때에는 기타공공기관의 경우에는 「기타 공공기관 계약사무 운영규정」을 적용하고 공기업·준정부기관일 경우에는 「공기업·준정부기관 계약사무규칙」을 적용하여야 하며, 동 규정 및 규칙에서 규정하지 아니한 사항은 국가계약법을 준용하여 처리해야 합니다. 또한 국가계약법령해석에 관한 내용이 아닌 입찰공고(또는 계약체결) 내용과 관련된 사실판단에 관한 사항에 대하여는 해당 입찰공고를 한 발주기관에서 해당 관련 규정 등을 종합고려하여 판단해야 할 사항입니다.

나. 국가기관이 당사자가 되는 공사계약에서 설계변경으로 인한 계약금액 조정함에 있어서 계약예규 공사일반조건 제20조제5항에 따라 계약금액의 증감분에 대한 간접노무비, 산재보험료 및 산업안전보건관리비 등의 승율비용과 일반관리비 및 이윤은 산출내역서상의 동 비율에 의하되 설계변경 당시의 관계법령 및 기획재정부장관 등이 정한 율을 초과할 수 없는 것입니다.

다. 「국가를 당사자로 하는 계약에 관한 법률 시행규칙」 제42조제1항에 따라 입찰참가자가 제출하는 입찰서(동 시행규칙 별지 제5호 서식)에서는 입찰참가자가 해당 입찰서상의 입찰금액으로 계약을 이행할 것을 확약하도록 규정하고 있는 바, 동법 시행령 제64조 내지 제66조의 규정에 해당되지 않는 사유를 근거로 계약금액을 감액하는 것은 타당하지 않다고 봅니다. 다만, 해당 계약 특수조건 등에 사후정산조건을 정하거나 개별법에서 정산하도록 규정된 경우에도 정산이 가능할 것입니다.

국가계약법 및 계약예규상 학술연구용역 적용범위에 대한 문의
2022-05-25

■ **질의내용**

국가계약법 제26조제1항제2호차목과 기획재정부 계약예규 제23조제1호다목에 기재된 학술연구용역 적용범위에 대한 문의입니다.

대학교와 같은 교육기관에서 특정 현안에 대한 자문용역이나 교내 정책 수립, 사업타당성 용역이 학술연구용역에 해당하는 지에 대한 문의입니다.

구체적 예로 동일 학교법인 내 교육기관의 통합을 추진하기 위한 타당성 검토, 자문 용역과 같은 사안을 들 수 있습니다.

■ **답변내용**

[**질의요지**] 학술연구용역의 범위

[**답변내용**] 국가기관이 당사자가 되는 계약에 있어 학술연구용역은 계약예규 예정가격작성기준 제23조제1호에서 학문분야의 기초과학과 응용과학에 관한 연구용역 및 이에 준하는 용역임을 정의하고 있으며, 그 종류로는 위탁형 용역, 공동연구형 용역, 자문형 용역으로 분류되며, 학술진흥법 제2조 및 한국표준산업분류(기획재정부 고시)를 원용한 선언적 규정으로 명확히 개념으로 정의된 바는 없습니다.

학술진흥법 제2조제1호에 따르면 학술이란 학문의 이론과 방법을 탐구하여 지식을 생산.발전시키고, 그 생산.발전된 지식을 발표하며 전달하는 학문의 모든 분야 및 과정이라고 하는 바, 귀 질의 특정 현안에 대한 자문용역 등이 학술연구용역의 해당하는지 여부에 대하여는 발주기관 계약담당 공무원이 과업지시서, 공고서, 유의서, 관련법령 등 제반여건 등을 고려하여 판단하여야 할 사항입니다.

국가계약법과 조달청법

2021-01-28

▣ 질의내용

국가계약법과 조달청법 관계
가. 조달청은 국가기관이 맞는지요 국가계약법이 조달청법과 어느것이 상위법인지요.
나. 같은 국가 기관으로서 조달청은 국가기관,지방자차단체,공공 공사 단체 와 조달청법과 국가계약법 법적용이 다른가요.
다. 동일 현장에서 채권 채무 (노무비, 물품납품시 발생되는제경비,기타등으로 발생되는 비용)가 발생 되였을때 국가,지방자치단체, 공공 사단체 등은 계약시 부가서류와 각서등을 징구 하여 해소 하는데 비하여 조달청법 에서는 그러 하지 않은 까닭을 알고싶네요.

▣ 답변내용

[질의요지] 국가계약법과 조달사업에관한법률과의 관계

[답변내용] 국가를 당사자로 하는 계약에 관한 법률(이하 법이라 합니다) 제3조는 국가를 당사자로 하는 계약에 관하여는 다른 법률에 특별한 규정이 있는 경우를 제외하고는 이 법에서 정하는 바에 따른다고 하고 있습니다. 그러므로 다른 법률에 규정이 있는 경우에는 그 법률을 우선적으로 적용하는 것이며 이 경우에는 사안마다 각각 해당 법률을 적용하는 것입니다.

조달사업에 관한 법률(약칭 조달사업법)은 조달사업을 공정하고 효율적으로 수행하기 위하여 조달사업의 범위와 운영 및 관리에 필요한 사항을 규정하고 있습니다.

따라서 국가기관이 체결하는 계약에 대해서는 국가계약법을 준수하여야 하며, 별도로 조달사업의 범위와 운영 및 관리 등에 대해 조달사업법에서 정하고 있는 바가 있는 경우에는 조달사업법을 우선 적용하여야 하는 것입니다.

국가계약법령상 입찰공고하고 낙찰 결과 공개

2022-03-31

◨ **질의내용**

국가 계약법 관련입니다.

나라장터는 입찰공고하고 낙찰 결과를 공개하고 있습니다. 낙찰자 상호, 이름/ 금액과 %/ 등을 공개하고 있습니다. 따라서 국가 계약법에 관련 근거가 있는 것으로 아는데, 관련조문을 알려 주시기 바랍니다.

◨ **답변내용**

[**질의요지**] 국가계약법령상 입찰공고하고 낙찰 결과 공개

[**답변내용**] 각 중앙관서의 장 또는 계약담당공무원은 「국가를 당사자로 하는 계약에 관한 법률 시행령」 제92조의2 제1항에 정한 바와 같이 분기별 발주계획, 입찰에 부칠 계약목적물의 규격, 계약체결, 계약변경 및 계약이행에 관하여 기획재정부령(같은 법 시행규칙 제82조)으로 정하는 사항을 전자조달시스템 또는 제39조제1항 단서에 따라 각 중앙관서의 장이 지정·고시한 정보처리장치에 공개하여야 합니다. 다만, 제26조제1항제1호가목 중 작전상의 병력 이동에 따른 사유와 제26조제1항제1호나목 및 같은 항 제5호라목에 따른 사유로 인하여 체결하는 수의계약의 경우에는 그러하지 아니합니다. 동조제2항에 따라 각 중앙관서의 장 또는 계약담당공무원은 제1항 본문의 규정에 의한 공개내용에 변경이 있는 경우에는 변경된 사실을 지체 없이 공개하여야 합니다.

국가를 당사자로 하는 계약에 관한 법률 시행령의 한시적 특례적용 관련 문의
2022-06-17

◙ 질의내용

국가를 당사자로 하는 계약에 관한 법률 시행령의 한시적 특례 적용기간에 관한 고시(기획재정부고시 제2021-39호) 관련, 입찰보증금을 5% -> 2.5%로 적용해왔는데요. 적용기간이 2022.6.30.까지로 만료될 예정이어서, 6월 말에 공고가 올라가서 입찰접수 개시 및 마감은 7월 초에 예정인 입찰공고 건의 경우 입찰보증금률을 어떻게 적용해야하는지 문의드립니다. 입찰보증금 인하 적용이 공고일 기준인지 입찰개시 이후 입찰시점 기준인지 궁금합니다.

◙ 답변내용

[질의요지] 한시적 입찰보증금의 하향 적용

[답변내용] 정부는 코로나19로 인한 국가의 경제위기를 극복하기 위해 국가기관이 당사자가 되는 계약에 있어 기획재정부 장관이 고시한 기간(2020.5.1~2022.6.30) 중에는 수의계약 기준 완화, 입찰·계약보증금 인하, 검사 및 대가지급 기간 단축 등의 조치를 한시적으로 시행하고 있습니다.

시행령 부칙(제30655호, 2020.5.1) 제4조에서는 제35조제4항제1호의2(제34조 후단에 따라 준용되는 경우를 포함한다) 및 제37조제1항 단서의 개정규정은 이 영 시행 이후 입찰공고하는 경우부터 적용한다고 하여 위 고시한 기간 이전에 공고된 내용은 특례적용을 배제하고 있습니다. 그러므로 동일하게 22.6.30이전에 공고되는 입찰의 입찰보증금은 특례규정을 적용하게 되는 것입니다.

1장 정부계약제도 일반

국가종합전자조달(나라장터) 공동수급협정서 기명 날인 관련 문의
2022-04-07

▣ 질의내용

현 상황 전자조달시스템을 이용시 입찰 전 공동수급협정서를 시스템으로 제출하고 있는데 (계약예규) 공동계약운용 예규 공동수급협정서 양식에 "(생략) ~ 기명 날인하여 각각 보관한다." 란 문구가 있어 기명 날인 된 공동수급협정서를 별도로 작성하고 있습니다.(공동수급사가 한 장소에 모이거나 등기 등을 이용하여 수행)

- 문의사항

1. 공공 전자조달시스템 이용시 전자 공동수급협정서와 수기 공동수급협정서를 각각 작성하는 것이 맞는지 여부

2. 전자 공동수급협정서만 작성해도 된다면, 공동계약운용 예규의 공동수급협정서 양식의 변경 검토 여부

3. 날인을 해야 된다면 전자 계약 시스템(클라우드 방식) 직인을 이용하여 협정서에 날인한 전자문서를 보관해되 되는지 여부

▣ 답변내용

[질의요지] 공동수급협정서의 기명 날인

[답변내용] 국가기관이 당사자가 되는 계약에 있어 계약은 국가를 당사자로 하는 계약에 관한 법률 제11조제2항에 따라 계약당사자가 계약서에 기명하고 날인(또는 서명)함으로써 계약이 확정되는 것인 바,

귀 질의가 전자계약서에 첨부되는 서류에 대한 전자서명 효력에 대한 것이라면 전자서명법 제3조(전자서명의 효력 등)제1항에 따라 다른 법령에서 문서 또는 서면에 서명, 서명날인 또는 기명날인을 요하는 경우 전자문서에 공인전자서명이 있는 때에는 이를 충족한 것으로 보는 것이며, 계약서에 첨부되는 서약서, 계약보증금 지급각서 등은 계약문서의 부속서류이므로 계약문서가 전자서명되어 시행된 경우라면 부속서류는 자동적으로 전자서명의 효력이 있을 것으로 사료됩니다.

그리고 전자 공동수급협정서가 작성되면 수기 작성은 필요해 보이지 않으나 별도 작성 여부는 공동수급체 구성원의 필요성 여부에 따라 정할 사항으로 보여집니다.

국고보조금을 받는 공공기관이 민간보조사업자에 해당하는지
2021-03-31

■ **질의내용**

- 질의요지

1. 광역자치단체(도)와 공공기관의 위수탁계약으로 사업을 추진하는경우 공공기관이 국고보조금통합관리지침 제22조제1항의 민간보조사업자에 해당하는지 여부

2. 민간보조사업자에 해당하지 않아 국고보조금통합관리지침 제22조제2항의 조달청 계약요청의 의무대상이 아닌 경우에 조달사업법 제11조 및 동법시행령 제11조의 규정에 따라 조달청장에 계약요청을 하는것이 의무사항인지 여부

- 질의내용

보조금법 및 국고보조금통합관리지침이 조달사업법의 특별법적 지위에 있다고 판단되는데 국고보조금통합관리지침 제22조 규정의 경우 30억 이상 공사를 조달청장에 요청하여야 한다고 하며 제2호 공사계약의 경우 그 적용을 민간보조사업자에 한정하고 있습니다. 민간보조사업자에 해당치 않을 경우 자체발주하는것이 강행규정이 아닌것으로 해석되는 상황에서 조달사업법의 중앙조달 요청을 강행규정으로 해석하여 조달청에 중앙조달을 의뢰해야 하는지, 국고보조금통합관리지침상의 강행규정에 해당치 않으므로 여기서 그쳐 자체발주가 가능한것으로 해석해야 할지 질의드립니다.

■ **답변내용**

[질의요지] 국고보조금을 받는 공공기관이 민간보조사업자에 해당하는지

[답변내용] 공공기관의 조달요청에 관하여 조달사업에 관한 법령에 근거하여 조달청이 고시한 '수요기관 지정에 관한 고시' 제3조제3항 중 제1호 공공기관의 운영에 관한 법률 제4조부터 제6조까지의 규정에 따라 기획재정부장관이 고시한 공공기관을 수요기관으로 지정하고 있습니다. 따라서 이 고시에 해당하는 공공기관이라면 수요기관으로 지정되었으므로 관련 법령에 따라 조달요청하여야 할 것입니다.

참고로, 대부분의 국고보조금의 경우 일정한 교부조건을 정하고 있는 바, 국고보조금통합관리지침(금액)과 관계없이 공정성 등을 이유로 조달요청하도록 하는 경우도 있으므로 이 경우에는 공공기관이든 민간보조사업자든 교부조건에 따라야 할 것이므로 해당 교부조건도 확인이 필요해 보입니다.

낙찰자가 계약을 체결하지 않을 때의 수의계약, 계약금액 증액 가능 범위, 지연보상금 지급방법 등   2021-07-08

▣ 질의내용

국가계약법 관련 해석을 요청드립니다.

1. 용역을 국가계약법 시행령 제28조제2항에 근거하여 수의계약을 체결하였음. 현재, 계약금 증액 사유가 발생하여 변경계약이 불가피하게 되었음. 시행령 제28조제1항의 단서조항에도 불구하고 계약변경(계약금 변경)이 가능한지? 즉, 제28조는 "최초" 계약시에만 해당되는 조항으로 보고 최초계약 후 변경계약 시에는 계약금 변경이 가능한지?

* 국가계약법 시행령 제28조(낙찰자가 계약을 체결하지 아니할 때의 수의계약) ①낙찰자가 계약을 체결하지 아니할 때에는 그 낙찰금액보다 불리하지 아니한 금액의 범위안에서 수의계약에 의할 수 있다. 다만, 기한을 제외하고는 최초의 입찰에 부칠 때 정한 가격 및 기타 조건을 변경할 수 없다. ②제1항의 규정은 낙찰자가 계약체결후 소정의 기일내에 계약의 이행에 착수하지 아니하거나, 계약 이행에 착수한 후 계약상의 의무를 이행하지 아니하여 계약을 해제 또는 해지한 경우에 이를 준용한다.

2. 국가계약 관련 법령 중 계약금 증액범위에 대한 규정은 존재하지 아니한 것으로 사료됨. 그렇다면 계약금이 최초 계약금액의 50% 이상 등 대폭 증액 되더라도, 최초계약 시 예측할 수 없었던 사유로, 합당한 금액범위에서 증액된다면 계약금 변경이 가능한지?

3. "(계약예규) 용역계약일반조건" 제32조제4항에 따라 용역의 일시정지 기간에 대해서는 발주기관이 준공대가 지급 시 계약상대자에게 지연보상금을 지급하여야 함. 아울러 용역의 일시정지 해지 후 그 기간만큼 준공기한을 연장하여 변경계약을 체결해야 함. 이에 따르면, 용역의 일시정지 해지 후, 준공기한을 연장하는 변경계약을 체결하면서 지연보상금을 포함하여 계약금액도 변경해야 하는지 아니면 계약금액과 지연보상금을 별도로 보고 대가 지급 시 별도의 계산서를 발행하여 지급해야 하는지?

▣ 답변내용

[질의요지] 낙찰자가 계약을 체결하지 않을 때의 수의계약, 계약금액 증액 가능 범위, 지연보상금 지급방법 등

[답변내용]

1) 국가계약법시행령 제28조 제1항 단서 조항은 최초 계약 체결 시 준수사항이며, 이후 계약 이행 중 관련 규정에 따라 계약금 증액 사유가 발생한 경우라면 변경 계약이 가능한 것입니다.

2) 국가를 당사자로 하는 계약에 관한 법률 시행령 제65조(설계변경으로 인한 계약금액의 조정) 제1항에 의거 각 중앙관서의 장 또는 계약담당공무원은 공사계약에 있어서 설계변경으로 인하여 공사량의 증감이 발생한 때에는 법 제19조의 규정에 의하여 당해 계약금액을 조정하며, 이 규정은 제조·용역 등의 계약에 있어서 계약금액을 조정하는 경우에 이를 준용할 수 있습니다.

아울러 계약예규 용역계약일반조건 제16조(과업내용의 변경) 제1항에 의거 계약담당공무원은 계약의 목적상 필요하다고 인정될 경우에는 각호의 과업내용을 계약상대자에게 지시할 수 있으며, 과업내용의 변경을 지시하거나 승인한 경우에 계약금액조정은 시행령 제65조 제1항 내지 제6항을 준용합니다. 다만, 계약담당공무원은 과업 내용에 없는 과업을 추가 요구할 경우에는 정당한 대가를 지급하여야 하는 것입니다.

이때 계약금액변경에 대한 상한규정은 없습니다. 참고로 과업내용의 변경부분이 당초의 용역계약과 관련성이 없는 경우에는 변경계약을 체결하는 것이 아니라 별도 발주를 해야 할 것으로 봅니다.

3) 지연보상금은 계약금액과 별도로 계상해야 하는 것으로 추가 변경계약이 필요한 것은 아닙니다.

다품목에 대한 단가계약 체결시 계약방법 및 계약금액에 대한 질의
2021-02-08

▣ 질의내용

1. 계약방법에 대한 질의 국가계약법 시행령 제7조(추정가격의 산정) 2호에 따라, 토너 등 전산소모품에 대한 단가계약 추정가격(조달예정수량*추정단가)이 49,659,440원으로 추정가격 2천만원 초과 5천만원 이하로서 G2B를 통한 2인 이상의 견적에 의한 소액수의방법으로 단가계약을 체결하고자 합니다. 다품목에 대한 단가계약에서 추정가격의 기준과 관련하여, 단가계약의 경우 추정가격에 상관없이 입찰을 통한 일반경쟁계약방법을 체결하여야 하는지, 아니면 국가계약법 시행령 제26조 제1항 제5호 가목에 따라 조달예정수량*추정단가의 합(49,659,440원)으로 G2B를 통한 2인 이상 견적에 의한 소액수의계약방법이 가능한지 질의드립니다.

2. 계약금액에 대한 질의 국가계약법 시행령 제8조(예정가격의 결정방법)에 따라, 다품목에 대한 단가계약의 경우 예정가격은 품목별 단가의 합으로 산정하고, 입찰(투찰)금액은 단가 및 수량내역서를 첨부하고, 품목별 단가의 합으로 하면 될 것 같습니다(실무상으로 나라장터 공고와 관련해서도 품목별 단가의 합으로 함). 다만, 계약서 작성시 계약금액을 품목별 단가의 합으로 체결할지, 총액(품목별 투찰단가*조달예정수량의 합)으로 체결할지 규정상 명확하지 않아 질의드립니다. 입찰 공고상 "계약금액은 단가의 합으로 한다.", "계약금액은 총액(품목별 투찰단가*조달예정수량의 합)으로 한다."라고 명시하고 두 가지 경우로 계약서 작성이 가능할 것으로도 보입니다. 다만, 계약서의 계약금액에 따라 품목별 단가의 합으로 계약을 체결할 경우 계약만료일 즈음에 조달예정수량이 확정될 경우 계약금액이 변경되지 않으므로 계약변경을 할 필요가 없는 것 같고, 총액(품목별 투찰단가*조달예정수량의 합)으로 계약을 체결할 경우 계약만료일 즈음에 조달예정수량이 확정될 경우 계약금액이 변경되므로 계약변경을 하여야 하는 문제도 있을 것 같습니다. 다품목에 대한 단가계약 체결시 계약금액에 대하여 품목별 낙찰단가의 합 또는 총액(조달예정수량*품목별 낙찰단가의 합) 중 어떤 것으로 하여야 할 지 질의드립니다.

▣ 답변내용

[질의요지] 다품목에 대한 단가계약 체결시 소액수의계약방법 및 계약금액 산정.

[답변내용]

가. 다품목에 대한 단가계약에서 추정가격의 기준 관련 : 각 중앙관서의 장 또는 계약담당공무원은 예산에 계상된 금액 등을 기준으로 하여 추정가격을 산정하되, 단가계약의 경우에는 「국가를 당사자로 하는 계약에 관한 법률 시행령」 제7조제2호에 정한 바에 따라 '당해 물품의 추정단가에 조달예정수량을 곱한 금액'으로 하는 것입니다. 여러 가지 물품을 단일 계약자로부터 구매하고자 하는 경우에는 모두를 대상으로 총액입찰에 부치는 것이며, 단가계약의 경우에는 각 품목별 단가총액으로 하는 것입니다. 구체적인 경우에서의 계약방법 결정은 해당 계약목적물의 특성과 계약이행가능성, 해당 사업비 관련 규정을 종합적으로 검토하여 각 중앙관서의 장이나 계약담당공무원이 온전히 직접 판단해야 할 사안입니다.

나. 단가계약시 계약금액 산정 관련 : 단가계약의 경우에는 각 품목별 단가총액으로 계약방법을 결정한 후 계약체결 시 낙찰된 단가총액을 입찰공고시 명시한 단가풀이 방식으로 각 품목별로 단가풀이를 하면 되는 것입니다. 다만, 계약이행과정에서 계약이행물량의 변동이 발생할 경우에는 민법상 사정변경원칙에 따라 계약조건에 반영된 물량변경으로 처리하면 되는 것입니다. 구체적인 사실 관계 확인 및 처리는 해당 계약목적물의 특성과 계약이행상황, 관련 규정을 종합적으로 검토하여 발주기관의 계약담당공무원이 직접 판단하여 처리해야 할 사안입니다.

참고로, 국가계약법령은 국가기관이 시행하는 입찰 및 계약의 절차에 관한 법령이므로 국가기관 공무원이 이 관련 업무진행시에는 이에 따라 처리하는 것이 원칙일 것이며, 만약 계약담당공무원의 동 법령을 위반 계약이라 하더라도 그것이 정부외에 대한 대외적 효력에는 영향을 미칠 수 없으며, 다만 계약담당공무원은 계약법규를 위반한 데에 대한 책임을 질뿐임을 알려드립니다.

1장 정부계약제도 일반 ·········

대가(기성금, 선금) 지급 가능 여부와 소액수의계약 시 규격 확인 가능 여부에 대한 문의   2021-03-02

■ 질의내용

1. 대가는 계약 이행이 완료 되었을 때 지급하는 것으로 알고 있는데, 장비 임차 계약의 경우 장비가 들어온 것을 계약 이행 완료로 보는 것이 맞는지, 임차 기간이 끝나야 이행이 완료된 것으로 보는게 맞는지 궁금합니다.

1.1. 만일 임차기간이 끝난 후 대금을 지급하는 것이 맞다면, 장비 임차도 선금을 지급할 수 있는지요? 정부입찰계약 집행기준에 선금을 지급할 수 있는 경우로 공사, 물품 제조, 용역이 나오는데, 장비 임차도 여기에 포함되는 것으로 볼 수 있는지요? 선급지급이 가능하다면 어느정도까지 지급이 가능한지 궁금합니다. 지자체 지침에는 임차는 월별, 분기별로 선금이 지급가능하다고 나오는데, 국계법 관련 지침에서는 내용을 찾지 못해서요....

1.2. 또 기성금은 적어도 30일마다 지급하라고 되어 있는데, 계약시 상대자와 합의한다면 분기별, 반기별로 기성금을 지급해도 되는 것인지도 궁금합니다.

2. 행안부의 수의계약운용요령에서는 소액수의계약의 경우에도 실적이나 규격 등으로 견적서제출 대상을 제한할 수 있게 하고 있으나, 국가계약법 상에서는 '소기업소상공인 제한, 특수한 기술자격 필요한 경우의 제한, 지역제한 '을 제외하고 견적서 제출 대상을 제한할 수 있는 근거가 없는 것으로 알고 있습니다.

2.1. 혹시 국가 계약법을 적용받는 기관에서도 소액수의견적제출 공고 시 규격 등으로 견적서 제출 대상을 제한 할 수 있는지요?(소기업소상공인 제한, 지역제한과 함께)

2.2. 규격으로 견적서 제출 대상을 제한할 수 없다면, 견적서를 제출한 업체가 납품하려는 물건이 공고서에서 명시한 규격 이상의 물품인지, 사업부서에서 발급해주는 '납품규격 확인서' 등을 통해 계약 전 확인할 수 있는지요? '납품규격 확인서'를 발급받지 못하는 등 업체가 제시한 물건의 규격이 적합하지 않다면 낙찰을 하지 않을 수 있는지요? 입찰참가자격(소기업, 소상공인)을 충족한다면 가격으로만 계약자를 결정해야 하나요?

■ 답변내용

[*질의요지*] 계대가(기성금, 선금) 지급 가능 여부와 소액수의계약 시 규격 확인 가능 여부

[답변내용]

가. 국가기관이 체결한 용역계약에 있어서 계약예규 용역계약일반조건 제27조제1항의 규정에 의하여 계약상대자는 용역을 완성한 후 동 일반조건 제20조에 의한 검사에 합격한 때에는 대가지급청구서(하수급인에 대한 대금지급 계획을 첨부하여야 함)를 제출하는 등 소정의 절차에 따라 대가지급을 청구할 수 있습니다. 다만, 구체적인 경우에서의 대금지급은 계약상대자의 소정의 청구에 따라 국고금 관리법령 등 발주기관의 사업비 지출관련 규정에 의거 처리해야 할 것입니다.

나. 국가기관이 당사자가 되는 계약에서 계약담당공무원은 계약예규 정부 입찰·계약 집행기준(이하 "집행기준"이라 합니다) 제34조제1항 각 호의 요건을 충족하는 경우로서 계약상대자가 선금의 지급을 요청할 때에는 계약금액의 100분의 70을 초과하지 아니하는 범위 내에서 선금(하수급분 포함)을 지급할 수 있다 할 것입니다. 상기 규정에 의한 선금지급은 공사, 물품제조 또는 용역계약에 있어 노임지급 및 자재구입비에 우선 사용하도록 하기 위한 것이므로, 노임이나 자재구입 등이 필요없는 단순 물품구매의 경우에는 선금지급 적용범위에서 제외하고 있고, 임차계약의 경우는 따로 정하고 있지 아니한 바, 구체적인 경우에서 선금을 지급할지 여부는 해당 계약목적물 성격 및 제반사정, 관련 규정을 종합고려하여 발주기관이 직접 판단해야 할 사항입니다. 참고로, 국가계약법령은 국가기관이 시행하는 입찰 및 계약의 절차에 관한 법령이므로 각 발주기관의 공무원은 이에 따라 업무를 처리해야 하는 것이 원칙일 것인 바, 발주기관의 공무원이 해당 업무를 적정하게 처리하였는지 여부는 그 발주기관을 지도감독 권한을 가진 기관의 조사나 감사를 통해 판단되어져야 할 사항임을 알려드립니다.

다. 국가기관이 당사자가 되는 계약에 있어 「국가를 당사자로 하는 계약에 관한 법률 시행령」 제26조제1항제5호에 의한 수의계약에 있어 동 시행령 제30조제4항에 따른 지역제한을 하고자 하는 경우 공사의 현장이 소재하는 곳으로 제한을 하여야 합니다. 다만, 공사의 현장, 물품의 납품지 등이 소재하는 시(행정시를 포함한다. 이하 이 항에서 같다)·군(도의 관할구역 안에 있는 군을 말한다. 이하 이 항에서 같다)에 해당계약의 이행에 필요한 자격을 갖춘 자가 5인 이상인 경우에는 그 시·군의 관할구역 안에 있는 자로 제한할 수 있습니다. 참고로, 동 규정은 소액수의계약의 투명성과 경쟁성을 확보하기 위하여 경쟁입찰 방식을 준용하여 낙찰자를 결정하고자 하는 취지로서, 견적서 제출대상을 특정인 등으로 제한하는 것은 제한경쟁입찰에 해당된다고 볼 수 있으므로 동 제도의 취지와 부합되지 않을 것이며, 수의계약에 해당하는 동 제도에 적용하기는 곤란할 것입니다. 한편, 국가계약법령이 직접 적용되지 않는 기관에서, 지방계약법령 등 다른 법령에 정해진 규정을 준용할 것인지 여부는 그 기관의 장이 적의 판단해야 할 사안입니다.

대가의 지급 시 기간의 계산 방법

2021-05-10

▣ 질의내용

가의 지급시 초일불산입이 적용되는지 궁금합니다. 민법 157조에 따르면 기간을 일,주, 월 또는 연으로 정한 때에는 기간의 초일을 산입하지 않는다고 합니다. 국가계약법 시행령 58조 1항에서 청구를 받은 날부터 5일이라는 내용을 어떻게 해석하는 것이 좋은지 궁금합니다. 예를 들어 5월 3일에 청구를 받았을 경우, 5월 4일부터 계산이 되는 것인가요? 아니면 5월 3일 부터 계산이 되는 것인가요?

또, 국가계약법시행령 58조 6항에서 공휴일과 토요일을 제한다는 내용이 있습니다. 그렇다면 5월 5일인 어린이날을 빼고 계산을 하여야 하는 것인가요?

5월 3일이 청구일 일 경우 3,4,6,7,10일(초일 산입시 만료일 10일) 이렇게 계산하는 것이 맞는 것인지 궁금합니다. (초일 불산입시, 4,6,7,10,11일로 만료일이 11일)

아니면 만료일만 기준으로 삼아 민법 161조에 따라 기간의 말일이 토요일 또는 공휴일에 해당한 때에는 그 익일로 만료한다.를 따라야 하는 것인가요?

▣ 답변내용

[질의요지] 기간의 계산 방법

[답변내용] 가계약법령에서는 기간 계산에 대하여 구체적으로 정하고 있지 않아 민법의 기간 계산방법을 준용하고 있습니다. 초일불산입의 경우 당일 0시에 시작되는 경우를 제외하고는 시점을 근무 개시시간에 맞춘다 하더라도 당일은 기간 계산에서 제외하는 것입니다.

그리고, 어린이날은 공휴일이므로 공휴일을 제외한다는 규정이 있는 경우에는 기간에 포함하지 않습니다. 만약, 기간의 마지막 날이 공휴일인 경우 특별히 날자를 확정하여 그날을 지정하지 않는 한 휴일 익일이 기한이 됩니다.

대표자가 같은 다른 법인으로 계약상대자 변경 가능 여부
2022-11-11

■ **질의내용**

대표자가 같은 다른 법인으로 계약상대자 변경이 가능한지 질의합니다.

기존 계약체결한 A법인(서울소재)의 대표자가 또다른 B법인(지방소재)을 설립하였습니다. A법인과 B법인이 모두 존재하며, 단지 지역별로 사업관할이 달라지며, 기존 A법인(서울소재)에서 수행한 지역사업을 B법인(지방소재)에서 모두 진행하기로 하여 현재 저희 기관(지방소재)에서 진행중인 사업도 B법인에서 진행할 것이라 합니다.

기존유권해석을 참고하기로는 포괄적 양수도가 성립하면 예외적으로 계약상대자 변경이 가능함을 확인했습니다. 그러나 이와 같은 경우는 양도인과 양수인이 같은 경우인데 포괄적 양수도가 성립할지 의문입니다.

또한, 국가계약법 시행규칙 제44조(입찰무효) 제1항제4호에서는 동일사항에 동일인("1인이 수개의 법인의 대표자인 경우 해당수개의 법인을 동일인으로 본다")이 2통 이상의 입찰서를 제출한 입찰을 무효로 규정하고 있는 바, 역시 수개의 법인을 동일인으로 해석하고 있습니다.

이와 같은 경우, 업체의 요청대로 계약상대자의 변경(양수양도)사유가 성립할 수 있는지, 성립 가능하다면 기관은 포괄적양수도의 구체적인 내용과 적절여부를 어떤 방법으로 확인할 수 있는지 문의드립니다.

■ **답변내용**

[**질의요지**] 대표자가 같은 다른 법인으로 계약상대자 변경이 가능한지

[**답변내용**] 국가기관과 이미 체결한 계약상대방의 변경에 대해 국가계약법령에서는 명시적으로 규정하고 있지 않으나, 계약상대방의 변경은 계약의 본질에 중대한 영향을 미치는 것으로 원칙적으로는 허용되어서는 안 될 것입니다. 다만, 국가계약법령에서 민법의 '사정변경의 원칙'을 원용하여 물가변동, 설계변경 및 그 밖의 계약내용변경에 의한 계약변경을 인정하고 있는 점과 공동계약의 경우 공동수급체 구성원의 중도탈퇴 및 수급체 구성원을 추가를 허용하는 점을 고려할 때, 불가피한 사유가 있는 경우 계약의 법적 안정성을 저해하지 않는 범위 내에서 계약상대방의 변경이 제한적으로는 허용될 수 있다 할 것입니다. "불가피한 사유가 있는 경우"라 함은 당해 계약의 목적·성질 등을 감안할 때 계약상대자를 변경하지 아니하고는 당해 계약의 목적을 달성하기 곤란한 경우를 의미하는 바, 구체적인 경우가 이에 해당하는지 여부는 발주기관의 계약담당공무원이 계약문서, 관련 법령등을 종합검토하여 직접 판단하여 처리할 사항입니다.

참고로, 국가기관이 체결한 계약에서 계약상대자인 법인이 합병·분할된 경우 상법등 관련법령에 의하여 권리·의무가 합병·분할된 법인에 포괄적으로 승계된다면 그 계약상의 권리·의무도 승계되는 것이 타당하다고 봅니다.

물량내역서 장비규격이 설계서에 특정되었다고 볼 수 있는지 여부
2022-11-28

▣ 질의내용

사토운반 시공방법을 정하는 장비규격에 대하여 설계서 중 공사시방서, 설계도면, 현장설명서에 명시되어있지 않고 물량내역서에만 덤프트럭 24톤으로 명시되어있습니다. 물량내역서도 설계서의 범주에 해당하는데 물량내역서에 명시된 것을 설계서상 특정되었다고 볼 수 있는지 문의드립니다.

▣ 답변내용

[질의요지] 운반장비가 물량내역서에 명시된 경우

[답변내용] 국가기관이 체결한 공사계약에 있어서 설계서란 계약예규 「공사계약 일반조건」 제2조 제4호에 따라 공사시방서, 설계도면, 현장설명서, 공사기간의 산정근거 및 물량내역서를 말하는 것입니다.

물량내역서는 상기 기준에 따라 설계서에 포함되는 것입니다. 따라서 귀 질의 물량내역서에 운반장비의 규격을 명시한 경우, 그 물량내역서는 설계서에 포함되므로 설계서에 장비를 특정한 경우로 보아야 할 것입니다.

물품 검사검수요청서관련 정산처리 방안

2022-12-22

■ **질의내용**

관급자재 구매설치 수배전반 검사검수요청서를 납품업체에서 받아 완료처리를 해야하는데 정산처리 방안이 궁금해서 문의 드립니다. 관급자재 구매설치 수배전반 계약은 각 배전반, 전동기제어반, 분전반 각각 1면당 계약이 되어있습니다. 수배전반 최종납품전 실정보고를 통하여 배전반 내에 차단기를 일부 삭제하여 원가금액 감소가 되었으나 계약사항은 1면당 계약이 되어있어 감액이 불가능한 실정입니다. 이럴 경우 감액된 거에 대하여 정산처리방안이 있는지 알고 싶습니다.

■ **답변내용**

[질의요지] 물품 검사검수요청서관련 정산처리 방안

[답변내용] 국정부계약은 '확정계약'이 원칙이나, 「국가를 당사자로 하는 계약에 관한 법률 시행령」(이하 "시행령"이라 합니다) 제70조에 따른 "개산계약", 시행령 제73조에 따른 "사후원가검토조건부 계약"이나 「건설산업기본법」 등 관련 법령이나 계약조건에서 정산하도록 규정하고 있는 경우에 한하여 계약금액의 정산이 가능합니다. 따라서, 발주기관의 계약담당공무원은 관련 법령 또는 계약조건에 따른 정산 절차와 기준(정산대상과 범위, 적용단가, 계약상대자가 제출할 서류 등)을 미리 정하고 그에 따라 계약을 체결한 경우라면, 동 계약이행이 완료된 후에는 그 기준과 절차에 따라 정산하여야 할 것입니다. 만약 나라장터 종합쇼핑몰에서 직접 구매한 경우라면 해당 물품의 조달청 계약부서와 직접 협의하여 처리하시기 바랍니다.

1장 정부계약제도 일반

물품구매와 물품제조구매의 용어 차이

2021-07-15

▣ 질의내용

물품구매와 물품제조구매의 용어 차이를 알고 싶습니다.

▣ 답변내용

[질의요지] 물품계약에 있어 제조와 구매의 차이

[답변내용] 국가기관이 발주하는 계약에 있어서 제조, 구매의 구분에 대하여 국가계약법령에서 명시적으로 정한 바는 없습니다. 다만, 계약상대자인 생산자(제조업)가 별도의 주문(계약)에 의하여 제작하거나 가공하여 생산하는 물품을 취득하는 경우인지 또는 판매자(서비스업)가 판매하고 있는 완성품을 구매하여 취득하는 경우인지에 따라 제조와 구매를 구분할 수는 있을 것입니다. 참고로 넓은 의미에서 물품구매는 제조와 구매를 포괄하는 뜻으로 사용되기도 합니다.

미세먼지 제거를 위한 고압살수 용역을 감독하기 위한 감독권한대행 용역 시행 가능 유무
2022-07-07

▣ 질의내용

지하터널에서 고압살수차를 운영하여 미세먼지를 저감시키기 위한 용역을 시행하려고 합니다. 이 고압살수차 운영 용역을 관리감독하기 위한 "감독권한대행 등 건설사업관리용역" 시행 가능한지 문의드립니다.

▣ 답변내용

[질의요지] 용역계약을 관리 감독할 용역의 발주

[답변내용] 계약예규 용역계약일반조건 제39조 제2호에 따른 감독 권한대행 등 건설사업관리는 건설기술진흥법 제2조제6호에서 정의한 발주기관이 발주하는 일정한 건설공사에 대하여 건설기술진흥법 제26조에 따른 건설사업관리용역사업자가 해당 공사의 설계도서, 기타 관계서류의 내용대로 시공되는지를 확인하고 기술지도 등 관리 감독하는 것을 말합니다.

귀 질의 용역이 건설기술진흥법에서 정한 바에 해당하는 경우라고 판단이 되면 가능할 것이나 이러한 판단은 발주기관이 직접 계약내용을 확인하고 판단하여야 합니다.

법인분할로 인한 계약변경요건

2022-04-26

◪ 질의내용

인적분할 전 회사(A사)로 수주한 용역건의 면허조건("가"면허-주공정, "나"면허, 공동수급 가능)으로 계약을 체결하였습니다. 금회 분할전 회사(A사)는 "나"면허에 해당하는 사업부문, 분할되는 신설회사(B사)는 "가"면허에 해당하는 사업부문으로 분할하고자 합니다.

그렇다면 당해용역 대해 1. B사로 계약변경을 하여야 하는지? - "가"면허 해당법률상 면허반납에도 불구하고 업무계속할 수 있는 조항을 근거로 A사에서 계속 진행

2. 그럼에도 불구하고 B사로 변경할 경우 계약 첨부서류로 공동수급협정서("A사","B사" 면허부문, 지분율 등)와 계약보증서(지분율에 해당하는 금액으로 변경) 및 선금보증서(지분율 해당액) 등도 다시 제출되어야 하는지?

◪ 답변내용

[질의요지] 법인의 분할에 따른 계약변경

[답변내용] 국가기관이 당사자가 되는 계약에 있어서 계약담당공무원은 법인의 분할이나 합병 등으로 민법 또는 상법에 의해 권리, 의무관계가 포괄적으로 양도·양수되었다고 판단되는 경우에 그 양수인과 변경계약을 체결할 수 있습니다.

상법상의 영업양도란 영업의 동일성을 유지하면서 영업용 재산(인적, 물적 재산) 일체를 이전할 것을 목적으로 하는 채권계약으로 사업의 양도가 있으면 양도인(개인이면 상인자격을 상실하고 법인인 경우에는 정관상의 목적을 변경하여야 함)은 해당 영업을 영위할 수 없습니다. 그러므로 포괄적 양도·양수가 인정되는 경우라면 양수자로 계약상대자를 변경하여야 할 것으로 봅니다.

한편, 계약상대자는 당해 계약에 의하여 발생한 채권을 제3자에게 양도할 수 있는 바, 선금의 경우 선급지급을 보증한 기관의 동의를 얻어 양도할 수 있도록 하고 있는 점을 감안, 각종 보증서는 보증기관의 동의가 필요할 것으로 보여지며, 공동계약이라면 수급체 구성원 전원의 동의도 필요할 것입니다.

복합공사 일괄발주 원가계산서 간접비(제비율) 적용 문의
2021-07-06

◼ **질의내용**

1. 당사는 민간회사로서 신재생에너지 설비의 기반시설에 대한 복합공사를 통합하여 일괄발주한 경우의 원가계산서 간접비(제비율) 적용 관련 문의입니다.

2. 복합공사의 공종은 토목, 건축, 기계, 전기, 통신, 소방으로서 "토목공사"가 주 공종(약 42%)이나, 공사규모에 따른 간접비 상승 및 사업성을 고려하여 토목공사가 아닌 건축·산업환경설비 원가계산서 제비율을 참고하여 적용하였습니다.

3. 복합공사의 경우에는 주 공종을 기준으로 간접비 요율을 적용하는 것으로 알고 있으나, 적용제외 항목에 대하여 산출된 직접비(재료비, 노무비, 직접경비)를 차감하고 요율을 적용하는 것인지 아니면, 전체 공종의 직접비를 대상으로 주 공종을 기준하여 간접비 요율을 일괄 적용하는 것인지 문의 드립니다.

※적용제외 항목 : 건설기계대여금 지급보증 수수료, 환경보전비 (전기공사, 정보통신공사, 소방시설공사)

◼ **답변내용**

[**질의요지**] 복합공사에 대한 원가계산 간접공사비(제비율) 산출 방법

[**답변내용**] 국가기관이 당사자가 되는 시설공사 계약에 있어 공사원가계산은 계약예규 「예정가격작성기준」 제2장제3절에 따라 계약담당공무원이 작성하며 이 때 제경비는 해당 경비의 관련법령에서 정한 기준이나 율을 적용하여 계상합니다. 해당 공사와 같이 토목이 주된 공사로 건축, 기계, 전기, 통신, 소방이 포함되어 일괄로 발주된 경우는 「전기공사업법 시행령」 제8조(분리발주의 예외), 「정보통신공사업법 시행령」 제4조(공사제한의 예외), 「소방시설공사업법 시행령」 제11조의2(소방시설공사 분리 도급의 예외) 등에 해당한다고 보아 건축, 기계, 전기, 통신, 소방이 토목공사에 부대되는 공종으로 포함된 공사라고 보는 것이 타당할 것입니다. 토목공사가 주공종인 복합공사의 경우 조달청에서는 "토목공사 원가계산 간접공사비(제비율) 적용기준"을 적용하고 있으며, 직접공사비 총액(건축, 기계, 전기, 통신, 소방 등 부대공종의 직접공사비 포함)을 대상으로 관련법령에서 정해진 기준이나 율을 적용하여 산정합니다.

사회적 약자기업(장애인기업)을 우선 배려한 지급자재 발주 문의건
2021-04-05

▣ 질의내용

1. 당 현장 교통안전시설물 중 보행자의 무단횡단금지를 위한 디자인휀스 구매가 당초 미반영되어 있었으나 지자체 협의과정에서 설계변경으로 반영되어 (총 구매 예정금액: 약 2.5억원)
2. 이 중 5천만원 미만은 국가계약법 제26조에 의거하여 사회적 약자기업인 장애인기업에 수의계약을 진행하고 나머지 약 2억원 이상의 디자인 휀스는 조달청 관급구매 요청하려고 함.
3. 이때 수의계약과 조달청 구매로 분할계약 병행진행이 가능(관련 법규 위반 여부)한지 문의합니다.

▣ 답변내용

[질의요지] 사회적 약자기업(장애인기업)을 우선 배려한 지급자재 발주 문의

[답변내용] 국가기관이 체결한 공사계약에 있어 발주기관의 당초 사업계획 등이 변경되어 공사자재가 추가로 필요한 경우에는 「국가를 당사자로 하는 계약에 관한 법률 시행령」 제65조 및 계약예규 「공사계약일반조건」 제19조의5에 따라 설계변경이 가능하다 할 것입니다.

이와 같이 추가 공사자재를 당초 계약의 설계변경으로 처리할 것인지 또는 새로운 입찰, 수의계약 등으로 체결할 것인지 여부는 추가되는 공사자재와 기존 공사의 연계성, 계약체결시 추가공사의 예측가능성, 당해 사업의 적정한 이행을 위한 필요성 등을 종합적으로 고려하여 발주기관의 계약담당공무원이 직접 적의 판단해야 할 사항입니다.

한편, 국가계약법령은 국가기관이 시행하는 입찰 및 계약의 절차에 관한 법령으로서 공무원이 동 법령에 위반된 경우에 관해서는 동 법령에서 규정할 사항이 아니며, 공무원의 국가계약법령위반에 따른 책임등에 대한 사항은 국가공무원법 및 감사원법 등에서 정한 바에 따라 처리될 사항임을 알려드립니다.

사후정산으로 완수금액이 달라지는 경우 계약변경 여부
2021-04-12

■ 질의내용

<민원개요> 국가계약법 제19조(물가변동 등에 따른 계약금액 조정), 국가계약법시행령 제66조(기타 계약내용의 변경으로 인한 계약금액의 조정), 정부입찰계약집행기준 제19장(국민건강보험료 및 국민연금보험료 사후정산 등) 등에 따라 계약금액과 최종완수금액이 달라지는 경우 변경계약을 체결하여야 하는지?

<질의>

1. 사후정산 등으로 계약금액과 최종 완수한 금액이 달라지는 경우가 있습니다.

2. 이 경우 반드시 변경계약을 체결해야 하는지 정산한 금액만 검사 및 대금지급 하는 것으로 종결해도 되는지 궁금합니다.

3. 사업부서 감독공무원이 계약기간 종료 후에 사후정산한 금액만큼 감액검사하여 대금지급요청 하고 있는데(100원 계약, 정산 후 90원 검사), 감액된 금액을 계약기간 종료 후에 변경계약하는 것도 이상하고, 변경계약 없이 대금지급 하고 종결하려니 나라장터상 계약금액과 최종 완수금액이 일치하지 않게 되어 이것도 문제가 될 수 있을 것 같습니다.

4. 계약금액과 최종 완수금액이 달라지는 경우 변경계약이 반드시 필수 인지 질의드립니다.

■ 답변내용

[질의요지] 계약에서 사후정산으로 완수금액이 달라지는 경우 계약변경 여부

[답변내용] 국가기관이 체결한 계약에 있어서 계약금액의 사후정산은 원칙적으로 「국가를 당사자로 하는 계약에 관한 법률」 제23조의 개산계약 및 동법 시행령 제73조의 사후원가검토조건부계약으로 체결한 경우에 가능한 것이며, 계약특수조건 등에 사후정산조건을 정하거나 개별법에서 정산하도록 규정된 경우에도 정산이 가능할 것입니다. 다만, 국가계약법령이나 계약예규상에서는 해당 계약이행 완료 후 사후정산으로 계약금액이 달라진 경우 처리절차에 대하여 구체적으로 정하고 있지 아니한 바, 발주기관에서는 대금관련 회계증빙서류 일치 등을 고려하여 변경계약을 체결하거나 변경계약 대신 이를 명백히 한 정산조서 작성 등으로 갈음할 수 있을 것으로 봅니다.

산출내역서 변경 가능 여부

2022-02-24

■ 질의내용

물품, 용역, 공사 계약의 산출내역서의 정의는 아래와 같습니다.

1) 물품계약의 산출내역서: 입찰금액 또는 계약금액을 구성하는 물량, 규격, 단위, 단가 등을 기재한 명세서로 계약금액의 조정 및 기성부분의 대가의 지급시에 적용할 기준으로서 계약문서의 효력을 갖는다.(물품(제조)계약일반조건 제2조제4호 및 제3조제1항)

2) 용역계약의 산출내역서: 계약조건에서 규정하는 계약금액의 조정 미 기성부분의 대가의 지급시에 적용할 기준으로서 계약문서로서의 효력을 갖는다.(용역계약일반조건 제4조제1항)

3) 공사계약의 산출내역서: 입찰금액 또는 계약금액을 구성하는 물량, 규격, 단위, 단가 등을 기재한 다음 각 목의 내역서를 말한다.(공사계약일반조건 제2조제9호)

관련하여 질문은 다음과 같습니다.

1) 물품 및 용역계약의 경우, 계약체결 시 산출내역서를 제출받는데 계약금액은 변동되지 않고 업체의 산출내역 오류 및 변경 등으로 산출내역서만을 변경해도 되는것인지요. 그럼 이는 계약일반조건에 따른 물가변동 및 기타 계약내용 변경으로 인한 계약금액의 조정 등에 해당하지는 않으나 계약문서의 변경사항으로 이에 대한 조치만 하면 되는것인지

2) 공사의 경우, 100억원 미만이면 국가계약법 시행령 제14조제6항에 따라 산출내역서는 착공신고서 제출할 때에 제출해야 합니다. 착공신고 이후 1번 질문과 유사하게 산출내역의 오류 및 변경 등으로 산출내역서만을 변경해도 되는것인지요. 이 경우, 설계서(물량내역서)가 변경된 것이 아니라 단순히 단가 산정이 잘못되어 이를 정정하고자 할 경우 계약문서의 변경사항으로 이에 대한 조치만 하면 되는것인지. 아니면 착공 신고한 이후에는 조정이 불가능 한 것인지요.(설계변경에 따른 계약금액 조정 문의가 아니라, 계약금액은 변동없고 단순 산출내역서 상 단가 오류(항목별 단가 산정 오류)에 관련 질문입니다.)

■ 답변내용

[질의요지] 산출내역서 변경

[답변내용] 국가기관이 당사자가 되는 계약에 있어 계약상대자가 작성하여 제출하는 산출내역서는 대가지급 및 계약금액 조정의 기준이 되는 것으로, 산출내역서의 누락이나 오류 등은 설계변경의 사유가 될 수 없습니다.

산출내역서는 기성대가 지급 전에 산출내역서의 명백한 오류가 발견된 경우 발주기관과 협의하여 수정이 가능할 것으로 보나, 기성대가가 이미 지급되었다면 산출내역서를 수정할 수는 없을 것으로 보여집니다. 구체적으로 명백한 오류에 해당하는지 판단은 설계서, 계약조건 및 기타 제반여건 등을 고려하여 계약담당공무원이 직접 하여야 합니다.

그리고 산출내역서의 수정은 물품, 용역, 공사에 따라 가능 여부를 구분하지는 않습니다.

상호변경 및 대표이사 변경시 수요기관과 변경계약에 관한 사항 질의
2021-04-09

■ 질의내용

당사의 상호변경(사업자등록번호 및 법인번호는 동일), 대표이사변경, 본점주소지를 이전하였습니다.
위 사유로
기존 계약진행 발주처(수요기관)에 책임감리단을 경유하여 위 사실을 보고하였습니다.
이때 나라장터를 통한 계약을 변경여부에 대하 답변을 부탁드립니다.
만일 변경을 해야한다면 보증과련 서류도 보완하여야 되는지 답변 부탁드립니다.

■ 답변내용

[질의요지] 계약상대자의 상호변경, 대표이사변경, 본점주소지 변경된 경우 계약서를 변경하여야 하는 지와 관련 보증서도 변경하여야 하는 지

[답변내용] 귀 질의 계약상대자의 상호변경, 대표이사 변경, 본점 주소지 변경이 발생한 경우에는 계약담당공무원이 변경 관련 서류를 제출받아 변경계약을 체결할 수 있을 것입니다.

또한 국가기관이 체결한 공사계약에 있어 공사이행보증서를 접수한 계약담당공무원은 「국가를 당사자로 하는 계약에 관한 법률 시행령」 시행령 제64조 내지 제66조에 의하여 물가변동, 설계변경, 기타 계약내용변경에 따라 계약금액을 조정하였을 경우에는 그 사실을 보증기관에 서면으로 통지하도록 계약예규 『정부 입찰·계약 집행기준』 제48조의 규정에서 정하고 있습니다.

귀 질의의 경우 이행보증서의 변경 절차가 필요한지의 여부는 보증기관에서 발행한 보증서류의 약관에 따라야 하므로 구체적인 사항은 이행보증기관에 직접 확인하여 그 답변에 따라 처리하여야 할 것입니다.

설계변경으로 인한 계약금액 조정시 추가 공사의 기준문의
2021-02-15

■ **질의내용**

최초 계약한 A 공사에서 발주처의 요청으로 일부 성격이 유사한 작업물량의 추가인 경우에는 법에 따라 A공사의 계약금액 조정이 가능하지만, A공사에 해당하는 추가공사라고 보기 애매한 경우로 A공사의 계약금액 조정이 아닌 별도 B공사로 계약해야하는 경우에 대한 규정이 없는지 문의드립니다.

예를 들면 A공사 계약가가 1억원인데, 설계변경으로 추가 조정 금액이 3억원인 경우, 기존 공사 금액 1억원 + 추가 조정금액 3억원 = 총 공사비 4억원이 될 경우 3억원에 대한 공사가 기존 A공사에서 추가공사로 계약금액 조정을 할 수 있을까요?

이와 같이 금액 기준, Area기준, 작업성격 기준 등으로 계약금액 조정이 아닌 신규 공사로 별도 발주해야하는 기준이 있나요? Ex) 금액 기준 : 추가 조정 금액이 최초 공사 금액의 100% 이상이면, 추가 금액 조정이 아닌 신규 공사로 별도로 발주한다 Area 기준 : 성격이 유사해도, 계약한 Area가 아닌 별도 Area에 대한 추가작업이 발생하면, 이는 추가금액 조정이 아닌 신규 공사로 별도로 발주한다 작업성격 기준 : 추가 공사가 최초 계약한 공사와 작업성격이 다르면 이는 추가 금액 조정이 아닌 신규 공사로 별도로 발주한다

■ **답변내용**

[**질의요지**] 기존 발주공사 관련으로 추가물량 발생시 처리방법

[**답변내용**] 정부계약은 확정계약이 원칙이나, 민법상 사정변경의 원칙을 반영하여 「국가를 당사자로 하는 계약에 관한 법률 시행령」 제64조(물가변동으로 인한 계약금액조정), 제65조(설계변경으로 인한 계약금액조정), 제66조(기타계약내용의 변경으로 인한 계약금액조정)의 사유로는 계약금액을 변경할 수 있도록 하고 있습니다. 따라서, 계약당사자는 공사이행중에 해당 사업계획의 변경 및 민원발생 등 불가피한 사유로 인하여 공사현장이 변경되는 경우에는 설계변경 등 필요한 조치를 할 수 있다 할 것입니다. 다만, 설계변경으로 인한 계약금액의 조정은 공사의 시공도중 당초 계약내용의 일부를 변경하는 것으로서 그 성격상 계약의 본질을 해치지 않는 범위내에서만 인정된다고 볼 것인 바, 귀하의 질의경우와 같이 추가물량이 발생하는 경우 이를 당초 공사의 설계변경으로 볼 것인지 또는 새로운 계약을 체결할 지의 여부는 당초 공사의 본질이 변경되는지의 여부 및 계약금액의 변경정도 등을 종합적으로 고려하여 발주기관의 계약담당공무원이 판단해야 할 사항입니다.

참고로, 국가계약법령은 국가기관이 시행하는 입찰 및 계약의 절차에 관한 법령인 바, 이외의 다른 내용에 대하여는 발주기관의 계약담당공무원이 해당 계약목적물의 특성과 다른 관련 법령 등을 종합적으로 살펴 직접 판단해야 할 사안입니다(「국가를 당사자로 하는 계약에 관한 법률」 제3조 참조).

수의계약 시에도 정부 입찰·계약 집행기준 제19장 적용하여야 하는지 여부
2022-06-20

■ **질의내용**

저희는 공사/용역 입찰공고 시 계약예규 「정부 입찰·계약 집행기준」 제19장에 따라 아래의 사항을 입찰공고문에 기재하여 안내하고 있습니다.

1. 예정가격 작성 시 계상된 국민건강보험료 등의 금액 및 입찰금액 산정 시 해당 보험료 등을 조정 없이 반영해야한다는 사항
2. 국민건강보험료 등은 법령에 따라 사후정산하며, 기성·준공대가 지급 시에도 위 예규를 따른다는 사항

다만 공사/용역 수의계약 시에는 별도로 위와 같은 사항을 계약상대자에게 알리고 있지는 않으나, 착공계 접수 시 구두로 위 사항을 산출내역서 작성 시 반영해달라고 요청하고 있습니다.

이러한 상황에서 아래의 경우 중 어떤 것이 맞을지 궁금합니다.

<의견 1>

해당 예규는 입찰공고 시에만 국민건강보험료 등의 정산 관련 사항을 알리도록 규정하고 있으므로, 수의계약 시에는 공문 등을 통하여 해당 사항을 별도로 계약상대자에게 알릴 필요가 없으며 계약 체결 전 미리 계약상대방에게 통보된 사항이 아니므로, 산출내역서 작성 및 보험료 정산 시 위 사항을 적용할 필요 없음

<의견 2>

해당 예규는 입찰공고 시에만 국민건강보험료 등의 정산 관련 사항을 알리도록 규정하고 있으므로, 수의계약 시에는 공문 등을 통하여 해당 사항을 수의시담 시행 전 계약상대자에게 알릴 필요가 없으나, 계약예규에 이미 규정되어 있는 사항이므로, 계약상대방이 반발하더라도 산출내역서 작성 및 보험료 정산 시 위 사항을 적용하여야 함

<의견 3>

해당 예규는 입찰공고 시에만 국민건강보험료 등의 정산 관련 사항을 알리도록 규정하고 있으나, 입찰뿐만 아니라 수의계약 시에도 적용되어야 하는 사항이므로 공문 등을 통하여 해당 사항을 수의시담 시행 전 계약상대자에게 통보해야 하며, 계약예규에 이미 규정되어 있고 수의시담 시행 전 미리 통보한 사실이므로, 입찰과 같이 산출내역서 작성 및 보험료 정산 시 위 사항을 적용하여야 함

▣ 답변내용

[**질의요지**] 수의계약 시에도 정부 입찰·계약 집행기준 제19장 적용하여야 하는지

[**답변내용**] 각 중앙관서의 장 또는 계약담당공무원은 각 중앙관서의 장 또는 계약담당공무원은 「 국가를 당사자로 하는 계약에 관한 법률」 제8조의2(예정가격의 작성) 제1항에 의하여 각 중앙관서의 장 또는 계약담당공무원은 입찰 또는 수의계약 등에 부칠 사항에 대하여 낙찰자 및 계약금액의 결정기준으로 삼기 위하여 미리 해당 규격서 및 설계서 등에 따라 예정가격을 작성하여야 합니다.

따라서, 수의계약의 경우에도 해당 계약에서 산업재해보험, 고용보험, 국민건강보험 및 국민연금보험 등 법령이나 계약조건에 의하여 의무적으로 가입이 요구되는 보험의 보험료는 계약예규 예정가격작성기준 제19조제3항제10호의 규정에 따라 예정가격에 반영하여야 하는 것이며, 계약체결후 계약상대자는 계약서에 계상되어 있는 보험료에 관계없이 동 법령에서 정한 바에 따라 보험가입 및 보험료를 납부하여야 할 것인 바, 이와 관련된 정부 입찰·계약 집행기준 제19장 적용하여 수의시담 대상자에게 미리 열람할 수 있도록 하여야 하는 것입니다.

수의계약 체결 후 상호 및 대표자 변경

2022-10-28

▣ 질의내용

기존 계약업체(편의상 A업체라고 지칭)는 여성기업확인서를 보유하고 있는 업체로 2천만원 초과 5천만원 이하의 임차용역을 수의계약으로 체결하였습니다. 계약기간 중 A업체는 사업자번호는 동일하지만 상호 및 대표자를 변경하였고 더이상 여성기업확인서는 발급받지 못한다고 하였습니다. 계약 체결 당시 여성기업의 요건을 충족해서 2천만원 초과임에도 수의계약을 체결하였던 것인데, 계약 기간 중 해당 요건을 유지하지 못한다고 하였을 때, 해당 계약을 해지 할 수 있는 사유에 해당되는지에 대해 문의드립니다.

▣ 답변내용

[질의요지] 공공기관에서 수의계약 체결 후 상호 및 대표자 변경

[답변내용] 공공기관의 계약사무를 처리할 때에는 기타공공기관의 경우에는 「기타 공공기관 계약사무 운영규정」을 적용하고 공기업·준정부기관일 경우에는 「공기업·준정부기관 계약사무규칙」을 적용하여야 하며, 동 규정 및 규칙에서 규정하지 아니한 사항은 국가계약법을 준용하여 처리해야 합니다. 또한 국가계약법령해석에 관한 내용이 아닌 계약체결 내용과 관련된 사실판단에 관한 사항에 대하여는 해당 입찰공고를 하여 계약을 체결한 발주기관에서 해당 관련 규정 등을 종합검토하여 직접 판단할 사항입니다.

참고로, 국가기관이 체결하는 계약에 있어서 당해 계약의 이행은 계약당사자가 직접 수행하는 것을 원칙으로 하고 있는 바, 계약상대자가 다른 법인등에 흡수·합병된 경우에는 상법등 관련법령에 의하여 개인업체의 권리·의무가 흡수·합병받은 법인에 포괄적으로 승계된다면 국가기관과 체결한 계약과 관련된 권리·의무에 대하여도 특별한 하자가 없는 한 승계되는 것이 타당하다고 보는 바, 이에 따른 계약상대자를 변경계약을 체결할 수 있을 것입니다. 구체적인 것은 상법등 관련법령 및 흡수계약내용등을 검토하여 발주기관의 계약담당공무원이 직접 판단·처리할 사항입니다.

동법 시행령 제26조에 의한 수의계약의 경우에는 동법 시행규칙 제37조(경쟁계약에 관한 규정의 준용)에 의하여 동 시행령 제14조제1항 및 제2항은 준용하는 바, 계약예규 「용역입찰유의서」 제3조의2제2항에 따라 전자경쟁입찰참가등록은 계약체결시까지 유지되어야 함을 알려드립니다.

물품계약에 있어 계약담당공무원은 계약예규 품품구매(제조)계약일반조건 제26조제1항 각호의 어느 하나에 해당하는 경우에는 해당 계약의 전부 또는 일부를 해제 또는 해지할 수 있는 바, 구체적인 것은 발주기관에서 직접 사실관계를 확인하여 처리할 사항입니다.

「국가를 당사자로 하는 계약에 관한 법률」 제3조에 의하여 해당 계약목적물 관련으로 다른 법률 등에 정한 바가 있다면 그에 따라 관련 업무를 처리할 수 있을 것입니다.

수의 계약시 계약 보증금 면제 관련 문의

2022-05-09

▣ 질의내용

국가를 당사자로 하는 계약에 관한 법률 시행령 제50조 6항 3호에 따르면 계약금액이 5천만원이하인 계약을 체결하는 경우 계약보증금의 전부 또는 일부를 면제할 수 있습니다.

1. 5천만원이하의 수의계약 경우, 계약보증금을 면제하려고 하는데 이때, 계약보증금 지급 각서 등의 문서를 첨부해야하나요? (입찰의 경우는 첨부하는 것으로 확인했는데 수의계약의 경우에는 규정에 명시되어 있지 않아 문의드립니다)

2. 1번의 답변에서 계약보증금 지급 각서 등의 문서를 첨부해야한다면, 계약담당자가 일정금액 이상의 경우 계약보증금 지급각서를 진행해도 될까요? (예를 들어 500만원 이상의 수의 계약의 경우, 계약서 상에 계약보증금 지급각서를 첨부해도 되는지 문의드립니다)

3. 5000만원 이하의 수의 계약의 경우, 계약상대자가 계약상의 의무를 이행하지 않았을 때는 부정당업자제재처분만 적용되고, 계약보증금 납부는 하지 않아도 되나요? (5000만원 초과의 계약의 경우에만 계약상대자가 계약상의 의무를 이행하지 않았을 때 계약보증금을 납부하는것이 맞는지 문의드립니다.)

▣ 답변내용

[질의요지] 수의 계약시 계약보증금 면제

[답변내용] 「국가를 당사자로 하는 계약에 관한 법률」 제12조제1항 단서에 따라 계약보증금의 전부 또는 일부를 면제할 수 있는 경우는 같은 법 시행령 제50조제6항 각 호와 같다고 정하고 있는 바, 이에 따를지 여부는 '할 수 있는' 재량(임의)행위이므로 각 발주관서의 장이 적의 판단·결정할 사항입니다. 이 경우에는 같은 법 시행령 제50조제10항에 의하여 같은 법 시행령 제37조제4항의 규정(입찰보증금지급각서 제출)을 준용하는 바, 해당 계약금액의 100분의10 이상을 납부할 것을 확약하는 계약보증금지급각서를 징구하여야 하는 것입니다. 또한, 발주기관의 계약담당공무원은 같은 법 시행령 제51조제1항의 규정에 의하여 계약상대자가 정당한 이유없이 계약상의 의무를 이행하지 아니한 때에는 계약보증금을 국고에 귀속하는 것인 바, 동 보증금을 납부하지 아니하고 계약보증금지급각서를 징구한 경우에도 동일하게 처리해야 하는 것입니다.

수의계약시 국내입찰업체를 포함한 계약에 대한 질의

2022-08-22

■ 질의내용

현재 외자 물품 구매 관련하여 국가계약법 시행령 제26조제1항제2호사목에 따라 수의계약을 진행하려합니다.

위의 내용에 따라 수의계약을 진행할 경우, 외자 물품 해외공급업체와 국내 계약 업무를 진행하는 국내입찰업체를 계약대상자로 포함하여 계약을 진행하는 것이 법령상 위배가 되지 않는지 문의드립니다. (해당 국내입찰업체는 해외공급업체의 국내지사의 성격은 아닌, 타 외자 구매에 입찰을 진행하는 업체입니다.)

■ 답변내용

[질의요지] 국가계약법 시행령 제26조제1항제2호사목에 따른 수의계약시 외자 물품 해외공급업체와 국내 계약 업무를 진행하는 국내입찰업체를 계약대상자로 포함하여 계약을 진행하는 것이 법령상 위배가 되지 않는지

[답변내용] 「국가를 당사자로 하는 계약에 관한 법률」 제2조(적용범위)의 규정에 의하면 동 법은 국제입찰에 의한 정부조달계약, 국가가 대한민국 국민을 계약상대자로 하여 체결하는 계약(세입의 원인이 되는 계약을 포함한다)등 국가를 당사자로 하는 계약에 대하여 적용한다고 되어 있습니다.

같은 법 시행규칙 제37조(경쟁계약에 관한 규정의 준용)에 의하여 동법 시행규칙 제14조제1항 및 제2항은 수의계약의 경우에 준용하는 것이며, 수의계약을 체결하기 위해서는 동 시점에 수의계약에 의할 수 있는 요건이 충족되고 있어야 할 것입니다. 따라서, 귀 질의의 경우 수의시담 대상자가 관련 법령등에서 정한 절차에 따른 수의계약자격등록요건을 갖춘 경우라면 수의계약이 가능할 것으로 봅니다. 구체적인 것은 발주기관에서 해당 계약목적물의 특성과 계약이행가능성, 관련 규정을 종합고려하여 직접 판단할 사항입니다.

「국가종합전자조달시스템 입찰참가자격등록규정」 [시행 2021. 6. 1.] [조달청고시 제2021-11호, 2021. 6. 1., 폐지제정] 제13조의2(국외소재업체의 입찰참가자격 등록신청)를 참고하시기 바랍니다.

1장 정부계약제도 일반

신용카드로 결제시 승낙사항 작성 예외 규정

2022-05-12

▣ 질의내용

국가를 당사자로 하는 계약에 관한 법률 시행규칙 제50조(계약서의 작성을 생략하는 경우)에 따르면 계약서 작성 생략시 계약 상대자로부터 청구서, 각서, 협정서, 승낙사항 등 계약성립 증거가 되는 서류를 제출받게 되어 있습니다. 보통 계약상대자가 세금계산서를 발행하고자 하는 경우 계약시점에서 계약서를 대체하여 승낙사항을 제출받고는 있는데요. 법인 신용카드로 결제를 진행하는 경우 승낙사항을 제출받아야 하는지, 생략해도 되는지 문의드립니다.

▣ 답변내용

[질의요지] 계약서 작성 생략 시 승낙사항 확인

[답변내용] 국가기관이 당사자가 되는 계약의 경우에 각 중앙관서의 장 또는 계약담당공무원은 국가를 당사자로 하는 계약에 관한 법률 시행령 제49조에 따라 계약서의 작성을 생략하는 경우에는 계약상대자로부터 청구서.각서.협정서.승낙사항 등 계약성립의 증거가 될 수 있는 서류를 제출받아 비치하여야 하는 것입니다. 다만, 같은 법률 시행규칙 제50조에 따라 기획재정부장관이 따로 정하는 회계경리에 관한 서식에 의한 경우에는 그러하지 아니합니다.

한편, 기획재정부장관이 따로 정하는 회계경리에 관한 서식에 관해서는 국고금관리법 시행규칙 별지에서 정하고 있으나, 이들 서식은 계약성립의 증거가 될 수 있는 내용을 담고 있지는 아니합니다. 따라서, 귀하의 질의 경우가 계약담당공무원이 할 수 있는 임의행위로서 정상적인 계약서의 작성을 생략하는 경우에는 계약상대자로부터 위에서 나열한 서류를 제출받아 비치하여야 할 것입니다.

신용카드의 경우 대부분 카드결제와 동시에 계약을 이행완료하는 경우가 많아 회계규정에 따라 청구서로 활용이 가능한 경우라면 별도의 승낙사항을 제출받지 않아도 가능할 것으로 보이나, 구체적인 경우에서 이외에 계약성립의 증빙서류를 추가로 비치할 것인지 여부는 각 중앙관서의 장이 해당 계약목적물의 특성을 살펴 직접 판단해야 할 사항입니다.

업무용 차량 입찰 관련 문의

2022-01-25

▣ 질의내용

업무용 차량 입찰과 관련하여 몇가지 문의사항이 있습니다. 업무용 차량을 구입하는데 있어 입찰이 꼭 필요한 것이냐는 질문과 업무용 차량을 매각하는데도 꼭 입찰을 해서 매각을 하여야만 하는 것인지 명확한 답변을 듣고 싶습니다.

▣ 답변내용

[질의요지] 물품 구매입찰 및 매각 행위의 근거

[답변내용]

가. 입찰에 관하여

국가기관이 당사자가 되는 계약에 있어 계약담당공무원이 계약을 체결하려면 국가를 당사자로 하는 계약에 관한 법률 제7조에 따라 일반경쟁에 부쳐야 하나, 계약의 목적, 성질, 규모 등을 고려하여 필요하다고 인정되면 제한경쟁이나 지명경쟁 또는 수의계약의 방법으로 계약을 체결할 수 있습니다.

계약의 기본 원칙은 경쟁입찰(일반, 제한, 지명)이나 법령에서 정한 범위 내에서는 발주기관의 판단에 따라 수의계약도 가능한 것입니다. 수의계약이 가능한 법령 규정은 국가를 당사자로 하는 계약에 관한 법률 시행령 제26조 내지 제32조의 규정을 참고하시기 바랍니다.

나. 매각에 관하여

국가계약법령에서는 불용물품을 처분하는 경우에 관하여 세부적인 규정을 두고 있지 않습니다. 이에 관한 사항은 물품관리법에서 정하고 있는 바, 물품관리법 제4장 제5절(처분)의 제35조 내지 제42조에서 정한 방법은 교환, 관리전환, 매각, 유·무상양여, 폐기 등이 있으며 구체적인 경우에 처분방법은 물품의 상태와 관리전환 가능성 등 제반 여건을 고려하여 중앙관서의 장(물품관리관)이 결정하는 것입니다.

1장 정부계약제도 일반

업역개편으로 인한 하도급대금지급보증서의 산출내역 검토간 질의
2021-03-18

▣ 질의내용

건설산업기본법의 개정으로 인한 상호 업역개편 철폐로, 전문공사업을 등록한 건설사업자가 종합공사를 도급할 수 있게 되면서 하도급대금지급보증서 관련하여 아래와 같이 질의드립니다.

1. 총액제 종합공사(건축 또는 토목건축)으로 원가계산을 하였고, 이에 하도급대금지급보증서 발급금액을 예산액에 포함시켜 입찰공고를 게시하였습니다.
2. 상호 업역개편으로 인하여 전문공사업을 등록한 건설사업자가 낙찰자로 선정되었고, 산출내역서를 작성하는 과정에서
3. 상호업역이 상대시장에 진출하는 경우 하도급이 원칙적으로 제한됨에 따라 하도급대금지급보증서 발급금액을

갑설) 산출내역서에 반영하고 정산처리

을설) 산출내역서에 반영하지 않고 낙찰액의 범위 이내에서 낙찰업체가 직접재료비, 노무비, 경비 등에 조정하여 반영함

위 갑, 을설 중 어떠한 것이 옳은 방법인지 답변 부탁드립니다.

▣ 답변내용

[**질의요지**] 계건설산업기본법의 개정으로 인한 상호 업역개편 철폐로, 전문공사업을 등록한 건설사업자가 종합공사를 도급할 수 있게 되면서 하도급대금지급보증서 관련

[**답변내용**] 국가기관이 당사자가 되는 계약은 '확정계약'이 원칙이나, 「국가를 당사자로 하는 계약에 관한 법률 시행령」(이하 "시행령"이라 합니다) 제70조에 따른 "개산계약", 시행령 제73조에 따른 "사후원가검토조건부 계약"이나 「건설산업기본법」 등 관련 법령이나 계약조건에서 정산하도록 규정하고 있는 경우에 한하여 계약금액의 정산이 가능합니다. 따라서, 발주기관의 계약담당공무원은 관련 법령 또는 계약조건에 따른 정산 절차와 기준(정산대상과 범위, 적용단가, 계약상대자가 제출할 서류 등)을 미리 정하고 그에 따라 계약을 체결한 경우라면, 동 계약이행이 완료된 후에는 그 기준과 절차에 따라 정산하여야 할 것입니다.

참고로, 국가기관이 당사자가 되는 공사계약에서 계약예규 공사입찰유의서 제11조에 정한 산출내역서는 발주기관이 입찰설명서 등에서 따로 정한 바가 없는 한, 발주기관이 교부한 물량내역서에 계약상대자가 단가나 승률 등을 자율적으로 기재하여 작성하는 것인 바, 계약상대자가 계약체결시 제출한 산출내역서의 총계금액과 계약(낙찰)금액은 서로 일치하여야 하는 것입니다.

여성기업 수의계약 관련

2021-09-14

▣ 질의내용

1. 국가계약법 시행령 제26조제1항제5호가목5)에 의거 계약상대자가 여성기업이라면 추정가격 2천만원 초과 1억이하인 물품 제조·구매계약, 용역계약을 수의계약으로 진행할 수 있다고 되어있습니다. 여기서 시행령 제30조제1항에 의하면 2인 견적 수의계약으로 진행하여야 한다고 명시되어 있습니다. 그렇다면 시행령 제26조제1항제5호가목5)의 계약은 2인 이상의 여성기업의 견적을 받아서 진행하는 수의계약인지 궁금합니다.

2. 국가계약법 시행령 제26조제1항제5호가목5)에 의하면 추정가격 2천만원 초과 1억원 이하의 물품 제조·구매계약, 용역계약을 수의계약으로 진행할수 있다고 되어있는데, 공사계약은 미포함인지 궁금합니다.

3. 국가가 여성기업과 공사계약을 1인견적 수의계약으로 진행하려면 시행령 제30조제1항제2호에 의거 추정가격이 5천만원 이하일 때만 1인견적 수의계약이 가능한지 여부가 궁금합니다.

4. 시행령 제30조 제2항에 의거 여성기업과 계약체결 시 추정가격이 5천만원을 초과하는 수의계약일 경우 전자조달시스템을 이용하여 견적서를 제출한다고 명시되어있는데, 전자조달시스템을 이용하여 견적서를 제출한다는 행위는 결국 2인 이상 수의계약을 의미하는건지, 1인 견적 수의계약이 가능하나 단지 견적서를 전자조달시스템에 등록해야한다는 조건을 의미하는건지 궁금합니다.

▣ 답변내용

[질의요지] 국가계약법 시행령 제26조에 따른 여성기업 수의계약

[답변내용]

<질의1 관련> 국가를 당사자로 하는 물품의 제조·구매, 용역계약에 있어서 추정가격이 2천만원 초과 1억원 이하인 계약으로서 「국가를 당사자로 하는 계약에 관한 법률 시행령」(이하 "시행령"이라 합니다.) 제26조제1항제5호가목5) 다음의 어느 하나에 해당하는 자와 소액수의견적계약을 체결할 수 있다 할 것입니다. 가) 「여성기업지원에 관한 법률」 제2조제1호에 따른 여성기업 나) 「장애인기업활동 촉진법」 제2조제2호에 따른 장애인기업 다) 「사회적기업 육성법」 제2조제1호에 따른 사회적기업, 「협동조합 기본법」 제2조제3호에 따른 사회적협동조합, 「국민기초생활 보장법」 제18조에 따른 자활기업 또는 「도시재생 활성화 및 지원에 관한 특별법」 제2조제1항제9호에 따른 마을기업 중 기획재정부장관이 정하는 요건을 충족하는 자

한편, 시행령 제30조제1항 단서 조항 이외의 경우에는 2인 이상으로부터 견적서를 받아야 합니다. 이는 견적서 제출대상을 특정인으로 한정하지 않고 견적서를 제출하고자 하는 자가 있을 때에는 이를 허용하여야 하는 것으로서, 동 규정은 소액수의 계약의 투명성과 경쟁성을 확보하기 위하여 경쟁입찰 방식을 준용하여 낙찰자를 결정하고자 하는 취지인 바, 견적서 제출대상을 여성기업만으로 제한하는 것은 제한경쟁입찰에 해당된다고 볼 수 있으므로 동 제도의 취지와 부합되지 않을 것이며, 수의계약에 해당하는 동 제도에 적용하기는 곤란할 것입니다.

참고로, 국가계약법령은 국가기관이 시행하는 입찰 및 계약의 절차에 관한 법령이므로 각 발주기관의 공무원은 이에 따라 업무를 처리해야 하는 것이 원칙일 것이며, 발주기관이 상기 사유에 해당되는지 여부를 판단함에 있어서는 동 제도가 그 취지 및 성격상 관련규정의 해석 및 운용에 있어 확대해석 또는 유추해석은 지양하고 문리해석하는 것을 기본으로 하고 있음을 고려하여야 하는 것입니다.

<질의2,3 관련> 시행령 제26조제1항제5호가목5)에서는 공사계약을 포함한다고 정하고 있지 아니합니다. 다만, 시행령 제26조제1항제5호가목1)에서는 '「건설산업기본법」에 따른 건설공사(같은 법에 따른 전문공사는 제외)로서 추정가격이 4억원 이하인 공사, 같은 법에 따른 전문공사로서 추정가격이 2억원 이하인 공사 및 그 밖의 공사 관련 법령에 따른 공사로서 추정가격이 1억6천만원 이하인 공사에 대한 계약'은 수의계약에 의할 수 있는 바, 이 경우 여성기업과도 수의계약이 가능할 것입니다. 시행령 제30조제1항제2호 단서조항{행령 제26조제1항제5호가목5)가)부터 다)까지의 어느 하나에 해당하는 자와 계약을 체결하는 경우에는 5천만원 이하인 경우로 함.} 해당하는 경우에는 1인 견적에 의할 수 있는 것입니다.

<질의4관련> 각 중앙관서의 장 또는 계약담당공무원은 시행령 제30조제2항에 정한 바에 따라 시행령 제26조제1항제5호가목에 따른 수의계약 중 추정가격이 2천만원[같은 조 제1항제5호가목5)가)부터 다)까지의 어느 하나에 해당하는 자와 계약을 체결하는 경우에는 5천만원]을 초과하는 수의계약의 경우에는 전자조달시스템을 이용하여 견적서를 제출하도록 해야 합니다. 다만, 계약의 목적이나 특성상 전자조달시스템에 의한 견적서제출이 곤란한 경우로서 기획재정부령(동법 시행규칙 제33조제1항 참조)으로 정하는 경우에는 그렇지 아니합니다. 이는 견적서 징구방법을 전자조달시스템을 이용토록 한 것이므로 이에 따라야 하나, 이외의 경우에는 동법 시행규칙 제33조제1항에 따라 처리해야 할 것으로 봅니다. 참고로, 동법 시행규칙 제37조(경쟁계약에 관한 규정의 준용)에 의거 시행령 제14조(입찰참가자격요건의 증명) 제1항 및 제2항은 수의계약의 경우에 준용하는 것입니다.

예산 및 사업에 따른 국가계약법, 지방계약법 적용 여부
2022-01-24

◼ **질의내용**

국가 및 지자체에서 동일 사업 진행을 위해 위수탁협약을 각각 체결하고
국비 및 지방비를 통합한 예산을 총 예산으로 하는 입찰공고를 나가려 합니다.
예산 비율은 지방비가 큰 상황인데
이 경우 국가계약법 및 지방계약법 중 어떠한 법에 따라 입찰공고를 나가야한지 문의드립니다.
* 귀 귀관의 경우 공기업(준시장형)으로 일반적으로 국가계약법을 준용합니다.

◼ **답변내용**

[**질의요지**] 계약법령 적용

[**답변내용**] 공공기관의 계약사무는 해당 계약문서, 공공기관의 운영에 관한 법령, 공기업·준정부기관 계약사무규칙이나 기타 공공기관 계약사무 운영규정(기획재정부 훈령) 등 해당 기관의 계약사무규정에 따라 계약업무를 처리하되, 위 규칙이나 규정에 있지 아니한 사항에 관하여는 국가계약법령을 준용해서 처리해야 합니다.

당초부터 국가계약법령 적용 대상 기관이라면 국가계약법령을 적용하는 것이 적절할 것으로 보여지나, 업무의 위수탁 등에 따른 계약의 경우 위탁기관에서 특별한 규정을 두어 요구하는 경우(예, 보조금 교부조건, 지역제한 등)에는 그 조건에 적합한 방법으로 하여야 할 것이므로 이를 참고하시기 바랍니다.

1장 정부계약제도 일반

용역계약(장기계속계약) 사회보험료 정산관련

2022-10-13

▣ 질의내용

(사실관계)

1. 입찰공고상 사회보험료에 대하여 정산함을 명시
2. 장기계속계약으로 연차별 계약을 체결
3. 계약체결시 위탁운영사는 산출내역서를 작성(보험료 각각 계상), 용역기간 중 물가변동 등에 따라 산출내역서 변경

(쟁점) 사회보험료 정산을 연차별로 하여야 하나, 전임담당자들이 연차별로 정산하지 않아, 부득이하게 준공시점에 5개년도 계약에 대하여 연차별 및 정산 항목별 산출내역서상 금액을 기준으로 미 집행 금액에 정산하는 과정에서 운영사와의 이견이 발생하였음

(대립 의견 1)

갑설 : 산출내역서상 산정된 5개년도 합산 금액을 기준으로 정산

을설 : 국가를 당사자로 하는 계약에 관한 법률 제21조제2항에 의거 회계연도 예산의 범위에서 해당 계약을 이행하여야 하기 때문에 연차별로 정산하여야 함

(대립 의견 2)

갑설 : 산출내역서상 정산항목의 합산금액(국민연금 + 건강보험 + 장기요양보험)을 기준으로 미 집행금액에 대하여 정산

을설 : 산출내역서상 정산항목별 금액을 기준으로 항목별 정산(사용금액이 적은 경우 반환(감액)하고, 초과 사용액은 정산(추가지급)하지 아니함, 즉, 국민연금 항목 미 사용금액과 건강보험 초과 사용금액을 상계하지 않음

(대립 의견 3)

갑설 : 정산시 감액만 있고, 초과사용액을 증액하지 않는 것은 운영사에 불리한 계약 조건임

을설 : 조달청 질의 회신 사례에 따르면 사용액이 적은 경우 발주처에 반환하고, 초과 사용액은 정산하지 아니한다고 해석사례가 있음

▣ 답변내용

[**질의요지**] 용역계약(장기계속계약) 사회보험료 정산 방법'

[**답변내용**] 「국가를 당사자로 하는 계약에 관한 법률」 제21조 규정에 의하면 장기계속계약은 이행에 수년이 소요되는 계약으로서 각 회계연도의 예산 범위 내에서 계약을 체결하는 것이므로 국민건강보험료의 정산도 차수 계약별 국민건강보험료 등의 산출내역서상 범위에서 처리하는 것이 타당하다고 할 것입니다. 즉, 계약예규 용역계약일반조건 제4조제1항 단서조항에 의하여 이 조건에서 규정하는 계약금액의 조정 및 기성부분에 대한 대가의 지급시에 적용할 기준으로서 계약문서로서의 효력을 갖는 계약문서인 산출내역서를 근거로 처리해야 하므로 산출내역서상 금액보다 지출액이 적은 경우에는 그 잔액을 반환하는 것이며 초과사용액은 따로 추가로 지급받을 수 없는 것입니다.

따라서, 장기계속계약의 경우 지난 연차계약의 국민건강보험료 등을 그 후 다음 연차계약에서 정산할 수 없는 것입니다. 다만, 최종보험료 납입확인서가 준공대가(장기계속계약에서는 각 차수별 준공대가)신청 이후에 발급이 가능한 경우에는 계약예규 정부 입찰·계약 집행기준 제94조제2항 단서조항에 따라 해당 보험료를 준공대가와 별도로 (해당 차수의 국민건강보험료 등의 범위안에서) 정산해야 하는 것인 바, 이 단서조항은 최종보험료 납입확인서가 준공대가 신청 이후에 발급이 가능한 경우에 대한 정산 규정 미비로 미정산 사례가 발생하고 있으므로 준공대가 이후에 사후 확인된 보험료에 대해 정산 가능하도록 2014.1.10.에 신설한 것으로서 동 기준 부칙 제2조에 따라 2014년 1월 10일 이후 입찰공고분부터 적용합니다.

참고로, "계약은 서로 대등한 입장에서 당사자의 합의에 따라 체결되어야 하며, 당사자는 계약의 내용을 신의성실의 원칙에 따라 이행하여야 한다"는 「국가를 당사자로 하는 계약에 관한 법률」 제5조제1항의 규정에 의거 국가계약은 국가가 사경제의 주체로서 행하는 사(私)법상의 법률행위에 해당되므로, 계약상대자의 정당한 요구에 대하여 발주기관의 계약담당공무원의 판단에 이의가 있는 경우라면, 발주기관(또는 상급기관)에 이의제기, 감사기관에 감사청구, 민사소송 등을 통해 처리해야 할 것입니다.

1장 정부계약제도 일반

용역입찰 관련 현장설명회 일정문의
2021-05-21

■ 질의내용

1. 물품 이전 용역 입찰 시, 현장설명회 참석자에 한해서 입찰할 수 있도록 하려고 합니다.
   이 때 현장설명회는 언제 해야 하는지요? 사전규격공고 부터 현장설명회 일정 포함 입찰(개찰) 시 까지의 일정 진행 기간이 궁금합니다.
2. 사전규격공고(5일), 입찰공고(7일) 기간에 토,일요일이 산입이 되는것인지요?

■ 답변내용

[질의요지] 용역입찰 관련 현장설명회 일정 문의 및 사전규격 공개기간에 토,일이 포함되는 지 여부

[답변내용]

질의1) 국가기관이 체결하는 계약에 있어 현장설명을 실시하는 것에 대한 규정은 국가계약법시행령 제35조 제2항에서 공사입찰의 경우에 한하여 정하고 있습니다. 귀 질의와 같이 용역입찰의 경우에는 국가계약법령 및 관련 예규에서 별도로 정한 바가 없어 구체적인 답변이 어렵습니다. 다만, 부득이 계약담당공무원이 공사의 입찰의 경우를 준용하여 현장설명을 실시한다고 결정하였다면 현장설명일의 전일부터 기산하여 7일전으로 충분한 기한을 두고 공고할 수 있다고 보나 구체적인 일정에 관해서는 해당 용역계약의 시장상황, 업계 상황, 계약내용 등을 종합적으로 검토하여 계약담당공무원이 결정할 사항입니다.

질의2) (계약예규)정부 입찰.계약 집행기준 제77조에서 정하고 있는 구매규격 사전공개 기간은 토.일 및 공휴일 포함한 일수입니다. 참고로, 국가계약법령, 계약예규(계약일반조건)에서 정한 기간 안에 공휴일이나 토요일을 제외한다는 문언이 명시되어 있지 않다면, 해당 기간에는 공휴일이나 토요일이 포함되는 것으로 보아야 하는 것입니다.

유지관리 용역 건강보험료 정산 관련 문의

2022-12-14

■ **질의내용**

저희 회사에서 시설물 유지관리 점검 용역을 월 1회 수행하고 있습니다. 준공 시 정산을 하여야 하는데 총 공사비가 2,000만원 미만의 소규모 용역으로 별도 사업장 보험료로 처리를 하지 아니하였습니다. 이런 경우, 저희 회사직원들에 대한 건강보험납입증명서로 용역 정산이 가능한지 문의 드립니다.

■ **답변내용**

[질의요지] 유지관리 용역 건강보험료 정산 가능 여부

[답변내용] 국가계약은 국가기관의 청약과 계약상대자의 승낙을 통하여 계약서의 형태로 체결되며, 동 계약서는 계약당사자가 계약조건을 합의한 것으로 볼 수 있으므로 당해 계약서에 첨부된 계약조건을 기준으로 계약당사자는 관련 업무를 처리하는 것이 타당할 것입니다(해당 계약문서 제1조 참조).

따라서, 용역계약과 관련하여 국민건강보험료 등의 사후정산사항은 계약예규 「용역계약일반조건」 및 「정부 입찰·계약 집행기준」 제19장에 정한 바에 따라야 하며, 동 조건 제27조의3에서 '사후정산하기로 한 계약에 대하여…정산하여야 한다' 고 규정되어 있으므로 입찰공고 시 반드시 사후정산사항을 공고해야 하는 것은 아닐 것이며, 「건설산업기본법」 등 관련 법령이나 해당 계약조건에서 정산하도록 규정하고 있는 경우에 한하여 계약금액의 정산이 가능할 것입니다.

한편, 「국가를 당사자로 하는 계약에 관한 법률」 제3조에 의하여 다른 법률에 특별한 규정이 있는 경우에는 그 규정에 따라 처리할 수 있는 바, 귀하의 질의 경우에 해당 계약목적물 관련으로 건강보험료등에 대하여 별도 규정이 있다면 그에 따라 처리할 수 있는 것입니다.

의무적 가입대상이 아닌 공사에 대하여 공사손해보험에 가입이 가능한지 여부와 가능한 경우 설계변경으로 반영 할 수 있는지 여부
2021-06-02

■ 질의내용

<질의내용>

의무적으로 공사손해보험에 가입하여야 하는 국가를 당사자로하는 계약에 관한 법률 시행령 제78조 및 동법 시행규칙 제23조 제1항에 규정된 공사는 아니나, 하천 개설공사(흙깍기, 사토운반, 제방축제 등)이며, 시공중 상습 침수지역으로 집중호우시 침수피해가 예상되어 공사손해보험 가입이 필수불가결한 상황인 경우 동법 시행령 제53조의 규정 및 정부입찰계약집행기준 제11장 공사의 손해보험가입 업무집행의 규정에 따라 가입이 가능한지 여부와 이를 설계변경에 반영 할 수 있는지 여부에 대하여 문의 드립니다.

■ 답변내용

[질의요지] 의무적 가입대상이 아닌 공사에 대하여 공사손해보험에 가입이 가능한지 여부와 가능한 경우 설계변경으로 반영할 수 있는지 여부

[답변내용] 국가기관이 당사자가 되는 공사계약에서 계약담당공무원은 「국가를 당사자로 하는 계약에 관한 법률 시행령」 제78조 및 동법 시행규칙 제23조제1항에 규정된 공사에 대하여는 특별한 사유가 없는 한 계약예규 정부 입찰·계약 집행기준 제14장(공사의 손해보험가입 업무집행)에 의하여 계약상대자에게 의무적으로 보험에 가입하도록 하여야 하며, 동 보험 가입대상공사는 아니나 당해 보험가입을 발주기관에서 요구한 경우에는 소요되는 비용을 계약상대자에게 지급하여야 하는 것입니다. 동 비용은 동법 시행령 제66조(기타 계약내용의 변경으로 인한 계약금액의 조정) 및 동 집행기준 제73조(실비산정기준) 의 규정에 정한 바에 따라서 계약금액을 조정하는 것입니다

참고로, 이에 해당하지 않는 공사로서 계약상대자가 착공후 임의적으로 공사손해보험에 가입한 경우에는 발주기관이 동 보험료를 부담할 대상이 아님을 알려드립니다.

일괄입찰의 설계비 보상기준

2021-04-26

■ **질의내용**

계약예규 정부입찰계약집행기준 제87조의2(일괄입찰의 설계비 보상기준)에 관하여 질의드립니다.
해당 조항의 1항에 의거하였을 경우 최대 보상비는 공사예산의 2%이나, 보상대상자가 1인인 경우 3항을 적용하여 최대 1.4%까지 지급할 수 있는 것이 맞는지 질의드립니다.

■ **답변내용**

[질의요지] 일괄입찰의 설계비 보상 기준에서 보상대상자가 1인 인 경우 최대지급률

[답변내용] 국가기관이 일괄입찰을 실시하여 낙찰자를 결정하는 공사계약에서 계약담당공무원은 낙찰자로 결정되지 아니한 낙찰탈락자 중 설계점수가 입찰공고에 명시한 일정점수를 초과하는 자에 대하여 다음의 산식에 따라 설계보상비를 지급하는 것입니다(계약예규 정부 입찰계약 집행기준 제87조의2 제1항). * 산식: 2% * 설계점수 /보상대상자 점수합계

다만 동 집행기준 제87조의2 제3항에 따라 보상대상자 1인에게 공사예산의 1000분의 14를 초과하여 설계보상비를 지급하여서는 아니됩니다.

따라서, 귀 질의와 같이 보상대상자가 1인인 경우라면 최대 1.4%까지 지급이 가능하다고 봅니다.

입찰공고 전후 시행령 및 고시 변경시 적용 기준 여부
2022-06-28

◉ 질의내용

정부는 코로나19로 인한 국가의 경제위기를 극복하기 위해 수의계약 기준 완화, 입찰.계약보증금 인하 등의 조치를 2022.06.30까지 한시적으로 시행하고 있습니다. 한시적 시행대상 중 국가를 당사자로 하는 계약에 관한 법률 시행령 제27조제3항(신설)은 제10조에 따라 경쟁입찰을 실시했으나 입찰자가 1인뿐인 경우 제20조제2항에 따른 재공고입찰을 실시하지 않더라도 수의계약을 할 수 있다라고 하고 있으니 기획재정부 장관이 고시한 기간(2020.5.1~2020.12.31) 내에서는 경쟁입찰에서 입찰자가 1인 뿐인 경우 재공고입찰절차를 거치지 않고 수의계약이 가능합니다.

이 경우, 개찰이 되어 1인이 확인된 공고건에만 22.06.30까지 적용인지 아니면, 22.06.30까지 입찰공고가 게시된 건까지 위의 제 27조제3항 포함하여 선금, 검사, 검수, 대금지급까지 전부 한시적 특례 적용이 가능한지 궁금합니다.

◉ 답변내용

[질의요지] 한시적 특례구정의 적용시점

[답변내용] 정부는 코로나19로 인한 국가의 경제위기를 극복하기 위해 수의계약 기준 완화, 입찰.계약보증금 인하 등의 조치를 2022.06.30까지 한시적으로 시행하고 있습니다.

각 항목별 적용시점(기간)은 국가를 당사자로 하는 계약게 관한 법률 시행령(이하 시행령 이라 합니다) 제30655호(2020.5.1) 부칙에서 정한 바와 같습니다.

시행령 제27조제3항에 따른 수의계약은 부칙 제3조에 따라 기획재정부 장관이 정한 고시기간 이내에 입찰자가 1인 뿐임이 확정되어야 합니다. 기타 조건들에 대하여도 부칙은 종전의 규정을 따르는 경우와 개정 시행령 시행 이후부터 적용하는 것으로 구분하고 있으므로 계약담당공무원은 부칙 제4조 내지 제7조에서 정한 바에 따라 적용시기를 정하면 될 것입니다.

장기계속계약 차수계약 1차, 2차 납품기한을 동일하게 설정할 수 있나요?
2021-08-12

■ **질의내용**

계약건은 화물선별기 제조구매설치 1식 사업으로 물품제조구매계약으로 기술협상 진행중입니다. 업체 투찰 금액은 63억원 가량인데 예산사정상 장기계속계약으로 1차 60억, 2차 3억으로 나누어 계약을 진행하려고 합니다. 인도조건이 현장설치도 제조물품의 특성상 분할하여 납품이 불가능하고 최종 납품완료 후 성능이 보장되어야지만 대금지급이 가능할거 같아 예산사정에 의해 1차, 2차 계약으로 나누어 진행하려고 하지만 위 기재한 사정으로 인해 각 차수계약의 납품기한은 동일하게 설정하여 계약이 진행가능한지 문의드립니다.

ex) 1차 계약기간 : 2021. 9. 1. ~ 2022. 8. 31. 2차 계약기간: 2022. 5. 1. ~ 2022. 8. 31. (각 차수별 과업내용은 중복 없이 별도의 공정으로 진행 예정)

■ **답변내용**

[**질의요지**] 물품구매 장기계속계약 차수계약 1차, 2차 납품기한을 동일하게 설정할 수 있는지

[**답변내용**] 국가기관이 시행하는 장기계속계약과 관련하여 「국가를 당사자로 하는 계약에 관한 법률」 제21조 및 같은 법 시행령 제69조에서는 계약이행 및 체결방법 등을 규정하고 있습니다. 이때 장기계속계약의 차수별 계약은 해당연도의 예산 범위 내에서 체결하므로 계약담당공무원은 해당 기관의 해당연도예산 및 계약이행기간 등을 고려하여 처리해야 할 것입니다.

국가기관이 체결한 장기계속계약에 있어서 계약기간은 각 차수별로 당해 계약내용, 계약 이행상황 등에 따라 계약기간을 정하는 것으로 계약담당공무원이 각 연도별 예산사정, 설계서의 내용 및 계약내용의 성격상 각 차수별 병행이행이 가능한지 여부 등을 고려하여 전차분 계약종료 이후에 다음 차수계약을 체결할 수도 있고 전차분 계약완료 이전에 다음 차수계약을 체결할 수도 있는 것입니다.

다만, 장기계속계약에서 각 차수별로 중복되어 이행되는 경우에도 총 계약기간은 각 차수기간을 합산하여 산출하는 것입니다.

귀 질의의 경우 각 차수별 병행이행은 가능하나 계약서 상 총 계약이행기간 등을 감안하여 각 차수별 계약 기간을 설정하여야 할 것으로 보입니다.

장기계속계약 해당 여부 질의

2022-05-11

▣ 질의내용

(질의1) 1개의 계약을 2회계연도에 걸쳐 진행하고, 예산배정이 연도별로 나누어 배정될 경우, 이 계약건은 장기계속계약에 해당되는지?

(질의2) 계약이행기간은 6개월이나, 회계연도 기준 2개년에 걸쳐서 진행될 경우, 이 계약건은 장기계속계약에 해당되는지?

(질의3) 2회계연도에 걸친 물품 계약(물품제조x)의 경우 장기계속계약 조건에 해당되는지?

▣ 답변내용

[질의요지] 장기계속 계약 판단

[답변내용] 국가기관이 당사자가 되는 계약에 있어 계약담당공무원은 국가를 당사자로 하는 계약에 관한 법률(이하 국가계약법 이라 합니다) 제21조제2항에 따라 임차, 운송, 보관, 전기.가스.수도의 공급, 그 밖에 그 성질상 수년간 계속하여 존속할 필요가 있거나 이행에 수년을 요하는 계약에 있어서는 대통령령으로 정하는 바에 따라 장기계속계약을 체결할 수 있으며, 이 경우 각 회계연도 예산의 범위에서 해당 계약을 이행하게 하여야 하는 것입니다.

따라서 장기계속계약이라 함은 총사업규모로 입찰을 집행하고 매년 예산을 확보하여 차수별로 계약을 체결하는 방식인 바, 기본적으로는 예산이 2개년도 이상의 기간에 편성되는 구조이며 계약 또한 전체기간의 총사업에 대한 총차계약과 해당 연도의 예산 범위에 맞춰 체결하는 차수계약으로 나누어 여러 차례 계약이 체결되는 것입니다.

귀 질의1,2,3의 세부 내용이 위에 설명된 내용에 일치하는 경우라면 장기계속 계약으로 볼 수 있을 것이나 일회성 예산으로 한꺼번에 2개년도에 걸친 계약이나 이행에 수년이 소요되지 않는 계약은 장기계속계약이라 보기 어렵습니다.

장애인표준사업장과의 수의계약 관련 질의

2021-09-08

▣ 질의내용

국가계약법을 따르는 공기업으로, 장애인표준사업장과 수의계약을 진행하려 합니다
국가계약법 시행령 제26조 제1항 제5호 가목의 5) 내용을 보면

5) 추정가격이 2천만원 초과 1억원 이하인 계약으로서 다음의 어느 하나에 해당하는 자와 체결하는 물품의 제조·구매계약 또는 용역계약 가) 「여성기업지원에 관한 법률」 제2조제1호에 따른 여성기업 나) 「장애인기업활동 촉진법」 제2조제2호에 따른 장애인기업 다) 「사회적기업 육성법」 제2조제1호에 따른 사회적기업, 「협동조합 기본법」 제2조제3호에 따른 사회적협동조합, 「국민기초생활 보장법」 제18조에 따른 자활기업 또는 「도시재생 활성화 및 지원에 관한 특별법」 제2조제1항 제9호에 따른 마을기업 중 기획재정부장관이 정하는 요건을 충족하는 자

로 규정하고 있고, 장애인표준사업장에 대한 내용은 없습니다

현재, 고용노동부를 통해 장애인고용촉진법에 따라 수의계약이 가능하다는 점은 알고 있지만, 국가계약법을 준용해야하는 공기업이다보니 어떠한 조항으로 수의계약 사유를 적용해야 할 지에 대한 질의를 드립니다

▣ 답변내용

[질의요지] 국가계약법을 따르는 공기업에서 장애인표준사업장과의 수의계약 가능여부

[답변내용]

가. 공공기관의 계약사무를 처리할 때에는 기타공공기관의 경우에는 「기타 공공기관 계약사무 운영규정」을 적용하고 공기업·준정부기관일 경우에는 「공기업·준정부기관 계약사무규칙」을 적용하여야 하며, 동 규정 및 규칙에서 규정하지 아니한 사항은 국가계약법을 준용하여 처리해야 합니다. 또한 국가계약법령해석에 관한 내용이 아닌 입찰공고(또는 계약체결) 내용과 관련된 사실판단에 관한 사항에 대하여는 해당 입찰공고를 한 발주기관에서 해당 관련 규정 등을 종합고려하여 판단해야 할 사항입니다.

나. 참고로, 「국가를 당사자로 하는 계약에 관한 법률」 제3조에서는 국가를 당사자로 하는 계약에 관하여는 다른 법률에 특별한 규정이 있는 경우를 제외하고는 이 법에서 정하는 바에 따른다고 규정하고 있는 바, 귀하의 질의 경우가 다른 법령에서 별도로 수의계약이 가능하도록 정하고 있다면 그에 따를 수 있을 것으로 봅니다.

1장 정부계약제도 일반

조경유지관리 발주 시 공사, 용역 적용

2021-01-28

■ **질의내용**

조경유지관리 발주 성격(공사/용역)에 대해서 발주 관련 담당자들간 이견이 있고, 나라장터(국가종합전자조달)에 조경유지관리로 검색 시, 공사로 5,129건, 용역 436건이 검색되는 등 타 기관에서도 발주 성격이 혼재되어 있는 상황입니다.

조경유지관리는 수목 전정, 시비, 제초, 잔디깎기, 관수, 병충해 방제, 수목월동, 초화식재, 측구 청소 등으로 구성되며, 발주 설계를 위해서 건설공사표준품셈(국토교통부), 건설업 임금실태 조사보고서(대한건설협회), 원가계산 제비율표(조달청) 등을 반영하였습니다.

□ 질의 배경

1. 조경유지관리 성격(공사/용역)에 대한 계약관련 담당자간 이견
2. 타 기관 발주사례 다양(공사, 용역)
3. 발주 성격(공사/용역)에 따라 후속 절차 및 적용 제비율 상이
4. 세부공종(전정, 시비, 제초, 잔디깎기, 관수, 병충해방제, 월동, 초화식재, 청소 등)
5. 원가계산(표준품셈, 건설업 임금실태보고서, 조달청 제비율표 등)
6. 건설산업기본법 시행령 별표1에 조경식재공사업에 조경유지관리 업무 내용이 기재
7. 조달청 업무안내-용역개요-용역의종류-일반용역에 조경관리가 포함

□ 질의 요지 조경유지관리 발주 시 공사와 용역 중 어떤 것을 적용해야하는지

■ **답변내용**

[질의요지] 조경유지관리 발주 시 공사와 용역 중 어떤 방법으로 발주하는 것이 타당한지

[답변내용] 국가기관을 당사자로 하는 계약에 있어서 각 중앙관서의 장이나 계약담당공무원은 물품, 용역, 공사 중 2개 이상이 혼재된 계약을 발주하려는 경우에는 계약예규 정부 입찰·계약 집행기준 제2조의2(물품, 용역, 공사가 혼재된 계약의 집행) 제1항에 따라 사업계획 단계부터 다음의 사항을 고려하여 일괄 또는 분리발주 여부를 검토하여야 합니다. 1. 물품·용역·공사 등 각 목적물 유형별 독립성·가분성 2. 계약목적물의 일부에 공사가 포함된 계약을 발주함에 있어서 「건설산업기본법」, 「전기공사업법」, 「정보통신공사업법」 등 공사관련 법령의 준수 여부 3. 계약이행 및 관리의 효율성에 미치는 영향 4. 하자 등 책임구분의 용이성 5. 각 발주방식에 따른 해당시장의 경쟁제한효과

다만, 구체적인 경우에서의 입찰·계약방법 결정 등의 행위는 각 중앙관서의 장이나 계약담당공무원이 관련 법령 범위내에서 '할 수 있는' 재량행위이므로 해당 계약목적물의 특성 및 계약이행 가능성, 관련 규정 등 제반여건을 종합적으로 살펴 온전히 발주기관이 직접 판단해야 할 사안으로서 이는 유권해석상단이 아님을 알려드립니다.

참고로, '공사계약'이라 함은 일반적으로 건설공사(종합·전문), 전기공사, 정보통신공사, 소방시설공사, 문화재공사로 구분합니다. 이것의 종류로는 종합건설업, 전문건설업, 기타공사업(종합건설업 및 전문건설업 이외의 공사)로 구분하고 있으며, '용역'이라함은 문리적 해석으로는 물질적 재화의 생산이나 소비에 필요한 노무(勞務)를 말하며, 경제학에서는 토지, 자본, 노동이라는 각 생산요소나 정부 등이 재(財)를 생산하거나 또는 직접 사람의 욕망을 충족시키고자 하는 봉사활동을 말합니다. 이것의 계약실무의 관련법령상 분류는 기술용역과 일반용역으로 분류하고 있습니다.

공사의 경우에 원가계산에 의한 예정가격을 작성할 때에는 계약예규 예정가격작성기준 제3절에 의하도록 규정하고, 용역의 경우에는 동 기준 제4절 및 제5절에 의하도록 정하고 있습니다. 공사의 경우는 순공사원가는 재료비, 노무비, 경비로 구성되어 있으며, 용역의 경우에는 인건비, 경비, 유인물비 등으로 구성되어 있습니다.

다만, 공사와 용역이 혼합되어 있는 경우에는 계약담당공무원이 계약관리의 유·불리 및 관련 법령 저촉 등을 고려하여 통합 또는 분리 발주 여부를 결정할 수 있을 것입니다.

조달청 업무 시행에따른 조달청 법률

2021-02-15

◘ 질의내용

조달청 의 업무를 알고 자 합니다.
1. 조달청에서 각종 물품을 계약 입찰 하는 법률
2. 조달청에 모든 정부기관, 지방자치단체,공사,제모든 공공기관에서 발주하는 공사 나 물품을 의뢰하여 입찰, 계약 시행하는 법률

◘ 답변내용

[질의요지]

1. 조달청에서 각종 물품을 계약하는 경우 적용 법률의 종류
2. 정부기관, 지방자치단체, 공공기관에서 조달청에 의뢰하여 발주하는 공사 및 물품 계약 시 적용하는 법률

[답변내용]

1) 조달청에서 내자구매업무 계약처리 시 적용하는 법률 및 관련 예규 및 고시는 다음과 같습니다.
   * 법률 : 국가를 당사자로하는 계약에 관한 법률, 지방자치단체를당사자로하는 계약에 관한 법률, 조달사업에관한 법률, * 계약예규 :정부 입찰.계약 집행기준, 협상에의한 계약체결기준,물품계약집행기준, * 고시 및 훈련 : 조달청 내자구매업무처리규정, 조달청 물품구매적격심사 세부기준, 조달청 중소기업자간 경쟁물품에 대한 계약이행능력심사 세부기준, 공공기관 구매위탁 예외에 관한 처리지침 등 * 기타 : 공기업.준정부기관 계약사무규칙, 기타공공기관 계약사무 운영규정

2) 정부기관, 지방자치단체, 공공기관에서 조달청에 의뢰하여 발주하는 공사 및 물품 계약 시 적용하는 법률은 위 법률 및 계약예규와 동일하며 공사에 대해 추가되는 내용은 다음과 같습니다.
   * 조달청 훈련,고시, 지침 : 조달청 시설공사 집행기준, 조달청 시설공사 계약업무처리규정

종합심사제 입찰에 있어서 신기술협약서가 체결된 공사가 신기술기간이 만료된 경우 신기술사용료 적용여부   2021-05-14

■ 질의내용

"건설기술진흥업무 운영규정"에 있어 제3장 건설신기술 기술사용료, 제48조(보호기간에 따른 기술사용료) 신기술 보호기간 이내에 공사계약이 이루어진 경우에는 기술사용료를 지급하여야 한다. 라고 명시되었습니다. <질의내용> 종합심사제 설계당시 협약체결한 신기술에 대해 입찰 후 낙찰자가 결정되고 낙찰자(이하, 원도급자)가 계약 체결을 하려고 하는 시점에 신기술보호기간이 종료된 경우, 설계당시 협약체결한 신기술협약서를 제48조(보호기간에 따른 기술사용료) 신기술 보호기간 이내에 공사계약이 이루어진 경우로 보아, 원도급자 계약 체결하는 경우 기술사용료를 지급하여야 하는지 질의합니다.

■ 답변내용

[질의요지] 신기술 보호기간이 종료되는 경우 기술사용료 지급

[답변내용] 국가기관이 당사자가 되는 공사계약에 있어 신기술 또는 특허공법(이하 신기술 등이라 합니다)이 포함되는 경우 건설관련 법령에서 정한 규정에 따라 기술사용료 등을 지급하여야 합니다.

참고로 신기술사용협약 등에 관한 규정(국토교통부고시 제2019-355호, 2019. 7. 1)의 제3조제3항에서는 신기술사용협약자는 협약기간 만료일까지 제1항에 따른 요건을 유지하여야 한다고 규정하고, 제5조는 제4조에 따른 신기술사용협약 기간은 해당 신기술의 보호기간 이내로 한다 라고 규정하고 있습니다.

철근콘크리트용 이형봉강 구매 관련 근거법령 질의

2022-04-17

▣ 질의내용

철근콘크리트용 이형봉강 구매 관련하여 궁금점이 있어 질의드립니다.

현재 나라장터 종합쇼핑몰의 Q&A를 보면 철근콘크리트용 이형봉강 구매 시에는 금액에 상관 없이 쇼핑몰을 이용하여 구매가 가능함을 안내하고 있습니다.

이와 관련하여 해당 내용이 어디에 근거하고 있는지를 질의드립니다.

▣ 답변내용

[**질의요지**] 제3자를 위한 단가계약 물품의 조달요청 근거

[**답변내용**] 조달사업에 관한 법령에 따른 수요기관의 장은 수요물자 또는 공사 관련 계약을 체결하고자 하는 경우 조달청장에게 계약체결을 요청하여야 합니다.

수요기관의 장은 조달사업에 관한 법률 시행령(이하 시행령 이라 합니다) 제11조제1항제1호에 따라 추정가격 1억원 이상의 물품이나 용역, 30억원 이상의 종합공사(전문, 전기, 소방 및 정보통신 공사는 3억원 이상)의 경우 조달청에 계약요청하여야 합니다. 다만, 천재지변, 기타 부득이한 사유가 있는 경우 등 시행령 제11조제2항각호의 어느 하나에 해당하는 경우에는 직접 계약을 체결할 수도 있습니다.

그러나, 제3자를 위한 단가계약, 다수공급자계약, 국가를 당사자로 하는 계약에 관한 법률 제22조에 따른 방식으로 수요기관을 위해 체결한 계약은 시행령 제11조제1항제2호에 따라 금액과 관계없이 조달요청하여야 하므로 이형철근이 이에 해당하는 경우라면 조달청에 계약요청(납품요구)하여야 합니다.

철판자재의 관급자재 신청가능여부와 단품ESC 적용 가능여부
2021-05-18

■ **질의내용**

1. 철판자재의 관급자재 전환여부 : 당사는 조달청과 물품계약을 하고 콘크리트 빔을 제작 납품하는 업체입니다. 다양한 재질 및 크기의 철판을 사용하여 콘크리트 빔의 주요 부분을 제작하는데 올 3월부터 철강가격의 급등에 따라 최근 철강 가격이 2배정도 오른 상태입니다. 이로 인해 철판 자재의 수급이 불가능한 상황이어서 향후 계약 예정분에 대한 철판 자재를 관급으로 신청하여 지급자재로 받을 수 있는지를 문의코자 합니다.
2. 단품ESC 적용여부 : 기존 물품계약 건에 대하여 철강 가격 급등에 따른 철판의 단품 ESC를 신청할 수 있는지 문의드립니다.

■ **답변내용**

[질의요지] '철판자재의 관급자재 신청가능여부와 단품ESC 적용 가능여부'에 관한 것으로 이해(

[답변내용]

<질의1 관련> 조달청 계약부서와 직접 물품계약으로 체결한 경우라면, 이 경우에서 원자재 급등으로 인한 계약금액 조정 여부 등에 대하여는 동 계약부서와 직접 협의하여 처리해야 하는 것입니다.

<질의2 관련> 국가를 당사자로 하는 계약에 있어 계약담당공무원은 「국가를 당사자로 하는 계약에 관한 법률 시행령」 제64조제6항에 의거 동조 제1항 각 호에 불구하고 공사계약의 경우 계약체결일로부터 90일이 경과하고 특정규격의 자재(해당 공사비를 구성하는 재료비·노무비·경비 합계액의 100분의 1을 초과하는 자재만 해당)별 가격변동으로 입찰일을 기준일로 하여 산정한 해당 자재의 가격증감률이 100분의 15 이상인 때에는 그 자재에 한하여 계약금액을 조정하는 것이며, 이에 따른 계약금액조정은 계약예규 정부 입찰·계약 집행기준 제70조의3제1항에 의거 품목조정률에 의하며, 동법 시행규칙 제74조를 준용하는 것입니다.

이러한 단품슬라이딩 제도의 취지는 특정자재의 가격이 급격히 변동하였으나, 아직 동 시행령상 물가변동으로 인한 계약금액조정의 요건이 충족되지 않아 특정자재를 가지고 공사를 수행하는 하도급자들(계약상대자가 당해 자재를 하도급자에게 지급하는 경우에는 예외적으로 계약상대자)이 기준 계약금액으로 계약이행을 하기가 곤란하여 총액ES 전에 특정자재에 대해서만 가격상승분을 보정해주는데 있습니다{단, 모든 자재의 가격변동내용을 조사·반영해야 하는 행정부담의 경감을 위해 순공사원가(재료비, 노무비, 경비의 합계)의 1% 이상인 자재에 대해서만 허용}.

따라서, 귀하의 질의 경우가 상기 단품조정요건이 충족된 경우에는 계약담당공무원은 계약상대자의 신청에 의하여 단품조정을 하여야 하는 것이나, 구체적으로 이에 해당하는지 여부는 당해 기관의 계약서에 첨부된 계약문서의 내용에 따른 사실 판단에 관한 사항으로서 물가변동 등 계약금액조정의 원인이 되는 모든 행위는 발주기관의 계약담당공무원이 결정의 권한을 가지고 있으므로, 계약담당공무원이 설계서 및 공사이행상황, 관련 법령 등을 종합적으로 살펴 직접 판단해야 할 사안입니다.

참고로, 단품증액조정요건과 총액증액조정요건이 동시에 충족되는 경우에는 단품조정이 총액조정의 보완기능을 수행한다는 측면에서 원칙적으로 총액증액조정(총액ES)을 우선하는 것이 타당하나, 하도급업체 등 중소기업 지원을 위하여 필요하다고 인정되는 등 합리적인 사유가 있는 경우에는 동법 시행령 제64조제6항에 따른 단품증액조정(단품ES)을 수행할 수 있을 것입니다.

청렴계약서 관련 질의

2022-09-14

■ **질의내용**

청렴계약 관련 질의드리고자 합니다.

국가계약법 시행령 제4조의2(청렴계약의 내용과 체결 절차)2항에 따르면, 입찰자가 입찰서를 제출할 때 청렴계약의 계약서를 제출하도록 해야한다고 되어 있습니다.

그렇다면, 입찰이 아닌 계약(수의계약)의 경우 청렴계약서를 작성하지 않아도 되는 건지 질의 드립니다.

<관련 규정>

■ 「국가를 당사자로 하는 계약에 관한 법률」 제5조의2, 제5조의3 제5조의2(청렴계약) ① 각 중앙관서의 장 또는 계약담당공무원은 국가를 당사자로 하는 계약에서 투명성 및 공정성을 높이기 위하여 입찰자 또는 계약상대자로 하여금 입찰·낙찰, 계약체결 또는 계약이행 등의 과정(준공·납품 이후를 포함한다)에서 직접적·간접적으로 금품·향응 등을 주거나 받지 아니할 것을 약정하게 하고 이를 지키지 아니한 경우에는 해당 입찰·낙찰을 취소하거나 계약을 해제·해지할 수 있다는 조건의 계약(이하 "청렴계약"이라 한다)을 체결하여야 한다. ② 청렴계약의 구체적 내용과 체결 절차 등 세부적인 사항은 대통령령으로 정한다. 제5조의3(청렴계약 위반에 따른 계약의 해제·해지 등) 각 중앙관서의 장 또는 계약담당공무원은 청렴계약을 지키지 아니한 경우 해당 입찰·낙찰을 취소하거나 계약을 해제·해지하여야 한다. 다만, 금품·향응 제공 등 부정행위의 경중, 해당 계약의 이행 정도, 계약이행 중단으로 인한 국가의 손실 규모 등 제반사정을 고려하여 공익을 현저히 해(害)한다고 인정되는 경우에는 대통령령으로 정하는 바에 따라 각 중앙관서의 장의 승인을 받아 해당 계약을 계속하여 이행하게 할 수 있다.

■ 「국가를 당사자로 하는 계약에 관한 법률」 시행령 제4조의2 제4조의2(청렴계약의 내용과 체결 절차) ① 법 제5조의2제1항에 따른 청렴계약(이하 "청렴계약"이라 한다)에 포함되어야 할 구체적인 내용은 다음 각 호와 같다. 1. 금품, 향응, 취업제공 및 알선 등의 요구·약속과 수수(授受) 금지 등에 관한 사항 2. 입찰가격의 사전 협의 또는 특정인의 낙찰을 위한 담합 등 공정한 경쟁을 방해하는 행위의 금지에 관한 사항 3. 공정한 직무수행을 방해하는 알선·청탁을 통하여 입찰 또는 계약과 관련된 특정 정보의 제공을 요구하거나 받는 행위의 금지에 관한 사항 ② 각 중앙관서의 장 또는 법 제6조에 따라 계약사무의 위임·위탁을 받은 공무원(이하 "계약담당공무원"이라 한다)은 입찰자가 입찰서를 제출할 때 법 제5조의2에 따라 체결한 청렴계약의 계약서를 제출하도록 해야 한다.

1장 정부계약제도 일반

▣ 답변내용

[**질의요지**] 국가계약법 시행령 제4조의2(청렴계약의 내용과 체결 절차) 2항에 따르면, 입찰자가 입찰서를 제출할 때 청렴계약의 계약서를 제출하도록 해야한다고 되어 있는데, 입찰이 아닌 계약(수의계약)의 경우 청렴계약서를 작성하지 않아도 되는 건지

[**답변내용**] 「국가를 당사자로 하는 계약에 관한 법률」 제5조의2(청렴계약)제1항에 따르면 '각 중앙관서의 장 또는 계약담당공무원은 국가를 당사자로 하는 계약에서 투명성 및 공정성을 높이기 위하여 입찰자 또는 계약상대자로 하여금 입찰·낙찰, 계약체결 또는 계약이행 등의 과정(준공·납품 이후를 포함한다)에서 직접적·간접적으로 금품·향응 등을 주거나 받지 아니할 것을 약정하게 하고 이를 지키지 아니한 경우에는 해당 입찰·낙찰을 취소하거나 계약을 해제·해지할 수 있다는 조건의 계약(이하 "청렴계약"이라 한다)을 체결하여야 한다'고 정하고 있습니다.

동 규정에서는 '입찰자' 또는 '계약상대자'로 청렴계약 대상자를 구체적으로 명시하고 있으므로 수의계약자의 경우에도 해당됩니다. 다만, 수의계약은 「국가를 당사자로 하는 계약에 관한 법률」 제7조 및 동법 시행령 제26조에 근거하여 입찰절차에 의하지 않고 계약담당공무원이 특정인을 선정하여 계약을 체결하는 계약방법으로서 수의시담은 계약당사자 간의 청약과 승낙을 통한 가격협상 과정으로 볼 수 있으므로, 수의시담시 발주기관의 청렴계약 의사가 표시되어야 할 것으로 봅니다.

청렴계약을 위반한 계약의 계속이행을 위한 기준 문의

2021-07-12

▣ 질의내용

국가를 당사자로 하는 계약에 관한 법률 시행령 제4조의3(청렴계약을 위반한 계약의 계속 이행) 각 중앙관서의 장은 법 제5조의3 단서에 따라 청렴계약을 지키지 아니한 해당 계약의 계속 이행을 승인할 때에는 계약 대상물의 성격과 해당 계약의 이행 정도 및 기간 등에 관하여 기획재정부장관이 정하는 기준 등을 고려하여야 한다.

1. 이 규정에 적힌 기획재정부장관이 정하는 기준을 어디서 찾을 수 있는지 문의드립니다.
2. 각 중앙관서의 장의 승인(저 같은 경우 공공기관 재직중이라 기관장의 승인)을 받아 해당 계약을 계속하여 이행하게 할 수 있는지, 가능할 경우 어떠한 근거로 업무를 수행해야 하는지 궁금합니다.

▣ 답변내용

[질의요지] 청렴계약을 위반한 계약의 계속이행을 위한 기준 문의

[답변내용] 각 중앙관서의 장은 법 제5조의3 단서에 따라 청렴계약을 지키지 아니한 해당 계약의 계속 이행을 승인할 때에는 계약 대상물의 성격과 해당 계약의 이행 정도 및 기간 등에 관하여 기획재정부 장관이 정하는 기준 등을 고려하여야 합니다. 다만, 현재까지는 기획재정부장관이 국가계약법령 또는 계약예규상에 구체적인 방법, 절차 등에 대하여는 정하지 아니하고 있는 바, 각 중앙관서의 장 또는 계약담당공무원은 청렴계약을 위반한 계약의 계속이행 여부를 자체적으로 기준을 마련하여 적의 판단·처리해야 할 것입니다.

1장 정부계약제도 일반 ……….

추정가격 1억원 미만 구매건의 입찰참가자격을 창업자와 소기업 소상공인 중복제한 가능 여부   2022-05-19

■ 질의내용

○ 질문요지 : 추정가격 1억원 미만 구매건의 입찰참가자격을 "창업자"와 "소기업 또는 소상공인"으로 중복제한 가능 여부

○ 국가계약법시행령 21조 1항 10호에 1억원 미만 계약에 대해서는 "소기업 소상공인" 또는 "벤처기업" 또는 "창업자"로 제한경쟁이 가능하다고 되어있습니다. 추정가격 1억미만 구매건에 대해 창업자로 제한경쟁 시, 상기 호에 따라 소기업 소상공인과 중복제한이 안되기때문에 창업자로만 입찰참가자격을 제한할 예정입니다. 이경우, 창업자는 중소기업창업지원법 제2조2항에 따라 소기업, 중기업을 포함하고 있어 중기업도 참여가 가능하게 됩니다. 그러나 중소기업제품 구매촉진 및 판로지원에 관한 법률 시행령 제2조의2 1항1호에 따라 1억 미만 구매건은 소기업 소상공인으로 제한하게 되어 있습니다. 추정가격 1억원 미만 구매건의 입찰참가자격을 창업자와 소기업소상공인 중복제한이 가능할까요?

■ 답변내용

[질의요지] 공공기관에서 추정가격 1억원 미만 구매건의 입찰참가자격을 창업자와 소기업소상공인 중복제한 가능 여부

[답변내용]

가. 공공기관의 계약사무를 처리할 때에는 기타공공기관의 경우에는 「기타 공공기관 계약사무 운영규정」을 적용하고 공기업·준정부기관일 경우에는 「공기업·준정부기관 계약사무규칙」을 적용하여야 하며, 동 규정 및 규칙에서 규정하지 아니한 사항은 국가계약법을 준용하여 처리해야 합니다. 또한 국가계약법령해석에 관한 내용이 아닌 입찰공고에 따른 입찰참가자격과 관련된 사실판단에 관한 사항에 대하여는 조달청(또는 기획재정부)의 유권해석대상이 아니며, 해당 입찰공고를 하는 발주기관에서 해당 관련 규정 등을 종합고려하여 직접 판단할 사항입니다.

나. 참고로, 국가기관에서 해당 계약목적물을 제한경쟁입찰에 부치고자 할 때 「국가를 당사자로 하는 계약에 관한 법률 시행규칙」 제25조제5항에서는 같은 법 시행령 제21조제1항 각호 또는 각호 내의 사항을 중복적으로 제한할 수 없음을 규정하고 있습니다. 이는 각 호 또는 각 호 내의 사항 이외에 다른 사항까지의 중복제한을 금지한다고는 볼 수 없을 것입니다. 다만, 다른 법령의 규정에 의하여 갖추어야 할 자격요건을 따로 정하고 있다면, 이는 입찰참가자격에 대한 제한이 아니라 같은 법 시행령 제12조제1항에서 규정한 경쟁입찰의 참가자격에 해당하게 되므로 동 시행규칙 제25조제5항에 따른 중복제한 문제는 발생하지 않는다고 할 것입니다(「국가를 당사자로 하는 계약에 관한 법률」 제3조 참조). 구체적인 경우에서 입찰참가자격을 각기 다른 사항으로 중복하여 제한할지 여부는 입찰시 제반상황 및 재량권의 남용여부, 관련 법령등을 종합적으로 살펴 발주기관의 계약담당공무원이 직접 온전히 판단할 사항일 것입니다.

학술연구용역의 책임연구원 소속 이동 관련

2022-09-16

▣ 질의내용

국계법 시행령 제26조 1항 1호 나목에 의해 비밀로 체결한 학술연구용역에서 책임연구원이 소속을 변경해 계약 사항이 변경되게 되었습니다.

보통의 경우에는 계약상대자인 대학 산학협력단 측에서 책임연구원을 교체해서 진행하였으나

이번 사례에서는 비밀리에 진행되는 연구주제이므로 책임연구원의 변경된 소속기관과 계약을 진행하여야 하는 상황입니다.

이런 경우에 계약상대자를 바꾸는 수정계약이 가능한지, 아니면 계약 해제 후 새로운 계약을 진행해야 하는지 궁금합니다.

▣ 답변내용

[질의요지] 학술연구용역에서 책임연구원이 소속을 변경해 계약사항이 변경해야 하는 경우 계약상대자를 바꾸는 수정계약이 가능한지, 아니면 계약 해제 후 새로운 계약을 진행해야 하는지'

[답변내용] 국가기관과 이미 체결한 계약상대방의 변경에 대해 국가계약법령에서는 명시적으로 규정하고 있지 않으나, 계약상대방의 변경은 계약의 본질에 중대한 영향을 미치는 것으로 원칙적으로는 허용되어서는 안 될 것입니다. 다만, 국가계약법령에서 민법의 '사정변경의 원칙'을 원용하여 물가변동, 설계변경 및 그 밖의 계약내용변경에 의한 계약변경을 인정하고 있는 점과 공동계약의 경우 공동수급체 구성원의 중도탈퇴 및 수급체 구성원을 추가를 허용하는 점을 고려할 때, 불가피한 사유가 있는 경우 계약의 법적 안정성을 저해하지 않는 범위 내에서 계약상대방의 변경이 제한적으로는 허용될 수 있다 할 것입니다.

"불가피한 사유가 있는 경우"라 함은 당해 계약의 목적·성질 등을 감안할 때 계약상대자를 변경하지 아니하고는 당해 계약의 목적을 달성하기 곤란한 경우를 의미하며, 구체적인 경우가 이에 해당하는지 여부는 계약담당공무원이 계약문서, 관련 법령등을 종합검토하여 처리할 사항임을 알려드립니다. 「국가를 당사자로 하는 계약에 관한 법률」 제3조를 참고하시기 바랍니다.

학술용역 경비항목(여비, 유인물비, 전산처리비, 회의비) 정산가능여부
2021-09-23

◼ 질의내용

A산학협력단과 학술용역 계약체결당시 A산학협력단은 자체적으로 발주청이 제공한 산출내역서 인건비가 과다계상되었다고 판단 인건비 일부를 줄여 경비항목인 여비, 유인물비, 전산처리비, 회의비 항목을 많게는 13배 적게는 4배씩 올려 계약하였습니다. 발주청은 이를 인지하지 못하고 계약하게 되었고 이를 모른체 기성금이 지급되었으며, 금번 준공금 지급을 위해 산출내역서 검토과정에서 당초 발주청에서 제공한 산출내역서보다 많은 금액이 반영되어있음을 확인하고 계약당사자에게 실지 집행한 증빙서류를 첨부 정산을를 요구하였으나, 계약상대자는 총액입찰로 계약당시 인정하였으므로 정산대상이 아니라는 주장입니다. 이에 정산이 가능한지 아니면 계약상대자의 주장처럼 총액입찰이어서 정산대상이 안되는지 문의드립니다. (용역비 701백만원, 기성금 400백만원 지급, 잔여금액 301백만원)

◼ 답변내용

[질의요지] 학술용역 경비항목(여비, 유인물비, 전산처리비, 회의비) 정산가능여부

[답변내용] 국가계약은 국가기관의 청약과 계약상대자의 승낙을 통하여 계약서의 형태로 체결되며, 동 계약서는 계약당사자가 계약조건을 합의한 것으로 볼 수 있으므로 당해 계약서에 첨부된 계약조건을 기준으로 계약당사자는 관련 업무를 처리하는 것이 타당할 것입니다(해당 계약문서 제1조 참조). 따라서, 국가기관이 체결한 용역계약에 있어서 계약금액의 사후정산은 원칙적으로 「국가를 당사자로 하는 계약에 관한 법률」 제23조의 개산계약 및 동법 시행령 제73조의 사후원가검토조건부계약으로 체결한 경우에 가능하다 할 것이며, 다만, 해당 계약특수조건 등에 사후정산조건을 정하거나 개별 법령 등에서 정산하도록 규정된 경우에도 정산이 가능할 것입니다. 이 경우에는 발주기관의 계약담당공무원은 관련 법령 또는 해당 계약조건에 따른 정산 절차와 기준(정산대상과 범위, 적용단가, 계약상대자가 제출할 서류 등)을 미리 정하고 그에 따라 계약이행이 완료된 후에는 정산하여야 할 것입니다

참고로, 동법 시행규칙 제42조제1항에 따라 입찰참가자가 제출하는 입찰서(동법 시행규칙 별지 제5호 서식)에서는 입찰참가자가 해당 입찰서상의 입찰금액으로 계약을 이행할 것을 확약하도록 규정하고 있는 바, 낙찰자결정 후 해당 입찰금액이 계약금액이 되는 것이며, 동법 제19조에 따른 계약금액조정(물가변동, 설계변경, 그 밖에 계약내용 변경으로 인한 계약금액 조정)규정에 해당되지 않는 사유를 근거로 해당 계약금액을 조정하는 것은 타당하지 않다고 봅니다.

해외 법인의 국내 입찰 참가시 기술 자격 증명 및 소속 확인
2021-01-28

▣ 질의내용

용역 발주와 관련되어 질의 드립니다.

첫째로

해외 법인의 국내 입찰 참가시 국내의 PQ 조건을 만족하기 위한 기술인의 자격 및 이행실적증명이 필요한데 이것을 만족시킬수 있는 방법이 있는지 궁금합니다.

국내 업체의 경우 기술사, 특급기술자 등으로 구분되어 있으며 자격증명이 되며 이행실적 또한 발급받을 수 있는 기관이 있는 반면 해외 법인의 경우 이를 만족할 방안이 있는지 궁금합니다.

두 번째로

해외법인과 국내법인이 공동으로 입찰에 참여 할 경우 해외 법인의 기술자의 소속 증명을 어떻게 받을 수 있을지 궁금합니다. 국내의 경우 4대보험 및 재직증명서 등을 통해 받는 반면 해외 법인의 경우 법인의 급여 지급내용, 재직증명서만으로 갈음이 되는지 궁금합니다.

▣ 답변내용

[질의요지] 해외 법인이 국내 입찰을 참가할 때 기술인의 자격 및 이행실적증명 방법 및 해외법인과 국내법인이 공동으로 입찰에 참여 할 때 해외 법인의 기술자 소속 등 증명 방법

[답변내용] 아래 사항은 국가기관을 기준으로 해석한 것임을 참고하여 주시기 바라며, 지방자치단체를 당사자로 하는 계약, 공기업과 준정부기관 및 공공기관의 계약에 관하여는 달리 정한 바가 있으면 그에 따라야 함을 알려 드립니다.

질의하신 "해외 법인이 국내 입찰을 참가할 때 기술인의 자격 및 이행실적증명 방법 및 해외법인과 국내법인이 공동으로 입찰에 참여 할 때 해외 법인의 기술자 소속 등 증명 방법"은 국가계약법에 규정하고 있지 않습니다. 이 경우 발주기관 계약담당공무원이 건설기술진흥법 등 관련 규정과 사업의 특성, 사업목적 달성 및 계약관리의 효율성 등을 종합적으로 고려하여 판단·결정하여야 할 것입니다.

1장 정부계약제도 일반

해외 소프트웨어 구독 계약 관련 법령 해석 문의

2022-10-31

▣ 질의내용

한글, 어도비, ms오피스 등 대부분의 프로그램이 월 사용료를 지불하는 구독 계약 방식입니다.

1. 구독계약의 경우 국가계약법상 어떤 계약에 해당되나요?(ex. 물품구매, 용역, 임차 등.)
2. ms오피스나 어도비의 경우 해외 본사에 카드로 직접 결제하고 사용권을 부여받습니다. 이 경우는 외자조달계약에 해당되나요?
3. 외자조달제품도 국가계약법 시행령 26조에 의해 수의계약이 가능한가요?
4. 외자조달계약의 경우 적용하는 법령이 따로 있을까요?
5. 소프트웨어는 실체가 없고 사용권을 부여받는데 이 경우에도 관세가 부여되나요?
6. 우리 기관은 공직유관단체입니다. 어도비 제품이 조달청 디지털쇼핑몰에 올라와 있습니다. 이 경우 우리 기관은 어도비 해외본사에서 직접 구매할 수 없고 디지털 종합쇼핑몰에서 구매해야 하나요?

▣ 답변내용

[질의요지] 소프트웨어 구매

[답변내용]

가. 질의1에 대하여 계약하고자 하는 계약목적물이 물품, 용역, 임차인지는 발주기관의 계약담당공무원이 용도, 소유권, 부가서비스, 분할납부 등 해당 사항의 여러가지 조건을 고려하여 판단하는 것입니다.

나. 질의2, 질의3, 질의4에 대하여 일반적으로 외자라 함은 국내에서 생산.공급되지 않는 물자를 의미하므로 해외 제조자가 아닌 국내 공급자와 계약을 하더라도 국내에서 생산.공급되지 않는 경우라면 외자로 볼 수도 있을 것입니다.

외자의 경우에도 관련 법령에서 정하고 있는 조건에 적합한 경우에는 수의계약을 체결할 수 있을 것으로 봅니다. 다만 구체적 물품의 수의계약 적합 여부는 계약담당공무원이 판단합니다. 그리고 외자에 관하여는 국가계약법령에도 일부 있지만 국제입찰에 관한 특정조달에 관한 국가를 당사자로 하는 계약에 관한 법률 시행령 특례규정이 있습니다.

다. 질의5에 대하여 물품 등의 관세 부과에 대한 자세한 문의는 소관 기관인 관세청으로 문의하시기 바랍니다.

라. 질의6에 대하여 조달사업에 관한 법령에 따른 수요기관의 장은 수요물자 또는 공사 관련 계약을 체결하고자 하는 경우 조달청장에게 계약체결을 요청하여야 합니다.

국가기관, 자치단체의 경우 제3자를 위한 단가계약, 다수공급자계약, 국가를 당사자로 하는 계약에 관한 법률 제22조에 따른 방식으로 수요기관을 위해 체결한 계약은 조달사업에 관한 법률 시행령 제11조제1항제2호에 따라 금액과 관계없이 조달청에 계약요청(납품요구)하거나 다수공급자 물품으로 등록된 상품을 선택하는 것입니다.

다만, 기타 공공기관의 경우 의무적으로 이용하여야 하는 것은 아니나 구매절차, 경제적 타당성 등 여러 조건을 고려하여 발주기관의 판단에 따라 구매할 수 있는 것입니다.

1장 정부계약제도 일반

해외제작 물품의 코로나19로 인한 납기지연시 지체상환금 면제 가능성 여부
2022-10-17

▣ 질의내용

당사는 2021년 10월경 공공기관과 선박건조계약을 체결한 조선소와 물품 공급계약을 체결하고 해당 물품을 2022년 7월 말까지 납품할 예정이었으나 해외제작사에서 코로나19로 인한 주요부품 수급 차질 및 러시아와 우크라이나 전쟁으로 인하여 해당 물품의 납품기일을 수차례 연기하였습니다.

현재 통보 받은 최종 납품기일: 2022년 10월 말로 예상 됨

해당 물품은 국내에 개발 및 생산하는 기업이 없어 국내 시장에서 판매되고 있는 대부분의 모델이 해외 기업들로부터 수입 판매되고 있는 관계로 국내에서 대체생산 기업을 찾을 수도 없기에 해외 원 제작사에서 통보한 납기지연을 그대로 받아들일 수 밖에 없는 상황입니다.

당사와 같은 사례로 인해 계약 된 납품기일을 준수하지 못할 경우 천재지변으로 인한 납기지연으로 인정받아 지체상환금 면제가 가능한지 문의 드립니다

▣ 답변내용

[**질의요지**] 공공기관 발주 해외제작 물품의 코로나19로 인한 납기지연시 지체상환금 면제 가능성 여부

[**답변내용**] 공공기관의 계약사무를 처리할 때에는 기타공공기관의 경우에는 「기타 공공기관 계약사무 운영규정」을 적용하고 공기업·준정부기관일 경우에는 「공기업·준정부기관 계약사무규칙」을 적용하여야 하며, 동 규정 및 규칙에서 규정하지 아니한 사항은 국가계약법을 준용하여 처리해야 합니다. 또한 국가계약법령해석에 관한 내용이 아닌 계약체결 내용과 관련된 사실판단에 관한 사항에 대하여는 조달청(또는 기획재정부)의 유권해석대상이 아니며, 해당 입찰공고를 하여 계약을 체결한 발주기관에서 해당 관련 규정 등을 종합고려하여 직접 판단·처리할 사항입니다.

참고로, 국가계약법령과 계약예규의 주관부서인 기획재정부에서는 코로나-19로 인하여 다수의 계약상대자가 어려움을 겪고 있음을 감안, 발주기관이 확인한 결과 코로나-19가 계약이행에 직접 영향을 미친 경우라고 판단되는 경우 계약기간의 연장, 실비 지급을 적극 검토하고, 주요 부품의 수급 차질 등으로 불가피하게 계약이행이 지체된 경우에는 해당기간에 대하여 일반조건에 따라 지체상금을 부과하지 않도록 각 기관에 협조 요청("신종코로나 바이러스 대응 등을 위한 공공계약 업무 처리지침 안내", 계약제도과-196, 2020.2.12)한 바가 있습니다.

다만, 개별 계약건에서 구체적으로 상기 지침에 해당되는지 여부는 조달청(또는 기획재정부)의 유권해석 대상이 아니며, 각 중앙관서의 장이나 계약담당공무원이 코로나-19 관련 내용이 해당 계약이행 과정에 영향을 미쳤는지 사실관계를 직접 확인하여 계약기간 연장여부를 판단·처리할 사항입니다.

.... 정부계약제도 일반

| 현지차량 운행비 정산 여부 | 2022-11-07 |

■ **질의내용**

1. 전면책임감리용역 계약서상 현지차량운행비 원가계산서상에 포함되어 있습니다.

2. 운행비 시간당 손료 : 당초 ○○(2.0, 2017년 형) ○○을 적용한 단가(14,272,727원)로 설계되어 있습니다.

   - 질의 내용 : 현제 사용차량은 △△ (2.0, 2021년형 LPG, 단가(28,000,000원))를 사용하고 있습니다. 당초 차량단가(14,272,727원)에 비하여 현재차량단가(28,000,000원)가 높은경우 정산을 해야 하나요

3. 현지차량 주연료비 : 광해방지공사 환율 및 유류(경유)단가 공지기준 (2021.3.30) 하였으나 ○○ 기준(2.0 2017)년 현지 차량 연료를 LPG로 사용하였음.

   - 질의 내용 : LPG 공지기준 (2021.3.30) 날짜의 금액으로 정산하면 되는지요.

4. 잡품(주연료비의 10%)로 계상되어 있음.

   - 질의 내용 : 잡품은 (주연료비의 10%)의 의미는 무엇입니까? 발주처에서는 실제투입된 잡품의 비용이라고 생각하며 정산처리해야 한다고 합니다. 잡품은 비용은 발주처의 생각처럼 정산처리해야 하는것인지? 아니면 주연료비의 10%른 적용하면 되는지요.

■ **답변내용**

[**질의요지**] 감리용역에서 과업내역서상의 현지차량 운행비 정산 여부

[**답변내용**] 국가기관이 체결한 용역계약에 있어서 계약금액의 사후정산은 원칙적으로 「국가를 당사자로 하는 계약에 관한 법률」제23조의 개산계약 및 동법 시행령 제73조의 사후원가검토조건부 계약으로 체결한 경우에 가능합니다. 다만, 해당 계약특수조건 등에 사후정산조건을 정하거나 개별 법에서 정산하도록 규정된 경우에도 정산이 가능할 것인 바, 귀하의 질의 경우도 해당 용역계약의 특수조건에 사후정산 조건을 정한 경우에는 그에 따라 계약금액의 사후정산이 가능할 것인 바, 구체적인 것은 계약당사자가 직접 관련서류의 사실관계를 확인하여 처리할 사항입니다(해당 계약문서의 계약조건 제1조 참조).

참고로, "계약은 서로 대등한 입장에서 당사자의 합의에 따라 체결되어야 하며, 당사자는 계약의 내용을 신의성실의 원칙에 따라 이행하여야 한다"는 「국가를 당사자로 하는 계약에 관한 법률」제5조제1항의 규정에 의거 국가계약은 국가가 사경제의 주체로서 행하는 사(私)법상의 법률행위에 해당되므로, 계약상대자의 정당한 요구에 대하여 발주기관의 계약담당공무원의 판단에 이의가 있는 경우라면, 발주기관(또는 상급기관)에 이의제기, 감사기관에 감사청구, 민사소송 등을 통해 처리해야 할 것입니다.

환경보전비 적용여부

2021-07-09

■ 질의내용

○○공사에서 발주한 교량공사 현장입니다. 총액입찰로 계약하였고 공사기간은 2018.6.5. ~ 2021.9.28.까지이며, 가설비에 해당하는 현장사무소 설치비용에 정화조설치 운영비용이 누락되었읍니다. 정화조설치,해체 및 운영비용을 간접비 승율의 "환경보전비"로 사용할수 있는지 문의드립니다.

■ 답변내용

[**질의요지**] 가설사무실 정화조 설치 및 운영비용에 대한 환경보전비 적용 여부

[**답변내용**] 국가기관이 당사자가 되는 시설공사 계약에 있어 계약담당공무원은 계약예규 「예정가격작성기준」 제19조제3항제21호에 따라 계약목적물의 시공을 위한 제반 환경오염 방지시설을 위하여 관련 법령으로 규정되어 있거나 의무 지워진 환경보전비를 계상하여야 합니다.

아울러 「건설기술진흥법 시행규칙」 [별표 8] 환경관리비의 세부 산출기준에서 환경보전비는 건설공사 현장에 설치하는 환경오염 방지시설의 설치와 운영에 드는 비용을 말하며, 건설공사현장에 설치하는 환경오염 방지시설은 다음의 시설로 정의하고 있습니다.

1) 비산먼지 방지시설: 세륜시설(세륜장의 포장 및 침전물 보관시설을 포함한다), 살수시설, 살수차량, 방진덮개(도로 등의 절토 및 성토 경사면 사용분을 포함한다), 방진벽, 방진망, 방진막, 진공청소기, 간이칸막이, 이송설비 분진억제시설, 집진시설(이동식, 분무식을 포함한다), 기계식 청소장비 등 「대기환경보전법」의 규정을 준수하기 위한 시설

2) 소음·진동 방지시설: 방음벽(이동 및 설치 비용을 포함한다), 방음막, 소음기, 방음덮개, 방음터널, 방음림, 방음언덕, 흡음장치 및 시설, 탄성지지시설, 제진시설, 방진구시설, 방진고무, 배관진동절연장치 등 「소음·진동관리법」의 규정을 준수하기 위한 시설

3) 폐기물 처리시설: 소각시설, 쓰레기슈트, 폐자재 수거박스, 폐기물 보관시설(덮개 및 배수로를 포함한다), 건설폐기물 처리시설(파쇄·분쇄시설 및 탈수건조시설을 포함한다) 등 「건설폐기물의 재활용촉진에 관한 법률」 및 「폐기물관리법」의 규정을 준수하기 위한 시설

4) 수질오염 방지시설: 오폐수처리시설[수질 자동측정시스템(TMS)를 포함한다], 가배수로, 임시용 측구, 절성토면 비닐덮개, 침사 및 응집시설, 오탁방지막, 오일펜스, 유화제, 흡착포, 단독정화조, 이동식 간이화장실(정화조를 포함한다) 등 「수질 및 수생태계 보전에 관한 법률」, 「지하수법」, 「하수도법」 및 「화학물질관리법」의 규정을 준수하기 위한 시설

이에, 질의하신 가설사무실 정화조는 「건설기술진흥법 시행규칙」 [별표 8]에 따라 수질오염 방지시설로 보아 환경보전비로 집행 가능할 것입니다, 환경보전비의 계상 및 관리에 관하여 필요한 사항은 「건설기술진흥법 시행규칙」 제61조제4항에 따라 국토교통부장관이 정하여 고시하도록 명시되어 있습니다.

[2020 주요 질의회신]

> **여성기업(사회적기업)간 경쟁입찰 및 기술개발인증보유업체간 경쟁입찰이 가능한지**
> 2020-05-11

▣ 질의내용

(질의1) 소액수의 견적안내 공고 시 여성기업(사회적기업)간 경쟁입찰 가능여부 2020.5.1일부로 국가계약법 시행령 제26조6항이 신설되어 2020.12.31까지 여성기업, 장애인기업, 사회적기업과 1억원 이하의 물품 또는 용역계약을 수의계약으로 할 수 있습니다. 그런데 시행령 제30조2항에는 시행령 제26조제6항제4호 각목(여성기업, 사회적기업 등)에 해당하는 자와 5천만원을 초과하는 수의계약을 체결하는 경우 전자조달시스템을 이용해 2인 이상의 견적서를 제출하도록 해야 한다(소액수의 견적안내 공고)라고 규정하고 있습니다. 여성기업, 사회적기업과 수의계약을 체결하는 경우 5천만원 이하이면 1인 견적이 가능하고 5천만원을 초과하면 견적안내공고를 통해 다수의 견적을 받아보고 계약을 체결하도록 되어 있습니다. 그럼 5천만원 초과 1억 이하 물품 또는 용역의 소액수의 견적안내 공고 시 입찰참가자격에 여성기업 또는 사회적기업을 부여하여 여성기업 또는 사회적기업 간 경쟁입찰이 가능하도록 공고를 해도 되는지 문의합니다. 또한 1인 견적이 가능한 5천만원 이하의 물품 또는 용역 발주 시에도 여성기업 또는 사회적기업간 경쟁입찰이 가능한 소액수의 견적안내 공고가 가능한지 문의합니다.

(질의2) 기술개발제품 수의계약 사유에 해당하는 인증 보유를 제한경쟁입찰참가자격으로 정해도 되는지 여부 국가계약법 시행령제26조3호에 따라 성능인증, GS, NEP, NET, 우수조달 등의 물품을 해당 물품을 직접 생산하는 중소기업자와 수의계약이 가능합니다. 중소기업자간 경쟁 물품을 발주하려는 경우 시행령제26조3호각목에서 규정하는 기술개발인증을 보유한 업체가 많은 경우 입찰참가자격에 시행령제26조3호각목에서 규정하는 기술개발인증보유 사항을 정해서 제한경쟁입찰공고를 해도 되는 건지 문의합니다.

▣ 답변내용

[**질의요지**] 5천만원 초과 1억 이하 물품 또는 용역의 소액수의 견적안내 공고 시 입찰참가자격에 여성기업 또는 사회적기업을 부여하여 여성기업 또는 사회적기업 간 경쟁입찰이 가능하도록 공고를 해도 되는지. 또한 1인 견적이 가능한 5천만원 이하의 물품 또는 용역 발주 시에도 여성기업 또는 사회적기업간 경쟁입찰이 가능한 소액수의 견적안내 공고가 가능한지.

[답변내용] 국가기관이 시행하는 소액수의계약에서 「국가를 당사자로 하는 계약에 관한 법률 시행령」 제26조제1항제5호가목1) 및 3)부터 5)까지의 규정에도 불구하고 「재난 및 안전관리 기본법」 제3조제1호의 재난이나 경기침체, 대량실업 등으로 인한 국가의 경제위기를 극복하기 위해 기획재정부장관이 기간을 정하여 고시한 경우에는 동 시행령제26조제6항제4호(추정가격이 2천만원 초과 1억원 이하인 계약) 다음 각 목의 어느 하나에 해당하는 자와 체결하는 물품의 제조·구매계약 또는 용역계약을 수의계약으로 체결할 수 있도록 2020.5.1.에 신설되었습니다. 가. 「여성기업지원에 관한 법률」 제2조제1호에 따른 여성기업 나. 「장애인기업활동 촉진법」 제2조제2호에 따른 장애인기업 다. 「사회적기업 육성법」 제2조제1호에 따른 사회적기업, 「협동조합 기본법」 제2조제3호에 따른 사회적협동조합, 「국민기초생활 보장법」 제18조에 따른 자활기업 또는 「도시재생 활성화 및 지원에 관한 특별법」 제2조제1항제9호에 따른 마을기업 중 기획재정부장관이 정하는 요건을 충족하는 자

따라서, 귀하의 질의 경우가 이에 해당하는 경우에는 수의계약이 가능하다 할 것이며, 동 계약관련 견적서 징구방법 등에 대하여는 동 시행령 제30조제2항 및 제3항에 정한 바에 따라 처리하면 될 것입니다.

장기계속공사 계약에 차수별(연차별)공사 계약기간 설정 관련 질의
2020-05-15

■ **질의내용**

조달청 장기계속 계약에 있어서 차수별(연차별) 계약체결시 계약기간 설정과 관련하여 통상적으로 12개월을 기준으로 차수별(연차별) 계약을 체결하고 있습니다.

1. 차수별(연차별) 계약기간 설정과 관련한 규정/지침 유무 문의
2. 총차 계약기간 범위내에서 차수별(연차별) 계약을 12개월 이상으로 계약기간 설정 가능 여부 문의

■ **답변내용**

[질의요지] 조달청 장기계속공사 계약에 있어서 차수별(연차별) 계약체결시 계약기간 설정과 관련

[답변내용] 국가기관이 당사자가 되는 계약에서 장기계속공사는 「국가를 당사자로 하는 계약에 관한 법률 시행령」 제69조제2항에 따라 총 공사금액을 부기하고 각 회계연도 예산의 범위 안에서 연차(차수)계약을 체결하는 것입니다. 이때 계약담당공무원은 각 연차(차수) 계약기간을 총공사 계약기간의 범위 안에서 각 연차별 공사내용에 따라 필요한 공기를 산정하여 계약기간을 정하는 것이며 차수와 차수 사이의 공백기간은 계약기간에서 제외됩니다.

1차공사가 지체되는 경우 다음 차수공사 및 총공사의 계약기간도 영향을 받게 됨으로 계약상대자의 책임없는 이유로 1차공사가 지연되었다면 1차공사, 다음 차수공사 및 총공사의 계약기간 연장에 대해 계약당사자간 합의가 가능합니다. 잔여 공사량에 따른 소요 공사기간의 설정은 사실판단의 문제이며 공사기간 연장은 계약당사자간 협의를 거쳐 결정할 사항입니다. 조달청(시설사업국)에서는 각 수요기관의 조달요청서에 따라 계약체결업무를 대행하고 있는 바, 그 관련 실무처리기준에 대하여는 동 계약부서에 직접 질의하여 주시기 바랍니다.

참고로, 총공사기간이 32개월이고, 각 연차 공사기간을 공사물량 등을 감안하여 1차 10개월, 2차 12개월, 3차 10개월로 배분한다고 가정할 경우 1) 1차 계약이 2개월 공기연장 후 준공 시: 10개월(당초)+ 2개월(연장)= 12개월 소요 ⇒ 총공사기간은 34개월(32+2)임. 이때 잔여공사기간은 2차는 12개월, 3차는 10개월을 합산한 22개월로 변화 없음 2) 그 후 2차 계약이 2개월 공기연장 후 준공 시: 12개월(당초)+ 2개월(연장)= 14개월소요 ⇒ 총공사기간 36개월(34+2)임. 이때 잔여 3차 공사기간은 당초 10개월로 변화 없음

정부 입찰·계약 집행기준 선금지급 및 정산 관련 문의 (계약예규)
2020-05-07

■ **질의내용**

(계약예규) 정부 입찰·계약 집행기준에 따를 때 선금 지급(제36조) 및 정산(제37조) 시, (수급인이 선금을 전액 사용한 경우) 지출영수증 등 지출 증빙자료를 별도로 징구하여 선금지출 실사용 내역을 확인하고 선금정산을 하여야 하는 것인지 여부에 대해 아래와 같이 질의드립니다.

* 상기 계약예규 외에는 선금 지급 및 정산 등에 대한 별도 자체 규정은 없으나 지출 담당자별로 의견이 상이하여, 선금정산 시 영수증 등 지출증빙자료가 필요하다는 입장이 있고 반면에 사용내역서만 있으면 된다는 입장도 있는데, 사용내역서 제출과 관련된 계약예규 제36조 제2항은 현재 삭제되어 있는바 이를 기준으로 하면 사용내역서나 지출증빙서류 징구 없이 정산이 가능한 것으로도 보이는데 어떠한 것이 계약예규에 따른 적합한 선금정산 방식인지 문의드립니다.

- 지금 문의드린 건은 하수급인이 없는 용역계약인데, 하수급인이 있는 용역계약의 경우 '(제36조 제4항) 계약담당공무원은 수급인에게 선금을 지급한 경우에는 선금지급일로부터 20일 이내에 계약상대자와 하수급인으로부터 증빙서류를 제출받아 선금배분 및 수령내역을 비교·확인하여야 한다.'는 사항 외에 달리 보아야 하는 추가 사항이 있는지 여부도 안내하여 주시면 감사하겠습니다.

■ **답변내용**

[**질의요지**] (계약예규) 정부 입찰·계약 집행기준 선금지급 및 정산 관련 문의

[**답변내용**] 국가기관의 계약담당공무원은 개정전 (계약예규)「정부 입찰·계약 집행기준」(이하 "집행기준"이라 함) 제36조 ②항에 의거 지급된 선금이 동조 ①항에 의한 용도로 사용되었는지 여부를 확인하기 위하여 선금전액 사용시에는 계약상대자로 하여금 사용내역서를 제출하게 하였으나, 동 규정은 규정개정으로 2019.12.18 삭제되었으며, 삭제규정은 2019.12.18. 이후 입찰공고(수의계약)분부터 적용되는 것이므로 삭제규정이 적용되는 계약에서 지급한 선급금에 대해서는 선금사용내역서를 제출할 필요없이 집행기준 제36조제1항의 선금용도로 사용하면 되는 것입니다. 또한 하수급인이 있는 경우 선금의 지급을 요청할 때는 동 기준 34조 ②항에 의거 하수급인에 대한 선금지급계획을 제출하도록 하여야 하며, 계약담당공무원은 선금지급일로부터 20일 이내에 계약상대자와 하수급인으로부터 증빙서류를 제출받아 선금배분 및 수령내역을 비교·확인하여야 하는 것입니다.

조달청 계약시 공사비 원가계산서 상 기타경비항목이 사후 정산대상인지 여부
2020-07-24

▣ **질의내용**

1. 조달청 통한 국가상대 계약 공사시 원가계산서 상 기타경비항목이 사후 정산대상인지 여부가 궁금합니다. *입찰 공고문 상에는 사후 정산한다는 문구없음
2. 관계법령에서 실제 사용된 비용으로 정산하도록 규정한 항목과 근거가 궁금합니다.

▣ **답변내용**

[질의요지] 국가기관과의 계약 공사시 원가계산서 상 기타경비항목이 사후 정산대상인지 여부

[답변내용] 국가기관이 당사자가 되는 계약은 '확정계약'이 원칙이나, 「국가를 당사자로 하는 계약에 관한 법률 시행령」(이하 "시행령"이라 합니다) 제70조에 따른 "개산계약", 시행령 제73조에 따른 "사후원가검토조건부 계약"이나 「건설산업기본법」 등 관련 법령이나 계약조건에서 정산하도록 규정하고 있는 경우에 한하여 계약금액의 정산이 가능하다 할 것입니다. 따라서, 발주기관의 계약담당공무원은 관련 법령 또는 계약조건에 따른 정산 절차와 기준(정산대상과 범위, 적용단가, 계약상대자가 제출할 서류 등)을 미리 정하고 그에 따라 계약을 체결한 경우라면 동 계약이행이 완료된 후에는 그 기준과 절차에 따라 정산하여야 할 것인 바, 구체적인 것은 계약당사자가 해당 계약문서에서 정한 정산기준 등을 확인하여 처리해야 할 사항입니다.

한편, 「국가를 당사자로 하는 계약에 관한 법률」 제3조에서는 국가를 당사자로 하는 계약에 관하여는 다른 법률에 특별한 규정이 있는 경우를 제외하고는 이 법에서 정하는 바에 따른다고 규정하고 있는 바, 귀하의 질의 경우처럼 다른 기관에서 운영하고 있는 법령 등에 사후정산이 규정된 경우라면 이 관련 구체적인 처리방법 등에 대하여는 동 소관부서에 직접 질의해야 할 것입니다.

협상에 의한 계약 예정가격 미작성 이유

2020-06-22

▣ **질의내용**

국가계약법 시행령 제7조의2에 따르면 협상에 의한 계약은 예정가격을 작성하지 않아도 된다라고 나와있는데 예정가격을 작성하는 이유는 낙찰하한율을 정하여 기업의 덤핑입찰을 방지하려는 것으로 알고있습니다. 협사에 의한 계약이 예정가격을 작성하지 않고, 낙찰하한율을 적용하지 않아도 되는 이유가 뭔지 알 수 있을까요?

▣ **답변내용**

[질의요지] 협상에 의한 계약 예정가격 미작성 이유

[답변내용] 공기업·준정부기관의 계약에 관하여는 「공기업·준정부기관 계약사무규칙」이 우선 적용되고, 동 규칙에 규정되지 아니한 사항에 관하여는 동 규칙 제2조제5항에 따라 동 규정 및 규칙에서 규정하지 아니한 사항은 국가계약법을 준용하여 처리해야 합니다.

참고로, 「국가를 당사자로 하는 계약에 관한 법률」 제8조의2제1항 단서(예정가격을 작성하지 아니하거나 생략할 수 있는 경우)에서 "다른 국가기관 또는 지방자치단체와 계약을 체결하는 경우 등 대통령령으로 정하는 경우"란 다음 각 호의 구분에 따른 경우를 말합니다(동 시행령 제7조의2제2항). 1. 예정가격을 작성하지 않는 계약 : 동 시행령 제79조제1항제5호에 따른 일괄입찰 및 제98조제3호에 따른 기본설계 기술제안입찰 2. 예정가격의 작성을 생략할 수 있는 계약 : 동 시행령 제26조제1항제5호가목·바목 및 같은 조 제6항에 따른 수의계약(제30조제2항 본문에 따라 견적서를 제출하게 하는 경우는 제외), 제43조에 따른 협상에 의한 계약, 제43조의3에 따른 경쟁적 대화에 의한 계약 및 제70조에 따른 개산계약

다만, 구체적인 경우에서의 예정가격을 작성할 것인지 아니면 생략할 것인지 여부는 각 중앙관서의 장이나 계약담당공무원이 '할 수 있는' 재량행위이므로 해당 계약목적물의 특성 및 계약이행 가능성 등 제반여건을 고려하여 온전히 발주기관이 직접 판단해야 할 사항임을 알려드립니다.

한편, 규모별 낙찰하한율은 발주기관에서 직접 물품규격서 또는 과업지시서를 작성하여 입찰공고하는 적격심사낙찰제의 경우에만 적용되는 용어이므로, 발주기관의 입찰공고시 제안서 작성요령 및 세부평가기준에 따라 낙찰자를 결정하는 협상계약의 경우에는 적용될 수 없다 할 것입니다.

제 2 장

입찰 및 낙찰자 결정

제1절 원가계산 및 예정가격 / 109

제2절 입찰참가자격 / 137

제3절 입찰방법 및 공고 / 159

제4절 입찰 유효, 무효, 취소 / 261

제5절 적격심사(PQ포함) 및 낙찰자 선정/ 269

제2장 입찰 및 낙찰자 결정

제1절 원가계산 및 예정가격

NEP제품 수의계약 시 예정가격 결정기준

2022-04-28

■ **질의내용**

국가계약법령 및 기획재정부 계약예규에 따른 예정가격 작성기준에 대하여 문의드립니다. 국가계약법 시행령 제9조(예정가격의 결정기준) 제1항에 의거 예정가격은 거래실례가격, 원가계산에 의한 가격, 표준시장단가, 감정가격, 견적가격 등으로 결정하여야 한다고 되어 있습니다. 그런데 NEP 제품의 경우 납품 가능한 자가 1개뿐이어서 적정한 거래실례가격이 형성되어 있지 못하고, 업체에서 영업상 비밀을 이유로 원가계산자료도 제공하지 않아 원가계산도 어려운 상황이고, 조달청 등 기관에서 조사하여 공표한 가격도 없는 상황입니다.

총 구매액은 1억원을 초과하는 구매건인데 1인 견적으로 수의계약이 가능한지 문의드립니다. 그리고 이전에 구매실적이 있으나 NEP 제품이어서 납품 가능한 자가 1개뿐인 사업자와 수의계약을 체결한 경우에 이전 구매실례가격을 거래실례가격으로 사용할 수는 없는지 또는 수의계약으로 구매한 구매실례가격을 다음 수의계약 체결시 예정가격에 활용할 수 있는 방법은 무엇인지 문의드립니다.

■ **답변내용**

[질의요지] 수의계약 시 예정가격 결정

[답변내용] 귀 질의는 예정가격 작성을 위한 견적과 계약상대자를 결정할 경우 제출받는 견적 두 가지로 구분이 필요해 보입니다.

가. 예정가격 작성에 관하여 국가기관이 당사자가 되는 계약에 있어서 계약담당공무원이 예정가격을 정하고자 하는 경우에는 국가를 당사자로 하는 계약에 관한 법률 시행령(이하 시행령 이라 합니다) 제9조에 따라 거래실례가격, 유사한 거래실례가격, 견적가격 등을 기준으로 하여 예정가격을 결정토록 하고 있는 바, 거래실례가격, 유사한 거래실례가격 등이 없는 경우에는 같은 법률 시행규칙 제10조에 따라 견적가격으로 예정가격을 결정할 수 있습니다.

이때 계약담당공무원이 하나의 견적으로 예정가격을 정할 것인지는 견적자, 물품의 특성이나 거래 조건을 포함한 시장 상황 등을 고려하여 부득이하다고 판단하는 경우에는 가능할 수도 있는 것입니다. 이전 거래 실적의 다음 예정가격으로 사용할 수 있는지 또한 같습니다.

나. 수의계약 시 견적서 제출 수의계약의 경우 시행령 제30조에 따라 전자조달시스템을 통하여 2인 이상의 견적을 받아 계약상대자를 정함이 원칙이나, 같은조 제1항 단서(각 목) 규정에 해당하는 경우에는 1인 견적으로도 가능합니다. 귀 질의 내용이 이에 해당한다고 판단되는 경우에는 1인 견적으로 계약상대자를 정할 수 있으나 이에 해당하지 않는 경우라면 2인 이상의 견적이 필요하므로 계약담당공무원은 이에 해당하는 지를 판단하고 결정하여야 합니다.

도로 굴착심의 인허가, 농지타용도 일시사용허가, 산지 일시사용허가 인허가 비용 등 2022-11-22

▣ 질의내용

당 현장 공사입찰공고문에 첨부되어 있는 공사일반사항에 "계약상대자는 구매, 착수, 시공에 관련된 제반허가, 승인 및 면허, 취득업무를 감독원의 협조 하에 계약상대자의 비용으로 직접 수행하여야 하며, 이의 지연 등으로 발생하는 모든 사항은 계약상대자가 책임을 져야 한다." 라는 조항이 명시되어 있습니다. 당 현장에서는 '도로굴착심의 인허가, 농지타용도 일시사용허가, 산지 일시사용허가' 등 인허가 업무를 수행해야 합니다. 이러한 인허가 항목들은 발주처에서 공사 시작 전에 수행해야 하는 항목으로 알고 있습니다. 하지만 발주처에서는 시방서 조항을 근거로 시공사에게 인허가 모든 비용을 전가하고 있습니다.

▣ 답변내용

[질의요지] 도로굴착심의 인허가, 농지타용도 일시사용허가, 산지 일시사용허가 인허가 비용 등

[답변내용] 공공기관이 당사자가 되는 계약은 해당 계약문서, 공공기관의 운영에 관한 법령, 공기업·준정부기관 계약사무규칙이나 기타 공공기관 계약사무 운영규정(기획재정부 훈령) 등 해당 기관의 계약사무규정에 따라 계약업무를 처리하여야 할 것입니다.

참고로 국가기관이 당사자가 되는 공사계약에 있어서 계약문서나 관련법령에서 따로 정한 경우를 제외하고는 사업의 승인, 인허가 및 이에 필요한 사전 수속은 발주기관이 해야 하는 것이며, 이에 따라 발생되는 법정비용 등은 발주기관이 부담하여야 할 것으로 봅니다.

그리고 「국가를 당사자로 하는 계약에 관한 법률」 제5조(계약의 원칙) 제3항에 따라 각 중앙관서의 장 또는 계약담당공무원은 계약을 체결할 때 이 법 및 관계 법령에 규정된 계약상대자의 계약상 이익을 부당하게 제한하는 특약 또는 조건(이하 "부당한 특약 등"이라 한다)을 정해서는 아니 되는 것입니다. 이 조항에 따른 부당한 특약 등은 같은 조 제4항에 따라 무효임을 알려드립니다.

사용자교육 사업(용역) 발주 시 기타경비에 포함되는 항목 문의
2021-08-30

■ **질의내용**

국가계약법에 의거하여 시스템(소프트웨어)에 대한 사용자교육 용역을 발주하려고 합니다.

이때 기타(직접)경비로 교육교재 인쇄비를 포함시켜서 발주하려 하는데 관련하여 고려해야할 사항이나 법령이 있는지 질문드립니다. (문제의 소지가 있는지)

추가적으로 용역계약 진행시 기타경비로 포함이 가능한 항목이 각종 법령이나 행정규칙에 정의가 되어있는 부분이 있다면, 알려주시면 감사하겠습니다.

■ **답변내용**

[**질의요지**] 소프트웨어에 대한 사용자교육 용역 발주 시 기타경비에 포함되는 항목

[**답변내용**] 국가기관이 시행하는 기타용역의 원가계산시 계약예규 예정가격작성기준 제30조(기타용역의 원가계산) 제1항에 정한 바에 따라 엔지니어링사업, 측량용역, 소프트웨어 개발용역 등 다른 법령에서 그 대가기준(원가계산기준)을 규정하고 있는 경우에는 해당 법령이 정하는 기준에 따라 원가계산을 할 수 있다 할 것입니다. 또한, 「국가를 당사자로 하는 계약에 관한 법률」 제3조에서는 국가를 당사자로 하는 계약에 관하여는 다른 법률에 특별한 규정이 있는 경우를 제외하고는 이 법에서 정하는 바에 따른다고 규정하고 있는 바, 이외의 다른 규정에 대하여는 발주기관에서 직접 판단하거나 그것의 소관부서에 직접 질의해야 할 것입니다. 구체적인 경우에서의 예정가격의 작성 방법 등에 대하여는 해당 용역의 특성과 관련 규정을 종합적으로 검토하여 발주기관의 계약담당공무원이 온전히 직접 판단해야 할 사안입니다.

설계변경 당시의 단가 산출에 관한 질의

2021-02-03

◼ 질의내용

"국가계약법 시행령 제65조제3항제2호에 따라 설계변경으로 인한 계약금액의 조정 시 계약단가가 없는 신규비목의 단가는 설계변경 당시를 기준으로 하여 산정한 단가에 낙찰률을 곱한 금액으로 하여 산출하고 있습니다."

여기서 설계변경 당시를 기준으로 하여 산정한 단가란 어떻게 산정한 단가를 말하는 것인가요?

여러군데 견적을 받아서 그 중 최소금액으로 산정한 단가를 의미하나요?

아니면, 기존 제출하였던 산출내역서상에서 비슷한 종류 제품의 단가를 산정한 단가로 함을 의미하나요?

◼ 답변내용

[**질의요지**] 설계변경 당시의 단가 산출에 관한 질의

[**답변내용**] 지방자치단체를 당사자로 하는 계약, 공기업과 준정부기관 및 공공기관의 계약에 관하여는 달리 정한 바가 있으면 그에 따라야 함을 알려 드립니다.

국가기관이 당사자가 되는 공사계약에 있어 설계를 변경하고 계약금액을 조정하는 경우 신규비목의 단가는 국가를 당사자로 하는 계약에 관한 법률 시행령(이하 시행령이라 합니다) 제65조제3항 제2호에 따라 설계변경 당시를 기준으로 하여 산정한 단가에 낙찰률을 곱한 금액으로 합니다.

이때 설계변경 당시의 단가는 시행령 제9조 및 같은 법률 시행규칙(이하 시행규칙이라 합니다) 제5조에 따른 거래실례가격이나 통계법 제15조에 따른 지정기관이 조사하여 공표한 가격(다만, 기획재정부장관이 단위당 가격을 별도로 정한 경우 또는 각 중앙관서의 장이 별도로 기획재정부장관과 협의하여 단위당 가격을 조사.공표한 경우에는 해당 가격)과 시행규칙 제10조에 따른 감정가격, 유사한 거래실례가격, 견적가격을 의미합니다.

계약담당공무원은 예정가격(귀 질의 단가) 결정 시 시행령 제9조제3항에 따라 제1항 각호와 시행규칙 제5조의 단가를 기준으로 계약수량, 이행기간, 수급상황, 계약조건, 기타 제반여건을 참작 결정하여야 하는 것입니다.

여러 견적의 항목별 최저가격을 활용하여 예정가격을 산출할 수 있는지 여부
2022-09-05

■ 질의내용

국가계약법령상 일반용역계약 예정가격을 견적가격으로 산출시의 기준에 대해 문의드리고자 합니다. 일반용역 발주 건으로 예정가격을 근거로 경쟁입찰로 협상에 의한 계약을 체결하고자 합니다.

1. 공동수급 불허시 예정가격 산출 목적으로 견적가격 취사선택 가능여부

- 국가계약법 시행령 제9조 제1항에 의하면 거래실례가격, 원가계산에 의한 가격, 표준시장단가가 없는 경우에는 감정가격, 유사한 용역 등의 거래실례가격 또는 견적가격을 사용할 수 있다고 명시하고 있습니다.

- 일반용역(과업 A, B, C)의 예정가격 산출시 여러 업체가 견적을 제출했다면 공동수급을 불허할 경우, 과업별 최저가격을 취사선택하여 예정가격으로 산출할 수 있을까요? - 가령 용역(과업 A, B, C)에 대해 업체 가, 나, 다가 견적을 제출하였을 경우, 세 업체의 총액은 91, 92, 93인데 A, B, C의 최저가격이 각각 28, 29, 30일 경우 용역의 예정가격을 87로 할 수 있는지입니다.

2. 공동수급 허용시 예정가격 산출 목적으로 견적가격 취사선택 가능여부

- 국가계약법 시행령 제9조 제1항에 의하면 거래실례가격, 원가계산에 의한 가격, 표준시장단가가 없는 경우에는 감정가격, 유사한 용역 등의 거래실례가격 또는 견적가격을 사용할 수 있다고 명시하고 있습니다.

- 공동수급을 허용할 경우, 일반용역(과업 A, B, C)의 예정가격 산출시 여러 업체가 견적을 제출했다면, 과업별 최저가격을 취사선택하여 예정가격으로 산출할 수 있을까요? 지역별, 업종별 과업 차이로 인해 공동수급 후 업체별로 과업 수행이 예상되는 상황입니다. - 가령 용역(과업 A, B, C)에 대해 업체 가, 나, 다가 견적을 제출하였을 경우, 세 업체의 총액은 91, 92, 93인데 A, B, C의 최저가격이 각각 28, 29, 30일 경우 용역의 예정가격을 87로 할 수 있는 지입니다.

■ 답변내용

[질의요지] 공공기관 발주 일반용역계약에서 국가계약법령상 예정가격을 견적가격으로 산출시 여러 견적의 항목별 최저가격을 활용하여 예정가격을 산출할 수 있는지 여부

[답변내용] 국가기관이 당사자가 되는 계약에 있어서 각 중앙관서의 장이나 계약담당공무원이 「국가를 당사자로 하는 계약에 관한 법률 시행령」 제9조는 거래실례가격, 유사한 거래실례가격, 견적가격 등을 기준으로 하여 예정가격을 결정토록 하고 있는 바, 거래실례가격, 유사한 거래실례가격 등이 없는 경우에는 동법 시행규칙 제10조에 따라 견적가격으로 예정가격을 결정할 수 있습니다.

상기 '견적가격'이라 함은 '예정가격을 작성함에 있어 시중에 거래실례가격이 없고 또한 원가계산도 할 수 없는 경우에 계약상대자 또는 제3자에게 의뢰하여 직접 제출받은 수주 희망 가격'을 말하는 것입니다. 다만, 구체적인 경우에서 최저가격 또는 가중평균가격 등으로 예정가격을 결정할 것인지에 대해서는 각 중앙관서의 장이나 계약담당공무원이 해당 계약목적물의 특성과 가격조사의 신뢰성, 조달여건 등에 따라 판단·결정될 사항으로, 이는 계약관의 재량사항에 포함된다고 할 것입니다.

참고로, 거래실례가격의 경우에는 2이상의 사업자에 대하여 조사하여 확인하도록 하고 있는 바, 견적가격의 경우에도 이를 준용하여 2인 이상으로부터 견적서를 받음으로써 계약담당공무원으로 하여금 그 견적가격을 비교하고 가격이 적정한지 여부를 검토하며 견적서 제출업체 중 발주기관에 가장 유리한 조건을 제시하는 견적서를 예정가격자료로 활용하는 것이 적절할 것으로 봅니다.

예정가격 작성기준에 대한 문의
2021-04-13

▣ 질의내용

국가계약법령 및 기획재정부 계약예규에 따른 예정가격 작성기준에 대하여 문의드립니다.

국가계약법 시행령 제9조(예정가격의 결정기준) 제1항에 의거 예정가격은 거래실례가격, 원가계산에 의한 가격, 표준시장단가, 감정가격, 견적가격 등으로 결정하여야 한다고 되어 있습니다.

또한, 학술연구용역의 경우 기획재정부 계약예규 예정가격 작성기준 "제4절 학술연구용역 원가계산"의 방법으로 작성하도록 되어 있습니다.

원가계산에 의한 예정가격을 작성시, 해당 과업이 학술연구용역이 아닌 일반용역(연구용역의 성격과 비슷한 경우)의 경우 "학술연구용역 원가계산"의 방법을 준용하여 작성이 가능한지에 대하여 문의드립니다.

▣ 답변내용

[질의요지] 일반용역이 연구용역의 성격을 가질 때 학술연구용역 원가계산 기준을 적용할 수 있는지

[답변내용] 국가기관이 당사자가 되는 용역계약에 있어서 계약예규 예정가격작성기준 제30조제2항은 원가계산기준이 정해지지 않은 기타의 용역에 대하여는 제1항 및 제23조 내지 제29조에 규정된 원가계산기준에 준하여 원가계산할 수 있다라고 규정하고 있습니다.

귀 질의의 경우에도 계약할 내용이 원가계산기준이 정해지지 않은 용역의 경우라면 학술연구용역 원가계산방법을 준용할 수 있을 것으로 봅니다.

용역계약의 예정가격 산출 관련 문의

2021-05-13

■ 질의내용

국가계약법령 상 용역계약에 대한 예정가격 산출기준에 대해 문의드리고자 합니다.

1. 국가계약법령 상 용역계약 예정가격 산출 시 거래실례가격 활용 가능 여부

   - 국가를 당사자로 하는 계약에 관한 법률 시행령 제9조에 따르면 적정한 거래가 형성된 경우에는 그 거래실례가격(제1항 제1호), 용역등 계약의 특수성으로 인하여 적정한 거래실례가격이 없는 경우에는 원가계산에 의한 가격(제1항 제2호) 등으로 예정가격을 결정하여야 한다고 명시하고 있습니다.
   - 이 때 거래실례가격은 "물품 구매"에만 적용되는 것이고, "용역"의 경우 모두 국가계약법 시행령 제9조 제1항 제2호가 적용, "원가계산에 의한 가격" 방식으로만 예정가격 산정을 해야된다고 이해하는 것이 맞을지요?
   - 혹은 용역의 경우에도 해당 용역(서비스)을 제공하는 업체를 대상으로 직접 조사한 가격(견적)을 거래실례가격으로 해석할 수 있을지요?

2. 원가계산 방식으로 용역 예정가격 산출 시 노무비 비목 포함 여부

   - 국가계약법 시행규칙 제6조에 따르면 용역의 경우 원가계산에 의한 가격으로 예정가격을 결정함에 있어서는 재료비, 노무비, 경비, 일반관리비, 이윤 비목을 포함시켜야 한다라고 명시하고 있습니다.
   - 제가 근무하고 있는 기관에서는 채용 대행용역, 행사개최 대행용역 등의 경우 별도로 "노무비"를 산정하지 않고, "직접경비"에 포함하여 예정가격을 산출하고 있는 경우가 있는데요, 과업 및 계약목적물의 특성에 따라 "노무비" 등 일부 비목을 제외하고 용역 예정가격 산출을 하여도 무방한지요? 계약담당직원의 재량으로 판단하여 결정할 수 있는 사안인지 궁금합니다.

▣ 답변내용

[질의요지]   용역의 원가계산방법

[답변내용]

질의1에 대하여 국가기관이 당사자가 되는 계약에 있어 계약담당공무원이 예정가격을 정하는 경우 국가를 당사자로 하는 계약에 관한 법률 시행령 제9조제1항에 따라 적정한 거래가 형성된 경우에는 그 거래실례가격, 거래실례가격이 없는 경우에는 원가계산에 의한 가격, 거래실례가격이나 원가계산에 의한 가격으로 할 수 없는 경우에는 감정가격 등을 기준으로 하여 예정가격을 결정하여야 합니다.

용역의 경우 물품과 달리 일정한 규격 등이 존재하지 않아 각 용역 대부분은 서로 내용이 상이하여 거래실례가격 적용이 용이하지 않습니다. 동일한 내용이라면 거래실례가격을 사용할 수도 있으며, 동일한 내용인지 여부는 발주기관에서 확인하여야 할 것입니다. 그리고 견적은 거래실례가격에 포함되지 않으므로 거래실례도 없고, 원가계산도 곤란할 경우에 적용이 가능할 것입니다.

질의2에 대하여 발주기관이 원가계산에 의한 방법으로 예정가격을 결정하고자 하는 경우 계약담당공무원은 국가를 당사자로 하는 계약에 관한 법률 시행규칙 제6조와 계약예규 예정가격작성기준(이하 작성기준이라 합니다)에서 정한 비목 구분에 따라 해당 비용을 계상하여야 하는 바, 해당 계약에 직접 종사하는 근로자의 급료는 작성기준 제30조(제26조 준용)에 따라 인건비로 계상하여야 할 것으로 보여집니다.

제1절 원가계산 및 예정가격

원가계산용역기관 앞 원가계산 의뢰시 자격 요건 확인 방법
2021-04-15

■ **질의내용**

국가계약법의 적용을 받는 기타공공기관의 원가계산 용역과 관련한 법령해석 질의입니다.

국가계약법 시행규칙 제9조 ②각 중앙관서의 장 또는 계약담당공무원은 계약목적물의 내용·성질 등이 특수하여 스스로 원가계산을 하기 곤란한 경우에는 다음 각 호의 어느 하나에 해당하는 기관(이하 "원가계산용역기관"이라 한다)에 원가계산을 의뢰할 수 있다. <개정 1999. 9. 9., 2005. 9. 8., 2009. 3. 5., 2018. 12. 4.> 1. 정부 및 「공공기관의 운영에 관한 법률」에 따른 공공기관이 자산의 100분의 50 이상을 출자 또는 출연한 연구기관 2. 「고등교육법」 제2조 각호의 규정에 의한 학교의 연구소 3. 「산업교육진흥 및 산학연협력촉진에 관한 법률」 제25조에 따른 산학협력단 4. 「민법」 기타 다른 법령의 규정에 의하여 주무관청의 허가등을 받아 설립된 법인 5. 「공인회계사법」 제23조의 규정에 의하여 설립된 회계법인 ③ 원가계산용역기관은 다음 각 호의 요건을 모두 갖추어야 한다. <신설 2018. 12. 4.> 1. 정관 또는 학칙의 설립목적에 원가계산 업무가 명시되어 있을 것 2. 원가계산 전문인력 10명 이상을 상시 고용하고 있을 것 3. 기본재산이 2억원(제2항제2호 및 제3호의 경우에는 1억원) 이상일 것 ④ 제3항에 따른 원가계산용역기관의 세부 요건은 기획재정부장관이 정한다. <신설 2018. 12. 4.>

계약예규(예정가격작성기준) ① 계약담당공무원은 제31조의 요건을 갖춘 기관에 한하여 원가계산내용에 따른 전문성이 있는 기관에 용역의뢰를 하여야 한다. 다만, 제31조의 요건을 갖춘 용역기관들의 단체로서 「민법」 제32조의 규정에 의하여 설립된 법인이 동 요건 충족여부를 확인한 경우에는 별도의 요건심사를 면제할 수 있다. ②계약담당공무원은 용역의뢰시에 제1항 단서에서 규정한 용역기관들의 단체에게 용역기관의 자격요건 심사를 의뢰하여 그 충족여부를 확인하여야 한다. (제1항 단서에 따라 심사가 면제된 용역기관은 제외) <신설 2010. 4. 15. 개정 2015. 9. 21.> ⑥ 계약담당공무원은 제1항에 따라 원가계산용역기관에 용역의뢰를 하려는 경우 시행규칙 제9조제2항부터 제4항까지의 요건을 확인하기 위해 원가계산용역기관으로 하여금 다음 각 호의 서류를 제출하게 하여야 한다. <신설 2018. 12. 31.> 1. 정관(학교의 연구소 또는 산학협력단의 경우 학칙이나 연구소 규정) 2. 삭제 <2020. 12. 28.> 3. 설립허가서 등 시행규칙 제9조제2항각호의 기관임을 증명하는 서류 4. 제1항 각호의 인력에 대한 학위, 자격증명서, 재직증명서 등 자격 및 재직여부를 증명하는 서류 5. 재무제표 등 시행규칙 제9조제3항제3호에 따른 기본재산을 증명할 수 있는 서류 6. 기타 자격요건 등 확인을 위해 필요하다고 인정되는 서류 ⑦ 계약담당공무원은 제6항의 요건을 확인하는 경우 「전자정부법」 제36조제1항에 따른 행정정보의 공동이용을 통하여 원가계산용역기관의 법인등기부 등본 서류를 확인하여야 한다. <신설 2020. 12. 28.>

국가계약법 시행규칙 제9조에서는 원가계산용역기관 앞 원가계산 용역 의뢰시 자격요건을 확인하도록 되어 있습니다.

계약예규(예정가격작성기준) - 제31조에서 국가계약법 시행규칙 제9조 제4항에 따라 원가계산용역 기관의 자격이 명시되어 있음 - 제32조 제1항에서 제31조의 요건을 갖춘 기관에 한하여 용역의뢰를 하여야 하며 제2항에서는 용역의뢰시 자격요건심사를 제1항의 단서에서 규정한 용역기관들의 단체에게 의뢰하도록 정하고 있음 - 제32조 제1항에서는 용역기관들의 단체에서 요건의 충족여부를 확인한 경우에는 별도의 요건심사를 면제할 수 있도록 함 - 제32조 제6항에서는 제1항에 따라 원가계산용역기관에 의뢰를 하려는 경우 요건을 확인하기 위해 원가계산용여긱관으로 요건을 증명할 수 있는 서류를 제출하도록 함

제32조 제6항에서 서류를 제출받는 것은 제32조 제1항의 요건을 확인하기 위한 것이고, 제32조 제2항에서 요건의 확인은 용역기관들의 단체에게 의뢰하도록 정하고 있는바, 제32조 제6항에서 제출받은 서류는 제32조 제2항에 따라 자격요건심사를 위한 것으로 제32조 제1항에서 정한 용역기관들의 단체로서 민법 32조에 규정에 의하여 설립된 법인이 요건의 충족여부를 확인한 경우 별도의 요건심사를 면제할 수 있는바, 제32조 제6항의 서류를 제출하지 않아도 될 것으로 생각됩니다.

◎ 질의내용

원가계산 의뢰시 원가계산용역계약자의 원가계산 용역기관으로서의 요건충족과 관련하여 계약예규(예정가격작성기준) 제31조의 요건을 갖춘 법인이 용역기관들의 단체로서 민법 제32조의 규정에 의하여 설립된 법인이 동 요건 충족 여부를 확인한 경우, 계약예규(예정가격작성기준) 제32조 제6항의 서류를 제출받는것이 필요한지 여부에 대하여 질의드립니다.

■ 답변내용

[질의요지] 원가계산용역기관의 자격 확인 방법

[답변내용] 국가기관이 당사자가 되는 계약에 있어 계약담당공무원은 원가계산이 필요하여 전문성이 있는 기관에 원가계산을 의뢰하는 경우 국가를 당사자로 하는 계약에 관한 법률 시행규칙 제9조에서 정한 자격요건을 확인하기 위해 계약예규 예정가격 작성기준(이하 작성기준이라 합니다) 제32조제6항 각 호의 서류를 제출 받아 확인하여야 합니다.

작성기준 제32조제1항 단서에서는 제31조의 요건을 갖춘 용역기관들의 단체로서 민법 제32조에 규정에 의하여 설립된 법인이 요건의 충족여부를 확인한 경우에는 별도의 요건심사를 면제할 수 있도록 규정하고 있습니다. 따라서 이에 해당하는 경우에는 위 법인이 확인한 증명자료 이외에 집행기준 제32조제6항에서 정한 별도의 자료는 제출할 필요는 없을 것으로 봅니다.

다만, 요건심사 면제가 임의규정에 해당하여 반드시 면제해야 한다고 보기는 어려운 점이 있으며, 이는 발주기관에서 상황에 따라 판단하여야 할 것으로 보이며, 또한 개별 입찰 건에서 발주기관이 추가적으로 확인이 필요하다고 판단하여 요구하는 경우에는 집행기준 제32조제6항제6호에 따라 추가요구서류도 제출하여야 할 것입니다.

원가산출기준의 적용

2021-01-22

▣ 질의내용

최근 저희가 추정사업비 1억정도의 공사를 진행하기 위한 설계계약을 추진하고 있습니다. 현재 설계용역을 발주하여 계약을 하고자 하는 상황입니다.

질문내용 설계사무소의 과업중 공사원가 산출서 작성을 과업으로 요청하였는데 설계사무실에서는 공사원가산출서를 물량산출서에 견적(전문업체 견적)을 통하여 작성하여 제출하겠다고 합니다. - 국가계약법 시행규칙 및 기획재정부 계약예규 예정가격작성기준에 따르면 공사원가산출은 표준품셈, 물가정보 등 에 우선하여 작성하게 되어 있는데 상기와 같은 방식으로 공사원가를 산출하여도 원가산출서로 인정할 수 있는지 궁금합니다.

▣ 답변내용

[질의요지] 기타공공기관에서 공사원가산출기준의 적용 관련

[답변내용]

1. 공공기관의 계약사무를 처리할 때에는 기타공공기관의 경우에는 「기타 공공기관 계약사무 운영규정」을 적용하고 공기업·준정부기관일 경우에는 「공기업·준정부기관 계약사무규칙」을 적용하여야 하며, 동 규정 및 규칙에서 규정하지 아니한 사항은 국가계약법을 준용하여 처리해야 합니다. 따라서, 귀하의 질의경우처럼 동 법령의 규정을 직접 적용받지 아니하는 기관이 체결하는 계약에 있어서는 자체 계약규정 및 관련법령 등에 따라 처리될 사항이며, 또한 국가계약법령해석에 관한 내용이 아닌 입찰공고(또는 계약체결) 내용과 관련된 사실판단에 관한 사항에 대하여는 해당 입찰공고를 한 발주기관에서 해당 관련 규정 등을 종합적으로 살펴 직접 판단해야 할 사항입니다.

2. 참고로, 국가를 당사자로 하는 공사계약에 있어 계약담당공무원이 「국가를 당사자로 하는 계약에 관한 법률 시행령」 제9조제1항제2호 및 제3호에 따라 예정가격을 결정하는 경우에는 계약예규 「예정가격작성기준」 제2장(원가계산에 의한 예정가격 적성) 및 제3장(표준시장단가에 의한 예정가격 작성)의 규정에 의하여야 하는 것입니다. 다만, 원가계산에 의한 예정가격의 작성은 동법 시행규칙 제9조의 규정에 의하여 계약담당공무원이 스스로 작성하는 것이 원칙이나, 당해 계약목적물의 내용·성질 등이 특수하여 스스로 원가계산을 하기 곤란한 경우에는 원가계산용역기관에 의뢰할 수 있는 바, 이러한 행위는 '할 수 있는' 임의행위이므로 구체적인 것은 각 중앙관서의 장이나 계약담당공무원이 계약목적물의 특성과 관련 규정을 종합적으로 검토하여 가장 적정하다고 판단되는 방법으로 예정가격을 작성하면 되는 것입니다.

한편, 국가계약법령과 관련 계약예규는 국가기관이 시행하는 입찰 및 계약의 절차에 관한 법령으로서 공무원의 법령위반에 따른 책임 등에 대한 사항은 국가공무원법 및 감사원법 등에서 정한 바에 따라 처리될 사항임을 알려드립니다.

일반용역계약 예정가격의 견적가격 산출 관련 문의
2022-07-19

▣ 질의내용

국가계약법령상 일반용역계약(학술용역계약, 시설물관리용역, 단순노무용역 제외) 예정가격을 견적가격으로 산출시의 기준에 대해 문의드리고자 합니다. 일반용역(학술연구용역, 단순노무용역, 시설물관리용역 제외) 발주 건으로 예정가격을 근거로 경쟁입찰로 협상에 의한 계약을 체결하고자 합니다.

1. 국가계약법령상 일반용역계약 예정가격 산출시 견적가격 활용 가능 여부

- 국가계약법 시행령 제9조 제1항에 의하면 거래실례가격, 원가계산에 의한 가격, 표준시장단가가 없는 경우에는 감정가격, 유사한 용역 등의 거래실례가격 또는 견적가격을 사용할 수 있다고 명시하고 있습니다.
- 반면 (계약예규) 예정가격 작성기준 제30조 제2항에는 원가계산기준이 정해지지 않은 기타 용역에 대해서는 학술연구용역의 원가계산기준에 준하여 원가계산을 할 수 있다고 명시하고 있습니다.
- 일반용역(학술연구용역, 단순노무용역, 시설물관리용역 제외)의 예정가격 산출시 학술연구용역의 원가계산기준을 준용하지 않고 견적가격으로 산출할 수 있을까요?

2. 견적가격으로 일반용역계약 예정가격 산출시 학술연구용역 원가계산 기준 준수 여부

- 견적가격으로 예정가격을 산출하면 일반적으로 업체 견적가격 중 최저가격으로 합니다.
- 업체 견적서에는 노무비 산정근거로 기획재정부의 학술연구용역 기준단가를 제시하였는데, 상여금, 퇴직급여충당금 등을 적용하지 않고 기준단가만 적용한 것으로 추정됩니다.
- 또한 일반관리비율 및 이윤율은 국가계약법 시행규칙 제8조 제1항 및 제2항에서 기준과 상이합니다.
- 이 경우, 노무비, 일반관리비율, 이윤율 등에 대한 규정은 견적가격이 아닌 원가계산기준을 사용할 경우에 적용하는 것이므로, 이를 고려하지 않고 견적가격대로 예정가격을 산출하는 것이 맞을까요?

▣ 답변내용

[질의요지] 일반연구용역의 예정가격 작성

[답변내용]

가. 질의1에 대하여 국가기관이 당사자가 되는 용역계약에 있어서 예정가격은 발주기관의 계약담당공무원이 법령에서 정한 방법과 절차에 따라 거래실례가격 조사 또는 원가 계산을 하고 이러한 방법으로도 곤란한 경우에는 감정가격, 견적가격 등으로 정할 수 있습니다. 따라서 원가계산으로 예정가격을 산정하기 곤란한 부득이한 경우라고 계약담당공무원이 판단하는 경우에는 견적가격으로 작성할 수도 있습니다.

나. 질의2에 대하여 견적금액은 소요자재 등 제조 또는 과업 수행을 위해 별도로 구매가 필요한 세부 비목에 대한 견적이 아닌 경우라면 한 건의 계약에 관련된 모든 내용을 포함한 것으로 견적을 받아야 합니다. 용역 전체에 대한 견적을 받은 경우 일반관리비 및 이윤율을 별도로 조정하는 것은 과다 계상의 여지가 있습니다. 다만, 계약법령은 그러한 경우까지 세세히 규정하지 못하므로 계약담당공무원이 이를 면밀히 확인하여 규정에 맞도록 정하여야 할 것입니다.

정부입찰 계약집행기준

2021-10-11

▣ 질의내용

정부입찰 계약집행기준 제93조에 따르면 입찰공고시 안내 사항으로 "입찰참가자가 입찰금액 산정시 (내역입찰의 경우 산출내역서 포함) 국민건강보험료 등은 제2호에 따른 금액을 조정 없이 반영하여야 한다는 사항"을 표기하게 되어있습니다. 그래서 예정가격상의 보험료에 낙찰률을 곱한 금액으로 보험료를 반영하지 않고 있습니다. 1인 수의계약일 때도 낙찰률 적용하듯이 견적율이 반영되어 처음 설계된 금액보다 낮은 금액으로 계약금액이 정해지는 경우가 많은데 1인 수의계약일 때도 마찬가지로 처음 설계된 보험료를 조정없이 반영되어야 하는지 문의드립니다.

▣ 답변내용

[질의요지] 수의계약 시 보험료의 원가 반영

[답변내용] 국가기관이 당사자가 되는 계약에 있어 계약담당공무원은 계약예규 정부 입찰.계약 집행기준(이하 집행기준이라 합니다) 제2조의4제1항제2호의 규정에 따라 국민건강보험료 등 다른 법령 등에서 계상하도록 규정한 비용의 적용기준을 입찰공고에 명시하여야 합니다.

집행기준 제93조제3호에서는 단순노무용역을 제외하고 입찰자가 입찰금액 산정시(내역입찰의 경우 산출내역서 포함) 국민건강보험료, 노인장기요양보험료, 국민연금보험료, 퇴직급여충당금 및 퇴직공제부금(이하 국민건강보험료등이라 합니다) 등은 예정가격 작성시 계상된 금액을 조정없이 반영하도록 하고 있습니다.

법령상 반영하도록 정한 이러한 비용들은 관련법령에서 따로 정하고 있지 않다면 수의계약이라 하여 경쟁계약의 방법과 달리 반영하여야 할 이유는 없는 것으로 보여집니다.

직접공사비 계상시 포함범위

2021-01-29

▣ 질의내용

원가계산 대상항목 경비 중 '환경보전비', '건설하도급대금지급보증서발급수수료'의 경우 [직접공사비*율] 로 정의되고 있으며, 직접공사비의 구성항목을 재료비, 노무비, 산출경비 구분하는데요. '산출경비'의 경우 경비항목 중 어느 범위를 정의하는 지 궁금합니다.

1. 운반비, 기계경비, 품질관리비 등 품에 의해서 산출되는 경비 들만을 의미하는 것인지 ?
2. 산재, 고용보험료, 사회보험료, 기타경비 등을 모두 포함하는 것인지 ?

▣ 답변내용

[질의요지] 산출경비의 범위

[답변내용] 국가기관이 발주하는 시설공사에 있어 「국가를 당사자로 하는 계약에 관한 법률 시행령」 제9조에 따라 원가계산에 의한 예정가격 작성 시 적용하는 법정경비는 계약예규 「예정가격작성작성기준」 제19조에 따라 계상하는 것으로서 귀 질의의 환경보전비 및 건설하도급대금지급보증서발급수수료는 건설기술진흥법 등 해당법령에 따라 직접공사비에 해당요율을 곱하여 산정하는 것입니다.

이때의 직접공사비에 해당하는 경비 비목(이하 "산출경비"라 함)은 공사목적물에 직접 투입되거나 시공에 직접 소요되는 비용으로서, 예정가격작성기준 제19조에서는 기계경비, 운반비, 전력료(공사용 재료), 가설물(울타리, 방음벽, 방진망, 세륜시설, 가설사무실 등), 외주가공비, 지급임차료 등을 들 수 있을 것입니다.

다만, 산출경비는 법령에 명시된 용어는 아니며, 단지 공사원가계산 작성 시 직접공사비 중 경비비목을 말하는 것인바, 이에 대한 구체적인 법령 및 자료를 제시하기는 곤란함을 양해하여 주시기 바라며, 참고로 사회보험료, 기타경비 등 요율로 적용되는 경비는 직접공사비 비용이 아닌 간접비 용으로 이해하면 될 것입니다.

토목공사 발주시 설계단가 적용 방법관련 문의

2022-09-20

■ **질의내용**

저희회사에서는 토목공사를 발주를 많이 하는데.. 실제 설계가 20년도에 끝나도..사업시행인가 및 인허가 등이 늦어지면 22년도에 발주를 하는 경우가 많습니다.. 설계가 끝나고 나서 짧게는 6개월에서 길게는 2년 정도 발주를 늦게하다 보니... 조달청 발주시점에서 재료비, 노무비, 경비 등 물가변동으로 인해 도급액(추정가격 또는 예정가격)이 증액되는 경우가 많습니다... 이런 경우에 어떻게 해야되는 질문을 드리고 싶습니다.

1) 일반적으로 20년도 설계가 끝나고 발주를 22년도에 했을때... 20년 토목공사 단가로 발주를 하고.. 착공이후에 물가변동으로 증가되는 금액을 반영해도 되는지 궁금하고.. 또한 실제 조달청에 의뢰했을 경우에는 이와같은 사유로 20년 단가로 22년도에 발주요청을 해도 되는지 궁금합니다.

2) 실제 조달청에서는 최근 단가로 단가를 변경해서 요청해야 된다고 하는데, 중앙부처에서 총사업비(추정가격 등)가 확정된 20년도 금액을 저희가 임의로 변경할 수 없기 때문에 저희 입장에서는 난처한 경우가 많습니다.. 이에 실제 조달청에서 토목공사 등을 발주할 경우 최근 단가 또는 당해년도 단가로 조달요청에 해야된다는 근거나 내부 지침이 등이 있으면 관련지침이나 근거를 알려주시면 많은 도움이 될 것같습니다..

■ **답변내용**

[질의요지] '공사원가계산 시 적용 단가

[답변내용] 공공기관이 당사자가 되는 계약은 해당 계약문서, 공공기관의 운영에 관한 법령, 공기업·준정부기관 계약사무규칙이나 기타 공공기관 계약사무 운영규정(기획재정부 훈령) 등 해당 기관의 계약사무규정에 따라 계약업무를 처리하여야 할 것입니다.

참고로 국가기관이 발주하는 공사·물품 또는 용역 등의 조달을 위하여 원가계산에 의한 예정가격을 결정함에 있어서 단위당 가격은 「국가를 당사자로 하는 계약에 관한 법률 시행규칙」 제7조 규정에 의합니다. 이 규정에 따라 거래실례가격 또는 통계법 제15조의 규정에 의하여 통계작성승인을 받은 기관이 조사하여 공표한 가격 등을 적용하는 것입니다.

귀 질의 원가계산에 의한 예정가격을 결정할 때 적용 단가는 입찰공고 시점의 가격을 적용하여야 할 것입니다. 그리고 조달청에서는 수요기관의 부적정한 설계 관리로 원가계산 시 노무비를 과소계상 등의 문제점을 개선하기 위하여 '조달청 시설공사 적정 노무비 산정 가이드라인'을 조달청 홈페이지 업무별자료실에 공지하고 있습니다. 이 공지 내용을 참고하여 주시기 바랍니다.

하도급사 직원 간접비(직접공사비에 한함 관련)

2022-06-15

■ 질의내용

협력업체 직원으로 공사 준공시 협력업체 직원 4대보험(간접비) 정산과 관련하여 질의드립니다.

-상황-

원청사와 계약한 협력업체입니다. 공사비 약11억공사 중 협력업체 직원 2~3명 투입(상용직신고), 일용직 투입(일용직신고) 4대보험 정산을 위하여 서류 제출-> 일용직만 인정, 상용직은 불인정.

-질의-

1. 계약법상에 "직접노무비 대상에한하며,계약목적물을 직접 시공하는 현장대리인을 포함한다" 이 문구에서 좀 햇갈립니다. 설계내역상의 항목을 보고 판단을 하라고 되어있는데 협력업체의 상용직 직원들의 측량 및 현장관리(공사에 관련) 같은 경우 직접노무비(4대보험 정산가능)에 들어가는지 궁금합니다.

2. 간접노무비의 경우 현장대리인(원청사)는 제외(간접노무비로포함)한다고 되어있는데 이는 협력업체의 현장대리인에도 적용되는건지요?

3. 2021.02.01 "하수급인 상용직 직원 정산가능 여부" 질의응답자료에 "하도급업체 관리자들이 해당 공사를 직접 시공하는 인원인 경우에는 보험료 지급이 가능"하다고 되어있는데 직접시공의 범위를 어느정도로 파악해야되는지 궁금합니다.

▣ 답변내용

[질의요지] 하수급자 현장대리인의 공사 관련 보험료(국민건강보험료, 노인장기요양보험료, 국민연금보험료) 정산

[답변내용] 국가기관이 체결한 공사계약은 계약예규 「공사계약 일반조건」(이하 '일반조건'이라 합니다) 제40조의2의 규정에 따라 국민건강보험료, 노인장기요양보험료 및 국민연금보험료(이하 '국민건강보험료 등'이라 합니다)를 사후정산하기로 한 계약은 대가지급 시 계약예규 「정부입찰·계약 집행기준」(이하 '집행기준'이라 합니다) 제94조에서 정한 바에 따라 정산하여야 합니다.

이에 따라 국민건강보험료 등 정산대상은 일용직 근로자와 생산직 상용근로자에 대한 사업자 부담분의 국민건강보험료 등입니다. 이 규정에서 정산 대상은 직접노무비입니다. 직접노무비는 공사현장에서 계약목적물을 완성하기 위하여 직접 작업에 종사하는 종업원과 노무자에 의하여 제공되는 노동력 대가를 말하는 것입니다.

상기 규정에 따라 국민건강보험료 등 정산대상은 직접노무비입니다. 간접노무비는 국민건강보험료 등 정산대상이 아닙니다. 여기에서 간접노무비란 계약예규 「예정가격 작성기준」 별표 2-1의 1. 직접계상방법에 간접노무비(현장관리 인건비)를 말하는 것입니다. 이 규정에서 예시한 간접노무비는 현장소장(공사현장대리인), 현장사무원(총무, 경리, 급사 등), 기획·설계부문종사자, 노무관리원, 자재·구매관리원, 공구담당원, 시험관리원, 교육·산재담당원, 복지후생부문종사자, 경비원, 청소원 등입니다.

질의 하수급자 현장대리인 대가는 상기 기준에 따라 간접노무비입니다. 따라서 하수급자 현장대리인 대가는 국민건강보험료 등 정산대상이 아닙니다. 하지만 하수급자 현장대리인이 해당 계약 목적물을 직접 시공하는 인원인 경우 국민건강보험료 등 정산이 가능할 것으로 봅니다. 따라서 하수급자 현장대리인이 직접 시공하는 인원인 경우 국민건강보험료 등 정산이 가능하므로, 발주기관이나 감리자가 현장명부 등 서류에 의하여 시공 목적물을 직접 시공하였는지 확인하여 정산여부를 판단하여야 할 것입니다.

학술연구용역 경비 항목 산정관련

2022-05-02

▣ 질의내용

학술연구용역 경비 항목 산정관련입니다.

조달교육원의 "용역원가계산 및 정산 실무교육자료" 상에서는 직접경비 비목 중에서 여비의 세부항목을 공무원 여비규정을 적용한다고 안내되어 있습니다. 또한, 공무원 여비규정 제30조에는 공무수행을 위하여 공무원이 아닌 사람을 여행하도록 하는 경우 여비 지급이 필요하다고 인정할 때에는 공무원이 아닌 사람에 대해서도 이 영을 준용하여 여비를 지급할수 있다고 명시되어 있으며, 제6조에는 근무지 또는 출장지 외의 곳에 거주하거나 체재하는 공무원이 그 거주지 또는 체재지로부터 목적지까지 직접여행하는 경우에는 그곳에서 목적지에 이르는 여비를 지급하되 근무지 또는 출장지로부터 목적지까지의 여비를 초과하지 못한다고 명시되어 있습니다.

학술연구용역비를 산출할때 직접경비 항목 중 여비(출장경비)항목을 개략적인 금액으로 산출할때 공무원 여비규정 제6조를 준용하여 계약상대자의 법인소재지를 체재지로 해석할 경우

용역계약 준공계 접수 시 "계약상대자↔사업소"간의 거리를 기준으로 한 실적정산이 가능한지 유무와 그 정산금액의 한도는 "발주청 본사 소재지↔사업소"의 거리를 기준으로 한 금액을 초과하지 않는 범위 내에서 실적정산을 하면 문제가 없는지요?

▣ 답변내용

[**질의요지**] 학술연구용역의 경비계상과 정산

[**답변내용**] 국가기관이 당사자가 되는 계약은 확정계약이 원칙이나 건강보험료 등 법령상 정산을 하도록 한 경우와 국가를 당사자로 하는 계약에 관한 법률 시행령 제70조에 의한 개산계약과 제73조에 따른 사후원가검토조건부 계약, 기타 발주기관이 필요하다고 판단하여 공고시부터 정산함을 알리고 계약에 반영한 경우에 사후에 정산을 하고 계약금액을 조정할 수 있는 것입니다.

귀 질의의 경우에도 공고때부터 공무원 여비규정에 따라 사후정산 대상임을 알리고 계약서에 그 내용을 반영하고 여비규정에 따른 정산방법과 절차에 따를 것이라고 계약하였다면 그에 따라 사후정산이 가능할 것입니다.

그러므로, 계약담당공무원은 법령에 따른 의무정산이나 계약서에 구체적으로 정한 정산 이외에는 정산을 할 수 없으며, 계약서에 정한 금액 대로 지급하여야 합니다.

학술연구용역 인건비 계상관련

2021-07-08

▣ 질의내용

학술연구용역인건비 계상관련 입니다. 계약예규 상 학술연구용역인건비는 1개월 22일로 하여 참여율 50%로 산정된 인건비 단가로 알고 있습니다.

그렇다면, 연구용역 계약 시작일이 7월8일 부터 시작이라면, 7월 인건비는 일할 계산 해야 할 것으로 보입니다. 그러면, 7월 인건비 일할 계산을 전체 달 31일 기준으로 7월8일부터 7월31일 까지 일수 계산을 해야 하는 것인지

아니면, 7월8일 부터 1개월 22일 기준으로 15일(평일만)을 일할 계산 해야 하는 것인지 궁금합니다.

만약 22일 기준으로 한다면 2월달은 평일 기준 22일이 안됩니다. 그래도 22일 기준으로 2월달 인건비를 평일 일수 계산 해야 하느 것인지요??

▣ 답변내용

[질의요지] 학술연구용역인건비 계상

[답변내용] 국가기관이 발주하는 학술연구용역계약의 예정가격을 원가계산에 의하여 작성함에 있어 인건비는 계약예규 예정가격작성기준 제24조 관련 [별표 5]에서 정한 기준단가에 의하는 것이며, 동 인건비 기준단가는 다른 부분의 인건비 단가보다 낮게 규정되어 있는데, 이는 전업에 따른 보수규정이 아니고, 대학교수·정부출연 연구기관 등에서 본래 업무에 부수하여 수행하는 업무를 기준으로 책정한 기준단가로서 성질상 직무수당, 가족수당, 자녀학비보자, 식비외 다른 항목의 수당은 포함되어 있지 아니합니다.

동 작성기준 제26조 (별표 5)에서 규정한 학술연구용역인건비기준단가('20년)를 산정할 때에는 주1)에서 정한 바와 같이 본 인건비 기준단가는 1개월을 22일로 하여 용역 참여율 50%로 산정한 것이며, 용역 참여율을 달리하는 경우에는 기준단가를 증감시킬 수 있습니다(매년 기획재정부에서 소비자 물가상승률을 반영한 단가를 조정·발표하고 있음).

이는 기획재정부에서 계약예규상 연구용역 인력의 참여율에 대한 세부지침이나 제한규정은 따로 정한 바는 없으나 인건비 기준단가가 해당인원의 참여율을 기준으로 책정된 것인 바, 이를 기준으로 각 발주기관의 계약담당공무원이 해당 용역계약 목적물의 특성에 따라 용역참여율을 달리하는 경우라면 비례의 원칙에 따라 조정이 가능할 것입니다.

참고로, 국가계약법령은 국가기관이 시행하는 입찰 및 계약의 절차에 관한 법령이므로 공무원은 이것을 위반하지 아니한 범위 내에서 관련 업무를 처리하는 것이 원칙일 것입니다. 다만, 공무원이 동 법령에 위반된 경우에 관해서는 동 법령에서 규정할 사항이 아니며, 발주기관 공무원의 동 법령위반에 따른 책임 등에 대한 사항은 국가공무원법 및 감사원법 등에 따라 발주기관을 지도감독 권한이 있는 기관의 조사나 감사에 따라 처리될 사항임을 알려드립니다.

학술용역 인건비 계상 문의

2021-02-01

◘ 질의내용

학술연구용역 인건비 관련 문의 드립니다. 계약당사자가 국립대 및 사립대학의 경우 연구책임자(정교수)의 인건비와 상여금을 계상 할 수 있는지 그 부분에 대해서 문의 드립니다.

◘ 답변내용

[질의요지] 학술용역 인건비 계상 문의

[답변내용] 지방자치단체를 당사자로 하는 계약, 공기업과 준정부기관 및 공공기관의 계약에 관하여는 달리 정한 바가 있으면 그에 따라야 함을 알려 드립니다.

국가기관이 학술연구용역 원가계산 시 인건비는 (계약예규) 「예정가격 작성기준」 제26조 ①항에 의거 해당 계약목적에 직접 종사하는 연구요원의 급료로 동 예규 시행일이 속하는 년도에는 별표5에서 정한 기준단가에 의하되, 「근로기준법」에서 규정하고 있는 상여금, 퇴직급여충당금의 합계액으로 합니다. 다만, 상여금은 기준단가의 연 400%를 초과하여 계상할 수 없습니다.

따라서 귀 질의의 학술연구용역 원가계산 시 인건비의 산정은 동 예규 제26조 ①항의 [별표 5]에서 정한 기준단가에 따라 계상되어야하는 것입니다. 그리고 연구책임자(정교수)가 동 예규 제23조 2호의 "책임연구원"이라면 해당 용역수행을 지휘·감독하며 결론을 도출하는 역할을 수행하는 자를 말하며, 대학 부교수 수준의 기능을 보유하고 있어야 합니다. 이 경우에 책임연구원은 1인을 원칙으로 하는 것입니다.

희망수량 경쟁입찰에서 견적가격에 의한 예정가격 결정방법 문의
2022-09-26

▣ 질의내용

희망수량 경쟁입찰에서 견적가격으로 예정가격 산출 시의 기준에 대해 문의드립니다.

당사는 '국가를 당사자로 하는 계약에 관한 법률 시행령' 제9조 및 동법 시행규칙 제10조에 따라 희망수량 경쟁입찰에서 견적가격을 비교하여 예정가격을 결정하고자 합니다. 현재 업체들의 공급 예정 물량은 입찰 물량에 못 미치는 상황으로(예시 : 입찰 물량 100, 공급 예정물량 A 업체 : 20, B 업체 : 30, C 업체 : 50) 다수의 업체가 낙찰 되어야 입찰 물량 전량이 낙찰될 것으로 예상되는 상황입니다.

이때 제출받은 복수의 견적가 중 반드시 최저가격으로 예정가격을 결정해야 하는지 문의드립니다. 가령 최저가격이 아닌 견적가의 가중평균가격 혹은 최고가격으로 예정가격을 결정할 수 있을지요?

▣ 답변내용

[질의요지] 희망수량 경쟁입찰에서 견적가격으로 예정가격 산출 시의 기준

[답변내용] 「국가를 당사자로 하는 법률 시행령」 제9조제1항에 따르면 적정한 거래가 형성된 경우에는 거래실례가격을 적용하고, 신규개발품이거나 특수규격품등의 특수한 물품·공사·용역 등 계약의 특수성으로 인해 적정한 거래실례가격이 없는 경우에는 원가계산에 의한 가격에 의하며, 거래실례가격과 원가계산에 의한 가격에 의할 수 없는 경우에는 같은 법 시행규칙 제10조에 따라 감정가격, 유사 거래실례가격, 견적가격을 순서대로 적용합니다. 다만, 구체적인 것은 발주기관의 계약담당공무원은 입찰 및 계약방법과는 관련 없이 계약 및 계약목적물의 특수성, 결정기준의 적용순서 등을 고려하여 동 규칙 제10조가 정하는 순서에 따라 예정가격 결정기준을 직접 선택하여 처리할 사항임을 알려드립니다.

[2020 주요 질의회신]

물품구매시 견적서를 통한 예정가격 작성, 일반관리비 및 이윤을 포함한 산출내역서 작성 필수 여부　　　　　　　　　　2020-09-04

▣ 질의내용

「국가를 당사자로 하는 계약에 관한 법률 시행령」제9조 제 1항에 따라 감정가격이나 견적가격을 기준으로 예정가격을 산정하고자합니다. 또한 『국가계약법』제4조제1항에 따라 기획재정부장관이 고시하는 금액에 의거, 중소기업자간 제한경쟁입찰 방식 적용하고자 합니다.

외부 견적서를 통해서 예정가격 조정시 물품구매이기 때문에 업체 견적서에는 일반관리비나 이윤에 대한 내용이 포함되어 있지 않았습니다. 하지만 업체에서 장비를 배달, 설치, 데이터 이관 등 구매한 장치에 대한 관리가 필요하기도 합니다. 이런 경우 단순 물품구매임에도 불구하고 산출내역서 작성시 일반관리비 및 이윤에 대한 구분을 나누어서 예정가격이 작성되어야하는지 여부가 궁금합니다.

또한, 이렇게 물품구매에 따른 산출물내역서에 일반관리비를 포함할 경우 예정가격의 근거가 되는 외부업체의 견적서에도 이러한 일반관리비나 이윤이 포함되어야 하는지 여부가 궁금합니다.

▣ 답변내용

[질의요지] 물품구매시 견적서를 통한 예정가격 작성, 일반관리비 및 이윤을 포함한 산출내역서 작성 필수 여부

[답변내용] 국가기관이 당사자가 되는 계약에서 계약담당공무원이 예정가격을 결정함에 있어 거래실례가격이나 원가계산에 의한 가격, 감정가격, 유사한 거래실례가격을 적용할 수 없는 경우에는, 계약상대자나 제3자로부터 직접 제출받은 견적가격을 적용할 수 있을 것입니다(「국가를 당사자로 하는 계약에 관한 법률 시행규칙」 제10조). 물품구매계약에서 수량 변경의 경우에는 계약예규 「물품구매(제조)계약일반조건」 제9조에 따라 처리하면 되나, 원가계산방식으로 예정가격을 결정한 물품제조설치계약의 경우에서는 「국가를 당사자로 하는 계약에 관한 법률 시행령」 제65조 제7항(공사의 경우를 준용)에 따라 설계변경에 따른 계약금액 조정 등 계약금액의 조정 및 기성부분에 대한 대가의 지급시에 적용할 기준으로 사용하고자 간접노무비, 산재보험료 및 산업안전보건관리비 등의 승율비용과 일반관리비 및 이윤을 산출내역서에 명시할 수 있는 것입니다.

예정가격 결정 관련 질의

2020-08-13

▣ 질의내용

현재 물품구매(5천만원 이상) 사업에 대하여 입찰을 준비하는 과정에서 예정가격을 결정하기 위해 해당 물품에 대한 시장조사를 한 결과 생산업체가 1곳 밖에 없다는 것을 확인하였습니다. 국가계약법 시행령 제9조 1항 4호 및 동법 시행규칙 제10조 3호에 의해 견적가격으로 예정가격 결정 시 1개의 견적서만으로 예정가격 결정이 가능한지 여부에 대해 문의드립니다. 또한, 위와 같이 1개의 견적서로 예정가격을 결정할 경우 그에 대한 사유(근거 서류 등)가 필요한지 여부도 문의드립니다.(1개 견적서만 발급받을 수 있는 물품을 조달해야 하는 구체적인 사유 등)

▣ 답변내용

[질의요지] 물품구매(5천만원 이상) 사업에 생산업체가 1곳 밖에 없는 경우 국가계약법 시행령 제9조 1항 4호 및 동법 시행규칙 제10조 3호에 의해 견적가격으로 예정가격 결정 시 1개의 견적서만으로 예정가격 결정이 가능한지 여부

[답변내용] 국가기관이 체결하는 계약에 있어서 예정가격을 결정하는 경우 「국가를 당사자로 하는 계약에 관한 법률 시행령」 제9조에서는 거래실례가격, 유사한 거래실례가격, 견적가격 등을 기준으로 하여 예정가격을 결정토록 하고 있는 바, 거래실례가격, 유사한 거래실례가격 등이 없는 경우에는 동법 시행규칙 제10조에 따라 견적가격으로 예정가격을 결정할 수 있습니다.

동조제1항제4호의 규정에 의한 감정가격, 유사한 거래실례가격 또는 견적가격은 다음 각호의 1의 가격을 말하며, 그 적용순서는 다음 각호의 순서에 의하는 것입니다(동법 시행규칙 제10조). 1. 감정가격: 「부동산가격공시 및 감정평가에 관한 법률」에 의한 감정평가법인 또는 감정평가사(「부가가치세법」 제8조에 따라 평가업무에 관한 사업자등록증을 교부받은 자에 한한다)가 감정평가한 가격 2. 유사한 거래실례가격: 기능과 용도가 유사한 물품의 거래실례가격 3. 견적가격: 계약상대자 또는 제3자로부터 직접 제출받은 가격

다만, 귀하의 질의 경우처럼 구체적인 경우에서 어떻게 예정가격을 결정할 것인지에 대하여는 해당 계약목적물의 특성 및 예정가격결정기준의 적용순서 등을 종합고려하여 발주기관의 계약담당공무원이 적의 판단·결정할 사안임을 알려드립니다.

참고로, 생산업체가 1인일 경우에도 동법 시행규칙에 따른 가격자료 또는 계약예규 예정가격작성기준에 따라 원가계산방식에서 어느 하나의 방법을 선택하여 예정가격을 결정할 수 있을 것입니다.

용역설계시 제비율 기준

2020-08-28

◨ **질의내용**

공사 설계시 제비율을 적용하는것처럼 용역 설계발주 시 별로도 경비 등 제비율 기준이 있는지 알고 싶습니다.

◨ **답변내용**

[**질의요지**] 공사 설계시 제비율을 적용하는것처럼 용역 설계발주 시 별로도 경비 등 제비율 기준이 있는지 알고싶습니다.

[**답변내용**] 국가기관이 시행하는 용역계약에 있어 원가계산에 의한 예정가격 작성시 엔지니어링사업 등 다른 법령에서 그 대가기준(원가계산기준)을 규정하고 있는 경우에는 다른 법령이 정하는 기준에 따라 원가계산을 할 수 있으나, 다른 법령에서 원가계산기준이 정해지지 않은 기타의 용역에 대하여는 다른 법령에서 규정하고 있는 용역 및 학술연구용역의 원가계산기준에 준하여 원가계산을 할 수 있으며, 이 경우 청소용역 등 단순용역에 대한 인건비의 기준단가는 중소기업협동조합중앙회에서 발표하는 제조부분 보통인부 노임에 의하도록 계약예규 「예정가격작성기준」 제30조에서 규정하고 있습니다. 다만, 구체적인 경우에서의 예정가격의 작성 방법 등에 대하여는 해당 용역의 특성과 관련 규정을 종합검토하여 발주기관에서 직접 판단해야 할 사안입니다.

2장 입찰 및 낙찰자 결정 ·········

제조원가계산서 작성시 보험료(산재,고용,건강,연금,산업안전보건관리비)
제비율 적용기준   **2020-03-24**

▣ **질의내용**

O 예정가격 작성기준에 따른 제조원가계산서 작성시 보험료(산재,고용,건강,연금,산업안전보건관리비) 제비율 적용기준에 대하여 알고 싶습니다. - 물품 발주를 하기위해 조달청에 의뢰하기 위하여 물품 제작에 대한 제조원가계산서를 작성를 하고 싶은데 예정가격 작성기준에 따르면 (별표1) 양식은 있는데 경비에 대한 보험료, 산업안전보건관리비를 어떻게 적용하는지 잘 모르겠습니다.

▣ **답변내용**

[질의요지] 제조원가계산서 작성시 보험료 등 적용에 관한 질의

[답변내용] 국가기관이 당사자가 되는 물품계약에서 계약예규 예정가격작성기준 제11조제3항제10호와 제14호에 따라 보험료와 산업안전보건관리비는 법령이나 계약조건에 따라 경비로 계상하는 항목입니다. 이때 적용되는 요율은 해당 법령에서 각각의 조건에 따라 그 비율, 금액을 달리하고 있습니다.

정부 입찰.계약 집행기준 제2조의4제1항제2호에 의한 다른 법령 등에서 계상토록 규정한 비용은 「고용보험 및 산업재해보상보험의 보험료징수 등에 관한 법률 시행령」제12조에 의한 고용보험료 및 동 시행령 제13조의 산재보험료, 「국민건강보험법 시행령」제44조의 국민건강보험료, 「노인장기요양보험법 시행령」제4의 노인장기요양보험료, 「국민연금법」제88조의 국민연금보험료, 「산업안전보건법」제30조의 산업안전보건관리비, 「건설산업기본법 시행령」제34조의4의 하도급대금지급보증서발급수수료, 동 시행령 제64조의3 건설기계대여대금지급보증서발급수수료 및 동 시행령 제83조에 의한 퇴직공제부금비 「건설기술진흥법」제66조에 의한 환경관리비, 「부가가치세법」에 의한 부가가치세 등을 말하며, 시설공사에 적용하는 기준은 관련법령 및 해당 법령 등의 소관기관에서 발표하는 고시에 규정한 시설공사의 적용기준(요율 포함)을 적용하는 것입니다.

품질관리활동비 설계적용 방법

2020-07-01

▣ 질의내용

중급품질관리대상공사 현장입니다. "중급대상공사로서 중급 및 초급 각1명의 경우에는 초급품질관리자를 제외한 중급품질관리자 1인에 대하여 별도 인건비를 반영하도록 규정"하고 있어서 설계변경때 반영을 할려고 합니다. 품질관리활동비의 중급품질관리자 인건비를 직접노무비로 설계에 반영을 하는게 맞다고 생각하는데 감독 기관에선 경비에 반영해야한다고 합니다. 중급품질관리자 인건비는 설계의 노무비, 경비 중 어느 항목에 적용하여 맞는 궁금합니다.

▣ 답변내용

[질의요지] 품질관리활동비 설계적용 방법

[답변내용] 국가기관이 당사자가 되는 공사계약에서 품질관리비는 경비의 세비목으로서 해당 계약목적물의 품질관리를 위하여 관련 법령(「건설기술진흥법 시행규칙」 별표 6. 품질관리비의 산출 및 사용기준) 및 계약조건에 의하여 요구되는 비용(품질시험 인건비를 포함함)을 말하며, 간접노무비에 계상(시험관리인)되는 것은 제외합니다(계약예규 예정가격작성기준 제19조제3항제7호).

계약담당공무원은 공사원가계산을 하고자 할 때에는 동 작성기준 제16조 별표2의 공사원가계산서를 작성하고 비목별 산출근거를 명시한 기초계산서를 첨부하여야 하며, 이 경우에 재료비, 노무비, 경비 중 일부를 별표2의 공사원가계산서상 일반관리비 또는 이윤 다음 비목으로 계상하여서는 아니됩니다. 따라서, 품질관리비는 순공사원가의 경비에 계상하는 것이 타당할 것입니다.

제2절 입찰참가자격

감독권한대행 건설사업관리용역 입찰참여 가능여부
2022-04-13

■ **질의내용**

질의사항) 플랜트분야의 EP[설계 및 구매(자재에 대한 성능보증 책임 있음)]로 발주된 공사를 수주한 회사가 동일용역의 구매기자재에 대한 제작사양 검토 및 승인 권한 등이 있는 건설사업관리용역 발주건(감독권한대행)의 입찰참여 가능여부를 질의합니다.

■ **답변내용**

[질의요지] 감독권한대행 건설사업관리용역 입찰참여 가능여부'에 관한 것으로 이해

[답변내용] 국가기관이 시행하는 입찰 및 계약의 절차에 관한 법령인 「국가를 당사자로 하는 계약에 관한 법률 시행령」 제12조에서는 경쟁입찰의 참가자격에 대하여 정하고 있는 바, 각 중앙관서의 장이나 계약담당공무원은 동조제1항의 규정에 의하여 당해 용역 관련법령에 의하여 허가·인가·면허·등록·신고 등을 요하거나 자격요건을 갖추어야 할 경우에는 동 관련법령의 내용을 정확하게 파악하여 당해 허가·인가·면허·등록·신고 등을 받았거나 당해 자격요건을 갖춘 자에 한하여 경쟁입찰에 참가하게 하여야 하는 것입니다. 다만, 개별 건에서 당해 계약목적물 이행에 필요한 구체적인 입찰참가자격 판단에 대하여는 국가기관이 시행하는 입찰 및 계약의 절차에 관한 법령인 국가계약법령해석에 관한 내용이 아닌 입찰공고 내용과 관련된 사항이므로 당해 입찰공고를 하는 발주기관에서 당해 계약목적물 관련 법령 등을 종합적으로 살펴 온전히 직접 판단해야 할 사항입니다.

한편, 국가기관이 시행하는 입찰 및 계약의 절차에 관한 법령인 「국가를 당사자로 하는 계약에 관한 법률」 제3조에서는 '국가를 당사자로 하는 계약에 관하여는 다른 법률에 특별한 규정이 있는 경우를 제외하고는 이 법에서 정하는 바에 따른다'고 정하고 있는 바, 해당 계약관련으로 다른 법령등에서 따로 정한 바가 있다면 그에 따라 처리할 수 있는 것입니다.

국가계약법 상 중복제한 가능사유 문의

2022-06-20

■ **질의내용**

제한경쟁 입찰에 있어 중복제한이 가능한 조건들에 대하여 문의드리고자 합니다.

국가계약법 시행령 제21조는 제한경쟁이 가능한 사유 등에 대하여 기술하고 있으며, 동법 시행규칙 제25조는 아래의 경우를 제외하고는 중복제한이 불가하다고 기술하고 있습니다. 1. 시행령 제21조 1항 6호(지역제한): 같은 항 2호와 중복제한 가능 2. 시행령 제21조 1항 8호와 10호(중소기업 등): 같은 항 각 호의 사항과 중복제한 가능

<문의 1> 위 규정에 의거 허용되지 않는 중복제한을 통해서만 계약목적의 달성이 가능하다고 발주기관이 판단한 경우에는, 위 규정에서 허용하지 않는 중복제한 조건을 입찰참가조건으로 제시할 수 있는지?

<문의 2> 아래의 경우는 규정 상 중복제한이 가능한지?

- case 1: 시행령 제21조 1항 6호(지역제한)와 시행령 제21조 1항 7호(제22조의 제한기준)로 제한
- case 2: 시행령 제21조 1항 2호(기술보유 또는 공사실적)와 시행령 제21조 1항 7호(제22조의 제한기준)로 제한
- case 3: 시행령 제21조 1항 6호(지역제한)와 시행령 제21조 1항 5호(용역수행실적)로 제한 ※ 공사계약의 경우에는 소재지역과 공사실적의 중복제한이 가능하다고 명시되어 있는데, 용역계약은 안되는 것이 맞는지 궁금합니다..

■ **답변내용**

[질의요지] 국가계약법 상 중복제한 가능 사유

[답변내용] 국가기관이 시행하는 입찰 및 계약의 절차에 관한 법령인 「국가를 당사자로 하는 계약에 관한 법률 시행령」 제21조제1항 각호에 따르면 제한경쟁입찰이 가능한 사항을 실적·기술·지역 등으로 정하고 있으며, 동 입찰시 같은 법 시행규칙 제25조제5항에서는 시행령 제21조 제1항 각호 또는 각호 내의 사항을 중복적으로 제한할 수 없음을 규정하고 있습니다. 이는 각 호 또는 각 호 내의 사항 이외에 다른 사항까지의 중복제한을 금지한다고는 볼 수 없을 것입니다. 즉, 다른 법령의 규정에 의하여 갖추어야 할 자격요건을 따로 정하고 있다면, 이는 입찰참가자격에 대한 제한이 아니라 같은 법 시행령 제12조제1항에서 규정한 경쟁입찰의 참가자격에 해당하게 되므로 동 시행규칙 제25조제5항에 따른 중복제한 문제는 발생하지 않는다고 할 것입니다(「국가를 당사자로 하는 계약에 관한 법률」 제3조 참조). 다만, 개별 건에서 구체적으로 입찰 참가자격을 각기 다른 사항으로 중복하여 제한할지 여부는 해당 계약목적물의 특성과 입찰시 제반상황 및 재량권의 남용여부, 관련 법령등을 종합적으로 검토하여 발주기관의 계약담당공무원이 직접 온전히 판단하여 처리할 사항일 것입니다.

국가계약법 시행규칙 제14조제2항에서 언급하고 있는 "법령에 의하여 설립된 관련협회 등 단체"의 범위 2022-04-05

▣ 질의내용

1. 개 요

2014년 4월 실시설계, 2014년 11월 입찰, 2015년 1월 계약 및 착공한 단선 철도현장으로 실시설계시 PS금액으로 산정된 초기점검비용에 대하여 아래와 같은 내용으로 질의하오니 검토 후 회신하여 주시기 바랍니다.

1) 2014년도 상반기 기준으로 산출된 업체 견적 금액(PS단가)

2) 도급계약일 `15.01.08. 초기점검 시행일 `20.02~`20.03

▣ 답변내용

[질의요지] 국가계약법 시행규칙 제14조제2항에서 언급하고 있는 "법령에 의하여 설립된 관련협회 등 단체"의 범위

[답변내용] 각 중앙관서의 장 또는 계약담당공무원은 경쟁입찰에 참가하고자 하는 자로 하여금 「국가를 당사자로 하는 계약에 관한 법률 시행규칙」 제14조제3항에 정한 바와 같이 동조제1항에 따른 요건은 사업자등록증 또는 고유번호를 확인하는 서류의 사본에 의하여, 영 제12조제1항제2호 및 제3호에 따른 요건은 관계기관(법령에 의하여 설립된 관련협회등 단체를 포함한다)에서 발행한 문서에 의하여 각각 이를 증명하게 하여야 합니다. 다만, 국가계약법령상에서는 관계기관의 구체적인 범위에 대하여는 명시하고 있지 아니한 바, 발주기관의 계약담당공무원이 해당 계약목적물과 관련된 기관으로 보아 직접 확인하여 처리할 사항입니다.

참고로, 국가기관이 시행하는 입찰 및 계약의 절차에 관한 법령인 「국가를 당사자로 하는 계약에 관한 법률」 제3조(다른 법률과의 관계)에서는 '국가를 당사자로 하는 계약에 관하여는 다른 법률에 특별한 규정이 있는 경우를 제외하고는 이 법에서 정하는 바에 따른다'고 규정하고 있는 바, 각 발주관서의 장이 해당 계약관련으로 다른 규정이 있는지 여부를 직접 확인해야 하는 것입니다.

물품입찰에 있어서 발주기관이 물품분류번호로 제한하는 법적근거
2021-07-21

■ **질의내용**

- 물품 입찰 참가시 수요기관에서 물품분류번호로 제한을 하는데 해당 관련한 국가계약법 및 지방계약법 근거에 대해서 요청을 드립니다. 지방계약법 제20조(제한입찰에 의할 계약과 제한사항 등) 제한입찰에 내용에는 해당 사항이 없어보이는데 물품분류번호가 등록되어 있지 않으면 입찰 참여가 불가능한지요? 관련 법령 근거가 있다면 정확한 조항을 문의드립니다.

■ **답변내용**

[질의요지] 물품입찰에 있어서 발주기관이 물품분류번호로 제한하는 법적근거

[답변내용] 국가기관이 당사자가 되는 물품계약에 있어 계약담당공무원은 「국가를 당사자로 하는 계약에 관한 법률 시행령」제12조, 「국가를 당사자로 하는 계약에 관한 법률 시행규칙」 제15조에 따라 경쟁입찰을 효율적으로 집행하기 위하여 미리 경쟁입찰참가자격의 등록을 하게 할 수 있습니다. 만약, 미리 경쟁입찰참가자격을 등록하지 않고 입찰에 참가하고자 할 경우 매 입찰건마다 입찰참가신청서, 입찰참가자격을 증명하는 서류를 제출하여야 하므로 위와 같이 미리 입찰참가자격을 등록하고 입찰에 참가하는 것이 현실적인 대안으로 여겨집니다.

따라서, 위와 같이 입찰참가자격을 등록을 하지 않을 경우 입찰참가를 허용하지 않는 사안과 국가를 당사자로 하는 계약에 관한 법률 제7조 단서에 따라 계약의 목적, 성질, 규모 등을 고려하여 필요하다고 인정되면 입찰참가자격을 제한하는 사안과는 다르다고 할 수 있습니다.

법령에서 요구되는 자격과 제한경쟁

2022-02-25

◩ 질의내용

우리기관에서는 장학사업 운영을 위한 카드사업자 모집 공고를 진행코자 합니다.

이때 입찰참가자격에 " 여신전문금융업법에 의한 국내 신용카드 사업자 또는 전자금융거래법 제28조의 규정에 의한 전자금융업자로서 선불지급수단 발행 및 관리업을 금융위원회에 등록한 사업자" 와 같은 자격을 요구하고자 합니다.

위의 조건이 국가계약법 시행령 제21조(제한경쟁입찰에 의할 계약과 제한사항등) 제1항 5호에 해당하는 "특수한 기술이 요구되는 용역계약의 경우에는 당해 용역수행에 필요한 기술의 보유상황"으로 보아 제한경쟁입찰의 사유로 적용이 가능한지,

아니면 위의 입찰참가조건은 단순히 업종등록을 위한 자격으로 특별한 기술이 요구된다고는 볼수 없어 일반경쟁으로만 진행해야하는지를 문의드립니다.

◩ 답변내용

[질의요지] 법령에서 요구되는 자격과 제한경쟁

[답변내용] 국가기관이 당사자가 되는 계약에 있어 계약담당공무원은 다른 법령의 규정에 의하여 허가.인가.면허.등록.신고등(이하 허가등이라 합니다)을 요하거나 자격요건을 갖추어야 할 경우에는 당해 허가등을 받았거나 자격요건에 적합하는 등 국가를 당사자로 하는 계약에 관한 법률 시행령(이하 시행령이라 합니다) 제12조제1항 각 호의 요건을 갖춘 자에 한하여 경쟁입찰에 참가하게 하여야 합니다.

입찰자의 참가자격 제한은 관련 법령에서 필수적으로 요구하는 허가등의 자격 이외의 사항을 시행령 제21조에 따라 제한하는 것입니다. 그러므로 다른 법령에 따라 요구되는 자격을 갖춘자는 누구나 입찰에 참가할 수 있도록 하는 것은 제한경쟁이 아닌 일반경쟁으로 보는 것이며 법령에서 요구하는 자격을 갖춘 자 중에서 실적이나 기술, 지역 등을 제한하는 경우에 제한경쟁에 해당하는 것입니다.

부정당제재 업체와의 수의계약체결 가능여부

2022-11-21

▣ **질의내용**

계약상대자의 계약불이행으로 부정당제재를 하였는데 부정당제재 유효기간내에 동업체와 수의계약(호환성사유) 체결이 가능한지 문의드립니다.

▣ **답변내용**

[질의요지] 부정당제재 업체와 수의계약을 체결할 수 있는지

[답변내용] 국가기관이 당사자가 되는 계약에 있어 계약담당공무원은 국가를 당사자로 하는 계약에 관한 법률 제27조제3항에 따라 입찰참가자격을 제한받은 자(부정당업자)와 수의계약을 체결하여서는 안 됩니다. 다만, 그 제한 받은 자 이외에는 적합한 시공자나 제조자가 존재하지 아니하는 등 부득이한 경우에는 수의계약이 가능합니다.

부득이한 사유에 대하여는 국가계약법령에서는 구체적으로 열거하고 있지는 아니한 바, 개별 계약에서 부득이한 사유가 있는지, 이를 근거로 수의계약을 체결할 것인지 여부는 계약담당공무원이 당해 계약목적물의 특성(대체성)과 계약이행가능성 등을 종합 고려하여 직접 판단.처리할 사항입니다.

사업자등록에 따른 국가계약법상 입찰참가자격 유무 관련

2022-08-24

▣ 질의내용

국가계약법령에 따르면, "해당 사업에 관한 사업자등록을 교부받거나 고유번호를 받을 것"이 입찰참가자격의 요건 중 하나입니다(국가계약법 시행령 제12조 제1항, 동시행규칙 제14조 제1항).

그렇다면, 사업자등록에 기재된 업종코드에 정확히 일치하는 사업에 관하여만 입찰참가자격이 주어지는 것인가요? 만약 업종코드와 정확히 일치하지는 않더라도 유사한 산업 종목에 관하여 입찰참가자격이 주어질 수 있다면, 그 기준은 무엇인가요(대분류, 중분류까지는 일치해야 하는 등)?

▣ 답변내용

[질의요지] 국가계약법상 입찰참가자격

[답변내용] 국가기관이 당사자가 되는 계약에 있어 계약담당공무원은 다른 법령의 규정에 의하여 허가·인가·면허·등록·신고등(이하 허가등이라 합니다)을 요하거나 자격요건을 갖추어야 할 경우에는 당해 허가등을 받았거나 자격요건에 적합하는 등 국가를 당사자로 하는 계약에 관한 법률 시행령 제12조제1항 각 호의 요건을 갖춘 자에 한하여 경쟁입찰에 참가하게 하여야 합니다.

업종코드의 일치 여부(귀 질의 대분류, 중분류 등)는 각 계약건 마다 요구되는 조건이나 업체의 규모 등 업계황황(경쟁가능성 등)에 따라 계약담당공무원이 범위를 정하게 되므로 유사한 산업 종목 인정 기준을 일률적으로 정할 수 없습니다. 따라서 귀 질의 기준은 매 계약마다 다를 수 있음을 안내 드립니다.

소기업 또는 소상공인을 대상으로 하는 제한경쟁입찰의 입찰참가자격
2022-01-27

◙ 질의내용

입찰참가자격 관련하여 문의드립니다. 저희는 특수법인으로 주차장 무인정산시스템 입찰을 준비 중인데, 국가계약법 시행령 제21조 제1항 제8호에 따르면 주차장 무인정산시스템은 중소벤처기업부장관이 지정, 고시한 물품으로 중소기업자만 입찰에 참가할 수 있다고 나와 있습니다. 저희 추정가격이 1억원 미만으로 예상되는데 그렇게 되면 국가계약법 시행령 제21조 제1항 제10호에 따라 소기업, 소상공인, 벤처기업 또는 창업자만이 입찰에 참가할 수 있는 지에 대하여 문의드립니다.

◙ 답변내용

[질의요지] 소기업 또는 소상공인을 대상으로 하는 제한경쟁입찰의 입찰참가자격

[답변내용] 국가기관이 당사자가 되는 계약에 있어 계약담당공무원이 계약을 체결하려면 국가를 당사자로 하는 계약에 관한 법률(이하 법이라 합니다)제7조에 따라 일반경쟁에 부쳐야 하나, 같은 법률 시행령(이하 시행령이라 합니다) 제21조에 해당하는 경우 제한경쟁입찰의 방법으로 계약을 체결할 수 있습니다.

법 제3조에서는 국가를 당사자로 하는 계약에 관하여는 다른 법률에 특별한 규정이 있는 경우를 제외하고는 이 법에서 정하는 바에 따른다고 정하고 있습니다. 시행령 제21조제1항제8호, 제8의2호, 제10호가목에 따른 입찰참가자격 제한은 (약칭)판로지원법 등 관련 법령에 따라 소기업 또는 소상공인, 벤처기업, 창업자 등(이하 소상공인 등이라 합니다)을 대상으로 계약을 하는 것입니다.

그러므로 먼저 소상공인 등을 대상으로 제한경쟁입찰에 부쳐야 하며, 판로지원법 등의 규정에 따라 소기업과 계약을 할 수 없는 경우에는 중기업 등과도 계약이 가능한 것입니다.

소싱그룹 운영관련 적법성 질의

2022-09-18

■ **질의내용**

저희 대학의 자체적인 감사에서 소싱그룹 운영을 하지 않는 부분에 대한 지적이 있어 검토 중에 있습니다. 대학 자체 소싱그룹을 운영하여 업체 등록의 기준을 통화한 업체를 소싱그룹으로 두고, 입찰/계약 등을 소싱그룹을 대상으로 진행 하는것이 법령의 위반 소지가 있는지에 대해 궁금합니다. 또한, 소싱그룹 운영 자체가 국가계약법에 나와있지 않은 내용으로 법령에 없는 구매 방식이 나름대로 합리적이라고 자체 판단했을 경우 시행을 해도 되는 것인지 문의드립니다.

■ **답변내용**

[**질의요지**] 입찰참가자격 사전 등록

[**답변내용**] 국가기관이 당사자가 되는 계약에 있어 계약담당공무원은 다른 법령의 규정에 의하여 허가.인가.면허.등록.신고등(이하 허가등이라 합니다)을 요하거나 자격요건을 갖추어야 할 경우에는 당해 허가등을 받았거나 자격요건에 적합하는 등 국가를 당사자로 하는 계약에 관한 법률 시행령 제12조제1항 각 호의 요건을 갖춘 자에 한하여 경쟁입찰에 참가하게 하여야 합니다.

각 중앙관서의 장 또는 계약담당공무원은 경쟁입찰업무를 효율적으로 집행하기 위하여 미리 경쟁입찰참가자격의 등록을 하게 하거나 변경사항을 수정 등록하게 할 수 있습니다. 귀 질의 소싱그룹 운영이 이와 유사한 것으로 보여지나, 다만, 소싱그룹 이외의 자에게 또다른 공공분야 계약의 진입 장벽이 되어서는 안 될 것으로 여겨집니다.

한편, 공사의 경우 대규모 공사에서 면허, 시공능력 등이 적절한지를 따져 해당공사에 한정, 입찰참가자격을 사전 심사하는 방법이 있으나 귀 질의의 경우와는 다른 것입니다.

수의계약 가능여부 문의

2021-03-19

▣ 질의내용

국가계약법 시행령 제26조(수의계약에 의할 수 있는 경우) 제2항 바목 해당 물품을 제조, 공급한 자가 직접 그 물품을 설치, 조립 또는 정비하는 경우, 동일 항 사 목 이미 조달된 물품의 부품 교환 또는 설비확충 등을 위하여 조달하는 경우로서 해당 물품을 제조, 공급한 자 외의 자로부터 제조 공급을 받게 되면 호환성이 없게 되는경우 <-- 이 경우 수의계약이 가능합니다.

여기서 문의사항입니다.

1. 위 항목에서 제조, 공급한자는 2가지 요건이 동시에 충족되어야 하는지 문의

   ex) 제조는 미국, 공급은 국내 대리점일경우 1가지 요건만 충족되는데 수의계약 가능 여부

2. 제조는 미국이고 공급은 국내 대리점이며, 고장으로 인한 수리도 공급한 국내대리점에서 진행을 하고 있었습니다. 하지만, 수리 진행 가능한 엔지니어들만 사업자 등록을 분리하여 공급은 A업체, 수리는 B업체에서 진행할경우. 제 26조 2항 자목 해당 물품의 생산자 또는 소지자가 1인뿐인 경우로서 다른 물품을 제조하게 하거나 구매해서는 사업목적을 달성할 수 없는 경우 수의계약 가능 여부

   -> 여기서 해당 물품 수리는 국내에 사업자를 분리한 B업체 1군데밖에 없어 업체 공문까지 확인 할 경우를 말합니다.

3. 2번 문의에서 1인은 사람 1명을 말하는지, 또는 업체 1군데에서 밖에 없다는 경우도 포함이 되는지 문의 드립니다.

▣ 답변내용

[질의요지]

1) 국가계약법 시행령 제26조 1항 2호 바목 "제조, 공급한 자"의 범위 및 제조는 미국회사이고 공급은 국내대리점이며 수리가능한 업체가 1개사인 경우 수의계약이 가능한 지

2) 물품의 생산자 소지자가 1인뿐인 경우가 사람 1명인지 업체인지

[**답변내용**] 국가기관이 체결하는 계약에 있어서 계약담당공무원은 「국가를 당사자로 하는 계약에 관한 법률」 제7조에 따라 계약을 체결하고자 하는 경우에는 일반경쟁에 부쳐야 하며, 다만, 계약의 목적·성질·규모 등을 고려하여 필요하다고 인정될 때에는 참가자의 자격을 제한하거나 동법 시행령 제26조제1항 각호에 해당하는 경우에는 수의계약에 의할 수 있는 것입니다.

동법 시행령 제26조제1항제2호 '바'목에 따라 해당 물품을 제조·공급한 자가 직접 그 물품을 설치·조립 또는 정비하는 경우에는 수의계약에 의할 수 있는 것이며,

이 경우에 "제조·공급한 자"란 제조 또는 공급한 자를 말하는 것입니다.

귀 질의의 경우 외자 구매로 해외에서 구매한 물품의 일부가 손상되어 이를 정비하려고 할 때 다른 부품 등으로는 정비를 할 수 없고 국내에서는 해당 부품을 공급, 정비할 수 있는 자가 1인뿐이라는 것이 증빙된다면 시행령 제26조제1항제2호 '바'목에 의거 그 1인과 수의계약 체결이 가능할 것으로 봅니다.

다만 구체적으로 수의계약을 체결할 것인지 아닌지는 다른 부품 등으로는 정비할 수 없는 것인지 또는 해당 부품을 공급, 정비할 수 있는 자가 1인뿐이라는 것이 증빙되는 것인지 아닌지 등(증빙 방법 포함)을 검토하여 계약담당공무원이 직접 판단하여야 하는 것임을 알려드립니다.

2) 국가계약법에서의 1인은 법에 의하여 권리.의무의 주체로서의 자격을 부여받은 사람 즉 법인과 사업자등록증을 교부받거나 고유번호를 부여받은 개인사업자를 모두 포함한다고 봅니다.

입찰자의 중복투찰 여부

2021-06-28

▣ 질의내용

※ 나라장터 전자 입찰 진행시 입찰 자격 대상자로서 해당이 되는지, 문제가 되는지 않는지 질문 드립니다.

A업체 : (1)자치구 대행업체 B업체 : (2)자치구 대행업체 C업체 : A업체의 지사(지점) D : A업체, B업체 대표자 E : C업체(지사) 지배인

A업체에서 (2)자치구에 지사를 설립하여 C업체에 E라는 지배인을 두게 되었습니다. 이때 (2)자치구의 입찰시 B업체, C업체(A업체의 지사)가 동일한 입찰에 참가 시 두 업체 모두 가능한지 궁금합니다.

동일 인물의 대표자가 한 입찰에 참가가 안되는걸로 알고 있습니다. - 지사의 지배인은 다른인물이지만 본점의 주주는 동일 인물일때 문제가 되는지요??

▣ 답변내용

[질의요지] 입찰자의 중복투찰 여부

[답변내용] 국가기관이 당사자가 되는 계약에 있어 국가를 당사자로 하는 계약에 관한 법률 시행규칙 제44조제1항제4호에서는 동일사항에 동일인(1인이 수개의 법인의 대표자인 경우 해당수개의 법인을 동일인으로 본다)이 2통 이상의 입찰서를 제출한 입찰을 입찰무효 사유로 규정하고 있습니다.

법인이 다르다 하더라도 대표자가 동일한 경우에 두 법인은 동일한 입찰에 함께 참가할 수 없습니다. 또한 본사와 지사는 동일 법인이므로 동일한 입찰에 함께 참가할 수도 없습니다. 다만, 본.지사 관계가 아닌 경우로서 법인의 대표가 다른 법인의 임원(대표가 아닌 임원에 한정)이 되는 경우 두 법인은 함께 입찰에 참가할 수 있을 것입니다.

장비 임대차 계약에서 추정가격 산정 방법 문의

2022-06-02

▣ 질의내용

수의계약에 의할 수 있는 경우로,

"법 시행령 제26조 제1항 제5호의 6) 추정가격이 5천만원 이하인 임대차 계약(연액 또는 총액을 기준으로 추정가격을 산정한다) 등으로서 공사계약 또는 물품의 제조,구매계약이나 용역계약이 아닌 계약" 에 의한

장비 임대차 계약에 있어 "연액 또는 총액을 기준으로 추정가격을 산정한다"라는 단서조항에 대한 질의입니다.

연액은 연 단위 총 금액을, 총액은 전체 기간에 대한 총 금액을 의미하는 걸로 이해하고 있습니다.

그렇다면 가령 장비 임대차 계약의 총 기간이 12개월 미만으로, 당해연도 일부기간(~12.31까지)과 연속하여 다음연도 일부기간(1.1부터~)인 경우에도, 1) 추정가격을 연액 기준으로 산정할 수 있는지와 2) 내부 사정에 의하여 결정할 수 있는지가 궁금합니다.

▣ 답변내용

[**질의요지**] 공공기관 장비 임대차 계약에서 추정가격 산정 방법

[**답변내용**] 국가기관이 당사자가 되는 계약에서 추정가격은 물품·공사·용역 등의 조달계약을 체결함에 있어서 「국가를 당사자로 하는 계약에 관한 법률」 제4조의 규정에 의한 국제입찰 대상 여부를 판단하는 기준 등으로 삼기 위하여 예정가격이 결정되기 전에 동 시행령 제7조의 규정에 따라 산정된 가격으로서 여기에는 부가가치세가 포함되지 아니합니다(동 시행령 제2조제1호).

각 중앙관서의 장 또는 계약담당공무원은 예산에 계상된 금액 등을 기준으로 시행령 제7조 각 호의 1의 어느 하나의 기준에 따라 추정가격을 산정하는 바, 구체적인 것은 발주기관의 계약담당공무원이 상기 기준에 맞게 해당 계약목적물의 성질과 특성 및 예산관련 규정을 살펴 직접 판단할 사항입니다. 국가계약법령은 국가기관이 시행하는 입찰 및 계약의 절차에 관한 법령이므로 각 발주기관의 공무원은 이에 따라 업무를 처리해야 하는 것이 원칙이며, 만약 해당 계약관련으로 이외의 다른 법령등에서 따로 정한 바가 있다면 그에 따라 처리할 수 있는 것입니다(「국가를 당사자로 하는 계약에 관한 법률」 제3조 참조).

추정가격 1억원 용역계약 제한경쟁 자격 관련

2022-05-13

■ **질의내용**

추정가격(예산) 1억원 용역 계약 추진 위해 제한경쟁 자격을 설정하려 할 때 국가계약법 시행령 제21조에 따른 제한 사항에 관한 질의입니다. 해당 시행령에 제시된 제한 조건이 동시 충족되어야 하는 것인지? 아니면 개별로 제한할 수 있는지 문의합니다.

예를 들어 영 제21조1항의 「5. 특수한 기술이 요구되는 용역계약의 경우에는 당해 용역수행에 필요한 기술의 보유상황 또는 당해 용역과 같은 종류의 용역수행실적」을 제한 조건으로 할 경우, - 본 계약이 추정가격 1억원이기 때문에 영 제21조1항의10가·나에 따라 중소기업자 제한에 해당되는지 각 조항을 별개로 설정할 수 있는지?

■ **답변내용**

[질의요지] 추정가격 1억원 용역계약 제한경쟁 국가계약법 시행령에 제시된 제한조건이 동시 충족되어야 하는 것인지? 아니면 개별로 제한할 수 있는지

[답변내용] 국가기관에서 해당 계약목적물을 제한경쟁입찰에 부치고자 할 때 「국가를 당사자로 하는 계약에 관한 법률 시행규칙」 제25조제5항에서는 같은 법 시행령 제21조제1항 각호 또는 각호 내의 사항을 중복적으로 제한할 수 없음을 규정하고 있습니다. 이는 각 호 또는 각 호 내의 사항 이외에 다른 사항까지의 중복제한을 금지한다고는 볼 수 없을 것입니다. 다만, 다른 법령의 규정에 의하여 갖추어야 할 자격요건을 따로 정하고 있다면 이는 입찰참가자격에 대한 제한이 아니라 같은 법 시행령 제12조제1항에서 규정한 경쟁입찰의 참가자격에 해당하게 되므로 동 시행규칙 제25조제5항에 따른 중복제한 문제는 발생하지 않는다고 할 것입니다. 구체적인 경우에서 입찰참가자격 판단은 각 발주관서의 장이 해당 계약목적물의 특성과 관련 규정, 입찰시 제반상황 및 재량권의 남용여부 등을 종합적으로 고려하여 적접 판단하여 처리할 사항일 것입니다.

학술연구용역 법무법인과 체결 가능 여부

2022-02-22

▣ 질의내용

1. 저희 기관이 '사업을 위한 법률기초 연구'를 위해 학술연구용역 수의계약을 체결하고자 하는데, 대학, 연구기관, 학술단체가 아닌 '법무법인이 계약 체결 대상'이 될 수 있는지 궁금합니다.

2. 학술연구용역 계약 상대는 학술진흥법 2조 3호에 정해진 기관만 학술연구용역을 체결할 수 있는 건가요? 만약 그렇다면 해당 사업 위한 법률기초 연구는 일반용역 계약으로 체결하면 되는지 궁금합니다.

<학술진흥법> 제2조(정의) 이 법에서 사용하는 용어의 뜻은 다음과 같다. <개정 2013.3.23> 3. "연구기관"이란 다음 각 목의 어느 하나에 해당하는 기관을 말한다. 가. 국공립 연구기관 나. 「정부출연연구기관 등의 설립·운영 및 육성에 관한 법률」 또는 「과학기술분야 정부출연연구기관 등의 설립·운영 및 육성에 관한 법률」에 따라 설립된 연구기관 다. 「특정연구기관 육성법」 제2조에 따른 연구기관 또는 그 밖의 특별법에 따라 설립된 연구기관 라. 그 밖에 연구 인력·시설 등이 대통령령으로 정하는 기준에 해당하는 연구기관

▣ 답변내용

[질의요지] 법무법인과 학술연구용역 계약을 체결할 수 있는지

[답변내용] 국가기관이 당사자가 되는 계약에 있어 계약담당공무원은 다른 법령의 규정에 의하여 허가.인가.면허.등록.신고등(이하 허가등이라 합니다)을 요하거나 자격요건을 갖추어야 할 경우에는 당해 허가등을 받았거나 자격요건에 적합하는 등 국가를 당사자로 하는 계약에 관한 법률 시행령 제12조제1항 각 호의 요건을 갖춘 자에 한하여 경쟁입찰에 참가하게 하여야 합니다.

계약예규 예정가격작성기준 제23조 제1호에서 학술연구용역이라 함은 학문분야의 기초과학과 응용과학에 관한 연구용역 및 이에 준하는 용역을 말하며, 그 이행방식에 따라 다음 각목과 같이 구분할 수 있다고 정하고 있습니다. 가. 위탁형 용역 : 용역계약을 체결한 계약상대자가 자기책임하에 연구를 수행하여 연구결과물을 용역결과보고서 형태로 제출하는 방식 나. 공동연구형 용역 : 용역계약을 체결한 계약상대자와 발주기관이 공동으로 연구를 수행하는 방식 다. 자문형 용역 : 용역계약을 체결한 계약상대자가 발주기관의 특정 현안에 대한 의견을 서면으로 제시하는 방식

계약의 방법결정은 계약내용, 성질, 규모 등을 고려하여 계약담당공무원이 정하는 것입니다. 귀 질의의 경우에도 위 각 호의 어느 하나에 해당하는지 여부를 해당 계약목적물의 특성을 살펴 발주기관에서 직접 판단해야 할 사안입니다.

2장 입찰 및 낙찰자 결정

[2020 주요 질의회신]

공고일 및 본점 소재지 기준일 문의
2020-12-23

■ **질의내용**

당 사는 조달청의 위 공고건에 입찰하였습니다. 당 사의 본점 소재지는 경기도 김포에서 강원도 영월로 이전하였습니다. 입찰공고문에 의하면 '~ 입찰공고일 전일부터 법인등기부상 본점의 소재지가 강원도 내에 있는업체로서 계약체결일까지 계속 유지하여야 합니다.'로 명시되어 있습니다. 공고일은 12월 14일이며, 당 사는 영월지원 등기소에 12월 11일 이전 신고를 하고 12월 14일 등기가 되었습니다. 법인등기부상에는 '2020년 12월 11일 경기도 김포시 ~ 으로부터 본점이전' 으로 날짜도 명시되어 있습니다.

법인등기부 뿐만 아니라 건설업등록증에도 12월 11일로 되어 있어 공고일 이전으로 되어 있습니다.

질의 1. 당 사의 경우 공고일 이전에 본점 소재지를 어느 지역으로 해야 하는지 질의합니다.

질의 2. 만약 등기소 서류접수일(12/11)에서 등기일(12/14) 까지는 강원도 지역 입찰이 제한되는지 질의합니다.

■ **답변내용**

[**질의요지**] 공공기관 자체 발주 입찰공고일 및 본점 소재지 기준일 문의

[**답변내용**] 공공기관의 계약사무를 처리할 때에는 기타공공기관의 경우에는 「기타 공공기관 계약사무 운영규정」을 적용하고 공기업·준정부기관일 경우에는 「공기업·준정부기관 계약사무규칙」을 적용하여야 하며, 동 규정 및 규칙에서 규정하지 아니한 사항은 국가계약법을 준용하여 처리해야 합니다. 따라서, 귀하의 질의경우처럼 동 법령의 규정을 직접 적용받지 아니하는 기관이 체결하는 계약에 있어서는 자체 계약규정 및 관련법령 등에 따라 처리될 사항이며, 또한 국가계약법령해석에 관한 내용이 아닌 구체적인 경우에서의 입찰공고(또는 계약체결)내용과 관련된 사실판단에 관한 사항에 대하여는 해당 입찰공고를 하는 발주기관에서 해당 관련 규정 등을 종합고려하여 직접 판단해야 할 사항입니다.

참고로, 국가기관이 부치는 입찰에 있어 지역제한경쟁입찰 및 지역의무공동도급에 참여할 수 있는 지역 업체의 기준을 주된 영업소의 소재지로만 규정하고 있어 주된 영업소에 해당하는지 여부와 관련된 분쟁이 지속적으로 발생하고 있어 기획재정부(계약제도과)에서는 2016.9.23.일자로 관련 법령을 개정하여 지역 업체의 판단기준을 법인등기부상 본점소재지 등으로 명확하게 하였습니다. 지역업체 인정기준일은 입찰참가업체(공동수급체 구성원 포함) 법인등기사항증명서 상의 본점소재지가 해당 지역에 등기된 날이 될 것입니다.

공사입찰에서 계약예규 공사계약입찰유의서 제3조의2제1항에 따라 입찰참가자격의 판단기준일은 「국가를 당사자로 하는 계약에 관한 법률 시행규칙」 제40조제4항의 규정에 의한 입찰참가신청 서류의 접수마감일(이하 '입찰참가등록마감일')로 하며, 입찰참가자는 입찰참가등록마감일 이후 입찰서 제출 마감일까지 당해 입찰참가자격을 계속 유지하여야 하는 것입니다.

등기관련 서류의 효력 등에 관하여는 상법 및 상업등기 관련법령 등에서 정한 바에 따라 처리될 사항인 바, 구체적인 사실관계의 확인은 발주기관에서 직접 판단·결정해야 할 사항입니다.

나라장터 입찰 참가신청후 대표이사변경

2020-01-28

■ 질의내용

상황설명 1.현재 입찰에 따른 참가신청,투찰중입니다. 2.2월3일자로 대표이사 변경예정입니다.

문의사항 1.참가신청,협정후 1월30일에 투찰하고 결과발표가 1월 31일에 되었고 대표이사 변경은 2월 3일이면 낙찰은 유효한지요 ? 2.상기사항이 낙찰이 유효하다고 가정하고 계약은 2월 10일경에 체결된다면 유효하게 가능한지요 ? 3.1항이 무효라면 제재는 없는지요 ?

■ 답변내용

[질의요지] 나라장터 입찰 참가신청후 대표이사변경 관련

[답변내용] 「국가종합전자조달시스템 입찰참가자격등록규정(조달청고시 제2015-28호07) 제16조(변경등록) 제2항 제2호에 따라 대표자의 성명(대표자가 여러 명인 경우는 모두를 포함)이 변경되었음에도 변경등록을 하지 아니하고 입찰에 참가하면 당해 입찰은 시행규칙 제44조제6호의3에 따라 무효가 됩니다. 따라서, 입찰에 참여하고자 하는 자는 주요서류인 법인등기기사항증명서 변경등기시점의 대표자 변경이 완료된 시점으로부터 즉시 신고하여야 할 것인 바, 귀하의 질의 경우는 변경등기 시점 이전의 대표자로 입찰을 참여하고 변경완료 후에는 즉시 대표자 정정신고를 하면 될 것입니다.

설계공모 시 지역제한 가능여부

2020-06-03

▣ 질의내용

국가계약법 및 계약예규 적용을 받는 준정부기관입니다 건축서비스산업 진흥법 제21조 및 같은법 시행령 제17조에 따라 설계공모(용역)를 추진 중입니다. 노유자시설에 대한 설계공모(용역)이고 추정가격 2억원 이하입니다

질의내용

1. 이경우 국가계약법 시행령 제21조제1항6호에 따라 지역제한이 가능한지 ?
2. 불가능하다면 관련 법적근거는 ?

▣ 답변내용

[질의요지] 추정가격 2억원 이하인 설계공모 용역의 경우 국가계약법시행령 제21조 제1항 제6호에 따라 지역제한이 가능한 지

[답변내용] 국가기관이 당사자가 되는 용역계약에서 추정가격이 기획재정부령으로 정하는 금액 미만인 계약의 경우에는 「국가를 당사자로 하는 계약에 관한 법률 시행령」 제21조 제1항 제6호에 따라 법인등기부상 본점소재지(개인사업자인 경우에는 사업자등록증 또는 관련 법령에 따른 허가·인가·면허·등록·신고 등에 관련된 서류에 기재된 사업장의 소재지)로 경쟁참가자의 자격을 제한할 수 있습니다.

이러한 지역제한 경쟁입찰의 제한기준은 계약예규 「정부 입찰·계약 집행기준」 제4조 제4항 제3호에 따라 용역에 있어서는 용역 결과물의 납품지(시공단계의 건설사업관리 용역 등 현장과 밀접한 관련이 있는 경우에는 해당 용역의 현장)가 소재하는 시·도의 관할구역 안에 본점이 있는 자로 제한할 수 있습니다.

귀 질의의 경우 추정가격 2억원 이하인 용역(설계공모)의 경우라면 지역제한이 가능할 것으로 보나, 구체적인 경우 귀 기관의 소관 법령에서 정한 기준을 숙지하여 계약담당공무원이 판단하여 결정할 사항입니다.

입찰참가자격과 분담이행 가능 조건의 상충여부 문의
2020-04-02

▣ 질의내용

공기업으로서, "사보 제작 용역" 발주를 준비 중입니다.

입찰참가자격으로 1. 직접생산확인서 소지(정기간행물) 2. 출판사 신고 의 두가지를 모두 충족하는 조건을 적용할 예정입니다.

이 경우, 분담이행 허용 조건으로, 정기간행물에 대한 직접생산확인서 소지업체와 분담이행 방식에 의한 공동계약을 허용하는데 대표사는 출판사 신고업체여야 한다는 조건 적용이 가능한지,

참가자격이 직접생산확인서 소지 및 출판사 신고 두가지를 모두 만족해야 하므로 상기 조건으로 분담이행을 적용한다는 것은 맞지 않는지 문의드립니다.

▣ 답변내용

[질의요지] 입찰참가자격과 분담이행 가능 조건

[답변내용] 공공기관이 당사자가 되는 계약은 해당 계약문서, 공공기관의 운영에 관한 법령, 공기업·준정부기관 계약사무규칙이나 기타 공공기관 계약사무 운영규정(기획재정부 훈령) 등 해당 기관의 계약사무규정에 따라 계약업무를 처리하여야 할 것입니다.

참고로 국가를 당사자로 하는 공동계약에 있어 공동수급체 구성원의 자격요건은 계약예규 공동계약운용요령 제9조제1항에 의거 계약담당공무원은 공동수급체 구성원으로 하여금 해당계약을 이행하는데 필요한 면허·허가·등록 등의 자격요건을 갖추게 하여야 하며, 계약이행에 필요한 자격요건은 다음 각 호에 따라 구비되어야 하는 것입니다.

1. 분담이행방식의 경우 : 구성원 공동 2. 공동이행방식의 경우 : 구성원 각각 3. 주계약자관리방식의 경우 가. 주계약자 : 전체공사를 이행하는데 필요한 자격요건 나. 구성원 : 분담공사를 이행하는데 필요한 자격요건

분담이행방식으로 공동수급체를 구성하는 경우라면 구성원이 공동으로 해당계약을 이행하는데 필요한 면허, 등록 등의 자격요건을 갖추어야 하는 것으로, 공동수급체 구성원 모두가 두 가지 조건을 만족하여야 하는 것은 아닙니다. 다만 귀 질의의 경우 분담이행은 각각 분담부분만 책임을 지는 것이므로 해당 계약의 부분이행구분이 구별되지 않으므로 분담이행으로 가능하지 않는 것으로 판단됩니다.

특허출원 통상실시권 관련 수의계약

2020-04-06

■ 질의내용

우리기관에서 인체에 유해한 바이러스 진단을 목적으로 연구개발을 통해 특허를 출원하였는데, 통상실시권 설정계약을 A업체와 체결하여 우리기관에서 필요한 물품을 A업체에 주문생산 수의계약이 가능한지 문의드립니다.

■ 답변내용

[질의요지] 우리기관에서 인체에 유해한 바이러스 진단을 목적으로 연구개발을 통해 특허를 출원하였는데, 통상실시권 설정계약을 A업체와 체결하여 우리기관에서 필요한 물품을 A업체에 주문생산 수의계약이 가능한지.

[답변내용] 공기업·준정부기관의 계약에 관하여는 「공기업·준정부기관 계약사무규칙」이 우선 적용되고, 동 규칙에 규정되지 아니한 사항에 관하여는 동 규칙 제2조제5항에 따라 동 규정 및 규칙에서 규정하지 아니한 사항은 국가계약법을 준용하여 처리해야 합니다.

참고로, 국가기관이 당사자가 되는 계약에서 계약담당공무원은 「국가를 당사자로 하는 계약에 관한 법률 시행령」 제26조제1항제2호아목에 따라 "특허를 받았거나 실용신안등록 또는 디자인등록이 된 물품을 제조하게 하거나 구매하는 경우로서 적절한 대용품이나 대체품이 없는 경우"에 수의계약에 의할 수 있다 할 것입니다.

이 경우에서 계약담당공무원은 해당 특허의 특허권자나 해당 특허권을 사용할 수 있는 전용실시권자 혹은 통상실시권자와 수의계약을 할 수 있는 것이나, 해당 특허의 권리를 보유한 자가 2인 이상이라면 이들을 대상으로 경쟁입찰도 가능할 것입니다. 다만, 귀하의 질의경우처럼 구체적인 경우에서의 수의계약 가능여부는 발주기관의 계약담당공무원이 특허등록원부나 공보, 특허법과 실시권의 범위, 당해 계약목적물의 특성 등을 종합고려하여 직접 판단·결정해야 할 사안입니다.

제3절 입찰방법 및 공고

1인 견적에 의한 수의계약 기준
2022-09-01

▣ **질의내용**

1. 국가계약법 시행령 제26조 제1항 제2호의 각 목에 해당하는 경우, 동시행령 제30조 제1항 제1호에 의거하여 1인으로부터 받은 견적서에 의할 수 있는 것으로 보입니다. 이 경우 절차상 소액수의 견적입찰이 아닌 1인 지명수의계약으로 진행이 가능한지요?
2. 위 사항에도 불구하고 소액수의 견적입찰로 구분하여 전자조달시스템을 통해 견적서를 받아야 하는건지요?

▣ **답변내용**

[질의요지] 국가계약법령 직접 적용받지 아니한 기관에서 1인 견적에 의한 수의계약 기준

[답변내용]

가. 국가를 당사자로 하는 계약에 관한 법령은 국가기관이 계약의 일방당사자가 되어 계약을 체결하는 경우에 적용되는 법령인 바, 동 법령의 규정을 직접 적용받지 아니하는 기관이 체결하는 계약에 있어서는 자체 계약규정 및 관련법령 등에 따라 처리될 사항이며, 또한 귀 질의의 경우는 법령해석에 관한 내용이 아닌 소액수의견적공고 내용과 관련된 사항으로 당해 공고를 하는 발주기관에서 직접 판단할 사항입니다.

나. 참고로, 각 중앙관서의 장 또는 계약담당공무원은 수의계약을 체결하려는 경우에는 「국가를 당사자로 하는 계약에 관한 법률 시행령」 제30조제1항에 의하여 2인 이상으로부터 견적서를 받아야 하나, 동조 단서조항 각 호의 어느 하나에 해당하는 경우에는 1인으로부터 받은 견적서에 의할 수 있는 것입니다.

동조제1항 단서 조항 이외의 경우에는 2인 이상으로부터 견적서를 받아야 합니다. 이는 견적서 제출대상을 특정인으로 한정하지 않고 견적서를 제출하고자 하는 자가 있는 때에는 이를 허용하여야 하는 것으로서, 동 규정은 소액수의 계약의 투명성과 경쟁성을 확보하기 위하여 경쟁입찰 방식을 준용하여 낙찰자를 결정하고자 하는 취지인 바, 견적서 제출대상을 특정업체만으로 제한하는 것은 제한경쟁입찰에 해당된다고 볼 수 있으므로 동 제도의 취지와 부합되지 않을 것이며, 수의계약에 해당하는 동 제도에 적용하기는 곤란할 것입니다.

동조제2항의 경우에는 전자조달시스템을 이용하여 견적서를 제출하도록 해야 하나, 동 단서조항에 의하여 계약의 목적이나 특성상 전자조달시스템에 의한 견적서제출이 곤란한 경우로서 기획재정부령으로 정하는 경우에는 그러하지 아니합니다. 기획재정부령으로 정하는 경우는 동법 시행규칙 제33조(견적에 의한 가격결정 등)제1항 각 호의 어느 하나에 해당하는 경우이며, 계약예규 정부 입찰·계약 집행기준 제10조(소액수의계약 체결 절차 등) 제1항 단서조항의 경우에는 전자조달시스템을 이용하여 안내공고를 하지 아니합니다.

2단계 경쟁 유찰시 수의계약 체결 관련 문의

2021-06-09

▣ 질의내용

금번 2단계 경쟁을 통한 용역 계약관련하여 부서내 의견충돌이 있어 질의를 드립니다.

용역 계약에 앞서 현장설명회 참석이 필수적이라, 현장설명회 불참시 입찰 자격을 부여하지 않았으며 공고문 등에도 당연히 명시하였습니다. 그리고 현장설명회에는 1개 업체만 참석한 바, 자연스럽게 유찰이 될 것으로 보고 국가계약법 시행령 제27조제3항에 따른 수의계약 체결을 준비하였습니다. 그러나 당연히 유찰이라도 업체의 기술 및 가격입찰 과정을 끝까지 진행해야 수의계약이 가능한지 아니면 현장설명회 참석 후 유찰으로 보고 내부 공문을 통한 제안서 접수 및 평가를 거쳐 현장설명회 단독 참석 업체와 수의계약을 체결해도 되는지 궁금합니다.

▣ 답변내용

[질의요지] 국가를 당사자로 하는 계약에 관한 법률 시행령 제27조제3항에 따른 수의계약 가능 여부

[답변내용] 국가기관이 당사자가 되는 계약에 있어 계약담당공무원은 2020.5.1~2021.6.30 기간 중 한시적으로 경쟁입찰에서 입찰자가 1인뿐인 경우 그 입찰자를 대상으로 수의계약을 체결할 수 있습니다.

귀 질의의 경우 현장설명 참가를 입찰참가자격의 필수조건으로 공고하였으나 현장설명회 참가자가 1인뿐인 경우입니다. 이 경우 해당 입찰에서 입찰참가자격을 갖춘 자가 1인으로 입찰을 집행하더라도 입찰참가 가능한 자도 1인이므로 유찰에 해당하나 이는 법령에서 정하고 있는 입찰자가 1인 경우와 다른 것입니다. 따라서 현장설명회 참가자가 1인뿐인 경우로는 국가를 당사자로 하는 계약에 관한 법률 시행령 제27조제3항 적용이 곤란할 것으로 보여집니다.

5천만원 이하 공사 여성기업 1인 수의계약 가능여부

2021-01-08

■ 질의내용

국가계약법 시행령 제26조에 여성기업, 장애인기업 등의 경우 2천만원 이상 5천만원 이하 물품 구매, 제조, 용역은 1인 수의계약이 가능하다고 되어 있습니다. 그런데 이 조항에서 공사가 언급되지 않아 공사의 해당 여부가 헷갈립니다. 공사의 경우에도 5천만원 이하 시 여성기업과 1인 수의계약이 가능한지 문의드립니다.

■ 답변내용

[질의요지] 5천만원 이하 공사 여성기업 1인 수의계약 가능여부

[답변내용] 국가기관이 수의계약을 체결하고자 할 때에 계약담당공무원은 「국가를 당사자로 하는 계약에 관한 법률 시행령」(이하 "시행령"이라 함) 제30조 ①항에 의거 2인 이상으로부터 견적서를 받아야 합니다. 다만, 제26조 ①항 2호, 같은 항 제5호마목, 제27조 및 제28조에 따른 계약의 경우, 추정가격이 2천만원 이하인 경우[다만, 제26조 ①항 5호 가목 5의)가)부터 다)까지의 어느 하나에 해당하는 자와 계약을 체결하는 경우에는 5천만원 이하인 경우] 등은 1인으로부터 받은 견적서에 의할 수 있는 것인 바,

따라서 귀 질의와 같이 5천만원 이하의 공사계약을 시행령 제30조 ①항 2호에 의하여 여성기업 1인과 수의계약에 의하는 것은 가능할 것입니다.

2장 입찰 및 낙찰자 결정

개찰 시 사전판정 생략에 따른 입찰 무효관련 질의

2022-12-16

▣ 질의내용

저희 기관에서는 입찰보증서를 전자로 납부하도록 하고 입찰을 진행하였습니다. 개찰 시 약 1000여 개의 업체에서 입찰에 참가했고, 그 중 전자입찰보증서를 제출한 업체는 300여곳이었습니다. 1000여 개의 업체가 입찰보증서를 냈는지에 대해 일일히 사전판정할 수 없다고 판단하였고, 국가종합전자조달시스템 이용약관 제22조에도 무효인 입찰서를 제출한 입찰참가자가 추첨한 번호도 예정가격결정에 반영될 수 있다고 나와있어 사전판정 없이 개찰 1순위 부터 전자입찰보증서 납부 여부를 판단하여 적격심사 진행하였습니다.

그런데 다른 업체에서 이의제기하기를 입찰보증서를 미제출하면 무효인데, 저희기관에서 사전판정을 하지않아 무효인 입찰참가자들이 예가산출에 반영되게 하였으니 개찰을 잘못한 것이며, 저희 기관에서 올린 입찰자체가 무효라고 주장하고 있습니다.

이러한 경우 저희기관에서 진행한 방법이 정말 입찰 무효, 재공고를 띄워야하는 상황인지 궁금합니다.

[질의요지] 입찰무효인 입찰참가자들이 예가산출에 반영되게 한 경우 발주기관에서 진행한 방법이 정말 입찰 무효, 재공고를 띄워야하는 상황인지

[답변내용] 「국가를 당사자로 하는 계약에 관한 법률 시행령」 제40조제2항에 의하여 각 중앙관서의 장 또는 계약담당공무원은 제출된 입찰서를 확인하고 유효한 입찰서의 입찰금액과 예정가격을 대로하여 적격자를 낙찰자로 결정한 때에는 지체없이 낙찰선언을 하여야 하며, 다만, 제42조제1항에 따라 계약이행능력을 심사하여 낙찰자를 결정하거나 제42조제4항에 따라 입찰금액의 적정성을 심사하여 낙찰자를 결정하는 등 낙찰자 결정에 장시간이 소요되는 때에는 그 절차를 거친 후 낙찰선언을 할 수 있습니다.

전자조달시스템을 이용한 전자입찰의 경우에는 「국가종합전자조달시스템 이용약관」 제11조(입찰참가자격 확인) 제1항에 따라 각 수요기관 등의 장은 제9조제2항에 따라 전자조달시스템이 자동으로 차단하는 사항 이외에도 전자조달시스템이 제공하는 조달업체정보 등을 이용하여 같은 법 시행규칙 제14조제3항 및 「지방자치단체를 당사자로 하는 계약에 관한 법률 시행규칙」 제14조제3항에 따른 입찰참가자격을 입찰집행시에 확인·판정하거나 입찰시간의 단축 등을 위하여 입찰종료 후에 확인·판정할 수 있습니다.

따라서, 동 약관 제11조제1항 단서조항에 따라 입찰집행시에 부적격으로 판정한 입찰자의 입찰은 개찰결과 부적격으로 표시되고, 동 입찰자가 추첨한 예비가격은 추첨결과에 반영되지 않은 것이 원칙이나, 동 이용약관 제22조(전자입찰의 예정가격)에 의하여 무효인 입찰서를 제출한 입찰자가 추첨한 번호 또는 입찰취소를 신청하여 승인된 입찰자가 추첨한 번호도 예정가격결정에 반영될 수 있는 것입니다. 즉, 개찰전에 무효입찰자의 건을 개찰에서 확인하여 제외하여야 할 것이나, 입찰자가 과다하여 무효여부를 확인하는데 장시간이 소요되는 등 각 발주기관의 계약담당공무원이 입찰시간의 단축 등을 위하여 부득이 이러한 조치를 하지 못하고 개찰하였을 경우를 대비하여 전자조달시스템에서 선택적으로 그 무효입찰자가 추첨한 건도 포함시킬 수 있도록 하여 운영하고 있는 바, 이 조항은 각 발주기관에서 '반드시 해야 하는' 기속행위가 아닌 상황에 따라 임의로 '할 수 있는' 재량행위임을 알려드립니다.

다만, "국가의 계약은 상호 대등한 입장에서 당사자의 합의에 의하여 체결되어야 한다"는 「국가를 당사자로 하는 계약에 관한 법률」 제5조의 규정에 의거 국가계약은 국가가 사경제의 주체로서 행하는 사법상의 법률행위에 해당되므로, 국가계약법령에 정해지지 아니한 재량권 남용 여부 등에 대하여는 민법 등의 해석이나 판결에 따라 처리할 사항입니다.

한편, 국가계약법령에서 규정하고 있는 입찰무효 사항은 입찰자격이 없는 자의 입찰 등 입찰자의 무효행위 여부를 판단하는 기준이며 발주기관의 입찰절차 진행 중 하자 발생 시 무효여부에 대한 명시적 규정은 없습니다. 다만, 입찰절차에 관련 법령의 규정이나 입찰공고에 어긋나는 하자가 있고 그 하자로 인하여 다른 입찰자의 정당한 이익을 해하거나 입찰의 공정성과 투명성에 영향을 미칠 우려가 있다고 인정된다면 발주기관은 당해 입찰절차를 취소하거나 무효로 할 수 있을 것입니다.

개찰 후 공고 취소 가능 여부

2021-03-02

■ **질의내용**

공고 개찰 후 예비가격 기초금액이 32,671,915원으로 입력되어야 하는데 4,000원이 추가된 32,675,915원으로 입력된 것을 발견하였습니다.

1순위 업체에서 적격심사 서류를 제출한 상태이고 낙찰처리는 진행되지 않은 상태입니다.

이럴 경우 국가계약법 상 입찰무효에 의한 공고취소 사유에 해당이 되는지 공고 취소가 가능한지의 여부를 문의드립니다.

■ **답변내용**

[질의요지] 기초금액 입력착오로 인한 입찰공고 취소 가능 여부

[답변내용] 국가기관이 실시하는 입찰에서 당초 입찰공고 내용이 관련 규정에 위배되었거나, 명백하고 중대한 착오나 오류가 있어 동 내용을 변경하고자 하는 경우에는 계약담당공무원은 당해 입찰자들이 주지할 수 있도록 당초 공고방법과 동일한 방법으로 변경 또는 정정공고를 하거나 당해 입찰공고를 취소한 후 새로운 입찰공고에 의할 수 있을 것입니다.

다만, 이러한 입찰의 취소에 대하여는 국가계약법령에 별도로 정한 것이 없으므로 입찰공고를 한 발주기관의 계약담당공무원이 민법의 취소규정 등을 검토하여 직접 판단하여야 하는 것인 바, 구체적인 경우 입찰취소 여부는 당초 입찰공고내용, 당해 사업의 목적, 변경내용의 중요성, 불가피한 사유 및 입찰의 공정성에 미치는 영향 등을 종합 고려하여 계약담당공무원이 판단하여야 하는 사항인 것입니다.

경쟁입찰 실적 금액

2021-08-04

▣ 질의내용

용역 경쟁입찰에 총 비용이 1억6천인데
입찰 참가 자격 실적 금액이 1건 이상 1억이상 실적을 보유한 업체라고 되어 있습니다
1. 실적 금액 1억 산정 기준이 무엇인가요?
2. 검색을 하다보니 용역 2억 미만은 실적제안이 없다고 나오던데요?

▣ 답변내용

[질의요지] 제한경쟁에 있어 실적제한의 기준

[답변내용] 국가기관이 당사자가 되는 계약에 있어 계약담당공무원은 계약목적물이 국가를 당사자로 하는 계약에 관한 법률 시행령 제21조 및 같은 법률 시행규칙(이하 시행규칙이라 합니다) 제25조에 해당하는 경우에는 입찰참가자의 자격을 제한하여 입찰에 부칠 수 있습니다.

질의1에 대하여 실적으로 입찰참가자격을 제한하는 경우 시행규칙 제25조제2항에 따라 해당 계약목적물의 규모, 양 또는 금액의 1배 이내로 제한 할 수 있는 바, 이때 제한규모는 각 계약 건마다 계약담당공무원이 계약목적물의 특성, 시장상황 등을 고려하여 정하는 것입니다. 그러므로 개별 건에서 산정한 제한금액 내용은 발주기관으로 문의하여야 합니다.

질의2에 대하여 물품 및 용역의 실적제한은 시행규칙 제25조제2항에 따라 추정가격이 고시금액 이상인 경우에 적용 가능합니다.

2장 입찰 및 낙찰자 결정

경쟁입찰공고 후 한시적 규정에 따른 수의계약

2022-02-23

◨ 질의내용

국가계약법 시행령 제27조(재공고입찰과 수의계약) ③항 에는 '재난이나 경기침체, 대량실업 등으로 인한 국가의 경제위기를 극복하기 위해 기획재정부장관이 기간을 정하여 고시한 경우, 경쟁입찰을 실시했으나 입찰자가 1인뿐인 경우 재공고입찰을 실시하지 않더라도 수의계약을 할 수 있다.' 라고 규정되어 있습니다.
본 조항에서 입찰자가 1인뿐인 경우는 어떤 경우인지요?
1. 입찰참가자격을 충족하는 2인이상의 업체가 입찰에 참여하여 1개 업체가 투찰한 경우
2. 입찰참가자격을 충족하는 1개 업체가 입찰에 참여한경우

◨ 답변내용

[질의요지] 경쟁입찰공고 후 한시적 규정에 따른 수의계약

[답변내용] 국가기관이 당사자가 되는 경쟁입찰은 국가를 당사자로 하는 계약에 관한 법률 시행령(이하 시행령이라 합니다) 제11조에 따라 2인 이상의 유효한 입찰로 성립합니다.

입찰서 제출자가 1인 뿐인 경우 유효한 입찰이 성립되지 않아 재공고입찰을 하거나 시행령 제27조제3항에 따라 2022.6.30까지 한시적으로 그 입찰자와 수의계약을 체결할 수 있습니다. 그러나 입찰참가서류 등록자가 복수인 경우로서 입찰서 제출자가 1인이라면 재공고 시 경쟁이 성립될 가능성이 높을 것으로 판단되며, 이러한 경우에는 한시적 규정에 불구하고 재공고 입찰을 하여야 할 것으로 봅니다.

계약방법 결정

2022-05-18

■ **질의내용**

이번에 하계 휴양소 용역계약을 진행하려고 하는데, 하계휴양소 위탁사와 위탁사에 제휴된 리조트를 이용하는 조건으로 휴양소 위탁사(수수료) 부분만 계약을 진행할 수 있는지 문의하고자 합니다. 해당 사업의 경우, 종전에는 위탁사와 계약을 체결하고 나서 대금 지급에 있어 위탁사(대행수수료 지급) / 개별 리조트(실제 리조트사용료)로 나누어 지출이 되고 있는 실정이기 때문입니다. 그전에는 대행수수료와 실제 리조트사용료를 합쳐서 대행사와 총액으로 계약을 했었는데, 리조트 사용료는 제외하고 계약을 진행할 수 있는지 문의하고자 합니다.

■ **답변내용**

[질의요지] 계약방법 결정

[답변내용] 국가기관이 당사자가 되는 계약에 있어 계약담당공무원은 동일한 계약목적물에 대하여는 법령이나 계약예규에서 정한 기준에 따라 분리발주하여야 하는 경우 이외에는 일괄하여 계약을 체결하는 것입니다. 이는 분리하여 수의계약을 체결하는 경우 경쟁입찰 원칙인 국가계약법령의 공개, 공정취지를 어기는 것으로 보기 때문입니다.

다만, 계약예규 정부 입찰.계약 집행기준 제2조의2제1항에서는 동일한 계약목적물에 물품, 용역, 공사 등이 2이상 혼재된 경우에는 사업계획 단계부터 각 목적물 유형별 독립성, 가분성, 계약이행 및 관리의 효율성에 미치는 영향, 해당시장의 경쟁제한효과 등 제반사항을 고려하여 일괄 또는 분리발주 여부를 검토하여야 함을 정하고 있는 바, 귀 질의의 경우가 이에 정확히 일치되는 것은 아니지만 이러한 요소들을 고려하여 분리발주 여부를 직접 판단하고 정하여야 할 것으로 봅니다.

계약상대자로 위수탁되는 용역에 대한 제경비 적용 여부
2021-01-06

▣ 질의내용

- 공사유형 : 국가기관 발주 철도공사
- 계약유형 : 최저가(내역입찰) 당해 공사는 기존 운행 중인 철도 노선 측면에 전철용 노선을 신설하는 사업으로서, 열차 운행선 인접공사의 안전 확보 및 공기지연 방지 등의 사유로 공사기간 중 열차 운행을 임시 중단하기로 결정됐습니다. 이에, 열차 운행 중단기간 동안 여객 대체 수송용 셔틀버스를 운행키로 하였고, 버스 운행 관리는 발주자가 계약상대자(시공자)에게 위·수탁함으로써 운영하도록 발주자 및 지자체 간 협의하여 결정되었습니다. 여객 대체 수송용 버스 운영비용은 시공자가 발주자로부터 도급받아 버스 운수회사에 지급하는 방식이며, 버스 운행에 대한 관제 등 전반적인 운영 제반사항은 시공자가 운수회사와 위·수탁 계약을 통해 관리되고 있습니다. 그러나, 해당 버스 운영비용을 도급받은 시공자 설계변경에 반영하는 과정에서 해당 비용에 대한 공사원가계산서 상 제경비 적용 여부에 대해 발주자("갑")와 시공자("을") 간 아래와 같이 이견이 있어 질의 드립니다.
1. "갑"의 주장 : 해당 버스 운영은 국가기관이 시공자로 단순히 위탁한 용역으로서, 해당 비용은 공사원가계산서 상 제경비 적용 항목이 아님.
2. "을"의 주장 : 버스 운영에 필요한 운행 관제(운영 직원 지정), 정류장 등 각종 시설물의 설치 및 유지관리, 버스 요금수익의 정산, 민원 관리 등, 버스 운영의 제반사항을 시공사 직원이 직접 관리 중에 있는 바, 해당 관리에 소요되는 간접노무비, 기타경비, 일반관리비 등 제경비를 적용함이 타당함.

▣ 답변내용

[질의요지] 용역에 대한 제경비 적용 여부 등에 관한 질의

[답변내용] 지방자치단체를 당사자로 하는 계약, 공기업과 준정부기관 및 공공기관의 계약에 관하여는 달리 정한 바가 있으면 그에 따라야 함을 알려 드립니다.

국가기관이 당사자가 되는 계약에 있어 계약담당공무원은 국가를 당사자로 하는 계약에 관한 법률 시행규칙 제2장과 계약예규 예정가격 작성기준에서 정한 바에 따라 제비용을 계상하여야 합니다. 그리고 계약상대자의 책임없는 사유로 공사 또는 용역의 내역이 변경되는 경우 또한 위 규정에 근거하여 누락됨이 없도록 하여야 할 것입니다. 새로운 공종 또는 과업내용을 추가하는 경우, 기존의 계약내용을 변경할 것인지 새로운 계약으로 체결할 것인지는 계약담당공무원이 해당 내용과 계약조건, 관련법령을 확인하여 가장 적절한 방법으로 계약방법을 선택하고 정당한 대가를 지급하여야 할 것인 바, 귀 질의의 경우 공사와는 별개의 용역으로서 발주기관이 이를 분리 발주하여 계약상대자에게 적정한 대가를 지급하여야 할 것으로 보이나, 부득이 시공사에게 위탁하여야 한다면 해

당 비용은 계약금액에 반영하여야 하며, 제경비는 공사부분과 용역부분이 중복됨이 없도록 하여야 할 것입니다. 구체적인 계약방법 결정, 가격 산정 등은 위 내용에 따라 계약담당공무원이 결정하여야 하는 것입니다.

계약서상 계약기간 자동연장 효력 관련 질의

2022-05-18

▣ 질의내용

국가계약법 계약기간 자동연장 관련하여 질의드립니다. 본 사업장은 공공기관이며, 임직원 복지 관련하여 5년 용역계약을 체결한 상태이고, 당시 계약서에 '서면에 의한 해지통지가 없는 경우 1년 단위로 자동 연장'됨을 명시하여 체결하였습니다. 이러한 경우에 5년이 지난 계약만료시점에서 저희 기관과 용역계약업체 간의 협의에 따라 계약을 자동 연장하여도 국가계약법 상 문제가 되지 않는지 궁금합니다.

▣ 답변내용

[질의요지] 계약기간이 자동연장되도록 하는 계약

[답변내용] 국가기관이 체결하는 계약은 단년도 계약을 원칙으로 하고 있으며, 둘 이상의 회계연도에 걸치는 장기계속계약 및 계속비계약은 국가를 당사자로 하는 계약에 관한 법률 시행령 제69조의 규정에 정한 바에 따라서 체결하는 것이나, 같은 법률 제3조에 의하여 해당 계약목적물 관련으로 다른 법령등에서 따로 정한 바가 있다면 그에 따라 처리할 수 있는 것입니다.

계약담당공무원은 같은 법률 제7조에 따라 제반 조건을 고려하여 그에 맞는 계약방법을 선택하여야 합니다. 그리고 계약기간의 연장은 법령과 예규에 해당되는 경우에 가능한 것인 바, 계약기간연장 취지, 예산성격(장.단기), 계약달성목적 및 내용, 관계규정 등을 고려하면 특별한 사유없이 특약으로 계약기간을 1년씩 자동연장하는 계약조건은 타당해 보이지 않습니다.

자동연장은 유지보수 등 지속적 업무수행이 필요한 계약에 있어 계약 종료일까지 차기 계약이 이루어지지 않으면 업무수행에 차질이 우려되는 경우 등에서 한정적으로 차기계약시까지 단기간 잠정적으로 연장하는 특약이 일반적인 것입니다.

그리고 계약 종료시점이 되었을 때 새로운 경쟁을 통해 예산을 절감할 수 있는지 여부와 시장상황 등 여건의 변화에 따라 당초 적용했던 계약방법의 타당성도 재검토되어야 할 것으로 봅니다. 새로운 입찰을 통해 제3자에게도 공정한 기회를 주는 것이 국가계약법령상 경쟁의 원칙에도 부합한다 할 것입니다.

고시금액 이상에 대한 중소기업자와 우선계약

2022-05-17

◨ 질의내용

준정부기관에서 계약업무를 수행하고 있습니다. 기획재정부장관고시금액이상의 용역 및 물품 구매시에도 중소기업자와 우선조달계약(제한경쟁입찰)이 가능한지 문의드립니다.

◨ 답변내용

[질의요지] 고시금액 이상에 대한 중소기업자와 우선계약

[답변내용] 국가기관이 당사자가 되어 계약을 체결하고자 하는 경우 계약담당공무원은 국가를 당사자로 하는 계약에 관한 법률 제7조에 따라 일반경쟁에 부쳐야 하나, 계약의 목적, 성질, 규모 등을 고려하여 필요하다고 인정되면 같은 법률 시행령(이하 시행령이라 합니다)에 따라 참가자의 자격을 제한 또는 지명하여 입찰을 하거나 수의계약의 방법으로 계약을 체결할 수 있습니다.

중소기업자간 경쟁물품은 중소기업제품 구매촉진 및 판로지원에 관한 법률(약칭 판로지원법) 제7조제1항에 따라 중소기업자간 경쟁입찰에 의하여 계약을 체결하여야 하는 것으로, 중소기업자의 계약이행능력을 심사하여 계약상대자를 결정하여야 하는 것입니다. 다만, 구매의 효율성을 높이거나 중소기업제품의 구매를 늘리기 위하여 필요한 경우에는 대통령령으로 정하는 방법에 따라 계약상대자를 결정할 수 있는 것입니다.

국가계약법령에서는 판로지원법에 근거하여 고시금액 미만에 대하여 소기업 또는 중소기업을 대상으로 하는 제한경쟁 입찰제도를 규정하고 있으나 중소기업자간 경쟁물품 이외의 경우로서 고시금액 이상의 물품을 중소기업을 우선조달계약자로 할 수 있는 내용은 판로지원법 시행령에 따라야 하는 것입니다.

입찰의 방법은 국가를 당사자로 하는 계약에 관한 법률 제7조에 따라 계약담당공무원이 계약의 목적, 성질, 규모 등을 고려하여 가장 적합하다고 판단되는 방법을 결정하여야 합니다.

공사계약에 있어 여성기업과 수의계약 가능금액

2021-05-28

▣ 질의내용

질의요지) 국가계약법시행령 제26조 제1항 제5호 가.5)가)의 여성기업 2천만원이상 5천만원이하 공사 수의계약이 가능한가요? 국가계약법시행령 제26조 제6항 제4호 가의 여성기업 2천만원이상 1억원이하 공사 수의계약이 가능한가요?

- 추정가격이 2천만원 초과 5천만원 이하인 계약으로서 다음의 어느 하나에 해당하는 자와 체결하는 물품의 제조·구매계약 또는 용역계약
- 추정가격이 2천만원 초과 1억원이하인 계약으로서 다음의 어느 하나에 해당하는 자와 체결하는 물품의 제조·구매계약 또는 용역계약
- 물품과 용역은 계약이 가능하다고 명시가 되어 있지만 공사는 내용이 없습니다.

여성기업, 장애인기업, 사회적기업은 물품과 용역만 가능하고 공사는 수의계약이 불가능한가요?

▣ 답변내용

[질의요지] 공사계약에 있어 여성기업과 수의계약 가능금액

[답변내용] 국가기관이 수의계약을 체결하고자 할 때에 계약담당공무원은 「국가를 당사자로 하는 계약에 관한 법률 시행령」(이하 "시행령"이라 함) 제30조 ①항에 의거 2인 이상으로부터 견적서를 받아야 합니다. 다만, 제26조 ①항 2호, 같은 항 제5호마목, 제27조 및 제28조에 따른 계약의 경우, 추정가격이 2천만원 이하인 경우[다만, 제26조 ①항 5호 가목 5의)가)부터 다)까지의 어느 하나에 해당하는 자와 계약을 체결하는 경우에는 5천만원 이하인 경우] 등은 1인으로부터 받은 견적서에 의할 수 있는 것입니다.

따라서 귀 질의와 같이 5천만원 이하의 공사계약을 시행령 제30조 ①항 2호에 의하여 여성기업 1인과 수의계약은 가능하다고 봅니다.

2장 입찰 및 낙찰자 결정 ....

```
┌─────────────────────────────────────────────────────────────┐
│  국가계약법 시행령 한시적 특례 적용기간에 관한 고시 효력기간 문의  │
│                                                 2022-06-16  │
└─────────────────────────────────────────────────────────────┘
```

▣ 질의내용

국가계약법 시행령 한시적 특례 적용기간에 관한 고시 효력기간이 2022.6.30. 까지인데요,

영 제27조제3항 관련하여 2022.6월 중에 공고 게시, 입찰마감일시가 7월로 넘어가는 경우 고시적용 기준을 공고 게시일로 봐서 입찰자가 1인뿐일 때 재공고입찰을 실시하지 않고 수의계약을 할 수 있는건지

또는 고시 효력기간이 6월 30일로 종료되었으니 공고 게시 시작일과 상관없이 특례가 적용되지 않아 동 시행령에 따른 다른 예외사유가 없다면 원칙적으로는 재공고입찰을 하는 것이 맞는지 문의드립니다.

▣ 답변내용

[질의요지] 국가계약법 시행령 한시적 특례 적용기간에 관한 고시 효력기간 문의

[답변내용]

가. 「국가를 당사자로 하는 계약에 관한 법률 시행령」(개정 '20.5.1) 제27조제3항에 의하여 「재난 및 안전관리 기본법」 제3조제1호의 재난이나 경기침체, 대량실업 등으로 인한 국가의 경제위기를 극복하기 위해 기획재정부장관이 기간을 정하여 고시한 경우에는, 동 시행령 제10조에 따라 경쟁입찰을 실시했으나 입찰자가 1인뿐인 경우 제20조 제2항에 따른 재공고입찰을 실시하지 않더라도 수의계약을 할 수 있습니다.

나. 「국가를 당사자로 하는 계약에 관한 법률 시행령의 수의계약 등 한시적 특례 적용기간에 관한 고시」는 부칙 제2조에 따라 '22.6.30일까지 효력을 가지며, '22.6.30일까지 국가계약법 시행령 제27조제3항에 해당하는 경우 수의계약을 할 수 있습니다.

국가를당사자를 하는 법령에 관한질문(수의계약)

2021-03-30

◼ 질의내용

국가를 당사자를 하는 법령에 관한 질문이 있습니다.
제26조 (수의계약을 할 수 있는 경우) 5호-가)
5) 추정가격이 2천만원 초과 5천만원 이하인 계약으로서 다음의 어느 하나에 해당하는 자와 체결하는 물품의 제조·구매계약 또는 용역계약 -다) 「사회적기업 육성법」 제2조제1호에 따른 사회적기업~ 해석관련입니다.

이 경우, A라는 사회적기업(사회적제품을 생산하지 않고 일반품을 유통하는 사회적기업)과 수의계약을 체결할 수 있는지 여쭤보려합니다. 사회적구매 품목이 아니라 사회적구매 실적에는 포함이 안되는게 확실하지만 일반품을 유통하는 사회적기업과 수의계약이 포함될 수 있는지 궁금합니다. 즉 ' 물품의 제조·구매계약'에서 물품의제조 or 구매계약인지, 물품의제조와 구매계약인지가 궁금합니다.

◼ 답변내용

[**질의요지**] 국가계약법시행령 제26조 제1항 제5호 가.5)다)의 사회적 기업과 사회적 구매품목이 아닌 일반품목에 대해 수의계약이 가능한 지, 물품의 제조·구매의 뜻

[**답변내용**] 『국가를 당사자로 하는 계약에 관한 법률 시행령』 제26조 제1항 제5호 "가"목의 5)에 따라 추정가격이 2천만원 초과 5천만원 이하인 계약으로서 「사회적기업 육성법」 제2조제1호에 따른 사회적 기업과 체결하는 물품의 제조·구매계약 또는 용역계약에 대하여는 수의계약을 할 수 있습니다.

이때 '물품의 제조·구매계약'는 제조 또는 구매를 말하는 것이며 귀 질의의와 같이 위 규정에 따라 사회적 기업과 수의계약 하는 경우 사회적구매 품목이 아닌 일반적 단순 구매에 대해서도 가능하다고 봅니다.

규격서에 특허반영 질의

2022-10-18

▣ 질의내용

저희 회사는 공기업으로 국가계약법과 기재부 계약예규에 따라 입찰, 계약업무를 진행하고 있습니다. 당사에서는 국내 최초로 탈선감지장치 설치사업을 진행함에 있어 탈선감지장치는 철도의 운행안전을 확보하기 위해, 철도차량부품 시험절차에 따라 운행시험을 통과한 "국내 생산자가 1인뿐인 특허제품"으로 규격서에 운행시험 검증제품을 사용하고자 특허번호를 반영하였으며,

* 국가계약법 시행령 제26조 1항 제2호 아. 특허를 받았거나 실용신안등록 또는 디자인등록이 된 물품을 제조하게 하거나 구매하는 경우로서 적절한 대용품이나 대체품이 없는 경우나 자. 해당 물품의 생산자 또는 소지자가 1인뿐인 경우로서 다른 물품을 제조하게 하거나 구매해서는 사업목적을 달성할 수 없는 경우 등에는 수의계약

단, 탈선감지장치 설치 사업으로 수의계약을 하지 않고, 물품공급협약을 체결하여 다수의 설치업체가 참여 가능하도록 사전규격공개 절차를 거쳐 일반경쟁으로 구매공고 하였습니다.

* 계약예규 정부입찰계약집행기준 제5조3 제1항 제2호는 해당 물품구매에서 특수한 성능 등이 일부만 포함된 경우에 적용하는 것으로 특수한 성능 등을 규격서(시방서)에 반영하고자 하는 경우에 계약담당공무원은 같은 조 제2항에 따라 입찰공고 전에 제조사 또는 기술지원사와 물품공급 또는 기술지원협약을 체결하여

질의
1. 상기와 같은 사유와 판단이 있음에도 불구하고 규격서에 특허번호를 명기하는 것이 적법한 가요 (위규사항이 있는지요)?
2. 설치사업으로 공급협약서를 체결하여 구매공고 한것이 절차에 맞는지요?

▣ 답변내용

[질의요지] 특수한 성능 등을 규격서에 반영하는 입찰

[답변내용] 국가기관이 당사자가 되는 계약에 있어서 특수한 성능 등을 규격서(시방서)에 반영하고자 하는 경우에는 계약예규 정부 입찰.계약 집행기준 제5조의3제2항에 따라 규격서 작성 단계에서 입찰공고 전에 제조사 또는 기술지원사와 물품공급 또는 기술지원협약을 체결하여야 하며, 동 협약내용을 입찰공고에 명시하고 낙찰자 결정 후 낙찰자에게 그 사본을 제공하여 낙찰자가 제조사 등으로부터 물품공급 또는 기술지원협약서를 발급받을 수 있도록 하여야 합니다.

이 조항은 신기술, 특허, 특수한 성능.품질 등이 요구되는 공사 및 물품계약에 있어 기술보유자나 특허권자가 낙찰자와 기술지원확약서 체결과정에서 신기술 제공기피, 높은 사용료 요구 등으로 계약체결이 곤란한 경우가 발생하는 것을 방지하고자 하는 취지인 것입니다.

발주기관이 사전에 특허를 근거로 협약을 체결하였다면 그 협약에 따라 특허내용이 반영되어야 하므로 특허번호를 명기할 수도 있을 것이나 협약을 체결하지 않고 특허번호를 명기하는 것은 곤란할 것으로 봅니다.

기술지원협약서 관련 문의

2021-08-24

◼ 질의내용

추진중인 용역은 레지던시 참여자들에게 기술지원을 받아야 하는 과업이 포함되어 있습니다.

기술지원 협약 내용은 대략... 레지던시 참여자들(총 20팀)의 프로젝트/연구 지원을 위해 레지던시 참여자들(총 20팀)에게 창작활동비 및 프로젝트비를 지급해야 하며, 레지던시 참여자들은 ○○문화원과의 협약서에 명기된 과업내용을 수행해야 합니다.

이에 레지던시 참여자와 우리기관 간 협약내용을 입찰공고(21년 9월 10일 예정/협상계약)에 명시해야하나 현재 레지던시 분야의 하나인 디자인 참여자(4팀)가 선정되지 않았고(현재 선정 진행중, 21년 10월 중 선정 확정), 우리기관과 참여자와의 협약이 참여자가 창작스튜디오 입주예정일인 21년 12월 1주 중에 체결예정인바, 일정상 입찰 공고전 협약체결이 불가한 상황입니다.

이 경우, 협약서(안)을 입찰공고에 게시하고 낙찰자 선정(혹은 계약) 이후 레지던시 참여자(20팀)와 낙찰자 간 확약서를 작성을 해도 무방할까요?

◼ 답변내용

[**질의요지**] 기술지원협약서의 작성 시기

[**답변내용**] 국가기관이 당사자가 되는 계약에 있어 기술지원협약은 발주기관이 미리 특수한 성능 등의 기술을 가진 자로부터 협약을 체결하여 공고시에 이를 명시하는 것으로, 이는 기술지원 확약 과정, 계약의 이행과정에서 발생할 수 있는 기술보유자의 부당한 요구(기술지원부분을 초과하는 요구 등)를 방지하여 낙찰자가 원활히 계약을 이행할 수 있도록 하기 위한 취지인 것입니다.

이러한 취지를 감안해 볼 때, 귀 질의의 경우에도 레지던시 참여자의 창작활동비 등 제반 소요비용 등에 대하여 미리 협약으로 정해지지 않았을 때 계약이행에 문제가 없는지가 고려되어야 할 것으로 보여지며, 계약담당공무원은 이를 검토하여 그 결과에 따라 사전 기술지원협약을 맺고 이후에 본 용역계약을 체결하거나(공고기간 연장 등) 또는 기술지원협약을 사후에 체결하여야 할 것으로 보여집니다.

낙찰자 2개사 선정가능 여부 검토요청

2021-03-30

▣ 질의내용

《원가계산 용역기관 선정 입찰, 협상에의한계약, 단가계약》

낙찰자 선정 관련 문의사항이 있어 질의드립니다.

1. 문의내용 : 국가계약법에 따라 입찰을 통해 낙찰자(계약상대자)를 1개 업체가 아닌 2개 업체로 선정하여 계약이 가능한지 여부

2. 문의사유 : '원가계산 용역기관 선정' 입찰을 위해 사전규격 공개하였으며, 접수된 의견 중 낙찰자(계약상대자)를 1개 업체가 아닌 2개 업체로 하여 계약이 가능한지 여부에 대한 내용이 접수되었음

3. 참고로 본 입찰에 대한 과업내용은 계약체결 전 예정가격작성 위해 원가계산 용역을 수행하는 건으로 계약체결 시 원가분석 대상금액을 12개 구간으로 구분하여 단가 설정하며, 계약기간 중 원가계약 용역 발생 시 계약상대자에게 원가계약 용역을 의뢰하고 해당 구간에 대한 단가금액을 지급합니다.

▣ 답변내용

[질의요지] 공공기관에서 국가계약법에 따라 용역 협상입찰을 통해 낙찰자(계약상대자)를 1개 업체가 아닌 2개 업체로 선정하여 계약이 가능한지 여부

[답변내용] 공공기관의 계약사무를 처리할 때에는 기타공공기관의 경우에는 「기타 공공기관 계약사무 운영규정」을 적용하고 공기업·준정부기관일 경우에는 「공기업·준정부기관 계약사무규칙」을 적용하여야 하며, 동 규정 및 규칙에서 규정하지 아니한 사항은 국가계약법을 준용하여 처리해야 합니다. 따라서, 귀하의 질의경우처럼 동 법령의 규정을 직접 적용받지 아니하는 기관이 체결하는 계약에 있어서는 자체 계약규정 및 관련법령 등에 따라 처리될 사항이며, 또한 국가계약법령해석에 관한 내용이 아닌 입찰공고(또는 계약체결) 내용과 관련된 사실판단에 관한 사항에 대하여는 해당 입찰공고(또는 계약체결)를 하는 발주기관에서 해당 관련 규정 등을 종합적으로 살펴 온전히 판단·처리해야 할 사항입니다.

참고로, 「국가를 당사자로 하는 계약에 관한 법률 시행령」 제43조제1항에 따르면 다수의 공급자들로부터 제안서를 제출받아 평가한 후 협상절차를 통하여 국가에 가장 유리하다고 인정되는 자와 계약을 체결할 수 있습니다. 따라서 하나의 협상에 의한 계약에서는 1인의 계약상대자와 계약을 체결하는 것이 원칙이라고 할 것입니다.

내자구매 조달업무 관련 질의

2021-04-15

▣ 질의내용

저희 연구원에서는 구매하고자 하는 연구장비 'A'가 해외에서의 단 하나의 제조사인 '1'에서만 제작이 가능한 특정규격을 포함하고 있습니다.

또한, 해외 제조사 '1'은 국내에 '가','나','다'의 3개 업체와 대리점 계약을 맺고 있으며, 이 경우 아래와 같이 문의를 드립니다.

1) 경쟁입찰로 진행하는 것이 가능한 상황인지 여부 - 쟁점: 특정규격을 만족하는 연구장비 'A'에서만 제작이 가능한 물품이긴 하나, 국내대리점이 3군데일 경우, 경쟁이 성립하는 것으로 보아 입찰로 진행해야 하는지 여부

2) 국가계약법 시행령 제26조 제1항 제2호 자 목에 의거하여, 수의계약으로 진행을해야 할까요?
   - 쟁점: 특정규격을 만족하는 연구장비'A'에서만 제작이 가능한 물품이기 때문에, 법적 근거에 따라 수의계약으로만 진행해야 하는지 여부

▣ 답변내용

[질의요지] 해외 제조업체의 국내대리점이 둘 이상일 경우 입찰방법과 수의계약 가능 여부

[답변내용]

질의1)에 대하여 국가기관이 당사자가 되는 계약에 있어 특수한 성능 등의 납품능력을 가진자가 공급하는 것이 적합하다고 인정되는 경우에는 수의계약 또는 지명 경쟁에 의할 수 있으나, 특수한 성능 등의 납품능력을 가진자가 다수 존재하여 경쟁성이 확보되는 경우에는 계약예규 정부 입찰.계약 집행기준(이하 집행기준이라 합니다) 제5조의3제1항제1호 단서 규정에 따라 제한경쟁에 의할 수 있으며, 이 경우 입찰공고에 입찰참가자격 제한 사유를 명시하여야 합니다.

질의2)에 대하여 계약담당공무원은 계약을 체결하고자 하는 경우 국가를 당사자로 하는 계약에 관한 법률 제7조에 따라 일반경쟁에 부쳐야 하나 발주기관이 같은 법률 시행령 제26조에 해당한다고 판단하는 경우 수의계약에 의할 수도 있습니다. 다만, 수의계약은 경쟁계약의 예외적 수단이므로 그 적용에 다소 엄격함이 필요하며, 또한 수의계약 사유에 해당한다 하여 반드시 수의계약으로만 해야 하는 것은 아닙니다.

다른 국가기관과 체결하는 수의계약

2022-05-05

■ 질의내용

국방부 육군 예하 군부대(보병사단급)와 국군복지단(국방부 직할부대) 과의 수의계약이 가능한지가 궁금합니다. 시행령 30조(견적에 의한 가격결정) 1항의 1인견적에 의할수 있는 사항에서 다른 국가 기관과의 수의계약은 1인견적 대상이 아닌데 이런경우 어디서 타 국가기관이나 지자체에 견적을 추가로 요청을 하기가 어렵고 특히나 군부대 특성상 국군복지단의 판매되는 물건의 값이 장병대상으로 입찰을 거치기 때문에 시중보다 저렴하고, 마트가 부대내에 있다보니 경쟁이 성립하기가 어렵습니다.

■ 답변내용

[질의요지] 다른 국가기관과 체결하는 수의계약

[답변내용] 국가기관이 당사자가 되는 계약에 있어 계약담당공무원이 국가를 당사자로 하는 계약에 관한 법률 시행령(이하 시행령이라 합니다) 제26조에 따라 수의계약의 방법으로 계약상대자를 결정하고자 하는 경우에 시행령 제30조는 전자조달시스템을 이용하여 2인이상의 견적서를 받도록 원칙을 정하고 있습니다. 다만, 시행령 제30조제1항 및 제2항 각 단서조항에 해당하는 경우에는 예외적으로 전자조달시스템을 이용하지 않거나 1인 견적으로도 계약상대자를 정할 수 있습니다.

시행령 제26조제1항제5호바목은 계약 대상자를 국가기관 또는 지방자치단체로 한정하여 계약하는 경우인데 대부분 기관 고유업무에 해당할 것으로 보여집니다. 이 경우에는 기관간 협의(대상 기관이 다수라면 견적이 아닌 문서로 조회 후 회신 확인)를 통해 정하는 것이므로 견적자의 수를 따지는 것은 그 의미가 없을 것입니다.

귀 질의의 경우 해당기관의 법령 상 설치 근거, 담당사무, 역할의 효과 범위 등을 살펴 계약에 참고하시기 바랍니다.

제3절 입찰방법 및 공고

단일응찰 수의계약에 관한 질의

2021-01-13

◼ 질의내용

현재 진행 중인 용역 사업은 판로지원법 제2조의2 1항에 따라 중소기업자 간 제한경쟁입찰을 통해 계약을 체결해야 하는 건입니다.

<문의 사항>

○ 국가계약법 시행령 제27조 제3항을, 판로지원법 시행령 제2조의 2(중소기업자와의 우선조달계약) 제1항에 우선해서 적용할 수 있는지?

만약, 금번 입찰건에 중소기업 업체 한 곳만 참여한 경우 국가계약법 시행령 제27조 제3항에 따라, 재공고 입찰을 실시 하지 않더라도 해당 중소기업 업체와 수의계약을 체결할 수 있는지 문의 드립니다.

◼ 답변내용

[질의요지] 단일응찰 수의계약에 관한 질의

[답변내용] 지방자치단체를 당사자로 하는 계약, 공기업과 준정부기관 및 공공기관의 계약에 관하여는 달리 정한 바가 있으면 그에 따라야 함을 알려 드립니다.

국가기관이 당사자가 되는 계약에 있어 계약담당공무원은 경쟁입찰에 부친 결과 입찰자가 1명 뿐인 경우 국가를 당사자로 하는 계약에 관한 법률 시행령(이하 시행령이라 합니다) 제27조제3항에 따라 2020.5.1~2021.6.30기간 중 한시적으로 해당 입찰자와 수의계약의 방법으로 계약을 체결할 수 있습니다.

귀 질의의 경우 (약칭)판로지원법령에 따라 이미 입찰참가자격을 중소기업자간 경쟁으로 제한한 경우로서 입찰자가 공고서에서 정한 자격조건을 충족하는 것으로 보이는 바, 이에 따라 시행령을 적용 수의계약을 체결하는 것이므로 법령간 상충되지 않는 한, 법령의 우선 적용 논의는 의미가 없는 것이라고 봅니다.

디지털서비스 계약 관련

2022-04-01

▣ 질의내용

국가계약법의 적용을 받는 국가기관으로, 클라우드 서비스를 구매하고자 합니다. 국가계약법 시행령 26조, 30조에 의하면 클라우드 서비스는 금액제한 없이 수의계약이 가능한 것으로 보이는데,

1. 특정 업체에 견적 받아서 일반적인 수의계약(1인견적, 전자조달시스템 견적 미제출) 체결 방법으로 체결하면 되는지?

1-2. 이 경우 디지털 서비스이므로 물품이 아닌 용역 계약으로 체결해야 하는지?

1-3. 수의계약 금액의 제한은 없는건지?

2. 아니면 디지털서비스 이용지원시스템이나 나라장터 디지털서비스 전용몰을 반드시 거쳐서 체결해야 하는건지?

2-2. 디지털서비스 전용몰은 카탈로그 계약으로 물품 계약인건지?

▣ 답변내용

[질의요지] 디지털서비스 계약의 방법

[답변내용] 국가기관이 당사자가 되는 계약에 있어 계약담당공무원이 계약을 체결하고자 하는 경우에는 국가를 당사자로 하는 계약에 관한 법률 제7조에 따라 일반경쟁에 부쳐야 하나, 계약의 목적.성질.규모 등을 고려하여 필요하다고 인정될 때에는 같은 법률 시행령(이하 시행령이라 합니다) 제26조에 따른 수의계약에 의할 수 있습니다.

가. 질의1,1-3에 대하여 계약담당공무원이 수의계약의 방법으로 계약상대자를 결정하고자 하는 경우에 시행령 제30조에서는 전자조달시스템을 이용하여 2인이상의 견적서를 받도록 원칙을 정하고 있습니다.

다만, 시행령 제30조제1항 및 제2항 각 단서조항에 해당하는 경우에는 예외적으로 전자조달시스템을 이용하지 않거나 1인 견적으로도 계약상대자를 정할 수 있습니다. 계약담당공무원은 해당 계약내용이 위 단서조항에 해당하는지를 판단하여 견적방법을 정하는 것이며, 시행령 제26조 각 항과 다른 법령 등에서 구체적으로 정한 경우 이외에 수의계약 금액의 상한은 없습니다.

나. 질의1-2,2,2-2에 대하여 디지털 전용몰에 계약이 되어 등재된 경우라면 그 시스템을 이용하는 것이 마땅할 것으로 봅니다. 그리고 시행령 제30조에서 정한 전자조달시스템은 나라장터를 의미하는 것이므로 특별한 사유가 있지 않은 한 전자조달시스템을 이용하여야 합니다.

재화의 공급이 아닌 역무의 제공은 서비스계약으로 보는 것이며, 물품과 용역이 혼재된 경우 계약담당공무원이 각각의 비율이나 중요도를 고려하여 판단할 수 있는 것입니다.

제3절 입찰방법 및 공고

물품공급·기술지원 협약서 협약금액을 명시해야하는지 여부
2022-04-13

▣ **질의내용**

발주 시 일부 물품에 특수한 성능 등이 필요하여 제조사·공급사와 협약을 체결하고자 합니다.

협약금액을 표시하는 방법에 이견이 있어 질의드립니다.

예시) 기초금액 100원, 낙찰하한율 88% 1. 협약금액에 낙찰률을 고려한금액을 명시 88원(+-3% 예정가격 무시) 2. 100원에 대한 낙찰자의 낙찰률을 적용한금액 이하로 제공함으로 작성

1번 주장 : 협약금액이 정확히 제시되어있어야 입찰차들이 믿고 투찰이 가능함, 제조사·공급사가 금액으로 낙찰자에게 마음대로 휘두르지 못하게 할수있어 규정취지에 부합한다.

2번 주장 : 낙찰자의 낙찰률을 고려해서 적용해주기 때문에 더 합리적임, 낙찰률 적용금액 이하로 협의도 볼수 있기때문에 사인간 공정거래를 관에서 개입하지 않게됨

▣ **답변내용**

[**질의요지**] 물품공급 및 기술지원 협약 과정에 확정대가 지급을 정하는 것

[**답변내용**] 국가기관이 체결하는 물품의 구매계약에 있어 특수한 성능.품질 등의 납품능력이 요구되는 경우 계약예규 정부 입찰.계약 집행기준 제5조의3제2항에 따라 발주기관은 미리 제조사 또는 공급사 등(이하 제조사등 이라 합니다)과 물품공급 또는 기술지원협약 등을 체결하고 그 협약내용을 입찰공고에 명시하여야 하며, 낙찰자에게 협약서 사본을 제공하여 낙찰자가 제조사 등으로부터 물품공급 또는 기술지원확약서를 원활히 발급받을 수 있도록 하여야 합니다.

이 규정의 취지는 제조사 등과 낙찰자의 공급(지원 확약)과정에서 발생할 수 있는 제조사등의 부당한 요구(통상적 지원부분을 초과하는 납품권 요구 등)를 방지하여 낙찰자의 원활한 계약이행이 가능하도록 하기 위한 것으로 발주기관은 특수능력, 품질 부분의 비중 등을 고려하여 제조사등에게 지급할 금액을 협의를 통해 정하는 것이며, 입찰자는 이를 확인하여 가능한 입찰금액을 산정하여야 하는 것입니다.

귀 질의 주장2와 같이 낙찰율로 정할 경우 낙찰율의 높고 낮음에 따라 제조사등의 이익이 차이가 발생하여 계약이행이 어려워질 수도 있으며, 이는 당초 협약의 취지에도 적절하지 않을 것으로 보여집니다.

물품구매 계약변경 문의

2021-02-18

■ **질의내용**

현재 저희 기관에서는 전자교탁 60대를 단가계약했습니다. 계약된 전자교탁은 스피커, 마이크, 모니터 등 제반물품을 모두 포함하여 단가가 결정되었습니다. 문제는 납품을 하다보니, 각 실에 따라 스피커가 필요없거나 모니터를 한대 더 추가해서 제조해야하는 상황들이 발생했습니다. 이에 각 품목별 내역서를 첨부하고, 내역서를 근거로 내부 구성품의 수량을 변경할 수 있도록 계약을 변경하려고 검토 중입니다. 이렇게 계약변경하는 것이 국가계약법에 위반이 되는 지가 궁금합니다.

■ **답변내용**

[**질의요지**] 전자교탁 단가계약 건에 대해 발주기관 사정에 의한 구성품의 변경 계약이 가능한 지

[**답변내용**] 공공기관이 당사자가 되는 계약은 해당 계약문서, 공공기관의 운영에 관한 법령, 공기업·준정부기관 계약사무규칙이나 기타 공공기관 계약사무 운영규정(기획재정부 훈령) 등 해당 기관의 계약사무규정에 따라 계약업무를 처리하여야 할 것입니다.

참고로, 국가를 당사자로 하는 물품구매(제조)계약에 있어 계약담당공무원은 계약예규 물품구매(제조)계약일반조건(이하 '일반조건'이라 함) 제9조에 의거 필요에 따라 계약된 물품의 수량을 100분의 10 범위내에서 변경할 수 있습니다. 다만, 계약담당공무원이 해당 물품의 수급상황 등을 고려하여 부득이하다고 판단하는 경우 계약상대자의 동의를 얻어 100분의 10 범위를 초과하여 계약수량을 변경시킬 수 있는 것입니다.

귀 질의의 경우와 같이 단가계약에서 구성품 변경에 대해서는 국가계약법령에서 규정하고 있지 않아 구체적인 답변이 어렵습니다. 다만, 발주기관이 사업의 원활한 수행 등을 고려하여 필요하다고 인정하는 경우로 당초 계약내용과 변경되는 계약내용을 검토하여 수요자에게 당초보다 불리하지 않는 경우라면 계약상대자의 동의를 얻어 변경계약 검토가 가능할 것으로도 봅니다.

민간기업의 국가계약법 준용 필요여부에 관한 질의

2021-06-01

■ 질의내용

< 배경 > ○○는 기획재정부가 발주한 용역(경제혁신파트너십프로그램, EIPP)*을 위탁받아 수행하고 있습니다. (* 협력국을 대상으로 정책자문, 인프라 사업 타당성 조사 등을 진행)

그리고, ○○는 위탁받은 용역을 민간기업(EPC업체)에 재위탁하였습니다.

○○와 민간기업 간 체결한 연구용역계약서에는 국가계약법 등을 준용한다는 조항이 포함되어있습니다. (* 제22조 용역계약을 이행함에 있어 특별히 명시되지 아니한 사항에 대하여는 국가를 당사자로 하는 계약에 관한 법령과 기획재정부 계약예규 등을 준용한다.)

민간기업은 재위탁 받은 용역을 수행하는 중 외부 영상업체에 영상제작(약 6천만원 상당) 과업을 맡기고자 합니다.

<질의사항>

1) 위와 같은 상황에서 민간기업과 영상업체 간에도 국가계약법 및 관련 규정이 적용되나요?
2) 적용된다면, 영상업체가 소기업인 경우 특례*에 따라(수의계약 제한 5천만원 → 1억) 민간기업-영상업체 간 수의계약이 가능한가요? * 국가를 당사자로 하는 계약에 관한 법률 시행령의 수의계약 등 한시적 특례 적용기간에 관한 고시
3) 수의계약 진행 시 국계법 시행령 제30조 제2항에 따라 민간기업도 견적서를 전자조달시스템을 통해 받아야 하나요?
4) 만약 국계법 및 관련 규정이 적용되지 않는다면, '하도급거래 공정화에 관한 법률' 정도를 준용해서 진행해도 될까요?

■ 답변내용

[질의요지] 민간기업에게도 국가계약법령이 적용되는지

[답변내용]

질의1, 질의2, 질의3에 대하여 국가계약법령 및 기획재정부 계약예규(이하 국가계약법규라 합니다)는 국가기관의 계약에 관한 법령입니다. 민간기업의 경우 기본적으로는 사인간의 계약으로서 민법 등을 적용하나 발주자의 필요와 판단에 따라 국가계약법규를 준용하기도 합니다. 국고금을 지원받는 기관의 경우 교부(지원)기관에서 국가계약법규를 따르도록 정하고 자금을 교부하는 경우에는 해당되는 조건(예, 특별히 명시되지 아니한 경우 등)하에서는 국가계약법규를 적용하여야 합니다.

국가계약법규에 따르는 경우 국가를 당사자로 하는 계약에 관한 법률 시행령(이하 시행령이라 합니다) 제26조제6항제2호의 사유에 해당한다면 2020.5.1~2021.6.30 기간 중에는 한시적으로 수의계약의 방법으로 계약을 체결할 수 있으며, 이 경우 시행령 제30조의 규정에 따라 전자조달시스템을 이용하여 2명 이상의 견적서를 제출받아 계약상대자를 정하여야 합니다. 다만, 국가를 당사자로 하는 계약에 관한 법률 시행규칙 제33조제1항에 해당하는 경우 전자조달시스템을 통하지 않고 견적서를 받을 수 있습니다.

질의4에 대하여 국가기관과 계약을 체결한 계약상대자는 수행해야 할 계약내용의 일부를 관련법령에 따라 발주기관의 승인을 얻어 하도급계약을 체결할 수 있습니다. 하도급계약은 민간의 자율적 계약에 해당하므로 당초 지원기관 교부조건에서 하도급까지 국가계약법규를 적용하도록 조건지어지지 않은 한 사인간의 계약으로 보아 하도급거래 공정화에 관한 법률 등 사적 계약관련 법령에 따르는 것이 타당할 것으로 봅니다.

변경공고건에 대한 입찰보증금 납부

2022-02-21

▣ 질의내용

* 변경공고를 낸 후 개찰 된 상태입니다.

업체가 원 공고문에 입찰보증금을 납부하고 변경공고문에는 입찰보증금을 납부하지 않은상태

1. 원 공고문: 투찰업체 g2b 입찰보증금 납부결과 조회 가능
2. 변경 공고문 : 투찰업체 g2b 입찰보증금 납부결과 조회 되지 않음

업체측에서는 원 공고문에 입찰보증금을 납부하였기 때문에 변경공고문을 냈더라고 납부 인정 요구

본 변경공고는 입찰보증금 부과조건 2.5% > 5% 변경으로 낸 변경공고문임(납부방법 안내등)을 공지 한 상태로 입찰보증금은 필수 공고임

질의: 업체측 주장대로 입찰보증금을 납부하였다고 인정하는게 맞는지 질의드립니다.

▣ 답변내용

[질의요지] '변경공고건에 대한 입찰보증금 납부

[답변내용] 국가기관이 시행하는 경쟁입찰에 참가하고자 하는 자는 입찰공고등 「국가를 당사자로 하는 계약에 관한 법률 시행규칙」 제41조제1항의 입찰에 관한 서류를 입찰전에 완전히 숙지하고 동 서류에 정한 내용에 따라 입찰에 참가하여야 하며, 계약담당공무원이 동 서류에 정한 내용을 불가피하게 변경할 필요가 있다고 판단하는 경우에는 정정공고등의 방법에 의하여 입찰전에 입찰에 참가하고자 하는 자에게 공지하여야 할 것입니다.

따라서, 귀하의 질의에 있어 당초 입찰공고내용에서 입찰보증금율을 2.5%에서 5%로 변경하여 정정공고한 경우라면, 정정공고 입찰에 참여하고자 하는 자는 정정공고내용에 맞춰 입찰보증금을 납부하여야 할 것으로 보입니다.

분담이행 방식 적용 가능여부

2022-05-10

▣ 질의내용

다음의 감리 계약에 있어서 분담이행방식이 적용 가능한지에 대해 문의드립니다. 현재 우리 회사의 경우, 두가지 경로(전압이 상이한 두 건의 공사, A/B건)송전선로 공사를 추진해야 하는 입장입니다. 시공은 두 공사를 통합 계약하여 시행하고있습니다. 감리의 경우 이 두가지 공사를 공동계약 중 분담이행으로 추진이 가능할지 궁금하여 질문드리게 되었습니다.

A건의 경우 154kV 가공송전선로공사(업종 : 전기)로 전기감리를 필요로 하고있습니다. B건의 경우 345kV 가공송전(업종 : 전기) 및 지중송전선로(업종 : 전기, 토목)공사분으로 전기, 토목감리를 필요로 하고있습니다.

[1안] 분담이행 2개의 업체 중 업체1 역무 : A건 가공송전(전기분야) + B건 가공송전(전기분야) 업체2 역무 : B건 지중송전(전기, 토목분야)

[2안] 분담이행 2개의 업체 중 업체1 역무 : A건 가공송전(전기분야) 업체2 역무 : B건 가공송전(전기분야) + B건 지중송전(전기, 토목분야)

이렇게 나누어 생각해볼 수 있는데, 저희는 2안으로 추진하고자 하며, 그 사유는 하자책임이 모호해지기 때문입니다. 즉, 분담이행으로 추진하되 2안으로 발주를 할 수 있는지 질문드립니다.

▣ 답변내용

[질의요지] 감리용역계약에서 분담이행 방식 적용 가능여부

[답변내용] 국가계약법령은 국가기관이 시행하는 입찰 및 계약의 절차에 관한 법령인 「국가를 당사자로 하는 계약에 관한 법률 시행령」(이하 "시행령"이라 합니다.) 제36조제13호의 규정에 의하면 입찰공고에는 시행령 제72조의 규정에 의한 공동계약을 허용하는 경우에는 공동계약이 가능하다는 뜻과 공동계약의 이행방식을 명시하여야 하며, 시행령 제72조 및 계약예규 공동도급계약 운용요령에 의하면 공동계약의 이행방식은 공동이행방식과 분담이행방식으로 구성되어 있는 바, 발주기관의 계약담당공무원이 당해 계약의 목적 및 성질상 공동계약을 허용하는 경우에는 공동계약의 이행방식간 특성 등을 감안, 그 중 하나를 선택하여 입찰공고문에 명시한 후 입찰 및 계약절차를 진행하여야 하는 것입니다.

또한, 용역입찰에 있어서 계약담당공무원은 시행령 제12조제1항의 규정에 의하여 당해 용역 관련 법령에 의하여 허가·인가·면허·등록·신고 등을 요하거나 자격요건을 갖추어야 할 경우에는 동 관련법령의 내용을 정확하게 파악하여 당해 허가·인가·면허·등록·신고 등을 받았거나 당해 자격요건을 갖춘 자에 한하여 경쟁입찰에 참가하게 하여야 하는 것입니다(「국가를 당사자로 하는 계약에 관한 법률」 제3조 참조).

다만, 구체적으로 당해 계약목적물 이행에 어떠한 자격요건이 필요한지 여부에 대하여는 직접 입찰공고를 하는 발주기관에서 온전히 직접 판단할 사항입니다.

설계공모 시 공동응모 구성원 수 제한이 있는지?

2022-06-13

▣ 질의내용

국가를 당사자로 하는 계약에 관한 법률 시행령 제72조(공동계약)에 따르면 공동입찰 및 공동수급자는 5인을 기본으로 하고 발주기관의 사정에 따라 20%까지 바뀔 수 있으므로 4-6인 내에서만 조정이 가능하도록 되어있는 것으로 알고 있습니다.

그런데 여러 지자체 및 공공기관 설계공모를 보면 공동응모 시 2인 또는 3인으로 제한하는 경우가 많은데, 경쟁입찰이 아닌 설계공모는 5인에서 최대 20%까지 변경 가능 조항의 영향을 받지 않는 것인지 알고 싶습니다.

▣ 답변내용

[질의요지] 설계공모의 공동응모와 공동계약

[답변내용] 가기관이 당사자가 되는 계약에 있어 계약담당공무원이 경쟁에 의하여 계약을 체결하고자 할 경우에는 국가를 당사자로 하는 계약에 관한 법률 시행령(이하 시행령 이라 합니다) 제72조에 따라 계약의 목적 및 성질상 공동계약에 의하는 것이 부적절하다고 인정되는 경우를 제외하고는 가능한 한 공동계약에 의하도록 정하고 있는 바, 여러 가지의 면허 등이 필요한 경우에도 계약담당공무원은 면허를 보완하는 공동수급체를 구성하게 하여 공동계약을 체결할 수 있는 것입니다.

입찰과 달리 공모의 경우에는 공모의 내용에 따라 별도로 정한 기준이 있는 경우에는 그 규정을 따르며, 없는 경우에는 공모주관자가 공모내용, 성격, 방법 등에 따라 정하는 것이나 필요한 경우 국가계약법령을 준용할 수는 있을 것입니다.

귀질의 설계공모의 경우 시행령 제3조에 근거하여 국토교통부 고시 건축 설계공모 운영지침을 따르는 것이 적절할 것으로 보여집니다.

2장 입찰 및 낙찰자 결정 ....

```
┌─────────────────────────────────────────────────────────┐
│  소기업소상공인 수의견적공고에 따른 1순위낙찰자 자격     │
│                                          2021-03-12     │
└─────────────────────────────────────────────────────────┘
```

▣ 질의내용

국가계약법시행령 제26조제6항제2호에 따라 소기업소상공인 제한 수의견적공고를 실시하여 1순위 선정된 업체가 소기업소상공인 확인서 갱신을 하지 않아 smpp에서 확인이 되지 않아, 계약이전까지 보완을 하는 경우 계약이 가능한지 문의 드립니다.

지방예규의 경우에는 '계약체결일까지 발생,신고,수정된 자료도 계약상대자 결정에 고려한다'고 되어 있어 보완이 되는 경우 계약체결이 가능한 것으로 보이는데,

국가계약법 및 예규 상에는 이런 내용이 별도 규정되지 않은 것 같고, 정부입찰계약집행기준 제10조의2제3항제5호의 경쟁입찰의 입찰무효 사유에 준하는 등의 부적격자인 것인지.. 문의드립니다.

또한 상기 조항에 따라 부적격자로 보는 경우, 업체에 대한 제재를 해야 하는지도 궁금합니다.

▣ 답변내용

[질의요지] 국가계약법 시행령 제26조제6항제2호에 따른 소기업소상공인 수의견적공고에 따른 1순위낙찰자 자격

[답변내용]

가. 각 중앙관서의 장이나 계약담당공무원은 「국가를 당사자로 하는 계약에 관한 법률 시행령」(이하 "시행령"이라 합니다.) 제14조제1항 및 제2항은 수의계약의 경우에 준용하는 것입니다(동법 시행규칙 제37조 참조). 다만, 구체적인 경우에서의 사후보완 가능여부는 당해 소액수의견적 공고 및 참가신청서등 제반상황에 따라 보완 가능여부를 판단·처리해야 할 사안으로 보입니다.

나. 국가기관의 각 중앙관서의 장이나 계약담당공무원은 소액수의계약의 계약상대자 결정은 계약예규 정부 입찰·계약 집행기준 제10조의2 각호에 정한 바에 따라 처리해야 하는 것입니다. 이 절차는 통상적인 입찰절차의 특수한 경우라기보다 입찰절차가 필요하지 않은 수의계약의 예외적인 절차로 보는 것이 타당할 것인 바, 견적서를 제출하여야 하는 소액수의계약 절차는 입찰절차가 아니며 견적서 제출자도 입찰자가 아니라고 볼 것입니다. 또한, 시행령 제76조는 부정당업자 입찰참가자격 제한 대상을 "계약상대자" 또는 "입찰자"로 한정하고 있으므로, 입찰자가 아닌 견적서 제출자를 동 시행령 제76조에 따른 제한처분을 할 수 없다고 보는 것이 타당합니다.

다. 현행규정상 소액수의계약의 계약상대자로 결정된 자가 계약을 체결하지 않더라도 제재할 수 있는 수단이 없는 바, 계약포기 사례로 계약의 적정성 저해 우려를 감안하여, 정당한 이유 없이 소액수의계약을 체결을 하지 아니하는 경우에는 3개월간 소액수의계약의 계약상대자가 될 수 없도록 기획재정부(계약정책과)에서는 동 집행기준 제10조의2제2항제7호를 2018.12.31. 신설한 것임을 알려드립니다.

소액수의 한시적 특례적용 문의

2022-11-09

▣ 질의내용

'국가계약법률시행령 한시적 특례 적용기간에 관한 고시'에 따라 '22.12.31.까지는 입찰자가 1인뿐인 경우 재공고 입찰을 실시하지 않더라도 수의계약이 가능합니다.

이와 관련하여 소액수의 견적공고에 의한 경우도 견적서를 제출한자가 1인이하이면 재안내공고 없이 수의계약이 가능한지 문의드립니다.

▣ 답변내용

[질의요지] 한시적 특례규정의 소액수의 적용에 관한 것

[답변내용] 국가기관이 당사자가 되는 계약에 있어 계약담당공무원은 기획재정부 장관이 고시한 기간(2020.5.1~2022.12.31) 중 경쟁입찰에 부쳤으나 입찰자가 1인뿐인 경우에는 국가를 당사자로 하는 계약에 관한 법률 시행령 제27조제3항에 따라 재공고입찰을 하지 않고도 해당 입찰자와 수의계약을 체결할 수 있습니다. 이 조항의 조건은 경쟁입찰에 부친 경우에 해당하는 것입니다.

수의계약의 경우 계약예규 정부 입찰.계약 집행기준 제10조제2항제4호에 따라 재안내공고를 하더라도 견적서 제출자가 1인 밖에 없을 것으로 명백히 예상되는 경우를 제외하고는 재안내공고를 하여야 합니다. 수의계약은 경쟁계약의 예외적 방법이기 때문에 입찰의 경우와 달리 위 제27조제3항이 적용되지 않는 것입니다.

소액수의계약에서 스스로 계약체결을 포기한 경우 적용 여부
2022-05-03

◉ 질의내용

- 계약예규(정부,입찰계약 집행기준) 제10조의2 제2항 제6호에 따라 소액수의계약에 있어서 계약상대자로 결정된 자가 스스로 계약체결을 포기한 경우, 포기한 자를 제외하고 비교 가능한 2개 이상의 견적서가 확보되어 있는 경우'에는 차순위 자를 계약 상대자로 결정이 가능함. 다만, 최종 순위자(입찰자)가 1명만 남아 있을 경우에는 새로운 절차에 의하여 소액수의 계약 진행

o 상기 내용 중 "계약상대자로 결정된 자가 스스로 계약체결을 포기한 경우" 적용에 있어 아래 사례를 적용할 수 있는지? - 소액수의계약에 있어 1순위 업체가 계약체결 의사를 표명(수용)한 이후, 계약체결 과정(계약의사 표명 후 7일 이내 계약체결)에서 의도적으로 계약 진행을 지연(계약체결 안내 메일 미수신, 대표 연락전화 미 수신, 계약서류 일부 미제출 등)할 경우, 계약체결 진행 최고 통보 후에 "스스로 계약체결을 포기한 경우"로 간주하여 차순위 업체를 계약상대자로 진행 시킬 수 있는지?

◉ 답변내용

[질의요지] 소액수의계약에서 앞 순위자의 계약 의사 확인 등 계약상대자 결정 방법

[답변내용] 국가기관이 당사자가 되는 소액수의계약에 있어 계약담당공무원은 계약예규 정부 입찰.계약 집행기준 제10조의2에 따라 우선순위자 또는 앞 순위자가 계약체결을 포기하는 경우, 포기한 자를 제외하고 비교 가능한 2개 이상의 견적서가 확보되어 있는 경우에는 차순위 자를 계약 상대자로 정하여야 합니다.

우선순위자 또는 앞 순위자의 의사 확인 방법은 최고 등 여러가지 방법이 있을 수 있으나 어느 방법으로 확인하고 종결할 것인지는 계약담당공무원이 해당 사안에 따라 결정하여야 할 것으로 봅니다. 다만, 구두에 의한 통지.신청.청구.요구.회신.승인 또는 지시는 문서로 보완되어야 효력이 있을 것임을 참고하시기 바랍니다.

소액수의계약의 계약상대자 결정 방법

2022-06-23

■ **질의내용**

전자공개수의로 입찰 시행 하여 총 32개 업체가 투찰하였으나 개찰 후 예비낙찰업체가 2개이고, 1순위 업체가 낙찰포기서를 제출하여 나머지 1개 업체(이하 차순위업체로 기재)만 유효한 상황입니다.

기획재정부 계약예규 정부·입찰계약집행기준 10조의 2 ②항에 의거 하여 각 호의 하나에 해당되는 경우 차순위 자를 계약상대자로 결정할 수 있고, 6호에 따르면 계약상대자로 결정된 자가 스스로 계약체결을 포기한 경우로서 포기한 자를 제외하고 비교 가능한 2개 이상의 견적서가 확보되어 있는 경우라고 되어있습니다.

이 경우, 위의 입찰 공고는 어떻게 처리하는 것이 맞는지 질의드립니다.
 1안 : 차순위 업체와 계약 체결이 가능
 2안 : 비교 가능한 견적이 2개 이하이므로 해당 공고 유찰 후 재공고

■ **답변내용**

[**질의요지**] 계소액수의계약의 계약상대자 결정 방법

[**답변내용**] 국가기관이 당사자가 되는 소액수의계약에 있어 계약담당공무원은 계약예규 정부 입찰.계약 집행기준(이하 집행기준 이라 합니다) 제10조의2에 따라 우선순위자 또는 앞 순위자가 계약체결을 포기하는 경우, 포기한 자를 제외하고 비교 가능한 2개 이상의 견적서가 확보되어 있는 경우에는 차순위 자를 계약상대자로 정하여야 합니다.

집행기준 제10조제2항제2호에서는 예정가격 이하로서 제10조의2제1항 각호의 기준을 충족하는 견적서가 없는 경우에는 재공고하여야 함을 정하고 있습니다. 따라서 2인이 견적서를 제출하여 앞 순위자가 포기한 경우라면 제10조의2제1항제6호를 충족하지 못한 경우에 해당하므로 다시 견적공고하여야 할 것입니다.

소액수의계약의 지역제한

2022-04-14

▣ 질의내용

1. 개 요

2014년 4월 실시설계, 2014년 11월 입찰, 2015년 1월 계약 및 착공한 단선 철도현장으로 실시설계시 PS금액으로 산정된 초기점검비용에 대하여 아래와 같은 내용으로 질의하오니 검토 후 회신하여 주시기 바랍니다.

1) 2014년도 상반기 기준으로 산출된 업체 견적 금액(PS단가)
2) 도급계약일 `15.01.08. 초기점검 시행일 `20.02~`20.03

▣ 답변내용

[질의요지] 소액수의계약의 지역제한

[답변내용] 국가기관이 당사자가 되는 계약에 있어 계약담당공무원이 계약을 체결하려면 국가를 당사자로 하는 계약에 관한 법률 제7조에 따라 일반경쟁에 부쳐야 하나, 같은 법률 시행령(이하 시행령이라 합니다) 제26조에 해당하는 경우 수의계약의 방법으로 계약을 체결할 수 있습니다. 다만, 수의계약은 경쟁계약 원칙의 예외적인 임의규정이므로 수의계약 사유에 해당한다 하여 반드시 수의계약으로 해야 하는 것은 아닙니다.

계약담당공무원은 시행령 제30조제4항에 따라 계약이행의 용이성 및 효율성 등을 고려하여 필요하다고 인정되는 경우에는 견적서를 제출할 수 있는 자를 특별시, 광역시.도, 특별자치시.도의 관할 구역 내에 있는 업체를 대상으로 지역을 제한하여 견적서를 제출하게 할 수 있습니다.

수의계약은 2인 이상의 견적서를 제출 받아 계약상대자를 결정함이 원칙이므로 법령에서 따로 정하여 제한(예, 기초자치단체 관할 내에 5인 이상의 자격자 존재 등)하지 않는 한 자격을 갖춘 자가 많고 적음에 관계없이 견적서 제출자가 2인 이상이면 유효한 것입니다.

소프트웨어 개발 용역의 수의계약 가능 여부 및 규정

2022-05-10

▣ 질의내용

1. 저희 연구소에서는 SW개발 관련 연구용역을 주로 진행하고 있습니다.
2. 경쟁입찰로 선정된 업체의 용역수행결과물 가운데 기개발 SW 대상으로 업그레이드, 추가개발 등이 필요한 경우가 종종 존재합니다.
3. 따라서 기개발을 진행한 업체와 수의계약을 통해 추가 개발을 진행하는 것이 호환성, 하자책임관리 등 상당히 유리한 경우가 있습니다.
4. 시행령 제26조제1항제2호바목, 사목은 물품에 대한 수의계약의 사유를 명시하고 있습니다.
5. 기개발업체와 용역 수의계약을 적용할 경우 상기 시행령 조항을 활용하는 것이 합당한 것인지 여쭙습니다.
6. 만약 해당 조항을 용역에 적용하는 것이 합당하지 않다면 어떠한 조항을 활용하는 것이 입법취지에 맞는 것인이 문의드립니다

▣ 답변내용

[질의요지] 소프트웨어 개발 용역의 수의계약 가능 여부 및 규정

[답변내용] 국가기관이 당사자가 되는 계약에 있어 계약담당공무원은 국가를 당사자로 하는 계약에 관한 법률시행령 제26조제1항제2호바목에 따라 해당 물품을 제조.공급한 자가 직접 그 물품을 설치.조립 또는 정비하는 경우 이거나 사목에 따라 이미 조달된 물품의 부품교환 또는 설비확충 등을 위하여 조달하는 경우로서 해당 물품을 제조.공급한 자 외의 자로부터 제조.공급을 받게 되면 호환성이 없게 되는 경우에는 수의계약에 의할 수 있습니다.

계약예규 정부 입찰.계약 집행기준 제8조제1항제5호에서는 시행령 제26조제1항제2호바목에서 규정하고 있는 해당물품을 제조.공급한 자가 직접 물품을 설치.조립 또는 정비하는 경우라 함은 해당물품을 설치.조립 또는 정비하는 공사를 제조.공급과 분리하여 시행하는 경우에 해당물품을 제조.공급한자가 직접 설치.조립 또는 정비하는 것이 공사비 및 공사기간에 있어서 국가기관에 유리한 경우를 말한다고 규정하고 있습니다.

따라서 위 바목은 해당물품을 제조.공급한자가 직접 설치.조립 또는 정비하는 것이 공사비 및 공사기간에 있어서 국가기관에 유리한 경우를 말하는 것이며, 사목은 물품의 호환성과 관련된 것입니다. 그러므로 귀질의는 이러한 기준에 따라서 계약담당공무원이 판단하여야 할 것입니다.

용역의 경우 구체적으로 적용되는 규정이 없는 경우 물품의 규정을 준용할 수도 있을 것이나 준용 여부의 판단과 타인의 대체 불가능성 또는 그 정도에 대한 계약담당공무원의 검토가 선행되어야 할 것으로 봅니다.

2장 입찰 및 낙찰자 결정 ·········

개별 계약 건의 내용이 수의계약 사유에 해당하는지 어느 조항으로 적용할 것인지는 법령 해석으로 확정할 수 있는 사항이 아닌 사실관계 판단에 관한 사항이므로 계약담당공무원이 판단하여야 하는 것입니다.

수의견적 제출 후 계약포기 시 3개월 내에 수의계약에 참여할 수 없는 것이 맞는지   2021-01-27

▣ 질의내용

1월 7일 조달청에 입찰을 띄우고, 낙찰된 업체가 있으나 이 업체에서 낙찰 이후 가격상승과 재고부족, 물품 수급의 어려움으로 계약이행이 불가하다며 1월 18일 낙찰포기서를 제출했습니다. 정당한 사유 없이 낙찰 포기시, 수의계약 배제 3개월로 알고있습니다. 해당 업체에서는 수의계약배제 3개월이 부정당하다며 이의를 제기하고 있는 상황입니다. 업체가 주장하는 바가 맞는지, 수의계약배제를 하지 않아도 되는지 문의드립니다.

▣ 답변내용

[질의요지] 수의견적 제출 후 계약포기 시 3개월 내에 수의계약에 참여할 수 없는 것이 맞는지부

[답변내용] 국가기관이 견적에 의한 수의계약을 발주함에 있어 견적서 제출 마감일 기준 최근 3개월 이내에 해당 중앙관서와의 계약 및 그 이행과 관련하여 정당한 이유 없이 계약에 응하지 않거나 포기서를 제출한 사실이 있는 자는 계약예규「정부 입찰.계약 집행기준」 제10조의2제2항제7호에 따라 차순위자를 계약상대자로 결정하는 것임을 알려드립니다.(정당한 이유의 유무는 계약담당공무원이 직접 사실판단할 사항임)

수의계약 가능 여부 1

2022-05-31

◼ 질의내용

최근 구매계약(설치조건부)을 A업체와 국제계약으로 체결하였습니다. 해당 구매제품은 장기간 유지보수를 요하는 제품으로서, 유지보수를 위해 해당 제품의 부품 장기공급계약을 따로 체결하여야 하며, 해당 부품은 제조사의 독점제품으로서 수의계약으로 추진할 수 밖에 없는 상황입니다. 이에, 국가를 당사자로 하는 계약에 관한 법률 시행령 제26조(수의계약에 의할 수 있는 경우) 제1항 제2호 바목 '해당 물품을 제조, 공급한 자가 직접 그 물품을 설치, 조립 또는 정비하는 경우'를 근거로 A업체와 부품장기공급을 수의계약으로 체결하고자 합니다. 해당 부품 장기공급계약은 국내분(onshore)과 국외분(offshore)로 나누어져 있고, A업체는 국내분(onshore) 계약이행을 위해 한국에 고정사업장을 설립해야 합니다. 그런데 현재 A업체는 한국법인을 따로 두고 있어, 국내분(onshore) 계약이행을 위한 고정사업장을 설립하는 대신에 A업체 한국법인에과 컨소시엄으로 공동계약을 체결하자고 요청한 상태입니다. A업체의 계약상 역무는 국내분(onshore)입니다. 이를 수락할 시, 저희 입장에서도 원활한 계약협상을 도모하고 실무적인 측면에서 보다 수월한 업무수행이 가능한 것으로 판단됩니다.

따라서 저의 질의사항은 아래와 같습니다. 최근 구매계약(설치조건부)를 체결한 A업체(국외업체)와의 구매계약(설치조건부)을 근거로, 유지보수를 위한 해당 구매분의 부품 장기공급계약을 '국가를 당사자로 하는 계약에 관한 법률 시행령 제26조(수의계약에 의할 수 있는 경우) 제1항 제2호 바목'에 의거하여 수의계약으로 추진 시, A업체와 A업체의 한국법인 컨소시엄과 공동계약을 추진하는 것이 가능한지 질의드립니다.

국가를 당사자로 하는 계약에 관한 법률 시행령 제26조(수의계약에 의할 수 있는 경우) 제1항 제2호 바목 '해당 물품을 제조, 공급한 자가 직접 그 물품을 설치, 조립 또는 정비하는 경우'는 해당업체만을 한정하지 않았기 때문에, A업체는 국외분(offshore) 공급을 명시하고, A업체의 한국법인은 국내분(onshore) 공급을 명시하여 분담이행방식의 공동계약을 체결하는 것을 긍정적으로 검토하여 원활한 계약협상과 수월한 실무를 도모하고자 합니다.

◼ 답변내용

[질의요지] 수의계약이 가능한지

[답변내용] 국가기관이 당사자가 되어 계약을 체결함에 있어서 계약담당공무원은 국가를 당사자로 하는 계약에 관한 법률 시행령(이하 시행령 이라 합니다) 제26조제1항제2호바목에 따라 해당 물품을 제조.공급한 자가 직접 그 물품을 설치.조립 또는 정비하는 경우이거나 같은항 제2호사목에 따라 이미 조달된 물품의 부품교환 또는 설비확충 등을 위하여 조달하는 경우로서 해당 물품을 제조.공급한 자 외의 자로부터 제조.공급을 받게 되면 호환성이 없게 되는 경우에는 수의계약에 의할 수 있습니다.

계약예규 정부 입찰.계약 집행기준 제8조제1항제5호에서는 시행령 제26조제1항제2호바목에서 규정하고 있는 해당물품을 제조.공급한 자가 직접 물품을 설치.조립 또는 정비하는 경우라 함은 해당물품을 설치.조립 또는 정비하는 공사를 제조.공급과 분리하여 시행하는 경우에 해당물품을 제조.공급한자가 직접 설치.조립 또는 정비하는 것이 공사비 및 공사기간에 있어서 국가기관에 유리한 경우를 말한다고 규정하고 있습니다.

따라서 위 바목은 해당물품을 제조.공급한자가 직접 설치.조립 또는 정비하는 것이 공사비 및 공사기간에 있어서 국가기관에 유리한 경우를 말하는 것입니다.

그리고 같은항 제2호사목은 물품의 호환성과 관련된 것입니다. 이미 조달된 물품의 부품교환 또는 설비확충 등을 위하여 조달하는 경우로서 해당 물품을 제조.공급한 자 외의 자로부터 제조.공급을 받게 되면 호환성이 없게 되는 경우이므로 다른 부품으로 호환이 되지 않는 경우라면 이를 근거로 수의계약도 가능할 것입니다.

개별 계약건에서 계약목적물이 수의계약 사유에 해당하는지는 계약목적물의 성질, 규모, 시기 등에 따라 달라지므로 이에 대한 판단은 발주기관의 계약담당공무원이 관련 법령과 구체적 사실관계 등을 고려하여 직접 판단하여야 하는 것입니다.

수의계약 가능 여부 2

2022-12-21

■ **질의내용**

. 크레인과 같은 중장비 임차계약과 관련하여 단순히 장비만을 임차하는 것은 아니며 장비의 임차와 그 장비의 운전을 임대인이 수행하는 것까지 포함하는 경우에 국가계약법 시행령 제26조 제1항 제5호 가목 6)에서 규정한 추정가격이 5천만원 이하인 용역계약이 아닌 임대차 계약 등에 해당된다고 볼 수 있을까요?

■ **답변내용**

[질의요지] 수의계약 조건에 해당하는지

[답변내용] 사전적 의미의 용역은 물질적 재화의 생산이나 소비에 필요한 노무를 말하며, 경제학에서는 토지, 자본, 노동이라는 각 생산요소나 정부등이 재화를 생산하거나 또는 직접 인간의 욕망을 충족시키고자 하는 봉사활동을 말합니다. 또한 서비스산업으로서 경제학자들은 재화와 용역의 2가지 범주로 구분하며, 유형의 물건이 아닌 용역을 창출해 경제의 한 부문을 이루는 산업으로서 농업, 광업, 제조업, 건설업 등의 재화를 생산하는 산업 이외의 모든 영역을 말합니다.

따라서 귀하가 질의하신 중장비 임차와 운전임대인 수행을 포함하는 경우는 국가를 당사자로 하는 계약에 관한 법령과 관련 계약예규에서 따로 정의한 사항은 없으나 용역으로 봄이 타당할 것입니다.

한편, 계약대상이 수의계약 사유에 해당하는지는 계약목적물의 특성, 규모, 시기 등에 따라 각각 다르므로 일률적으로 판단할 수 없습니다. 그러므로 계약담당공무원이 각각의 조건과 법령을 고려하여 직접 판단하여야 하는 것입니다.

수의계약 대상 계약건에 대하여 자체 규정에 의한 사전 평가 가능 여부
2021-04-15

▣ 질의내용

- 계약(수의계약) 관련 문의드립니다.

연구개발 용역관련 비용 총 2천만원으로 수의계약 대상 건 입니다.

해당 연구개발 용역 수행기관 선정을 보다 공정하게 선정해 보고자 평가절차를 만들어 선정하고자 합니다.

국가계약법에 의한 공개경쟁입찰을 하게 되면 너무 많은 지원자가 발생하는 등 지나친 평가집중이 우려되어

평가단계를 나누어, 단계별 선정절차를 만들어 진행해 보면 어떨지 고민하게 되었습니다.

[[[수의계약 대상 용역 건]]] 임에도 불구하고 별도의 평가체계를 만들어 진행한다면

해당 사항이 국가계약법에 위배가 되는지 궁금합니다.

▣ 답변내용

[질의요지] 수의계약 대상 계약건에 대하여 자체 규정에 의한 사전 평가 가능 여부

[답변내용]

가. 공공기관의 계약사무를 처리할 때에는 기타공공기관의 경우에는 「기타 공공기관 계약사무 운영규정」을 적용하고 공기업·준정부기관일 경우에는 「공기업·준정부기관 계약사무규칙」을 적용하여야 하며, 동 규정 및 규칙에서 규정하지 아니한 사항은 국가계약법을 준용하여 처리해야 합니다. 따라서, 귀하의 질의경우처럼 동 법령의 규정을 직접 적용받지 아니하는 기관이 체결하는 계약에 있어서는 자체 계약규정 및 관련법령 등에 따라 처리될 사항이며, 또한 국가계약법령해석에 관한 내용이 아닌 입찰공고(또는 계약체결) 내용과 관련된 사실판단에 관한 사항에 대하여는 해당 입찰공고를 한 발주기관에서 해당 관련 규정 등을 종합고려하여 판단해야 할 사항입니다.

나. 국가계약법령 및 관련 계약예규는 국가기관이 시행하는 입찰 및 계약의 절차에 관한 법령이므로 관련 공무원은 이에 따라 업무를 처리해야 하는 것이 원칙이나, 「국가를 당사자로 하는 계약에 관한 법률」 제3조에서는 국가를 당사자로 하는 계약에 관하여는 다른 법률에 특별한 규정이 있는 경우를 제외하고는 이 법에서 정하는 바에 따른다고 규정하고 있는 바, 귀하의 경우가 자체적으로 정한 규정에서 정하고 있는 경우라면 그에 따라 처리할 수 있을 것입니다. 다만, 발주기관의 계약담당공무원이 국가계약법령에 위반된 경우에 관해서는 동 법령에서 규정할 사항이 아니며, 동 법령위반에 따른 책임 등에 대한 사항은 국가공무원법 및 감사원법 등에서 정한 바에 따라 처리될 사항임을 알려드립니다.

수의계약 방법

2022-02-23

◉ 질의내용

물품구매 수의계약방법이 정당한지 질문드립니다. 5천만원이상시 전자조달이용해야되는데, 두달4천으로 묶어서 1년을 수의계약이 정당한지 질문드립니다

◉ 답변내용

[질의요지] 수의계약 방법

[답변내용] 국가기관이 당사자가 되는 계약에 있어 계약담당공무원이 계약을 체결하려면 국가를 당사자로 하는 계약에 관한 법률 제7조에 따라 일반경쟁에 부쳐야 하나, 같은 법률 시행령(이하 시행령이라 합니다) 제26조에 해당하는 경우 수의계약의 방법으로 계약을 체결할 수 있습니다.

시행령 제68조 및 계약예규 정부 입찰.계약 집행기준 제10조의3제1항에서는 공사의 경우 시기적으로 분할하거나 공종이나 구조별로 분할하여 수의계약을 해서는 안됨을 규정하고 있습니다. 이를 준용하는 경우 확정된 물품량을 분할하여 계약을 체결하는 것은 타당하지 않을 것으로 보이는 바, 계약담당공무원은 불가피한 경우가 아니라면 시기적으로 수차례 분할함으로써 수의계약이 필요 이상으로 많아지지 않도록 유의하여야 하며, 또한 기간을 분할하여 수의계약 후 수의계약 범위를 초과하는 금액으로 연장하는 등의 계약은 지양하여야 할 것으로 봅니다.

2장 입찰 및 낙찰자 결정

| 수의계약 사유 판단 기준 | 2021-09-10 |

▣ 질의내용

국당법시행령 제26조 제1항 제5에 따르면 "계약의 목적·성질 등에 비추어 경쟁에 따라 계약을 체결하는 것이 비효율적이라고 판단되는 경우" 다음 각목에 해당하는 경우 수의계약이 가능하다고 규정하고 있습니다. 각목의 요건을 충족하는 경우 "계약의 목적·성질 등에 비추어 경쟁에 따라 계약을 체결하는 것이 비효율적이라고 판단되는 경우" 에 대한 판단은 발주기관의 장이나 계약담당공무원의 재량인지 아니면 조달청 내에서 권고하고 있는 판단기준이 있는 것인지 궁금합니다.

▣ 답변내용

[질의요지]   수의계약 판단 기준

[답변내용]   국가기관이 당사자가 되는 계약에 있어 계약담당공무원이 계약을 체결하려면 국가를 당사자로 하는 계약에 관한 법률 제7조에 따라 일반경쟁에 부쳐야 하나, 계약의 목적, 성질, 규모 등을 고려하여 필요하다고 인정되면 제한경쟁이나 지명경쟁 또는 같은 법률 시행령(이하 시행령이라 합니다) 제26조에 해당하는 경우 수의계약의 방법으로 계약을 체결할 수 있습니다.

계약의 방법은 관련 법령과 계약의 목적, 물품의 특성 등을 고려하여 계약담당공무원이 결정하는 것입니다. 동일한 기관, 동일한 계약목적이라 하더라도 시기, 규모, 시장상황 등에 따라 수의계약 사유가 되기도 하고 그렇지 않을 수도 있습니다. 따라서 일률적 판단기준을 정하기 어려운 바, 법령에서 정하고 있는 조건이 충족되는 경우라면 개별 건별로 계약담당공무원이 판단 결정하여야 하는 것입니다.

다만, 수의계약은 일반경쟁의 예외적인 경우에 해당하므로, 수의계약이 가능하다 하여 반드시 수의계약으로 계약을 체결하여야 하는 것은 아닙니다.

수의계약 입찰참여 기준

2022-12-09

■ **질의내용**

입찰공고집행결과 현장설명회부터 1개사만 응찰을 하여 재입찰공고까지 임하였는 바 또다시 동일한 업체만 현장설명을 참여를 하여 유찰되어 있습니다. 가) 국가를당사자로하는계약에관한법률시행령 제27조규정에 의하여 수의계약 대상자 선정방법에 대하여,

① 현장설명에 참가한 1개사에 통보하여 견적 및 내역서를 받아 수의계약하여야 하는지?
② 아니면 현장설명회등을 무시하고 자격이 되는 모든업체를 대상으로 견적등을 받아서 수의계약을 체결해도 되는지?

■ **답변내용**

[**질의요지**] 국가계약법 시행령 제27조에 의한 재공고수의계약 참여 기준

[**답변내용**] 「국가를 당사자로 하는 계약에 관한 법률 시행령」 제27조제1항제1호의 규정에 정한 "재공고입찰을 실시하더라도 동 시행령 제12조의 규정에 의한 입찰참가자격을 갖춘자가 1인 밖에 없음이 명백하다고 인정되는 경우" 라 함은 동 시행령 제12조의 규정에 정하고 있는 바와 같이 관련법령에 의하여 등록 등을 요하거나 자격을 갖추어야 할 경우로서 등록등을 받았거나 당해 자격요건에 적합한 자가 1인뿐인 경우를 의미합니다. 합한 자가 1인뿐인 경우를 의미합니다. 이 경우 동조동항 후단중 "기타조건"이란 최초의 입찰에 부칠 때에 정한 입찰참가자격등 당해 입찰에 필요한 자격조건 등을 말합니다.

동 규정에 의하여 수의계약에 의할 수 있으며 동 수의계약을 체결하고자 할 때에는 동 시행규칙 제32조의 규정에 의거 국가에 가장 유리한 가격을 제시한 자를 계약상대자로 결정하여야 합니다. 이 경우 수의계약 대상자는 당초 입찰공고상의 참가자격 등을 고려하여 선정하면 될 것인 바, 현장설명참가자 또는 입찰참가신청자만이 대상자가 되는 것은 아니며, 재공고입찰 후 재차 재공고입찰을 실시하는 것도 가능하며, 기타 새로운 입찰에 부칠 것인지의 여부등은 계약담당공무원이 판단 결정할 사항입니다.

2장 입찰 및 낙찰자 결정 ....

수의계약 조건 판단

2022-11-22

▣ 질의내용

저희 기관은 준공공기관의 성격을 지닌 기관으로, 계약업무 처리시 내부 규정을 기본으로 준수하되 일부 업무의 상세 기준, 방법 절차등에 관한 사항은 국가계약법, 동법 시행령, 동법시행규칙을 준용하고 있습니다. 이번에 정수기 및 비데 임차계약을 진행하고자 함에 있어 궁금한 점이 있어 아래와 같이 질의드립니다. (계약사항: 3년 계약 진행시 총 추정가격 5천만원 이하)

질의1) 정수기 및 비데 계약 시 임대차 계약(당사자의 일방이 상대방에게 목적물을 사용하게 하고, 상대방은 그 대가로서 임차료를 지급할 것으로 내용으로 하는 계약)에 해당하는 것으로 판단되어 국가계약법 시행령 제26조 제1항 제5호 가목 6)의 사유인 "5천만원 이하의 임대차 계약"에 의한 수의계약으로 진행하고자 하는데 해당 조항에 적용이 가능한지 궁금합니다. 기 말씀드린 바와 같이 저희 기관 내부 규정에 의하면 수의계약의 기준, 방법에 관한 사항은 국가계약법, 동법시행령, 동법 시행규칙을 준용하고 있기에 국가계약법을 기준으로 안내주시면 감사하겠습니다.

질의2) 만약 상기 계약건이 5천만원 이하 임대차 계약에 의한 수의계약 사유에 해당이 안될 경우 수의계약 사유 중 어느 조항을 적용할 수 있는지, 아니면 수의계약 자체가 불가능한 계약사항인지 궁금합니다.

질의3) 정수기 계약 관련으로 타 공공기관 계약 내역들을 찾아본 결과, 수의계약 사유 중 "추정가격 2천만원 이하인 물품의 제조, 구매계약 또는 용역계약"에 해당하는 경우와 "추정가격 5천만원 이하의 임대차 계약"에 해당하는 경우의 수의계약 내역이 모두 보여지는데 이는 단순히 2개의 수의계약 사유 중 추정가격에 의해 선택이 가능한 부분인지 궁금합니다.

▣ 답변내용

[질의요지] 수의계약 조건 판단

[답변내용] 국가기관이 당사자가 되는 계약에 있어 계약담당공무원이 계약을 체결하고자 하는 경우에는 국가를 당사자로 하는 계약에 관한 법률 제7조에 따라 일반경쟁에 부쳐야 하나, 계약의 목적.성질.규모 등을 고려하여 필요하다고 인정될 때에는 같은 법률 시행령(이하 시행령 이라 합니다) 제26조에 따른 수의계약에 의할 수 있습니다.

시행령 제26조제1항제5호에서는 소액수의계약에 관하여 정하고 있습니다. 개별 계약건에서 수의계약 요건에 해당하는지는 계약의 목적, 성질, 규모, 시기 등을 고려하여 계약담당공무원이 판단하는 것이며 둘 이상의 조항이 해당하는 경우에는 가장 적합하다고 판단되는 규정을 적용하는 것입니다. 그러므로 귀 질의가 시행령 제26조제1항제5호가목 중 2)에 해당하는지 6)에 해당하는지는 발주기관에서 직접 판단하여야 합니다.

수의계약시 예정가격 결정

2021-09-17

◪ 질의내용

국가계약법률을 준용하는 입찰 과정에서 경쟁이 예상되어 공격적인 가격으로 투찰을 하였으나 단독입찰로 유찰되고, 이후 재공고입찰도 단독입찰로 유찰된 상황에서 수의계약으로 진행되려고 하는데, 견적가격을 요청하면서 투찰했던 금액을 적을 것을 강요받고 있습니다. 투찰금액은 유찰로 그 효력을 상실한 것이 아닌지요?

국가계약법, 시행령 및 시행규칙을 살펴보아도 수의계약 진행시 유찰된 입찰에서의 투찰금액을 예정가격으로 해야한다는 것은 찾아볼 수 없는데, 이 경우 견적금액을 투찰금액으로 적어야만 하는 것인지요?

◪ 답변내용

[**질의요지**] 재공고 유찰에 따른 수의계약

[**답변내용**] 국가기관이 당사자가 되는 계약에 있어 재공고 입찰에 부쳤음에도 불구하고 입찰자 또는 낙찰자가 없는 경우에는 국가를 당사자로 하는 계약에 관한 법률 시행령 제27조제1항제2호에 따라 수의계약을 체결할 수 있습니다. 이 경우 계약담당공무원은 보증금과 기한을 제외하고는 최초 입찰에 부칠 때에 정한 가격과 기타 조건을 변경하여서는 안 됩니다. 따라서 당초에 정한 예정가격은 재공고 수의계약시에도 변경할 수는 없습니다.

다만, 위 사유에 따라 수의계약을 체결하고자 할 때에는 같은 법률 시행규칙 제32조의 규정에 의거 국가에 가장 유리한 가격을 제시한 자를 계약상대자로 결정하여야 하며, 이때에도 입찰시 입찰에 참가한 자만을 견적대상자로 하지 않으며, 참가자격이 있는 업체이면 누구나 견적을 제출할 수 있습니다. 그러므로 당초 입찰에 참가한 자와 반드시 수의계약을 체결하여야 하는 것은 아닙니다.

2장 입찰 및 낙찰자 결정

| 수의계약에 관한 것 | 2022-11-23 |

■ 질의내용

1) 국가 기관의 모든 수의계약은 국가계약법에 따른 것인지?
2) 국가 계약법에 따른 수의계약 절차와 관련 근거 등을 알고자 합니다.

■ 답변내용

[질의요지] 수의계약에 관한 것

[답변내용]

<질의1에 대하여> 국가기관이 대한민국 국민을 계약상대자로 하여 체결하는 계약은 「국가를 당사자로 하는 계약에 관한 법률」에서 정한 바를 따르되 위 법률 제3조에 따라 다른 법령에 따라 정한 바가 있는 경우에는 그를 따르는 것입니다. 이는 경쟁계약이든 수의계약이든 구분하지 않습니다.

<질의2에 대하여> 수의계약은 경쟁계약의 예외적 임의규정이므로 수의계약이 가능하다 하여 반드시 수의계약으로만 계약을 체결하여야 하는 것은 아닙니다. 다만, 예외적 규정이므로 해당 조항에 적합한 경우에만 수의계약을 하여야 할 것입니다.

위 같은 법률 시행령 제26조 내지 제32조, 같은 법률 시행규칙 제32조 내지 제37조와 '(계약예규) 정부 입찰·계약 집행기준' 제4장(제10조 내지 제10조의5)에서 기준과 절차 등을 정하고 있으니 참고하시기 바랍니다.

수의계약에 따른 견적서 제출방법 문의

2022-02-16

▣ 질의내용

국가를 당사자로 하는 계약에 관한 법률 시행령 제26조(수의계약에 의할 수 있는 경우) 1항 5번 가항 3) 추정가격이 2천만원 초과 1억원 이하인 계약으로서 「중소기업기본법」 제2조제2항에 따른 소기업 또는 「소상공인기본법」 제2조에 따른 소상공인과 체결하는 물품의 제조·구매계약 또는 용역계약. 다만, 제30조제1항제3호 및 같은 조 제2항 단서에 해당하는 경우에는 소기업 또는 소상공인 외의 자와 체결하는 물품의 제조·구매계약 또는 용역계약을 포함한다.

이 내용을 보면... 소기업,소상공인인 경우 1억까지 수의계약이 가능하고 소기업,소상공인 이외의 자는 제30조1항3호, 같은조 2항에 따라 전자조달시스템으로 견적서를 제출하도록 되어 있습니다 소기업, 소상공인 인 경우 1억까지는 수의계약이 가능하다고 판단이 됩니다.

그런데 제 30조(견적에 의한 가격결정 등) 제2항에 보면 2천만 이상을 수의계약 할때 전자조달로 견적서를 제출하도록 되어있습니다. 전자조달을 올리게 되면 저희가 원하는 업체 뿐 아니라 다른업체도 견적서 제출을 할텐데 그렇다면 수의계약 의미가 없게 됩니다

질문입니다. 1억짜리 수의 계약 용역을 할 경우에

제26조(수의계약에 의할 수 있는 경우)1항 5번 가항 3)번의 내용을 근거로 서면으로 2개의 업체에 견적서를 받아서 진행해도 되는지요?

아니면 제 30조(견적에 의한 가격결정 등)의 내용에 따라 2천 이상은 무조건 전자조달로 견적서를 받아야 하는지요 ?

▣ 답변내용

[질의요지] 소액수의계약에 있어 2인 이상의 견적서 제출

[답변내용] 국가기관이 당사자가 되는 계약에 있어 계약담당공무원이 국가를 당사자로 하는 계약에 관한 법률 시행령(이하 시행령이라 합니다) 제26조에 따라 수의계약의 방법으로 계약상대자를 결정하고자 하는 경우에 시행령 제30조는 전자조달시스템을 이용하여 2인이상의 견적서를 받도록 원칙을 정하고 있습니다.

수의계약이 가능하다 하여 특정인과 계약할 수 있다는 뜻은 아닙니다. 법령상 특정인과 계약이 가능하도록 정한 경우(예, 시행령 제26조제1항제2호) 이외에는 시행령 제30조제1항 본문과 제2항 본문 규정에 따라 전자조달시스템을 이용하여 2인 이상의 견적서를 받아야 합니다.

시행령 제26조제1항제5호가목3)에서는 정책 목적상 소기업 및 소상공인을 지원하기 위해 추정가격 1억원 미만인 소액계약의 경우 소기업 및 소상공인을 대상으로 수의계약이 가능하도록 규정하고 있습니다. 소기업 및 소상공인은 불특정 다수인이 존재하므로 이들로 하여금 시행령 제30조에 따라 전자조달시스템을 통해 견적서를 제출하도록 하여 계약상대자를 결정하는 것입니다.

그러므로, 소액수의계약도 추정가격 2천만원 이상의 경우에는 전자조달시스템을 이용하여 2인 이상의 견적서를 받아야 합니다. 다만, 소기업 소상공인으로서 시행령 제26조제1항제5호가목5)에 해당하는 경우에는 2천만원을 초과하더라도 5천만원까지는 1인 견적서 제출로도 가능한 것입니다.

수의계약을 위한 입찰을 통한 생산시설 선정 기준에 대한 문의
2022-08-26

◪ **질의내용**

저희 기관은 중증장애인생산품 우선구매특별법과 관련하여 중증장애인생산품 수의계약 업무수행기관입니다.

수의계약 대행 업무를 하다보면 중소기업, 장애인표준사업장등 다른 우선구매제도 자격조건을 충족한 시설로 선정을 하여 계약해 달라는 의뢰가 들어오고 있습니다.

또한, 수의계약이 가능한 조건이 중복이 되어도 입찰을 통하여 생산시설 선정을 하여도 되는지 궁금합니다.

정리. 1. 중증장애인생산품을 구매함에 있어, 중소기업 및 장애인표준사업장등 다른 우선구매제도의 자격조건을 생산시설 선정 기준에 같이 적용이 가능한지. (ex. 중증장애인생산품 생산시설 지정이면서, 중소기업인증서 소지 업체) 2. 중증장애인생산품을 구매함에 있어, 국가를 당사자로 하는 계약에 관한 법률 시행령 제 26조 1항 3호에 해당되는 중소기업제품, 소프트웨어, 중소기업 기술혁신 등을 같은 수의계약 가능한 조건을 생산시설 선정 기준에 같이 적용이 가능한지. (ex. 중증장애인생산품 생산시설 지정이면서, NEP인증서 소지 업체)

위 2가지의 경우 수의계약이 가능한지, 위 조건으로 입찰 진행이 가능한지 궁금하여 문의 드립니다.

◪ **답변내용**

[질의요지] 수의계약과 입찰 시 생산시설 선정 기준

[답변내용] 국가기관이 당사자가 되는 계약에 있어 수의계약은 경쟁계약의 예외적인 방법이므로 그 적용은 국가계약법령 및 기타 다른 법령에서 정한 기준을 충족한 경우에만 가능한 것이며, 수의계약이 가능하다 하여 반드시 수의계약으로만 해야 하는 것은 아닙니다.

또한 입찰참가자의 자격을 제한함에 있어 중복으로 제한하여 입찰참가 가능한 자의 수를 축소함으로써 경쟁입찰의 원칙을 저해하여서는 안 될 것입니다. 수의계약도 두 가지 이상의 사유를 동시에 충족하는 자를 대상으로 견적을 받는 경우에도 또한 같습니다.

중복제한에 관한 금지 사항은 국가를 당사자로 하는 계약에 관한 법률 시행령 제21조 및 같은 법률 시행규칙 제25조를 참고하시기 바랍니다.

2장 입찰 및 낙찰자 결정

수의계약의 견적서 제출 등

2022-11-08

◨ **질의내용**

현 상황) 현재 수의계약을 진행할 때, ①국가를 당사자로 하는 계약에 관한 법률(이하 국당법) 시행령 제26조의 '수의계약'을 1인 수의계약과 전자공개수의계약을 동시에 의미하는 것으로 보고 ②동법 시행령 제30조의 '견적서'를 입찰서로 해석하여 제26조 및 제30조를 동시에 충족하는 사유들에 한하여 1인 수의계약으로 진행, 나머지는 전자공개수의계약으로 진행하고 있습니다.

1. 국당법 시행령 제26조에서 말하는 '수의계약'의 기본개념이 1인 수의계약만을 의미하는 것인지 전자공개수의계약까지 포함하는 것인지 궁금합니다. 가. 국당법 시행령 제26조의 사유를 보면 해당하는 조달업체가 1인밖에 없음이 명백한 사유들이 있습니다[ex) NET, NEP, 수요연계, 신제품 등] 그럼에도 불구하고 동법 시행령 제30조에 견적서를 1인으로 받을 수 있는 사유에 해당하지 않는다는 이유로 전자공개수의계약 → 유찰수의계약(1인) 체결의 과정을 반복하고 있습니다. 명백하게 1인밖에 없는 사유임에도 전자공개수의계약으로 나가는 것은 굉장히 비효율적인 업무처리이며, 이런 사유들을 포함하고 있는 국당법 시행령 제26조의 의의를 보았을 때 '수의계약'을 전자공개수의계약도 포함하는 개념이라고 해석하고 진행하는 것이 과연 맞는지가 궁금합니다. 나. 공기업·준정부기관 계약사무규칙(이하 사무규칙) 제8조에는 수의계약을 할 수 있는 사유가 기재되어 있으며, 많은 정부기관 및 공공기관이 이 사유에 따라 1인 수의계약을 체결하고 있습니다(자회사 및 출자회사 등). 그리고 사무규칙 제8조에는 분명히 수의계약이 가능한 사유로서 국당법 시행령 제26조제1항, 2항이 기재되어 있습니다. 사무규칙 제8조의 '수의계약'을 1인 수의계약으로 보고 명시하고 있는 사유들이 1인 수의계약이 가능한 사유로 판단하고 계약을 체결하고 있다면, 그 사유 중 하나로 명시되어 있는 국당법 시행령 제26조제1항, 2항도 1인 수의계약만을 의미하는 사유라고 판단해도 되는지 궁금합니다.

2. 국당법 시행령 제30조에 명시되어 있는 견적서가 계약을 진행하기 위한 가격조사용 견적서 그 자체를 의미하는지, 입찰에 참가하여 제출하는 '입찰서'를 의미하는지가 궁금합니다. 가. 국당법 시행령 제30조에 명시되어 있는 견적서를 입찰서로 확대해석하여 국당법 시행령 제26조 및 제30조에 따라 2개 이상의 복수견적을 받아 1인 수의계약으로 진행할 수 있는 계약(그리고 전자조달시스템에 복수견적을 전자적인 형태로 받을 수 있는 기능이 있음에도 불구하고)을 견적서가 아닌 '입찰서'를 2개 이상 받아야 한다는 이유로 전자공개수의계약으로 진행하고 있습니다. 나. 타 법에서 전자공개수의계약에서 제출된 입찰서는 견적서로 본다고 되어 있지만, 이 입찰서=견적서라는 개념은 어디까지나 전자공개수의계약에 한해서 성립되는 개념이라고 할 때, 이 개념을 전자공개수의계약에 해당하지 않는 다른 계약(1인 수의계약, 일반경쟁입찰, 제한경쟁입찰 등)에 적용하는 것은 확대해석이라고 할 수 있는 지가 궁금합니다.

3. 전자공개수의계약이라는 개념이 국당법 시행령 제26조제1항제5호가목5)에 해당하는 수의계약 사유(2천만원 초과 1억원 이하, 여성·장애인·사회적기업 등)에만 적용하는 계약의 형태인지가 궁금합니다.

가. 조달청 소속의 조달교육원에서 진행하는 물품구매계약일반 교육자료를 보면 전자공개수의계약이란 제26조제1항제5호가목5) 사유에 해당하는 업체들과의 계약이면서 동시에 금액조건이 충족되는 경우 시행하는 소액수의계약이라고 되어 있습니다.

나. 공기업·준정부기관 계약사무규칙에 의거하여 만들어진 회사의 계약규칙에도 이와 동일한 내용이 있는 것으로 보아 공기업·준정부기관 계약사무규칙에서도 전제로 두고 있는 개념으로 볼 수 있습니다.

사실 3번 질문이 위 1, 2번 질문을 다 포함할 수 있는 질문으로 결국 전자공개수의계약이라는 개념은 국당법 시행령 제26조제1항제5호가목5)의 사유에 해당하는 계약 중 동법 시행령 제30조와 같이 적용하여 5천만원 초과 1억 이하의 계약일 경우에 사용하는 계약방법(5천만원 이하인 경우 1인 수의계약으로 진행가능)이라고 판단해도 되는 것인지 궁금합니다. ex) ○ 국당법 시행령 제26조제1항제5호가목5)에 해당하지 않는 (제26조에 의한) 계약 → 1인 수의계약 가능(단, 동법 시행령 제30조에 의하여 계약을 위해 확보해야 하는 견적서의 수가 결정됨) ○ 국당법 시행령 제26조제1항제5호가목5)에 해당하는 계약 → 5천만원 이하인 경우 1인 수의계약, 5천만원 초과 1억원 이하인 경우 전자공개수의계약으로 진행

▣ 답변내용

[질의요지]   수의계약의 견적서 제출

[답변내용]

가. 질의1에 대하여 국가기관이 당사자가 되는 계약에 있어 수의계약은 국가를 당사자로 하는 계약에 관한 법률 시행령(이하 시행령 이라 합니다) 제26조제1항제2호에 해당하여 그 대상이 1인 뿐인 경우와 기타 불특정 다수인인 경우로 구분됩니다. 그 대상이 다수인 경우 시행령 제30조제1항 단서 각 호의 어느 하나 이외의 경우에는 2인 이상으로부터 견적을 받아야 합니다. 그러므로 수의계약이라 하여 단순히 1인 수의계약만을 의미하는 것은 아닙니다.

나. 질의2에 대하여 시행령 제30조의 견적서는 계약담당공무원이 계약을 진행하기 위해 사전에 가격조사로 받아보는 견적서와는 다르며 경쟁입찰의 입찰서와 같은 의미로 통용되는 것입니다. 시행령 제30조의 전자조달시스템 이용 규정은 제2항 본문에서 정한 계약의 경우 그 대상이 불특정 다수가 존재하므로 전자조달시스템을 이용하여 공정하게 집행하여 계약상대자를 정하려는 목적도 있으며, 같은 의미로 통용된다 하여 확대해석 적용은 타당하지 않고 다른 계약은 각각 별개의 사안으로 보는 것이 적절할 것으로 봅니다.

다. 질의3에 대하여 계약예규 정부 입찰.계약 집행기준 제10조는 시행령 제26조제1항제5호가목에 대하여 소액수의계약이라 하고 있으며 그중 가목5)에 대하여는 규정에 정한 금액 이상이면 전자조달시스템을 이용하도록 정하고 있습니다. 그러므로 소액수의계약이 반드시 시행령 제26조제1항제5호가목5)만을 의미하는 것이라고 보기는 어렵고 전자공개수의계약이라는 개념도 수의계약의 대상이 다수인 경우에 전자적으로 견적서를 제출하도록 하는 것 모두를 의미한다고 보아야 할 것입니다.

2장 입찰 및 낙찰자 결정

수의계약의 공동수급 가능성

2022-02-09

◘ 질의내용

계약당사자는 준정부기관이고, 수의계약 대상자는 기타공공기관으로 할 경우, 이 기타공공기관이 민간 또는 타공공기관을 공동수급으로 진행하게 해도 될지 궁금합니다.

관계법령에도 수의계약을 공동계약으로 체결할 수 있는지에 대한 부분은 확인할 수 없어 확인 요청 드립니다.

(단, 수의계약에 대한 사유가 명확하고(1회 유찰에 의한 수의계약이 아닌 자체 수의계약 심의를 통과했음을 가정합니다))

◘ 답변내용

[질의요지] 수의계약의 경우에도 공동계약 체결이 가능한지

[답변내용] 국가기관이 당사자가 되는 공사계약.제조계약 또는 그 밖의 계약에서 계약담당공무원은 필요하다고 인정하면 국가를 당사자로 하는 계약에 관한 법률 제25조에 따라 계약상대자를 둘 이상으로 하는 공동계약을 체결할 수 있으며, 같은 법률 시행령 제72조제2항에 따라 경쟁에 의하여 계약을 체결하고자 할 경우에는 계약의 목적이나 성질 상 공동계약에 의하는 것이 부적절하다고 인정되는 경우를 제외하고는 가능한 한 공동계약에 의하여야 하는 것입니다.

수의계약의 경우에도 계약의 목적이나 성질 상 공동계약에 의하는 것이 부적절하다고 인정되는 경우를 제외하고는 공동계약에 의할 수 있는 것이나, 구성원 모두는 수의계약 사유에 해당하는 면허, 자격 등을 보유하고 법령 상 수의계약 조건에 해당하는 경우에 가능하다 할 것입니다.

수의계약이 가능한 경우 지명경쟁입찰에 부칠 수 있는지
2022-05-27

▣ 질의내용

「국가를 당사자로 하는 계약에 관한 법률 시행령」(이하 시행령) 제26조1항4호에 따른 자활집단촌의 복지공장, 중증장애인생산품 생산시설 등과의 계약 방법에 대하여 질의 드리고자 합니다.

1. 시행령 제26조1항4호 가~라 각 목에 해당하는 단체 또는 시설끼리 지명경쟁이 가능한지요?(ex : 가 목에 해당하는 단체끼리 지명경쟁) - 시행령 제23조1항8호에 따르면 시행령 제26조에 의하여 수의계약에 의할 수 있는 경우는 지명경쟁이 가능하다고 규정하고 있어 그대로 적용이 가능한지 여쭙습니다.

2. 시행령 제26조1항4호 가~라 각 목에 해당하는 단체 또는 시설 전체를 대상으로 기관에서 수요하는 물품을 생산하는 업체끼리 지명경쟁이 가능한지요?(ex : 가~라 목에 해당하는 단체 중 수요물품을 생산하는 단체끼리 지명경쟁)

3. 시행령 제26조1항4호 가~라 각 목에 해당하는 단체 또는 시설과의 계약을 함에 있어, 2천만원 초과 고시금액 미만의 중소기업자간 경쟁제품에 한하여 낙찰자결정방법을 「조달청 중소기업자간 경쟁물품에 대한 계약이행능력심사 세부기준」을 적용하여도 무방한지요?

4. 시행령 제26조1항4호 가~라 각 목에 해당하는 단체 또는 시설과 수의계약이 가능함에도, 고시금액 이상의 물품을 구매하고자 하는 경우 「공공기관의 운영에 관한 법률」 제44조에 따라 조달청에 구매위탁을 하여야 하는지요?

5. 위 4번 질의와 관련하여 조달청에 구매위탁을 하여야 한다면, 위 1~3번 질의와 같이 시행령 제26조1항4호 가~라 각 목에 해당하는 단체 또는 시설끼리 지명경쟁, 계약이행능력심사 등의 계약 및 낙찰자결정방법을 적용하여 위탁할 수 있는지요?

▣ 답변내용

[질의요지]   수의계약이 가능한 경우 지명경쟁입찰에 부칠 수 있는지와 조달요청에 관한 것

2장 입찰 및 낙찰자 결정

[**답변내용**] 국가기관이 당사자가 되는 계약에 있어 계약담당공무원이 계약을 체결하고자 하는 경우에는 국가를 당사자로 하는 계약에 관한 법률 제7조에 따라 일반경쟁에 부쳐야 하나, 계약의 목적.성질.규모 등을 고려하여 필요하다고 인정될 때에는 같은 법률 시행령(이하 시행령 이라 합니다) 제26조에 따른 수의계약에 의할 수 있습니다.

가. 질의1, 질의2에 대하여 시행령 제23조에 따른 지명경쟁은 일반경쟁의 예외적 사항으로 계약담당공무원은 시행령 제23조제1항제8호에 따라 같은 법률 제7조 단서 및 시행령 제26조의 규정에 의하여 수의계약에 의할 수 있는 경우에는 수의계약을 할 수 있는 자들을 대상으로 지명경쟁입찰에 부칠수 있습니다. 이때 계약담당공무원은 수의계약 대상자가 지명경쟁으로 제한할 정도의 소수인지, 지명에서 제외되는 대상자들에게 계약의 기회를 제외하는 것이 법령에서 정한 공정성 등에 적정한지를 고려하여 지명경쟁입찰 여부를 직단하여야 합니다.

나. 질의3에 대하여 조달청의 '중소기업자간 경쟁물품에 대한 계약이행능력심사 세부기준'은 내부 직원들의 계약업무 수행에 관하여 정한 절차 등에 관한 것입니다. 개별 기관이 다른 기관의 규정 등을 준용할 것인지 여부는 해당 계약의 내용과 기준 등을 고려하여 개별 기관에서 판단하여야 합니다.

다. 질의4, 질의5에 대하여 수요기관이 조달청에 계약을 요청하는 것은 조달사업에 관한 법령에 따른 것입니다. 조달사업법령에서는 소액, 긴급 등 부득이한 사유와 같이 미리 그 범위를 정한 경우와 조달청과 협의하여 구매 위임을 받은 경우에는 수요기관이 직접 계약할 수 있도록 정하고 있으나 계약의 방법에 따라 수요기관의 구매를 미리 위임한 규정은 없습니다.

수의시담 관련 질의

2021-12-07

■ **질의내용**

우리기관은 중소기업경쟁용역인 무인경비용역을 1차 소기업소상공인 공고(유찰)/ 2차 중소기업 단독 응찰에 따라 수의시담을 추진하였습니다. 시담일자에 대상업체에서 투찰을 하지 않아 유찰된 상태입니다.
시담업체에서 시담일자등의 착오를 이유로 시담재개를 요청할 경우 재개를 하여야 하는지?

■ **답변내용**

[**질의요지**] 재공고 유찰 시 수의시담 진행

[**답변내용**] 국가기관이 당사자가 되는 계약에 있어 계약담당공무원은 국가를 당사자로 하는 계약에 관한 법률 시행령(이하 시행령이라 합니다) 제20조제2항에 따라 재공고입찰에 부쳤으나 입찰자나 낙찰자가 없는 경우에는 시행령 제27조제1항제2호에 따라 수의계약을 할 수 있는 바, 이때 당초 입찰에 참가한 자와 반드시 수의계약을 체결하여야 하는 것은 아니므로 자격이 있는 제3자와도 수의계약이 가능합니다.

어느 대상자와 계약을 체결할 것인지는 당초 공고에서 정한 조건, 견적가격 등을 고려하여 발주기관에서 정할 수 있으며, 위 같은 법률 시행규칙 제32조에 따라 국가에 가장 유리한 가격을 제시한 자를 계약상대자로 결정하여야 합니다.

2장 입찰 및 낙찰자 결정

실적제한 적용 가능여부 질의

2021-08-24

▣ 질의내용

기관에서 사용할 장비구매를 위한 입찰을 준비하고 있고 추정가격은 고시금액 미만으로 예상이 되는데,

계약예규, 「정부입찰·계약 집행기준」 제5조 제1항에 의하면 "추정가격이 고시금액 미만인 제조 또는 용역계약의 경우에는 실적으로 경쟁참가자의 자격을 제한하여서는 아니된다." 라고 규정하고 있습니다.

금번 장비구입을 물품구매로 해서, 입찰참가자격 조건으로 실적제한을 두려고 당초 계획했으나, 상기 규정에 따른 "제조 또는 용역"의 범주에 물품구매도 적용되는 것인지 판단이 확실치 않아 입찰 실시 전, 이에 대한 문의를 드리고자 합니다.

고시금액 미만의 물품구매시 실적제한을 할 수 있는지, 상기 규정에 따라 실적제한을 두어서는 안되는지가 궁금합니다.

▣ 답변내용

[질의요지] 실적제한 적용 가능여부

[답변내용] 공공기관이 당사자가 되는 계약은 해당 계약문서, 공공기관의 운영에 관한 법령, 공기업·준정부기관 계약사무규칙이나 기타 공공기관 계약사무 운영규정(기획재정부 훈령) 등 해당 기관의 계약사무규정에 따라 계약업무를 처리하여야 할 것입니다.

참고로, 「국가를 당사자로 하는 계약에 관한 법률 시행령」 제21조제1항 및 시행규칙 제25조제2항의 규정에 있어 "실적"이라 함은 계약예규 정부 입찰·계약 집행기준 제5조제1항에 따라 현재 발주하려는 계약과 계약내용이 실질적으로 동일한 것은 물론, 이와 유사하여 계약목적달성이 가능하다고 인정되는 과거 1건의 공사.제조 또는 용역 등의 실적(장기계속공사.제조 또는 용역 등에 있어서는 총공사.제조 또는 용역 등의 실적으로 함)에 해당되는 금액 또는 규모(양)를 말하는 것입니다.

따라서 계약담당공무원은 물품 구매계약이나 물품제조계약의 경우에도 제조납품실적이 아닌 구매납품실적으로 입찰참가자격을 제한할 수 없습니다.

········ 제3절 입찰방법 및 공고

| 여성기업 등을 대상으로 하는 소액수의계약 | 2021-08-19 |

▣ 질의내용

나라장터를 통한 소액수의 견적입찰(2인견적 수의계약) 제한가능 여부 질의드립니다. 국가계약법 시행령 제26조 제1항 제5호 가목5의 가)부터 다)에 따라, 추정가격이 2천만원 초과 1억원 이하인 계약으로서 여성기업, 장애인기업, 사회적기업, 사회적협동조합, 자활기업, 마을기업과 계약을 체결하는 경우 수의계약이 가능합니다.

제30조 제1항에 따르면 수의계약을 체결하기 위해선 2인이상으로부터 견적서를 받아야하며, 제2항에 따르면 제26조제1항제5호가목5의 가)부터 다)에 따른 수의계약 중 추정가격이 5천만원을 초과하는 수의계약의 경우에는 전자조달시스템을 이용하여 견적서를 제출하도록 해야 합니다.

그렇다면 추정가격이 5천만원 초과 1억원 이하인 계약의 경우 제26조 제1항 제5호 가목5의 가)부터 다)에 따라 여성기업, 장애인기업, 사회적기업, 사회적협동조합, 자활기업, 마을기업으로 참가자격을 제한하여 전자조달시스템을 이용하여 견적서를 제출하도록 할 수 있는지 질의드립니다.

▣ 답변내용

[질의요지] 여성기업 등을 대상으로 하는 소액수의계약

[답변내용] 국가기관이 당사자가 되는 계약에 있어 계약담당공무원이 계약을 체결하려면 국가를 당사자로 하는 계약에 관한 법률 제7조에 따라 일반경쟁에 부쳐야 하나, 계약의 목적, 성질, 규모 등을 고려하여 필요하다고 인정되면 제한경쟁이나 지명경쟁 또는 수의계약을 체결할 수 있습니다. 다만, 수의계약은 일반경쟁의 예외적 방법에 해당하므로 수의계약이 가능하다고 하여 반드시 수의계약으로 해야만 하는 것은 아닙니다.

같은 법률 시행령(이하 시행령이라 합니다) 제26조제1항제5호가목5)에서는 정책 목적상 사회적 약자 등을 지원하기 위해 추정가격 1억원 미만인 소액계약의 경우 이들을 대상으로(사실상 입찰참가자격제한 효과) 수의계약이 가능하도록 규정하고 있습니다. 다만, 소액수의계약의 경우 불특정 다수인이 존재하므로 이들로 하여금 시행령 제30조에 따라 전자조달시스템을 통해 견적서를 제출하도록 하여 계약상대자를 결정할 수 있습니다.

우선구매대상기업의 인증 취득 시점에 따른 계약업무 질의
2022-03-30

■ 질의내용

연초 특정 업체와 추정가격 2,000만원 이내의 수의계약을 체결하였습니다. 계약체결일 이후 업체가 여성기업인증을 취득하면서 계약금액을 5천만원으로 조정 가능한지 알아보는 중인데, 이 경우에도 국가계약법 시행령 제26조제1항제5호 가목의 아래 조항이 적용 가능한 것인지 문의드립니다.

5) 추정가격이 2천만원 초과 1억원 이하인 계약으로서 다음의 어느 하나에 해당하는 자와 체결하는 물품의 제조·구매계약 또는 용역계약 가) 「여성기업지원에 관한 법률」 제2조제1호에 따른 여성기업

■ 답변내용

[질의요지] 수의계약 체결 후 인증을 취득하는 경우 변경계약

[답변내용] 국가기관이 당사자가 되는 계약에 있어 계약담당공무원은 국가를 당사자로 하는 계약에 관한 법률 시행령 제64조 내지 제66조에 해당하는 사유가 있으면 계약내용을 변경하고 계약금액을 조정할 수 있습니다.

변경계약은 당초 예상하지 못하였던 사항이 발생하는 경우로서 당초 계약내용의 본질을 벗어나지 않는 추가업무나 연관이 있어 부득이 함께 진행하여야 할 특별업무인 경우에 하는 것이며, 이에 해당하지 않거나 과도하게 금액이 증가되는 경우에는 새로운 계약절차에 따르는 것이 적절할 것으로 보입니다.

그리고 변경계약은 동일한 조건으로 계약이 유지되는 경우에 가능한 것으로 당초 2천만원 미만 소액 조건으로 계약하고 다른 조건으로 변경(여성기업)하여 상향된 조건으로 변경계약을 체결하는 것은 정당한 계약질서에 부합하지 않을 것으로 보여지며, 수의계약 요건이 달라진다면 새로운 계약에 의하여야 할 것으로 여겨집니다.

우수조달공동상표 수의계약 관련

2022-10-17

▣ 질의내용

우수조달공동상표(국가계약법시행령제26조제1항제3호사목)으로 지정·고시된 제품을 수의계약으로 구매하고자 합니다.

한편, 「(계약예규) 정부 입찰·집행기준」 제5조(제한기준) 및 「조사설계 실무요령」 제3장(시방서 작성요령)에 따르면 물품의 제조·구매입찰 시 특정상표 또는 특정규격 또는 모델을 지정하여 부당하게 경쟁참가자의 자격을 제한하지 못하도록 규정하고 있습니다.

저희기관은 협회추천으로 【표준시방서】에 의거하여 우수조달공동상표(계장제어장치 39121189)로 등록된 업체를 선정 후, 계약 예정입니다. 협동조합의 업체 추천사유는 '우수조달공동상표(계장제어장치 39121189)' 소지 업체이나, 실제 기관에서 받으려는 제품의 규격은 【표준시방서】에 의거한 제품으로서 우수조달공동상표 인증을 획득하지 않은 제품(계장제어장치 39121189)입니다.

이럴경우, 기관의 【표준시방서】의 제품대로 납품받되(업체의 제품과 규격 등 일부부분이 상이하더라도) 공동상표의 업체제품 기술력을 추가 적용한다는 취지로 국가계약법시행령제26조제1항제3호사목(우수조달공동상표)에 의거 수의계약이 가능한지?

▣ 답변내용

[질의요지] 우수조달공동상표 물품의 수의계약

[답변내용] 국가기관이 당사자가 되는 계약에 있어 계약담당공무원은 국가를 당사자로 하는 계약에 관한 법률 제7조에 따라 경쟁입찰에 의하되 계약의 목적, 성질, 규모 등을 고려하여 필요하다고 인정되면 제한 또는 지명하여 입찰에 부치거나 수의계약에 의한 방법으로 계약을 체결할 수 있습니다. 다만, 수의계약은 경쟁계약의 예외적 사항이므로 그 적용은 규정에 정확히 일치하여야 하며, 수의계약사유에 해당한다 하여 반드시 수의계약으로 해야만 하는 것은 아닙니다.

같은 법률 시행령 제26조제1항제3호사목은 중소기업진흥에 관한 법률 제2조제1호에 따른 중소기업자가 직접 생산한 제품으로서 조달사업에 관한 법률 시행령 제31조에 따라 지정.고시된 우수조달 공동상표의 물품(고시금액 미만으로 한정)을 해당 중소기업자로부터 제조.구매하는 경우에 수의계약이 가능함을 정하고 있습니다.

앞에서도 설명드렸지만 수의계약은 규정에 엄격히 적용되어야 하는 바, 귀 질의처럼 업체의 기술력을 추가로 적용하더라도 해당 물품이 우수조달 공동상표 물품으로 고시한 내용에 포함되어 있지 않는 경우라면 수의계약은 곤란할 것으로 봅니다.

2장 입찰 및 낙찰자 결정

유찰에 따른 재공고와 수의계약 관련 질의

2022-05-11

▣ 질의내용

[문의1] 현재 나라장터에 공고 하였으나, 입찰업체 1곳으로 유찰되어 재공고를 하고있습니다. 재공고에도 불구하고 추가 입찰업체가 없는 경우 입찰한 1곳과 수의계약을 하려고합니다. 이런경우 별도평가나 비교견적 없이 수의계약을 할 수 있는지 문의드립니다.

[문의2] 현재 나라장터에 공고하였으나 무응찰 될 것으로 예상됩니다. 현재 올라간 공고 마감일은 13일(금) 14:00 입니다. 이 경우 재공고를 올릴때 13일(금) 14:00 이후에 올리면 되는 것인지 14일(토)에 올려야하는것인지, 16일(월)에 올려야하는지 문의드립니다.

▣ 답변내용

[질의요지] 유찰에 따른 재공고와 수의계약

[답변내용]

질의1에 대하여 국가기관이 당사자가 되는 계약에서 경쟁입찰을 실시하였으나 2인 이상의 유효한 입찰자가 없거나 낙찰자가 없는 경우에는 국가를 당사자로 하는 계약에 관한 법률 시행령(이하 시행령이라 합니다) 제20조에 따라 재입찰 또는 재공고입찰에 부칠 수 있으며, 시행령 제27조에 해당하는 경우에는 수의계약에 의할 수 있습니다.

재공고 유찰 후 수의계약은 공고서에서 정한 자격 요건을 갖춘 자라면 누구와도 수의계약을 체결할 수 있으나 계약담당공무원은 공고서에서 정한 조건에 따라 자격 조건 이외에 별도의 평가나 심사가 필요하다고 판단되는 경우에는 평가를 거치는 것이며, 수의계약 대상자가 1인 뿐임이 명백한 경우라면 시행령 제30조제1항제1호에 따라 비교견적은 필요하지 않아 보입니다.

질의2에 대하여 재공고를 부칠 때 유찰 후 언제 공고하여야 하는 가에 대한 시작점은 별도로 규정에 명시된 바가 없습니다. 일반적으로는 해당 입찰이 명백히 유찰임이 확인 된 이후로서 입찰자에게 주어져야 하는 공고기간을 고려하여 공고일 및 입찰일을 정하여야 할 것입니다.

입찰 유찰에 따른 수의계약대상 기업의 범위 및 선정절차 문의
2022-05-03

▣ 질의내용

국가계약법에 따라 공개경쟁입찰에 1인만 참가하여 유찰된 경우, 올해 6월까지 한시적으로 1회만 유찰되어도 수의계약 진행이 가능하다고 알고 있습니다.

다만, 궁금한 사항이 있다면 시행령 제27조 제2항에 따라 재공고입찰유찰에 따라 수의계약 체결 시에는 최초 입찰에 부칠 때 정한 "조건"을 변경할 수 없는 것이 원칙인데

이 조항이 말한 조건이라는 게 사업에 참가할 수 있는 제안업체의 자격조건이 아니라, 입찰공고 및 입찰제안서에 기재된 평가방법, 평가절차 등까지 모두 포함하는 것인가요?

당초 2인 이상의 경쟁입찰을 염두해두고 세운 평가방법 및 평가절차이다보니, 수의계약대상기업을 선정하기 위한 평가방법이나 평가절차와는 맞지않는 부분이 있어 문의드립니다.

▣ 답변내용

[질의요지] 단일응찰 유찰에 따른 수의계약시 조건 변경

[답변내용] 국가기관이 당사자가 되는 계약에 있어 계약담당공무원은 기획재정부 장관이 고시한 기간(2020.5.1~2022.6.30) 중에는 경쟁입찰에 부쳤으나 입찰자가 1인뿐인 경우에는 국가를 당사자로 하는 계약에 관한 법률 시행령 제27조제3항에 따라 재공고입찰을 하지 않고도 해당 입찰자와 수의계약을 체결할 수 있습니다.

이때 계약담당공무원은 최초의 입찰에 부칠 때 정한 가격 및 기타 조건(귀 질의 평가방법과 평가절차 등도 포함됩니다)을 변경하여서는 안 됩니다. 그 이유는 바뀐 평가방법과 절차에 따를 경우 제3자의 입찰참가 가능성을 배제할 수 없으므로 공정성을 저해하는 것으로 보기 때문입니다. 또한 특정인이 정해진 상태에서 조건을 변경하는 것은 그 특정인에게만 맞도록 조건을 변경하였다는 오해 발생의 여지도 있는 것입니다.

수의계약은 국가계약방식의 원칙인 경쟁계약의 예외적 임의 규정이므로 수의계약 사유에 해당한다 하여 발주기관이 반드시 수의계약으로 해야 하는 것도 아닌 것이며, 동일한 조건으로 1인을 평가하여 공고조건에 적합하지 않다면 재공고 함이 더 적절해 보이는 바, 수의계약을 위해 당초 정한 조건을 바꾸는 것은 법령의 취지에 부합하지 않는다 할 것입니다.

입찰 평가 시 추가제안에 대한 가능여부 질의

2022-06-03

■ **질의내용**

공공기관의 물품구매 업무와 관련하여 평가사항 관련 입니다. 기본적으로 국가계약법을 준용하여 협상에 의한 계약 방식을 추진하려 합니다. 이때 제안요청서 상 본 기관의 요구사항 이외에 제안사의 추가제안 사항에 대해 질의코자 합니다.

1. "추가제안"이라는 평가항목을 만들어 적정점수 배분 또는 가점 가능 여부
2. 제안서 평가 시 제안사의 추가제안 사항에 대해 평가항목은 없지만 제안의 우수성 등 연계가능한 평가항목과 연결지어 평가가 가능한지 여부

■ **답변내용**

[질의요지] 협상에 의한 계약의 평가

[답변내용]

가. 질의1에 대하여 국가기관이 당사자가 되는 협상에 의한 계약에 있어 계약담당공무원은 계약예규 협상에 의한 계약체결기준(이하 협상기준 이라 합니다) 제16조에 근거하여 필요한 세부기준을 정하여 운용할 수 있습니다. 제안서를 평가하는 경우에도 협상기준 제7조에서 정한 평가항목을 추가하거나 제외할 수도 있으며, 각 평가항목별 배점 또한 10점의 범위내에서 조정할 수 있습니다.

나. 질의2에 대하여 제안 내용이 우수한 경우라 하더라도 평가항목 내에서 우수한 내용과 미흡한 내용을 점수화하여 배점하는 것이 원칙이며, 객관적 자료에 근거하지 아니한 사항으로 별도로 가점을 부여하는 것은 적절해 보이지 않습니다. 그리고 이러한 세부기준 및 평가방법에 대한 내용은 입찰공고시에 내용을 확정하여 모두에게 공개되어야 하며 입찰 후 추가되어서는 안 될것이며,

계약예규 정부 입찰.계약 집행기준 제2조의6제7호에서는 협상에 의한 계약 체결시 특정 항목에 대하여 과다하게 배점을 부여하거나 기술과 가격의 평가비중을 자의적으로 설정하지 않도록 정하고 있음을 알려드립니다.

제3절 입찰방법 및 공고

입찰공고시 특정한 회사명 및 제품명을 기재할 수 있는지
2022-10-21

■ 질의내용

공직유관단체로 물품 227종 518대의 예정가액 5억 6천의 물품 구매 입찰을 시행하고자 합니다. 입찰 공고시 개별 품목의 제조사 및 모델명을 기입해도 국가계약법 및 조달청 입찰 규정에 위반되지 않는지 궁금합니다.

■ 답변내용

[질의요지] 입찰공고시 특정한 회사명 및 제품명을 기재할 수 있는지

[답변내용] 국가기관이 당사자가 되는 입찰에 있어 계약담당공무원은 계약예규 정부 입찰.계약 집행기준 제5조제4항제5호에 따라 물품의 제조.구매입찰 시 부당하게 특정상표 또는 특정규격 또는 모델을 지정하여 입찰에 부치는 방법으로 경쟁참가자의 자격을 제한하여서는 아니 되며, 경쟁이 가능한 공통규격 또는 동등 이상 규격으로 정하여야 합니다.

또한, 입찰조건, 시방서 및 규격서 등에서 정한 규격.품질.성능과 동등이상의 물품을 납품한 경우에 특정상표 또는 모델이 아니라는 이유로 납품을 거부할 수 없습니다.

입찰무효

2022-05-30

▣ 질의내용

제 44조 입찰무효 4항 동일사항에 동일인(1인이 수개의 법인의 대표자인 경우 해당 수개의 법인을 동일인으로 본다)이 2통 이상의 입찰서를 제출한 입찰

질의

1. 관에서 발주한 전기공사에 A씨("가"회사 감사, "나"회사의 각자 대표 중 1인)가 "가"회사 입찰대리인으로 투찰 동 공사에 "나"회사의 각자 대표 중 다른 "B"대표가 투찰 한 경우 입찰 무효처리 여부

2. 관에서 발주한 전기공사에 C씨("가"회사 직원)가 "가"회사 입찰대리인으로 투찰 동 전기공사에 "나"회사의 각자 대표 중 다른 "B"씨가 투찰 한 경우 입찰 무효처리 여부?

▣ 답변내용

[질의요지] 동일인에 해당하는지와 입찰무효

[답변내용] 질의1, 질의2에 대하여 일괄 답변드립니다.

국가기관이 당사자가 되는 입찰에 있어 국가를 당사자로 하는 계약에 관한 법률 시행규칙 제44조 제1항제4호에서는 동일인(1인이 수개의 법인의 대표자인 경우 해당 수개의 법인을 동일인으로 봅니다)이 같은 입찰에서 2개 이상의 입찰서를 제출하는 경우 무효로 정하고 있습니다.

개별 입찰에서 입찰 무효(귀 질의 동일인 여부) 판단은 계약담당공무원이 관련법령과 입찰자, 입찰대리인의 신분(소속)관계 등 사실관계를 확인하여 직접 판단하거나 법률전문가의 도움을 받아 처리하여야 하는 것입니다.

입찰참가 등록 마감일 및 입찰서제출 마감일 기준에 관한 질의
2021-01-06

◧ **질의내용**

본 기관에서는 용역계약의 입찰공고를 적격심사 방식으로 진행하고 있습니다. 추정가격이 고시금액 미만 용역에 대해서는 가격입찰이 끝난 후 적격심사대상자를 선정 통보하여 서류를 제출하도록 하고 있으나, 추정가격이 고시금액 이상 용역에 대해서는 수행능력평가 서류를 우선 제출받아 심사한 결과, 기준점수 이상인 자를 적격자로 선정·통보하여 적격자로 하여금 입찰에 참가하게 하고 있습니다.

1. 추정가격이 고시금액 이상의 용역의 경우, 수행능력평가 서류 제출마감일을 용역입찰유의서 상 "입찰참가등록마감일"이라고 볼 수 있는지 궁금합니다.

2. 용역입찰유의서 상 "입찰서제출 마감일"은 수행능력평가 서류 제출마감일이 아닌 가격입찰서 제출 마감일로 보아야 하는지, 수행능력평가서류 제출마감일로 보아야 하는지 궁금합니다.

◧ **답변내용**

[**질의요지**] '입찰등록 마감일', '수행능력평가 서류 제출 마감일', '입찰서제출마감일'에 대한 용어해석

[**답변내용**] 지방자치단체를 당사자로 하는 계약, 공기업과 준정부기관 및 공공기관의 계약에 관하여는 달리 정한 바가 있으면 그에 따라야 함을 알려 드립니다.

참고로 국가기관 중앙관서의 장 또는 계약담당공무원이 「국가를 당사자로 하는 계약에 관한 법률 시행령」 제16조제1항에 따라 용역을 입찰 붙이고자 할 때에는 계약예규 「용역입찰유의서」에 정한 바에 따라 입찰공고 하는 것입니다. 입찰에 참가하고자 하는 자는 시행령 등의 입찰관련 법령 및 입찰에 관한 서류를 입찰 전에 숙지하여 입찰에 참여 하는 것입니다.

귀 질의 '입찰참가 등록 마감일'은 입찰공고에 정한 입찰참가등록 신청기간의 마지막 말을 말하는 것입니다. 그리고 '입찰서 제출 마감일'은 '가격 투찰 마감일'을 의미합니다. '수행능력평가 서류 제출마감일'은 입찰자의 계약수행능력을 심사하기 위한 것으로 '입찰서 제출 마감일', '입찰참가 등록 마감일'과 별개로 판단해야 할 것입니다.

입찰참가 등록 마감일 시간

2022-06-24

■ 질의내용

국가를당사자로하는계약에관한법률 시행규칙 제40조 4항에 따르면 '입찰참가신청서류의 접수마감일은 입찰서 제출마감일 전일로 한다.'라고 정하고 있는데, 입찰서 제출마감일의 마감시간에 대한 규정이 있는지 궁금합니다. 통상 공사 용역 입찰의 경우 18시 신청 마감을 하고 있는데, 유연근무제 시행에 따라 담당자들의 근무시간이 18시 이전에 종료되는 경우가 있어 입찰참가신청 마감일시 변경을 검토하고 있습니다. 18시에 마감해야 한다는 규정이나 법령이 있는지 궁금합니다.

■ 답변내용

[질의요지] 입찰참가자격 등록 마감일시

[답변내용] 국가를 당사자로 하는 계약에 관한 법령에서는 기간을 계산하는 방법에 대하여 명확히 정하고 있지 않아 민법 등의 기간 계산에 관한 규정을 준용하고 있습니다. 민법에서는 당일 0시부터 시작되는 경우를 제외하고는 초일 불산입의 원칙에 따라 공고일이 속한 다음날부터 기간을 계산하도록 정하고 있어 이런 경우에는 특별한 경우가 아니면 시간단위로 날자를 구분하지는 않고 있습니다.

그리고 국가계약법령에서는 입찰참가자격 등록기한을 입찰 전일까지로 정하고 있으며 시간을 정해서 시간단위로 단축할 수 있도록 정한 바는 없습니다. 귀 질의처럼 시간을 단축하는 경우라면 입찰에 관하여 하루를 온전히 주지 않아 입찰자에게 법령에서 정하고 있지 않는 내용으로 제한되는 여지도 있어 보이며, 현재의 제도상으로는 유연근무제를 하더라도 대리근무자 등을 통해 법령에서 정한 기간은 충분히 확보되어야 할 것으로 봅니다.

입찰참가 자격 사전심사(PQ심사) 심사기간 연장 가능 여부
2021-03-18

■ **질의내용**

낙찰자결정방법이 PQ심사 + 적격심사인 계약에서 PQ심사 서류를 제출하였으나 심사 일정이 예정보다 길어지게 되었고, 예정되어있던 입찰참가신청 기간 안에 PQ심사 결과가 나오지 않게 되었습니다. 이런 경우 정정공고를 하여 처음부터 PQ심사 서류부터 다시 받아야하는지, 아니면 입찰참가신청 기간만 연장하여 기 서류를 제출한 업체를 대상으로 입찰이 진행되어야 하는지 궁금합니다.

■ **답변내용**

[**질의요지**] 입찰참가자격 사전심사가 지연되는 경우 정정공고

[**답변내용**] 국가기관이 당사자가 되는 계약에 있어 계약담당공무원은 당초 공고의 내용 중 중대한 사항을 변동하여야 하는 경우라면 이는 새로운 입찰로 추진함이 바람직하다고 보이며, 공고 후 사전심사(PQ)가 지연되는 경우 입찰참가신청 기간 만료 전인 경우에는 그 기간을 연장하고 순연되는 일정에 따라 진행하면 될 것으로 보여집니다.

다만, 입찰참가자격등록 마감일 전에 그 마감일을 연장하지 않은 경우라면 그 입찰은 입찰자가 없는 것으로 되어 유찰이 되는 것이므로 새로운 입찰절차에 의하여야 할 것으로 보여집니다. 이 경우 당초 사전심사 통과자만으로 입찰서를 제출하게 할 것인지에 대한 판단은 계약담당공무원이 추가 심사요청 가능성 등 제반 여건을 종합적으로 고려하여 결정하여야 할 것으로 보입니다.

2장 입찰 및 낙찰자 결정 ………

장기계속계약

2022-09-28

■ **질의내용**

1. 소속기관 계약 현행 - 급식 위탁 운영계약(2021.6.1.~2024.5.31.), 3년 계약 *1년차 계약 : 2021.6.1.~2022.5.31. / 2년차 계약: 2022.6.1.~2023.5.31. / 3년차 계약: 2023.6.1.~2024.5.31. … 위와 같이 소속기관에서는 체결일로부터 1년 단위로 계약을 추진하고 있습니다.

2. 허나 본부에서는 회계연도에 맞춰 차수계약을 체결하고 있습니다. - 급식 위탁 운영계약(2021.6.1.~2024.5.31.), 3년 계약 *1차수 계약 : 2021.6.1.~2022.12.31. / 2차수 계약: 2022.1.1.~2022.12.31. / 3차수 계약: 2023.1.1.~2023.12.31. / 4차수 계약: 2024.1.1.~2024.5.31. … 위와 같이 회계연도로 나누어 차수계약을 추진하고 있습니다.

본부 의견: 예산이 확정되지 않은 상태의 장기계속계약의 경우, 회계연도에 맞춰서 연차계약을 체결하는것이 원칙인지 궁금합니다. 소속기관에서는 계약일로부터 1년씩의 계약체결이 가능한지, 현행대로 유지해도 되는지 문의하고 있습니다.

■ **답변내용**

[질의요지] 장기계속계약

[답변내용] 국가기관이 당사자가 되는 계약에 있어 계약담당공무원은 임차, 운송, 보관, 전기.가스.수도의 공급, 그 밖에 그 성질상 수년간 계속하여 존속할 필요가 있거나 이행에 수년이 필요한 계약의 경우 국가를 당사자로 하는 계약에 관한 법률 시행령 제69조에서 정하는 바에 따라 장기계속계약을 체결할 수 있습니다.

이때 계약담당공무원은 낙찰 등에 의하여 결정된 총금액을 부기하고 당해 연도의 예산의 범위안에서 제1차연도 계약을 체결하여야 하는 것이며, 제2차 이후의 계약은 부기된 총금액(물가변동 등 계약금액의 조정이 있는 경우에는 조정된 총금액을 말합니다)에서 이미 계약된 금액을 공제한 금액의 범위 안에서 계약을 체결할 것을 부관으로 약정하고 각 회계연도 예산의 범위에서 해당 계약을 이행하게 하여야 합니다.

다만, 귀하의 질의 경우처럼 구체적인 경우에서의 어떠한 방법으로 입찰 또는 계약을 추진할 것인지 여부는 각 중앙관서의 장 또는 계약담당공무원이 관련 법령이 허용하는 범위내에서 '할 수 있는' 재량행위이므로 해당 계약목적물의 특성 및 계약이행 가능성, 관련 규정 등 제반여건을 종합 고려하여 온전히 직접 판단.처리할 사항임을 알려드립니다.

장기계속계약 체결 가능 여부 문의

2022-10-14

◼ 질의내용

<현황>
- 2022년 10월 현재: 2023년도 예산 확정 / 2024년도 예산: 미확정(2023년도 3월에 요구 예정)
- 사업부서에서 2023~2024년에 걸친 용역사업을 장기계속 계약으로 발주 요청
- 국가계약법 제21조 제2항: '~~~각 회계연도 예산의 범위에서 해당 계약을 이행하게 하여야 한다'

<질의 내용>
- 국가계약법 제21조 제2항에 따라 2024년도 예산이 확정되지 않은 시점에서는 2023~2024년도에 걸친 사업을 장기계속계약으로 진행할 수 없는 것인지

◼ 답변내용

[질의요지] 장기계속계약 체결

[답변내용] 국가기관이 당사자가 되는 계약에 있어 계약담당공무원은 국가를 당사자로 하는 계약에 관한 법률 시행령 제69조에 따라 그 성질상 수년간 계속하여 존속할 필요가 있거나 이행에 수년이 필요한 경우 장기계속계약을 체결할 수 있으며, 소속중앙관서의 장의 승인을 받아 시설관리 등의 용역계약 또는 임차계약은 단가에 대한 계약으로 체결할 수도 있습니다.

귀 질의가 법령에서 정한 바에 해당하는 경우라면 장기계속계약이 가능할 것으로 보나, 이러한 사항은 발주기관에서 당해 계약의 성격, 당해 사업의 수년간 존속 필요성, 관계규정 등을 살펴 판단하여야 할 사항입니다.

장기계속계약의 경우 2차년도 이후의 예산은 미리 확정되지 않았다 하더라도 총사업에 대한 내역과 추정금액을 기준으로 총차계약과 당해연도 계약을 체결할 수 있을 것으로 보나, 다만, 당해년도 이후의 예산이 그로 인하여 고정되어버리는 경우 규모에 따라서는 정부예산 운용에 지장을 초래할 수도 있으므로 기획재정부와 미리 총사업비 전체에 대한 내역을 협의하거나 1차년도 예산 요구시 총사업에 대한 예산도 함께 협의할 필요가 있을 것으로 봅니다.

장기계속계약 해당 여부 1

2022-10-06

◩ **질의내용**

(질의1) 입찰공고가 나갈 예정인 연구용역 계약이 장기계속계약에 해당되는지 여부 및 조건에 대해 질의하려고 합니다. 국가계약법 제21조에 "수년"의 기준에 22년 11월 중순부터 23년 3월 31일 까지의 약 5개월의 계약기간도 년도가 나뉘어있다면 "수년"에 해당되는지 궁금합니다.

(질의2) 과업지시서상 과업 내용이 "성과조사(11월~1월) -> 성과조사결과 분석 및 보고서작성(1월~3월)" 으로 진행되는데, 해당 과업 내용 및 계약 기간이 "성질상 수년 간 계속하여 존속할 필요가 있거나 이행에 수년이 필요한 계약의 경우" 라고 볼 수 있는지 문의드립니다.

◩ **답변내용**

[질의요지] 장기계속계약

[답변내용] 귀 질의1, 질의2에 대하여는 설명 및 이해 편의상 일괄 답변 드리겠습니다.

국가기관이 당사자가 되는 계약에 있어 계약담당공무원은 임차, 운송, 보관, 전기.가스.수도의 공급, 그 밖에 그 성질상 수년간 계속하여 존속할 필요가 있거나 이행에 수년이 필요한 계약의 경우 국가를 당사자로 하는 계약에 관한 법률 시행령 제69조에서 정하는 바에 따라 장기계속계약을 체결할 수 있습니다.

이때 계약담당공무원은 낙찰 등에 의하여 결정된 총금액을 부기하고 당해 연도의 예산의 범위안에서 제1차연도 계약을 체결하여야 하는 것이며, 제2차 이후의 계약은 부기된 총금액(물가변동 등 계약금액의 조정이 있는 경우에는 조정된 총금액을 말합니다)에서 이미 계약된 금액을 공제한 금액의 범위 안에서 계약을 체결할 것을 부관으로 약정하고 각 회계연도 예산의 범위에서 해당 계약을 이행하게 하여야 합니다.

비록 연도가 나뉘어지더라도 단년도 예산만으로 한차례 계약을 체결하는 것이라면 법령에서 의미하는 장기계속계약으로 보기 어렵습니다.

장기계속계약 해당 여부 2

2022-07-12

■ **질의내용**

현재 신축공사를 진행하고 있으며, 2022년 착공이 시작되었으며 2024년에 준공이 예정되어 있습니다. 이 과정에 인증(BF등)과 관련하여, 수의계약(추정가격 2천만원이하)으로 용역계약을 체결하고자 하는데, 공사 초창기부터 인증과 관련된 컨설팅 및 준공 이후까지 용역이 진행될 예정입니다. 이는 국가계약법 시행령 제21조 2항에 해당되는 장기계속계약(2년)에 해당되는지 질의하고자 문의드립니다.

■ **답변내용**

[질의요지] 장기계속계약 해당 조건

[답변내용] 국가기관이 당사자가 되는 계약에 있어 계약담당공무원은 국가를 당사자로 하는 계약에 관한 법률(이하 국가계약법 이라 합니다) 제21조제2항에 따라 임차, 운송, 보관, 전기.가스.수도의 공급, 그 밖에 그 성질상 수년간 계속하여 존속할 필요가 있거나 이행에 수년을 요하는 계약에 있어서는 대통령령으로 정하는 바에 따라 장기계속계약을 체결할 수 있으며, 이 경우 각 회계연도 예산의 범위에서 해당 계약을 이행하게 하여야 하는 것입니다.

따라서 장기계속계약이라 함은 총사업규모로 입찰을 집행하고 매년 예산을 확보하여 차수별로 계약을 체결하는 방식인 바, 기본적으로는 예산이 2개년도 이상의 기간에 편성되는 구조이며 계약 또한 전체기간의 총사업에 대한 총괄계약과 해당 연도의 예산 범위에 맞춰 체결하는 차수계약으로 나누어 여러 차례 계약이 체결되는 것입니다.

귀 질의 내용이 위에 설명된 내용에 일치하는 경우라면 장기계속 계약으로 볼 수 있을 것이나 개별 계약건이 장기계속계약에 해당하는지, 이에 해당하여 장기계속계약을 체결할지 여부는 계약목적과 내용, 예산, 사업기간 등을 고려하여 계약담당공무원이 판단하는 것입니다.

2장 입찰 및 낙찰자 결정

재공고입찰 시 입찰참가자격

2021-07-08

▣ 질의내용

○ 국가계약법, 협상에 의한 계약(경쟁), 추정가격 1억 미만, 용역 사업, 중기간경쟁제품 미해당

○ 문의 배경

상기 정보를 바탕으로 첫번째 공고 시에는, 소기업 및 소상공인으로 제한경쟁을 해야하는 것으로 알고 있습니다. 다만, 첫번째 공고시에 2인 이상의 유효한 입찰자가 없거나 또는 낙찰자가 없는 경우, 재입찰에 붙일 수 있으며 이 때 입찰자 제한을 받지 않고(국가계약법 시행령 20조 1항) 중소기업자와의 우선조달계약을 체결하지 않을 수 있다(판로지원법 시행령 2조의3, 1항 1호)고 명시되어있습니다.

○ 문의 내용

① 국가계약법 시행령 제20조1항의 [2인 이상의 유효한 입찰자가 없거나 낙찰자가 없을 경우]란 [무응찰, 단일응찰, 적격자 없음으로 인한 유찰] 모두를 포함하는 것인지

② 재입찰 시, 입찰자의 제한을 풀면 대기업 및 비영리법인 등도 참가할 수 있도록 일반경쟁으로 바뀌는 것인지

▣ 답변내용

[질의요지] 재공고입찰 시 입찰참가자격

[답변내용]

질의1에 대하여 국가기관이 당사자가 되는 입찰에 있어 계약담당공무원이 경쟁입찰에 부쳤으나 2인 이상의 유효한 입찰자가 없거나 낙찰자가 없는 경우 재입찰 또는 재공고 입찰에 부칠 수 있습니다. 2인 이상의 유효한 입찰자가 없거나 낙찰자가 없을 경우란 무응찰, 단일응찰, 적격자 없음으로 인한 유찰 모두를 포함하는 것이 맞습니다.

질의2에 대하여 재입찰과 재공고입찰은 당초의 공고조건을 변경하지 않은 상태에서 추가로 입찰에 부치는 것이며 입찰참가자격을 완화하거나 공고조건 등을 변경하는 것은 새로운 입찰에 해당합니다.

경쟁이 성립되지 못하는 등 유찰이 되는 경우 계약담당공무원은 입찰내용, 업체 현황 등 시장 여건, 공고조건 등 입찰과 관련된 모두를 참고하여 동일한 조건으로 재입찰 또는 재공고입찰을 실시할 수 있으며, 당초 입찰참가자격을 유지하는 상태로 자격 이외의 조건 등을 완화하여 새로운 공고로 할 것인지 또는 자격조건을 확대하여 새로운 입찰에 부칠 것인지를 검토하여 입찰에 부쳐야 합니다. 그리고 제한의 범위를 푼다고 하여 귀 질의처럼 당연히 모두가 포함되는

것은 아닐 것으로 보여지는 바, 개별 법령에서 제한하고 있는 경우도 있을 수 있으므로 이를 확인하여 추가 제한 여부를 결정하여야 합니다.

재공고입찰과 새로운 공고입찰

2021-08-12

■ 질의내용

<현재상황> ○ 나라장터에 공고된 [협상에 의한 계약, 제한경쟁입찰(총액)] 용역입찰 공고가 1회 유찰(무응찰, 입찰업체 :0) 됨 ○ 국가계약법 시행령 및 계약예규 등을 준수하여 입찰참가자격, 실적제한 등을 설정하여 추진하였으나, 무응찰(1회 유찰) 처리가 되어, 효율적인 업무추진을 위하여 입찰 참가조건을 변경(일부 완화)하여 추진하고자 함

<질의내용> 현재 상황에서 입찰 참가조건을 변경(일부 완화)하여 재공고를 추진 하고자 하였으나, 국가계약법 시행령 제20조 ③에 따르면 기한을 제외하고는 최초입찰 조건을 변경할 수 없는 것으로 판단되어, 재공고 대신, 신규 공고를 하고자 하는데, 가능한지? (1회 무응찰 유찰 후 재공고를 하지 않고, 일부 참가자격제한 조건 변경하여 신규공고를 하여 진행이 가능한지?) 를 문의드립니다.

추가질의 1회 유찰(단독응찰 또는 무응찰)시에 재공고를 반드시 하여야 하는지(의무사항인지?)? 아니면 재공고 또는, 입찰공고 포기 등은 발주처의 판단에 따라서 시행가능한 것인지?

■ 답변내용

[질의요지] 재공고입찰과 새로운 공고입찰

[답변내용] 국가기관이 당사자가 되는 입찰에 있어 경쟁입찰을 실시하였으나 유찰이 되는 경우 계약담당공무원은 국가를 당사자로 하는 계약에 관한 법률 시행령 제20조에 따라 재입찰 또는 재공고입찰에 부칠 수 있습니다.

이때 계약담당공무원은 공고내용과 공고조건, 유찰사유, 재공고와 신규공고에 따른 제반적 유불리 등을 검토하여 재공고에 부칠 것인지 또는 조건 등을 변경하여 새로운 공고로 할 것인지를 결정하여야 하는 것입니다. 그러므로 재공고가 의무적 규정이라고 보기는 어려우며, 해당 계약 건의 상황에 따라 계약담당공무원이 판단하여야 합니다.

재공고입찰과 수의계약

2021-05-12

◾ **질의내용**

국가계약법 적용 기관에서 계약 이행 시, 국가계약법 제27조 준용 관련 질의드립니다.

국가계약법 제27조제3항에 따라, 2021. 6. 30.까지 같은 법 제10조에 따라 경쟁입찰을 실시하였으나 입찰자가 1인뿐인 경우, 재공고 입찰을 실시하지 않더라도 수의계약을 할 수 있는 것으로 알고 있습니다. 이에 따라 수의계약을 체결하려고 합니다.

이 경우, 제27조제2항(제1항의 규정에 의한 수의계약의 경우 보증금과 기한을 제외하고는 최초의 입찰에 부칠 때에 정한 가격 및 기타 조건을 변경할 수 없다)에 따라 입찰 시의 기초금액 그대로 수의계약 금액을 확정해야하는지 (수의시담하여 계약금액 조정이 불가능한지) 궁금합니다.

◾ **답변내용**

[**질의요지**] 재공고 입찰과 수의계약

[**답변내용**] 국가기관이 체결하는 입찰.계약에 있어서 계약담당공무원은 국가를 당사자로 하는 계약에 관한 법률 시행령 제27조 제3항에 의거 수의계약을 하는 경우 재공고입찰에 부친 결과 입찰자 또는 낙찰자가 없어 수의계약을 체결하려는 경우와 같이 계약담당공무원은 제27조 제2항에 따라 (보증금과 기한을 제외하고는) 최초의 입찰에 부칠 때에 정한 가격 및 기타 조건을 변경할 수 없는 것입니다.

한편, 이처럼 재공고입찰에 부친 결과 입찰자 또는 낙찰자가 없어 수의계약을 체결하려는 경우 계약담당공무원은 시행령 제27조 제2항의 규정에 따라 보증금과 기한을 제외하고는 최초의 입찰에 부칠 때에 정한 가격 및 기타 조건을 변경할 수 없는 것인 바, 즉 당초 입찰공고에 따른 입찰보증금이나 입찰마감일, 개찰일 등의 변경은 불가피하지만 당초 입찰공고할 때 정한 추정가격(기초금액) 및 과업내용, 과업수행기간 등의 조건들은 임의로 변경할 수 없는 것입니다.

참고로 조달청에서는 당초 기초금액을 기준으로 하여 (국가기관 ±2%, 지자체 ±3%)범위내에서 15개의 복수예비가격을 생성하여 그 중 하나의 가격을 재무관이 선택하여 예정가격으로 결정한 후 수의계약 대상자와 가격협상(수의시담)을 통하여 예정가격 이내로 시담가격이 제시된 경우에 수의계약을 체결하고 있음을 알려 드립니다.

재공고입찰을 실시하지 않는 수의계약 관련 질의

2021-08-23

▣ 질의내용

국가를 당사자로 하는 계약에 관한 법률 시행령 제27조(재공고입찰과 수의계약) ①경쟁입찰을 실시한 결과 다음 각호의 1에 해당하는 경우에는 수의계약에 의할 수 있다. 1. 제10조의 규정에 의하여 경쟁입찰을 실시하였으나 입찰자가 1인뿐인 경우로서 제20조제2항의 규정에 의하여 재공고입찰을 실시하더라도 제12조의 규정에 의한 입찰참가자격을 갖춘 자가 1인밖에 없음이 명백하다고 인정되는 경우 ③ 제1항제1호에도 불구하고 「재난 및 안전관리 기본법」 제3조제1호의 재난이나 경기침체, 대량실업 등으로 인한 국가의 경제위기를 극복하기 위해 기획재정부장관이 기간을 정하여 고시한 경우에는 제10조에 따라 경쟁입찰을 실시했으나 입찰자가 1인뿐인 경우 제20조제2항에 따른 재공고입찰을 실시하지 않더라도 수의계약을 할 수 있다.

코로나19 위기 상황에서는 제3항을 적용하여 수의계약을 체결할 수 있다고 알고 있습니다만, 경쟁입찰 이후에 입찰자가 1인뿐인 경우, 입찰참가자격이 있는 다른 업체와 수의계약이 가능한 것인지 아니면 해당 경쟁입찰에 참여했던 바로 그 1인과 수의계약을 체결해야 하는 것인지 궁금합니다.

▣ 답변내용

[질의요지] 한시적 특례규정 시행에 따른 수의계약 대상자 결정

[답변내용] 국가기관이 당사자가 되는 계약에 있어 계약담당공무원이 경쟁입찰에 부쳤으나 1인뿐인 입찰자가 유효한 적격입찰자인 경우에는 국가를 당사자로 하는 계약에 관한 법률 시행령 제27조제3항에 따라 그 입찰자를 대상으로 수의계약을 체결할 수 있습니다.

다만, 수의계약은 일반경쟁의 예외적 방법이므로 수의계약 사유에 해당한다 하여 반드시 수의계약에 의하여야 하는 것은 아니므로 해당 입찰자와 수의계약을 체결할 것인지 또는 재공고입찰에 부칠 것인지의 결정은 제반 여건을 고려하여 계약담당공무원이 결정하는 것입니다.

재안내 공고를 했음에도 2인 이상의 견적서를 받을 수 없는 경우
2022-08-30

◪ 질의내용

정부 입찰 계약 집행기준 제10조1항4호 궁금한 점이 있어 글 남깁니다.

"정부 입찰 계약 집행기준 제10조1항4호"에 따르면 재안내 공고를 실시했음에도 불구하고 견적에 아무도 참여하지 않았다면, 국가종합전자조달시스템을 사용하지 않고 서면이나 우편을 통해서 2인 이상으로부터 견적서를 받은 후 견적비교를 통해 수의계약을 진행할 수 있 수 있다는 뜻인가요?

제2항에 따른 재안내 공고를 실시한 결과 2인 이상으로부터 견적서를 받지 못했을 경우 그 이후의 수의계약 절차가 궁금합니다.

◪ 답변내용

[질의요지] 재안내 공고를 했음에도 2인 이상의 견적서를 받을 수 없는 경우

[답변내용] 국가기관이 당사자가 되는 계약에서 소액수의견적 재안내 공고에서 유찰된 경우에 국가를 당사자로 하는 계약에 관한 법률 시행령(이하 시행령 이라 합니다) 제27조제1항제2호(재공고입찰에 의한 수의계약)의 규정을 준용할 수 있는 규정이 없으므로 유찰 사유를 보다 자세히 검토하여 처리하여야 할 것으로 보여집니다.

유찰사유 판단에 따라 소액수의견적 재안내 공고를 다시 실시하든지 아니면 일반경쟁 또는 소기업. 소상공인 대상 제한경쟁을 실시하거나, 유찰 사유가 예산의 부족이라고 계약담당공무원이 판단하는 경우에는 예산을 증액하여 새로운 견적공고에 부칠 수도 있을 것입니다. 이러한 계약방법은 개별 상황과 사유에 따라 계약담당공무원이 결정하는 것입니다.

계약담당공무원이 수의계약을 체결하고자 하는 경우에는 시행령 제30조에 따라 전자조달시스템을 이용하여 2인 이상의 견적을 받아 계약상대자를 정함이 원칙이나, 재안내 공고를 하였음에도 2인 이상의 견적을 받지 못한 경우(예, 1인 견적)와 시행령 제30조제2항 단서에 해당하는 경우에는 전자조달시스템을 이용하지 않고 견적을 받아 처리할 수 있습니다.

적격심사 단독응찰 후 수의계약 관련 (코로나 특례기간)
2022-08-01

▣ 질의내용

경쟁입찰 적격심사 후 1개 업체만 입찰참가하여, 단독응찰로 유찰되었습니다. 국가계약법 시행령 제27조 (재공고입찰과 수의계약) 국가의 경제위기를 극복하기 위해 기획재정부장관이 기간을 정하여 고시한 경우에는 제10조에 따라 경쟁입찰을 실시했으나 입찰자가 1인뿐인 경우 제20조제2항에 따른 재공고입찰을 실시하지 않더라도 수의계약을 할 수 있다. 에 의거하여 1회 유찰 후 수의계약이 가능한 것으로 알고 있습니다. (현재 2022.12.31.까지 기재부장관 한시적 특례적용기간)

이렇게 1회 유찰 후 수의계약을 체결하고자 할 때, 경쟁입찰에 단독응찰하여 유찰된 해당업체만 수의계약 대상 업체가 되는것인지, 혹은 입찰에 참가하지 않았던 업체를 대상으로도 범위를 넓혀 수의계약 체결이 가능한 것인지 궁금합니다.

▣ 답변내용

[질의요지] 단독응찰 수의계약시 계약상대자 결정

[답변내용] 국가기관이 당사자가 되는 경쟁입찰은 2인이상의 유효한 입찰로 성립하므로 하나의 업체만 입찰에 참여했을 경우에는 유찰이 됩니다. 다만, 코로나19로 인한 경제위기 극복을 위해 2020.5.1~2022.12.31 기간 중에는 한시적으로 유효한 1인 입찰이 있는 경우에도 국가를 당사자로 하는 계약에 관한 법률 시행령(이하 시행령 이라 합니다) 제27조제3항에 따라 그 입찰자와 수의계약을 체결할 수 있습니다.

시행령 제27조제1항제1호는 입찰자가 1명 뿐인 경우로서 다시 공고를 하더라도 1인만이 참여할 것이 명백하다고 판단되는 경우에 수의계약이 가능하도록 하고 있으나 계약담당공무원이 이를 명백히 판단하기 어려운 점이 있어 경제위기 극복 차원에서 제3항을 신설하여 한시적으로 그 입찰자와 신속히 계약을 체결하라는 취지인 것입니다.

단일응찰자를 제외하고 수의계약이 가능한 자가 있다고 판단되는 경우라면 재공고입찰을 하는 것이 법령과 정책의 취지에 합당하다 할 것입니다. 그리고, 재공고입찰에 부쳤음에도 입찰자 또는 낙찰자가 없는 경우에는 당초 자격과 공고조건을 만족하는 자는 누구와도 수의계약이 가능하나, 계약담당공무원의 판단에 따라서는 조건 등을 변경하여 새로운 입찰에 부칠 수도 있습니다.

2장 입찰 및 낙찰자 결정 ·········

| 전자수의시담 | 2022-05-23 |

▣ 질의내용

국계법시행령 제26조에 해당하는 수의 계약을 공고할 때, 공고문 입력 시 [계약 및 입찰방식]항목에
1. 계약방법 : 수의(소액)-견적입찰(2인이상 견적제출) 2. 전자시담(다자간) 4. 수의(견적제출)
을 G2B를 입력하여 공고 할 때, 전자시담(다자간)을 할 경우, 1인견적에 해당하는 지 아니면 2인이상 견적제출에 해당하는지 궁금합니다.

아울러, 전자시담(다자간) 과 전자시담의 차이가 무엇인지 궁금합니다.

▣ 답변내용

[질의요지] 전자수의시담

[답변내용] 국가기관이 당사자가 되는 계약에 있어 계약담당공무원이 수의계약을 체결하고자 하는 경우에는 국가를 당사자로 하는 계약에 관한 법률 시행령 제30조에 따라 전자조달시스템을 이용, 견적공고하여 2인 이상의 견적을 통해 계약상대자를 정하여야 합니다.

견적 공고는 기본적으로 불특정 다수를 대상으로 견적서를 제출하도록 하는 것이며(발주자와 입찰자는 대화할 수 없습니다) 전자수의시담은 이미 정해진 소수를 대상으로 전자조달시스템이 제공하는 온라인 대화 기능을 이용하여 시담하는 것입니다.

그러므로 견적공고(견적제출)와 전자시담은 동시에 이루어질 수 없는 것이며, 일반적으로는 견적공고를 통하여 견적을 받았으나 동일한 견적금액이 여럿인 경우 온라인 시담을 하는 경우가 전자시담의 한 가지 사례가 될 것입니다.

제한 경쟁입찰이나 수의계약에 해당되는 지 여부

2021-05-13

▣ 질의내용

홈페이지를 제작하는데, 일반제작시스템(예상견적가 7200만원)대비 상당히 저렴한 웹빌더방식(550만원)의 업체를 알게 되어 웹빌더방식으로 홈페이지를 제작하였습니다.

이후 사업내용이 변경되어 홈페이지에 인증서비스를 추가시켜야하는 상황이 발생하였습니다.

현재 제작한 홈페이지의 A사 웹빌더 업체와 연계되어 인증서비스를 제공할 수 있는 업체는 2개사(대기업, 중기업)입니다. 인증예상건수는 155만건으로 건당 44원(부가세포함)정도로 예상되어 총 금액이 68,200,000원인 상황으로 계약이 필요합니다.

Q. A사 웹빌더에서 인증서비스 제공가능한 업체로 자격제한을 두어 제한경쟁입찰을 할 수 있을까요?
- 자격제한을 둘 수 없다면(A사 웹빌더 방식이 아니라 일반 인증서비스 업체와의 계약) 예상가격(68,200,000원)의 88% 수준의 최저가(60,016,000원) 제시업체와 계약이 되면 자격제한없는 경쟁입찰에 따라 8,184,000원의 예산절감이 예상되나 현재의 홈페이지가 아닌 일반홈페이지를 다시 제작해야되서 7,200만원의 추가예산소요가 필요한 상황입니다.

▣ 답변내용

[질의요지] 제한경쟁 가능 여부 등 계약방법 결정

[답변내용] 국가기관의 계약담당공무원이 계약을 체결하고자 하는 경우에는 국가를 당사자로 하는 계약에 관한 법률 제7조에 따라 일반경쟁에 부쳐야 하나, 같은 법률 시행령(이하 시행령이라 합니다) 제21조에 해당하는 경우에는 제한경쟁입찰에 부치거나 제26조에 따라 수의계약의 방법으로 계약을 체결할 수 있습니다.

제한경쟁입찰과 수의계약은 일반경쟁입찰의 예외적 방법에 해당하며, 그것이 가능하다하여 반드시 제한경쟁입찰에 부쳐야 하는 것도 아니고 반드시 수의계약으로 해야 하는 것은 아닙니다.

귀 질의의 경우 계약담당공무원이 계약목적 달성을 위해 기술이나 실적 경험이 반드시 요구되는 경우라고 판단되는 경우 제한경쟁입찰이 가능할 것이며, 이러한 자격을 갖춘 사람이 10명 이내인 것이 명백하다고 확인되면 지명경쟁입찰도 가능할 것입니다.

다만, 개별기관이 구체적 필요에 따라 체결하는 계약이 어느 방법(귀 질의, 제한경쟁이나 지명경쟁에 해당하는지 또는 수의계약 사유에 해당하는지)이 적정한지는 각 기관마다 상황(개별 건)마다 달리 적용되어야 할 것이므로 이에 대한 적용 및 가능 여부는 계약담당공무원이 계약목적물과 이행시기, 업체 현황을 포함한 시장상황 등을 모두 고려하여 판단하여야 하는 것입니다.

제한경쟁에 대한 해석 문의

2022-06-15

▣ 질의내용

입찰현황 1. 최초 설비구매 시 외국 회사에서 납품을 하였으며, 2. 그와 관련된 소모품 구매 관련하여 일정 구매규격서를 만족할 수 있는 기술의 보유(ex. 공장등록증 등)로 제한경쟁을 추진하고자 합니다.

이 때, 민원인은 원제작사(최초 납품업체)의 국내 단독 대리점으로 언제작사 위탁판매 체결 여부가 기술의 보유로 해당하며 기술제한 시 '원제작사의 국내 에이전시'를 입찰자격요건에 추가 요청하였습니다.

발주사의 생각은 판촉권을 가진업체이긴 하나, 설비 기술 등의 보유로 확인되지 않아 조건 성립이 되지 않는다고 판단하는데 제한경쟁 시 부당한 제재인 지 여부를 확인하여 입찰자격요건을 작성하고자 합니다.

*국가계약법 시행령 제21조 1항 3호 : 특수한 설비 또는 기술이 요구되는 물품제조계약의 경우에는 당해 물품제조에 필요한 설비 및 기술의 보유상황 또는 당해 물품과 같은 종류의 물품제조실적

▣ 답변내용

[질의요지] 제한경쟁 사유에 해당하는

[답변내용] 국가기관이 당사자가 되어 계약을 체결하고자 하는 경우 계약담당공무원은 국가를 당사자로 하는 계약에 관한 법률 제7조에 따라 일반경쟁에 부쳐야 하나, 계약의 목적, 성질, 규모 등을 고려하여 필요하다고 인정되면 같은 법률 시행령(이하 시행령이라 합니다)에 따라 참가자의 자격을 제한 또는 지명하여 입찰하거나 수의계약의 방법으로 계약을 체결할 수 있습니다.

입찰자의 참가자격 제한은 관련 법령에서 필수적으로 요구하는 허가등의 자격 이외의 사항을 시행령 제21조에 따라 제한하는 것입니다. 구체적으로 입찰참가자격은 계약담당공무원이 관련법령과 사실관계를 확인하여 정하는 것이므로 계약담당공무원이 법령상 제한요건에 해당하는지는 계약목적물의 특성과 시장상황(귀 질의 단독대리점 여부를 포함하여 제한을 하더라도 경쟁 성립 가능성 등) 등을 고려하여 발주기관의 계약담당공무원이 직접 결정하여야 하는 것입니다.

········ 제3절 입찰방법 및 공고

중소기업자간 제한경쟁입찰 재공고 유찰 후 수의계약 가능 여부
2022-06-17

◉ **질의내용**

국가계약법 시행령 제21조(제한경쟁입찰에 의할 계약과 제한사항 등)에 따라 제한경쟁 입찰을 실시한 후 단독응찰 또는 무응찰의 사유로 1회 이상 유찰된 경우, 동 시행령 제27조(재공고입찰과 수의계약)의 경쟁입찰을 실시한 경우로 보아 수의계약 체결이 가능한 것인가요? 아니면 일반경쟁으로 제한을 풀어 공고한 후 유찰되면 수의계약 해야하는 것인가요?

그리고, 판로지원법에 따라 중소기업자간 제한경쟁 입찰을 실시한 후 단독응찰 등의 사유로 유찰된 경우에도 동 시행령 제27조에 의거 수의계약 할수 있는 것인지 궁금합니다.

(요약) 제한경쟁 입찰 후 단독응찰 또는 2회 무응찰 사유로 유찰시 수의계약 가능 여부

◉ **답변내용**

[**질의요지**] 재공고 유찰 후 수의계약과 단일응찰 수의계약

[**답변내용**] 국가기관이 당사자가 되는 계약에서 경쟁입찰을 실시하였으나 2인 이상의 유효한 입찰자가 없거나 낙찰자가 없는 경우에는 국가를 당사자로 하는 계약에 관한 법률 시행령(이하 시행령 이라 합니다) 제20조에 따라 재입찰 또는 재공고입찰에 부칠 수 있으며, 시행령 제27조에 따른 수의계약은 1차 입찰의 무응찰의 경우는 해당하지 않습니다.

2회 유찰시에는 공고조건에 맞는 자와 수의계약도 가능합니다. 다만, 계약담당공무원은 유찰사유를 검토하여 일반경쟁으로 입찰에 부치는 것이 유리하다고 판단되는 경우에는 새로운 입찰에 부칠 수도 있습니다.

그리고, 계약담당공무원은 시행령 제27조제3항에 따라 2020.5.1~2022.6.30 기간 중 시행령 제10조에 따라 경쟁입찰을 실시했으나 입찰자가 1인뿐인 경우 제20조제2항에 따른 재공고입찰을 실시하지 않더라도 수의계약을 할 수 있습니다.

다만, 동일한 조건으로 재공고 후 수의계약은 입찰참가자가 아니더라도 당초 공고에서 정한 자격이 있다고 판단되는 어느 누구와도 수의계약이 가능하나 시행령 제27조제3항에 따른 단일응찰의 한시적 수의계약은 반드시 그 입찰참가자와 수의계약을 체결하여야 합니다.

2장 입찰 및 낙찰자 결정

추정가격 1억원 미만 용역 유찰 시 중기업 참여 변경 가능 여부
2022-03-15

▣ 질의내용

국가공공기관 근무자이며, 이번에 1억원 미만 학술연구용역을 입찰 공고하였으나. 제안서 제출 마감 결과 소기업 또는 소상공인 참여 입찰 업체가 1군데도 없어 유찰되어 재공고하려고 합니다.

재공고 시 기존 내용은 변경 없으나 입찰 참가자격을 '중소기업제품 구매촉진 및 판로지원에 관한 법률 시행령' 제2조의2 제1항 1호 나 단서 조항 '입찰에 참가한 소기업 또는 소상공인이 2인 미만이거나 2인 이상이더라도 적격자가 없는 등의 사유로 유찰(流札)된 경우'에 해당되어 중기업도 참여 가능하도록 하여 중소기업자간 제한경쟁입찰로 변경하여 재공고 가능한지 질의드립니다.

▣ 답변내용

[**질의요지**] 추정가격 1억원 미만 용역 유찰 시 중소기업제품 구매촉진 및 판로지원에 관한 법률 시행령' 제2조의2제1항1호나 단서 조항에 의하여 중기업 참여 변경 가능 여부

[**답변내용**] 국가계약법령은 국가기관이 시행하는 입찰 및 계약의 절차에 관한 법령이므로 각 발주기관의 공무원은 이에 따라 업무를 처리해야 하는 것이 원칙인 것입니다. 다만, 「국가를 당사자로 하는 계약에 관한 법률」 제3조(다른 법률과의 관계)에서는 '국가를 당사자로 하는 계약에 관하여는 다른 법률에 특별한 규정이 있는 경우를 제외하고는 이 법에서 정하는 바에 따른다'고 규정하고 있는 바, 귀하의 질의에 있어 해당 계약목적물 관련으로 다른 법령에서 따로 정한 바가 있다면 그에 따라 처리할 수 있는 것입니다.

특정조달계약 용역입찰의 공고기간

2021-08-12

◙ **질의내용**

특정조달을 위한 국가를 당사자로 하는 계약에 관한 법률 시행령 특례규정을 적용하여 일반 품목에 대해서는 고시금액(6.5억)이상은 위 규정에 의해 입찰이 진행되고 있습니다 중소 소프트웨어사업자의 사업 참여 지원에 관한 지침 [별표1]를 참고하여 소프트웨어 품목은 사업금액 40억이상(매출액 8천억원 미만인 대기업)에 대해서 특정조달 규정에 의한 입찰이 진행되고 있습니다. 소프트웨어 품목에 대한 특정조달 입찰진행에 대한 정확한 구분선을 알고 싶어서 문의드립니다

◙ **답변내용**

[질의요지] 특정조달계약 용역입찰의 공고기간

[답변내용] 공기업.준정부기관이 당사자가 되는 물품 또는 용역입찰에 있어 추정가격이 고시금액 이상인 경우 발주기관의 계약담당자는 공기업.준정부기관 계약사무규칙 제4조에 따라 특정조달을 위한 국가를 당사자로 하는 계약에 관한 법률 시행령 특례규정(이하 특례규정이라 합니다)을 적용하여 입찰에 부쳐야 합니다.

이때 적용하는 공고기간은 특례규정 제11조에 따라 입찰서 제출 마감일 전일부터 기산하여 40일 이전에 공고하여야 하며, 긴급한 경우와 기타 사유로 공고기간을 단축하더라도 10일 미만으로 단축할 수는 없습니다.

학술연구용역의 수의계약

2021-07-15

▣ 질의내용

추정가격이 2천만원 초과 5천만원 이하인 경우, 나라장터에서 2인이상으로부터 견적서를 취득 후 계약을 체결할 수 있는 것으로 알고 있습니다. (이른바 소액수의계약)

그런데, (국가계약법 시행규칙 제33조 제1항 및 집행기준 제10조 제1항 단서)에 따르면, "전문적인 학술연구용역의 경우" 조달시스템에 의하지 않고 계약을 체결할 수 있는바, 아래의 사항이 궁금합니다.

1. 추정가격이 5천만원 미만인 학술연구용역의 경우 1인으로부터 (조달시스템에 의하지 않고) 견적서 취득 후 수의계약이 가능한지 여부
2. 만약 불가능하다면, 2인으로부터 (조달시스템에 의하지 않고) 견적서 취득 후 수의계약이 가능한지 여부
3. "전문적인 학술연구용역"이라 함은, 전국에 공급자가 한 손에 꼽을 정도로 적은 경우 만을 의미하는지, 혹은 여론조사 등과 같이 업무의 전문성을 기준으로 계약부서가 자체적으로 판단하는 경우를 의미하는지.

▣ 답변내용

[질의요지] 학술연구용역의 수의계약

[답변내용] 국가기관이 당사자가 되는 계약은 일반경쟁이 원칙이나 계약의 목적, 성질, 규모 등을 고려하여 필요하다고 인전되는 경우에는 제한경쟁이나, 지명경쟁 또는 수의계약의 방법으로 계약을 체결할 수 있습니다.

질의1, 질의2에 대하여 국가를 당사자로 하는 계약에 관한 법률 시행령(이하 시행령이라 합니다) 제26조제1항제5호가목4)에서는 추정가격이 2천만원 초과 1억원 이하의 학술연구 용역은 수의계약이 가능하도록 규정하고 있으며, 전문적 학술연구용역의 경우 시행령 제30조 및 같은 법률 시행규칙 제33조제1항제1호에 따라 전자조달시스템을 이용하지 않고도 수의계약을 체결할 수 있으며 시행령 제30조제1항 각 호의 어느 하나에도 해당하지 않는 경우에는 같은 항 본문의 규정에 따라 2인 이상의 견적을 받아야 할 것입니다.

질의3에 대하여 시행령 제26조제1항제5호가목4)에서 정한 특수한 지식.기술 또는 자격을 요구하는 계약에 관하여 계약예규 정부입찰.계약 집행기준 제10조제5항에서는 다음과 같은 경우라고 규정하고 있습니다.

1. 학술연구, 원가계산, 타당성조사, 여론조사 용역
2. 「건설기술진흥법」에 따른 건설기술용역
3. 「시설물의 안전관리에 관한 특별법」에 따른 안전점검 및 정밀안전진단 용역
4. 「엔지니어링산업진흥법」에 따른 엔지니어링활동을 목적으로 하는 용역
5. 「건설폐기물의 재활용촉진에 관한 법률」 및 「폐기물관리법」에 따른 폐기물 처리 용역
6. 법률자문·회계·감정평가 등 특정자격을 필요로 하는 용역
7. 기타 전문적인 지식이나 인력·설비 등을 요하는 용역

귀 질의가 위 규정에 부합하는지 여부는 발주기관이 사업의 목적.성질 등을 종합적으로 검토하여 판단하여야 할 것입니다.

한시적 특례 적용기간 시점에 관한 문의

2022-06-07

▣ 질의내용

기획재정부 고시 제2021-39호에 의거 한시적 특례 적용기간이 2022년 6월 30일까지로 연장된 걸로 알고있습니다.

국가계약법 시행령 제27조 제3항과 관련하여

경쟁입찰 1회 유찰 시 입찰자가 1인뿐인 경우 재공고입찰을 실시하지 않더라도 수의계약을 할 수 있는걸로 알고있는데

2022년 6월 30일 이전에 유찰이 되면 특례적용기간 이후라도 수의계약을 할수 있는건지

2022년 6월 30일 이전에 유찰수의계약까지 완료가 되어야 하는건지

정확한 적용시점이 궁금해 문의드립니다.

▣ 답변내용

[질의요지] 1인 입찰자와의 수의계약에 관한 한시적 특례 적용 시기

[답변내용] 국가기관이 당사자가 되는 계약에 있어 계약담당공무원은 국가를 당사자로 하는 계약에 관한 법률 시행령(이하 시행령 이라 합니다) 제27조제3항(신설)에 따라 2020.5.1~2022.6.30 기간 중 시행령 제10조에 따라 경쟁입찰을 실시했으나 입찰자가 1인뿐인 경우 제20조제2항에 따른 재공고입찰을 실시하지 않더라도 수의계약을 할 수 있습니다.

시행령 제27조제3항의 규정은 개정 당시 부칙 제3조에 따라 이 시행령 시행 전에 입찰공고를 한 경우로서 이 시행령 시행 이후 수의계약을 체결하려는 경우에 적용할 수 있습니다. 해당 부칙규정에 따라 수의계약 체결 사유가 고시기간 내에 발생해야 하므로, 시행령 제27조제3항에 따른 수의계약은 고시기간 내에 1인 입찰로 인한 유찰이 발생한 경우에 적용해야 할 것입니다.

.... 제3절 입찰방법 및 공고

| 한시적 특례 적용사항에 대한 문의 | 2021-04-01 |

▣ 질의내용

국가계약법 시행령 제26조(수의계약에의할수있는경우) 6항 2호,3호에 관한 질의입니다. 21년 6월30일까지 한시적 특례 적용 사항으로 알고있습니다.

예를들어 추정가격 1억원의 학술연구 용역의 경우

1. 수의계약으로 진행가능한지
2. 수의계약을 진행할 경우, 계약예규 정부입찰계약집행기준 제10조(소액수의계약 체결절차) 1항에 따라 3일간 전자조달시스템을 이용하여 안내공고하여야하는지

▣ 답변내용

[질의요지] 추정가격 1억원의 학술연구용역이 한시적 특례 적용으로 수의계약추진

[답변내용]

<질의1 관련> 국가기관과 체결하는 수의계약 사유에 있어서 「국가를 당사자로 하는 계약에 관한 법률 시행령」 제26조제1항제5호가목1) 및 3)부터 5)까지의 규정에도 불구하고 「재난 및 안전관리 기본법」 제3조제1호의 재난이나 경기침체, 대량실업 등으로 인한 국가의 경제위기를 극복하기 위해 기획재정부장관이 기간을 정하여 고시한 경우에는 같은 법 시행령 제26조제6항 각 호의 어느 하나에 해당하는 계약에 대해 수의계약을 할 수 있도록 기획재정부에서는 2020.5.1.에 신설하였습니다.

「국가를 당사자로 하는 계약에 관한 법률 시행령의 수의계약 등 한시적 특례 적용기간에 관한 고시」[시행 2020. 12. 28.] [기획재정부고시 제2020-38호, 2020. 12. 28., 폐지제정] 제2조(특례 적용기간) 영 제26조제6항, 제27조제3항, 제37조제1항, 제50조제1항, 제52조제1항, 제55조제1항, 제58조제1항에 따른 특례 적용기간은 이 규정을 고시한 날부터 2021년 6월 30일까지로 합니다.

같은 법 시행령 제26조제6항제3호에서의 "추정가격이 2천만원 초과 1억원 이하인 계약 중 학술연구·원가계산·건설기술 등과 관련된 계약으로서 특수한 지식·기술 또는 자격을 요구하는 물품의 제조·구매계약 또는 용역계약"에 해당되는지 여부는 당해 용역수행에 필요한 기술·공법 등을 개발 또는 보유하고 있음이 객관적으로 인정되는 경우 등을 말합니다.

다만, 구체적인 것은 각 중앙관서의 장이나 계약담당공무원이 관련 법령이 허용하는 범위내에서 '할 수 있는' 재량행위이므로 해당 계약목적물의 특성과 관련 규정을 종합적으로 살펴 온전히 직접 판단해야 할 사항임을 알려드립니다.

<질의2 관련> 상기와 같이 수의계약으로 계약을 체결하고자 하는 경우에는 2인 이상으로부터 전자조달시스템을 이용하여 견적서를 제출하도록 하여야 하며, 전자조달시스템을 이용하여 견적서를 제출받았으나 견적서 제출자가 1인뿐인 경우로서 다시 견적서를 제출받더라도 견적서 제출자가 1인밖에 없을 것으로 명백히 예상되는 경우에는 그러하지 아니할 수 있습니다(같은 법 시행령 제30조 참조).

현 공사업체와 내부 물품 등에 관한 수의계약 체결이 가능 여부
2021-09-24

▣ 질의내용

복지관내 식당을 기능보강사업을 진행하고자 하여서 공사업체와 수의계약하여 진행하려고합니다.
그런데 경로식당에 집기류나 에어컨등 내부 물품등도 교체하려는데.
물품구매관련하여서도 공사업체를 통하여
수의계약하여 진행하여도 되는지 문의드립니다.

▣ 답변내용

[질의요지] 현 공사업체와 내부 물품 등에 관한 수의계약 체결이 가능한 지

[답변내용] 국가기관이 체결하는 계약에 있어 수의계약에 의할 수 있는 경우는 국가계약법시행령 제26조, 제27조, 제28조에서 정하고 있습니다. 귀 질의의 경우 내부 집기류 및 에어컨 등의 물품이 추정가격 2천만원 이하인 경우라면 1인 견적에 의한 수의계약이 가능합니다.

다만, 조달사업에관한 법률시행령 제11조 제1항 제2호에 따라 국가기관과 그 소속 기관 또는 지방자치단체와 그 소속 기관이 구매하려는 수요물자로서 법 제13조에 따른 다수공급자계약이 되어있는 물품에 대해서는 종합쇼핑몰을 이용하여 물품을 구매하여야 함을 알려드립니다.

협상에 의한 계약 2회 유찰 후 수의계약 진행 시 계약 대상자 선정
2021-08-05

■ **질의내용**

저희 기관에서 협상에 의한 계약으로 공고를 진행하였으나 2회 모두 무응찰로 유찰되어 국가계약법 시행령 제27조에 따라 수의계약을 진행하고자 합니다. 유찰처리 후 여러 업체에서 연락이 와 견적서를 받고 수의계약을 진행하려고 합니다.

다음과 같은 사항이 궁금합니다.

1) 국가계약법 시행규칙 제32조에 따르면 국가에 가장 유리한 가격을 제시한 자를 계약상대자로 결정하여야 한다고 되어있는데, 무조건 제일 낮은 가격을 제시한 업체를 선정해야 하는 것인지 궁금합니다.

2) 또한 업체가 견적서를 제출할 때, 업체가 제시하여야 하는 가격의 하한선이 있는 것인지도 알고 싶습니다. 당초 입찰공고할 때 정한 기초금액 기준 이하로 견적서를 받고자 하는데 가격 하한률을 정해야 하는지 궁금합니다.

■ **답변내용**

[**질의요지**] 협상에 의한 계약 2회 유찰 후 수의계약 진행 시 계약 대상자 선정

[**답변내용**] 국가기관이 체결하고자 하는 계약에 있어서 계약담당공무원은 재공고입찰에 부쳤으나 입찰자나 국가기관이 당사자가 되는 계약에서 계약담당공무원은 「국가를 당사자로 하는 계약에 관한 법률 시행령」(이하 "시행령"이라 합니다.) 제20조제2항의 규정에 따라 재공고입찰에 부친 경우로서 입찰자나 낙찰자가 없어 시행령 제27조제1항제2호에 따른 수의계약의 경우에 계약담당공무원은 같은 조 제2항에 따라 보증금과 기한을 제외하고는 최초의 입찰에 부칠 때에 정한 (예정)가격과 기타 조건을 변경할 수 없습니다. 즉, 재공고 수의계약에 따른 당초 입찰마감일, 개찰일 등의 변경은 불가피하지만 당초 입찰공고할 때 정한 입찰참가자격, 추정가격(예정가격) 및 과업내용, 과업수행기간 등의 조건들은 임의로 변경할 수 없습니다.

동법 시행령 제27조제1항제1호의 규정에 정한 "재공고입찰을 실시하더라도 제12조의 규정에 의한 입찰참가자격을 갖춘 자가 1인밖에 없음이 명백하다고 인정되는 경우"라 함은 시행령 제12조의 규정에 정하고 있는 바와 같이 관련법령에 의하여 등록 등을 요하거나 자격을 갖추어야 할 경우로서 등록 등을 받았거나 당해 자격요건에 적합한 자가 1인뿐인 경우를 의미합니다.

동 수의계약을 체결하고자 할 때에는 동법 시행규칙 제32조의 규정에 의거 국가에 가장 유리한 가격을 제시한 자를 계약상대자로 결정하여야 하며, 재공고 입찰시 입찰한 자만을 견적대상자로 하지 않으며, 참가자격이 있는 업체이면 누구나 견적을 제출할 수 있습니다.

2장 입찰 및 낙찰자 결정

재공고입찰에 따른 수의계약의 절차 및 동 계약체결기준은 국가계약법령 및 계약예규에서 규정하고 있지 않는 바, 재공고입찰에 따른 수의계약을 체결할 수 있는 요건에 해당한다면 수의계약 대상자를 선정하는 기준은 발주기관이 국가계약법규 등 여러 가지 제반사정을 고려하여 정하여야 할 것입니다.

이것은 당초 경쟁입찰을 수의계약으로 낙찰자 결정방법이 변경된 것이므로, 당초 경쟁입찰시 발주기관이 단일 예정가격을 정하지 않고 조달청 고시 「국가종합전자조달시스템 전자입찰특별유의서」 제12조에 따라 복수예비가격을 작성하여 국가종합전자조달시스템(나라장터)에서 예정가격을 결정하는 전자입찰에서 유찰 등으로 이러한 예정가격이 결정되지 아니한 경우에는 동 기초금액을 기준으로 하여 계약담당공무원이 예정가격을 작성(단일예가 작성)해야 할 것으로 봅니다.

참고로, 조달청에서는 2차 입찰시 예정가격이 형성된 경우에는 그 예정가격, 유찰 등으로 예가형성이 안된 경우에는 ±2%내 복수예비가격중 1개를 선택(기공개된 기초금액을 예가로 결정하면 예정가격이 누설되는 문제로)하여 운영하고 있음을 알려드립니다.

협상에 의한 계약 단독응찰로 인한 유찰시 수의계약 전환 관련
2022-08-01

■ 질의내용

(내용) 일반경쟁/협상에의한 계약으로 진행 하였는다 1개 업체(A)가 입찰금액을 초과 하여 입찰에 응찰하였습니다 경쟁입찰로 그 공고를 입찰 무효 처리하는게 맞으나 코로나 특례 근거로 수의계약 전환 가능 하다고 하는데

Q1. 그럼 무효처리 하고 들어온 업체와 수의계약 바로 가능 한지 아님 수의계약전에 A 업체에 대한 제안서 평가를 시행해야 하는 지 여부

Q2 절차 확인절차 가. 경쟁입찰 공고 → 1개 업체 단독응찰 → 기존공고 유찰처리 → 협상에 의한 계약의 경우 제안서 평가(적합성평가) → 적격일 경우 협상대상자에 통지 → 수의계약 체결 가능 나. 경쟁입찰 공고 → 1개 업체 단독응찰 → 기존공고 유찰처리 → 단독 수의계약 체결 가능 가, 나 중에 어느게 맞는 절차인지 여부

■ 답변내용

[질의요지] 협상에 의한 계약의 단독응찰에 따른 수의계약시 제안서 평가

[답변내용] 국가기관이 당사자가 되는 계약에 있어 계약담당공무원은 국가를 당사자로 하는 계약에 관한 법률 시행령 제43조에 따른 협상에 의한 계약을 체결하고자 하는 경우 계약이행의 전문성, 기술성, 긴급성, 공공시설물의 안전성 및 그 밖에 국가안보목적등의 이유로 필요하다고 인정되는 경우에 다수의 공급자들로부터 제안서를 제출받아 평가한 후 협상절차를 통해 국가에 가장 유리하다고 인정되는 자와 계약을 체결하는 것입니다. 그러므로 전문성, 기술성 등 협상에 의한 계약을 추진하게 된 조건을 충족하는지를 심사할 필요가 있는 것입니다.

계약예규 정부 입찰.계약 집행기준 제2조의6제6호에서는 전문성, 기술성, 창의성, 예술성, 안정성 등이 요구되지 않는 물품이나 용역을 협상에 의한 계약으로 집행하지 않도록 하고 있는 바, 제안서 평가가 불필요한 경우라면 당초부터 협상에 의한 계약으로 집행하지 않는 것이 적절하다 할 것입니다.

협상에 의한 계약 시, 가격협상 여부 관련

2021-07-06

◘ 질의내용

협상에의한계약 진행시 가격협상 생략여부에 관한 질의입니다.
기술협상과정에서 다음의 두가지에 해당되는 경우 가격협상을 생략할 수 있는지 문의드립니다.
1. 과업추가내용이 없었으며, 금액 변동이 없는경우
2. 과업추가내용이 있지만, 금액 변동이 없는 경우

◘ 답변내용

[질의요지] 협상에 의한 계약의 가격협상

[답변내용] 국가기관이 당사자가 되는 계약에 있어 계약담당공무원이 협상에 의한 방법으로 계약을 체결하고자 하는 경우 계약예규 협상에 의한 계약체결기준 제12조에 따라 협상대상자와 가격에 관한 협상을 하여야 합니다.

과업의 내용과 금액의 변동이 없다하더라도 그 내용과 금액을 확정 짓는 의미로서의 협상결과물은 필요해 보이며, 과업내용이 추가되는 경우에도 금액을 조정할 수 있으므로 조정에 따른 협상 결과에 대한 사항들을 작성하여야 할 것으로 보여집니다. 계약예규 용역계약일반조건 제6조는 구두에 의한 통지 등은 문서로 보완되어야 효력이 있다고 규정하고 있음을 참고하시기 바랍니다.

.... 제3절 입찰방법 및 공고

협상에 의한 계약체결 시 적격여부 심사 가능 여부

2022-02-17

◼ 질의내용

국가계약법 시행령 제43조에 의거, 협상에 의한 계약체결로 용역을 발주하고자 합니다. 그런데, 입찰 참가업체의 연체, 부도 등 신용위험에 대한 우려를 피하고자 하여, 입찰참가자격에 "한국신용정보원 '신용정보관리규약'에서 정하는 연체, 대위변제·대지급, 부도, 관련인에 의한 신용거래정보 및 금융질서문란정보의 등록대상자는 입찰에 참가할 수 없음" 문구를 삽입하고자 합니다.

Q1. 다른 입찰참가자격 조건으로 유사사업 수행실적을 기재하였습니다. 이 경우, 상기 연체, 부도 관련 조건은 국가계약법 시행규칙 제25조 제5항에 따라 입찰참가자격 조건으로 동시에 삽입이 불가능한지요? 불가능하다면 해당법규의 취지가 무엇인지도 궁금합니다.

Q2. 조달청 해석사례 공개번호 1608050017에 따르면, 부도 등의 상태로 계약이행이 어렵다고 판단되는 경우 결격사유가 있는 것으로 처리하고 있다고 기술되어 있습니다. 그런데 기재부 계약예규 적격심사기준은 국가계약법 시행령 제42조 제1항에 의한 낙찰자 결정시 적용하는 것으로 기재되어 있는데, 시행령 제43조 협상에 의한 계약체결시에도 적용이 가능한건지요?

Q3. Q2에서 적용이 가능하다면, 적격심사기준 제9조의2에서는 "입찰서제출마감일 이후 낙찰자결정 이전에 결격사유가 발생한 경우"로 기술되어 있는데, 부도 등 결격사유가 입찰서제출마감일 이전에 발생한 경우는 무엇에 근거하여 결격 처리가 가능할지요?

Q4. Q2에서 적용이 불가능하다면, 협상에 의한 계약체결 시에는 부도 등의 사유로 입찰참여자를 제한할 수 있는 방법이 없는건가요? 우려되는 상황(가정)은, 공동수급사 중 하나가 부도 상태인데 여러 항목 중 하나인 재무상태 혹은 신용등급으로는 감점이 크지 않아 타 항목 점수가 높아 협상적격자로 선정되는 것입니다.

◼ 답변내용

[질의요지] 협상에 의한 계약체결 시 입찰참자가격 및 적격여부 심사 가능 여부

[답변내용]

<Q1. 관련> 각 중앙관서의 장이나 계약담당공무원은 「국가를 당사자로 하는 계약에 관한 법률 시행령」 제21조제1항에 따라 제한경쟁입찰에 참가할 자의 자격을 제한하는 경우 같은 항 각호 또는 각호 내의 사항을 중복적으로 제한하여서는 아니 됩니다. 이는 각 호 또는 각 호 내의 사항 이외에 다른 사항까지이 중복제한을 금지한다고는 볼 수 없을 것이며, 해당 계약목적물 관련으로 다른 법령의 규정에 의하여 갖추어야 할 자격요건에 해당한다면 이는 입찰참가자격에 대한 제한이 아니라 시행령 제12조제1항에서 규정한 경쟁입찰의 참가자격에 해당하게 되므로 동법 시행규칙 제25조제5항에 따른 중복제한 문제는 발생하지 않는다고 할 것입니다.

2장 입찰 및 낙찰자 결정

다만, 개별 건에서 입찰 참가자격을 각기 다른 사항으로 중복하여 제한할지 여부는 입찰시 제반상황 및 재량권의 남용여부 등을 종합적으로 고려하여 각 중앙관서의 장이나 계약담당공무원이 적의 판단해야 할 사항일 것입니다.

<Q2,3,4 관련> 시행령 제42조제1항의 규정에 의한 적격심사낙찰제에 있어서 결격사유 발생시 처리방법에 대하여는 계약예규 「적격심사기준」 제9조의2에서 정하고 있으나, 시행령 제43조에 의한 협상계약의 경우에는 기획재정부 계약예규 「협상에 의한 계약체결기준」에 직접 규정하지 아니하고 동 기준 제16조에 정한 바와 같이 이 기준에 따라 협상에 의한 계약을 체결함에 있어 필요한 세부기준을 정하여 운용할 수 있도록 하고 있음을 알려드립니다. 따라서, 각 중앙관서의 장이 동 예규의 내용 및 취지에서 벗어나지 않는 범위 내에서 각 발주기관이 동 세부기준을 마련할 수 있다고 할 것이므로 귀하의 질의 경우도 자체적으로 필요하다고 판단되는 사항을 세부기준으로 구체화하여 사용할 수 있다고 봅니다.

협상에 의한 계약체결기준 중 가격의 협상 질의

2021-01-25

▣ 질의내용

협상의 의한 계약체결기준 제12조(가격의 협상) 제1호 협상대상자와의 가격협상시 기준가격은 해당 사업예산(예정가격을 작성한 경우에는 예정가격)이하로서 협상대상자가 제안한 가격으로 한다.... 관련하여 질의드립니다.

본 기관은 협상에 의한 계약을 준비중으로 예정가격을 작성하였습니다.

만약, 예정가격이 2천만원이고, 제안서 평가 후 가격입찰서를 개봉하여 입찰가격에 대한 평가 결과 우선순위 협상자가 결정되었습니다. 우선순위 협상대상자가 제출한 가격이 2천5백만원으로 예정가격을 초과하는 경우(단, 제안한 내용 가감되는 내용은 없음)

(1) 가격 협상을 통해(가격입찰서 재투찰 등) 예정가격 이하인 2천만원으로 조정할 수 있다
(2) 예정가격을 초과하였으므로, 후순위 협상대상자와 협상을 진행하여야 한다.

▣ 답변내용

[질의요지] 협상에 의한 계약체결기준 중 가격 협상에 관한 질의

[답변내용] 지방자치단체를 당사자로 하는 계약, 공기업과 준정부기관 및 공공기관의 계약에 관하여는 달리 정한 바가 있으면 그에 따라야 함을 알려 드립니다.

국가기관이 당사자가 되는 협상에 의한 계약에 있어 계약담당공무원은 계약예규 협상에 의한 계약체결기준 제8조제1항에 따라 제안서 평가결과, 입찰가격이 해당 사업예산(예정가격을 작성한 경우에는 예정가격) 이하인 자로서 기술능력평가 점수가 기술능력평가분야 배점한도의 85% 이상인 자를 협상적격자로 선정하여야 하는 바(계약예규 개정 2019.12.18 이후 입찰공고분), 예정가격을 초과하여 가격제안서를 제시한 업체는 협상적격자가 될 수 없는 것이며, 또한 예정가격을 초과한 업체의 경우 기술 + 가격 평가점수 산정 결과가 1순위에 해당하더라도 우선협상대상자로 선정할 수 없는 것입니다.

홍보 웹툰 제작의 수의계약 가능 여부

2022-02-21

◘ 질의내용

수의계약 관련해서 국가계약법 해석에 관한 문의 드립니다.

국가계약법 시행령 제26조 1항 3호 자목 '해당 물품의 생산자 또는 소지자가 1인뿐인 경우로서 다른 물품을 제조하게 하거나 구매해서는 사업목적을 달성할 수 없는 경우' 관련 입니다.

홍보 웹툰 제작을 하려고 하는데, 추정가격이 2천만원을 초과해서 소액 수의에 해당되지 않는 건 입니다.

웹툰의 경우 한명의 작가만 웹툰을 그리는 것은 아니지만, 이 캐릭터과 그림은 해당 작가만의 고유한 작품입니다.(한 사람만이 그림을 그릴 수 있는 것은 아니나, 해당 그림은 한 사람만 그릴 수 있는 미술품과 비슷하게 해석이 될 것 같습니다.)

이 경우 생산자 1인으로 보아 수의계약이 가능한지 또는 공모를 통해 진행해야 할 지 문의드립니다.

◘ 답변내용

[질의요지] 홍보 웹툰 제작의 수의계약 가능 여부

[답변내용] 국가기관이 당사자가 되는 계약에 있어 계약담당공무원이 계약을 체결하려면 국가를 당사자로 하는 계약에 관한 법률 제7조에 따라 일반경쟁에 부쳐야 하나, 같은 법률 시행령(이하 시행령이라 합니다) 제26조에 해당하는 경우 수의계약의 방법으로 계약을 체결할 수 있습니다.

수의계약은 경쟁계약 원칙의 예외적인 사항으로 임의규정입니다. 수의계약 사유에 해당한다 하여 반드시 수의계약으로 해야 하는 것은 아니며, 동일 기관, 동일 내용이라 하더라도 여러가지 상황, 조건들과 시기에 따라 수의계약 또는 경쟁계약의 방법을 달리 할 수 있는 것입니다.

따라서 계약의 방법 결정(계약목적물이 수의계약을 허용한 규정에 적합한지, 이를 근거로 수의계약 할 것인지 등) 판단은 관련 법령과 해당 계약 집행 당시의 여러 조건들을 고려하여 계약담당공무원이 결정하여야 할 것입니다.

[2020 주요 질의회신]

5천만원 초과하는 소액수의계약 견적안내공고시 여성기업 등으로 제한 가능한지
2020-07-30

■ 질의내용

공공기관 계약담당자로 다음 사항이 국가계약법에 위반되는지 여부를 질의합니다. 2020.5.1일부로 국가계약법 시행령 제26조 제6항이 신설되어 추정가격 4억원 이하인 건설공사(종합공사)는 수의계약이 가능합니다. 동법 시행령 제30조 제2항에 따르면 제26조 제6항 제4호 각 목의 어느 하나에 해당하는 자(여성기업, 장애인기업, 사회적기업 등)와 계약을 체결하는 경우 5천만원을 초과하는 수의계약의 경우 전자조달시스템을 이용하여 견적서를 제출하도록 해야 한다라고 규정되어 있습니다. 공공기관 우선구매 평가를 고려하여 저희 기관은 여성기업, 장애인기업, 사회적기업 등 중 하나의 업체와 수의계약을 체결하고자 할 때 예를 들어 종합공사 3억원 공사 발주 시 소액수의계약 견적안내 공고의 참가자격을 여성기업, 장애인기업, 사회적기업 등 중 하나로 제한할려고 하는데 이렇게 하는 것이 국가계약법에 위반되는 것은 아닌지 궁금합니다. 국가계약법 시행령 제21조의 제한경쟁입찰에 따른 제한사항에 여성기업 등으로 제한할 수 있다라는 조항이 없지만 위 건은 제한경쟁입찰이 아니라 소액수의계약 견적안내 입찰로 제21조를 적용받지 않는다고 생각되는데 이 점 또한 적법한 해석인지도 궁금합니다.

■ 답변내용

[질의요지] 추정가격 3억원 공사 소액수의계약 견적 안내공고 시 여성기업, 장애인기업, 사회적기업으로 제한 가능한 지

[답변내용] 국가기관이 체결하는 계약에 있어서 계약담당공무원은 「국가를 당사자로 하는 계약에 관한 법률」 제7조에 따라 계약을 체결하고자 하는 경우에는 일반경쟁에 부쳐야 하며, 다만, 계약의 목적·성질·규모 등을 고려하여 필요하다고 인정될 때에는 참가자의 자격을 제한하거나 동법 시행령 제26조제1항 각호에 해당하는 경우에는 수의계약에 의할 수 있습니다.

동법 시행령 제26조제1항제5호 '가'목 1)에 의거 「건설산업기본법」에 따른 건설공사(같은 법에 따른 전문공사는 제외한다)로서 추정가격이 2억원 이하인 공사, 같은 법에 따른 전문공사로서 추정가격이 1억원 이하인 공사 및 그 밖의 공사 관련 법령에 따른 공사로서 추정가격이 8천만원 이하인 공사, 동 시행령 제26조 제6항 제1호에 의거 「건설산업기본법」에 따른 건설공사(같은 법에 따른 전문공사는 제외한다)로서 추정가격이 4억원 이하인 공사, 같은 법에 따른 전문공사로서 추정가격이 2억원 이하인 공사 및 그 밖의 공사 관련 법령에 따른 공사로서 추정가격이 1억6천만원 이하인 공사에 대한 계약에 대해 수의계약이 가능합니다.

이 경우에 귀 질의와 같이 종합공사 3억원 공사의 소액수의계약 견적 안내공고 시 동 시행령 제26조제1항제5호가목5)가)부터 다)까지의 어느 하나에 해당하는 자로 제한하는 것은 어렵다고 봅니다.

PQ심사 공고 유찰 후 재공고시 공고기간

2020-07-06

■ 질의내용

현재 공공기관 재직자로써, PQ심사 공고기간 관련해서 궁금한 것이 있어 질의를 남깁니다.

계약예규상 나와 있듯이 저희는 PQ공고시 입찰공고 7일, PQ심사 10일을 주고 있습니다.

그리고 현재, PQ심사 신청을 1개 업체만 들어와서 재공고 입찰을 띄워야 합니다.

근데, 국가계약법 시행령 35조(입찰공고의 시기) 및 20조(재입찰 및 재공고입찰)에 따라 재공고 시 입찰공고일을 5일을 적용할 수 있다고 나오는데요

PQ심사의 경우에는 총 공고기간을 어떻게 해야하는지 여쭤보고자 글을 남깁니다.

1. 입찰공고 5일, PQ 심사 10일
2. 입찰공고 7일, PQ심사 10일
3. 입찰공고 및 PQ심사기간 다 합쳐서 5일

■ 답변내용

[질의요지] 입찰참가자격 사전심사 공고 유찰 후 재공고시 공고기간에 대한 질의

[답변내용] 아래 사항은 국가기관을 기준으로 해석한 것임을 참고하여 주시기 바라며, 지방자치단체를 당사자로 하는 계약, 공기업과 준정부기관 및 공공기관의 계약에 관하여는 달리 정한 바가 있으면 그에 따라야 함을 알려 드립니다.

국가기관이 당사자가 되는 공사계약에 있어 입찰참가자격 사전심사(이하 PQ심사라 합니다) 신청기간 등에 대하여는 국가를 당사자로 하는 계약에 관한 법률 시행규칙 제23조의2에 따라 입찰공고일부터 7일 이상이 지난 날부터 신청토록 하고, 신청기간은 10일 이상으로 하되 입찰공고시 그 신청기간을 명시하여야 하는 것이며, 입찰공고는 국가를 당사자로 하는 계약에 관한 법률 시행령(이하 시행령이라 합니다) 제35조제1항에 의하여 입찰서 제출마감일의 전일부터 기산하여 7일전에 이를 행하여야 하는 것입니다.

긴급입찰 공고의 경우에는 시행령 제35조제4항에 따라 입찰서 제출마감일의 전날부터 기산하여 5일 전까지 공고할 수 있는 것입니다. 아울러, 귀 질의 심사의 의미가 불명확한 데 신청기간의 의미라면 심사전 신청기간은 10일 이상을 주어야 할 것으로 보입니다.

국가계약법 시행령 제26조 제6항 제4호 관련 문의

2021-02-03

▣ **질의내용**

국가계약법 국가계약법 시행령 제26조 제6항 제4호 관련하여 여성기업이거나 장애인기업일때 수의계약 한도가 5천만원에서 1억원까지로 한시적으로 늘어났는데,

제30조 견적에 의한 가격결정 등에 대해서는 변동된바가 없어 1인 견적으로 계약을 추진해도 되는지 모르겠습니다. 5천만원 초과하는 계약에 대해서는 전자조달시스템을 이용하여 견적서를 제출받아야 하나요?

아니면, 1인견적으로도 1억까지 수의계약이 가능한부분인가요?

▣ **답변내용**

[**질의요지**] 소액수의계약 전자조달시스템을 이용한 1인 견적에 의할 수 있는 경우 관련 질의

[**답변내용**] 국가를 당사자로 하는 계약에서 계약담당공무원은 국가를 당사자로 하는 계약에 관한 법률 시행령 제30조제2항에 의거 동 시행령 제26조제1항제5호가목 및 같은 조 제6항에 따른 수의계약 중 추정가격이 2천만원[같은 조 제1항제5호가목5)가)부터 다)까지의 어느 하나에 해당하는 자(여성기업, 장애인기업, 사회적기업 등) 또는 같은 조 제6항제4호 각 목의 어느 하나에 해당하는 자와 계약을 체결하는 경우에는 5천만원]을 초과하는 수의계약의 경우에는 전자조달시스템을 이용하여 견적서를 제출하도록 하여야 하는 것입니다.

즉, 시행령 제26조제1항제5호가목 및 같은 조 제6항에 따른 수의계약시 추정가격이 2천만원을 초과하는 경우에는 2인이상 지정정보처리장치를 통하여 견적서를 제출하도록 하여야 합니다. 다만, 제26조제1항제5호가목5)가)부터 다)까지의 어느 하나에 해당하는 자 또는 같은 조 제6항제4호 각 목의 어느 하나에 해당하는 자와 수의 계약을 체결하는 경우에는 5천만원 초과하는 경우에는 2인이상 지정정보처리장치를 통하여 견적서를 제출하도록 하여야 하는 것입니다.

귀 질의와 같이 국가계약법 개정에 따라 관련 조항의 수의계약 가능 금액이 1억원으로 증액되었으나 1인 견적에 의한 수의계약 금액이 1억원까지 증액된 것은 아닙니다.

국가계약법 시행령 제30조 1인견적과 2인견적의 차이

2020-07-07

■ 질의내용

국가계약법 시행령 제30조의 1인견적과 2인견적에 대해 문의 드립니다. 1. 수의계약을 체결하고자 할 때에는 2인 이상으로 견적서를 받아야 한다라고 되어 있는데요. "2인 이상"이 지정정보처리장치를 통해 받는 것을 의미하는지, 아니면 특정 업체 2군데에서 견적을 받아보는 것인지 궁금합니다. 1인 견적과 2인 견적의 차이점을 알려주시면 감사하겠습니다. 2. 국가계약법 시행령 제26조 제4항다목의 중증장애인생산품 생산시설(장애인기업과는 다름)과 3800만원 인쇄 계약을 하고자 합니다. 이 경우 지정정보처리장치를 통하지 않고, 특정업체 2곳에서 견적을 받아 계약을 체결할 수 있는지 궁금합니다.

■ 답변내용

[질의요지] 국가계약법 시행령 제30조 견적 방법 등에 관한 질의

[답변내용] 아래 사항은 국가기관을 기준으로 해석한 것임을 참고하여 주시기 바라며, 지방자치단체를 당사자로 하는 계약, 공기업과 준정부기관 및 공공기관의 계약에 관하여는 달리 정한 바가 있으면 그에 따라야 함을 알려 드립니다.

국고의 부담이 되는 계약은 경쟁계약이 원칙이나 국가를 당사자로 하는 계약에 관한 법률 시행령(이하 시행령이라 합니다) 제26조에 해당하는 경우 계약담당공무원은 수의계약을 체결할 수 있습니다.

수의계약을 하려는 경우 계약담당공무원은 시행령 제30조에서 정한 바에 따라 전자조달시스템을 통하여 2인 이상으로부터 견적을 받아야 합니다. 다만, 귀하께서 이미 아시는 바와 같이 금액이나, 계약조건 등에 따라 예외적으로 1인 견적을 받거나 전자조달시스템을 이용하지 않을 수 있습니다. 1인 견적이나 전자조달시스템이 아닌 방법으로 견적을 받는 것은 예외적 규정이므로 이에 해당하지 않는다면 원칙에 따라 2인 견적, 전자조달시스템 이용을 적용하여야 할 것입니다.(질의1)

시행령 제26조제1항제4호마목의 중증장애인생산품 우선구매에 대하여 구체적으로 정한 상한 금액이 없으므로 수의계약이 가능합니다. 다만, 이 경우에도 시행령 제30조의 규정을 적용하여 질의1의 답변과 같이 예외적 사유에 해당하지 않는다면 2인 이상을 대상으로 하고, 전자조달시스템을 이용하여야 할 것으로 보입니다.(질의2)

한시적 계약 특례 적용에 따른 소액수의 절차 문의

2020-05-08

▣ 질의내용

국가계약법에 따라 계약업무를 진행하고 있는 준정부기관 계약담당자입니다.

한시적으로 적용하고 있는 특례규정 중 국가계약법 시행령 제26조(수의계약에 의할수있는 경우) 6항 2호에 따르면 추정가격 1억원까지 소기업 또는 소상공인과 수의계약이 가능합니다.

그리고 계약예규 제10조(소액수의계약 체결 절차 등)에 따르면 추정가격 2천만원을 초과하는 경우 전자조달시스템을 이용하여 견적서 제출, 3일 안내공고하도록 되어있습니다.

예를들어 추정가격 6천만원의 용역을 소기업과 체결하려는 경우, 전자조달시스템을 이용하여 3일 공고를 하여 업체를 선정해야하는 것인지

한시적으로 시행하고 있는 국가계약법 시행령 제26조 6항에 2호에 따라 1인 견적으로 수의계약가능한지 문의드립니다.

▣ 답변내용

[질의요지] 한시적 계약 특례 적용에 따른 소액수의 절차 문의

[답변내용] 아래 사항은 국가기관을 기준으로 해석한 것임을 참고하여 주시기 바라며, 지방자치단체를 당사자로 하는 계약, 공기업과 준정부기관 및 공공기관의 계약에 관하여는 달리 정한 바가 있으면 그에 따라야 함을 알려 드립니다.

계약담당공무원이 국가를 당사자로 하는 계약에 관한 법률 시행령(이하 시행령이라 합니다) 제26조제6항에 따라 여성기업, 장애인기업, 사회적기업과 수의계약을 체결하고자 하는 때에는 시행령 제30조제2항 단서에서 정한 경우를 제외하고는 전자조달시스템을 이용하여야 합니다.

그리고 시행령 제30조 제1항2호 단서의 금액 한도는 견적서를 2인 이상으로 받지 않고 1인 견적으로만 가능한 경우를 규정한 것입니다. 그러므로 전자조달시스템을 이용, 수의계약의 방법에 의하되 대상과 금액에 따라 1인 견적 또는 2인 이상 견적을 받아야 하는 바, 귀 질의의 경우 2인 이상의 견적을 받아 처리하되 단서 제3호에 해당하는 경우라면 1인 견적도 가능할 것입니다.

제4절 입찰 유효, 무효, 취소

공고내용에 오류가 있는 경우에 입찰 유무효 판단
2020-04-13

■ **질의내용**

1. 용역계약 관련 순위자가 결정되었고, 1순위자와의 적격심사 중이었습니다. (낙찰자결정 미실시)
2. 사업부서에서 발주자의 공고사항의 '내역서와 과업지시서'에 현장사항과 다르거나 업무내용이 다른 심각한 오류가 있음을 발견하였습니다.
3. 공고문상의 내역서와 과업지시서로는 사업수행이 불가하며, 사업목적도 다릅니다.

이럴 경우 입찰의 무효 사항이 되는지 여쭙습니다.

갑설 : 입찰무효사항이 아니므로 낙찰된 사항으로 계약을 추진하고, 현장여건에 맞게 내역서와 과업지시서를 수정하여 수정계약을 체결한다.

을설 : 입찰무효사항이 아니므로 계약을 추진하고, 계약전 착공회의 등을 통해 현장 사항에 맞게 내역서와 과업지시서를 조정하여 계약을 체결한다. 병설 : 낙찰자 결정 전이므로 입찰을 무효에 문제가 없다.

■ **답변내용**

[**질의요지**] 공고내용에 오류가 있는 경우에 입찰 유무효 판단

[**답변내용**] 국가기관이 실시하는 입찰에서 당초 입찰공고 내용이 관련 규정에 위배되었거나, 명백하고 중대한 착오나 오류가 있어 동 내용을 변경하고자 하는 경우에는 계약담당공무원은 당해 입찰자들이 주지할 수 있도록 당초 공고방법과 동일한 방법으로 변경 또는 정정공고를 하거나 당해 입찰공고를 취소한 후 새로운 입찰공고에 의할 수 있을 것이며, 발주기관의 사업계획변경이나 사업예산의 대폭 삭감 등 불가피한 사유로 인하여 이미 입찰공고한 사업의 추진(집행)을 전면 취소할 수 밖에 없는 불가피성이 명백하다면 당해 관련 입찰을 취소할 수 있는 것입니다.

다만, 이러한 입찰의 취소에 대하여는 국가계약법령에 별도로 정한 것이 없으므로 입찰공고한 발주기관의 계약담당공무원이 민법의 취소규정 등을 검토하여 직접 판단하여야 하는 것인 바, 구체적인 경우 입찰취소 여부는 당초 입찰공고내용, 당해 사업의 목적, 과업내용의 차이 정도, 입찰의 공정성에 미치는 영향 등을 종합 고려하여 계약담당공무원이 적의 판단할 사항입니다.

참고로, 협상에 의한 계약체결기준 제11조에서는 협상의 내용과 범위를 협상대상자가 제안한 사업내용, 이행방법, 이행일정 등 제안서 내용을 대상으로 한다고 정하고 있으므로 제안내용과 다른 새로운 내용으로 협상을 하여서는 곤란할 것으로 봅니다.

공공기관 발주 공동수급(공동이행방식) 입찰 참여 시 구성원 출자비율 오류 시 입찰참가의 유·무효 여부 확인   2021-07-01

▣ 질의내용

공동수급(공동이행방식)으로 입찰을 참여하였을 때, 공동수급 구성원의 출자비율이 기획재정부 계약예규 '공동계약운용요령' 제9조제5항 나목에서 정하는 최소 출자비율을 준수하지 아니하였을 경우, 해당 입찰참가의 유·무효 여부에 대해 확인을 구합니다.

1. 해당 공동수급체의 입찰참여 무효
2. 해당 공동수급체의 입찰참여는 유효하나 구성원 간 출자비율을 예규에서 정하는 최소비율을 준수할 수 있도록 출자비율 변경
3. 입찰참여는 유효하나 공동수급체가 형성되지 아니한 것으로 판단, 주 사업자의 단독 입찰참여로 진행
4. 해당 공동수급체의 입찰참여는 유효하나 예규에서 정한 출자비율을 준수하지 아니한 구성원은 공동수급체에서 제외함

▣ 답변내용

[질의요지] 공공기관 발주 공동수급(공동이행방식) 입찰 참여 시 구성원 출자비율 오류 시 입찰참가의 유·무효 여부 확인

[답변내용]

가. 공공기관의 계약사무를 처리할 때에는 기타공공기관의 경우에는 「기타 공공기관 계약사무 운영규정」을 적용하고 공기업·준정부기관일 경우에는 「공기업·준정부기관 계약사무규칙」을 적용하여야 하며, 동 규정 및 규칙에서 규정하지 아니한 사항은 국가계약법을 준용하여 처리해야 합니다. 또한, 국가계약법령해석에 관한 내용이 아닌 입찰공고(또는 계약체결) 내용과 관련된 사실판단에 관한 사항에 대하여는 해당 입찰공고를 한 발주기관에서 해당 관련 규정 등을 종합고려하여 판단해야 할 사항입니다.

나. 국가기관이 경쟁입찰에 부치는 경우에 입찰무효에 관한 사항은 계약예규 용역입찰유의서 제12조(입찰의 무효)에서 정하고 있습니다. 따라서, 귀하의 질의 경우가 계약예규 공동도급운용요령 제9조를 위반한 입찰인 경우에는 입찰무효에 해당한다고 볼 수 있을 것입니다. 다만, 구체적인 경우에서 무효관련 규정에 의한 입찰무효 사유에 해당되는지의 사실여부는 발주기관이 해당 입찰공고서와 관련 규정 등을 종합적으로 고려하여 판단하여야 할 사항입니다.

법인사업자와 개인사업자의 대표자가 동일시 투찰 업종사항제한 여부
2022-08-08

▣ **질의내용**

1) 입찰공고_투찰제한_업종제한에서
2) 업종제한: [건축사사무소(4817)과 기술사사무소(7377)] 의 경우
3) 건축사사무소(법인)과 기술사사무소(개인)의 대표자가 동일인일 경우 투찰에 문제가 없는지 질의 드립니다.

기타-대표자의 전문직면허가 별도로 있음_건축사 와 기술사 -지사 아님

▣ **답변내용**

[**질의요지**] 법인과 개인사업자 대표가 동일한 경우 입찰에 관한 것

[**답변내용**] 국가기관이 당사자가 되는 계약에 있어 국가를 당사자로 하는 계약에 관한 법률 시행규칙 제44조제1항제4호에서는 동일사항에 동일인이 2통 이상의 입찰서를 제출한 입찰은 무효로 규정하고 있습니다.

귀 질의의 경우 업종 4817과 7377 중 둘 중 하나만으로 입찰참가자격이 충족되는 경우라면(공고에서 정한 경우) 법인과 개인은 동일인에 해당하여 같은 입찰에 업종별로 동시에 참가하여서는 안될 것입니다. 다만, 두 개의 업종 자격이 동시에 요구되는 경우로서 공고에서 공동계약이 가능하다고 정한 경우에는 면허를 보완, 공동수급체를 구성하여 하나의 입찰자로 입찰에 참가하는 것은 가능할 것으로 봅니다.

2장 입찰 및 낙찰자 결정

> **지역제한 입찰에서 법인등기부상 주소지를 이전하지 않은 업체**
> **2022-07-26**

◨ **질의내용**

공개수의계약에서 입찰참가조건으로 등록마감 전일까지 법인등기부상 본점 소재지가 ㅇㅇ시인 업체로 지역을 제한하여 공고를 올렸습니다. 이 때 낙찰된 업체가 입찰참가등록 마감일 전에 영업장 주소를 같은 지역에서 같은 지역(ㅇㅇ시에서 ㅇㅇ시로, 상호나 대표자는 변경 무)으로 옮기고, 법인등기부상 소재지는 변경하지 아니한 상태로 입찰에 참가해 낙찰이 되었습니다. 이럴 때 법령상, 규정상으로 낙찰 무효가 되는 사유인지 궁금합니다.

◨ **답변내용**

[**질의요지**] 입찰자의 입찰무효 여부

[**답변내용**] 국가기관이 당사자가 되는 입찰에 있어 국가를 당사자로 하는 계약에 관한 법률 시행규칙 제44조제1항, 각 계약목적물(물품 등)에 해당하는 계약예규 입찰유의서에서는 입찰참가 자격이 없는 자의 입찰 등 입찰무효에 해당하는 사항들을 정하고 있습니다.

개별 입찰에서 입찰 무효 판단은 법령이나 계약예규 내용 질의에 대하여 회신을 하는 조달청(또는 기획재정부)에서 확인할 수 있는 사항이 아닙니다. 그러므로 계약담당공무원이 관련법령과 입찰공고에서 정한 내용, 입찰자의 법인등기부 등 사실관계를 확인하여 직접 판단하거나 법률전문가의 도움을 받아 처리하여야 하는 것입니다.

희망수량경쟁입찰의 유효입찰 성립여부

2021-10-20

◨ 질의내용

희망수량 경쟁입찰(예정가격 이하 입찰참여자 중 최저가 순으로 수요물량에 도달할 때까지 낙찰자 선정시) 아래와 같은 2가지 경우에 유효한 입찰이 성립된 것으로 볼 수 있는 지 문의드립니다.

1. 입찰참여사 1개(단독입찰)이며 수요물량에는 미달 : 예정가격 이하 입찰참여사가 1개인 경우에도 희망수량 경쟁입찰일 경우에는 유효입찰로 성립되어 입찰사와 계약 가능한지, 아니면 단독입찰이므로 경쟁입찰이 성립되지 않았으므로 유찰처리후 재입찰 해야 하는지
2. 입찰참여사 2개이나 예정가격 이하 입찰참여사 1개, 예정가격 초과 입찰참여사 1개 : 입찰참여사는 2개로 경쟁입찰이 성립하나 1개 업체는 예정가격을 초과하였을 경우에도 경쟁입찰이 성립된 것에 해당되어 예정가격 이내 입찰사와 계약 가능 한지 여부 아니면 유효한 입찰에 해당되지 않아 재입찰 해야 하는 지

◨ 답변내용

[질의요지] 희망수량 경쟁입찰의 유효입찰 성립 여부

[답변내용] 국가기관이 체결하려는 계약에 있어 경쟁입찰은 2인 이상의 유효한 입찰로 성립하는 것입니다.(국가계약법시행령 제11조 경쟁입찰의 성립) 귀 질의2 입찰참여자 2개사가 모두 국가계약법시행규칙 제44조에서 정한 입찰무효 사유에 해당하지 않는 자에 해당하는 경우라면 예정가격 초과 여부에 상관없이 경쟁이 성립한 것입니다. 따라서 예정가격 이내 입찰자와 계약이 가능하다고 봅니다.

2장 입찰 및 낙찰자 결정

[2020 주요 질의회신]

설계용역 발주 시 예정가격 오류로 인한 변경 계약 관련 질의
2020-03-30

■ **질의내용**

당 공사는 준정부기관으로서 농림축산식품부에서 시행하고 있는 마을만들기 사업을 위탁시행하고 있습니다. 마을만들기 사업은 5~10억 정도의 소규모 예산으로 기초생활 기반확충, 지역소득증대, 지역경관개선 등을 하는 사업입니다. 소규모 사업의 특성 상 원활한 사업추진을 위해 4개 지구(10억 1개 지구, 5억 3개 지구)를 묶어 용역발주를 하였으며 당 공사의 행정오류로 인해 과업내용은 4지구이나 예정가격은 3지구만 반영된 채 입찰이 진행되었습니다. 현재 낙찰 후 적격심사가 완료되었고 계약절차 진행 중 낙찰업체로부터의 이의제기가 접수된 상황입니다.

상기 상황과 관련하여 두 가지 질의를 드리겠습니다.
1. 예정가격으로 최초 계약 후 누락분이 반영된 금액으로 변경계약이 가능한지 여부
2. 예정가격 변경 없이 착오로 누락된 1개 지구를 제외하고 3개 지구에 대한 과업으로 변경계약이 가능한지 여부

■ **답변내용**

[질의요지] 설계용역 발주 시 예정가격 오류로 인한 변경 계약 관련 질의

[답변내용] 아래 사항은 국가기관을 기준으로 해석한 것임을 참고하여 주시기 바라며, 지방자치단체를 당사자로 하는 계약, 공기업과 준정부기관 및 공공기관의 계약에 관하여는 달리 정한 바가 있으면 그에 따라야 함을 알려 드립니다.

국가기관이 당사자가 되는 계약에 있어서 계약은 특별히 가격에 대하여 조정할 수 있도록 허용한 경우가 아니라면 공정성과 법적 안정성, 행정사무의 신뢰성을 고려 낙찰된 금액으로 체결하여야 합니다. 과업내용의 변경이 없다면 예정가격 산정 시 오류의 이유로는 계약금액 조정은 곤란해 보입니다. 또한 과업내용이 변경을 하는 경우에는 변경되는 과업에 따라 계약금액을 조정해야 합니다.

한편 발주처의 업무착오 등으로 관련 법규를 위반하였거나 공고내용에 중요한 부분의 하자가 있는 경우 낙찰자가 선정되었더라도 계약체결 전이라면 이를 취소하고 새로운 입찰절차를 추진할 수도 있을 것입니다. 다만 이 경우 계약담당공무원이 위반 또는 하자의 정도와 공정성, 안정성, 신뢰성 등을 함께 비교하여 가장 적절한 방법으로 추진하여야 할 것입니다.

제5절 적격심사(PQ포함) 및 낙찰자선정

| 계약해제 후 수의계약 | 2021-06-23 |

▣ **질의내용**

낙찰자와 계약체결 후 계약이행 중 계약포기신청으로 계약해제 하였습니다. 국가계약법 시행령 제28조 제1항 및 제2항에 따라 수의계약으로 진행하려 하고있습니다.

<질문사항>

1. 계약포기한 낙찰자 바로 후순위부터 검토하여 수의계약해야 하는지?
2. 이행 가능한 업체를 임의로 선정하여 수의계약할 수 있는지?

▣ **답변내용**

[질의요지] 계약해제한 이후 수의계약

[답변내용] 국가기관이 발주하는 계약에 있어 낙찰자가 계약을 체결하지 아니할 때에는 그 낙찰금액보다 불리하지 아니한 금액의 범위 안에서 수의계약에 의할 수 있는 것이며, 이때 기한을 제외하고는 최초의 입찰에 부칠 때 정한 가격 및 기타 조건을 변경할 수 없는 것입니다.

귀 질의의 경우에 수의계약상대자를 결정하고자 하는 경우 해당업체가 당초 입찰자격 조건을 만족하는 경우로서 당초 계약상대자가 제시한 제안서 및 낙찰금액 범위 내에서 계약을 이행하는 조건이라면 계약이 가능한 것이며, 반드시 계약 포기한 낙찰자 후순위부터 차례로 검토하여 수의계약 대상자를 선정하여야 하는 것은 아닙니다.

신인도 평가시 ks제품 인증서 보유자 가점 적용 여부 문의
2021-04-08

▣ 질의내용

고시금액 미만 물품구매 적격심사를 진행하는 와중에 궁금한 점이 있어 문의드립니다. 신인도 부분에 "산업표준화법시행규칙 제10조에서 정한 KS제품 인증서 보유자"에 대하여 가점을 부여하도록 되어 있는데 제조업체가 아닌 제조업체로부터 ks제품을 납품받아 입찰에 참여한 대리점도 ks제품 인증서를 제출할 경우 이 가점을 적용받을수 있는지 궁금합니다. 적용할수 있다면 해당 제품을 납품받는 대리점임을 증명하는 증명서류를 받으면 적용될 수 있을지 궁금합니다.

▣ 답변내용

[질의요지] 고시금액 미만 물품구매 적격심사시 신인도 평가시 ks제품 인증서 보유자 가점 적용 여부

[답변내용] 국가를 당사자로 하는 계약에 있어 계약담당공무원은 (계약예규)「적격심사기준」제5조 ①항에 의거 심사항목 및 배점한도를 정하여 운영하며, 물품 및 용역에 대한 적격심사의 항목 및 배점한도는 각 중앙관서의 장이 직접 동 예규의 별표에 정한 공사에 대한 적격심사 항목 및 배점한도를 준용하여 기획재정부장관의 협의를 거쳐 정하도록 되어 있습니다. 또한 동 예규 ②항에 의하면 각 중앙관서의 장은 동 예규 ①항에도 불구하고 「국가를 당사자로 하는 계약에 관한 법률 시행령」제42조 ⑤항 단서에 의하여 기획재정부장관과 협의하여 직접 공사, 물품 및 용역 등에 대한 적격심사기준을 정할 수 있습니다. 따라서, 귀하가 질의하신 계약이행능력심사 세부기준 해석에 관한 사항은 동 예규에서 정한 바와 같이 발주기관에서 직접 제정·운영하는 것이므로 직접 발주기관에서 적의 판단해야 할 사안입니다.

입찰참가자격사전심사 용역에서 참여업체 모두 적격통과 점수 미만일 경우 재투찰 가능여부   2022-06-24

■ 질의내용

입찰참가자격사전심사 용역에서 4개사가 접수했다가 사업수행능력 평가결과 종합평면이 90점 이상인 2개사만 입찰적격자로 선정되어 투찰했으나 입찰결과 2개사 모두 적격통과점수(추정가격이 10억원 미만인 용역은 95점)에 미달되어 낙찰자가 선정되지 않은 바, 이 경우 재공고를 해야 하는지 아니면 입찰적격자로 선정된 2개사만을 대상으로 재입찰을 할 수 있는지 여부.

■ 답변내용

[질의요지] 적격심사 결과 심사에 통과한 자가 없는 경우에 관한 것

[답변내용] 국가기관이 당사자가 되는 계약에서 계약담당공무원은 국가를 당사자로 하는 계약에 관한 법률 시행령(이하 시행령 이라 합니다) 제42조제1항에 따라 국고의 부담이 되는 경쟁입찰의 경우에는 예정가격 이하로서 최저가격으로 입찰한 자의 순으로 계약이행능력 및 기획재정부장관이 정하는 일자리창출 실적 등을 심사(적격심사)하여 낙찰자를 결정합니다.

경쟁입찰에서 2인 이상의 유효한 입찰자가 없거나 낙찰자가 없는 경우에는 시행령 제20조에 따라 재입찰에 부치거나 재공고입찰에 부칠 수도 있습니다. 시행령 제20조의 재입찰 또는 재공고 중 우선 순위에 대해서는 국가계약법에서 따로 정한 바는 없으므로 이경우 계약담당공무원이 계약목적물의 규모, 성질, 경쟁 정도, 수요시기, 어느 방식이 국가에 더 유리한 점이 있는지 등을 검토하여 정하여야 할 것입니다.

2장 입찰 및 낙찰자 결정

적격심사 경영상태 평가 시

2021-03-29

■ **질의내용**

기술용역 적격심사 진행 시 경영상태평가는 한국은행 발행 "기업경영분석자료"와 동일한 연도의 정기 결산서에 의한다고 명시되어 있습니다. 이와 동일하게, 시설공사 적격심사 진행 시에도 경영상태평가를 진행할 때 명시된 기준비율과 동일연도의 재무제표로 판단하는 것이 맞는지 아니면 최근년도에서 발행된 재무제표로 판단하여도 무리가 없는지에 대해 질의드리고자 합니다.

■ **답변내용**

[**질의요지**] 시설공사 적격심사시 경영상태 평가방법

[**답변내용**] 국가기관이 당사자가 되는 공사계약의 적격심사를 하는 경우 경영상태 평가는 추정가격이 100억원 이상인 공사는 계약예규 적격심사기준(이하 심사기준이라 합니다) 별표의 1에 따라 PQ심사항목을 이용하며 심사기준 별표 2~6에서는 금액별로 최근년도 부채비율, 유동비율 및 영업기간, 회사채, 기업어음, 기업의 신용평가등급 등과 필요시 재무제표를 활용하여 평가 할 수 있습니다.

따라서 공사의 경우 추정가격에 따라 해당 평가방법을 적용하면 될 것이나 심사기준 별표의 5,6에 해당하는 소규모 공사로서 조건에 해당하는 경우 재무제표로도 평가가 가능할 것입니다.

······· 제5절 적격심사(PQ포함) 및 낙찰자선정

적격심사기준중 신인도 평가 점수관련 문의

2021-05-10

▣ 질의내용

최근 개찰 건 중에 3개의 업체가 동점자로 적격심사 서류를 제출해 주었는데 궁금한 점이 있어 문의 드립니다.

1. 신인도 평가에서 가점을 줄 수 있는 여성기업이나 장애인 고용 우수기업 등의 제출 서류에 대하여 취득점수가 배점한도에 부족한 경우에서 배점한도 범위 내에서 가산점을 부여한다고 나와있는데, 3개의 업체가 동일한 점수이고 지체나 부정당 제제가 없어 감점 요소가 없는경우 낙찰자 결정을 위해 여성기업이나 장애인 고용 우수 신인도 가점을 부여할 수 있는지에 대하여 질의드립니다.

2. 적격심사 검토 결과 3개의 업체의 적격심사 점수가 동일한 경우 낙찰자 결정을 어떠한 절차로 하여야 하는지에 대해서도 문의드립니다.

▣ 답변내용

[**질의요지**] 적격심사 시 신인도 평가 점수 및 동점인 경우 낙찰자 결정 방법

[**답변내용**] 국가기관이 집행하는 계약에 있어서 계약담당공무원은 적격심사 시 가점항목으로 포함하는 경우에는 이행(수행)능력의 배점한도 범위내에서 가산점을 부여하여야 합니다. (계약예규 적격심사기준 제5조 제3항)

따라서 귀질의의 경우도 이행(수행)능력의 배점 한도 범위내에서 신인도 가점을 부여하여야 하는 것으로 배점한도를 넘어서는 추가 가점은 부여할 수 없는 것입니다.

또한 국가를 당사자로 하는 계약에 관한 법률 시행령 제47조제1항 및 (계약예규)물품구매(제조) 입찰유의서 제16조제5항에 따라 낙찰이 될 수 있는 동일가격으로 입찰한 자가 2인이상인 때에는 다음 각 호에 따라 낙찰자를 결정합니다.

1. 시행령 제17조에 따른 희망수량에 의한 경쟁입찰인 경우 : 입찰수량이 많은 입찰자를 낙찰자로 결정하되, 입찰수량도 동일한 때에는 추첨에 의하여 낙찰자를 결정 2. 시행령 제42조제1항에 따라 낙찰자를 결정하는 경우 : 이행능력 심사결과 최고점수인 자를 낙찰자로 결정하되, 이행능력 심사 결과도 동일한 경우에는 추첨에 의하여 낙찰자를 결정 4. 시행령 제42조제3항에 따라 낙찰자를 결정하는 경우 : 규격 또는 기술우위자를 낙찰자로 결정하되, 규격 또는 기술평가 결과도 동일한 때에는 추첨에 의하여 낙찰자를 결정 귀 질의의 경우 낙찰이 될 수 있는 동일가격으로 입찰한 자가 3인인 경우라면 위 조항에 따라 낙찰자를 결정하되 이행능력 심사결과도 동일한 경우라면 추첨에 의하여 낙찰자를 결정하는 것으로 추첨에 의한 낙찰자 결정 시에 입찰자중 출석하지 아니한 자 또는 추첨을 하지 아니한 자가 있을 때에는 입찰사무에 관계없는 공무원으로 하여금 추첨을 대신하게 할 수 있는 것입니다.

협상에 의한 계약체결기준 문의 (기술협상 기간)

2022-06-17

▣ 질의내용

"(계약예규) 협상에 의한 계약체결기준 제13조"와 관련하여 문의 드리고자 합니다.

동 기준의 제13조(협상기간)의 내용 상 협상기간은 최대 30일로 명시된 것으로 보입니다

① 계약담당공무원은 협상기간과 대상 등을 협상대상자에게 통보하여야 하며, 협상기간은 협상대상자에게 통보된 날로부터 15일 이내로 한다. 다만, 해당 사업의 규모, 특수성, 난이도 등에 따라 협상대상자와의 협의에 의하여 5일의 범위내에서 조정할 수 있다

② 제1항에서 정한 기간 내에 협상이 이루어지지 않을 경우에는 10일의 범위내에서 연장 할 수 있다.

현재 우선협상대상자와의 기술협상을 진행하고 있으나, 최대 협상 기간 내 상호 이견으로 인한 협상 종료가 어려운 상황일 경우 30일을 초과하여 협상을 진행할 수 있는지 법령 상 문의 드리고자 합니다.

(질의)

1. 최대 30일을 초과하게 된 경우, 관계 법령 상 추가 연장을 할 수 있는지?
2. 최대 30일을 초과하게 되었을 때 협상 결렬 후 차순위 업체와 협상을 진행해야 하는지?

▣ 답변내용

[질의요지] 협상에 의한 계약에서 협상기간에 관한 것

[답변내용] 국가기관이 당사자가 되는 협상에 의한 계약에 있어 협상기간은 계약예규 협상에 의한 계약체결기준 제13조에 따라 협상대상자에게 통보된 날로부터 15일 이내로 합니다. 다만 해당 사업의 규모, 특수성, 난이도 등에 따라 협상대상자와 협의하여 5일의 범위내에서 연장할 수 있으며 그렇게 하고도 협상이 이루어지지 않을 경우 다시 10일의 범위내에서 기간을 연장할 수 있습니다.

그러나, 우선협상대상자와 협상을 하여 당초 협상 기한을 초과하여 연장하였음에도 협상이 이루어지지 않은 경우에는 협상결렬로 보아 동일한 기준과 절차에 따라 순차적으로 차순위 협상적격자와 협상을 실시하여야 할 것입니다.

[2020 주요 질의회신]

1인 수의계약 시 수의시담 방법 및 절차
2020-05-29

■ **질의내용**

《민원개요: 1억원 미만 물품제조, 1인 수의계약, 수의시담》 국가계약법 제26조 제1항 제2호 사목에 근거하여 특정업체와 1인 수의계약(물품 제조, 추정가격 1억원 미만)을 진행하기 위해 해당 물품에 대한 거래실례가격이 없는 점을 고려하여 원가계산으로 예정가격을 작성한 이후의 수의계약 절차중 다음과 같은 내용을 문의합니다. 1. 업체와 가격에 대한 수의시담을 반드시 해야 하는지 여부 2. 수의시담을 해야 한다면 전자조달시스템이 아닌 팩스, 공문 등을 이용한 수의시담을 할 수도 있는지 여부 (예. 해당 업체에 문서로 견적을 요청하여 문서로 받은 견적금액이 예정가격 이하인 경우 그 금액으로 계약을 체결할 수 있는지 여부)

■ **답변내용**

[**질의요지**] 국가계약법시행령 제26조 제1항 제2호 사목에 의한 수의계약 시 방법 및 절차

[**답변내용**] 국가기관이 수의계약을 체결하고자 할 때에는 2인 이상으로부터 견적서를 받아야합니다. 다만, 귀 질의와 같이 국가계약법시행령 제1항 제2호 사목에 따라 특정인과 수의계약 시에는 1인으로부터 받은 견적서에 의할 수 있습니다. 견적서에 기재된 견적가격이 예정가격의 범위에 포함되지 아니하는 경우 등 계약상대자를 결정할 수 없는 때에는 다시 견적서를 제출받아 계약금액을 결정하여야 합니다.(국가계약법시행령 30조)

동시행령 제26조제1항제5호가목 및 같은 조 제6항에 따른 수의계약 중 추정가격이 2천만원[같은 조 제1항제5호가목5)가)부터 다)까지의 어느 하나에 해당하는 자 또는 같은 조 제6항제4호 각 목의 어느 하나에 해당하는 자와 계약을 체결하는 경우에는 5천만원]을 초과하는 경우에는 전자조달시스템을 이용하여 견적서를 제출하도록 해야 합니다.

귀 질의의 경우에는 반드시 전자조달시스템을 이용하여 견적서를 제출하도록 해야 하는 것은 아니며, 계약담당공무원이 귀 기관에 가장 적합한 방식으로 정하여 시행할 수 있다고 봅니다.

2장 입찰 및 낙찰자 결정

국가계약법 시행령 낙찰자 선정 이후 계약 시기

2020-04-08

■ 질의내용

저희 대학교는 계약진행 시 학교규정 이외에 국가를 당사자로 하는 계약에 관한 법률을 준용하여 따르고 있습니다. 캠퍼스건축 관련하여 입찰 공고를 실시하였고 개찰 및 낙찰자 선정까지는 완료한 상태이며 현재 인허가관련업무가 진행중이어서 계약은 아직 실시하지 않았습니다.

국가계약법 시행령 제40조 제2항에 각 중앙관서의 장 또는 계약담당공무원은 제출된 입찰서를 확인하고 유효한 입찰서의 입찰금액과 예정가격을 대조하여 적격자를 낙찰자로 결정한 때에는 지체없이 낙찰선언을 하여야 한다. 국가계약법 시행규칙 제49조 제1항 각 중앙관서의 장 또는 계약담당공무원은 계약상대자를 결정한 때에는 지체없이 별지 제7호서식, 별지 제8호서식 또는 별지 제9호서식의 표준계약서에 의하여 계약을 체결하여야 한다.

라고 되어있는데 현재 인허가 지연으로 인하여 낙찰자와 계약하기까지 장시간소요될 것으로 예상되는데 낙찰업체와 협의만한다면 문제가 없는지 질문드립니다.

■ 답변내용

[질의요지] 낙찰자 선정 이후 계약 시기에 관한 질의

[답변내용] 아래 사항은 국가기관을 기준으로 해석한 것임을 참고하여 주시기 바라며, 지방자치단체를 당사자로 하는 계약, 공기업과 준정부기관 및 공공기관의 계약에 관하여는 달리 정한 바가 있으면 그에 따라야 함을 알려 드립니다.

국가기관이 당사자가 되는 공사계약에 있어서 계약예규 공사입찰유의서 제19조에 낙찰자는 계약담당공무원으로부터 낙찰통지를 받은 후 10일 이내에 소정서식의 계약서에 의하여 계약을 체결하여야 한다고 규정하고 있으며, 발주기관의 사유로 인한 계약체결 기간 조정 등에 관하여는 정하고 있지 않습니다. 귀 질의처럼 낙찰자 선정 후 발주자 사정으로 장기간 계약을 체결하지 못하는 경우 국가기관도 국가계약법령이 아닌 민법 등 기타 법령에 따라 관련 조치를 취하고 있으나 계약규정의 취지를 고려하면 10일 이내에 계약을 체결하고, 이후 인허가 문제로 착공을 못하는 경우에는 공사일시 중지가 합리적이라 봅니다.

착공은 계약예규 공사계약 일반조건 제17조에 따라, 계약담당공무원은 공사의 규모·난이도·성격을 고려하여 착공일을 결정하되, 다음 각 호에서 정한 일자 이전의 날짜로 정하여서는 안됩니다. 다만, 재해복구 등 긴급하게 착공하여야 할 필요가 있는 공사계약 및 장기계속공사의 1차 계약 이후 연차계약의 경우에는 계약상대자와의 협의를 거쳐 다음 각호에서 정한 일자 이전의 시점으로 착공일을 결정할 수 있습니다. <신설 2019. 12. 18.>) 1. 추정가격이 10억원 미만인 경우: 계약체결일로부터 10일 2. 추정가격이 10억원 이상인 경우: 계약체결일로부터 20일습니다.

구체적인 경우로서, 국가계약법령을 준용하는 귀기관의 경우에도 위 유의서 및 조건들을 검토하고 필요한 경우 법률전문가의 자문 등을 받아 처리하여야 할 것입니다.

여성기업과 1인 견적에 의한 수의계약 가능 문의

2020-08-04

◼ 질의내용

여성기업과 추정가격 6,000만원의 수의계약 추진하고자 합니다. 국가계약법 시행령 제30조(견적에 의한 가격결정 등) 제1항제2호 추정가격이 2천만원 이하인 경우. 다만, 제26조제1항제5호가목5)가)부터 다)까지의 어느 하나에 해당하는 자 또는 같은 조 제6항제4호 각 목의 어느 하나에 해당하는 자와 계약을 체결하는 경우에는 5천만원 이하인 경우로 한다. 한시적(20.12.31)으로 1억원 이하 여성기업과는 수의계약을 체결할 수 있는데 추정가격이 5천이상 1억원 이하인 경우는 전자공개수의(소액수의)로 계약을 추진하는것이 맞을까요?

◼ 답변내용

[질의요지] 추정가격 6,000만원의 수의계약을 여성기업과 체결하는 경우 전자조달시스템을 이용해야 하는지

[답변내용] 국가기관이 당사자가 되는 계약에서 계약담당공무원은 「국가를 당사자로 하는 계약에 관한 법률 시행령」(이하 "시행령"이라 합니다.) 제26조 제6항 제4호 "가"목에 따라 「재난 및 안전관리 기본법」 제3조 제1호의 재난이나 경기침체, 대량실업 등으로 인한 국가의 경제위기를 극복하기 위해 기획재정부장관이 기간을 정하여 고시한 경우에는 추정가격이 2천만원 초과 1억원 이하인 계약으로서 「여성기업 지원에 관한 법률」 제2조 제1호에 따른 여성기업과 체결하는 물품의 제조·구매계약 또는 용역계약은 수의계약을 할 수 있습니다.

이 경우 계약담당공무원은 시행령 제30조 제2항에 따라 시행령 제26조 제6항 제4호 각 목의 어느 하나에 해당하는 자와 계약을 체결하는 경우로서 5천만원을 초과하는 수의계약의 경우에는 전자조달시스템을 이용하여 견적서를 제출하도록 해야 합니다. 다만, 계약의 목적이나 특성상 전자조달시스템에 의한 견적서제출이 곤란한 경우로서 기획재정부령으로 정하는 경우(「국가를 당사자로 하는 계약에 관한 법률 시행규칙」 제33조 제1항 각 호의 어느 하나에 해당하는 경우를 말합니다.)에는 그렇지 않습니다.

귀 질의의 경우 여성기업과 추정가격 6천만원의 물품 제조·구매계약이나 용역계약을 수의계약으로 집행하는 경우라면 시행령 제30조 제2항에 따라 전자조달시스템을 이용하여 견적서를 제출하도록 해야 합니다.

유찰에 따른 수의계약 추진

2020-08-20

▣ 질의내용

코로나 19로 인한 한시적 국가계약법 변경에 따른 문의드립니다. 국가계약법 시행령 27조 3항에 따르면, 경쟁입찰이 1회 유찰된 경우 재공고 입찰하지 않고 수의계약이 가능하다고 알고있습니다. 이 경우 응찰자가 1명일 경우 해당 응찰자와 수의계약가능하다고 법령에 작성되어있는데,

혹 응찰자가 0명이어서 유찰된 경우에도 해당 조항을 따를 수있는지 궁금합니다.

응찰자가 0명이어서 유찰된 경우, 제 3자와 수의계약 추진시 어떤 법령이 해당되는지 궁금합니다.

▣ 답변내용

[질의요지] 유찰에 따른 수의계약 추진

[답변내용] 아래 사항은 국가기관을 기준으로 해석한 것임을 참고하여 주시기 바라며, 지방자치단체를 당사자로 하는 계약, 공기업과 준정부기관 및 공공기관의 계약에 관하여는 달리 정한 바가 있으면 그에 따라야 함을 알려 드립니다.

국가기관이 당사자가 되는 계약에 있어 계약담당공무원은 두 차례 경쟁입찰에 부쳤으나 입찰자가 없거나 낙찰자가 없는 등의 경우에는 수의계약에 의할 수 있습니다.

2020.5.1개정된 「국가를 당사자로 하는 계약에 관한 법률 시행령」 제27조 ③항(신설)은 국가의 경제위기를 극복하기 위해 기획재정부장관이 기간을 정하여 고시한 경우(이 규정에 따라 고시한 기간은 2020.5.1~2020.12.31입니다)에는 제10조에 따라 경쟁입찰을 실시하였으나 입찰자가 1인 뿐인 경우 제20조제2항에 따른 재공고입찰을 실시하지 않더라도 수의계약을 할 수 있다고 규정하고 있습니다.

따라서 1차공고시 1명의 입찰자가 있어야 수의계약이 가능하고 무응찰의 경우 불가능한 것입니다.

2장 입찰 및 낙찰자 결정

적격심사(신인도 일자리창출 분야)평가방법 문의

2020-03-09

▣ 질의내용

최근 개정된 계약예규중 입찰참가자격사전심사요령 및 적격심사 기준의 신인도 항목"일자리창출"관련 문의 입니다.
=> 일자리창출실적(고용인력증가등)이 확인되는자...의 평가를 위해 제출한 표준손익계산서의 급여액을 평가할때 갑설 표준손익계산서의 명시되어 있는 계정과목중 [급여]항목으로 평가하는지? 을설 표준손익계산서의 명시되어있는 계정과목중[급여]항목 및 부속명세서(공사원가명세서 등)의 계정과목 [급여]항목을 합하여 평가하는지?

▣ 답변내용

[질의요지] 신인도 항목 중 일자리창출 관련 표준손익계산서의 급여 항목 평가를 부속명세서(공사원가명세서 등)의 계정과목 "급여" 항목을 합하여 평가해야 하는지 여부

[답변내용] 국가를 당사자로 하는 계약에 있어 「국가를 당사자로 하는 계약에 관한 법률 시행령」제13조에 의한 입찰참가자격사전심사(이하 "사전심사"라 함)하여 경쟁입찰에 참가할 수 있는 적격자를 선정하는 경우에 사전심사 신인도 항목 중 일자리 창출실적은 국세청 홈택스 또는 관할세무서에서 발급한 표준손익계산서, 「법인세법」 등에 따라 관할세무서에 신고된 손익계산서(공인회계사 또는 세무사 증명필요)상 급여액으로 평가하는 것으로서, 귀 질의의 부속명세서(공사원가명세서 등)는 손익계산서에 포함되는 사항이 아닙니다. (현재까지 기준변경은 없음)

제 3 장

계약체결 및 관리

제1절 계약체결 / 283

제2절 감독 및 인수 / 299

제3절 선금 및 대가지급 / 321

제4절 계약해제 · 해지 / 349

제5절 부정당업자 제재 / 353

제3장 계약체결 및 관리

제1절 계약체결

국가계약법 시행령 제50조 계약보증금 면제조항 관련 문의
2022-08-11

▣ 질의내용

국가계약법 시행령 제50조(계약보증금) 4호에는 "일반적으로 공정·타당하다고 인정되는 계약의 관습에 따라 계약보증금 징수가 적합하지 아니한 경우"로 명시가 되어 있으나, 다양한 해석이 가능하여 판단하기 어려움이 있습니다.

예를 들어, 정부기관과 업체가 계약을 매년 하고 있으며 계약이행률도 우수하여 기관에서 자체 심사 기준을 만들어 우수 업체로 지정하여 계약보증금 면제의 혜택을 부여하는 경우 위 4호의 계약의 관습으로 볼 수가 있는지 궁금합니다.

해당되지 않는다면, 위 조항에 따라 적용될 수 있는 예시를 알고 싶습니다. 국가계약법 시행령에는 면제 조항이 있지만, 해석의 어려움으로 실질적으로 반영이 안되고 있는 것 같습니다.

조달청에서도 코로나 19 사태로 인하여 대부분의 중소기업들이 어려운 상황으로 입찰보증금, 계약이행보증금 등을 면제하고 지급각서로 대체함을 잘 알고 있습니다. 어려운 상황을 고려하여 추가적인 면제를 할 수 있겠지만, 기본적으로 시행령에 면제 가능한 방안에 대해 적용 가능토록 제도화 하고 싶습니다.

또한, 국가계약법 시행령 제50조(계약보증금) 5호에는 이미 도입된 외자시설·기계·장비의 부분품을 구매하는 경우로서 당해 공급자가 아니면 당해 부분품의 구입이 곤란한 경우"로 명시되어 있습니다. 예를 들어, 단일업체 수의계약(방산 수의계약)을 하는 경우에 해당이 되는지 궁금합니다. 그리고 동 시행령의 제26조 ①항 2호 도 해당이 되는지 궁금합니다.

▣ 답변내용

[질의요지] 계약보증금 면제조항

[답변내용] 국가기관이 당사자가 되는 계약에 있어 계약담당공무원은 국가를 당사자로 하는 계약에 관한 법률 시행령(이하 시행령 이라 합니다) 제50조의 규정에 따라 계약상대자로 하여금 계약보증금을 납부하게 하여야 하나, 일반적으로 공정.타당하다고 인정되는 계약의 관습에 따라 계약보증금 징수가 적합하지 아니한 경우에는 계약보증금의 전부 또는 일부를 면제할 수 있습니다.

일반적으로 공정.타당하다고 인정되는 계약의 관습에 따라 계약보증금 징수가 적합하지 아니한 경우는 매 사안마다 달라 무수히 많은 사항을 모두 법령으로 한정하기에는 어려움이 있습니다. 그러므로, 귀 질의의 경우가 이에 해당되는지 여부와 시행령 제26조제1항제2호가 면제사유에 해당하는지 여부는 발주기관이 계약의 특성을 고려하여 판단할 사항입니다.

국가계약법 시행령 제51조 제4항 관련 질의

2022-11-03

▣ 질의내용

1. 국가계약법 시행령 제51조 제4항에 의거, 기성부분 미지급액과 계약보증금에 상당하는 금액은 상계처리가 불가하다고 명시되어 있습니다. 2. 기성부분 미지급액에 해당하는 계약상대자의 채권과 기성부분을 제외한 계약해지에 따른 계약보증금 상당액에 대한 기관의 채권은 상호 동등하여 상계처리가 가능할 것으로 판단하였습니다. 3. 따라서 계약상대자의 동의에 따라 실무상 계약보증금 상당액을 상계처리 추진하려 하였으나 관련 법령상 금지되어 질의드립니다. 4. 시행령상 상계처리 불가를 명시한 입법취지는 무엇일까요?

▣ 답변내용

[질의요지] 국가계약법 시행령 제51조 제4항

[답변내용] 「국가를 당사자로 하는 계약에 관한 법률 시행령」 제51조(계약보증금의 국고귀속) 제4항에 정한 바와 같이 동조제1항부터 제3항까지의 규정에 따라 계약보증금을 국고에 귀속시키는 경우 그 계약보증금을 기성부분에 대한 미지급액과 상계 처리해서는 아니됩니다. 다만, 계약보증금의 전부 또는 일부를 면제한 경우에는 국고에 귀속시켜야 하는 계약보증금은 기성부분에 대한 미지급액과 상계 처리할 수 있습니다. 상기조항의 의미는 계약보증금은 계약서에서 정한 내용을 기한내에 이행할 것을 담보하는 성격을 가지고 있으면서 이를 이행하지 못하였을 때 국고에 귀속시키는 것이므로, 계약이행 관련 채권과는 상계처리가 안된다는 뜻입니다.

나라장터로 통해 계약 후 산출내역서 오류발견에 따른 산출내역서 문구 조정이 가능한지
2022-08-18

◨ 질의내용

전자조달시스템을 통한 용역 입찰공고 후 낙찰된 업체에서 제출한 계약금액 산출내역서를 근거로 계약을 체결하였는데, 뒤늦게 계약금액 산출내역서의 오류를 발견하여 해당 문서 내 일부 문구를 수정이 가능한지에 관한 질의입니다.

(상황)

1. 당사에서 2022년 파프리카 홍보협력사 선정 용역을 발주하였고, 입찰. 심사 등 과정을 통해 홍보협력사 1곳을 선정. 협상 후, 나라장터로 계약 체결함.

2. 계약체결 당시 계약금액에 맞는 산출내역서도 같이 첨부하여 제출하였고, 그것을 근거로 계약이 체결됨 * 이 때, 산출내역서에 오류가 있음을 인지하지 못하고 계약 체결 진행

3. 계약 체결 이후 홍보협력사에서 기성금을 신청하려 서류를 검토 중, 산출내역서에 오류가 있음을 발견. **오류 내용은 기업이윤이 합계 금액의 5% 이내라고 명시되어있지만, 그 금액은 실제 5%를 초과한 금액이 명시되어 있어서 일치하지 않음

4. 하여, 해당 건은 계약추진 당시 서로 간 산출내역서를 면밀히 검토가 이루어지지 않았으니, 산출내역서에 명시된 기업이윤 금액을 고정하고 기업이윤 책정 기준 문구를 수정(합계 금액의 @%)하던지, 아니면 명시된 금액을 기업이윤 (합계의 5% 이내) 에 맞게 금액을 조정하던지 아니면, 귀책 사유에 대한 주체와 관계없이 적법한 절차에 따라 별도의 처리 방법이 있을지 알고싶습니다.

◨ 답변내용

[질의요지] 산출내역서 작성 오류

[답변내용] 국가기관이 당사자가 되는 계약에 있어 산출내역서는 법령이나 공고에서 정한 고정금액을 제외하고 낙찰금액의 범위내에서 계약상대자가 자유롭게 작성하는 것입니다.

계약상대자가 작성하여 제출하는 산출내역서는 계약금액 조정의 기준이 되는 것인 바, 기성대가 지급 전에 산출내역서의 명백한 오류가 발견된 경우 발주기관과 협의하여 수정이 가능할 것으로 보나, 기성대가가 이미 지급되었다면 산출내역서를 수정할 수는 없을 것으로 보여집니다. 구체적으로 해당 산출내역서의 수정 여부 판단은 과업내용, 계약조건 및 기타 제반여건 등을 고려하여 계약담당공무원인 직접 하여야 합니다.

3장 계약체결 및 관리

단가계약일 경우, 계약보증금 납부금액 질의

2022-12-21

▣ 질의내용

계약보증금 관련해서 질의가 있어 글을 남기게 되었습니다.

계약보증금의 경우, '국가계약법 시행령'을 따라 계약금액의 10% 이상을 납부하게 됩니다.(물품, 용역)

하지만 '국가를 당사자로 하는 계약에 관한 법률 시행령의 한시적 특례 적용기간에 관한 고시' 에 따라 기재부 장관이 고시하는 경우

계약금액의 5%를 이상을 납부할 수 있습니다.(물품, 용역)

이 때, 단가계약을 적용한 계약의 경우에도 '국가를 당사자로 하는 계약에 관한 법률 시행령의 한시적 특례 적용기간에 관한 고시' 에 따라 이행예정 최대수량에 단가를 곱한 계약금액의 5% 이상으로 계약보증금을 납부할 수 있는것인지 궁금합니다.

▣ 답변내용

[질의요지] 단가계약을 적용한 계약의 경우에도 '국가를 당사자로 하는 계약에 관한 법률 시행령의 한시적 특례 적용기간에 관한 고시'에 따라 이행예정 최대수량에 단가를 곱한 계약금액의 5% 이상으로 계약보증금을 납부할 수 있는지

[답변내용] 각 중앙관서의 장 또는 계약담당공무원은 「국가를 당사자로 하는 계약에 관한 법률 시행령」 제50조제1항 단서조항에 의하여 「재난 및 안전관리 기본법」 제3조제1호의 재난이나 경기침체, 대량실업 등으로 인한 국가의 경제위기를 극복하기 위해 기획재정부장관이 기간을 정하여 고시한 경우에는 계약보증금을 계약금액의 100분의 5 이상으로 할 수 있는 바, 이에 해당되지 아니하는 단가계약의 경우에는 적용하기는 곤란할 것으로 봅니다.

물품구매계약시 인지세 면제 가능 여부 질의

2021-04-20

▣ 질의내용

기관의 사양서에 따라 제조하거나 구매하는 것이 아닌 단순 물품 구매(98인치 DID 모니터 구매) 계약건(부가세 포함 25백만원정도, 전자계약)일 경우 인지세 납부 면제가 가능한지 질의드립니다.

참고사항) 국세청 홈텍스 질의회신에서 여러사례를 검토해보았는데 기성제품 구매시에는 인지세 납부 면제가 된다고 나와있어서 질의드리고자 합니다.

▣ 답변내용

[질의요지] 인지세 납부 면제 가능 여부

[답변내용] 국가기관에서 계약을 체결할 때는 인지세법 시행령 제2조의3 제4호에 의거 국가계약법 제11조에 따라 작성하는 도급문서(구체적으로 물품구매계약서, 용역계역서, 공사도급계약서 등이 있음)에 인지세를 납부하도록 하고 있습니다. 인지세법령에 특별히 면제사유로 정하고 있지 않는한 계약담당공무원은 물품계약서 등을 작성하는 경우 계약상대자에게 인지세를 납부하도록 해야 할 것으로 봅니다.

귀 질의의 경우 계약서를 작성(전자계약포함)하는 경우라면 인지세법 제6조(비과세문서)에 해당한다고 보기 어렵습니다.

부정당제재 기간중 계약관련 질의

2021-09-27

◨ 질의내용

부정당 제재와 관련하여 아래와 같이 질의드립니다.

조달청과 물품제조구매에 대한 업체 낙찰 완료후 공고서의 계약기간은 1년이지만 수요기관의 년도별 예산배정에 따라 당해분 본조계약은 완료하였으나, 장기계속분(국채)에 대해서는 12월에 추가계약이 진행될 예정입니다. 그런데, 업체가 조달청으로 부터 부득이한 사정으로 10월중 부정당제재를 통보받을 수도 있는 상황입니다. 그렇다면 수요기관에서 이미 낙찰된 계약건에 대해 업체가 12월에 부정당제재기간이 될 경우 이미 낙찰받은 계약물량에 대한 장기계속분 계약이 성립되는데 문제가 되는지 궁금합니다.

◨ 답변내용

[질의요지] 장기계속계약건 계약기간 중 부정당업자제재 대상이 될 경우 다음 차수계약 가능 한 지 여부

[답변내용] 국가기관이 체결하는 계약에 있어 각 중앙관서의 장 또는 계약담당공무원은 경쟁입찰에서 낙찰된 자가 계약체결 전에 입찰참가자격제한을 받은 경우에는 그 낙찰자와 계약을 체결해서는 안됩니다.(국가계약법시행령 제76조 제7항) 다만, 법 21조에 따른 장기계속계약의 낙찰자가 최초로 계약을 체결한 이후 입찰참가자격 제한을 받은 경우로서 해당 장기계속계약에 대한 연차별계약을 체결하는 경우에는 해당 계약상대자와 계약을 체결할 수 있는 것입니다.

따라서 귀 질의의 경우도 장기계속 계약체결 이후 부정당제재 처분을 받은 경우라면 다음 차수 계약 체결은 가능하다고 봅니다.

용역 산출내역서의 보험료에 부가가치세 포함 여부

2021-04-22

◼ 질의내용

용역 계약과 관련하여 질의 드립니다.

산출내역서 작성 시 인건비, 기술료, 보험료 등의 내역이 있는데요. 이 중 보험료는 원래 부가세가 붙지 않습니다. 하지만 용역계약의 경우는 부가세가 발생하는데요. 이 경우 원래대로 보험료 부가세를 제외하고 계약금액을 산출해야 하는지, 아니라면 용역계약은 부가세가 발행하니 똑같이 보험료도 부가세를 포함하여 계약금액을 산출해야 되는지 해석 부탁드립니다.

◼ 답변내용

[질의요지] 용역 산출내역서의 보험료에 부가가치세 포함 여부

[답변내용] 국가기관이 당사자가 되는 용역계약에서 계약예규 용역입찰유의서 제16조제1항에 따라 계약문서에 첨부되는 산출내역서는 발주기관이 입찰공고문 등에서 국민건강보험료 반영 등 특별히 명시한 바가 없을 경우에는 계약상대자가 낙찰금액 범위 안에서 과업내용서상의 물량에 대하여 단가를 자율적으로 기재하여 작성하는 것입니다. 구체적인 것은 당해 발주기관의 입찰공고내용과 관련 규정을 종합적으로 살펴 처리해야 할 것입니다.

3장 계약체결 및 관리 ·········

용역계약 입찰자격 관련의 건

2021-02-16

▣ 질의내용

예전 2016년도 용역계약 관련하여 문의 합니다. A업체가 낙찰되어 계약체결을 해서 2016.4.1~2016.12.31(본계약), 2017.1.1~2017.3.31(연장계약) 용역을 담당했는데요 최근 2016년 경쟁입찰에 문제가 있다고 민원을 제기한 상태라서 문의하고자 민원을 신청합니다. 2016년 당시 B업체가 2015.6.3 폐업하고 2015. 7. 2. 사업자개시를 했습니다. 새로 개시한 사업자등록번호가 예전하고 틀립니다. 그 당시 직원이(현재 퇴직) 사업자번호가 상이한 사실을 인지하지 못하고 상호, 대표자, 주소 확인 후 실적증명을 발급했고 경쟁입찰에 참가했습니다. 결과는 A업체가 최저가 낙찰로 계약을 진행했는데 최근에 그 당시 B업체가 경쟁입찰에 참가해서 A업체 본인이 수의계약을 할 수 있었는데 손해를 봤다고 하고 있습니다. 이런 경우 어떻게 저희가 대처해야 하는지 문의드립니다. 현재 A업체는 당사에서 용역계약을 진행중이며 2021년 본계약시 전에 손해본 걸 만회해달라고 수의계약을 요구하고 있습니다. 국가계약법상 수의계약은 불가한 걸로 알고 있습니다. A업체가 2016년도 계약건을 계속 민원 재기하고 상태이며 2016년도 B업체에 대해 실적증명을 발급해준 것에 대한 건을 어떻게 해야 하는지 .... 사업자등록번호만 틀리고 업체명 대표자 주소가 다 맞는데 전혀 별개의 업체로 봐야 하는지도 문의드립니다.

▣ 답변내용

[**질의요지**] 계약 당시 초기점검 비용은 실시설계시 확정할 수 없었던 PS항목이며 2014년 상반기 기준을 적용한 업체 견적금액이 반영되어 있는 실정으로, 추후 PS항목인 초기점검 비용 정산시 점검 시행 당시(2020년 02월)의 단가로 조정이 가능한지.

[**답변내용**] 국가기관이 당사자가 되는 계약에 있어서 '실적'은 계약예규 정부입찰.계약 집행기준 제5조 제1항에 정한 바와 같이 현재 발주하려는 계약과 계약내용이 실질적으로 동일하거나 이와 유사하여 계약목적달성이 가능하다고 인정되는 과거 1건의 공사나 제조 등의 실적(장기계속공사나 제조 등에 있어서는 총공사나 제조 등의 실적)에 해당되는 금액 또는 규모(양)를 말하는 것입니다. 당해 실적에는 국가·지방자치단체·공공기관 뿐만 아니라 민간실적 또는 하도급실적도 인정되는 것입니다.

법인이 합병. 분할. 사업양수도된 경우 상법 등 관련법령에 의하여 계약상대자의 권리. 의무가 합병.분할.사업양수도된 법인에 포괄적으로 승계된다면「국가를 당사자로 하는 계약에 관한 법령」상의 계약상대자의 지위가 승계된다고 볼 수 있을 것입니다. 이렇게 종전사업자의 권리.의무가 분할된 신설법인에 포괄적으로 승계된 경우라면 기존사업자의 실적도 승계되는 것으로 보아야 할 것입니다. 참고로, 조달청의 물품. 용역 적격심사세부기준에서 합병의 경우 존속되거나 신설된 업체의 실적은 소멸된 자의 실적을 승계한 것으로 합산하여 평가하며, 분할의 경우 권리.의무를 승계받은 업체의 실적으로 보고 평가하도록하고 있습니다.

따라서 귀 질의는 법인이 일시폐업 후 동일한 업체명, 대표자, 주소를 갖고 종전과 같은 업종으로 다시 영위(사업자등록번호 변경)하는 경우 종전의 실적도 승계되는 것으로 보아야 할 것입니다.

구체적으로 귀 질의 실적의 인정여부는 국가계약법령에서 일률적으로 정하고 있는 것이 아니므로 특정입찰에서 동등이상 혹은 유사실적 기준, 규모나 금액산정 기준, 실적관련 제출서류 등은 해당 입찰설명서나 적격심사기준 등에서 정한 바에 따라야 할 것으로 계약담당공무원이 관계기관에서 발행한 실적증명서, 세금계산서 등을 확인하여 인정여부를 판단해야 할 사항입니다.

지체상금 부과기준 및 가산일수 질의

2022-10-11

▣ 질의내용

계약납기는 2022/10/04일, 납기 9일전[9/25(일), 시험검사 6일 + 운송 3일] 검수신청 대상 제품에 대한 질의 드립니다.

9/25일이 일요일이여서 검수신청을 9/26일(월, 납기 8일전)에 하였으며, 검사결과서를 10월 4일 17:57분에 수신, 당일 납품이 불가하여 그 다음날 10/5일 납품하였습니다. 그 결과 지체상금 1일 부과 대상이 되었습니다.

○ 지체상금 부과에 대한 질문 드립니다.

1. 1차 검수(총 2회 검수소요)를 10/29일(목)에 받았고, 한전 자재검사 부서의 일정에 의하여 10/3일 개천절(공휴일) 다음날 10/4일 최종 검수를 받았습니다. 이 경우 1차 검수를 제대로 받았으며, 검수 기간 중간에 공휴일이 끼어 있었고, 검사부서 일정이 안되어 2차 검수일이 납기일 당일이 되었을 경우에도 지체상금 대상이 되는지 질문 드립니다. - 검사기한 내 검수신청 했을 경우에도, 10/4일에 납품 하기 위해서는 최소 9/30일에 검수결과서를 발행 받아야 합니다.

2. 납기 8일전 검수신청 했으나 운송기간 3일이 부여 되어있는 경우, 검수결과 발행일 다음날(운송소요 1일) 즉시 납품 했으므로 운송 3일중 1일을 차감하더라도 2일의 여유가 있어 지체상금 부과 대상에서 제외 되어야 하는 것이 아닌지 질의 드립니다.

▣ 답변내용

[**질의요지**] 공공기관과 체결한 물품계약에서 지체상금 부과기준 및 가산일수

[답변내용] 공공기관의 계약사무를 처리할 때에는 기타공공기관의 경우에는 「기타 공공기관 계약사무 운영규정」을 적용하고 공기업·준정부기관일 경우에는 「공기업·준정부기관 계약사무규칙」을 적용하여야 하며, 동 규정 및 규칙에서 규정하지 아니한 사항은 국가계약법을 준용하여 처리해야 합니다. 또한 국가계약법령해석에 관한 내용이 아닌 계약체결 내용과 관련된 사실판단에 관한 사항에 대하여는 조달청(또는 기획재정부)의 유권해석대상이 아니며, 해당 입찰공고를 하여 계약을 체결한 발주기관에서 해당 관련 규정 등을 종합검토하여 직접 판단·처리할 사항입니다.

참고로, 국가기관과 체결한 물품구매계약에서 계약상대자가 계약서에 정한 납품기한내에 물품을 납품하지 아니한 때에는 계약예규 물품구매(제조)계약일반조건 제24조제4항 각호에 의하여 지체상금을 산정·부과하여야 하는 바, 이 경우 "납품"이라 함은 해당물품(검사에 필요한 서류등을 포함)을 계약담당공무원이 지정한 장소에 납품하는 것을 의미합니다. 다만, 구체적인 경우의 지체상금 부과·징수 시점에 대해서는 계약서에 첨부된 계약문서의 내용에 따른 사실 판단에 관한 사항이므로 조달청(또는 기획재정부)의 유권해석대상이 아니며, 각 발주기관의 계약담당공무원이 당초 계약조건, 계약의 특성 및 계약상대자의 이행상황 등을 종합고려하여 직접 판단·처리할 사항입니다.

(2020 주요 질의회신)

계약보증서 기간 관련 문의	2020-05-06

▣ 질의내용

계약보증서의 보증기간에 대해 문의하고자 합니다. 계약법에는 초일을 계약기간 개시일로 명시하고 있는데, 개시일이라 함은 행정적으로 계약체결된 날인지 혹은 실제 착수가 이루어지는 날인지 문의드립니다. 만약 A용역에 대해 5월 6일에 계약, 착수 5월 11일, 준공 12월 31일 일때 계약보증기간이 5월 6일 ~ 12월 31일 인지, 5월 11일 ~ 12월 31일인지 알려주시면 감사하겠습니다.

▣ 답변내용

[질의요지] 계약보증기간

[답변내용] 국가기관이 체결하는 계약에 있어 보증보험증권등에 의한 보증금의 납부 시 보증기간의 초일은 계약기간 개시일이고 보증기간의 만료일은 계약기간의 종료일 이후가 되어야합니다. 이때 계약기간의 개시일이란 계약서 상에 명시되어 있는 계약기간의 시작일시를 말하는 것입니다. 따라서 귀 질의의 경우 계약보증기간은 5월 6일 ~ 12월 31일을 포함하는 기간이 되어야할 것입니다.

3장 계약체결 및 관리

공공기관의 자회사와 계약체결시 계약보증금 면제 가능여부
2020-06-05

▣ **질의내용**

우리회사는 "공기업.준정부기관 계약사무규칙"에 따라 자회사와의 단순노무용역계약을 추진 중에 있습니다.

이 과정에서 공공기관의 자회사가 "국가를 당사자로 하는 계약에 관한 법률 시행령"에 의거 계약보증금을 면제할 수 있는 자로 해석될 수 있는지 여부를 질의드리고자 합니다.

▣ **답변내용**

[질의요지] 공공기관의 자회사와 계약체결시 계약보증금 면제 가능여부

[답변내용] 공기업·준정부기관의 계약에 관하여는 「공기업.준정부기관 계약사무규칙」이 우선 적용되고, 동 규칙에 규정되지 아니한 사항에 관하여는 동 규칙 제2조제5항에 따라 동 규정 및 규칙에서 규정하지 아니한 사항은 국가계약법을 준용하여 처리해야 합니다.

참고로, 국가기관과 체결한 계약에서 「국가를 당사자로 하는 계약에 관한 법률」 제12조제1항 단서에 따라 계약보증금의 전부 또는 일부를 면제할 수 있는 경우는 다음 각 호와 같습니다(동 시행령 제50조제6항). 1. 동 시행령 제37조제3항제1호부터 제4호까지 및 제5호의2에 규정된 자와 계약을 체결하는 경우 2. 삭제 <2006. 12. 29.> 3. 계약금액이 5천만원이하인 계약을 체결하는 경우 4. 일반적으로 공정·타당하다고 인정되는 계약의 관습에 따라 계약보증금 징수가 적합하지 아니한 경우 5. 이미 도입된 외자시설·기계·장비의 부분품을 구매하는 경우로서 당해 공급자가 아니면 당해 부분품의 구입이 곤란한 경우

다만, 구체적인 경우가 이에 해당되는지의 여부는 발주기관이 계약의 특성을 고려하여 판단할 사항입니다.

공동수급체 구성원에 대한 채권양도 가부

2020-04-16

■ **질의내용**

물품구매계약 공동이행 관련내용 입니다.

공사계약의 경우 공사계약일반조건 제6조에서 채권을 제3자(공동수급체 구성원 포함)에게 양도할 수 있다고 규정하는데,

물품계약의 경우 물품구매(제조)계약일반조건 제6조에서 채권을 제3자에게 양도할 수 있다고만 규정하여, 제3자에 공동수급체 구성원이 포함되는지 여부가 규정되어 있지 않습니다.

물품계약의 경우에도, 공사계약과 마찬가지로 채권(대금청구권)을 공동수급체 구성원에게 양도할 수 있는지 문의 드립니다.

■ **답변내용**

[질의요지] 공동수급체 구성원에 대한 채권양도 가능 여부 질의

[답변내용] 아래 사항은 국가기관을 기준으로 해석한 것임을 참고하여 주시기 바라며, 지방자치단체를 당사자로 하는 계약, 공기업과 준정부기관 및 공공기관의 계약에 관하여는 달리 정한 바가 있으면 그에 따라야 함을 알려 드립니다.

국가기관이 체결하는 물품계약에 있어 계약예규 물품구매(제조)계약 일반조건 제6조제1항의 규정에 따라 계약상대자는 동 계약에 의하여 발생한 채권(대금청구권)을 제3자에게 양도할 수 있는 바, 계약담당공무원은 채권양도와 관련하여 적정한 계약이행목적 등 필요한 경우에는 채권양도를 제한하는 특약을 정하여 운용할 수 있습니다. 따라서 발주기관이 채권양도를 제한하는 특약을 정하지 아니한 경우라면 계약상대자는 계약이행으로 발생하는 채권을 발주기관의 승인을 얻어 제3자에게 양도할 수 있을 것입니다.

공동계약에 있어서 공동수급체 출자비율이나 분담내용에 따른 각 구성원의 대금채권은 구성원 각자에게 귀속되는 것으로 볼 수 있어 공동수급체 구성원이라 할지라도 제3자로 보아 채권양도가 가능하다고 보는 것이므로 만약 구성원간 채권양도가 승인되었다면 그에 따라 대가를 채권양수인에게 지급할수 있을 것으로 보여지나,

구체적으로 귀 질의의 경우 수급체 구성원간 채권 양도의 승인여부는 민법 등의 규정 등을 종합적으로 고려하여 계약담당공무원이 판단.처리하여야 할 사항이며 필요시 법률전문가의 자문을 받아 조치하여야 할 것입니다.

3장 계약체결 및 관리

변경계약으로 인한 계약금액 조정 시 계약보증금률 질의 (코로나19 관련)
2020-09-18

▣ **질의내용**

- 요약 : 설계변경 또는 물가변동으로 인한 계약금액의 조정 시, 계약보증금률에 대한 질의
- 내용 안녕하십니까? 공공기관 계약부서에서 근무하는 민원인입니다.

　당사는 국가계약법 시행령 제50조 1항 단서조항에 의거, 계약보증금을 50% 인하하는 한시적 특례를 적용 운영하고 있습니다. 이에 따라 구매계약은 10% → 5%, 공사계약은 15% → 7.5%으로 계약보증금을 수취하고 있습니다.

　이때 물가변동 또는 설계변경으로 인해 계약금액이 증감되는 경우, 새로 수취할 계약보증금률을 어떻게 설정하여야 하는지 문의드립니다. 감사합니다.

<예시 - 공사계약>

(1) 원계약 계약보증금률(15%)을 변경할 계약금액에 전체 적용
(2) 한시적 특례에 따른 계약보증금률(7.5%)을 변경할 계약금액에 전체 적용
(3) 한시적 특례에 따른 계약보증금률(7.5%)을 증액되는 계약금액에만 적용

▣ **답변내용**

[**질의요지**] 공공기관에서 국가계약법 시행령 제50조1항 단서조항에 의거, 계약보증금을 50% 인하하는 한시적 특례를 적용에서 물가변동 또는 설계변경으로 인해 계약금액이 증감되는 경우, 새로 수취할 계약보증금률을 어떻게 설정하여야 하는지.

[**답변내용**] 「국가를 당사자로 하는 계약에 관한 법률 시행령」제50조제1항 단서 및 제52조제1항제2호의 개정규정은 이 영 시행 전에 입찰공고한 경우로서 이 영 시행 이후 계약보증금을 납부하는 경우에도 적용하는 것입니다(부칙 제5조 : 계약보증금 납부 및 이행보증에 관한 적용례). 따라서, 귀하의 질의 경우가 물품구매이라면 계약예규 물품구매계약일반조건 제7조제5항 따라 처리해야 할 것입니다.

장기계속 공사의 연차별 준공에 따른 공사이행보증책임 일부소멸 관련 질의
2020-07-03

▣ 질의내용

1. 질의내용 - 장기계속공사의 연차별 준공(현재 1차 준공완료)에 따른 공사이행보증책임 일부 소멸 가능 여부

2. 관련근거

 1) 국가계약법 시행령 제 50조(계약보증금) 제 3항 - 장기계속계약의 경우, 연차별계약이 완료된 때에는 당초의 계약보증금 중 이행이 완료된 연차별계약금액에 해당하는 분을 반환하여야 한다.

 2) 국가계약법 시행령 제 52조(공사계약에 있어서의 이행보증) - 계약보증금(계약금액의 100분의 15) 또는 공사이행보증서(계약금액의 100분의 40) 3) (계약예규)정부 입찰·계약 집행기준 제 42조(공사이행보증서의 제출)

3. 현 황

 1) 공사이행보증기관(건설공제조합)에서 연차별 준공에 따른 공사이행보증책임 일부소멸확인원(발주처 날인본) 제출 시 일부보증책임 소멸가능하다고 답변받음

 2) 발주처로 공사이행보증책임 일부소멸확인원의 날인 요청함 - 발주처 답변 : 국가계약법 시행령 제50조는 계약보증금의 경우이며, 공사이행보증과 관련된 관계법령에서의 명문화된 규정이 없으므로 보증책임 일부소멸에 대해서 확인 및 날인을 해줄 수 없다는 입장임

▣ 답변내용

[질의요지] 장기계속공사의 연차별 준공에 따른 공사이행보증책임 일부 소멸 관련 질의

[답변내용] 아래 사항은 국가기관을 기준으로 해석한 것임을 참고하여 주시기 바라며, 지방자치단체를 당사자로 하는 계약, 공기업과 준정부기관 및 공공기관의 계약에 관하여는 달리 정한 바가 있으면 그에 따라야 함을 알려 드립니다.

국가기관이 체결하는 공사계약에 있어서 국가를 당사자로 하는 계약에 관한 법률 시행령 제42조제4항(종합심사낙찰제 대상), 제6장(대안입찰 또는 일괄입찰 등) 및 제8장(기술제안 입찰 등)에 따른 공사계약인 경우에는 동 시행령 제52조제1항 단서에 따라 반드시 동조 동항 제3호에 따른 방법으로 계약이행을 보증하게 하여야 합니다.

상기 계약방법에 따른 장기계속계약의 경우 당초 보증금액 중 이행이 완료된 연차별 계약금액에 해당하는 공사이행보증금액을 반환할 수 있는지에 대해서는 국가계약법령상 명문 규정은 없으나, 공사이행보증서와 성격이 유사한 계약보증금의 경우 동 시행령 제50조제3항에 따라 연차별 계약이 완료된 때에는 당초 계약보증금 중 이행이 완료된 연차별 계약금액에 해당하는 분을 반환하여야 하고, 입찰보증금과 계약보증금 및 하자보수보증금도 동 시행규칙 제63조제1항에 따라 보증목적이 달성된 때에는 계약상대자의 요청에 의하여 즉시 이를 반환하도록 규정하고 있는 점을 감안할 때, 연차별 계약이행이 완료된 경우에는 해당 공사이행보증서의 보증금액을 반환하는 것이 타당할 것입니다.

제2절 감독 및 인수

계약기간 결정과 이행, 지체

2022-08-18

▣ **질의내용**

1. 입찰 시 납품 완료 기한을 수요기관에서 정할 수 있는건가요?
2. 납품 완료라 함은 기관에서 정한 기간 내에 물품을 모두 보내는 것을 의미하는건가요?
3. 국가계약법 제74조에 계약상대자의 책임없는 사유로 계약이행이 지체되었다고 인정되는 기준이 무엇인가요? 부품 수급의 문제 발생도 위에 해당되나요?
4. 입찰이 2022년에 진행이 되었고, 물품 납품이 2023년 2월로 계약이 된 경우, 해당 입찰건은 2022년 예산으로 잡히나요? (납품 완료가 2023년 2월인데도 2022년 예산으로 대가를 지급할 수 있나요?)
5. 납품기한을 지키지 못했을 경우 계약상대자에게 지체상금 외에 돌아오는 불이익이 또 있나요?

▣ **답변내용**

[질의요지] 계약기간 결정과 이행, 지체

[답변내용]

질의1에 대하여 국가기관이 당사자가 되는 계약에 있어서 계약기간은 계약담당공무원이 계약의 목적 달성을 위한 적절한 기간을 설정하여 진행합니다. 따라서 물품의 경우 발주기관의 수요시기에 따라 납품기한을 정할 수 있을 것입니다.

질의2에 대하여 물품의 납품완료는 검사 및 검수가 완료되고 발주기관이 당초 목적한 바에 따라 사용이 가능한 경우를 의미한다고 볼 수 있습니다. 다만, 물품의 특성 등에 따라 발주기관이 별도로 정하는 경우(시운전 등)에는 이와 다를 수도 있습니다.

질의3에 대하여 계약상대자의 책임없는 사유라 함은 불가항력 등 계약예규 물품구매(제조)계약일반조건 제24조제3항 각 호 어느 하나에 해당하는 사유를 말하는 것이며, 부품수급의 문제가 이에 해당하는지는 각 계약별로 사유 및 정도가 다르므로 일률적으로 해당여부를 조달청(또는 기획재정부)에서 판단할 수 있는 사항이 아니므로 해당 건별로 계약담당공무원이 사실관계에 따라 여러 사항을 고려하여 판단하여야 합니다.

질의4에 대하여 입찰.계약은 국고채무부담에 따른 계약을 제외하고는 당해연도에 예산이 확보된 경우에 가능한 것입니다. 계약담당공무원은 당해연도에 부득이하게 계약이행을 완료하지 못한 경우 그 부분의 금액을 다음연도로 이월하고 그 이행이 완료된 때에 지출할 수도 있습니다.

질의5에 대하여 지체상금은 계약을 이행은 하였으나 단지 지체되었을 경우에 계약상대자가 현금으로 납부하는 것이므로 계약미이행과는 구분됩니다. 이행을 지체하였다는 이유로 입찰참가자격 제한 등의 제재는 없으나, 다만, 이후 다른 입찰에서 낙찰자 결정 시 적격심사 등에서 신인도 부분에서 감점을 받을 수도 있습니다.

계약이행 지체에 따른 신인도 감점은 심사방법이나 발주기관이 별도로 정한 세부기준 등에 따라 각각 다를 수 있으므로 개별 입찰공고 시 발주기관의 심사규정을 참고하시기 바랍니다.

국가를 당사자로하는 계약에 관한 법률 감독 검사 겸직 제한
2021-03-24

■ **질의내용**

국가를 당사자로 하는 계약에 관한 법률 시행령 제57조(감독과 검사직무의 겸직)에는 일부 예외조항을 제외하고는 감독과 검사 직무를 겸할 수 없다고 규정하고 있습니다.

1. 감독과 검사 직무의 겸직 제한이 시행령 제54조 및 55조에 따른 경우에만 국한되어 적용되는지, 아니면 일반적인 감독과 검사업무에 포괄적으로 적용되는지?
2. 감독관을 별도 임명하지 않은 용역 공급 계약에서 해당 사업을 주관하는 주무 담당공무원이 검사관이 될 수 있는지?

■ **답변내용**

[**질의요지**] 국가계약법 상 감독과 검사 겸직 제한

[**답변내용**] 지방자치단체를 당사자로 하는 계약, 공기업과 준정부기관 및 공공기관의 계약에 관하여는 달리 정한 바가 있으면 그에 따라야 함을 알려 드립니다.

국가를 당사자로 하는 용역계약에 있어 「국가를 당사자로 하는 계약에 관한 법률」(이하 "법률"이라 함) 제14조 ①항에 의거 계약담당공무원은 계약상대자가 계약의 전부 또는 일부를 이행하면 이를 확인하기 위하여 계약서, 그 밖의 관계 서류에 의하여 검사하도록 하고 있으며, 계약상대자는 용역을 완성하였을 때에는 「용역계약 일반조건」(이하 '일반조건'이라 함) 제20조 ①항에 의거 그 사실을 계약담당공무원에게 서면으로 통지하고 필요한 검사를 받아야 하는 것입니다.

또한 계약담당공무원은 일반조건 제12조에 따라 해당 계약의 적정한 이행을 확보하기 위하여 필요하다고 인정할 때에는 계약문서에 의하여 스스로 감독하거나 소속공무원에게 그 사무를 위임하여 감독을 하여야 합니다.

따라서 귀 질의 감독관을 별도 임명하지 않은 용역계약에서 해당 사업을 주관하는 주무 담당공무원이 검사하는 경우에 대해서는 해당 기관에서 정한 위임전결규정 및 업무분장 지침에 따라 처리할 사항입니다.

참고적으로 감독과 검사 직무의 겸직 제한은 「국가를 당사자로 하는 계약에 관한 법률 시행령」 제 57조의 단서를 제외하고는 시행령 제54조의 규정에 의한 감독의 직무와 제55조의 규정에 의한 검사의 직무는 겸할 수 없는 것입니다.

3장 계약체결 및 관리 ········

신기술(특허) 하도급금액 결정관련 질의

2021-07-27

▣ 질의내용

「정부입찰·계약집행기준」 제5조의2 제4항과 관련 신기술 또는 특허공법 부분에 대한 하도급대금의 결정시 하도급부분에 해당하는 예정가격에 원도급공사의 낙찰률(예정가격에 대한 낙찰금액의 비율) 및 「건설산업기본법 시행령」 제34조에 따른 비율을 곱한 금액과 동 금액에 「건설기술진흥법」 제14조에 의한 기술사용료를 더한 금액의 범위 내에서 낙찰자와 기술보유자 간에 합의한 금액으로 한다는 규정과 관련하여 하도급금액 결정시 아래와 같이 이견(갑설, 을설)이 있어 질의하오니 답변 부탁 드립니다.

참고로 상기 규정중 "및"이라는 부사에 대한 해석이견 관련입니다.

※ 예시기준 예정가격 : 1,000,000,000원, 도급금액 : 760,000,000원, 낙찰률 76.0%(80% 미만으로 80% 적용), 기술사용료(하도급 시공참여시 0%)

※ 갑설

- 하도급금액 : 1,000,000,000원 × 80% × 82% + 기술사용료(0원) = 656,000,000원
- 사유 : "및"은 사전적 의미상 그리고, 그밖에, 또의 뜻으로 문장의 연결로 해석됨

※ 을설

- 최대 : 1,000,000,000원 × 80% = 800,000,000원 - 최소 : 760,000,000원 × 82% + 기술사용료(0원) = 623,200,000원 - 하도급금액 : 최대(8억) ~ 최소금액(6.2억) 범위내에서 합의 필요
- 사유 : "및"은 앞뒤의 문장을 분리하는 의미로 해석됨

▣ 답변내용

[질의요지] 신기술(특허) 하도급금액 결정

[답변내용] 국가기관이 당사자가 되는 공사계약에서 계약담당공무원은 해당 공사에 신기술이나 특허공법(이하 "신기술 등"이라 함)이 포함되는 경우로서 신기술 등의 보유자가 하도급으로 참여하는 경우에 하도급대금 결정은 하도급부분에 해당하는 예정가격에 원도급공사의 낙찰률 및 「건설산업기본법 시행령」 제34조에 따른 비율을 곱한 금액과 동 금액에 「건설기술진흥법」 제14조에 의한 기술사용료를 더한 금액의 범위 내에서 낙찰자와 기술보유자 간 합의한 금액으로 하는 것입니다(계약예규 「정부 입찰·계약 집행기준」 제5조의2제4항).

하도급대금은 하도급 부분에 해당하는 예정가격에 낙찰률(80% 이상)을 곱한 금액에 다시 82%을 곱한 금액을 기준으로 하도록 기획재정부에서 2014.1.10.에 동조를 개정하였습니다. 개정이전 조항에는 "~과"로 표현했다가 개정할 때에는 "~및"으로 변경되었으나 그 뜻은 같은 것으로 보아야 할 것으로 봅니다.

참고로, 국가계약법령은 국가기관이 시행하는 입찰 및 계약의 절차에 관한 법령이므로 각 발주기관의 공무원은 이에 따라 업무를 처리해야 하는 것이 원칙일 것인 바, 발주기관이 상기 사유에 해당되는지 여부를 판단함에 있어서는 동 제도가 그 취지 및 성격상 관련규정의 해석 및 운용에 있어 확대해석 또는 유추해석은 지양하고 문리해석하는 것을 기본으로 하고 있음을 고려하여야 하는 것임을 알려드립니다.

용역계약 체결 이후, 계약상대자가 상법에 의한 물적분할로 변경될 경우
2022-12-21

▣ 질의내용

국가계약법의 적용을 받는 기관입니다.

기술용역(건설사업관리용역) 시행 중 계약상대자가 상법에 의한 물적분할된 경우에 「건설기술진흥법 시행규칙」 등에 의거하여 "용역의 양도양수에 대한 발주청의 동의를 요구"하는 경우에 검토할 사항에 대하여 문의드립니다.

(1) 계약상대자가 등기부등본, 면허 등 증명서사본, 양도양수계약서, 계약이행능력자료 등 승계관련 증빙서류를 갖추어 동의신청을 하면,
(2) 발주청이 동의여부를 결정한 후 변경계약을 하면 되는 것인지 궁금합니다.

▣ 답변내용

[질의요지] 계약상대자 변경

[답변내용] 국가를 당사자로 하는 계약에 관한 법령이나 계약예규에서 회사의 포괄적 양수도가 있을 경우 계약자 지위의 승계 인정 등에 대하여 구체적으로 정한 바는 없습니다.

그런데, 상법상의 영업양도란 영업의 동일성을 유지하면서 영업용 재산(인적, 물적 재산) 일체를 이전할 것을 목적으로 하는 채권계약으로 사업의 양도가 있으면 양도인(개인이면 상인자격을 상실하고 법인인 경우에는 정관상의 목적을 변경하여야 함)은 해당 영업을 영위할 수 없습니다.

또한, 법인이 합병, 분할, 사업양수도된 경우 상법 등 관련 법령에 따라 계약상대자의 권리·의무가 합병, 분할, 사업양수도된 법인에 포괄적으로 승계된 것으로 계약담당공무원이 판단하는 경우라면 국가를 당사자로 하는 계약에 관한 법령 상의 계약상대자의 지위가 승계된다고 볼 수 있을 것입니다.

구체적인 경우에 있어서는 포괄적인 양도·양수에 해당되는지를 계약담당공무원이 양도·양수계약서, 법인정관, 법인 등기부등본과 관련 법령 등을 검토·확인, 판단하여 승계 인정 및 변경계약 여부를 판단·처리하여야 합니다.

용역계약기간 연장으로 인한 추가비용 산정

2021-01-05

■ **질의내용**

○ 질의배경

공공기관에서 발주(사업수행능력평가 및 적격심사 낙찰제)한 용역계약기간 종료 및 계약물량이 완료되었으나 발주자의 사업공정 계획 변경(35개월 연장)으로 인하여 비파괴검사 기술자의 현장 상주를 위한 계약기간 연장 협의가 진행 중

○ 질의 1

원계약시 표준품셈 및 시중노임을 기준으로 단가계약을 체결하였으나 현재 잔여물량이 없어 용역대가를 산정할 수 없습니다. 계약변경시 기술자의 현장 상주를 위한 추가비용을 엔지니어링 기술진흥법에 의거 실비정액가산방식 적용 가능 여부?

※ 질의1 관련근거

1) 용역 입찰안내서 4항(입찰참가자격 사전심사(PQ) 신청 및 평가)
   - 엔지니어링기술진흥법에 의거 "비파괴검사분야"에 등록된 업체
2) 국가를 당사자로 하는 계약에 관한 법률 시행령 제43조2(지식기반사업의 계약방법)
3) 엔지니어링산업 진흥법 제31조(엔지니어링사업의 대가 기준)
   - 산업통상자원부고시 제2019-20호 엔지니어링대가의 기준 제4조(대가산출의 기본원칙)

○ 질의 2

용역계약(계약물량)이 완료된 상태에서 계약기간 연장시 기술자의 현장 상주를 위해 발생할 추가비용에 대해 질의1 엔지니어링 노임단가 등을 적용하여도 계약예규 및 용역계약일반조건 제17조 만족 여부?

※ 질의2 관련근거

1) 제17조(기타 계약내용의 변경으로 인한 계약금액의 조정) ① 발주자는 용역계약에 있어서 제15조 및 제16조에 의한 경우이외에 기타 계약내용의 변경으로 인하여 계약금액을 조정할 필요가 있는 경우에는 그 변경된 내용에 따라 실비를 초과하지 아니하는 범위안에서 이를 조정 한다.

2) 제16조(과업내용의 변경) ① 발주자는 계약의 목적상 필요하다고 인정될 경우에는 다음 각호의 과업내용을 계약상대자에게 지시할 수 있다. 다만, 계약담당직원은 과업내용을 추가할 경우에는 계약상대자와 사전에 협의하여야 한다. 1. 추가업무 및 특별업무의 수행 2. 용역공정계획의 변경 3. 특정용역항목의 삭제 또는 감소

◉ 답변내용

[질의요지] 용역계약기간 연장에 따른 인한 추가비용 산정 등

[답변내용] 국가기관이 당사자가 되는 용역계약에서 계약예규 용역계약일반조건(이하 "일반조건"이라 합니다) 제1조에 정한 바와 같이 이 예규는 계약당사자간에 이행하여야 할 용역에 관한 계약조건을 정함을 목적으로 하며, 계약당사자는 이 예규에 정한 계약문서에 따라 신의와 성실의 원칙에 입각하여 이를 이행하는 것인 바, 귀하의 질의 경우가 해당 계약기간이 종료되었고 계약물량이 완료되었다면, 해당 계약은 종료되었다고 보아야 할 것입니다. 다만, 과업변경 등으로 인한 계약금액조정은 해당계약에 대한 대가지급전까지는 가능하다 할 것인 바, 설계변경으로 인한 계약금액의 조정은 용역의 이행도중 당초 계약내용의 일부를 변경하는 것으로서 그 성격상 계약의 본질을 해치지 않는 범위내에서만 인정된다고 볼 것입니다. 귀하의 질의 경우 이를 당초 용역의 과업변경으로 볼 것인지 또는 새로운 계약을 체결할 지의 여부는 당초 용역의 본질이 변경되는지의 여부 및 계약금액의 변경정도 등을 종합적으로 고려하여 발주기관의 계약담당공무원이 적의 판단해야 할 사항임을 알려드립니다. 과업변경으로 계약금액을 조정해야 할 경우에는 「국가를 당사자로 하는 계약에 관한 법률 시행령」 제65조제7항에 따라 공사계약의 경우를 준용하여 처리할 수 있는 것입니다(계약예규 공사계약일반조건 제20조 참조).

「국가를 당사자로 하는 계약에 관한 법률」 제3조에서는 국가를 당사자로 하는 계약에 관하여는 다른 법률에 특별한 규정이 있는 경우를 제외하고는 이 법에서 정하는 바에 따른다고 규정하고 있는 바, 귀하의 질의 경우가 다른기관에서 운영하고 있는 법령 등에서 규정하고 있는 경우에는 그에 따라 처리할 수 있을 것입니다.

참고로, 공사계약 설계변경에 따른 계약금액 조정시 설계변경당시를 기준으로 하여 산정한 단가란 설계변경시점의 거래실례가격 등을 의미하며, 동 단가협의는 당해 설계변경이 발주기관의 필요에 의한 것임을 감안하여 원칙적으로 설계변경당시 단가를 기준으로 하되, 예외적으로 증가된 공사량의 규모, 공사이행에 필요한 자재 등의 시장거래에 있어 조달상황 등을 감안할 때 동 가격이 적합하지 않다고 판단될 때에 산출내역서상의 단가까지 하향조정할 수 있음을 의미하는 바, 계약당사자간에 단가 협의시에는 서로 주장하는 각각의 단가기준에 대한 근거자료 제시 등을 통해 성실히 협의에 임하여야 할 것이며, 이와 같이 단가협의가 성립된 경우에는 협의단가와 단가협의 불성립시 적용되는 협의범위의 중간단가와의 비교는 불필요한 것입니다. 동 계약금액 조정이 적정하게 되었는지 여부는 조사나 감사를 통해 판단되어져야 할 사항입니다.

유용토 중간 적치장 송장관리

2021-04-28

▣ 질의내용

당 현장은 도심지 하수관로 공사현장으로

설계현황

- 중간 적치장(용도:유용토 적치, 자재(관급+사급)야적, 폐기물 임시 적치, 하도급사 현장 사무실 등)
- 도심지 주택,상업 밀집지역으로 현장내 유용토 적치 불가(인근 2km내외 중간적치장 선정하여 유용토, 자재등 적치 설계)
- 토사(유용토)운반:2km(현장--->중간적치장--->현장) - 폐기물(아스콘,콘크리트)운반:2km (현장--->중간적치장—상차 반출)

상황설명

- 사업구간내 터파기 및 되메우기후 잔토(유용토)를 중간적치장으로 운반 적치후 유용토 재사용토록 설계되어 있읍니다. 그런데 감리단에서 사토와 같이 유용토를 송장관리를 하라고 합니다.
- 일반적으로 토사(사토)를 제3자나 제3기관, 단체에게 운반 제공 또는 외부 반출시 확인, 관리차원에서 사토장(제공받는자)의 운반 송장으로 확인하고 확인서를 받아 정산처리 합니다.
- 그러나 사업장내 유용토 소운반을 송장 관리하는 사례나 규정, 경험이 없어 질의코저 합니다.(타기관, 타사업장 사례없음..)

질의내용

- 사후 현장내에 되메우기로 사용될 유용토도 사토와 같이 소운반용 송장관리를 해야하는 것인지
- 만약 송장관리를 해야 한다면 규정이나 기준이 있는지(운반자=제공자=받는자,동일 시공사) 궁금합니다.

3장 계약체결 및 관리

▣ 답변내용

[질의요지] 공사계약에서 사후 현장내에 되메우기로 사용될 유용토도 사토와 같이 소운반용 송장 관리

[답변내용] 가. 국가기관이 당사자가 되는 공사계약에서 계약예규 공사계약일반조건(이하 "일반조건"이라 합니다) 제1조에 정한 바와 같이 계약담당공무원과 계약상대자는 공사도급표준계약서(이하 "계약서"라 한다)에 기재한 공사의 도급계약에 관하여 제3조에 의한 계약문서에서 정하는 바에 따라 신의와 성실의 원칙에 입각하여 이를 이행하는 것입니다. 따라서, 계약상대자는 일반조건 제19조의2제1항제1호에 의거 공사계약의 이행중에 설계서(발주기관이 설계서를 작성하여 입찰자에게 제공한 경우에는 공사시방서, 설계도면, 현장설명서와 물량내역서)의 내용이 불분명하거나 설계서에 누락·오류 및 설계서간에 상호모순 등이 있는 사실을 발견하였을 때에는 설계변경이 필요한 부분의 이행전에 해당사항을 분명히 한 서류를 작성하여 계약담당공무원과 공사감독관에게 동시에 이를 통지하여야 하며, 계약담당공무원은 동조제1항에 의한 통지를 받은 즉시 공사가 적절히 이행될 수 있도록 다음 각 호의 어느 하나의 방법으로 설계변경 등 필요한 조치를 하여야 합니다.

다만, 귀하의 질의 경우가 구체적으로 이 경우에 해당하는지 여부는 당해 기관의 계약서에 첨부된 계약문서의 내용에 따른 사실 판단에 관한 사항으로서 설계변경 등 계약금액조정의 원인이 되는 모든 행위는 발주기관의 계약담당공무원이 결정의 권한을 가지고 있으므로 조달청(또는 기획재정부)의 유권해석대상이 아니며, 계약담당공무원이 설계서 및 공사현장 여건, 공사관련 법령 등을 종합적으로 살펴 직접 판단해야 하는 것입니다.

한편, 공사계약에서 해당공사의 감리를 수행하는 건설기술관리법령상 건설산업관리기술자 또는 감리원은 일반조건 제2조제3호의 규정에 의하여 공사계약에서 감독권한을 대행하는 공사감독관으로서 설계변경 등에 대한 권한을 가지고 있는 것은 아니며, 설계변경 등 계약금액조정의 원인이 되는 모든 행위는 계약담당공무원이 결정의 권한을 가지고 있는 것입니다.

준공통지서의 준공일이란?

2021-05-31

◼ 질의내용

준공일에 대해 정확한 개념이나 설명이 없어서 업무를 하는 사람마다 이야기가 달라서 조달청에서 처리하는 서식"준공통지서"에 준공일을 기재하는 부분이 있어서 문의를 드려봅니다.

예를 들어: 계약일이 2월1일 착공일 2월 15일 준공(예정)일 5월 15일

위 와 같을 경우 준공계를 5월10일 제출하고 검사를 5월22일 해서서 검사조서도 나왔다면

본 공사의 준공일은 5월 10일인가요? 아니면 5월 22일 인가요?

검사일로 승인을 받은 날이 준공일이라고 하는 분도 있고, 공사를 완료하고 통지한 준공계 제출일을 준공일이라고 하는 분도 있습니다. 정확한 개념과 기준을 알고 싶습니다.

◼ 답변내용

[질의요지] 준공통지서 상의 준공일이란

[답변내용] 국가기관이 당사자가 되는 공사계약에 있어서 계약자가 공사를 완성하였을 때에는 계약예규 공사계약일반조건 제27조의 규정에 의해 준공신고서를 서면으로 계약담당공무원에게 통지하여 준공검사를 받아야 하는 바, 동 검사결과 합격판정이 나면 준공신고서가 접수된 때를 준공일로 보아야 할 것입니다.

그러나, 준공검사에 불합격하여 재시공지시를 받은 경우에는 그에 따라 재시공하여 그 완료한 사실을 계약담당공무원에게 통지하여야 하는 바, 재시공에 대한 검사결과 합격판정이 났을 경우에는 재시공완료사실통지의 도달일을 준공일로 보아야 할 것입니다.

따라서 귀하의 질의에서 준공검사에서 검사결과 합격판정을 받았다면 준공검사신고서를 제출한 날을 준공일로 보아야 할 것입니다.

하도급 관리계획 변경관련 질의

2021-01-11

▣ 질의내용

적격심사 대상공사(토목공사업)이며, 장기계속계약 대상 공사입니다. 최초 : 하도급비율 44.469% / 하수급금액비율 82.514% 현재 : 하도급비율 40.904% / 하수급금액비율 95.735% 변경사유 : 사업계획변경에 따른 공사구간 축소로 감액 (계약상대자의 책임있는 사유가 아님)

◎ 상황

1. 하도급사 부도발생 ☞ 공사대금 지급능력 상실
2. 현재 진행되는 공정에 대한 장비대 등 공사대금 지급불가 ☞ 원도급사(계약상대자)가 발생된 미불금 지급함에 따라 직접시공(직영공사)로 처리됨.
3. 하도급관리계획 대상 공종이 계약상대자가 직접시공으로 됨에 따라 하도급비율이 현재보다 떨어지게 됨.

◎ 처리방안

1안 : 공사계약 이행 중 하수급자의 부도, 사업포기 등 불가피한 사유이기 때문에 발주기관의 승인을 얻어 현재 하도급비율에서 감소하여도 괜찮다. 단, 적격심사기준인 40%이상은 만족하여야 함. (현재:40.904% / 변경:40.205%)

2안 : 공사계약 이행 중 하수급자의 부도, 사업포기 등 불가피한 사유이기 때문에 발주기관의 승인을 얻어 하도급관리계획 대상 공종이 아닌 공종을 추가하여 현재 하도급비율을 충족(유지)시키야 한다.

◎ 질의

1. 상기와 같은 사유로 하도급관리계획의 변경이 불가피한 상황이며, 어떻게 처리하는 것이 법적으로 문제가 없는 것인지 궁금합니다.
2. 그리고, 어떠한 경우라도 최초 하도급율(44.469%)을 유지해야 하나요? 아니면 계약상대자의 책임없는 사유일 경우는 하도급율이 최초(44.469%)보다 감소되어도 되나요? (단, 입찰조건인 40% 이상은 유지)

제2절 감독 및 인수

■ **답변내용**

[**질의요지**] 계약 당시 초기점검 비용은 실시설계시 확정할 수 없었던 PS항목이며 2014년 상반기 기준을 적용한 업체 견적금액이 반영되어 있는 실정으로, 추후 PS항목인 초기점검 비용 정산시 점검 시행 당시(2020년 02월)의 단가로 조정이 가능한지.

[**답변내용**] 국가기관이 당사자가 되는 공사계약에서 계약상대자는 계약예규 공사계약일반조건(이하 "일반조건"이라 합니다.) 제53조에 따라 계약예규 입찰참가자격사전심사요령과 적격심사기준 별표의 심사항목에 규정된 사항(하도급관리계획의 적정성 등)에 대하여 적격심사 당시 제출한 내용대로 철저하게 이행하여야 하며, 계약담당공무원은 이러한 이행상황을 수시로 확인하여 제출된 내용대로 이행이 되지 않고 있을 때에는 즉시 시정토록 조치하여야 하는 것입니다.

따라서, 정당한 사유가 없는 한 하수급예정자를 변경할 수 없습니다. 다만, 하도급관리계획에 의한 선정된 하수급예정자의 사업포기 등 불가피한 사유가 있는 경우 계약담당공무원은 적격심사내용과 동등이상의 자격 또는 적격심사시 받은 평점이상인 업체로 대체하거나 하도급할 공사를 변경할 수 있으나, 이 경우에도 하도급할 금액, 하도급비율 및 기타 조건 등은 유지되어야 할 것입니다. 구체적인 것은 해당 계약의 진행상황의 제반 사실관계를 종합적으로 확인하여 발주기관의 계약담당공무원이 직접 판단할 사항임을 알려드립니다.

하도급 관리계획서 변경관련

2021-05-17

◙ 질의내용

현 황

1) 최초 적격심사시 2개의 하도급공종으로 하도급관리계획서 제출
(1) 토공 및 구조물공사 : 해당도급 42.13억, 하도급 : 34.89억 82.82%
(2) 지하주차장 구조물공사 : 해당도급 19.78억, 하도급 : 16.73억 84.59% 합 계 : 해당도급 61.91억, 하도급 : 51.62억 83.38%
2) 이후 교량 상부공사 하도급계약(입찰시 발주처 특허 지정공법으로 사용협약에 따라 하도급계약) → 하도급관리계획서에 미포함 해당도급 36.62억, 하도급 : 22.40억 61.16% → 하도급저가심사를 통해 발주처 하도급 승인됨 3) 교량 상부공사를 하도급관리계획서에 포함시킬 경우 하도급 금액비율이 75.13%로 적격심사시 제출한 하수급금액 비율 이하로 바뀌게 됨

질의내용

1) 하도급할 공사의 주요공종(입찰금액 산출내역서에 기재된 상위 분류 공종의 금액이 입찰 전체금액의 100분의 10 이상에 해당하는 공종)에 해당되는 교량 상부공사를 하도급관리계획서에 포함시켜야 하는지 질의

갑설 : 하도급할 공사의 주요 공종에 해당되는 모든 하도급공사는 모두 하도급 관리계획서에 포함시켜야 함

을설 : 국토교통부장관이 정하여 고시하는 공종이란 공사입찰시에만 해당되는 것으로 도급계약이후에 진행되는 하도급공사를 위 조항에 적용시키는 것은 아님

2) 하도급계약금액이 5억원이상인 하도급공사는 모두 하도급관리계획서에 포함시켜야 하는지 질의

갑설 : "교량 상부공사"가 최초 적격심사시 하도급관리계획서에 미제출 되었으나 하도급 금액이 5억원이상이므로 하도급관리계획서에 포함하여야 함

을설 : 하도급계획서 제출대상 하도급금액을 규정한 건설산업기본법시행령 제34조의2 제4항이 삭제되었으므로 해당사항 없음

▣ 답변내용

[질의요지] 하도급 관리계획서 변경

[답변내용] 국가기관을 당사자로 하는 공사계약에 있어서 계약상대자는 계약예규 「공사계약일반조건」(이하 "일반조건" 이라 합니다) 제53조 제1항의 규정에 따라 계약예규 「입찰참가자격사전심사요령」, 「적격심사기준」 및 「종합심사낙찰제 심사기준」 별표의 심사항목에 규정된 사항에 대하여 심사당시 제출한 내용대로 철저하게 이행하여야 합니다. 따라서, 적격심사시 제출한 하도급관리계획서상의 내용은 원칙적으로 변경할 수 없으나, 부득이한 사유가 있을 경우에는 적격심사시 제출한 하도급관리계획서상의 각 항목의 요건(하도급 비율, 하수급 금액비율, 하도급대금 직불계획 비율 등) 충족 하에 발주기관의 승인을 얻어 당초 하도급할 공사(공종)나 하수급자(수)의 변경이 가능한 것으로 보아야할 것입니다. 구체적인 것은 발주기관의 계약담당공무원이 당해 계약내용과 계약이행상황 등을 사실관계를 확인하여 처리해야 할 사안입니다.

3장 계약체결 및 관리

[2020 주요 질의회신]

| 동등 이상의 제품으로 대체 가능 여부 | 2020-07-15 |

▣ 질의내용

공고명 국가연구데이터플랫폼 개발 업무용 PC 및 모니터 구매 수요처 한국○○연구원 해당 법령 : 「(계약예규) 정부 입찰·계약 집행기준」 제5조(제한기준) ④계약담당공무원은 시행령 제21조제1항에 의하여 제한경쟁입찰에 참가할 자의 자격을 제한하는 경우에 이행의 난이도, 규모의 대소, 수급상황 등을 적정하게 고려하여야 한다. 다만, 다음 각호와 같이 경쟁참가자의 자격을 제한하여서는 아니된다. 5. 물품의 제조·구매입찰시 부당하게 특정상표 또는 특정규격 또는 모델을 지정하여 입찰에 부치는 경우와 입찰조건, 시방서 및 규격서 등에서 정한 규격·품질·성능과 동등이상의 물품을 납품한 경우에 특정상표 또는 모델이 아니라는 이유로 납품을 거부하는 경우(예:특정 수입품목의 모델을 내역서에 명기하여 품질 및 성능면에서 동등이상인 국산품목의 납품을 거부)

본 민원인은 한국○○연구원의 전자조달시스템 입찰에 참여하여 1순위가 되었고 상기 법령에 의거하여 계약예정자로 선정되었습니다.

상기 공고 사양서의 일부 제품이 단종되어 타브랜드의 동등이상 제품으로 납품이 가능한지 질의 드립니다.

또한 동등이상의 제품이지만, 사양서에 기재된 브랜드가 아니라는 이유로 수요처에서 납품을 거부 할 수 있는지 질의 드립니다.

▣ 답변내용

[질의요지] 공공기관과의 물품구매계약에서 동등 이상의 제품으로 대체 가능 여부

[답변내용] 공공기관의 계약사무를 처리할 때에는 기타공공기관의 경우에는 '기타 공공기관 계약사무 운영규정'을 적용하고 공기업·준정부기관일 경우에는 '공기업·준정부기관 계약사무규칙'을 적용하여야 하며, 동 규정 및 규칙에서 규정하지 아니한 사항은 국가계약법을 준용하여 처리해야 합니다.

참고로, 국가기관이 체결한 물품제조·구매계약에 있어 계약담당공무원은 계약예규 "정부 입찰·계약 집행기준"에 따라 입찰조건, 사양서 및 규격서 등에서 정한 규격·품질·성능과 동등이상의 물품을 납품한 경우 특정상표 또는 모델이 아니라는 이유로 납품을 거부할 수 없습니다. 다만, 구체적인 경우에서 해당 물품 사양서 및 규격서에 정한 성능보다 동등 이상의 물품을 납품할 경우 검사결과 처리여부는 발주기관의 계약담당공무원이 계약문서에 첨부된 사양서와 납품물품 등을 종합적으로 고려하여 판단해야 할 사항입니다.

"계약은 서로 대등한 입장에서 당사자의 합의에 따라 체결되어야 하며, 당사자는 계약의 내용을 신의성실의 원칙에 따라 이행하여야 한다"는 「국가를 당사자로 하는 계약에 관한 법률」 제5조 제1항의 규정에 의거 국가계약은 국가가 사경제의 주체로서 행하는 사(私)법상의 법률행위에 해당되므로, 계약상대자의 정당한 요구에 대하여 발주기관의 계약담당공무원의 판단에 이의가 있는 경우라면, 발주기관에 이의제기, 감사기관에 감사청구, 민사소송 등을 통해 처리해야 할 것입니다.

3장 계약체결 및 관리

소액계약시 착공 및 준공 서류

2020-04-09

▣ 질의내용

100만원 미만의 소액 계약시 착공/준공 서류에 대해 문의드립니다. 현재 몇십만원짜리 공사를 하면서도 착공계, 준공계 서류를 모두 첨부하고 있는데요 너무 소액공사라 이런 서류를 다 첨부하는 것이 업체에서도 부담스럽다는 이야기를 많이 듣고 있습니다.

착공시일내에 공사를 이행했다는 증빙서류로 착공계가, 일을 완수하였다는 증빙서류로 준공계가 필요하다는 것은 이해하지만 서류를 좀더 간소화할 수는 없을까요?

착공서류에 첨부해야하는 현장대리인계나 공정표 등을 생략하고 착공계만, 준공서류에는 준공계와 사진대지 정도만 첨부하면 안되는 것인지 궁금합니다.

▣ 답변내용

[질의요지] 100만원 미만의 소액 계약시 착공/준공 서류에 대해

[답변내용] 국가기관이 당사자가 되는 공사계약에서 계약상대자는 계약예규 공사계약일반조건 제17조제1항에 의거 계약문서에서 정하는 바에 따라 공사를 착공하여야 하며 착공시에는 다음 각호의 서류가 포함된 착공신고서를 발주기관에 제출하여야 합니다. 1. 「건설기술 진흥법령」 등 관련 법령에 의한 현장기술자지정신고서 2. 공사공정예정표 3. 안전·환경 및 품질관리계획서 4. 공정별 인력 및 장비투입계획서 5. 착공전 현장사진 6. 기타 계약담당공무원이 지정한 사항

다만, 구체적인 착공서류 제출 관련으로는 국가계약법령이나 계약예규에 규정된 바가 없으므로, 귀하의 질의 경우는 계약담당공무원이 해당 계약문서 정한 내용대로 처리해야 할 것입니다.

지급 자재(관급 자재)의 관리 주체 문의

2020-07-30

▣ 질의내용

발주처(공단)가 구매하여 수급인(시공사)에게 지급하는 자재(지급자재)에 대한 관리 주체를 알고 싶습니다. 지급자재 : 레미콘, 아스팔트, 부직포, 스틸그레이팅, 원심력 철근콘크리트관, 골재 등 발주처와 조달청(납품업체)간에 계약은 되어 있으며 지급자재 출하와 기성금 관련하여 관리 주체가 뚜렷하지 않습니다.

- 발주처(공단), 건설사업관리단, 시공사, 자재 납품사 중에 아래의 관리 주체 문의

1. 지급자재 출하 관리 주체는 누구 인가요? 발주처(공단)로 부터 위임을 받은 건설사업관리단에서 해야 할 듯 합니다.
2. 사용한 지급자재에 대한 기성금 청구 및 자료 작성은누구 인가요?

▣ 답변내용

[질의요지] 지급자재의 관리 주체에 관한 질의

[답변내용] 아래 사항은 국가기관을 기준으로 해석한 것임을 참고하여 주시기 바라며, 지방자치단체를 당사자로 하는 계약, 공기업과 준정부기관 및 공공기관의 계약에 관하여는 달리 정한 바가 있으면 그에 따라야 함을 알려 드립니다.

국가기관이 당사자가 되는 공사계약에 있어 관급자재 등은 계약예규 공사계약 일반조건(이하 일반조건이라 합니다) 제13조제2항에 따라 공사예정공정표에 따라 적기에 공급되어야 하며, 인도일시 및 장소는 계약당사자간에 협의하여 결정하도록 하고 있습니다. 따라서 기본적으로는 발주기관에서 공정표대로 출하조치하여야 하나 이행정도 등을 감안, 상호 협의하여 관리하여야 할 것입니다. (질의1)

사용한 지급자재에 대한 기성청구의 의미가 자재의 납품(또는 분할납품)의 의미라면 발주기관에서 감독관의 확인을 거쳐 납품 여부를 확인 하여야 할 것입니다. 다만, 계약상대자는 지급자재를 인수한 이후 관리에 대한 책임이 있으므로 잔여지급자재에 대한 사용, 보관 등에 대한 자료의 작성, 관리를 하여야 할 것입니다.(질의2)

코로나로 인한 행사 취소 관련

2020-07-06

◨ 질의내용

○○청에서는 올해 △△ 회의를 개최할 예정이였습니다 미국, 일본 등 선진 5개국이 서울에 모여 의견을 공유하는 회의로써 계약기간은 10월 31일까지였는데, 코로나로 인해 회의 자체가 취소되었습니다. 계약업체가 회의를 위한 사전 준비를 하고 있던 상황에서 코로나로 인해 참여국의 참석이 어려워지는 바람에 회의가 취소된 상황이라, 계약업체는 준비하며 소비된 비용을 받고자 하는 상황입니다 혹시, 이런경우 지금까지 준비한 것에 대한 기성처리 - 대금지급 후 종료하면 되는지 아니면 다른 어떤 방법으로 처리를 해야하는지 문의드립니다.

◨ 답변내용

[질의요지] 코로나로 인한 행사 취소과정에서 계약상대자가 행사준비로 지출된 비용의 보전 가능 여부

[답변내용] 국가를 당사자로 하는 용역계약에 있어 발주기관은 계약예규 용역계약일반조건(이하 "일반조건"이라 합니다) 제29조제1항 각호의 경우 외에 객관적으로 명백한 발주기관의 불가피한 사정(사업계획 철회 또는 변경, 불가항력적 사유 등으로 불가피하게 당해 사업을 더 이상 추진할 수 없게 된 경우)이 발생한 때에는 계약을 해제 또는 해지할 수 있으며, 이 때에는 그 사실을 즉시 계약상대자에게 통지하여야 하며, 일반조건 제30조제3항 각호에 해당하는 금액을 계약상대자에게 지급하여야 하는 것입니다(일반조건 제30조 각항 참조).

따라서, 귀하의 질의 경우가 계약상대자가 전체용역의 완성을 위하여 계약의 해제 또는 해지일 이전에 투입된 계약상대자의 인력·자재 및 장비의 철수비용이 발생한 경우라면, 동 비용을 계약상대자에게 지급하여야 할 것으로 보이나, 구체적인 것은 일반조건 제13조에 따른 당해 용역의 용역공정예정표 등 관련 자료를 확인하여 계약담당공무원이 적의 판단해야 할 사안입니다.

하도급계획서 위반 여부

2020-03-14

▣ 질의내용

당 현장의 하도급계약을 추진함에 있어 하도급계획서와 관련하여 질의합니다. - 물가변동 조정기준일 2020년 1월 1일 - 물가변동으로 인한 계약금액 조정 승인 2020년 1월 15일 - 하도급 계약일자 2020년 2월 20일 - 물가변동으로 인한 설계변경 계약일자 2020년 2월 28일 - 하도급금액에는 물가변동 상승분을 반영하지 않고 계약하였음

질의1) 하도급부분금액 산정시 물가변동 상승분 반영 여부 가) 물가변동으로 인한 설계변경(계약일자) 보다 하도급 계약이 선행되었기에 하도급부분금액에 물가변동 상승분을 반영하지 않고 원도급금액(하도급부분금액)과 하도급금액 대비해도 되는지? 나) 물가변동으로 인한 설계변경(계약일자) 보다 하도급 계약이 선행되었지만 하도급계약 당시 물가변동으로 인한 계약금액 조정이 승인되었고, 하도급계약 당시의 하도급금액에는 이미 물가변동 상승분이 포함되었기에 원도급금액(하도급부분금액)에 물가변동 상승분을 반영하고 하도급금액 대비해야 되는지?

질의2) 종합심사낙찰제 심사세부기준에 따른 하도급계획서 이행 위반 여부 - 당 현장은 종합심사낙찰제 대상 현장입니다. 가) 만약 질의1) 나)의 경우로 대비해야 한다면 물가변동 상승분을 하도급부분에 포함해서 대비할 경우에는 하도급계획서의 원하도급비율 보다 낮아지게 되는데 이때 하도급계획서 이행 위반인지? 나) 설계변경으로 수량이 증 되거나 신설에 따른 하도급계약을 변경하는 경우 수량이 증가되거나 신설된 부분은 당초 하도급계획서에서 포함된 부분이 아니므로 하도급금액비율 이행여부 점검대상에서 제외되는데, 물가변동 상승분을 하도급부분에 포함해서 대비할 경우 하도급계획서의 원하도급비율보다 낮아진다고 해도 당초 하도급계획서에 포함된 금액이 아니므로 이행 위반이 아닌 것으로 보는지?

▣ 답변내용

[질의요지] 종합심사낙찰제 심사세부기준에 따른 하도급계획서 이행 위반 여부

[답변내용] 국가기관이 체결한 공사계약에 있어 계약상대자는 계약예규 "공사계약일반조건" 제53조 규정에 의거 종합심사낙찰제심사당시 제출한 내용을 준수해야 합니다. 계약상대자는 「하도급거래 공정화에 관한 법률」 제16조에 따라 제조 등의 위탁을 한 후에

3장 계약체결 및 관리

「국가를 당사자로 하는 계약에 관한 법률」 제19조에 의한 물가변동으로 인한 계약금액 조정된 경우 발주자로부터 증액받은 계약금액의 내용과 비율에 따라 하도급대금을 증액하여야 하는 것이며, 상기 규정은 하도급계약 이후의 증액분에 한하는 것입니다. 귀하의 질의 경우와 같이 하도급공종이 설계변경 또는 물가변동으로 인해 계약금액이 조정된 경우 하도급변경계약을 할 경우에도 당초 정해진 하수급금액비율은 유지되어야 할 것인 바, 구체적인 경우 변경코자 하는 하도급관리계획서의 내용이 입찰시 제출한 하도급관리계획서의 내용과 동등 이상에 해당하는지 여부 등은 하도급관리계획서, 계약서, 관련규정 등을 살펴 계약담당공무원이 판단하여야 할 것입니다.

한편, 기획재정부 계약예규 「공사계약 종합심사낙찰제 심사기준」에 따라 각 중앙관서의 장이 자체적으로 정한 종합심사낙찰제 대상공사의 낙찰자 결정 시 필요한 세부기준에 대하여는 동 발주기관에서 적의 판단해야 할 것입니다. 「조달청 공사계약 종합심사낙찰제 심사세부기준」 [시행 2019. 12. 30.] [조달청지침 제5095호, 2019. 12. 30., 일부개정]을 다른 기관에서 준용할지 여부는 그 기관의 장이 판단·결정해야 하는 할 것입니다.

제3절 선금 및 대가지급

4대보험료 정산시 국민건강보험료 등 사후정산 대상 관련 질의
2022-12-16

■ **질의내용**

국민건강보험료 등 사후정산 관련하여 공사 현장대리인으로 선임된 인원이 공사현장에서 계약목적물을 완성하기위해 직접 작업에 종사했다면 (계약예규) 정부 입찰,계약 집행기준 제94조 3항에 의해 보험료 정산대상인가요? 아니라면 노무비 대상 중 계약예규「예정가격 작성기준」별표 2-1의 1. 직접계상방법에 간접노무비(현장관리 인건비)의 대상으로 예시한 현장소장, 현장사무원(총무, 경리, 급사 등), 기획·설계부문종사자, 노무관리원, 자재·구매관리원, 공구담당원, 시험관리원, 교육·산재담당원, 복지후생부문종사자, 경비원, 청소원 등에 대한 보험료는 정산대상이 아닌 것으로 판단해야하나요?

■ **답변내용**

[질의요지] 현장대리인이 직접 작업에 종사하는 경우 공사 관련 보험료(국민건강보험료, 노인장기요양보험료, 국민연금보험료) 정산

[답변내용] 공공기관이 당사자가 되는 계약은 해당 계약문서, 공공기관의 운영에 관한 법령, 공기업·준정부기관 계약사무규칙이나 기타 공공기관 계약사무 운영규정(기획재정부 훈령) 등 해당 기관의 계약사무규정에 따라 계약업무를 처리하여야 할 것입니다.

참고로 국가기관이 체결한 공사계약은 계약예규 「공사계약 일반조건」 제40조의2의 규정에 따라 국민건강보험료, 노인장기요양보험료 및 국민연금보험료(이하 '국민건강보험료 등'이라 합니다)를 사후정산하기로 한 계약은 대가지급 시 계약예규 「정부입찰·계약 집행기준」 제94조에서 정한 바에 따라 정산하여야 합니다.

같은 조 제3항에 따라 사업자 부담분의 국민건강보험료 등에 대한 납입확인서 금액을 정산하되, 일용근로자는 해당 사업장단위로 기재된 납입확인서 납입금액으로 정산하는 것입니다. 이때 생산직 상용근로자(직접노무비 대상에 한함)는 소속회사에서 납부한 납입확인서에 의하여 현장인 명부 등을 확인하여 해당 사업장 계약 이행 기간 대비 해당 사업장에 실제로 투입된 일자를 계산(현장명부 등 발주기관이나 감리가 확인한 서류에 의함)하여 보험료를 일할 정산하는 것입니다. 다만, 해당 사업자단위로 보험료를 별도 분리하여 납부한 경우에는 해당 사업장단위로 기재된 납입확인서의 납입금액으로 정산할 수 있는 것입니다.

상기 규정에 따라 국민건강보험료 등 정산대상은 일용직 근로자와 생산직 상용근로자에 대한 사업자 부담 분 국민건강보험료 등입니다. 정산 대상은 직접노무비입니다. 직접노무비는 공사현장에서 계약목적물을 완성하기 위하여 직접 작업에 종사하는 종업원과 노무자에 의하여 제공되는 노동력 대가를 말하는 것입니다.

상기 규정에 따라 간접노무비는 국민건강보험료 등 정산대상이 아닙니다. 여기에서 간접노무비란 계약예규 「예정가격 작성기준」(이하 '작성기준'이라 합니다) 별표 2-1의 1. 직접계상방법에 간접노무비(현장관리 인건비)를 말하는 것입니다. 이 규정에서 예시한 간접노무비는 현장소장(공사현장대리인), 현장사무원(총무, 경리, 급사 등), 기획·설계부문종사자, 노무관리원, 자재·구매관리원, 공구담당원, 시험관리원, 교육·산재담당원, 복지후생부문종사자, 경비원, 청소원 등입니다.

상기 규정에 따라 공사현장대리인은 간접노무자입니다. 간접노무자인 현장대리인의 대가는 국민건강보험료 등 정산대상이 아닙니다. 하지만 공사 현장대리인이 해당 계약 목적물을 직접 시공하는 인원인 경우 국민건강보험료 등 정산이 가능할 것입니다.

상기와 같이 공사현장대리인이 해당 계약 목적물을 직접 시공하는 인원인 경우 국민건강보험료 등 정산이 가능하므로, 귀 질의 현장대리인 대가에 대한 정산여부는 발주기관이나 감리자가 현장명부 등 서류에 의하여 시공 목적물을 작성기준 제18조에 따른 공사현장대리인이 직접 시공하였는지 확인하여 판단하여야 할 것입니다.

계약금액 감액에 따른 선금의 반환

2021-09-10

◉ 질의내용

용역 변경설계에 따라 계약금액이 감 되었습니다. 하여 선금 반환을 받으려 하는데

업체에서 선금은 노무비 지급으로 받은것이고 설계변경에 의해 감된 금액은 직접경비이니 선금을 반납하지 않아도 되지 않냐고 합니다.

선금 반환이 어떻게 이루어져야하는지 궁금합니다.

전체 계약금액이 감되었으니 선금도 반환을 해야하는 것인지 세부항목에 따라 별도로 구분해서 판단해야하는것인지 문의드립니다.

◉ 답변내용

[질의요지] 계약금액 감액에 따른 선금의 반환

[답변내용] 국가기관이 당사자가 되는 계약에 있어 계약담당공무원은 계약상대자가 지급받은 선금을 지급하였으나 지급조건을 위배하는 등 계약예규 정부 입찰.계약 집행기준(이하 집행기준이라 합니다) 제38조제1항 각 호의 어느 하나에 해당하는 경우 해당 선금 잔액에 대해서 계약상대자에게 지체없이 그 반환을 청구하여야 하며 반환 사유가 계약상대자에게 책임이 있는 경우에는 이자를 포함하여 반환받아야 합니다.

계약변경으로 계약금액이 감액되는 경우 집행기준 제38조제1항제5호 및 같은조 제5항에 따라 계약담당공무원은 계약금액이 감액되는 비율만큼 선금을 반환청구 하여야 합니다. 다만, 계약상대자에게 지급한 선금이 집행기준 제34조제1항에서 정하고 있는 최대 선금지급율을 초과하지 않는 경우에는 계약상대자로부터 변경계약에 따른 배서증권 징구 등 채권확보를 안전하게 하는 것으로 이를 갈음할 수 있습니다.

선금의 지급율은 공사계약과 국가를 당사자로 하는 계약에 관한 법률 시행규칙 제23조의3에 해당하는 단순노무용역계약을 제외하고는 계약금액 전액을 기준으로 산정하는 것입니다.

계약상대자의 귀책사유 없이 선금을 반환하는 경우 이자상당액을 가산하여 청구해야 하는지 여부   2022-12-14

◼ 질의내용

계약예규 정부 입찰 계약 집행기준 제38조(반환청구)에는 "선금의 반환"과 관련된 내용을 규정하고 있습니다. 해당 규정에서는 계약상대자의 귀책사유에 의해서 반환하는 경우에는 해당 선금잔액에 대한 이자상당액을 가산하여 청구하여야 한다고 규정하고 있습니다.

1. 이 때, 계약상대자의 귀책사유 없이 "계약변경으로 인해 계약금액이 감액되었을 경우" 등에 따라 선금을 반환하는 경우,
1) 해당 선금잔액에 대한 이자상당액을 가산하여 청구해야 하는지 문의드립니다.
2) 또한 "계약상대자의 귀책사유 없는 경우" 해당 선금잔액에 대한 이자상당액을 가산하여 청구하는 것이 불가능하다면, 선금반환이 상당히 지연되는 경우에도 해당 선금잔액에 대한 이자상당액을 가산하여 청구할 수 없는 것인지 문의드립니다
3) 또한, "계약상대자의 귀책사유 없는 경우" 해당 선금잔액에 대한 이자상당액을 가산하여 반환청구하는 것이 가능하다면, 근거 법령 등을 문의드립니다.

◼ 답변내용

[질의요지] 선금을 반환하는 경우 이자상당액을 포함하는 것

[답변내용] 국가기관이 당사자가 되는 계약에 있어 계약담당공무원은 계약상대자에게 선금을 지급한 후 계약예규 정부 입찰.계약 집행기준(이하 집행기준 이라 합니다) 제38조제1항 각 호의 선금반환 사유에 해당하는 경우로서 계약상대자의 책임이 있는 경우에는 해당 선금잔액에 대한 약정이자 상당액을 가산하여 반환받아야 합니다.

계약금액이 감액되는 경우 감액되는 비율만큼 선금을 반환청구하되, 지급된 선금이 집행기준 제34조제1항에서 정하고 있는 최대 선금지급율을 초과하지 않는 경우에는 집행기준 제38조제5항에 따라 계약상대자로부터 변경계약에 따른 배서증권 징구 등 채권확보를 안전하게 하는 것으로 이를 갈음할 수 있습니다.

계약변경(감액)의 사유가 계약상대자의 책임이 아니라면 약정이자 상당액은 포함하지 않아야 할 것입니다. 집행기준 제39조에서는 정산, 반환청구등 기타 필요한 사항을 선급지급조건으로 명시하도록 하고 있는 바, 상당기간 반환을 지연하는 경우에 그 선급지급조건에 따르되, 구체적으로 정하지 못한 경우에는 해당기관의 (국고)수납에 관한 회계규정 등을 확인하여 처리하여야 할 것으로 봅니다.

계약예규에서 정한 법인의 범위

2022-03-28

◨ **질의내용**

기획재정부 계약예규 정부입찰계약기준 제35조(채권확보) 제1항의 단서조항의 "특별법에 의하여 정부가 보호 육성하는 법인으로서 정부가 출연한 법인"의 범위에,

"정부출연연구기관 등의 설립.운영에 및 육성에 관한 법률"에 의해 설립된 법인이 포함되는지 질의드립니다.

◨ **답변내용**

[질의요지] 계약예규에서 정한 법인의 범위

[답변내용] 국가기관이 당사자가 되는 계약에 있어 계약담당공무원은 계약상대자에게 선금을 지급하고자 하는 경우에 계약예규 정부 입찰.계약 집행기준 제35조제1항에 따라 채권을 확보하여야 하나 특별법에 의하여 정부가 보호 육성하는 법인으로서 정부가 출연하는 법인의 경우에는 지급확약 문서로 채권확보를 대신 할 수 있습니다.

정부출연연구기관 등의 설립.운영에 및 육성에 관한 법률에 의해 설립된 법인은 대부분 정부에서 출연을 하도록 정하게 되는 바, 이러한 법인이 위 계약예규에서 정한 법인에 해당하는지 여부는 구체적 사실관계 확인에 관한 사항으로 계약담당공무원이 해당 법인의 설립 목적 및 근거, 정부의 출연 여부 등을 확인하여 판단하여야 할 것입니다.

3장 계약체결 및 관리

공사 준공금 지급 시 고용/산재보험료 완납증명서 제출여부
2022-11-14

▣ 질의내용

공사 준공금 지급 시

1. 건강, 연금, 노인장기요양보험료는 관련 보험료 징수 법령에 따라 국가, 지방자치단체 등으로 부터 대금지급을 받을 때 납세증명서를 제출해야 하는 내용이 규정되어 있어 반드시 제출 및 납부금액에 따라 사후 정산

2. 고용, 산재보험료는 – 관련 보험료 징수 법령에 반드시 납부 증명서를 제출해야 하는 조항은 없음 – 다만, 건설산업기본법 시행령 제26조의2(보험료 등의 비용명시 및 정산)에 따라 도급자가 보험료를 납부하였는지 확인할 수 있으며, 납부 확인서를 요구할 수 있음. – 고용산재 보험료는 사후정산 대상이 아님

질문입니다.

1. 계약상대자가 고용산재보험료 완납 증명서를 제출하지 않더라도 계약서에 계상된 고용, 산재 보험료를 지급할 수 있는지?(이때, 사후정산이 아니고 해당 공사는 확정계약이기 때문에 납부금액과 관계없이 전액지급)

2. 만약 조직 자체 내부 규정에 따라 산재,고용보험료 완납증명서를 확인하고 대금지급 하도록 규정했다면 이것이 상위법령에 저촉이 되는지?

▣ 답변내용

[질의요지] 준공대가 지급시 제출자료와 정산

[답변내용] 국가기관이 당사자가 되는 계약에 있어 국민건강보험료 등 일부 보험료의 경우 법령으로 사후정산을 하도록 규정하고 있습니다. 따라서 계약이 종료되는 경우 계약담당공무원은 계약예규 정부 입찰.계약 집행기준 제19장의 규정에 따라 계약에 반영된 금액과 계약상대자가 관련기관에 실제 납부한 비용을 확인하여 정산하여야 하는 것입니다.

또한, 법령상 의무정산이 아닌 경우에는 공고시부터 정산함을 알리고 계약서에 반영한 경우에는 계약조건에 따라 정산을 하는 것입니다. 귀 질의 고용 및 산재보험의 경우 법령상 의무가입 대상은 아닌 것으로 여겨지므로 해당법령을 직접 확인하여 처리하시기 바라며, 계약서에 사후정산 조건이 반영되었다면 이를 정산할 수 있는 것입니다.

공사용전력 사용비 PS단가 정산방법 문의

2021-04-27

▣ 질의내용

저희 현장은 종합심사낙찰대상으로 도급공사비 내역서 원가계산서상에 공사용전력사용비가 PS단가로 반영되어 있습니다. 시공사에서는 최초 가설전기 인입시 임시변대에만 전력계량기를 설치하여 사용하고 있습니다. 이에 건설사업관리단에서는 준공시 공사용전력사용비를 정산하여야 하니 가설사무실과 분리하여 전력계량기를 설치요청하였습니다.

질문1) 공사착공 13개월후 가설사무실과 분리하여 계량기 설치시 이전 13개월의 공사용전력사용비 적용가능여부?(공사용전력 증빙서류 없음, 전체 전기요금청구서만 있을 경우)

질문2) 13개월 이후 공사용전력사용비 정산시 산출금액 (전체전기요금 - 가설사무실 전기요금)적용 여부?

질문3) 13개월 이후 평균값으로 이전13개월 정산가능여부?

▣ 답변내용

[질의요지] 공사용 전력비의 사후정산

[답변내용] 귀 질의1,2,3은 내용 구별이 곤란하여 일괄 답변 드리겠습니다.

국가기관이 당사자가 되는 공사계약에 있어서 계약담당공무원은 입찰전에 예정가격을 구성하는 일부비목별 금액을 결정할 수 없는 경우에는 국가를 당사자로 하는 계약에 관한 법률 시행령 제73조에 따라 사후원가검토조건[이하 PS(Previsional sum)라 합니다]으로 계약을 체결할 수 있는 것이나, PS에 대하여는 정산하게 된다는 사항, 정산방법 및 절차를 정하여 입찰공고 시 명시하여야 하며, 입찰자가 입찰 시 설계금액 그대로 입찰토록 한 후, 계약 후 해당 방법 및 절차대로 계약금액을 확정하여 시공 및 대금을 지급하는 것입니다.

계약 이후 PS단가를 결정하는 경우에는 입찰공고서에 명시한 정산방법 및 절차에 따라야 할 것이나, 입찰공고 시 별도로 정한바가 없는 경우에는 PS단가 확정 당시에 계약당사자간 협의하여 결정하여야 할 것입니다.

이러한 가격 결정 및 정산은 사실관계에 대한 확인과 실제 지출된 비용에 대한 적정성 등을 고려하여 당사자간 판단하여야 할 사항힙니다.

당해 사업이 목적인 비영리법인과의 이윤제외 금액 산정방법 문의
2022-10-05

■ **질의내용**

만약 공고에 '사후 정산 시에 이윤을 제외한다'라고 했을 때의 제외되는 이윤은 어떻게 산정하는 지 궁금하여 질의드립니다.

1. 입찰참여 시 이윤을 예정가격에 포함하고, 비영리법인도 마찬가지로 이윤을 합한 금액으로 입찰에 참여하도록 되어있는데 이때 이윤율이 예정가격 산정 시의 율과 달라질 수 있는지 궁금하여 문의 드립니다.
2. 달라질 수 있다고 가정하여 제한은 없는 지 (인건비나 일반관리비에 최대로 잡을 경우 이윤율을 최소화 하는 방식 등)
3. 가정2, 가격에 반영된 이율율은 10%였으나, 최종 계약체결 시 작성한 이윤율이 5%이고, 사후 정산 시에 이윤을 제외할 때 당해사업이 목적인 비영리법인과의 이윤율은 몇 %로 적용해야하는지 궁금합니다.

    달라질 수 없다면 공고문에 체결 시에 적용해야하는 이윤율을 공고문에 기재해야하는지 등
4. 제외하여야 하는 이윤율에 대한 기준이 예정가격 기준인지, 체결시에 업체가 산정한 별도의 이윤율을 의미하는 정확한 제외 이윤기준 확인

■ **답변내용**

[**질의요지**] 비영리법인과의 계약에서 제외되는 이윤

[**답변내용**] 계약담당공무원이 관련 법령에 따라 이윤을 지급할 수 없는 비영리법인과 계약을 하는 경우 계약을 체결할 당시에 이윤을 제외한 금액으로 계약하거나 이윤을 포함하여 계약을 체결하더라도 대가를 지급할 시에 이를 정산(공제)하고 지급하여야 합니다.

대가지급시 사후에 정산(공제)하는 경우에도 당초 발주기관이 예정가격 산정시 정한 율에 해당하는 금액을 적용하여야 합니다. 계약상대자가 제출한 산출내역서 상 이윤율로 정하게 되는 경우 산출내역서의 각 비목간 임의 조정에 따른 이윤의 삭감은 입찰(계약)금액의 왜곡을 발생하게 될 것입니다.

대가 지급시 납세완납 확인	2022-10-06

■ 질의내용

국가계약법으로 진행된 용역건에 대해서 다음과 같이 질의 드립니다.

대금(선금, 기성금, 잔금) 지급 시 국세징수법 제107조에 따라, 계약 상대자에게 납세증명서(국세, 지방세)를 징구하고 있습니다.

이에 계약 상대자의 제출한 납세증명서 상 납부기한등연장, 압류매각유예 등의 사유가 있을 시 대금을 지급해도 되는지 질의 드립니다.

또한, 납세증명서 상 물적납세의무체납내역 등에 체납사실이 확인 될 경우, 대금지급을 어떻게 해야 하는지도 함께 질의 드립니다.

■ 답변내용

[질의요지] 대가 지급시 납세완납 확인

[답변내용] 국가기관이 당사자가 되는 계약에 있어서 국가를 당사자로 하는 계약에 관한 법률 제3조에서는 다른 법률에 특별한 규정이 있는 경우에는 그에 따르도록 정하고 있는 바, 계약담당공무원이 계약이행이 완료되어 대가를 지급하는 경우 국세징수법 제5조 등에서 정한 바에 따라 국세 및 지방세 완납증명서를 제출받아야 합니다.

법령에 따라 세금의 납부기한이 연장되거나 유예되었다면 체납이 없는 것으로 볼 수도 있을 것이나, 이에 대한 더 상세한 내용은 관련 규정을 담당하는 소관기관에 직접 문의, 답변을 받아 판단하시기 바랍니다.

국가계약법령에서는 대금지급 절차 등에 대하여 정하고 있지 아니한 바, 체납사실이 있는 계약상대자의 대금지급은 발주기관의 계약담당공무원이 국세징수법의 체납처리에 관한 규정과 관할 세무기관과의 협의, 국고금관리법 등 관련 법령 등에서 정한 바에 따라 대금을 지급해야 하는 것입니다.

물품 제조 구매 선급

2021-09-09

■ 질의내용

1. 물품구매계약과 물품제조계약의 차이
- 국가기관이 발주하는 계약에 있어서 제조, 구매의 구분에 대하여 국가계약법령에서 명시적으로 정한바는 없다고 하고 있으나
 - 물품구매(제조)입찰의 경우 계약상대자가 직접생산하여 납품하거나 제3자로부터 구매하여 납품할 수 있는 구매입찰과 발주기관에서 제시한 시방서 등에 따라 계약상대자는 해당 물품을 제작(생산)하여 납품하는 제조입찰로 구분된다. 라는 자료를 찾았습니다.

 제가 찾은 내용의 사실관계, 즉 이러한 해석이 존재하는 지 여부가 궁금합니다.

2. 위 내용과 연관하여 저희는 물품구매계약(입찰)로 발주한 건이 있어 현재 제작자와 공급자가 입찰할 수 있습니다. 그런데 물품의 완제품을 구매하여 납품하도록 나간 물품구매입찰에서 입찰자의 사정(제조할 수 있다는)으로 제조계약으로 해석하여 선금을 지급할 수 있는지 알고 싶습니다. 간단히 말하면, 저희는 물품의 완제품을 구매하여 납품하도록 구매입찰을 내보냈는데, 입찰자의 성격에 따라 제조계약으로 해석될 수 있는지에 대해 문의드립니다.

■ 답변내용

[질의요지] 선금지급시 물품구매 선금 지급 여부

[답변내용] 국가계약은 국가기관의 청약과 계약상대자의 승낙을 통하여 계약서의 형태로 체결되며, 동 계약서는 계약당사자가 계약조건을 합의한 것으로 볼 수 있으므로 당해 계약서에 첨부된 계약조건을 기준으로 계약당사자는 관련 업무를 처리하는 것이 타당할 것입니다(해당 계약문서 제1조 참조). 따라서, 해당 계약에 있어 「국고금관리법 시행령」 제40조 및 계약예규 「정부 입찰·계약 집행기준」 제9장(선금의 지급등)에 의한 선금지급은 공사, 물품제조 및 용역계약에 있어 노임이나 자재구입비 등에 우선 충당할 수 있게 하기 위한 것이므로, 노임이나 자재구입 등이 필요없는 단순 물품구매의 경우에는 선금지급 적용범위에서 제외하고 있는 것입니다.

또한, 선금제도의 실효성을 확보하기 위해 동 집행기준 제34조제3항의 규정에 의거 계약금액 규모별로 일정비율을 의무적으로 지급하도록 하고 있으며, 물품제조의 경우는 당해 제조업을 영위하는 자만이 입찰에 참가할 수 있는 계약이므로 당해 계약목적물의 제조·공급에 필요한 시설의 소유 또는 임차와는 관계없이 동 집행기준에 의거 선금지급이 가능한 것입니다.

한편, 계약의 형식은 물품구매계약이지만 입찰참가시 설계 또는 시험장비 관련 면허를 요구하였고, 실제 계약내용중 상당부분이 공사에 해당하여 노임이나 자재구입 등에 우선 충당할 필요가 있는 경우 또는 실제 계약내용중 상당부분이 물품제조부분 포함되어 있는 경우라면, 선금지급 전에 보증서 등으로 선금채권확보조치를 하고 있는 현행 제도를 고려할 때 공사의 계약금액을 기준으로 선금을 지급하는 것은 가능하다고 봅니다.

선금급 사용 내역
2021-05-31

▣ 질의내용

선금급으로 직원(현장대리인 등) 급여를 사용할수 있는지 궁금합니다.

▣ 답변내용

[질의요지] 선금의 사용 가능한 범위

[답변내용] 국가기관이 당사자가 되는 계약에 있어 계약상대자가 선금을 지급 받은 경우 해당 선금을 계약목적 달성을 위한 용도와 수급인의 하수급인에 대한 선금배분이외에 다른 목적으로 사용하여서는 안 되며, 노임지급(공사계약 및 국가를 당사자로 하는 계약에 관한 법률 시행규칙 제23조의3 각호의 용역계약은 제외) 및 자재확보에 우선적으로 사용하여야 합니다.

노무비의 구분관리 및 지급제도를 시행하는 공사계약의 경우는 노무비를 직접노무비 대상근로자에게 직접 지급하는 것이므로 선금 지급기준이 되는 계약금액에서 직접노무비 해당액을 제외하는 바, 이때는 선금을 노무비로 지급하기는 어려울 것으로 봅니다.

그러나, 노무비의 구분관리 및 지급제도를 시행하지 아니하는 경우라면 당해 노무비를 선금기준금액에서 제외하지 아니할 수도 있을 것인 바, 당초 인건비를 선금 사용목적으로 지급한 경우인지 아닌지 여부(당초 선금사용계획에 반영할 것이므로)에 따라 선금의 사용내역으로 적용할지 여부를 판단할 수 있을 것으로 여겨집니다.

3장 계약체결 및 관리

| 선급금 정산관련 문의 | 2021-09-14 |

▣ 질의내용

당현장은 2020년12월28일 계약체결하여 2022년 04월27일에 준공되는 현장으로서 2차기성후 선금을 당해년도 공정계획상예산내에서 선금신청을 하여서 지급받았습니다. 3회기성신청시 선금공제를 선금×(기성금액÷(전체금액−(1차기성+2차기성))으로 공제하였는데 발주처에서는 선금금액×(금회기성÷공정계획상예산금액)으로 계산하라고 합니다 선금보증서는 2022년 06월까지 발행한 상태입니다. 선금공제를 선금×(기성금액÷(전체금액−(1차기성+2차기성))하면 안되는지 궁금합니다.

▣ 답변내용

[질의요지] 기성금을 지급한 후 받은 선금의 정산

[답변내용] 국가기관이 당사자가 되는 공사계약에 있어 계약상대자가 계약예규 정부 입찰.계약집행기준(이하 집행기준이라 합니다) 제34조제5항에 따라 계약금액의 일부를 기성대가로 지급받은 경우에는 계약금액에서 해당 기성대가를 공제한 후 잔여금액을 기준으로 위의 선금 지급율을 적용하여야 합니다.

선금의 정산은 집행기준 제37조제1항의 기준에 따라 산출한 선금정산액[선금정산액 = 선금액×(기성대가 상당액/계약금액)] 이상을 정산하여야 하는 것이며, 선금을 정산함에 있어 공정계획상금액을 기준으로 적용하는 규정은 없습니다.

선금급 채권확보 관련

2021-07-05

■ **질의내용**

용역계약 선금급 및 기성금에 대한 채권확보 방법 문의드립니다.

선금급(50%)과 기성금(20%) 계약금액의 총70%가 지급된 계약의 계약기간이 연장된 경우 선금급에 대해서만 변경된 계약기간으로 보증보험증권을 받으면 되는지 채권확보 범위에 대해 문의드립니다.

■ **답변내용**

[**질의요지**] 선금과 기성금의 채권확보에

[**답변내용**] 국가기관이 당사자가 되는 계약에 있어 발주기관이 계약상대자에게 선금을 지급하는 경우 계약담당공무원은 계약예규 정부 입찰.계약 집행기준(이하 집행기준이라 합니다) 제35조에 따라 채권확보 조치를 하여야 하며, 계약기간을 연장하는 경우에는 위 제35조제4항에 따라 계약상대자로 하여금 당초의 보증 또는 보험기간에 그 연장하고자 하는 기간을 가산한 기간을 보증 또는 보험기간으로 하는 증권 또는 보증서를 제출하게 하여야 합니다.

기성금의 경우 공사의 자재로서 기성금을 지급하는 경우 이외에는 별도의 채권확보 조치는 필요하지 않습니다. 그리고 기성금을 지급하고자 하는 경우에는 집행기준 제37조에 따라 선금을 정산하여야 합니다. 만약, 선금 지급에 관하여 국가계약법령과 계약예규를 따르지 않는 경우(정산하지 않고 기간별로 일정비율로 지급하기로 계약)에 관하여는 조달청(또는 기획재정부)에서 해석하거나 판단할 수 없으므로 자체 판단 적용하시기 바랍니다. 다만, 기성이라고 하였지만 성격상 선금에 해당한다고 판단되는 경우(공정예정표 등에 따라 검사를 하고 지급하며 선금을 정산하는 기성이 아닌 계약상 검사와 별개로 지급하기로 한 경우 등)라면 집행기준 제35조제4항에 따른 조치를 함께 하여야 할 것으로 봅니다.

3장 계약체결 및 관리 ·········

설치조건부 구매계약시 선금 지급 질의

2022-06-27

▣ 질의내용

질의내용

설치조건부 구매계약과 관련하여 (계약예규) 정부 입찰 계약집행기준 34조 1항 1호 규정에 따라 선금을 지급할때

1. 구매(제조)계약의 경우 설치조건부 계약의 설치비의 선금지급 비율 산정의 대상이 되는지요 ?
2. 설치조건부 구매에 있어 산출내역서의 설치비를 1식이 아닌 (계약예규 : 공사비 (원가) 예정가격 작성기준 및 요령에 따라 재료비 노무비 경비 등으로 세분하는 경우 해당 직접노무비에 대하여 경우 선금비율 산정에 제외할수 있는지요 ?

▣ 답변내용

[질의요지] 설치조건부 물품계약의 선금 지급

[답변내용] 국가기관이 당사자가 되는 계약에 있어서 계약담당공무원은 공사, 물품제조 또는 용역계약을 체결한 계약상대자가 선금의 지급을 요청하였을 때에는 계약예규 정부 입찰.계약 집행기준(이하 집행기준 이라 합니다) 제34조제1항에 따라 100분의 70(2020.5.1~2022.12.31 기간 중 한시적으로 100의 80)을 초과하지 아니하는 범위내에서 선금을 지급할 수 있는 것입니다.

귀 질의가 입찰참가자격을 제조 또는 공급으로 하여 제조업체와 물품제조계약을 체결한 경우로서 계약상대자가 당해물품을 직접 생산 제조하여 납품 설치하는 경우에는 선금 지급 대상에 포함할 수 있을 것입니다.

집행기준 제36조제1항에서 공사와 단순노무용역의 노무비를 제외한 것은 계약예규 공사계약일반조건 제43조의3 및 계약예규 용역계약일반조건 제27조의4에 따라 노무비를 구분하여 관리하되 매월 노무비를 청구 지급하도록 하였기 때문에 선금지급 대상에서 제외하고 있는 것입니다.

귀 질의 계약의 경우에도 노무비를 구분하여 관리되고 매월 노무비를 청구하여 근로자에게 지급하는 경우에 해당하면 직접노무비는 선금지급 대상에서 제외되어야 할 것이며, 노무비구분관리제를 적용하지 않는 경우에는 선금대상에 포함할 수 있는 것입니다.

········ 제3절 선금 및 대가지급

소프트웨어사업관련 선금 지급범위 관련 문의

2021-09-16

▣ **질의내용**

소프트웨어사업의 용역 또는 공사사업 발주 시 물품이 혼재 된 경우 선금지급범위를 어디까지 볼수 있는지 문의드립니다. (용역 또는 공사사업 예시) 1. (물품+용역) 상용소프트웨어를 커스터마이징(계약자 기관에 적합하게)하여 납품하는 소프트웨어개발 용역계약 2. (물품+공사) 영상회의시스템 구축을 위한 영상, 음향 장비 및 운영시스템과 인테리어 공사를 같이하는 정보통신 공사계약 상기 1번의 "용역계약" 또는 2번의 "공사계약" 체결 후 계약상대자 제조하는 물품이 아닌 "상용소프트웨어나 영상, 음향장비 등의 완성품"을 포함한 전체 계약금액의 일정비율로 선금을 신청하였을 시 모두 인정하여 지급하는게 맞는지, 아니면 물품부분을 공제하고 지급하는게 맞는지 문의드립니다.

▣ **답변내용**

[**질의요지**] 선금 지급범위

[**답변내용**] 국가기관이 당사자가 된 계약에 있어 선금은 계약예규 정부 입찰.계약 집행기준(이하 집행기준이라 합니다) 제12장 제33조 내지 제39조에 따라 지급하는 것입니다.

집행기준 제34조 제1항은 공사, 물품제조, 용역계약을 체결한 계약상대자가 입찰참가자격 제한 기간 중에 있지 아니한 경우에 지급이 가능하도록 하고 있는 바, 당초부터 물품의 공급계약으로 체결한 것이 아닌 경우에는 제조 또는 시공 등에 소요되는 자재로 보아 선금지급 금액에서 제외하지 않고 전체 계약금액을 기준으로 지급비율 및 금액을 산정하는 것입니다.

3장 계약체결 및 관리

용역 계약의 사후정산 관련 문의

2022-10-13

■ **질의내용**

학술연구용역을 총액 확정계약 추진 시 전체 또는 "경비" 항목에 대해 입찰공고시 사후정산을 언급하면 사후정산 할 수 있는 것인지, 원칙적으로 "경비"는 비정산 대상으로 "사후정산" 할 수 없는 것인지?

■ **답변내용**

[**질의요지**] 학술연구용역을 총액 확정계약 추진 시 전체 또는 "경비" 항목에 대해 입찰공고시 사후정산을 언급하면 사후정산 할 수 있는 것인지, 원칙적으로 "경비"는 비정산 대상으로 "사후정산" 할 수 없는 것인지

[**답변내용**] 공공기관의 계약사무를 처리할 때에는 기타공공기관의 경우에는 「기타 공공기관 계약사무 운영규정」을 적용하고 공기업·준정부기관일 경우에는 「공기업·준정부기관 계약사무규칙」을 적용하여야 하며, 동 규정 및 규칙에서 규정하지 아니한 사항은 국가계약법을 준용하여 처리해야 합니다. 또한 국가계약법령해석에 관한 내용이 아닌 입찰공고 또는 계약체결 내용과 관련된 사실판단에 관한 사항에 대하여는 조달청(또는 기획재정부)의 유권해석대상이 아니며, 해당 입찰공고를 하여 계약을 체결한 발주기관에서 해당 관련 규정 등을 종합검토하여 온전히 직접 판단·처리할 사항입니다.

참고로, 「국가를 당사자로 하는 계약에 관한 법률 시행령」제70조 및 제73조에 따르면 입찰 전에 미리 가격을 정할 수 없어 개산계약과 사후원가검토조건부계약을 체결한 경우에 정산토록 하고 있으나, 모든 경우에 대해 정산을 금지하는 것은 아니므로 가격이 확정될 수 있는 경우라 하더라도 계약당사자간 합의에 따라 사후에 정산하는 내용으로 계약을 체결할 수 있을 것입니다. 또한, 개별 법령에서 정산하도록 규정된 경우에도 정산이 가능할 것입니다.

원수급자 선금 수령 후 하수급인에게 선금을 미지급(하도급업체 선금 포기)으로 인한 선금을 반환 여부
2022-05-20

◘ 질의내용

현 황 : 당 현장은 발주처에서 선금을 수령하여 공사 진행 중 하도급 계약을 하였고, 하수급인에게 선금을 지급 공문 발송 -> 하도급 업체 선금 포기 각서를 회신하였다. 당사는 공문 접수 후 발주처에 하도급 통보하였습니다.

갑설(발주처) : 하수급인에게 선금을 미지급 하였으므로 그 금액 만큼 발주처에게 선금을 반환해야 한다.(건산법 34조 제4항에 의해 무조건 지급해야 한다.)

을설(원수급자) : 하도급 업체에 선금을 받으라는 공문을 발송했고 하도급 업체가 포기 각서를 제출했기에 계약예규 정부입찰계약집행기준 제38조(반환청구) 어디에도 해당 사항이 없다. 또한 공사 진행 중이므로 선급금을 사용해야 하는 부분이 남아 있어 선금 반환에 이유가 없다.

상기 내용과 같이 갑과 을이 상반된 주장을 펼치는 상황입니다.

계약예규 정부입찰계약집행기준 제38조(반환청구) 어디에도 해당사항이 없는것 같은데 반환하는 것이 타당한가요?

◘ 답변내용

[질의요지] 하수급자가 선금지급을 포기하는 경우 선금을 환수 해야하는지

[답변내용] 국가기관이 당사자가 되는 계약에 있어 계약상대자는 선금을 청구하려는 경우 계약예규 「정부 입찰·계약 집행기준」(이하 집행기준이라 합니다) 제34조 제2항에 따라 하수급인에 대한 선금 지급계획을 청구서와 함께 제출하여야 합니다.

그리고 계약담당공무원은 집행기준 제36조 제4항에 따라 선금을 지급한 후 20일 이내(선금 지급 후 하도급계약이 이루어졌다면 하도급 계약체결 후 20일 이내)에 계약상대자와 하수급인으로부터 증빙서류를 제출 받아 선금배분 및 수령내역을 비교 확인하여야 합니다. 따라서 계약상대자와 하수급인은 관련 증빙서류를 제출하여야 합니다.

계약상대자가 정당한 사유 없이 선금 수령일로부터 15일 이내에 하수급인에게 선금을 배부하지 않은 경우 집행기준 제38조 제1항 제4호에 따라 지체 없이 반환을 청구하여야 합니다.

하지만 하수급자가 선금수령을 포기하는 경우 상기 규정의 정당한 사유에 해당하는 것으로 보이나, 구체적으로 상기 사유가 정당한 사유에 해당하는지는 발주기관의 계약담당공무원이 하수급자의 선금포기 사유 등을 확인한 후 판단하시기 바랍니다.

지급된 선금을 연도내 집행할 수 없을 경우 초과 지급된 선금의 처리방법
2022-11-15

▣ 질의내용

계약예규 정부입찰·계약 집행기준 관련 입니다. 제34조(적용범위) 제11항에 따르면 계약을 체결한 연도내에 집행할 수 있는 금액을 한도로 선금을 지급하여야 하나 집행계획이 변경 등으로 지급된 선금을 연도내 집행할 수 없을 경우 초과 지급된 선금의 처리방법 문의드립니다. 제38조(반환청구) 제1항 제3호 사고이월 등으로 반환이 불가피하다고 인정 하는경우 조항의 삭제로 반환 근거가 없으므로 사고이월하여 집행하여도 무방한것인지 답변 부탁드립니다.

▣ 답변내용

[질의요지] 지급된 선금의 연도 이월

[답변내용] 국가기관이 당사자가 되는 계약에 있어서 계약담당공무원이 선금을 지급하고자 하는 경우 계약이행에 필요한 기간 등에 비추어 계약을 체결한 연도내에 당해 예산을 전액 집행할 수 없는 경우로서 당해 예산의 사고이월이 불가피하다고 인정되는 때에는 계약예규 정부 입찰.계약 집행기준(이하 집행기준 이라 합니다) 제34조제11항에 따라 계약을 체결한 연도내에 실제 집행할 수 있는 금액 한도를 기준으로 선금을 지급하여야 하며, 지급하여야 할 선금중 미지급된 금액은 예산이 이월된 연도에 지급하여야 하는 것입니다.

이전에 적용하던 '선금을 지급하고 사고이월이 되는 경우 선금 정산 잔액이 남아 있는 경우 반환'하는 규정은 삭제되었으므로 미집행 선금은 반환하지 않아도 됩니다. 다만, 집행계획의 조정으로 집행기준 제34조에서 정한 한도를 초과하는 경우에는 초과한 선금액을 반환하여야 합니다.

참여사 폐업에 따른 선금반환관련 질의

2021-06-23

▣ 질의내용

당사와 용역계약을 체결(분담이행방식)한 참여사가 폐업처리 하고자 함.
당사가 참여사에 기지급한 선금이 있어 반환 받아야 함.
참여사는 당사와의 계약이행을 위해 폐업을 미루어 왔으나
용역중지기간이 더 길어지면서 폐업처리를 할 수 밖에 없다 함.
이럴 경우 용역중지 한 당사의 책임으로 보고 원금만 반환 받아야 하는지
폐업처리를 한 참여사의 책임으로 보고 원금+이자를 반환받아야 하는지
질의드립니다.

▣ 답변내용

[질의요지] 참여사 폐업에 따른 선금반환

[답변내용] 국가기관과 체결한 계약에서 발주기관의 계약담당공무원은 선금을 지급한 후 계약예규 「정부 입찰·계약 집행기준」 제38조(반환청구)제1항 각호의 1 어느 하나에 해당하는 경우에는 해당 선금잔액에 대해서 계약상대자에게 지체 없이 그 반환을 청구하여야 하는 것이며, 선금반환 사유가 계약상대자의 귀책사유에 의한 것이 아니라면 선금을 반환하더라도 선금에 대한 약정이자는 가산하지 않는 것입니다.

따라서, 귀하의 질의 경우가 계약예규 용역계약일반조건 제29조제1항에 따라 계약상대자의 책임있는 사유로 인한 해당 계약의 전부 또는 일부를 해제 또는 해지하는 경우에는 선금반환에 따른 약정이자를 가산해야 할 것으로 보이나, 구체적인 경우에서 선금반환이 불가피하다고 인정되는지 여부는 계약예규에 따른 구체적인 사실관계에 확인 사항이므로 조달청(또는 기획재정부)의 유권해석 대상이 아니며, 해당계약의 특성등을 종합고려하여 계약담당공무원이 직접 판단해야 할 사항입니다.

폐기물처리용역 준공정산 관련

2022-07-12

▣ 질의내용

폐기물처리용역의 특성상 당초 계약물량과 실제 처리물량이 일치하기 어렵기 때문에, 통상 과업지시서 등 계약조건에 정산과 관련한 문구를 명시하여 준공시 실처리물량으로 검사 및 대금지급을 진행합니다.

개산계약이나 사후원가검토조건부계약이 아닌 확정계약의 경우 정산이라는 개념 적용 자체가 어렵다는 기본적인 원리는 이해하고 있습니다만,

만약 정산과 관련한 문구를 계약조건에 누락하였을 경우

1) 양자간 정산합의서류 작성 등 확실한 서류 구비를 근거로 계약변경 없이 준공 및 대금지급을 진행하여도 무방한지 문의드립니다.
2) 가능하다면 계약금액을 기준으로 감액정산, 증액정산 구분없이 가능한지? 아니면 감액정산만 가능한지 문의드립니다.

▣ 답변내용

[질의요지] 공대가 정산

[답변내용]

질의1)에 대하여 국가기관이 체결하는 계약은 확정계약이 원칙이나 계약담당공무원은 국가를 당사자로 하는 계약에 관한 법률 시행령 제73조의 규정에 의하여 입찰 전에 예정가격을 구성하는 일부 비목별 금액을 결정할 수 없는 경우에는 사후원가검토조건으로 계약을 체결할 수 있으며, 보험료 등 법령상 사후정산을 하도록 정한 경우가 아니라면 공고에서부터 일부 비목에 대하여 사후정산함을 알리고 계약에 반영되지 않은 경우 정산은 할 수 없는 것입니다. 다만, 준공 이전에 계약담당공무원이 변경계약 사유에 해당한다고 판단하는 경우에 변경계약은 가능할 것으로 봅니다.

질의2)에 대하여 계약담당공무원이 사후정산을 하고자 하는 경우에는 입찰전에 계약목적물의 특성·계약수량 및 이행기간 등을 고려하여 사후원가검토에 필요한 기준 및 절차 등을 정하여야 하며, 이를 입찰에 참가하고자 하는 자가 열람할 수 있도록 하여야 하는 것입니다. 만약, 입찰전에 사후원가검토에 필요한 기준 및 절차 등을 정하지 않은 경우에는 계약이행기간 중에 계약당사자간에 합의하여 기준 및 절차를 마련하여 시행할 수 있을 것입니다.

해외 부품 조달 일정 연기로 인하여 계약업체에서 납기가 늦어지는 경우 지체상금 발생 여부   2021-09-27

▣ 질의내용

대학원 연구에 필요한 기자재 구매계약을 체결하였는데, 계약업체에서 전세계적인 반도체 부품 공급 문제로 인하여 해외 협력사로부터 불가피하게 부품 공급이 늦어지게 되었다고 합니다. 이에 부득이하게 완성품 납기가 늦어지겠다는 확인서를 제출하였습니다. 이 경우에도 국가계약법 시행령 제74조 계약 상대방의 책임없는 사유로 인한 이행지체로 보고 지체상금을 면하거나, 계약을 변경하여 납기일을 연기할 수 있을까요?

▣ 답변내용

[질의요지] 해외 부품 조달 일정 연기로 인하여 계약업체에서 납기가 늦어지는 경우 계약상대방의 책임없는 사유로인한 이행지체로 볼 수 있는 지

[답변내용] 국가기관이 당사자가 되는 물품구매(제조)계약에서 계약담당공무원은 계약예규 물품구매(제조)계약 일반조건(이하 '일반조건' 이라 함) 제24조 제3항 다음 각 호의 어느 하나의 사유가 계약기간내에 발생한 경우에 계약상대자의 계약기간연장 신청에 의해 계약기간 연장을 할 수 있으며, 이 경우에 해당되어 납품이 지체되었다고 인정할 때에는 그 해당일수를 동조 제1항의 지체일수에 산입하지 아니하는 것인 바, 1. 천재·지변 등 불가항력의 사유에 의한 경우 2. 계약상대자가 대체사용할 수 없는 중요 관급재료의 공급이 지연되어 제조공정의 진행이 불가능하였을 경우 3. 계약상대자의 책임 없이 납품이 지연된 경우로서 다음 각 목의 어느 하나에 해당하는 경우 가. 발주기관의 물품제작을 위한 설계도서 승인이 계획된 일정보다 지연된 경우(관련서류의 누락 등 계약상대자의 잘못을 보완하는 기간은 제외한다) 나. 계약상대자가 시험기관 및 검사기관의 시험·검사를 위해 필요한 준비를 완료하였으나 시험기관 및 검사기관의 책임으로 시험·검사가 지연된 경우 다. 설계도서 승인 후 발주기관의 요구에 의한 설계변경으로 인하여 제작기간이 지연된 경우 라. 발주기관의 책임으로 제조의 착수가 지연되었거나 중단되었을 경우 4. 기타 계약상대자의 책임에 속하지 않은 사유로 인하여 지체된 경우

귀 질의 반도체 부품 공급 문제로 인한 부품 공급 지연으로 인한 사유는 이에 해당하지 않는 것으로 보여지나, 구체적으로는 발주기관이 위 규정과 당해 계약조건 등을 종합적으로 고려하여 지체상금 부과여부를 판단하여야 할 것입니다.

3장 계약체결 및 관리

[2020 주요 질의회신]

건설 원도급 및 하도급업체 상용직 직원 건강보험료 및 국민연금 정산 가능 여부 질의
2020-07-17

◼ 질의내용

당 현장에 근무하는 하도급업체 상용직 직원은 현장에 실제로 투입되어 공사를 진행하고 있으며, 감리단 및 발주처에 제출하는 일일 현장 작업일보상에도 근로자로 명기하여 출력인원으로 제출하고 있습니다. 당 현장에 근무하는 하도급업체 상용직 직원의 건강보험료 및 국민연금 가입은 본사사업장에 가입되어 있지않으며, 해당 사업장(현장)이 개설된 시점부터 본사와는 별개로 사업장을 별도 분리하여 가입하였습니다. 국가를 당사자로하는 계약예규 "정부 입찰.계약 집행기준" 제94조 제2항 및 제93조제2호에 따르면 해당 사업장단위로 보험료를 별도 분리하여 납부한 경우에는 제1호(1.일용근로자는 해당사업장단위로 기재된 납입확인서의 납입금액으로 정산한다.)를 준용한다고 되어 있습니다. 따라서, 당 현장에서 근무중인 하도급업체 상용직 직원은 직접노무비 대상으로 해석하여 건강보험료 및 국민연금을 정산하여야 한다고 사료됩니다. 당 현장의 계약목적물을 완성하기 위하여 직접 작업에 종사한 하도급업체 상용직 직원의 건강보험료 및 국민연금 정산이 가능한지를 질의드리오니 답변부탁드립니다. 또한, 직접 작업에 종사한(일일 작업일보 명기) 원도급업체 상용직 직원도 건강보험료 및 국민연금을 사업장별로 별도분리하여 가입하였다면 정산대상이 되는지도 답변부탁드립니다.

◼ 답변내용

[질의요지] 직접 작업에 종사한 하도급업체 상용직 직원의 건강보험료 및 국민연금 정산이 가능한지 여부

[**답변내용**] 국가기관이 당사자가 되는 공사계약에서 국민건강보험료, 노인장기요양보험료와 국민연금보험료는 계약예규 공사계약일반조건 제40조의2와 계약예규 「정부 입찰·계약 집행기준」(이하 "집행기준"이라 합니다) 제91조부터 제94조까지에 따라 기성대가나 준공대가 지급 시에 (발주기관이 승인한) 하도급계약을 포함하여 계약상대자가 발주기관이 산정한 대로 산출내역서에 반영한 보험료와 계약상대자가 제출한 납부확인서(하수급인의 보험료 납부확인서를 포함) 등으로 확인한 실제 납입한 보험료의 차액을 정산하여야 하는 것입니다.

계약담당공무원은 계약대가의 지급청구를 받은 때에는 하도급계약을 포함하여 해당 계약 전체에 대한 보험료 납부여부를 최종 확인하여야 하며, 이를 확인 후 집행기준 제93조제2호에 따라 발주기관이 산정하여 입찰공고 등에 고지한 국민건강보험료 등의 범위 내에서 최종 정산하여야 하는 것입니다. 다만, 최종보험료 납입확인서가 준공대가 신청 이후에 발급이 가능한 경우에는 해당보험료를 준공대가와 별도로 정산해야 하는 것입니다(집행기준 제94조제2항).

계약담당공무원은 사업자 부담분의 국민건강보험료, 노인장기요양보험료와 국민연금보험료 납부확인서의 금액을 정산하되, 다음 각 호와 같이 정산하는 것입니다(집행기준 제94조제3항). 1. 일용근로자는 해당 사업장 단위로 기재된 납부확인서의 납부금액으로 정산 2. 생산직 상용근로자(직접노무비 대상에 한함)는 소속회사에서 납부한 납부확인서에 의하여 정산하되 현장인 명부 등을 확인하여 해당 사업장 계약이행기간 대비 해당 사업장에 실제로 투입된 일자를 계산(현장명부 등 발주기관이나 감리가 확인한 서류에 의함)하여 보험료를 일할 정산하나, 해당 사업장 단위로 보험료를 별도 분리하여 납부한 경우에는 제1호를 준용하여 정산

노무비 대상 중 계약예규 예정가격작성기준 별표 2-1의 1. 직접계상방법에 간접노무비(현장관리인건비)의 대상으로 예증한 현장소장(공사현장대리인), 현장사무원(총무, 경리, 급사 등), 기획·설계부문종사자, 노무관리원, 자재·구매관리원, 공구담당원, 시험관리원, 교육·산재담당원, 복지후생부문종사자, 경비원, 청소원 등에 대한 보험료는 정산대상이 아닌 바, 현장대리인 등 간접노무비 대상자가 본인의 업무범위을 넘어 직접작업에 종사한 경우라도 국민건강보험료 등의 사후정산 대상에서 제외하고 있는 이상 생산직 근로자에 해당한다고 볼 수 없습니다(집행기준 제94조는 국민건강보험료 등의 사후정산과 관련하여 일용직근로자와 직접노무비 대상인 생산직 상용근로자에 한하여 인정하고 있음).

구체적인 경우가 이에 해당되는지 여부는 당해 기관의 계약서에 첨부된 계약문서의 내용에 따른 사실 판단에 관한 사항이므로 발주기관의 계약담당공무원이 해당 계약문서와 관련 자료를 종합검토하여 직접 판단해야 할 사항임을 알려드립니다.

3장 계약체결 및 관리

계약체결 이후 착공일 이전에 선금 지급 가능여부

2020-06-11

▣ 질의내용

공사계약건에 대하여 발주기관이 계약상대자에게 계약서에 명시된 계약체결일과 착공일자 사이 기간에 선금지급이 가능한지 문의드립니다. (계약체결이후 착공 이전에 선금 지급 가능여부)

<계약예규 정부 입찰, 계약 집행기준 제 34조> ① 계약담당공무원은 다음 각호의 요건을 충족하는 경우로서 계약상대자가 선금의 지급을 요청할 때에는 계약금액의 100분의 70을 초과하지 아니하는 범위 내에서 선금을 지급할 수 있다. ~

위 조항 中 「계약상대자가 선금의 지급을 요청할 때에는」에 따르면 계약체결이 되었다면 「계약상대자」가 생기는 것이고, 착공 전 이어도, 「계약상대자가 선금의 지급을 요청」한다면 선금 지급이 가능한 것 같은데, 이처럼 해석해도 되는 것인지 문의드립니다.

▣ 답변내용

[질의요지] 계약 체결 이후 착공일 이전에 선금 지급이 가능한 지 여부

[답변내용] 아래 사항은 국가기관을 기준으로 해석한 것임을 참고하여 주시기 바라며, 지방자치단체를 당사자로 하는 계약, 공기업과 준정부기관 및 공공기관의 계약에 관하여는 달리 정한 바가 있으면 그에 따라야 함을 알려 드립니다.

국가기관이 당사자가 되는 공사계약에서 국고금관리법 시행령 제40조제1항제15호에 의하여 선금을 지급하고자 할 때에는 (계약예규) 정부 입찰.계약 집행기준 제12장에서 정한 바에 따르는 것으로 귀 질의와 같이 착공 전이라도 계약상대자의 요청이 있을 경우 선금 지급이 가능합니다.

다만, 동 예규 제34조 제9항에서 계약체결 후 불가피한 사유로 이행착수가 상당기간 지연될 것이 명백한 경우에는 선금지급이 불가능한 경우로 정하고 있으므로 이에 해당하는 지 여부를 계약담당공무원이 판단하여 처리하시기 바랍니다.

공사 선금 지급 시기 및 선금지급한도의 한시적 확대시행 관련 질의
2020-06-01

▣ 질의내용

저희는 국가계약법에 따라 사업을 진행하는 준정부기관으로 공사선금 지급시기와 올해 코로나로 인해 시행중인 선금지급한도의 한시적 확대시행과 관련하여 질의드립니다.

질의 요지
1. 공사선금의 지급시기가 계약 후 업체의 선금요청이 들어오면 바로 가능한지 아니면 착공 후 지급해야 하는지 시기에 대하여 질의드립니다.
2. 올해 코로나로인해 시행 중인 선금지급한도의 한시적 확대시행과 관련하여 '(계약예규)정부입찰계약집행기준 제34조 1항'에 따라 선금지급 기준을 100분의 70에서 100분의 80으로 상향하였는데 모든 공사 및 용역에 대하여 100분의 80까지 지급가능한지, 아니면 '동법 34조 3항'에 따라 공사, 물품의 제조 및 용역, 수해복구공사의 계약금액 기준에 따라 비율을 달리 적용해야하는지 질의드립니다.

▣ 답변내용

[질의요지] 선금의 한시적 확대 지급비율에 관한 질의

[답변내용] 아래 사항은 국가기관을 기준으로 해석한 것임을 참고하여 주시기 바라며, 지방자치단체를 당사자로 하는 계약, 공기업과 준정부기관 및 공공기관의 계약에 관하여는 달리 정한 바가 있으면 그에 따라야 함을 알려 드립니다.

국가기관이 당사자가 되는 계약에 있어서 계약담당공무원은 계약예규 정부.입찰계약집행기준(이하 집행기준이라 합니다) 제34조에서 공사, 물품 제조 또는 용역 계약에 대하여 시행령 제76조에 의한 입찰참가자격제한을 받고 그 제한기간 중에 있지 아니한 계약상대자가 선금의 지급을 요청할 때에는 계약금액의 100분의 70(2020.12.31까지 한시적으로 100분의 80 적용)을 초과하지 아니하는 범위 내에서 선금을 지급할 수 있는 것이며, 선금의 지급시기에 대하여는 계약을 체결한 이후라면 특별한 제한기간이 없으므로 착공전이라도 계약담당공무원이 필요성 여부 등을 검토하여 필요시 지급할 수 있습니다.(질의1)

선금의 한시적 확대 지급 시행은 공사, 용역, 물품 모두에 해당합니다. 집행기준 제34조제3항의 선금지급율(이를 통상 의무지급율이라 합니다)은 계약상대자로 부터 선금 청구가 있는 경우 각 계약내용별, 금액별로 정한 한도에 대하여는 신청이 있는 경우 반드시 그 비율 만큼 지급하는 것이므로 의무지급율과 100분의 70(2020.12.31까지 한시적으로 100분의 80 적용) 범위내에서는 발주기관의 예산 및 기타사정 등을 고려하여 발주기관이 범위내 금액으로 조정하여 지급할 수 있는 것입니다.(질의2)

제3절 선금 및 대가지급 (2020 주요 질의회신)

선금급 또는 선급 대금 지급관련
2020-08-24

■ **질의내용**

조달청을 통해서 물품구매를 진행할 시 관련 법령에 대한 질의 입니다. 현재 물품구매를 조달청을 통해서 진행하고 있습니다. 연내에 자금을 집행하여야 하는 상황이라서 질의를 드립니다. 대상물품은 통신장비로 공사, 물품제조 및 용역계약에 해당되지 않는 순수 구매입니다. 선금급지급은 수요기관에서 계약업체로 바로 송금을 해주는 방식(?)으로 알고 있으며, 약 70%까지 지급이 가능한 것은 법령으로 확인을 하였습니다. 하지만, 제가 질의드리고 싶은 내용은 수요기관에서 조달청으로 선급대금을 지급하는 방법에 대해서 관련 법령이 있는지 어쭙습니다. 지방회계법 시행령 제 44조를 참조하면 선금급은 3호에 의거하여 국가 및 지방자치단체 또는 국가 및 지방자치단체의 업무를 대행하는 기관에 지급하는 경비로 되어 있는데 해당 시행령을 근거로 삼아서 조달청으로 대금을 송부해도 될런지요?

■ **답변내용**

[**질의요지**] 물품공급계약의 경우 선금을 지급할 수 있는지

[**답변내용**] 공공기관이 당사자가 되는 계약은 해당 계약문서, 「공공기관의 운영에 관한 법령」, 「공기업·준정부기관 계약사무규칙」이나 기타 공공기관 계약사무 운영규정(기획재정부 훈령) 등 해당 기관의 계약사무규정에 따라 계약업무를 처리하여야 할 것입니다.

참고로, 국가기관이 당사자가 되는 공사, 물품 제조 또는 용역 계약(발주기관이 시스템 특성 등에 맞게 소프트웨어의 일부에 대하여 수정·변경을 요구하여 체결한 소프트웨어사업을 포함)에서 계약담당공무원은 계약예규 「정부 입찰·계약 집행기준」(이하 "집행기준"이라 합니다.) 제34조 제1항에 따라 선금지급 요건을 충족하는 경우로서 계약상대자가 선금의 지급을 요청할 때에는 계약금액의 100분의 70을 초과하지 아니하는 범위 내에서 선금을 지급할 수 있습니다.

귀 질의의 물품공급계약은 집행기준 제34조 제1항 제1호, 「국고금 관리법 시행령」 제40조 제1항 제15호 및 「지방회계법 시행령」 제44조 제1항 제13호에서 정한 선급(「지방회계법」의 경우 선금급)을 지급할 수 있는 계약에 포함되지 않습니다.

또한, 귀 질의의 「지방회계법 시행령」 제44조 제1항 제3호에서 정한 경비에 해당할 수 있는 금액은 발주기관이 조달청에 지급하는 조달수수료가 이 경비에 해당할 수 있습니다.

선금은 계약담당공무원(조달청이 발주기관의 계약업무를 대행하는 경우에는 발주기관의 계약담당공무원)이 계약상대자의 선금지급 요청에 따라 선금상당액에 해당하는 채권을 확보하고 계약상대자에게 직접 지급하여야 합니다. 따라서 발주기관이 해당 계약의 선금을 계약상대자가 아닌 조달청에 지급할 수는 없습니다.

선금사용 계획서와 선금 사용내역서

2020-07-08

■ **질의내용**

공공기관에서 발주된 공사를 시공하는 건설업체 직원입니다. 공사 착공시점 발주처에 제출한 선금사용계획서에는 설계내역서상의 초기공정의 품목들의 재료비 만으로 신청되었고, 공사 진행중 선금사용계획서와는 다르게 재료비 외 일부 경비도 선금으로 사용되었습니다. 이후 재료비, 경비로 선금이 모두 사용되어 세금계산서, 거래명세서, 대금지급확인증 등, 사용내역 증빙자료를 제출하였는데 발주처에서는 선금사용이 계획서 대로 사용되지 않았다고 하며, 재료비외 선금 사용을 인정할 수 없다고 합니다. 또한 정식 하도급계약을 하여 하도급업체에게도 선금을 지급하고 선금사용내역서를 받아 발주처에 제출하였으나 재료비로만 계획된 선금사용계획서와 다르다는 앞에서와 같은 이유로 하도급업체의 경비로 사용된 선금도 사용 인정할수 없다고 하는데, 해당 공사를 충실히 이행하였고 원활한 공사를 위하여 정상적으로 사용하였으며 하도급 업체에게도 정상 지급하였는데, 선금 사용이 계약목적 달성을 위한 용도로 사용되지 않았다고 할수 있는건지요?

■ **답변내용**

[**질의요지**] 공공기관과의 공사계약에서 선금 사용계획서와 선금 사용내역서 관련

[**답변내용**] 공공기관의 계약사무를 처리할 때에는 기타공공기관의 경우에는 '기타 공공기관 계약사무 운영규정'을 적용하고 공기업·준정부기관일 경우에는 '공기업·준정부기관 계약사무규칙'을 적용하여야 하며, 동 규정 및 규칙에서 규정하지 아니한 사항은 국가계약법을 준용하여 처리해야 합니다.

국가기관이 당사자가 되는 계약에서 선금은 당해 계약이행을 위해 필요한 자금의 일부를 미리 지급함으로써 계약상대자의 자금부담 완화 및 원활한 계약이행을 지원하는 제도로서, 선금의 사용은 계약예규 정부 입찰·계약 집행기준 제36조제1항에 정한 바와 같이 계약목적달성을 위한 용도와 수급인의 하수급인에 대한 선금배분이외의 다른 목적에 사용하게 할 수 없으며, 노임지급(공사계약 및 시행규칙 제23조의3 각호의 용역계약은 제외) 및 자재확보에 우선 사용하도록 하여야 합니다.

선금의 사용 용도를 확인하기 위해 계약상대자로부터 제출 받는 선금 사용내역서는 선금 사용분 전체에 대한 내역 및 증빙서류를 말하는 것입니다. 다만, 동 집행기준 내용상에 구체적으로 선금사용내역서의 작성방법이나 증빙서류에 대하여 따로 정한 바가 없으므로, 동 사용내역서를 통해 당해 계약이행을 위한 자재 등의 구입 사실이 입증되는 경우라면 선금의 사용이 인정되는 것으로 보아야 할 것입니다. 따라서, 그 사용내역을 확인할 수 있는 정도의 증빙이면 가능할 것으로 보이나, 구체적으로 필요한 사항은 발주기관이 따로 요구할 수도 있을 것입니다. 구체적인 것은 발주기관의 계약담당공무원이 계약상대자가 제출한 관련 증빙서류를 검토하여 직접 판단해야 할 사안입니다.

제4절 계약해제·해지

```
용역계약 상대자로 부터 계약해지 요청(인허가기관의 인허가 불가)시,
계약보증금(위약금) 수취여부                           2021-04-06
```

■ 질의내용

질의내용 :
- 2021.02월 견적제출한 업체와 업무가능여부 협의 후, 2021.02.23 계약체결하였습니다. - 대표사는 폐기물 수집,운반업을 허가받은 업체이며, 공동사는 폐기물 종합재활용업(사업장배출시설계-폐합성수지 등) 허가를 받은 곳이며, 타 지자체 내 위치한 건설사업장의 가연성폐기물처리용역 업무를 수행한 실적이 있습니다.(상기 언급한 면허,허가증으로 지자체의 폐기물처리계획의 허가를 득하고 업무처리 하였습니다.)
- 그러나 당 사업의 가연성폐기물처리용역 계약체결후, 지자체에 폐기물처리계획 신고 후 허가를 득하려고 하였으나 지자체 담당자의 의견에 따라 상기 언급한 면허,허가증으로 해당지자체에서는 허가가 어렵다는 의견을 통지 받았습니다.
- 이에 따라 계약상대자는 계약이행이 어려울것으로 판단하여, 계약의 파기를 요청하였습니다.
- 계약 해지시, 계약위약금을 수취하여야 하는지에 대한 검토가 필요한 상황입니다.
- 「용역계약일반조건」 제29조(계약상대자의 책임있는 사유로 인한 계약의 해지 또는 해지)에 해당하지 않는것으로 판단되며,
- 「용역계약일반조건」 제30조(사정변경에 의한 계약의 해제 또는 해지)에 해당된다고 볼수 있을지
- 「용역계약일반조건」 제30조 1항에 따라 "제29조제1항각호의 경우 외에 객관적으로 명백한 발주기관의 불가피한 사정이 발생한 때에는 해제 또는 채지를 할수 있다" 라는 문구에서 발주기관의 불가피한 사정으로 판단하기는 어려울것이나
- 현재 상황이 계약상대자가 타 지자체에서는 허가를 득하고 폐기물처리용역을 수행하였으나, 해당 지자체(인허가기관)의 경우 허가 불가하다는 의견(면허 부적정)입니다.
- 지자체별로 의견이 상이하며, 현재 계약수행이 불가한 상황인데, 발주기관의 불가피한 사정도 아니며, 계약상대자의 책임있는 사유로도 보여 지지 아니할 경우인데
- 국가계약법 시행력 제50조6항3호, 동법 시행규칙 제49조 4항에 따라 보증금 납부면제하나, 계약보증금 지급각서 제출한 상황에서 계약해지에 따른 계약보증금(위약금)을 수취하는 것이 옳을지
- 아니면 계약상대자와 발주기관 각각에 귀책이 없는 사유이므로, 계약보증급(위약금) 납부를 면책하는 것이 옳을지 문의 드립니다.

3장 계약체결 및 관리

▣ 답변내용

[질의요지] 공공기관 발주 용역계약상대자로 부터 계약해지 요청(인허가기관의 인허가 불가)시, 계약보증금(위약금) 수취여부

[답변내용] 공공기관의 계약사무를 처리할 때에는 기타공공기관의 경우에는 「기타 공공기관 계약사무 운영규정」을 적용하고 공기업·준정부기관일 경우에는 「공기업·준정부기관 계약사무규칙」을 적용하여야 하며, 동 규정 및 규칙에서 규정하지 아니한 사항은 국가계약법을 준용하여 처리해야 합니다. 또한 국가계약법령해석에 관한 내용이 아닌 입찰공고(또는 계약체결) 내용과 관련된 사실판단에 관한 사항에 대하여는 해당 입찰공고를 한 발주기관에서 해당 관련 규정 등을 종합 고려하여 판단해야 할 사항입니다.

참고로, 국가기관이 당사자가 되는 용역계약에서 계약담당공무원은 계약예규 용역계약일반조건 제29조제1항 각호의 어느 하나에 해당하는 경우 또는 동조제1항 각호의 경우 외에 객관적으로 명백한 발주기관의 불가피한 사정이 발생한 때에는 계약을 해제 또는 해지할 수 있는 바, 계약담당공무원은 이에 의하여 계약을 해제 또는 해지한 때에는 그 사실을 즉시 계약상대자에게 통지하여야 합니다. 계약담당공무원은 동 일반조건 제30조제1항에 의하여 계약을 해제 또는 해지할 경우에는 동조 각호에 해당하는 금액을 해제 또는 해지한 날부터 14일이내에 계약상대자에게 지급하여야 합니다. 다만, 귀하의 질의 경우 구체적으로 이에 해당하는지 여부는 계약담당공무원이 계약문서, 해지 또는 해제사유 해당유무 등을 검토후 사실관계를 확인하여 직접 판단해야 할 사안임을 알려드립니다.

한편, 「국가를 당사자로 하는 계약에 관한 법률」 제3조에서는 국가를 당사자로 하는 계약에 관하여는 다른 법률에 특별한 규정이 있는 경우를 제외하고는 이 법에서 정하는 바에 따른다고 규정하고 있는 바, 귀하의 경우가 해당 용역관련 지방자치단체와 관련된 내용이라면 그에 따라 처리할 수 있을 것입니다. 그 관련 내용에 대하여는 그 자치단체기관에 직접 질의해야 할 것입니다.

[2020 주요 질의회신]

공동수급 도급사 계약해지 가능 여부
2020-07-01

■ **질의내용**

국가계약법에 의거 설계용역이 아래와같이 계약체결되고 착수되었습니다. A사 : 항만해안, 구조, 토질지질 분담 B사: 정보통신 분담 C사: 측량지적, 해양 분담 이렇게 3개 업체가 공동수급으로 계약되었고 착수까지 되었는데

사업 설계변경되어야 하여 정보통신분야와 해양분야가 사업설계에서 전부 빠지게 되었습니다. (착수계는 제출되었는데 실제 착공은 되지 않은 상태)

이럴때 발주기관의 사업설계변경을 사유로 B사와 계약해지하고, C사의 해양부분 설계를 감액하여 공동수급협정 변경과 함께 재계약이 가능한지 질의드립니다.

■ **답변내용**

[질의요지] 용역계약에서 발주기관의 사유로 계약상대자 B사와 계약해지하고, C사의 해양부분 설계를 감액하여 공동수급협정 변경과 함께 재계약이 가능한지

[답변내용] 국가기관이 계약을 체결함에 있어 계약은 「국가를 당사자로 하는 계약에 관한 법률」 제5조에 따라 상호 대등한 입장에서 당사자의 합의에 따라 체결되어야 하며, 당사자는 계약의 내용을 신의성실의 원칙에 따라 이행하여야 합니다. 따라서, 발주기관의 계약담당공무원은 계약예규 용역계약일반조건 제29조제1항 각호의 경우 외에 객관적으로 명백한 발주기관의 불가피한 사정이 발생한 때에는 계약을 해제 또는 해지할 수 있다 할 것입니다(일반조건 제30조제1항). 다만, 구체적인 계약해제 또는 해지의 범위 등과 관련하여서는 당해 계약목적물의 특성 및 용역완공 가능여부, 동법 제5조 및 민법 등을 종합고려하여 발주기관의 계약담당공무원이 판단·처리해야 할 사안임을 알려드립니다.

제5절 부정당업자 제재

| 계약이행과 관련한 과징금 부과 | 2022-11-11 |

◘ 질의내용

불량자재를 사용한 시공사에 대해 부정당업자 제재를 대신하여 과징금부과심의위원회 심의결과에 따라 과징금을 부과하였습니다.

그러나 해당 시공사는 회생절차 개시결정을 이유로 과징금이 회생채권에 해당한다고 판단하여 과징금을 납부할 의무가 없다고 합니다.

이에 발주처에서는 과징금 부과처분의 실효성이 없다고 판단하므로 당초의 과징금 부과 처분을 대신하여 원래의 제재에 해당하는 부정당업자 처분이 가능한지 문의 드립니다.

◘ 답변내용

[질의요지] 계약이행과 관련한 과징금 부과

[답변내용] 계약담당공무원은 국가를 당사자로 하는 계약에 관한 법률 제27조에 정한 사유에 해당하는 자를 일정기간 입찰에 참가할 수 없도록 그 자격을 제한(부정당업자 제재)하여야 하나, 같은 법률 제28조에 해당한다고 판단되는 경우에는 과징금 부과로 제재를 대신할 수도 있는 것입니다.

귀 질의 내용은 국가계약법령에서 정하고 있지 아니한 것이어서 이미 내린 처분을 변경하여 새로운 처분을 내릴 수 있는지(일사부재리)와 회생절차가 진행중인 업체의 과징금 납부 문제는 법률전문가의 도움을 받아 처리하여야 할 것으로 보여집니다.

계약해지 귀책사유 여부

2021-06-02

▣ 질의내용

석면해체제거공사 를 시행중이나,

당초 계약 기간은 2020.3.~2021.6 인데 2020.12.부터 석면해체 대상이 되는 본 사업 공사의 정지로 인해 그에 딸린 부가 공사인 석면해체공사업도 정지가 되엇습니다.

당초 계약 기간까지는 해당 업에 필요한 면허를 유지하고 잇으나, 발주기관의 중지로 인해 계약기간이 연장예정이고, 석면해체제거공사를 수행하는 계약상대자측에서 업체 면허 반납 예정으로 연장된 기간 동안에는 해당 면허를 유지할 수 없는 상황입니다.

당초 계약시 시방서 등에는 연장에 관한 부분 등은 기재되어있지 않습니다.

이런 경우도 계약해지를 할 경우 계약상대자의 귀책사유로 인한 계약해지로 보고 계약보증금등을 반환해야하나요? 아니면 발주기관의 사정으로 인한 계약해지로 보고 해지 가능한가요?

▣ 답변내용

[질의요지] 공사계약해지 귀책사유 여부

[답변내용] 국가기관이 당사자가 되는 공사계약에서 계약담당공무원은 계약상대자가 계약예규 공사계약일반조건 제44조제1항 각호의 어느 하나에 해당하는 경우에는 해당 계약의 전부 또는 일부를 해제 또는 해지할 수 있다 할 것입니다. 발주기관의 계약담당공무원은 해당 계약을 해제 또는 해지한 때에는 그 사실을 즉시 계약상대자에게 통지하여야 하며, 그에 따른 후속조치도 함께 하여야 할 것입니다. 다만, 귀하의 질의 경우처럼 구체적인 경우에서 해제 또는 해지 사유에 해당하는지 여부에 대하여는 당해 기관의 계약서에 첨부된 계약문서의 내용에 따른 사실 판단에 관한 사항으로서 계약관련 모든 행위는 발주기관의 계약담당공무원이 결정의 권한을 가지고 있으므로 계약담당공무원이 설계서 및 공사현장 여건, 관련 법령 등을 종합적으로 살펴 직접 판단해야 할 사안입니다.

또한, 「국가를 당사자로 하는 계약에 관한 법률」 제3조에서는 국가를 당사자로 하는 계약에 관하여는 다른 법률에 특별한 규정이 있는 경우를 제외하고는 이 법에서 정하는 바에 따른다고 규정하고 있습니다.

계약해지시 부정당제재 미시행 가능 여부

2021-01-25

■ 질의내용

<계약해지 개요>
- 작년 6월에 관련 면허보유 자격제한입찰을 통한 업체와 용역계약을 체결하여 업무수행.
- 업무수행중 면허보유를 위한 기술자 미충족 확인, 기술자 충원 요구함 (기술자 부족시 업체는 중앙정부기관에 면허변경 신고 필요하나 하지않음).
- 업체는 기술인력 확보가 어려워 업무수행이 불가하다 판단하여 계약해지 요청
  (사유 : 지속적인 채용공고 등을 하였으나 코로나 사태 등으로 인력확보 불가)
- 국가계약법 27조 및 동법 시행령 제76조에 의거 용역계약해지 후 부정당제재 관련 업무진행중.

<질의내용>
1. 유례없는 전염병(코로나바이러스) 유행으로 지속적인 채용공고에도 불구하고 해당 업계 기술인력 확보가 어려워 계약을 이행하지 못한 경우 계약해지의 정당한 이유(천재지변 또는 예기치 못한 돌발사태)로 볼 수 있는지 여부.
2. 정당한 이유가 아닐경우 부정당 제재시 타 기관 및 정부 입찰에도 참가자격이 제한되는지 여부.

■ 답변내용

[질의요지]

1) 공기업 입찰참가자격제한 등에 관한 질의
2) 공기업 계약건의 입찰참가자격 제한의 효력

[답변내용]

1) 국가계약법 및 계약예규의 해석사항이 아닌 귀 질의와 같이 특정 계약조건 관련사항은 당초 입찰공고조건, 계약문서, 관련 규정 등 여러 정황을 종합적으로 고려하여 귀 기관에서 판단하여야 하는 것입니다.

참고로 코로나19 극복을 위한 계약업무 처리지침[계약제도과-1705('20.12.28)]에 의하여 코로나19가 직접 원인이 된 경우에는 귀책사유가 없는 것으로 해석할 수 있으므로, 코로나19를 직접 원인으로 한 계약불이행에 대하여는 계약보증금 국고귀속 조치 및 입찰참가자격 제한을 실시하지 아니합니다. 다만, 귀 질의 업체의 기술인력 확보 불가 사유가 코로나19가 직접 원인이 된 경우에 해당하는 지 여부에 대해서는 계약담당공무원이 직접 판단하여야 합니다.

3장 계약체결 및 관리

2) 국가기관이 체결하는 계약에 있어 국가계약법시행령 제76조 제11항에 따라 각 중앙관서의 장 또는 계약담당공무원은 지방자치단체를 당사자로 하는 계약에 관한 법률 또는 공공기관의 운영에 관한 법률 등 다른 법령에 따라 입찰참가자격 제한을 한 사실을 통보받거나 전자조달시스템에 게재된 자에 대해서도 입찰에 참가할 수 없도록 해야 합니다.

공동도급(공동계약방식) 계약건의 하자 이행 요청 및 일부 도급사의 미이행에 따른 부정당재제
2022-03-29

▣ 질의내용

□ 질의내용: 공동도급(공동계약방식) 계약건의 하자 이행을 여러차례에 걸쳐 요청하였고 3개 공동도급사 중 1개 업체만이 하자를 이행할 의지를 보이지 않는 상황입니다 하자는 이행 의사를 밝힌 2개 업체와 건설공제조합을 통하여 진행하려 합니다.

이러한 경우

○ 질의) 하자를 미이행 하는 1개사에 대하여만 부정당제재를 요청할 수 있는지입니다.

▣ 답변내용

[질의요지] 기타 공공기관에서 공동도급(공동계약방식) 계약건의 하자 이행 요청 및 일부 도급사의 미이행에 따른 부정당재제

[답변내용] 공공기관의 계약사무를 처리할 때에는 기타공공기관의 경우에는 「기타 공공기관 계약사무 운영규정」을 적용하고 공기업·준정부기관일 경우에는 「공기업·준정부기관 계약사무규칙」을 적용하여야 하며, 동 규정 및 규칙에서 규정하지 아니한 사항은 국가계약법을 준용하여 처리해야 합니다. 또한 국가계약법령해석에 관한 내용이 아닌 계약체결 내용과 관련된 사실판단에 관한 사항에 대하여는 조달청(또는 기획재정부)의 유권해석대상이 아니며, 해당 입찰공고를 하여 계약을 체결한 발주기관에서 해당 관련 규정 등을 종합고려하여 직접 판단해야 할 사항입니다.

참고로, 국가를 당사자로 하는 계약에 있어 계약담당공무원은 「국가를 당사자로 하는 계약에 관한 법률」 제27조제1항 각호 및 같은 법 시행령 제76조제1항 각호에 해당하는 경우에 한해 부정당업자의 입찰참가자격 제한을 할 수 있는 바, 각 중앙관서의 장은 계약상대자가 계약문서에 정한 하자보수의무를 이행하지 아니하는 경우에는 같은 법 시행령 제76조제2항제2호가목 및 같은 법 시행규칙 별표2 개별기준 제13호가목에 의거 부정당업자로 입찰참가자격을 제한하는 것입니다. 같은 법 시행령 제76조제5항과 계약예규 공동계약운용요령 제7조제2항에서는 '공동계약 구성원의 입찰참가자격 제한은 제한사유를 야기시킨 자에 대하여 적용한다'고 규정하고 있습니다.

기타기관의 부정당업자 제재 절차 문의

2022-10-14

▣ **질의내용**

저희는 국가보조금 사업에 참여하는 민간기업으로 국가계약법을 따라야 함에 따라 나라장터를 이용, 자체조달을 진행하려고 하고 있습니다. 내부 검토중, 부정당업자 제재에 대해 기타기관으로 권한이 없으며 상급 공공기관에 요청을 해야 하며 부정당업자 제재의 방법은 해당 기관의 내부 절차에 따라 진행이 되며, 부정당업자로 지정될 경우, 상급 공공기관을 통해 나라장터에 부정당업자로 등록하는 의무가 발생하는 것으로 파악하고 있습니다.

문의 드릴 사항은,

◎ 상급기관이 부정당업자 제재 절차가 마련되어 있지 않을 경우,

1-1. 비록 자체조달이나, 조달청을 통해서 (상급기관의 의뢰를 통하는 방법까지도 포함) 부정당업자 지정 및 제재 가능 여부

1-2. 상급기관의 절차가 없어 부정당업자 제재가 진행되지 않을 경우, 국가계약법상 부정당업자 제재를 하지 않은 것으로 법률 위반에 해당 여부

◎ 절차가 있지만 상급기관이 해당 업자를 부정당업자로 지정하지 않을 경우,

2-1. 부정당업자 제재 요청하는 행위를 했음에도, 부정당업자 제재를 하지 않은 것으로 국가계약법 위반 여부

▣ **답변내용**

[**질의요지**] 기타기관의 부정당업자 제재

[**답변내용**] 공공기관의 계약사무는 해당 계약문서, 공공기관의 운영에 관한 법령, 공기업.준정부기관 계약사무규칙이나 기타 공공기관 계약사무 운영규정 등 해당 기관의 계약사무규정에 따라 계약업무를 처리하되, 위 규칙이나 규정에 있지 아니한 사항에 관하여는 국가계약법령을 준용해서 처리해야 합니다.

질의1-1, 질의1-2에 대하여 공공기관의 운영에 관한 법률 제39조제3항과 사무규칙 제15조에서는 단지 부정당업자 제재에 관하여 단지 할 수 있음을 정하고 있으므로 국가를 당사자로 하는 계약에 관한 법률 제3조에 따라 발주기관의 계약담당자가 관련 규정에 근거하여 처리하여야 하는 것입니다.

행정절차법 제21조에 따르면 행정청은 당사자에게 의무를 부과하거나 권익을 제한하는 처분을 하는 경우에는 처분하려는 원인이 되는 사실과 처분의 내용 및 법적 근거, 이에 대한 의견을 제출할 수 있다는 사항 등을 사전에 통지하여야 합니다.

3장 계약체결 및 관리 ....

국가계약법령에 따라 특정인을 입찰에 참가할 수 없도록 제한하는 것은 그의 경제적 활동을 제한함으로써 권익을 제한하는 처분에 해당하므로 행정절차법을 따르는 것입니다. 이는 상급기관의 제재 절차 구비와는 무관한 것으로 봅니다.

질의2-1에 대하여 계약담당공무원은 국가를 당사자로 하는 계약에 관한 법률 시행령 제76조에 정한 사유에 해당하는 계약상대자는 일정기간 입찰에 참가할 수 없도록 그 자격을 제한(부정당업자 제재)하여야 합니다. 계약상대자에게 부정당업자 제재 사유가 있음에도 입찰참가자격 제한을 하지 않는 것은 국가계약법령을 준수하지 않은 것으로 보여집니다.

다만, 공공기관의 운영에 관한 법률 제39조제3항과 사무규칙 제15조에서는 부정당업자 제재에 관하여 단지 할 수 있음을 정하고 있으므로 이들 법규와 국가계약법령간의 적용에 대한 법리적 해석은 조달청(또는 기획재정부)에서 해석, 판단할 수 있는 사항이 아님을 양해 바랍니다.

부정당업자 제재기간 관련 문의

2022-03-24

▣ 질의내용

국가계약 상 부정당업자 제재기간 관련 문의 드립니다.
(질의) 연간 분할 납품 방식 계약에 대하여 부정당업자 제재를 할 경우 제재기간을 납품금액(물량)을 고려한 계약이행 비율을 적용하여 감경하는 것이 타당한지 여부

▣ 답변내용

[질의요지] 발주기관에서 연간 분할 납품 방식 계약에 대하여 부정당업자 제재를 할 경우 제재기간을 납품금액(물량)을 고려한 계약이행 비율을 적용하여 감경하는 것이 타당한지 여부

[답변내용] 국가기관이 계약의 일방당사자가 되어 계약을 체결하는 경우에 적용되는 입찰 및 계약의 절차에 관한 법령인 「국가를 당사자로 하는 계약에 관한 법률」 제27조 및 같은 법 시행령 제76조에서 부정당업자의 입찰 참가자격 제한 등에 대하여 세부적으로 정하고 있는 바, 구체적인 경우가 이에 해당하는지 여부는 조달청(또는 기획재정부)의 유권해석대상이 아니며, 각 중앙관서의 장이 직접 사실관계를 확인하여 처리해야 할 사항입니다. 아울러, 유권해석은 국가의 권한 있는 기관에 의하여 법의 의미내용이 확정되고 설명되는 것으로 발주기관에서 직접 판단해야 하는 구체적인 사실인정이나 적법·정당여부에 대한 사항을 유권해석으로 확인하는 것은 적절하지 아니한 것임을 알려드립니다.

부정당제재 관련 질의

2022-07-19

■ **질의내용**

부정당업자 제재 절차 관련하여 1. 처분대상자에게 사전통지 2. 처분대상자로부터 의견 접수 3. 내부 절차에 따라 부정당업자 제재 처분 4. 처분내용 등을 고지 로 되어 있습니다.

해당 절차 관련하여 문의드리고자 하는 바가 있는데요, 2. 의견 접수와 4. 처분 내용 고지 과정 중 처분대상자로부터 의견이 접수될 경우, 어느 법령에 의거 어떻게 처리하고 있는지 궁금합니다.

그리고 하자보수의무 불이행으로 인한 부정당업자 제재 시 국가계약법 시행규칙 76조 별표 2의 2. 개별기준의 13 '가'를 적용하여 6개월 제재를 가하고 있는지, 만약 해당 조항을 적용하지 않을 시에는 어느 조항을 적용하고 계신지 질의드리고 싶습니다.

■ **답변내용**

[질의요지] 부정당업자 제재

[답변내용]

가. 접수된 의견 처리에 대하여 국가기관이 당사자가 되는 계약에 있어 계약상대자 등을 국가를 당사자로 하는 계약에 관한 법률 제27조에 따라 입찰에 참가할 수 없도록 제한(부정당업자 제재)하는 경우 계약담당공무원은 행정절차법 제21조 따르면 행정청은 당사자에게 의무를 부과하거나 권익을 제한하는 처분을 하는 경우에는 처분하려는 원인이 되는 사실과 처분의 내용 및 법적 근거, 이에 대한 의견을 제출할 수 있다는 사항 등을 사전에 통지하여야 합니다.

　　이에 따라 계약상대자 등의 의견이 접수되면 부정당업자 제재 심의시에 수용가능 여부를 검토하여 제재 또는 가감 결정에 활용될 수 있을 것입니다. 이때 의견에 대한 답변 여부는 개별 사안에 따라 행정청이 판단하여야 할 것으로 봅니다.

나. 하자보수의무 불이행에 대하여 하자보수의무 불이행으로 인한 부정당업자 제재의 경우 국가를 당사자로 하는 계약에 관한 법률 시행규칙(이하 시행규칙 이라 합니다) 제76조 [별표2] 2.개별기준 제16호가목에 따라 부정당업자 제재가 가능할 것이나 같은 [별표2] 1에 따라 가감될 수도 있을 것입니다.

　　참고로, 하자 규모가 큰 경우에 계약의 이행을 조잡하게 한 자에 해당된다고 계약담당공무원이 판단하는 경우라면 [별표2] 2.개별기준 제2호에 따라 제재할 수도 있을 것으로 보여지는 바, 이에 해당하는지는 개별 계약건의 사실관계에 따라 행정청이 정하여야 합니다.

　　동일한 제재 사유라 하더라도 경미하다고 판단되는 경우에는 시행규칙 제77조의2 [별표3]에서 정한 기준에 따라 과징금을 부과할 수도 있습니다.

부정당제재 기간 관련 문의

2022-08-09

◼ 질의내용

용역계약과 관련하여 계약상대방이 약 80%정도 용역수행을 완료하였으나, 용역수행에 필요한 인력과 장비를 투입하지 않아, 계약 일부해지가 되었습니다 이에 따라 해당 업체에 대해 국가계약법 시행령 제76조 제2항 제2호 가목에 따라 입찰참가자격 제한처분을 하려고 합니다

국가계약법 시행규칙 [별표2] 입찰참가자격 제한기준에 따르면 위와 같은 경우 개별기준 제13호 가목에 따라 6개월의 범위 내에서 입찰참가자격 제한처분을 할 수 있고, 일반기준 다목에 따라 1/2 범위에서 감경이 가능한 것으로 보이는데

만약 계약심의위원회를 통해 감경을 한다면 최대 3개월의 범위까지 감경이 가능한 것인지 궁금합니다

◼ 답변내용

[질의요지] 공공기관 발주 계약에서 국가계약법령에 따른 부정장제재시 감경사유

[답변내용] 「국가를 당사자로 하는 계약에 관한 법률 시행규칙」 제76조제4항은 부정당업자에 대한 입찰참가자격을 제한하는 경우 자격제한기간을 그 위반의 동기·내용 및 횟수 등을 고려하여 동 시행규칙 별표 2의 해당 호에서 정한 기간의 2분의 1의 범위 안에서 감경할 수 있도록 하고 있습니다. 동 규정은 각 중앙관서의 장에게 부정당업자 입찰참가자격 제한기간의 감경에 대한 재량을 부여함과 동시에 재량의 한계도 정하고 있는 바, 2분의 1을 초과하여 자격제한기간을 감경할 수 없다고 할 것입니다. 구체적인 경우에서 이에 따라 처리할 것인지 여부는 각 중앙관서의 장이 '할 수 있는' 임의(재량)행위이므로 직접 사실관계를 확인하여 처리할 사항입니다.

부정당제재 시 대표자 변경 미반영 문의

2021-06-30

■ 질의내용

현재 A 업체를 부정당제재 예정입니다. A 업체는 20년 09월 기준으로 대표자(이** - 김**)가 바뀌었고, 21년 02월 부로 폐업한 상태입니다. A 업체는 나라장터에 대표자를 변경해두지 않아 기존 대표자(이**)으로 등록되어 있습니다.

이 경우 부정당제재를 처리하는데 있어 대표자 변경없이 진행해도 문제가 없는지 문의드립니다.

■ 답변내용

[질의요지] 부정당제재 시 대표자 변경.

[답변내용] 「국가를 당사자로 하는 계약에 관한 법률 시행령」 제76조제5항은 입찰참가자격의 제한을 받은 자가 법인 기타 단체인 경우에는 그 대표자도 제재하도록 하고 있는 바, 대표자의 지위는 양도의 대상이 아니므로 부정당업자 제재사유를 발생시킨 양도법인의 대표자를 대상으로 부정당업자 제재 처분을 하는 것이 타당할 것입니다.

동 규정은 계약상 의무를 이행할 책임이 있는 계약상대자인 법인이 이를 이행하지 아니할 경우에 법인은 물론 실질적으로 법인의 의사를 결정하는 대표자에 대하여도 동일하게 제재하여 국가계약에 있어 공정한 입찰 및 계약의 성실한 이행등을 확보하고자 하는 취지임을 알려드립니다.

장기계속공사의 계약상대자에 의한 계약해제 또는 해지 문의
2022-12-15

▣ 질의내용

당현장은 장기계속공사 현장입니다. 장기계속공사의 계약해제 해지의 기준이 공사계약일반조건 제46조 1항 1호 제19조에 의하여 공사내용을 변경함으로써 계약금액이 100분의 40이상 감소되었을 때, 기준이 전체 공사계약금액의 40을 이야기하는건지, 차수공사 계약금액의 40을 이야기하는건지 궁금하여 문의 드립니다.

- 제46조(계약상대자에 의한 계약해제 또는 해지) ①계약상대자는 다음 각호의 어느 하나에 해당하는 사유가 발생한 경우에는 해당계약을 해제 또는 해지할 수 있다. 1. 제19조에 의하여 공사내용을 변경함으로써 계약금액이 100분의 40이상 감소되었을 때

- 제19조(설계변경 등) ①설계변경은 다음 각호의 어느 하나에 해당하는 경우에 한다. 1. 설계서의 내용이 불분명하거나 누락·오류 또는 상호 모순되는 점이 있을 경우 2. 지질, 용수등 공사현장의 상태가 설계서와 다를 경우 3. 새로운 기술·공법사용으로 공사비의 절감 및 시공기간의 단축 등의 효과가 현저할 경우 4. 기타 발주기관이 설계서를 변경할 필요가 있다고 인정할 경우 등 ② <삭제 2007. 10. 10.> ③제1항에 의한 설계변경은 그 설계변경이 필요한 부분의 시공전에 완료하여야 한다. 다만, 계약담당공무원은 공정이행의 지연으로 품질저하가 우려되는 등 긴급하게 공사를 수행할 필요가 있는 때에는 계약상대자와 협의하여 설계변경의 시기 등을 명확히 정하고, 설계변경을 완료하기 전에 우선시공을 하게 할 수 있다.

▣ 답변내용

[질의요지] 설계변경으로 계약금액이 100분의 40이상 감소한 경우 계약해지

[답변내용] 국가기관이 체결한 공사계약에 있어서 설계변경 등으로 공사내용을 변경하여 계약금액이 100분의 40이상 감소되었을 때와 공사정지기간이 공사기간의 100분의 50을 초과하였을 경우, 계약예규 「공사계약 일반조건」(이하 '일반조건'이라 합니다) 제46조 제1항에 따라 계약상대자는 해당계약을 해제 또는 해지 요청할 수 있습니다. 이 경우 발주기관은 특별한 사정이 없는 한 해당계약을 해제 또는 해지하여야 할 것입니다.

계약상대자는 상기 규정과 같이 설계변경 등으로 계약금액이 100분의 40이상 감소되었을 때에는 계약해제 또는 해지할 수 있는 것입니다. 귀 질의 장기계속공사계약의 경우는 위의 규정 "계약금액"은 차수별계약 계약금액이 아닌 총공사의 이행을 위한 "전체 계약금액"을 의미하는 것으로 봅니다.

청렴서약서 관련 위반행위 시기

2021-09-03

■ **질의내용**

국가를당사자로하는계약에관한법률 등에는 청렴서약서 위반시 부정당업자제재 처분을 하는 것으로 규정하고 있습니다.

위반행위를 뇌물로 가정했을 때, 첫째, 위반행위가 청렴서약서 제출 '이전'에 있었던 경우 둘째, 위반행위가 청렴서약서 제출 '이후'에 있었던 경우 가 발생할 수 있는데,

이 경우 모두 부정당업자제재 처분을 하는가요? 아니면 청렴서약서를 제출한 이후인 둘째 사례만 부정당업자제재 처분을 하는가요?

■ **답변내용**

[질의요지] 청령서약서와 관련 해당 서약서의 적용시기

[답변내용] 국가기관이 당사자가 되는 계약에 있어 입찰자나 계약상대자가 국가를 당사자로 하는 계약에 관한 법률 제27조에 해당하는 경우 계약담당공무원은 그를 입찰참가자격 제한하여야 합니다.

해당 입찰 및 계약과 관련하여 입찰자 또는 계약상대자가 뇌물, 담합, 부정한 행위, 계약불이행 등 법령에서 정한 위반행위를 하는 경우에는 청렴서약서의 제출 시기와 무관하게 입찰참가자격을 제한하여야 법령 취지에 적합하다 할 것입니다.

협상대상자 선정 후 계약 불가시 재공고 사항인지 등

2021-07-16

▣ 질의내용

분담이행방식의 공동수급협정하에 협상에 의한 계약에서 사업부서에서 우선협상대상자와 협상 완료(낙찰) 후 계약부서에서 계약을 진행하고자 했으나 서류미비(부적합)가 발생하여 계약을 할 수 없게 된 경우,

1. 재공고 사항인지 혹은 차순위자와 협상을 하는 것인지?
2. 분담이행방식의 공동수급협정에 의해 콘소시엄을 구성에 참여한 모든 구성원에게 (제재가 가해진다면) 가해지는지 아니면 입찰 대표사에게만 제재가 가해지는지?

▣ 답변내용

[질의요지] 협상계약에서 낙찰자 선정이후 계약체결 불이행 시 처리방안

[답변내용]

1) 국가를 당사자로 하는 용역계약에 있어 계약담당공무원은 (계약예규)「용역입찰 유의서」제15조 ⑥항 등에 따라 낙찰자로 결정된 자가 계약체결 이전에 입찰무효 등 부적격자로 판명되어 낙찰자 결정이 취소된 경우 차순위자 순으로 필요한 심사 등을 실시하여 낙찰자를 결정합니다. 귀 질의의 경우 서류미비가 국가를 당사자로 하는 계약에 관한 법률 시행규칙 제44조 입찰무효 등 부적격자에 해당되는 사항이라면 차순위자와 협상이 가능하다고 보나,

서류미비의 경우가 입찰무효 등 부적격자에 해당하는 경우가 아니라면 협상 완료 후 낙찰자 선정이 된 이후에는 차 순위 협상자와 협상을 실시할 수는 없으며, 재공고 입찰을 실시하여야 합니다.

2) 국가계약법시행령 제76조 제4항에 따라 법 제25조에 따른 공동계약의 공동수급체가 법 제27조 제1항 각 호의 어느하나에 해당하는 경우에는 입찰참가자격 제한의 원인을 제공한 자에 대해서만 입찰참가자격을 제한하는 것입니다.

(2020 주요 질의회신)

소액수의 입찰에서 1순위자가 입찰포기시 제재 범위 문의
2020-06-09

▣ 질의내용

계약업무 추진시 궁금한 점이 있어 문의 드립니다. 국가계약법 시행령 26조 1항 5호 및 정부입찰 계약집행기준 10조에 의하면 2천만원 ~ 5천만원 인경우 소액견적입찰시 1순위로 낙찰된 자가 정당한 이유없이 계약에 응하지 않거나 포기서를 제출할 경우 향후 3개월간 해당 기관에서 발주하는 입찰에서 1순위로 낙찰된다 하더라도 차순위자를 낙찰예정자로 한다고 되어 있습니다.

한편, 계약예규 10의 4에 의하면 추정가격이 2천만원 미만인 경우 수의계약을 체결함에 있어 필요하다고 인정하는 경우에는 계약예규 10조내지 10의 3을 준용할 수 있다라고 되어 있는데, 2천만원 미만인 소액수의 입찰인 경우 1순위로 낙찰된 업체가 계약에 응하지 아니할 경우 해당 기관의 판단에 따라 3개월의 입찰 제재 처분을 하지 않아도 되는지요? 문맥상으로는 필요하다고 인정할 경우 관련 규정을 준용할 수 있다라고 되어 있어 해당기관의 판단에 따라 2천만원 미만의 소액수의인경우 계약예규 10조2의 2항 7호의 3개월 제재를 적용하지 않아도 된다고 생각되어 여쭈어 봅니다.

▣ 답변내용

[질의요지] 소액수의 계약포기자에 대한 제재 관련 질의

[답변내용] 아래 사항은 국가기관을 기준으로 해석한 것임을 참고하여 주시기 바라며, 지방자치단체를 당사자로 하는 계약, 공기업과 준정부기관 및 공공기관의 계약에 관하여는 달리 정한 바가 있으면 그에 따라야 함을 알려 드립니다.

국가기관이 당사자가 되는 경쟁입찰에서 계약상대자가 정당한 사유없이 계약을 체결하지 않는 경우 국가를 당사자로 하는 계약에 관한 법률 제27조에 따라 부정당업자로 입찰참가자격을 제한하여야 합니다.

다만, 수의계약의 경우 수의시담 중 계약을 포기하는 경우에는 부정당업자제재 대상이 아닙니다. 계약예규 정부 입찰.계약 집행기준(이하 집행기준이라 합니다) 제10조의2제2항제7호는 견적서제출 마감일 기준 최근 3개월 이내에 해당 중앙관서와의 계약 및 그 이행과 관련하여 정당한 이유 없이 계약에 응하지 아니하거나 포기서를 제출한 사실이 있는자는 계약을 체결하지 않고 다음 순위자와 계약을 체결하도록 하고 있습니다.

귀 질의 2천만원 미만의 소액수의 계약의 경우 집행기준 제10조의4에 따라 제10조 내지 제10조의3을 준용하는 경우 계약을 체결하지 않는다 하더라도 제재의 대상이 될 수는 없습니다.

참고로, 소액수의 입찰에서 3개월간 낙찰자 선정 대상에서 제외되는 것은 해당 중앙관서 내에서만 적용되므로 다른 기관에게까지 제재 효력이 미치는 부정당업자 제재와는 그 성격이 다른 것임을 알려드립니다.

유찰 후 수의계약 관련 사항 질의

2020-12-17

▣ 질의내용

1. 국가를 당사자로 하는 계약법 시행령 제27조에 의하면 경쟁입찰(제한경쟁, 협상에 의한 계약 등)을 실시하였으나 입찰자가 1인뿐인 경우로서 재공고입찰을 실시하더라도 입찰참가자격을 갖춘 자가 1인밖에 없음이 명백하다고 인정되는 경우 수의계약으로 체결할 수 있도록 규정하고 있습니다.

2. 1인 응찰 2회로 2회 유찰된 경쟁입찰 공고의 1인 응찰자가 국가를 당사자로 하는 계약 법률 시행령 제76조에 의해 부정당업체로 제재를 받고 있는 경우 – 유찰된 공고와는 다른분야의 사업(다른 면허가 요구되는 사업)으로 부정당제재를 받음 – 에

3. 위 1번의 내용에 따라 수의계약이 가능한 것인지에 대해 질의드립니다.

▣ 답변내용

[**질의요지**] 수의계약 대상 업체가 다른 분야(면허가 다른)에 부정당업자인 경우

[**답변내용**] 아래 사항은 국가기관을 기준으로 해석한 것임을 참고하여 주시기 바라며, 지방자치단체를 당사자로 하는 계약, 공기업과 준정부기관 및 공공기관의 계약에 관하여는 달리 정한 바가 있으면 그에 따라야 함을 알려 드립니다.

국가계약에 있어 「국가를 당사자로 하는 계약에 관한 법률」 제27조제3항에 따라 각 중앙관서의 장 또는 계약담당공무원은 부정당업자로 입찰 참가자격을 제한받은 자와 수의계약을 체결하여서는 아니 됩니다. 다만, 부정당업자로 입찰 참가자격을 제한받은 자 외에는 적합한 시공자, 제조자가 존재하지 아니하는 등 부득이한 사유가 있는 경우에는 그러하지 아니합니다.

또한 부정당업자 제재는 법인인 경우에는 그 법인과 대표자에 대하여 제재기간 동안 입찰참가자격을 제한하는 것으로 2개 이상의 면허를 보유하고 있는 법인인 경우 여타 면허에도 그 제재효과가 미치게 됩니다. 따라서, 귀 질의의 대상업체가 부정당 제재를 받은 경우 면허의 종류에 관계없이 당해 법인은 제재기간 동안 모든 수의계약에 참가가 제한됩니다.

따라서 귀 질의와 같이 부정당업자로 입찰 참가자격을 제한받은 자에 대해서는 부득이한 사유가 없는 한 수의계약을 체결하여서는 아니되는 것입니다

3장 계약체결 및 관리

| 입찰참가자격 제한 | 2020-08-25 |

◘ 질의내용

국가계약법 제27조의5 '조세포탈등을 한 자로서 유죄판결이 확정된 날부터 2년이 지나지 아니한 자에 대하여 입찰참가자격을 제한한다.'를 근거로 법인의 대표이사가 아닌 등기이사가 조세포탈 등을 한 자이고 유죄판결이 확정된 날로 2년 이내라면, 법인의 입찰참가자격 제한과는 관련이 없는가를 질의합니다.

◘ 답변내용

[질의요지] 대표이사가 아닌 등기이사가 조세포탈 등을 한 자로 유죄판결이 확정된 날로 부터 2년 이내일 경우 법인에 대해 입찰참가자격 제한을 할 수 있는지

[답변내용] 국가기관를 당사자로 하는 계약에 있어서 입찰참가자격의 제한을 받은 자가 법인이나 단체인 경우에는 국가를 당사자로 하는 계약에 관한 법률 시행령 제76조 제4항에 따라 그 대표자에 대하여도 입찰참가자격 제한을 적용하는 것입니다.(법인 또는 단체의 대표자가 다수인 경우로서 해당 입찰 또는 계약에 관한 업무를 처리하지 아니한 대표자에 대하여는 그러하지 아니함) 또한 동조 제5항에 따라 입찰참가자격이 제한된 자를 대표자로 사용하여 그 대표자가 입찰에 관여하는 경우에는 그 사용자(법인 또는 단체)에 대하여도 입찰참가자격제한을 적용하는 것입니다.

다만 귀 질의와 같이 법인이 조세포탈 등을 한 자인 경우에 해당하지 않고 대표이사가 아닌 등기이사가 개인으로서 조세포탈 등을 한 자에 해당하는 경우라면 그 사용자(법인 또는 단체)에 대하여 입찰참가자격제한을 하는 것은 아닙니다.

제한(총액) 계약포기에 따른 부정당제재

2020-04-09

■ **질의내용**

(국가계약법 적용받는 기관입니다) 제한(총액), 적격심사에의한 최저가낙찰자 결정(낙찰하한율)건 으로 입찰진행을 했고, 낙찰 된 업체가 계약 이행을 거부할 경우 부정당업자제제가 이루어져야하는지 문의드립니다.

■ **답변내용**

[질의요지] 제한(총액), 적격심사에 의한 최저가낙찰자 결정(낙찰하한율)건 으로 입찰진행을 했고, 낙찰된 업체가 계약이행을 거부할 경우 부정당업자제제가 이루어져야하는지.

[답변내용] 국가기관이 당사자가 되는 입찰에서 각 중앙관서의 장은 정당한 이유없이 계약을 체결하지 아니하는 경우에는 「국가를 당사자로 하는 계약에 관한 법률 시행령」 제76조제1항제2호가목 및 동법 시행규칙 제76조제1항 관련 [별표2] 제16호가목의 규정에 의하여 6개월의 범위내에서 입찰참가자격을 제한하여야 할 것입니다. 동 규정상 "정당한 이유"라 함은 천재·지변 또는 예기치 못한 돌발사태 등을 포함하여 명백한 객관적인 사유로 인하여 부득이 계약이행을 하지 못한 경우로서, 이는 각 중앙관서의 장이 구체적 사실 등을 고려하여 판단·결정해야 할 사항입니다.

참고로, "동 시행령 제42조제4항에 따른 낙찰자 결정과정에서 정당한 이유 없이 심사에 필요한 서류의 전부 또는 일부를 제출하지 아니하거나 서류제출 후 낙찰자 결정 전에 심사를 포기한 자"(동 시행령 제76조제1항바목)에 대하여는 입찰의 공정성·적정성을 저해할 소지가 낮은 유형으로 보아 2019.9.17.에 입찰참가자격 제한하는 것을 폐지하였음을 알려드립니다(이것은 공포한 날부터 시행).

한편, 국가계약법률상 입찰참가자격제한 제도는 그 취지 및 성격상 관련규정의 해석 및 운용에 있어 확대해석 또는 유추해석은 지양하고 문리해석하는 것을 기본으로 하고 있습니다. 따라서, "수의시담"은 계약상대자가 이미 결정되어 있는 상황에서 업체가 금액을 제시하고 그것을 입찰담당자가 검토하여 적절한 선에서 가격을 조율한 후 계약하는 방식을 의미하는 바, 동 시담은 당사자간의 청약과 승낙을 통한 가격협상 과정으로 볼 수 있으므로 여기서 가격 등 시담조건이 맞지 않아 결렬되었을 경우에 동 시담상대자에 대하여는 민법상의 일반 법원칙이 적용된다고 할 것이며, 국가계약법령상 부정당업자무 입찰참가자격 제한 등의 제재 규정은 없습니다. 즉, 국가계약법에 의한 계약도 국가가 사인(私人)의 지위에서 사경제주체로서 행하는 사법상 법률행위로 민법상의 일반 법원칙이 적용된다고 할 것이므로 시담 진행자의 재량권은 계약목적의 원활한 달성을 위하여 제한적으로 허용될 것이며, 이에 따라 재량권의 남용은 금지된다고 보는 것이 타당할 것입니다.

3장 계약체결 및 관리

컴퓨터(서버) 납품 관련 구성이 불가능한 품목으로 발주한 경우 부정당 제재없이 낙찰 포기 가능유무
2020-06-05

■ 질의내용

민원개요 : 물품으로 낙찰된 품목에 구성이 불가하여 계약포기 요청 시 "부정당제재" 유무
- 발주처 요청으로 구성이 불가하며, 업그레이드나 기타 사항은 각 개별 교수와 협의하여 처리하라고 하여 계약을 포기하고자 하였으나 부정당제재 대상이라고 하였음.

가. 조립이 불가한 경우 (PC조립에 OS 누락)
나. 해당 제품이 존재하지 않으며, 구성 오류 (모델명 오류, 부품 조립이 상호 모순)
다. 물품 납품과 관련하여 용역업무를 요청
라. warranty 미기재로 A/S가 없으나, 상주해서 업무지원 요청

위와 관련하여 단순 변심에 의한 낙찰 포기가 아니라 진행이 어려운 부분으로 부정당재제는 가혹한 부분이 있다고 사료됩니다.

■ 답변내용

[질의요지] 물품 납품 포기에 따른 제재에 관한 질의

[답변내용] 아래 사항은 국가기관을 기준으로 해석한 것임을 참고하여 주시기 바라며, 지방자치단체를 당사자로 하는 계약, 공기업과 준정부기관 및 공공기관의 계약에 관하여는 달리 정한 바가 있으면 그에 따라야 함을 알려 드립니다.

국가기관이 당사자가 되는 수의계약과 관련하여 입찰자는 수의시담 과정에서 물품구매(제조)입찰 유의서 제5조에 따라 관련법령과 입찰에 부친 물품의 규격 및 조건 등 세부내용을 확인하여야 하고, 확인과정에서 발견한 관련 서류상의 착오, 누락사항 또는 기타 설명이 요구되는 사항에 대하여는 발주기관에 그 설명을 요구 할 수 있습니다. 귀 질의 첨부한 공고서 제8항라)에는 특정규격에 관한 내용이 있는 바, 이에 따르면 동등 이상의 물품도 가능할 것으로 보여지나, 이는 발주기관에서 정한 공고내용에 해당하므로 조달청에서는 해석할 권한이 없으니 발주기관의 해석에 의하여야 할 것입니다.

그리고 경쟁입찰에서 계약상대자가 정당한 사유없이 계약을 체결하지 않는 경우 국가를 당사자로 하는 계약에 관한 법률 제27조에 따라 부정당업자로 입찰참가자격을 제한하여야 하며 관련조항에 해당하는지 여부, 제재 여부 등은 발주기관의 계약담당공무원이 계약조건, 공고내용 등을 고려하여 판단하고 중앙관서의장(공공기관의 경우 공공기관의장)이 결정하는 것입니다.

다만, 수의계약의 경우 수의시담 중 계약을 포기하는 경우에는 부정당업자제재 대상이 아닙니다.

제 4 장

계약금액 조정

제1절 물가변동에 의한 조정 / 375

제2절 설계변경에 의한 조정 / 423

제3절 기타사유에 의한 조정 / 521

제4장 계약금액 조정

제1절 물가변동에 의한 조정

계약 단가변경 관련 문의

2021-06-15

■ 질의내용

계약단가 변경관련 문의 드립니다. 계약일 기준 90일 이내 물가지수 10% 이상 증가 시 업체의 요청이 있으면, 단가계약변경을 진행하는 것으로 알고있습니다. 조정요청일(5/31) 기준 78.66(1월물가) → 92.92(3월물가) 18.12% 증가하여, 단가계약 변경을 진행하던 중, 4월 물가지수(104.31)가 발표되어 3월 대비 약 14% 가 증가되었고, 업체의 요청(6/15)을 받았습니다.

질의1) 물가조정 진행 중에 확정지수가 나와서 지수가 변동된 경우가 있으면 이럴땐 어떤지수를 적용해야되는지요

질의2) 더불어 진행중에 14%의 물가가 추가로 상승하였다면, 1차 물가조정을 완료하고, 2차 물가조정요청일 기준으로 다시 한번더 물가조정을 해야하는지? 아니면 최종 물가 지수로 한번만 물가조정을 하면되는지 협의에 의해 안해도 되는지?

질의3) 국당법 시행령 64조5항에는 계약이행이 곤란하도고 인정되는 경우에는 계약금액을 조정해야 한다가 아니고 "계약금액을 조정할 수 있다"라고 명시되어있는데, 이러한 경우에는 조정에 대한 의무가 있는건지 궁금합니다.

■ 답변내용

[질의요지] 물가변동으로 인한 계약금액 조정에 관한 것

[답변내용] 국가기관이 당사자가 되는 계약에 있어 물가변동으로 인한 계약금액 조정은 국가를 당사자로 하는 계약에 관한 법률 시행령(이하 시행령이라 합니다) 제64조제1항에서 정한 기간과 물가변동율 조건을 충족하는 경우에 가능한 것입니다.

4장 계약금액 조정

질의1, 질의2에 대하여 시행령 제64조제5항에서는 천재.지변 또는 원자재의 가격급등으로 인하여 당해 조정제한기간내에 계약금액을 조정하지 아니하고는 계약이행이 곤란하다고 인정되는 경우에는 제1항의 규정에도 불구하고 예외적으로 계약금액을 조정할 수 있다고 정하고 있습니다. 이미 계약상대자의 신청이 있었다면 기존의 청구된 내용으로 계약금액 조정을 검토하여야 하며, 추후 발표되는 지수를 새로 적용하여 2차 조정할 것인지는 계약상대자의 요청이 추가로 있는 경우에 계약담당공무원이 전차 조정 후 상황이 시행령 제64조제5항에 타당한지를 검토하여 결정하여야 하는 것입니다.

질의3에 대하여 시행령 제64조제5항의 조정할 수 있다는 규정의 의미는 예외적 규정에 따라 계약상대자의 신청이 있는 경우 모든 경우에 하여야만 하는 것은 아니라는 의미입니다. 따라서 각각의 개별건이 이에 해당하는지를 판단(예, 계약금액을 조정하지 않고는 계약이행이 곤란한지 여부)하여 해당건별로 계약금액 조정 여부를 결정하여야 한다는 뜻입니다.

계약금액조정시 기계경비의 비목구분 및 지수산출에 대해서
2021-01-11

■ **질의내용**

*예정가격 산출시 2019년12월에 설계를 하고 2020년1월에 입찰을 하여 계약한 경우, 21년1월1일에 물가변동으로 인한 계약금액조정 사유가 발생하였습니다. 이때 기계경비의 비목구분 방법과 지수의 산출은 어떻게 해야 하는지요?

예) 불도우저(무한궤도10톤)라는 장비가 19년도에는 외산장비였으나, 20년도에는 국산장비로 전환되었습니다. 21년 1월에 계약금액조정 사유가 발생하여 비목구분을 하려니 기준시점(입찰시점 20년 1월)은 국산장비이나, 예정가격내역서에는 설계시점인 2019년도의 장비를 적용하여 외산장비로 되어 있습니다. 예정가격내역서가 19년도를 기준으로 되어 있으므로 19년도를 기준으로 비목구분을 하고, 또 20년도에 외산에서 국산으로 전환된 장비를 다시 외산으로 전환하여 21년 기계경비지수를 산출하는지, 아니면 예정가격내역서가 19년도를 기준으로 작성되었더라도 기준시점(입찰일)이 20년1월이므로 장비가 외산으로 적용되었더라도 국산으로 비목구분하고 20년도와 21년도를 비교하여 기계경비지수(전부국산)를 산출한다.

■ **답변내용**

[**질의요지**] 예정가격 산정당시의 외산장비가 입찰일 당시는 국산장비로 품셈기준이 변경 시 물가변동 산정에 따른 기계경비 비목군 분류 및 지수산출 방법

[**답변내용**] 국가기관이 당사자가 되는 공사계약에서 「국가를 당사자로 하는 계약에 관한 법률 시행령」제64조에 따른 물가변동으로 인한 계약금액 조정을 동조 제1항제1호의 지수조정률 산출 시에는 계약예규「정부 입찰·계약집행기준」(이하 "집행기준"이라 함)제68조에 따라야 하며, 여기서 비목군은 계약금액의 산출내역 중 재료비, 노무비 및 경비를 구성하는 제비목을 노무비, 경비, 표준시장단가 또는 한국은행이 조사 발표하는 생산자물가기본분류지수 및 수입물가지수표상의 품류에 따라 입찰시점(수의계약의 경우에는 계약체결시점을 말함)에 계약담당공무원이 분류한 비목을 말하는 것이며 분류기호는 "A,B, … ,Z"로 하는 것입니다.

따라서, 예정가격에는 외산장비로 적용되었다 하더라도 입찰일 당시가 품셈이 변경된 이후라면 해당 장비는 변경내용에 따라 비목군을 분류함이 타당할 것입니다.

참고로, 표준품셈의 개정으로 '20년부터 국산 및 외산의 구분 없이 통합됨에 따라 입찰일 당시(기준시점)가 2020년 이후인 경우에는 기계경비 비목군을 국산(B1) 및 외산(B2) 구분없이 통합하여 기계경비(B)로 분류하면 될 것입니다.

국가계약법 물가변동 등에 따른 계약금액 조정 관련 질의
2021-12-03

▣ 질의내용

국가를 당사자로 하는 계약에 관한 법률(이하 국가계약법) 제19조(물가변동 등에 따른 계약금액 조정) 관련 질의를 드립니다.

국가계약법 제19조의 내용은 아래와 같습니다.

각 중앙관서의 장 또는 계약담당공무원은 공사계약·제조계약·용역계약 또는 그 밖에 국고의 부담이 되는 계약을 체결한 다음 물가변동, 설계변경, 그 밖에 계약내용의 변경(천재지변, 전쟁 등 불가항력적 사유에 따른 경우를 포함한다)으로 인하여 계약금액을 조정(調整)할 필요가 있을 때에는 대통령령으로 정하는 바에 따라 그 계약금액을 조정한다.

질의사항 1. 국가계약법 제19조에 따르면 '공사계약·제조계약·용역계약 또는 그 밖에 국고의 부담이 되는 계약'은 '계약금액을 조정할 필요가 있을 때에는 조정한다'고 되어 있는데, 물품구매계약은 명시되어 있지 않은데 국가계약법 제19조를 적용받는지 여부를 확인 부탁드립니다.

질의사항 2. 국가계약법 제19조에 '그 밖에 국고의 부담이 되는 계약'에 대한 예시를 확인 부탁드립니다.

▣ 답변내용

[질의요지] 국가계약법 제19조에 의한 물가변동 등에 따른 계약금액 조정시 물품계약 적용 및 '그 밖에 국고의 부담이 되는 계약'에 대한 예시

[답변내용] . 국가기관이 당사자가 되는 계약에서 「국가를 당사자로 하는 계약에 관한 법률」 제19조에 의하여 각 중앙관서의 장 또는 계약담당공무원은 공사계약·제조계약·용역계약 또는 그 밖에 국고의 부담이 되는 계약을 체결한 다음 물가변동, 설계변경, 그 밖에 계약내용의 변경(천재지변, 전쟁 등 불가항력적 사유에 따른 경우를 포함함)으로 인하여 계약금액을 조정(調整)할 필요가 있을 때에는 대통령령(동법 시행령 제64조)으로 정하는 바에 따라 그 계약금액을 조정하는 것입니다.

동 법률 제19조에서의 '그 밖에 국고의 부담이 되는 계약'이라 함은 앞 부분에서 명시한 '공사계약·제조계약·용역계약' 이외의 계약을 말하는 바, 귀하의 질의경우처럼 물품구매계약의 경우에도 물가변동으로 인한 계약금액 조정은 동법 시행령 제64조 및 동법 시행규칙 제74조의 규정에 정한 요건이 성립된 경우에는 계약금액을 조정하여야 하며, 이 경우 물가변동적용대가는 조정기준일 이후에 이행되는 부분의 대가를 말합니다{계약예규 물품구매(제조)계약일반조건 제11조 참조}.

물가변동 산출시 기성금 공제여부에 대한 질의

2022-11-25

▣ 질의내용

○○공사에서 발주하여 공사중인 현장(종심제)입니다.

□ 물가변동에 의한 계약금액 조정신청일 이전에 기성청구시 개산급신청 사유에 언급이 없었다면 조정신청일 이후에 수령한 기성금액에 대하여 물가변동 조정대상에서 제외해야 하는건지 질의합니다.

1) 기성검사원 제출일(1회기성) : 6/15 2) 물가변동조정(1회) 요청일 : 6/27 3) 기성금 수령일(1회기성) : 6/30

위의 기성검사원(1회기성) 제출 당시 개산급신청사유서상에 물가변동조정 요청(1회)에 대한 내용이 포함되어 있지 않다면, 해당회차 기성금 수령분에 대하여 물가변동 조정대상에서 제외하는 게 맞는지?

○ 갑설 : 기성검사원 제출시 개산급신청 사유서상에 물가변동조정 요청에 대한 내용이 없다고 하나, 기성금 수령전에 물가변동조정 요청이 이루어졌으므로 해당 기성금에 대하여 물가변동 적용대상에서 제외하는 것은 부당함. (물가변동 조정요청내용에 금번 기성금액과 관련한 항목을 적용대상에서 제외하지 않았으므로, 기성부분에 대한 물가변동을 포기한 것으로 볼수 없음)

○ 을설 : 물가변동으로 계약금액이 조정될 것으로 예상하였다면 기성청구시 개산급 신청사유서에 관련 내용을 언급하였여야하나 언급이 없었으므로, 물가변동조정 요청일 이후에 기성수령하였더라도 금회 수령한 기성금은 물가변동 적용대상에서 제외하여 함. 따라서, 물가변동조정 요청을 금번 기성금까지 대상액에서 제외후 재작성하여 제출하여야 함.

▣ 답변내용

[질의요지] 물가변동에 의한 계약금액 조정 시 물가변동 조정 신청 이후에 기성금을 수령한 경우

[답변내용] 국가기관이 체결하는 계약에 있어서 물가변동에 따른 계약금액 조정 적용대가는 「국가를 당사자로 하는 계약에 관한 법률 시행령」(이하 '시행령'이라 합니다) 제64조 및 같은 법 시행규칙 제74조에 규정하고 있습니다. 이 규정에 따라 조정기준일 이후에 이행될 물가변동 적용대가를 산정하는 것입니다. 하지만 조정기준일 이후부터 물가변동 조정신청 전에 지급된 기성부분이 있는 경우 조정대상에서 제외하는 것입니다.

4장 계약금액 조정

한편, 계약담당공무원은 물가변동, 설계변경 및 기타계약내용의 변경으로 인하여 계약금액이 당초 계약금액보다 증감될 것이 예상되는 경우 기성대가를 개산급으로 지급할 수 있습니다. 개산급으로 지급하고자 하는 경우에는 계약예규 「공사계약 일반조건」 제39조의2(계약금액조정전의 기성대가지급) 제1항에 따라 「국고금관리법 시행규칙」 제72조에 의하여 당초 산출내역서를 기준으로 산출한 기성대가를 개산급으로 지급하는 것입니다. 계약상대자는 기성대가를 개산급으로 지급받고자 하는 경우에는 기성대가 신청 시 개산급신청사유를 서면으로 작성하여 첨부하여야 하는 것입니다.

이에 따라 계약담당공무원은 해당 조정기준일 이후에 이행된 부분에 대해 조정통보 전에 지급된 기성대가(준공대가 포함)는 물가변동적용대가에서 계약예규 「정부 입찰·계약 집행기준」 제70조의5 제7항에 따라 공제합니다. 다만, 계약담당공무원이 계약상대자에게 감액조정 통보 후에 지급한 기성대가(준공대가 포함) 또는 개산급으로 지급한 기성대가는 물가변동적용대가에 포함합니다. 상기 규정에 따라 계약금액 증액 조정 신청 전에 조정기준일 이후에 이행된 부분에 대한 기성대가를 개산급으로 지급한 경우면 물가변동 적용대가에 포함할 수 있을 것입니다. 하지만 그 기성대가를 개산급으로 지급하지 않은 경우면 물가변동 적용대가에서 제외하여야 할 것으로 봅니다. 하지만 질의의 경우와 같이 계약상대자에게 (조정기준일이 아닌) 물가변동 조정요청일 이후 지급된 기성대가는 물가변동적용대가에 포함하여야 할 것입니다.

물가변동서류 제출

2022-03-28

▣ 질의내용

물가변동으로 인한 계약금액 조정을 받고자 하는 계약상대자는 물가변동신청서에 동 요건의 성립을 증명하는 서류를 첨부하여 계약담당공무원에게 제출하는 날(문서접수처에 접수된 날)을 조정신청일로 인정하는 것으로 알고 있습니다. 물가변동 신청서류를 사업관리자와 발주기관 중 누구에게 제출하여야 조정신청일을 인정하는 것인가요?

▣ 답변내용

[질의요지] 물가변동 신청서류에 대한 조정신청일 인정 기준

[답변내용] 국가기관이 당사자가 되는 계약에 있어 「국가를 당사자로 하는 계약에 관한 법률 시행령」(이하 "시행령"이라 함) 제64조 및 「국가를 당사자로 하는 계약에 관한 법률 시행규칙」(이하 "시행규칙"이라 함) 제74조에 따라 계약상대자가 계약금액 증액조정신청을 하는 경우 해당 요건(기간, 조정율)이 충족되었음을 증명하는 제반서류를 첨부하여 제출하여야 합니다. 이러한 계약상대자의 청구가 있는 경우 발주기관은 시행규칙 제74조제9항에 따라 청구를 받은 날부터 30일 이내에 계약금액을 조정하여야 하며, 해당 계약담당공무원은 계약상대자의 청구 내용이 일부 미비하거나 분명하지 않은 경우에는 지체없이 필요한 보완요구를 하여야 하는 것입니다. 아울러 계약예규 「물품구매(제조)계약일반조건」 제5조제3항, 「용역계약일반조건」 제6조제3항, 「공사계약일반조건」 제5조제3항에 따라 통지 등의 효력은 계약문서에서 따로 정하는 경우를 제외하고는 계약당사자에게 도달한 날부터 발생한다고 명시되어 있습니다.

따라서 계약금액 조정신청일은 계약금액의 조정요건(기간, 조정율)의 성립을 증명할 수 있는 계약금액조정 내역서 등 제반 신청서류를 당해 발주기관의 계약담당공무원이 확인할 수 있는 날로 보는 것이 타당할 것이며, 이에 귀 질의의 경우 계약당사자인 발주기관(계약담당공무원)에 물가변동에 대한 제반 신청서류가 도달하는 날을 계약금액 조정신청일로 보아야 하는 것입니다. 아울러 공사의 경우 계약상대자는 「공사계약일반조건」 제16조제5항에 따라 발주기관에 제출하는 모든 문서에 대하여 그 사본을 공사감독관에게 제출하여야 하는 것이니 참고하시기 바랍니다.

4장 계약금액 조정 ········

물가변동 적용대가 산정시 노무비기성 반영기준
2021-07-16

■ 질의내용

다름이 아니라 물가연동에서 기성대가 공제시 이견이 있어 문의드립니다. 물가변동 적용시 근로자 노무비 선지급 건에 대하여, 선지급 받은 노무비만 공제하여하 하는지, 아니면 노무비를 포함한 기성 전체를 공제해야 하는지 문의드립니다.

조정기준일: 2021년 3월 31일 노무비기성(5회) 지급일: 2021년 6월 11일 물가연동 보고서 접수: 2021년 7월 9일 5회기성 수령일 2021년 7월 16일 일 때

갑설: 5회기성중 선지급한 노무비 기성만 공제.

을설: 노무비 + 5회기성초과액 공제

■ 답변내용

[질의요지] 물가변동 적용시 근로자 노무비 선지급 건에 대하여, 선지급 받은 노무비만 공제하여야 하는지, 아니면 노무비를 포함한 기성 전체를 공제해야 하는지

[답변내용] 국가기관이 시설공사를 발주하여 계약한 경우 계약예규 「공사계약일반조건」 제43조의3에 따라 노무비를 구분 관리하는 현장은 노무비를 매월 모든 근로자(직접노무비 대상에 한하며, 하수급인이 고용한 근로자를 포함)의 노무비 청구내역(근로자 개인별 성명, 임금 및 연락처 등)을 확인하여 지급하고 기성대가 지급 시에는 기 지급된 노무비를 제외하는 것이므로, 「국가를 당사자로 하는 계약에 관한 법률 시행규칙」 제74조제5항에 따른 물가변동 적용대가 산정 시 노무비 구분관리에 의하여 지급받은 노무비가 기성대가를 초과하는 경우에는 그 초과분만큼 추가로 공제함이 타당할 것입니다.

위 공제방법은 기성대가 공제방식과 동일하게 노무비 구분관리로 지급받은 순수 노무비 금액을 기성금액에 더하여 공제하면 되는 것입니다. 구체적인 것은 공사예정공정표, 기성대가, 물가변동 신청일 및 조정기준일 등을 종합고려하여 발주기관의 계약담당공무원이 직접 판단해야 할 사안입니다.

물가변동 조정요건 미 충족시 기 제출된 개산급 지급신청의 반려여부
2022-05-20

▣ **질의내용**

(질의배경) 공공기관과 폐기물처리시설 민간위탁운영 계약을 체결하여 운영 중에 있음 – 2022.1.12. 물가변동에 따른 계약금액 조정청구를 하였으며, 같은해 2월부터 기성대가를 개산급(물가변동)으로 신청하여 지급받았음 – 당시 발주처는 기존 계약금액 조정금액에 대한 변경계약 후 체결 후 2022.1.12. 제출된 계약금액 조정청구에 대한 검토가 가능하다고 변경계약체결 후 제 재출을 요청하였음 – 최근 발주처는 2022.1.12. 제출한 물가변동에 따른 계약금액 조정청구가 요건(품목조정율)을 충족하지 않았다고 반송하겠다는 의견을 주었으며, 이와 동시에 같은해 2월부터 제출한 개산급 지급신청도 동시에 반려하겠다고 합니다.

(질의 내용)

1. 반송처리가 맞는 것인지 아니면 보완조치가 맞는 것인지?
2. 조정요건이 충족되지 않았다고 2월부터 제출한 개산급 지급신청까지 반려하는 것이 타당한 것인지?

▣ **답변내용**

[**질의요지**] 물가변동에 따른 개산급 신청과 물가변동 요건 판단에 따른 개산급 신청서의 반려 등에 관한 것

[**답변내용**] 국가기관이 당사자가 되는 계약에 있어서 물가변동에 따른 계약금액 증액조정 청구는 계약상대자가 국가를 당사자로 하는 계약에 관한 법률 시행령 제64조와 동법 시행규칙 제74조에서 정한 계약금액 조정요건의 성립을 증명할 수 있는 관계 증빙서류를 첨부하여 청구하는 경우에 성립하는 것입니다.

질의1에 대하여 이때 계약담당공무원은 계약상대자의 계약금액조정 청구내용이 일부 미비하거나 분명하지 아니한 경우에는 지체없이 보완요구를 하여야 하는 것으로 계약금액조정 청구내용이 계약금액 조정요건을 충족하지 않았거나 관련서류가 첨부되지 아니한 경우에는 그 사유를 명시하여 청구를 반려하여야 하며, 이 경우 계약상대자는 그 반려사유를 충족하여 계약금액조정을 다시 청구하여야 하는 것입니다.

계약상대자가 제출한 자료가 물가변동 요건을 충족하지 못하는 경우라면 이는 반려되어야 할 것으로 봅니다. 다만, 보완을 통해 요건을 충족할 수 있는 경우라고 판단되는 경우에는 보완을 하고 계속 진행할 수 있을 것입니다. 보완으로 요건 충족이 가능한지에 대한 판단은 객관적인 사실 자료를 통해 계약담당공무원이 결정하여야 하는 것입니다.

질의2에 대하여 물가변동 요건이 충족되지 않은 경우라면 당초부터 계약금액을 조정할 수도 없고 따라서 추가로 지급할 정산가능한 대가가 발생하지 않을 것이므로 개산급 신청은 유효하지 않을 것으로 봅니다.

물가변동에 따른 계약변경시 생산자물가지수 적용 방법 문의
2022-12-16

◼ **질의내용**

가변동에 따른 계약업무를 진행함에 있어 문의 사항이 있어 연락드립니다. 물가변동의 경우 입찰일 기준 상승률이 3%이상 계약일로부터 90일 경과 시에 가능한 것으로 알고있습니다. 조정방법이 생산자물가지수의 해당품목지수일 경우 생산자물가지수의 발표시점이 실제와 2개월 차이가 있어 적용방법에 혼돈이 오고있습니다.

문의사항은 입찰일 2022. 2월 / 계약일 2022. 3월 / 현시점 2022. 12월(생산자물가지수 10월까지 확정 발표 상태)

위와 같은 기준에 있어 생산자물가지수의 2개월 전인 확정지수를 적용하여도 가능한지 문의드립니다. 2021. 12월(입찰일 2022. 2월 기준 12월 확정지수 발표)과 2022. 10월(현시점 2022. 12월 기준 10월 확정지수 발표)의 물가지수를 비교하여 3%가 초과할 경우 조정기준일을 2022. 12월로 잡고 물가변동에 따른 계약변경이 가능한지 확인 요청드립니다.

◼ **답변내용**

[**질의요지**] 물가변동 계약금액 조정시 생산자물가지수 적용에 관한 것

[**답변내용**] 국가기관이 당사자가 되는 계약에 있어서 물가변동에 따른 계약금액 조정은 국가를 당사자로 하는 계약에 관한 법률 시행령(이하 시행령 이라 합니다) 제64조제1항에 따라 계약을 체결(장기계속공사나 장기물품제조 등의 경우에는 제1차계약의 체결을 말함)한 날부터 90일이상 경과하고, 입찰일(수의계약의 경우에는 계약체결일, 2차 이후의 계약금액 조정에 있어서는 직전 조정기준일)을 기준일로 하여 품목조정률(또는 지수조정율)이 100분의 3 이상 증감된 때에 할 수 있는 것입니다.

재료비 지수는 한국은행이 조사하여 발표하는 생산자 물가지수 및 수입물가지수를 적용하며, 각 비목군의 지수는 입찰시점과 조정기준일 시점에 발표되어 있는 지수를 적용합니다. 따라서 시행령 제64조제1항제2호에 따라 지수조정률에 의한 물가변동 계약금액을 조정하고자 할 경우에 입찰시점(기준시점)과 조정기준일 시점(비교시점)의 물가지수를 비교하여 산정하는 것이므로 물가지수는 기준시점 또는 비교시점 당시에 발표된 지수를 적용하는 것이 타당할 것입니다.

물가변동에 의한 가격조정 시 조정신청 전 대가지급 이행완료 부분 지급에 대한 질의
2021-04-09

▣ 질의내용

1. 사실관계 : 화학약품에 대한 구매 연간단가계약('20.10.26.~'21.10.25.)이 체결되어있으며, 직전조정일(계약일: '20.10.22.)을 기준으로 하여 조정기준일('21.02.16.) 117일이 경과되어 계약금액 조정을 진행하려고 합니다. 물가 상승으로 인한 조정이며, 단가 조정 요청공문(납품업체측)은 ('21.03.16)접수. 이와 같은 경우에 조정신청 전 대가지급 이행 완료된 부분, 즉 변경된 단가를 적용해야되는 시점을 조정기준일('21.02.16.)로 이후 물량으로 해야되는지 단가 조정 요청공문이 온 날('21.03.16.) 이후 물량으로 해야되는지 판단이 되지않아 질의 드리며, 계약특수조건, 계약이란 조건 등 아래의 계약조건중에 우선시 되는 부분은 어떤것인지 궁금합니다. (2월분 대금지급 이행 완료)

(현황)현재 계약특수조건 제10조 (계약금액의 조정) 3항에는 "계약금액 조정 후 조정된 단가는 조정기준일 이후 납품 분부터 적용한다."라고 기준만 명시되어있고, 조정신청 전 기 납품대가 지급분은 물가변동 적용대상에서 제외한다. 등의 세부적인 이행사항에 대해서는 명시되어 있지 않습니다. 하지만 아래 계약일반조건, 계약예규 등에서는 납품대가 지급분에 대해서는 물가변동 적용을 하지 않는다. 라고 나와있습니다.

물품구매 계약일반조건제11조(물가변동으로 인한 계약금액 조정)3항 제1항의 규정에 의하여 계약금액을 증액하는 경우에는 계약상대자의 청구에 의하여야 하고, 계약상대자는 제24조의 규정에 의한 완납대가(장기계속계약의 경우에는 각 차수별 완납대가) 수령전까지 조정신청을 하여야 조정금액을 지급받을 수 있다라고 명시.

계약예규 제70조의5(계약금액 감액조정 등)7항 ⑦계약담당공무원은 해당 조정기준일 이후에 이행된 부분에 대해 조정통보 전에 지급된 기성대가(준공대가 포함)는 물가변동적용대가에서 공제한다.

제3조(계약문서) ① 계약문서는 계약서, 규격서, 유의서, 물품구매(제조)계약일반조건, 물품구매계약특수조건, 주문서, 산출내역서 등으로 구성되며 상호보완의 효력을 갖는다.

▣ 답변내용

[질의요지] 물품 단가계약에서 물가변동에 의한 가격조정 시 조정신청 전 대가지급 이행완료 부분 지급

4장 계약금액 조정

[**답변내용**] 국가기관이 당사자가 되는 물품계약에서 물가변동에 따른 계약금액의 조정은 계약예규 물품구매(제조)계약일반조건 제11조제1항에 정한 바에 따라 「국가를 당사자로 하는 계약에 관한 법률 시행령」(이하 "시행령"이라 합니다) 제64조와 같은 법 시행규칙(이하 "시행규칙"이라 합니다) 제74조에 정한 바에 의합니다.

상기 규정에 의한 물가변동으로 인한 계약금액조정은 품목 또는 지수조정율이 100분의 3이상이고 계약체결(또는 직전 조정기준일)이후 90일이상 경과되는 두가지 요건이 동시에 충족되는 경우에 가능한 것이며, 동 물가변동으로 인한 계약금액조정시 물가변동적용대가는 공정예정표상 조정기준일이후에 이행될 부분의 대가를 의미하는 것인 바, 공정예정표상 조정기준일전에 수행되어야 할 부분이 계약상대자의 책임있는 사유로 지연되고 있는 경우에는 실제공정이 아닌 공사공정예정표에 의거 물가변동적용대가를 산정하는 것입니다.

계약담당공무원은 해당 조정기준일 이후에 이행된 부분에 대해 계약상대자가 물가변동에 따른 계약금액 증액 조정신청 전에 지급된 기성대가(준공대가 포함)는 물가변동적용대가에서 공제하나, 계약담당공무원이 계약상대자에게 감액조정 통보 후에 지급한 기성대가(준공대가 포함)나 개산급으로 지급한 기성대가는 물가변동적용대가에 포함하는 것입니다(계약예규 정부 입찰·계약 집행기준 제70조의5 제7항).

「국가를 당사자로 하는 계약에 관한 법률」제5조에 정한 바와 같이 발주기관의 국가계약법령에 규정된 계약상대자의 계약상 이익을 부당하게 제한하는 특약 또는 조건이 아닌 한 이를 정할 수 있으며, 부당특약의 경우에는 효력이 없습니다. 다만, 구체적인 경우가 부당특약에 해당되는지의 여부는 관계법령에 정한 바에 따라 결정될 사항이며, 부당하게 제한하는 것이 아닌 계약의 성실한 이행을 위하여 정한 특약사항은 계약시 체결된 계약서의 내용에 따라 이행되어야 하는 것입니다.

구체적인 경우에서의 이의 설정가능여부에 대해서는 발주기관의 계약담당공무원이 해당 계약목적물의 특성과 입찰안내서 내용 및 계약체결상황, 관련 규정 등을 종합고려하여 판단·결정할 사항입니다.

물가변동에 의한 계약금액 조정

2022-11-07

◨ 질의내용

계약방법 : 장기계속공사

계약금액 : 총액 20,863,789,000원 [1차 2,110,000,000원 , 2차 18,753,789,000원]

입찰일 : 2021. 06. 17

계약일 : 2021. 08. 05

1차준공 : 2022. 02. 28 ,

2차및 총차준공 2023. 01. 31

ESC발생 : 1차 2021. 11. 30 , 2차 2022. 03. 31 1회 2회 동시 접수후 검토중 기성은 물가변동 발생보고 후 사유서 및 자료를 첨부하여 개산급신청

질의내용.

국가기관이 체결한 공사계약에 있어서 물가변동으로 인한 계약금액조정은 시행령 64조 및 시행규칙 74조의 규정에 의거 기간요건 및 조정율요건을 동시에 충족되는 경우마다 순차적으로 진행해야 하는 걸로 알고있습니다. 당현장은 1차,2차 2회에 걸쳐 물가변동이 발생하였고 현재 동시에 1차,2차 물가변동을 진행하고있습니다. 다만 물가변동의 적용대가 산정에 있어 예정공정율은 조정기준일까지의 이행해야할 부분은 제외하고(실행공정율역시 공정보고에 있는내용으로 제외) 기성은 장기계속공사이므로 조정기준일 이후 수령하였으나 준공이나 준공대가를 지급받은 1차수공사금액(2,110,000,000)에 대하여 공제하고 물가변동 적용대가를 산출하였습니다. 차후 2차수계약분에 대하여 개산급인정 및 공제유무는 제외하고 질의드립니다. 질의1. 1차계약분에 대하여 준공기성대가(2,110,000,000)를 수령했다고 하여 전체공사분(20,863,789,000)에 대하여 1차ES의 청구가 불가능해지는건지, 1차계약분의 준공대가(2,110,000,000)는 공제하고 진행중인 2차수계약분(18,753,789,000)에 대하여 1차ES 물가변동 적용대가에 포함시킬수있는것인지 질의드립니다. 그리고 질의2. 1차,2차 물가변동으로 인한 계약금액 조정을 신청할수있는 기간이 언제까지인지 문의합니다.

◨ 답변내용

[질의요지] 물가변동에 의한 계약금액 조정

4장 계약금액 조정

[**답변내용**] 공공기관이 당사자가 되는 계약은 해당 계약문서, 공공기관의 운영에 관한 법령, 공기업·준정부기관 계약사무규칙이나 기타 공공기관 계약사무 운영규정(기획재정부 훈령) 등 해당 기관의 계약사무규정에 따라 계약업무를 처리하여야 할 것입니다.

참고로 국가기관이 당사자가 되는 공사계약에 있어 물가변동으로 인한 계약금액 조정은 「국가를 당사자로 하는 계약에 관한 시행규칙」 제74조 제5항에 따라 계약금액 중 조정기준일 이후에 이행되는 부분의 대가(이하 "물가변동적용대가"라 한다)에 품목조정률 또는 지수조정률을 곱하여 산출합니다. 계약상 조정기준일전에 이행이 완료되어야 할 부분은 이를 물가변동적용대가에서 제외하는 것입니다. 다만, 정부에 책임이 있는 사유 또는 천재·지변 등 불가항력의 사유로 이행이 지연된 경우에는 물가변동적용대가에 이를 포함하는 것입니다.

상기 물가변동에 의한 계약금액 조정은 계약예규 「정부 입찰·계약 집행기준」(이하 '집행기준'이라 합니다) 제70조 제2항에서 정하는 바와 같이 시공 또는 제조 개시 전에 제출된 공정예정표상 조정기준일 전에 이행이 완료되어야 할 부분은 물가변동 적용대가에서 제외합니다. 다만 계약예규 「공사계약 일반조건」(이하 '일반조건'이라 합니다) 제39조의2에 따라 물가변동, 설계변경 및 기타계약내용의 변경으로 인하여 계약금액이 당초 계약금액보다 증감될 것이 예상되어 개산급으로 지급한 기성대가는 물가변동적용대가에 포함합니다.

그리고 귀 질의의 경우 물가변동으로 계약금액을 증액하는 경우 일반조건 제22조 제3항에 따라 계약상대자 청구에 의하여야 하며, 준공대가(장기계속계약의 경우에는 각 차수별 준공대가) 수령 전까지 물가변동에 의한 계약금액 조정 신청하여야 조정금액을 지급받을 수 있습니다. 따라서 장기계속공사에서 차수 분 준공대가를 수령한 경우, 수령한 준공대가 금액에 대하여 물가변동 적용대가에서 제외하여야 할 것입니다.

########## 제1절 물가변동에 의한 조정

물가변동에 의한 설계변경에 관한 사항(용역, 품목조정률)
2021-05-25

▣ 질의내용

용역개요 : 해당용역을 2년 연차공사로 12월 발주 후 12월 29일 입찰 및 계약완료하여 21년 1월~22년 12월까지 계약이 완료되어 현재 1차분(21년1월~21년12월)에 대하여 사업 중입니다.

질문 1) 기술자 노임단가 및 유류비 상승으로 인하여 90일 경과 및 3%이상 증가하여 21년 4월1일부로 물가변동 신청 요청이 들어왔을경우 총공사금액(21년4월~22년12월) 대비 3%가 증가하나 1차분(21년4월~21년12월)에 대해서는 3%에 미치지 못할경우 반영 여부

질문 2) 국가계약법 시행령 제64조에 의거 4월1일부로 물가변동 반영 후 사업종료하여 2차분(22년 1월~12월) 계약 후에 다시 물가변동 반영이 가능한지 아니면 최초 1회만 가능한지 여부 (장기계약 중 여러번의 물가변동 반영 변경계약 가능여부)

질문 3) 질문2에 의거 반영할 수 있다면 직전 조정기준일 21년4월1일에서 90일이 지난 22년 1월1일부로 반영하거나 아니면 2차분 계약일인 22년 1월1일에서 90일지난 22년 4월1일부로 반영 해야하는지 여부

▣ 답변내용

[질의요지] 물가변동으로 인한 계약금액 조정 기준

[답변내용]

질문1에 대하여 국가를 당사자로 하는 계약에서 물가변동에 따른 계약금액 조정은 국가를 당사자로 하는 계약에 관한 법률 시행령(이하 시행령이라 합니다) 제64조제1항에 따라 계약체결 이후 기간과 조정율 조건을 만족하는 경우에 가능한 것으로 이때 기준이 되는 계약금액은 차수계약금액이 아닌 총계약금액이 되는 것입니다.

질문2에 대하여 장기계속계약에 있어서 물가변동으로 인한 계약금액 조정은 시행령 제64조 각 항 중 어느 하나의 조건을 충족하는 경우 2회 이상의 조정도 가능한 것입니다. 다. 질문3에 대하여 시행령 제64조제1항에 의한 계약금액 조정의 경우 2차 이후의 조정기준일 조건은 직전 조정기준일부터 기간을 계산하는 것입니다.

4장 계약금액 조정

물가변동으로 인한 계약금액 조정

2021-06-08

■ 질의내용

단순노무용역에 있어서 물가변동으로 인한 계약금액 조정 시 물가변동당시가격이 입찰당시가격보다 높고 계약단가보다 낮은 경우의 등락폭은 영으로 한다라고 했는데 물가변동당시가격이라 함은 중소기업협중앙회에서 6개월마다 발표하는 제조부분 직종별임금 단가를 말하는지 아니면 중소기업협중앙회에서 발표한 제조부분 직종별임금 단가에 낙찰률을 곱한 금액을 말하는지 궁금합니다.

■ 답변내용

[질의요지] 단순노무용역계약에서 물가변동으로 인한 계약금액 조정시 물가변동당시가격

[답변내용] 국가계약에서 계약금액 조정제도는 계약체결 후 발생한 사유로 기 체결된 계약의 대금을 증액 또는 감액하는 제도로서 민법상 사정변경의 원칙을 반영한 제도입니다. 그중 물가변동에 따른 계약금액 조정제도는 계약체결 후 물가가 일정수준 이상 변동된 경우에 변동분을 계약금액 조정에 반영하는 제도로서 물가변동 수준을 판단함에 있어서 입찰 당시 또는 직전조정기준일 당시와 물가변동 당시의 물가산정 기준과 방법을 동일하게 적용하는 것이 원칙이라고 할 것입니다. 따라서, 귀하의 질의경우도어 물가변동으로 인한 계약금액조정을 위한 등락율산정시 물가변동당시가격은 「국가를 당사자로 하는 계약에 관한 법률 시행규칙」 제74제제4항의 규정에 의거 입찰당시가격을 산정할 때 적용한 기준과 방법을 동일하게 적용하여 산정하는 것입니다. 다만, 구체적인 경우의 등락율 산정은 발주기관의 계약담당공무원이 동일한 기준과 방법에 의하여 산출된 가격인지여부 등을 고려하여 처리해야 할 사항임을 알려드립니다.

물가변동으로 인한 계약금액 조정 시 보완 및 반려

2022-03-14

■ **질의내용**

입찰일 : 2020년 11월 30일 조정기준일 : 2021년 07월 01일 직전조정일 : 2021년 06월 30일
물가변동 접수을 2021년 12월에 3.30%으로 접수 하였으나 감독기관의 사정으로 3월에 검토한 결과 직전조정일(2021년 06월 30일)로 3.03%로 나왔습니다... 그럼 이건 보완으로 봐야 하는지 아니면 반려로 보아야 하는지요??

■ **답변내용**

[질의요지] 물가변동으로 인한 계약금액 조정 시 보완 및 반려

[답변내용] 국가기관이 당사자가 되는 계약에 있어 물가변동으로 인한 계약금액의 조정은 국가를 당사자로 하는 계약에 관한 법률 시행령 제64조와 같은 법률 시행규칙 제74조에서 정한 바에 따르는 것이며, 계약상대자는 계약금액 조정요건(기간 및 조정율)이 충족되었음을 입증하는 계약금액조정내역서 등 제반서류를 첨부하여 제출하여야 합니다.

보완은 제출한 자료들 중 심사, 판단이 곤란한 경우 등으로서 경미한 내용인 경우 발주기관이 계약상대자에게 요청하고 계약상대자가 이를 보완하여 심사하는 것이며, 반려는 법령이나 예규에서 정한 기준에 부합하지 않는 경우(보완 후 불부합 포함) 계약담당공무원이 반송한 경우로써 이때 계약상대자는 필요한 경우 새로 청구를 하여야 하는 것입니다.

당초 청구한 물가변동조정신청서를 증빙자료의 보완이나 반려하지 않은 상태에서 심사결과 단지 비율이 조정(청구 요건이 충족되는 경우)되는 것은 보완도 반려도 아닌 것으로 조정된 비율에 따라 물가변동을 적용하면 될 것으로 봅니다.

물가변동으로 인한 계약금액 조정방법 문의

2021-02-02

■ 질의내용

국가계약법 시행규칙 74조 7항에 따르면, '물가변동당시가격을 산정할 시 입찰당시가격을 산정한 때에 적용한 기준과 방법을 동일하게 적용하여야 한다. 다만 천재지변 또는 원자재 가격급등 등 불가피한 사유가 있는 경우에는 입찰당시가격을 산정한 때에 적용한 방법을 달리할 수 있다.' 라고 되어있습니다.

저희는 입찰당시 견적가와 시중 인터넷 가격으로 금액을 산정하였는데 (물가상승으로 단가가 높아져, 거래실례가 적용 시 유찰) 국가계약법을 따르면 물가변동당시가격을 산정할 때에도 동일하게 견적가와 시중 인터넷 가격을 적용해야 하는것으로 해석됩니다. 하지만 해당 계약건은 물품이 수입품목이고 취급업체가 많지 않기 때문에 견적가와 시중 인터넷 가격으로만 가격조사를 할 경우, 일부 업체들의 높은 견적으로 지나치게 단가가 상승할 우려가 있다고 판단되는데,

이러한 경우, '천재지변 또는 원자재 가격급등 등 불가피한 사유'에 해당하여 입찰당시와 다른 방법을 적용하여도 되는 것인가요?

■ 답변내용

[질의요지] 물가변동으로 인한 계약금액 조정에 관한 질의

[답변내용] 지방자치단체를 당사자로 하는 계약, 공기업과 준정부기관 및 공공기관의 계약에 관하여는 달리 정한 바가 있으면 그에 따라야 함을 알려 드립니다.

국가기관이 당사자가 되는 계약의 물가변동에 따른 계약금액 조정에 있어 국가를 당사자로 하는 계약에 관한 법률 시행규칙 제74조제7항은 천재지변 또는 원자재 가격급등 등 불가피한 사유가 있는 경우에는 입찰당시가격을 산정한 때에 적용한 방법을 달리할 수 있다 라고 예외적 규정을 두고 있습니다.

입찰당시 가격 산정 기준은 계약담당공무원이 판단하여야 하나, 만일 예정가격 산정 시 적용하였던 가격 기준이 불합리한 경우에는 입찰당시의 가격산정을 이와 동일한 가격을 산정방법으로 적용할 필요는 없어 보이며, 입찰당시 가격과 물가변동 당시 가격을 동일한 방식으로(왜곡없이) 산정할 수 있는 방법을 적용하면 될 것이므로 산정방식을 다르게 할 수는 없을 것입니다.

개별 계약의 이행 과정에서 발생한 사실관계가 해당법령에서 정한 바에 부합하는지(귀 질의에 따르면 변경 불가피성) 여부는 일반적 법령 해석이나 질의회신을 담당하는 조달청(또는 기획재정부)에서 확인 판단할 수 있는 사항이 아닙니다. 그러므로 귀 질의 내용이 구체적으로 이에 해당하는지 여부는 계약내용, 국내외 업계 등 시장상황, 금액조정이나 적용기준 변경의 불가피성 등 제반 사실을 계약담당공무원이 확인 결정하여야 할 것입니다.

물가변동으로 인한 계약금액의 조정시 계약금액 조정내역서 작성 문의
2021-03-12

■ **질의내용**

물품구매계약을 체결하고 이를 이행 중 원자재의 가격급등으로 국가를 당사자로 하는 계약에 관한 법률 제19조(물가변동 등에 따른 계약금액 조정)에 따른 물가변동 계약금액조정 소요가 발생하였을 때,

계약상대자는 기재부 계약예규 물품구매(제조)계약일반조건 제11조(물가변동으로 인한 계약금액의 조정)에 의거 계약금액의 증액을 청구하는 경우에는 계약금액조정내역서를 첨부하여야 합니다.

이 경우 물품구매계약을 체결하여 계약 산출내역서가 제조원가계산서가 아닌 경우에도, 물가변동에 따른 계약금액조정내역서를 제조원가계산서의 방식으로 작성하였다면 이를 관련 법률에 따른 계약금액조정내역서로 인정할 수 있는지 문의드립니다. (조정기준일 기준 계약상대자에게 지급할 잔액이 존재하고, 입찰공고 및 계약서상 산출내역서는 제조원가내역서가 아닌 물품명세서로 작성되었습니다.)

■ **답변내용**

[**질의요지**] 물품구매계약에서 물가변동으로 인한 계약금액의 조정시 계약금액조정내역서 작성

[**답변내용**] 국가기관이 당사자가 되는 물품계약에서 「국가를 당사자로 하는 계약에 관한 법률 시행령」 제64조의 규정에 의한 물가변동에 의한 계약금액 조정시 "품목조정률"는 계약금액을 산출한 산출내역서상의 비목을 기준으로 한 것이므로 일위 대가표와 같은 기초자료도 원칙적으로 산출내역서를 산정할 때의 자료를 근거로 하는 것이 타당합니다. 다만, 계약상대자가 계약문서로서의 산출내역서를 작성할 때 기초자료가 된 일위대가표 등을 계약체결시 계약담당공무원에게 제출한 경우라면 이를 기준으로 하되, 제출한 자료가 없는 경우에는 예정가격을 작성할 때 기초가 된 자료를 기준으로 하는 것이 타당하다고 봅니다. 아울러, 산출내역서만으로는 품목조정률을 정확하게 산출할 수 없는 경우라면 동 산출내역서 작성의 기초자료(일위대가, 단가산출서 등)를 근거로 산출할 수 있을 것인 바, 동 조정률 산출은 산출내역서(산출내역 작성의 기초자료 포함)상의 제비목이 표준품셈 등 원가계산기준에 맞게 구분·작성된 것을 전제로 하는 것입니다.

한편, 물품계약에서 산출내역서는 계약예규 물품구매(제조)입찰유의서 제17조(계약의 체결)제1항에 따라 낙찰통지를 받은 후 7일 이내에 발주기관에 제출하고 10일 이내에 계약을 체결하여야 하는 바, 귀하의 질의 경우도 동 산출내역서를 기준으로 해당 계약상대자는 동 계약금액의 증액을 청구하는 경우에는 계약금액조정내역서를 첨부하여야 하며, 발주기관의 계약담당공무원은 이의 적정성 여부를 직접 확인하여 처리해야 하는 것입니다. 구체적인 것은 당해 기관의 계약서에 첨부된 계약문서의 내용에 따른 사실 판단에 관한 사항으로서 물가변동 등 계약금액조정의 원인이 되는 모든 행위는 발주기관의 계약담당공무원이 결정의 권한을 가지고 있으므로, 조달청(또는 기획재정부)의 유권해석대상이 아니며 계약담당공무원이 해당 계약문서 및 계약이행상황, 관련 법령 등을 종합적으로 살펴 직접 판단해야 할 사안입니다.

물가변동으로 인한 계약금액의 조정에 있어 등락폭의 산정시 기준
2022-11-28

▣ 질의내용

출퇴근버스 운행 용역과 관련하여 질의 드리고자 합니다. 계약체결후 계약금액을 구성하는 각종 품목 또는 비목의 가격이 상승 또는 하락된 경우 품목조정율이 계약금액의 3%이상 증감된 때 물가변동에 의한 계약금액을 조정할 수 있는 것으로 알고 있습니다. 이에 품목조정율의 증감여부의 확인을 위한 등락폭을 산정함에 있어,

국가계약법 시행규칙 제74조(물가변동으로 인한 계약금액의 조정) 1항 2호 등락폭 = 계약단가 X 등락률 3항 제1항제1호의 등락폭을 산정함에 있어서는 다음 각호의 기준에 의한다. 1. 물가변동당시가격이 계약단가보다 높고 동 계약단가가 입찰당시가격보다 높을 경우의 등락폭은 물가변동당시가격에서 계약단가를 뺀 금액으로 한다. - 입찰당시가격<계약단가<물가변동당시단가의 경우 등락폭=물가변동당시가격-계약단가 2. 물가변동당시가격이 입찰당시가격보다 높고 계약단가보다 낮을 경우의 등락폭은 영으로 한다. - 입찰당시가격<물가변동당시가격<계약단가의 경우 등락폭=0이라고 되어 있는데,

질의 드리겠습니다. 3항 1,2호 두가지 기준이 아닌 경우에 등락폭은 계약단가 X 등락률로 산정하면 되는 것인지 궁금합니다.

예를 들어
- 계약단가 : 1,968원(2022.05월 경유 평균가격)
- 입찰당시가격 : 2,090원(2022.07월 경유 평균가격)
- 물가변동당시가격 : 1,843원(2022.10월 경유 평균가격) 위의 예시처럼 물가변동당시가격이 계약단가보다 낮고 입찰당시가격보다 낮을 경우(3항 1,2호 모두 해당되지 않을 경우)의 등락폭의 산정은 계약단가 X 등락률로 산정하면 되는 것인지 궁금합니다.
- 물가변동당시가격<계약단가<입찰당시가격의 경우 등락폭=계약단가 X 등락률

▣ 답변내용

[질의요지] 계약 당시 초기점검 비용은 실시설계시 확정할 수 없었던 PS항목이며 2014년 상반기 기준을 적용한 업체 견적금액이 반영되어 있는 실정으로, 추후 PS항목인 초기점검 비용 정산시 점검 시행 당시(2020년 02월)의 단가로 조정이 가능한지.

……… 제1절 물가변동에 의한 조정

[**답변내용**] 공공기관의 계약사무를 처리할 때에는 기타공공기관의 경우에는 「기타 공공기관 계약사무 운영규정」을 적용하고 공기업·준정부기관일 경우에는 「공기업·준정부기관 계약사무규칙」을 적용하여야 하며, 동 규정 및 규칙에서 규정하지 아니한 사항은 국가계약법을 준용하여 처리해야 합니다. 또한 국가계약법령해석에 관한 내용이 아닌 계약체결 내용과 관련된 사실판단에 관한 사항에 대하여는 해당 계약체결기관에서 해당 관련 규정 등을 종합검토하여 직접 판단하여 처리할 사항입니다.

참고로, 국가계약은 발주기관의 청약과 계약상대자의 승낙을 통하여 계약서의 형태로 체결되며, 동 계약서는 계약당사자가 계약조건을 합의한 것으로 볼 수 있으므로 당해 계약서에 첨부된 계약조건을 기준으로 계약당사자는 관련 업무를 처리하는 것이 타당할 것입니다. 따라서, 용역계약에서 계약예규 「용역계약일반조건」 제15조(물가변동으로 인한 계약금액의 조정)제1항에 의하여 물가변동으로 인한 계약금액의 조정은 「국가를 당사자로 하는 계약에 관한 법률 시행령」 제64조 및 동법 시행규칙 제74조에서 정한 바에 따릅니다.

동법 시행규칙 제74조제7항에 의하여 물가변동에 의한 계약금액조정시 기준시점과 비교시점의 가격은 동일한 기준, 방법에 따라서 산정되어야 하며, 동 계약금액조정요건 및 신청 등 제반사항이 충족된 경우에는 의무적으로 계약금액을 조정하는 것입니다. 다만, 구체적인 경우에 있어서 기준시점의 가격과 동일한 기준, 방법 및 절차에 의한 비교시점의 가격 산정은 조달청(또는 기획재정부)의 유권해석대상이 아니며, 해당 발주기관의 계약담당공무원이 직접 확인하여 처리할 사항입니다.

한편, 유권해석은 국가의 권한 있는 기관에 의하여 법의 의미내용이 확정되고 설명되는 것으로 구체적인 사실인정이나 적법·정당여부에 대한 사항을 유권해석으로 확인하여 처리하는 것은 적절하지 아니한 것임을 알려드립니다.

4장 계약금액 조정

물가변동으로 인한 계약금액조정 질의

2022-10-14

■ **질의내용**

1. 당 현장은 장기수행공사로서 1차 공사를 2020년 10월 5일 착공하여 2021.09.06.일 1차 공사를 완료하였습니다.

2. 2차 공사를 계약하여(공사기간 2021.09.07.~2022.09.01.) 공사를 진행하던 중 물가변동 으로 인한 계약금액 조정을 3차(조정기준일 2021.10.31.), 4차(조정기준일 2022.02.28.)를 실시하였으며,

3. 5차 물가변동으로 인한 계약금액 조정의 사유가 4차 조정일인 2022.02.28.일로부터 91일이 되는 시점인 2022.05.31.일에 3%이상의 지수 상승이 발생하였습니다.

4. 그러나 당사의 귀책사유로 2022.03.01.~2022.05.05.까지 공사가 중단되었다가 2022.05.06.일에 재 착공에 따른 재 계약을 실시하고 (공사기간 2022.05.06.~2022.11.17.) 수정공정표를 작성하여 제출하였습니다.

5. 당사에서는 귀책사유로 중단된 2022.03.01.~2022.05.05.기간도 물가가 상승되는 것이므로 물가변동으로 인한 계약금액 조정의 기간요건 및 지수요건이 만족하는 5월 31일을 비교 시점에 5월 6일 재 계약 시 제출된 수정공정표의 예정공정율에 의하여 5회 물가변동으로 인한 계약금액 조정 신청서를 제출하였으나,

6. 발주처 및 건설사업관리단에서는 당사의 귀책사유로 중지되었던 2022.03.01.~2022.05.05 에 대하여 물가변동 경과일수와 지수를 반영할 수 없다고 반려하였습니다.

- 질의 -

질의1 : 5회 물가변동으로인한 계약금액 조정의 기준시점을 4차 물가연동 조정신청일인 2022.02.28.일이 아닌 당사 귀책사유로 중지된 기간(2022.03.01.~2022.05.05.)을 제외하여, 재 착공한 2022.05.06.일 기준시점으로 하여 90일이상 경과하고 3%이상 지수 상승이 발생한 시점을 조정기준일로 해야 하는지의 여부.

질의2 : 지수 상승반영을 당사 귀책사유로 중지된 기간(2022.03.01.~2022.05.05.)의 지수를 제외하여 기준시점으로부터 90일 이상 경과하고 3%이상 지수로 하는 것인지 여부.

········ 제1절 물가변동에 의한 조정

▣ 답변내용

[질의요지] 계약상대자의 책임 있는 사유로 공사를 중지한 경우 물가변동적용대가

[답변내용] 국가기관이 당사자가 되는 공사계약에 있어 물가변동으로 인한 계약금액 조정은 「국가를 당사자로 하는 계약에 관한 시행규칙」 제74조 제5항에 따라 계약금액 중 조정기준일 이후에 이행되는 부분의 대가(이하 "물가변동적용대가"라 한다)에 품목조정률 또는 지수조정률을 곱하여 산출합니다. 계약상 조정기준일전에 이행이 완료되어야 할 부분은 이를 물가변동적용대가에서 제외하는 것입니다. 다만, 정부에 책임이 있는 사유 또는 천재·지변 등 불가항력의 사유로 이행이 지연된 경우에는 물가변동적용대가에 이를 포함하는 것입니다. 물가변동적용대가는 상기 규정과 같이 조정기준일 당시 유효한 공사공정예정표에 의하는 것입니다. 유효한 공사공정예정표와 산출내역서를 기준으로 조정기준일 이후 이행할 부분이 조정대상이 되는 것입니다. 다만 조정기준일 전에 이행이 완료되어야 할 부분이 발주기관의 책임 있는 사유 또는 천재·지변 등 불가항력 사유로 이행이 지연된 경우 그 부분은 물가변동적용대가에 포함시켜야 하는 것입니다. 이와 반대로 계약상대자의 책임 있는 사유로 지체된 부분이 있다면 그 부분은 물가변동 적용대상에서 제외하여야 할 것으로 보입니다.

4장 계약금액 조정

물가변동이 연속적으로 발생하는 경우 적용대가 산정기준
2021-07-27

▣ 질의내용

당 현장은 최근 급격한 물가상승으로 인해 물가변동(3회, 4회)이 연속적으로 발생하였으며, 시공사는 아래와 같이 계약금액 조정 신청 공문을 발송하였습니다. - 6월2일, 물가변동(3회)으로 인한 계약금액조정 신청(조정기준일 1월31일) - 7월7일, 물가변동(4회)으로 인한 계약금액조정 신청(조정기준일 5월2일)

이에, 발주기관은 물가변동(3회)는 검토 진행 중이며 물가변동(4회)는 물가변동(3회)에 대한 검토 완료 후 신청하라며 7월14일, 물가변동(4회)으로 인한 계약금액조정 신청공문을 반송하였습니다.

그리고, 시공사는 7월15일 기성금을 받았습니다.

이후 7월30일에 발주기관의 물가변동(3회)에 대한 검토가 완료되고 8월에 시공사가 물가변동(4회)로 인한 계약금액조정을 다시 신청할 때

1. 계약금액 조정 계약은 체결하지 않았으나 직전 물가변동(3회)을 반영한 조정예정 계약금액을 기준으로하여 적용대가를 산정하는 것인지?
2. 물가변동(4회) 최초 신청일(7월7일) 이후에 받은 7월15일의 기성금은 적용대가에서 공제하는 것인지?

▣ 답변내용

[질의요지] 물가변동이 연속적으로 발생하는 경우 적용대가 산정기준

[답변내용] 국가계약은 국가기관의 청약과 계약상대자의 승낙을 통하여 계약서의 형태로 체결되며, 동 계약서는 계약당사자가 계약조건을 합의한 것으로 볼 수 있으므로 당해 계약서에 첨부된 계약조건을 기준으로 계약당사자는 관련 업무를 처리하는 것이 타당할 것입니다.

따라서, 공사계약에서 「국가를 당사자로 하는 계약에 관한 법률 시행령」시행령 제64조 및 동법 시행규칙 제74조의 규정에 의한 물가변동으로 인한 계약금액조정은 품목 또는 지수조정율이 100분의 3이상이고 계약체결(또는 직전 조정기준일)이후 90일이상 경과되는 두 가지 요건이 동시에 충족되는 경우에 가능한 것입니다. 동 물가변동으로 인한 계약금액조정시 물가변동적용대가는 공사공정예정표상 조정기준일이후에 이행될 부분의 대가를 의미하는 것입니다.

물가변동으로 인한 계약금액조정시 품목조정율 또는 지수조정율은 물가변동적용대가 중 조정신청 전에 기성대가가 지급된 부분이 있는지의 여부에 관계없이 조정기준일 이후에 이행될 물가변동적용대가를 기준으로 산정하는 것이며, 동 조정율에 따른 최종조정금액 산출시 조정신청전에 기성대가가 지급된 기성부분이 있는 경우 동 기성부분을 조정대상에서 제외하는 것입니다.

한편, 국가계약법령은 국가기관이 시행하는 입찰 및 계약의 절차에 관한 법령이므로 각 발주기관의 공무원은 이에 따라 업무를 처리해야 하는 것이 원칙일 것인 바, 귀하의 질의 경우도 물가변동 발생시점별로 그때마다 계약금액조정을 하는 것이 원칙일 것입니다.

물가인상으로 인한 계약금액 변동액과 선수금

2022-04-19

◉ 질의내용

물가상승으로 인한 계약금액산정시에 선수금을 받으면 선수금금액만큼 적용대상금액에서 차감한다고 합니다 유권해석 부탁드립니다

◉ 답변내용

[질의요지] 물가인상으로 인한 계약금액 변동액과 선수금

[답변내용] 아래 사항은 국가기관을 기준으로 해석한 것임을 참고하여 주시기 바라며, 지방자치단체를 당사자로 하는 계약, 공기업과 준정부기관 및 공공기관의 계약에 관하여는 달리 정한 바가 있으면 그에 따라야 함을 알려 드립니다.

국가기관이 당사자가 되는 계약에 있어 물가변동에 의한 계약금액 조정시 조정기준일 전에 계약상대자에게 선금을 지급하고 선금잔액이 있는 때에는 「국가를 당사자로 하는 계약에 관한 법률 시행령」 제64조 ③항 및 같은 법률 시행규칙 제74조 ⑥항에 따라 산출한 선금공제 금액(공제금액 = 물가변동적용대가 × 조정률 × 선금급률)을 계약금액 증가액에서 공제하여야 합니다.

물품구매계약 변경계약 근거

2022-11-28

■ 질의내용

품구매(제조)계약일반조건에 따르면 다음과 같이 규정하고 있습니다.

제13조(기타 계약내용의 변경으로 인한 계약금액의 조정)① 발주자는 구매(제조)계약에 있어서 제9조(수량변경) 제12조(물가변동으로 인한 계약금액 조정)에 의한 경우 이외에 다음 각호의 어느 하나의 사유로 인하여 계약금액을 조정할 필요가 있는 경우에는 그변경된 내용에 따라 실비를 초과하지 아니하는 범위내에서 이를 조정한다 2. 기타 계약내용이 변경된 경우

물품구매 변경계약을 진행함에 있어 국가계약법에서 규정한 사항(국가계약법시행령 제64조, 제65조, 제66조) 외에 단순 계약내용이 변경된 경우(규격변경 등) 위호를 근거로 변경계약이 가능한지, 불가하다면 제13조제1항제2호는 어떤 경우에 적용할 수 있는 것인지 궁금합니다.

■ 답변내용

[질의요지] '물품구매 변경계약을 진행함에 있어 국가계약법에서 규정한 사항(국가계약법시행령 제64조, 제65조, 제66조) 외에 단순 계약내용이 변경된 경우(규격변경 등) 위호를 근거로 변경계약이 가능한지, 불가하다면 제13조제1항제2호는 어떤 경우에 적용할 수 있는 것인지

[답변내용] 정부계약은 확정계약이 원칙이나, 민법상 사정변경의 원칙을 반영하여 「국가를 당사자로 하는 계약에 관한 법률 시행령」 제64조(물가변동으로 인한 계약금액조정), 제65조(설계변경으로 인한 계약금액조정), 제66조(기타 계약내용의 변경으로 인한 계약금액조정)의 사유로는 계약금액을 변경할 수 있도록 하고 있습니다. 따라서, 물품구매(제조)계약의 경우에 계약예규 「물품구매(제조)계약일반조건」 제11조(물가변동으로 인한 계약금액의 조정)과 동조건 제11조의2(기타 계약내용의 변경으로 인한 계약금액의 조정)로 대별하고 있으나, 물품계약의 경우에서도 규격변경이나 설치내역이 변경되는 경우에는 같은 법 시행령 제65조제7항에 의하여 공사계약의 경우를 준용하여 설계변경이 가능하다 할 것입니다.

동조건 제11조의2의 '기타 계약내용의 변경'이라 함은 동조건 제11조에 의한 물가변동 이외의 사항을 의미한다고 볼 수 있는 바, 이는 주로 발주기관의 책임있는 사유로 인하여 공사기간이 연장됨으로써 계약상대자가 연장되는 기간동안 추가적으로 비용을 지출하여야 하는 경우 또는 기타 법정경비 변경된 내용에 따라 실비를 초과하지 아니하는 범위 내에서 계약금액을 조정하는 경우 등입니다. 구체적인 것은 각 발주관의 계약담당자가 그 내용을 직접 확인하여 처리할 사항입니다.

사후원가검토조건부 계약 수정관련 질의

2022-05-07

■ **질의내용**

국가를 상대로 "사후원가검토조건부 계약" 방식으로 5년 장기간 협상에의한 공개경쟁 입찰 및 계약체결을 하였습니다.

직간접 노무비는 고정이고, 각종 경비는 변동비로 다음년도 초에 공인원가 기관에서 검증을 하여 사후정산 조치하는 정부시설을 위탁받아 운영하는 용역계약입니다. 위 내용의 조건은 입찰 당시에도 공개적으로 입찰참여 모든업체에게 공개되었고, 노무비는 중소제조노임단가표로 작성 및 계약원가를 작성하였다고 했는데,

해당 입찰건 낙찰업체에서는 현재 노무비를 매년 발표되는 중소제조노임단가로 수정계약을 하여 인상되는 노무비를 더 요구하는 것은 최초 입찰의 공고조건의 공정성을 훼손하는 것으로 판단되기에 불가하다고 생각됩니다.

업체가 요구하는 것의 타당성에 대해 답변 부탁드립니다.

■ **답변내용**

[질의요지]   노임단가 인상에 따른 계약금액 조정에 관한 것

[답변내용]   국가기관이 당사자가 되는 용역으로서 국가를 당사자로 하는 계약에 관한 법률 시행규칙 제23조의3에 해당하는 경우 예정가격 작성시 인건비의 기준단가는 다음 각호의 어느 하나에 따른 노임에 의하는 것입니다. 1. 시설물관리용역 : 「통계법」 제17조의 규정에 따라 중소기업중앙회가 발표하는 '중소제조업 직종별 임금조사 보고서'의 단순노무종사원 노임(다만, 임금조사 보고서상 해당직종의 노임이 있는 종사원에 대하여는 해당직종의 노임을 적용) 2. 그 밖의 용역 : 임금조사 보고서의 단순노무종사원 노임

따라서, 단순노무용역으로서 상기와 같이 노임을 적용한 경우에 해당노임단가가 인상된 경우에는 국가를 당사자로 하는 계약에 관한 법률 시행령(이하 시행령 이라 합니다) 제64조제8항에 따라 노무비에 한하여 계약금액 조정이 가능한 것입니다.

그리고, 시행령 제64조제1항에 따라 계약을 체결(장기계속계약의 경우에는 제1차계약의 체결을 말함)한 날부터 90일이상 경과하고, 입찰일을 기준일로 하여 품목조정률(또는 지수조정율)이 100분의 3 이상 증감된 때에는 물가변동에 따른 계약금액을 조정할 수 있는 것으로서 이는 최초 공고조건과 무관하게 계약금액을 조정하는 것입니다.

또한, 계약담당공무원은 계약예규 용역계약일반조건 제17조제1항제1호에 해당하는 경우에는 최저임금법에서 정한 최저임금 이상을 반영하여야 하므로 실제로 지급되는 근로자의 임금이 최저임금 미만이어도 안 될 것입니다.

설계변경시 계약단가로 물량증가분에 대한 조정율 산출방법
2021-07-08

◘ 질의내용

.(국가계약법 적용현장) 설계변경시 계약단가로 물량증가분에 대한 조정율 산출방법에 대해 문의드립니다.

당현장은 공사계약일반조건 제20조 제1항에 의거 물량증가분에 대한 단가를 계약단가로 적용함.

귀청에서 공지한 조달업무 > 업무별자료 > 본청>업무별자료>시설공사 제목 [설계변경 계약의 물가변동 기준시점 관련 공지] 위 공지에 의하면 설계변경에 있어 공사계약일반조건 제20조 2항에 따라 협의단가가 적용된 부분의 물량증가분에 대해서 신규비목으로 분류하여 기준시점을 설계변경일로 한다는 것입니다.(즉, K1)

그렇다면 당현장의 경우 공사계약일반조건 제20조 1항에 의거 계약단가 물량증가분은 K0로 적용하는 것이 타당할 것으로 보입니다.

◘ 답변내용

[질의요지] 물가변동으로 인한 계약금액 조정 시 기준시점

[답변내용] 국가기관이 당사자가 되는 시설공사 계약에 있어 「국가를 당사자로 하는 계약에 관한 법률 시행령」 제64조에 의한 물가변동으로 인한 계약금액 조정(이하 "물가변동"이라 함)의 경우에 기존비목은 입찰일 또는 직전조정기준일이 기준시점(K0)이 되는 것이나, 신규비목 또는 협의단가로 적용된 품목 또는 비목은 설계변경 당시(단가적용 시점)가 기준시점(K1,2,3...)이 됩니다.

아울러, 계약예규 「공사계약일반조건」 제20조제2항에 따라 발주기관이 설계변경을 요구한 경우(계약상대자의 책임없는 사유 포함)의 증가된 물량 또는 신규비목 단가는 설계변경 당시를 기준으로 산정한 단가와 동 단가에 낙찰률을 곱한 금액 범위 안에서 계약당사자간에 협의하여 적용하는 것으로 해당 품목 또는 비목의 단가는 설계변경 당시에 결정된 것으로 보아 물가변동으로 인한 계약금액 조정의 기준시점을 해당 설계변경 당시(단가적용 시점)로 보는 것입니다.

따라서 귀 질의와 같이 단순 기존비목의 물량증가로 보아 「공사계약일반조건」 제20조제1항에 따라 계약단가를 적용한 경우, 물가변동 시의 기준시점은 입찰일 또는 직전조정기준일로 보는 것이 타당할 것입니다.

식자재 단가계약 체결 후 물가변동율 반영 의무 여부

2022-06-14

◉ 질의내용

식용유 18리터 1병에 56,000원으로 1년동안 공급하기로 단가계약 체결한 경우, 이번처럼 식용유 파동이 발생하여 공급업체에서 공급단가를 66,000원으로 인상해 달라고 요구하면 인상해줘야 하는 의무가 있는지요? 유사한 사례로, 대파 등 농산물의 경우에도 상호 협의하여 1년간 공급할 평균단가를 지정하여 단가계약 체결하였는데, 물가상승율 반영을 주장하며 합의한 단가 이상으로 공급가 인상을 요구할 경우 인상해줘야 할 의무가 있는지요? 공급업체에서는 '국가를 당사자로하는 계약에 관한 법률 19조'를 얘기합니다

◉ 답변내용

[질의요지] 물가변동에 따른 계약금액 조정

[답변내용] 물가변동에 따른 계약금액 조정은 국가를 당사자로 하는 계약에 관한 법률 시행령 제64조 본문에 따라 국고의 부담이 되는 계약은 모두 해당이 됩니다. 계약목적물(물품, 공사, 용역), 계약방법(최저가, 적격심사, 경쟁, 수의 등)에 따라 그 적용을 배제하거나 달리 적용하지 않는 것입니다.

4장 계약금액 조정

외자 계약 진행 중 해외업체의 계약금액 상향 요구에 관한 질의
2022-08-22

■ 질의내용

개 요

2021년 외국업체와 외자 계약을 체결하고 대형장비 제작 중, 2022년 7월말 해외계약업체에서 계약금액 상향 조정을 요청하였습니다.

근거로는 우크라이나 전쟁으로 인해 원자재 비용이 크게 높아짐에 따라 계약금액 상향 조정입니다.

금액은 원계약금액에서 7.9% 금액 상향조정 요청하였으며, 현재 원계약금액의 65% 선금 지급이 완료된 상태입니다.

이러한 상황의 경우 품목조정률을 산정하는 기준을 어떠한 기준으로 진행하는 것인지 문의드립니다.

■ 답변내용

[질의요지] 외자 계약에 있어 물가변동에 따른 계약금액 조정

[답변내용] 국가기관이 당사자가 되는 계약에 있어서 물가변동으로 인한 계약금액 조정은 국가를 당사자로 하는 계약에 관한 법률 시행령(이하 시행령 이라 합니다) 제64조제1항에 따라 계약을 체결한 날부터 90일 이상 경과하고 품목조정율 또는 지수조정율이 100분의 3이상 증감한 때에 가능한 것입니다.

물품 및 용역의 특정조달(외자계약)의 경우에는 특정조달을 위한 국가를 당사자로 하는 계약에 관한 법률 시행령 특례규정 제40조제2항의 규정에 따라 시행령 제64조의 규정에도 불구하고 국제상관례에 의할 수 있는 것이므로 구체적인 경우에 있어서 물가변동으로 인한 계약금액을 조정 여부 판단은 계약 당시의 적용규정(국가계약법령 적용 또는 위 특례규정 적용)을 계약담당공무원이 확인하여 시행령 또는 해당 계약의 국제상관례에 따라 결정하여야 할 것입니다.

용역계약에서 노임단가 변동시 물가변동 가능 여부

2022-08-30

▣ **질의내용**

정밀안전진단용역사업을 수행중에 있습니다. 2021년말 정밀안전진단용역사업을 수주하여 2022년초 물가변동시 품목조정율을 적용토록 공기업과 계약체결하였습니다. 정밀안전진단용역의 계약금액은 한국엔지니어링협회에서 공표하는 엔지니어링 노임단가를 적용하고 있는데, 상기 계약시 2021.1.1부터 적용하는 노임단가를 적용하였던 바, 2021년말 새로이 공표되어 2022.1.1부터 적용하는 노임단가가 4.9% 인상된 경우 물가변동 적용 가능한가요?

▣ **답변내용**

[질의요지] 용역계약에서 노임단가 변동시 물가변동 가능 여부

[답변내용] 국가기관이 당사자가 되는 용역계약에서 물가변동에 따른 계약금액의 조정은 계약예규 용역계약일반조건 제15조항에 의하여 「국가를 당사자로 하는 계약에 관한 법률 시행령」 제64조와 같은 법 시행규칙 제74조에 정한 바에 따라 처리하는 것입니다. 동 계약금액조정시 기준시점과 비교시점의 가격은 동일한 기준, 방법에 따라서 산정되어야 하며, 동 계약금액조정요건 및 신청 등 제반사항이 충족된 경우에는 의무적으로 계약금액을 조정하는 것인 바, 구체적인 경우에 있어서 기준시점의 가격과 동일한 기준, 방법 및 절차에 의한 비교시점의 가격 산정은 발주기관의 계약담당공무원이 직접 처리해야 할 사항입니다.

4장 계약금액 조정

원자재 가격급등으로 인한 계약금액 조정

2022-11-02

◾ 질의내용

(질의배경) 원자재 가격급등으로 계약이행이 곤란한 경우 계약금액 조정 시 (계약예규)정부 입찰·계약 집행기준에서 [계약예규 제70조의4 제1항제2호] "물품구매 계약에서 품목조정률 10%이상 상승한 경우"와 [계약예규 제70조의4 제1항제3호] "물품구매 계약에서 품목조정률 6%이상 상승하고, 기타 객관적 사유로 조정제한 기간내 기타 객관적 사유로 조정제한기간 내에 계약금액을 조정하지 아니하고는 계약이행이 곤란하다고 계약담당공무원이 인정하는 경우"로 구분하고 있습니다. 또한, 10%이상 상승하는 경우는 [계약예규 제70조의4 제3항] "원자재 가격급등 및 이에 따라 계약금액에 미치는 영향 등에 대한 증빙서류" 제출로 6%이상 상승하는 경우는 [계약예규 제70조의4 제4항] "원자재가격급등 및 이에 따라 계약금액에 미치는 영향, 계약이행이 곤란한 객관적 사유 등에 대한 증빙서류" 제출로 구분되어지며 제5항에서 계약이행이 곤란한 객관적 사유에 대한 증빙서류내용이 있습니다.

(질의사항) 물품구매 계약에서 제3항의 증빙서류와 제4항의 증빙서류 차이가 모호하여 품목조정률 적용 10%를 적용할지 또는 6%를 적용할지에 대한 구분을 질의요청 드립니다.

◾ 답변내용

[질의요지] 원자재가격 급등 등으로 인한 계약금액 조정

[답변내용] 국가기관이 당사자가 되는 계약에서 물가변동에 따른 계약금액 조정은 귀하께서 아시는 바와 같이 국가를 당사자로 하는 계약에 관한 법률 시행령(이하 시행령이라 합니다) 제64조제1항에 따라 계약체결 이후 기간과 조정율 조건을 만족하는 경우에 가능한 것이나, 천재.지변 또는 원자재의 가격급등으로 인하여 당해 조정제한기간내에 계약금액을 조정하지 아니하고는 계약이행이 곤란하다고 인정되는 경우에는 제1항의 규정에도 불구하고 계약을 체결한날 또는 직전 조정기준일로부터 90일 이내에 계약금액을 조정할 수 있도록 하고 있습니다.

귀 질의에서 언급한바와 같이 계약예규 정부 입찰.계약 집행기준 제74조의제1항제2호와 제3호에서는 물품구매계약시 품목조정률이나 지수조정률이 6%와 10%이상 상승한 경우로 다르게 정하고 있습니다.

위 제2호의 경우에는 그 조건이 충족되고 계약상대자의 조정요청이 있는 경우 그에 따라 조정하는 것이며, 제3호는 제2호의 예외적 사항으로 10%이상이 아니더라도 6%이상에 해당되는 경우에 계약담당공무원이 계약이행을 위해서 조정하지 않으면 계약 이행이 어렵다고 판단하는 경우인 것입니다.

따라서 제3호의 경우에는 반드시 해야 되는 것은 아니므로 계약담당공무원이 계약의 내용이나, 시장 등 경제여건, 계약이행상황(이행이 곤란한 객관적 사유) 등을 확인하여 부득이하다고 판단되는 경우에 가능한 것이므로 이에 합당한 근거자료들을 갖추어야 할 것으로 봅니다.

원자재 가격급등으로 인한 단일 자재 계약금액을 조정할 때 해당 공사비
2022-11-01

■ 질의내용

국가를 당사자로 하는 계약에 관한 법률 시행령」(이하 "시행령"이라 함) 제64조에 따르며, 동조 제6항에 따라 동조 제1항 각 호에 불구하고 공사계약의 경우 특정규격의 자재(해당 공사비를 구성하는 재료비·노무비·경비 합계액의 100분의 1을 초과하는 자재만 해당)별 가격변동으로 입찰일을 기준일로 하여 산정한 해당 자재의 가격증감률이 100분의 15 이상인 때에는 그 자재에 한하여 계약금액을 조정할 수 있습니다(단품슬라이딩제도).

여기서, 계속공사의 경우에 해당공사비는

1. 총공사비를 의미하는 것인지? 2. 계속공사로 계약한 차수공사금액을 의미하는 것인지?

■ 답변내용

[**질의요지**] 원자재 가격급등으로 인한 단일 자재 계약금액을 조정할 때 해당 공사비

[**답변내용**] 국가기관이 당사자가 되는 공사계약에서 물가변동에 따른 계약금액 조정은「국가를 당사자로 하는 계약에 관한 법률 시행령」제64조 제1항에 따라 계약을 체결(장기계속공사나 장기물품 제조 등의 경우에는 제1차 계약체결을 말합니다)한 날부터 90일 이상 경과하고, 입찰일(수의계약의 경우에는 계약체결일을, 2차 이후 계약금액 조정에 있어서는 직전 조정기준일을 말하며, 이하 같습니다)을 기준일로 하여 품목조정률(또는 지수조정률)이 100분의 3 이상 증감된 때에 할 수 있는 것입니다.

다만, 계약담당공무원은 공사계약의 경우 같은 조 제6항에 따라 특정 규격 자재별 가격변동으로 입찰일을 기준일로 하여 산정한 해당 자재 가격증감률이 100분의 15 이상인 때에는 그 자재에만 계약금액을 조정하는 것입니다. 이때 행정부담의 경감을 위해 해당 공사비를 구성하는 순공사비(재료비·노무비·경비 합계)의 100분의 1을 초과하는 자재에 대해서만 가격 상승분을 보증하는 것입니다.

그리고, 장기계속공사에서 물가변동에 의한 계약금액 조정은 적용대가 산정은 차수계약이 아니라, 총공사부기금액을 기준으로 산정하는 것입니다. 따라서 상기 규정에서 말하는 해당공사비는 차수공사금액이 아닌 총공사부기금액으로 보아야 할 것입니다.

4장 계약금액 조정

철골자재 가격 급등으로 인한 단품슬라이딩 외의 계약금액 조정 방법
2021-07-21

▣ 질의내용

최근 철강, 철골 및 기타 자재 등이 급격하게 상승해 공사 진행의 어려움을 겪고 있어 질의합니다. 관계 법령 중 단품슬라이딩제도및 E/S중 어떠한 제도가 현장의 원활한 공사 진행이 도움이 되는지 답변 부탁 드립니다. 철근은 관급으로 수습이 그나마 진행되었으며, 문제는 철골 공사의 자재 급등이 심해 공사 진행의 어려움을 겪고 있습니다. 또한 철골자재 등의 가격 인상율을 반영해 주지 않는다면 철골하도급공사업체등에서는 공사 자체를 진행하기 어렵 다고들 합니다. 단일 품목(단품) 가격이 1% 이상 이여야 단품 슬라이딩 제도를 활용할 수 있는 것은 알고 있으나, 여러 종류의 H 형강 및 철판 등이 병행되어 철골 공사가 진행되므로 단품 슬라이딩 제도의 틀 안에서는 적용이 어렵습니다. 단품슬라이딩 이외에 다른 적용 법령이 있는지, 어떠한 관계 법령을 적용해야 하는지 문의드립니다.

▣ 답변내용

[질의요지] 철골자재 가격 급등으로 인한 단품슬라이딩 외의 계약금액 조정 방법

[답변내용] 국가기관이 당사자가 되는 시설공사 계약에 있어 계약담당공무원은 물가변동으로 인한 계약금액의 조정 시 「국가를 당사자로 하는 계약에 관한 법률 시행령」(이하 "시행령"이라 함) 제64조에 따르며, 동조 제6항에 따라 동조 제1항 각 호에 불구하고 공사계약의 경우 특정규격의 자재(해당 공사비를 구성하는 재료비·노무비·경비 합계액의 100분의 1을 초과하는 자재만 해당)별 가격변동으로 입찰일을 기준일로 하여 산정한 해당 자재의 가격증감률이 100분의 15 이상인 때에는 그 자재에 한하여 계약금액을 조정할 수 있습니다(단품슬라이딩제도). 여기서 특정규격의 자재란 산출내역서상 재료비 항목에 포함되어 있으며 규격이 있는 자재를 말하며, 질의하신 철골자재의 물가변동으로 인한 계약금액 조정의 경우 공사비를 구성하는 순공사원가(재료비, 노무비, 경비의 합계)의 1% 이상 자재 중 입찰일 대비 15% 이상 변동한 자재에 대해서만 계약금액 조정이 가능할 것입니다.

다만, 원자재의 가격급등으로 인하여 시행령 제64조의 조정제한기간(계약을 체결한 날 또는 직전 조정기준일부터 90일 이상 경과) 내에 계약금액을 조정하지 아니하고는 계약이행이 곤란하다고 인정되는 경우에는 시행령 제64조제5항에 따라 계약금액을 조정할 수 있습니다. 이러한 경우는 계약예규 「정부 입찰·계약 집행기준」(이하 "집행기준"이라 함) 제70조의4제1항에 다음 각 호에 해당하는 경우를 말합니다. 1. 공사, 용역, 물품제조계약에서 품목조정률이나 지수조정률이 5%이상 상승한 경우 2. 물품구매 계약에서 품목조정률이나 지수조정률이 10%이상 상승한 경우 3. 공사, 용역 및 물품제조계약에서 품목조정률이나 지수조정률이 3%(물품구매계약에서는 6%)이상 상승하고, 기타 객관적 사유로 조정제한기간 내에 계약금액을 조정하지 아니하고는 계약이행이 곤란하다고 계약담당공무원이 인정하는 경우

따라서 귀 질의에서 철골가격의 가격급등이 집행기준 제70조의4제1항 각 호에 해당하는 경우에는 계약금액 조정이 가능하다고 할 것이며, 세부적인 사항은 동조 제2항 내지 제6항에 따라야 할 것입니다. 구체적인 것은 설계서, 공사 진행상황, 관련법령 등을 고려하여 계약담당공무원이 직접 판단할 사항입니다.

4장 계약금액 조정

최저임금 변경에 따른 계약금액 변경 관련 문의

2022-01-19

▣ 질의내용

저희는 단순경비용역으로 대상업체와 계약을 체결하였습니다. 기존 계약내역서는 22년 발표된 노임단가에 낙찰률을 적용하였을 경우 22년 최저시급(9,160원)에 미달되어 국가계약법 시행령 제66조2항(최저임금 변경으로인한 계약금액 조정)을 적용하여 계약금액을 변경코자 합니다.

저는 정부입찰집행기준 제76조의5 및 76조의6 2항에 따라 최저임금의 변동으로 일반관리비 및 이윤등도 함께 변동되는것으로 보고 내역서를 작성하였으나 계약처에서는 국가계약법 시행령 제 64조 8항이 적용되어 급여, 퇴직금 등 노무비에 대하여 최저임금을 적용하되 기타 경비, 관리비, 이윤 등은 금액이 고정되어야 한다는 의견입니다.

이 경우 국가계약법 시행령 제66조 2항은 동법 제 64조 8항이 적용되어 "노무비에 한정"하여 변동하는 것인지 아니면 국가계약법 시행령 제66조 2항은 계약요율로 정해진 일반관리비 및 이윤 등 기타금액이 함께 변동되는지 문의드립니다.

▣ 답변내용

[질의요지] 물가변동(노임단가 변동)에 따른 계약금액 조정에 관한 것

[답변내용] 국가기관이 당사자가 되는 계약에 있어 단순노무용역의 노임단가변동으로 인한 계약금액 조정은 계약예규 정부 입찰.집행기준(이하 집행기준이라 합니다) 제76조의5제2항에 따라 등락률을 계산하여 반영하는 것입니다. 최저임금은 노임단가 변동과 무관하게 법령에 따라 근로자에게 보장되어야 하는 것이며 노임단가변동을 적용하여 조정된 금액이 최저임금에 미달하는 경우에는 최저임금으로 다시 조정하여야 하는 것입니다.

국가를 당사자로 하는 계약에 관한 법률 시행규칙 제74조제2항은 시행령 제9조제1항제2호의 규정에 따라 원가계산에 의한 예정가격을 기준으로 계약한 경우에는 제1항제1호 산식중 각 품목 또는 비목의 수량에 등락폭을 곱하여 산출한 금액의 합계액에는 동합계액에 비례하여 증감되는 일반관리비 및 이윤등을 포함하여야 한다라고 규정하고 있습니다.

또한, 집행기준 제76조의5제2항제2호에서는 계약금액 조정 시 제수당, 상여금, 퇴직급여충당금, 보험료, 일반관리비, 이윤 등 노무비에 연동되는 항목의 등락률은 노무비(기본급)의 등락률과 동일하게 적용됨을 규정하고 있습니다. 따라서 노무비가 변동되면 그와 연동되는 위 제비용도 함께 변동되어야 할 것으로 보입니다.

국가를 당사자로 하는 계약에 관한 법률 시행령 제64조제8항에서 노무비에 한정한다는 의미는 재료비나 경비 등에도 노무비 등락율을 적용해서는 안된다는 의미이지 기타경비 등 연동되는 항목을 고정하여야 한다는 의미는 아닐 것으로 봅니다.

표준시장단가지수 적용시점

2021-06-07

■ **질의내용**

물가변동에 의한 계약금액 조정 업무에서는 표준시장단가지수의 변동율을 포함하여 물가변동지수를 산출하고 있습니다. 이 때 표준시장단가와 표준시장단가지수 발표시기가 다를 경우 표준시장단가지수 적용시기를 어디에 맞추어야 하는지 질의합니다.

갑설) 표준시장단가지수 적용시기는 표준시장단가 발표시기에 따른다.
- 이유 : 표준시장단가지수는 반기별 표준시장단가의 변동율을 단순 계산한 것으로 표준시장단가가 발표되는 시점에 확정된 것으로 볼 수 있음

을설) 표준시장단가지수 적용시기는 표준시장단가 발표시기에 따른다
- 이유 : 표준시장단가지수가 단순히 표준시장단가의 변동율만을 계산한 것이더라도 적용시기는 발표시기에 맞추는 것이 타당함

■ **답변내용**

[**질의요지**] 물가변동에 의한 계약금액 조정시 표준시장단가와 표준시장단가지수 발표시기가 다를 경우 표준시장단가지수 적용시기를 어디에 맞추어야 하는지

[**답변내용**] 국가기관이 당사자가 되는 공사계약에서 각 비목군의 지수는 계약예규 정부 입찰·계약 집행기준 제69조제2항에 정한 바와 같이 입찰시점과 조정기준일 시점의 지수("C, D, E, F"에 대하여는 각각의 전월지수, 다만, 월말인 경우에는 해당 월의 지수를 의미함)를 각각 적용하여야 하는 것입니다. 계약금액 조정제도는 계약체결 후 발생한 사유로 기 체결된 계약의 대금을 증액 또는 감액하는 제도로서 민법상 사정변경의 원칙을 반영한 제도입니다. 그중 물가변동에 따른 계약금액 조정제도는 계약체결 후 물가가 일정수준 이상 변동된 경우에 변동분을 계약금액 조정에 반영하는 제도로서 물가변동 수준을 판단함에 있어서 입찰 당시 또는 직전조정기준일 당시와 물가변동 당시의 물가산정 기준과 방법을 동일하게 적용하는 것이 원칙이라고 할 것입니다. 다만, 구체적인 지수 산정은 관계법령과 제반사정 등을 종합적으로 고려하여 발주기관의 계약담당공무원이 직접 판단·결정할 사항임을 말씀드립니다.

4장 계약금액 조정

품목조정 물가변동 반영 방법에 대한 질의

2021-01-11

■ **질의내용**

원달러 환율 하락으로 인하여 물품구매 건의 계약금액을 조정하려고 합니다. 품목조정율 3.25%가 산정되었습니다. 이때 시행규칙상에는 "계약금액을 조정함에 있어 그 조정금액은 계약금액 중 조정기준일 이후 이행되는 부분의 대가에 품목조정율 또는 지수조정률을 곱하여 산출하되..." 라고 명시되어 있으나 각 품목별 계약단가에 해당 품목의 등락률을 곱하여 품목별 금액을 산출하고 그 품목별 금액의 합계를 조정금액으로 삼는다는 실무 의견이 있어 어떤 방법이 맞는 것인지 문의 합니다.

[품목조정 물가변동 반영 방법에 대해 질의합니다.] 제목의 질의 내용을 확인하였으나, 해당 질의에 대한 답변내용 중 마지막 줄 "이 품목조정률에 물가변동 적용대가를 곱한 금액이 조정금액이 되는 것인 바, 이때 각 품목별 계약단가에 등락폭을 반영한 새로운 단가로 산출내역서를 조정하여 반영하는 것입니다." 하는 내용중에 각 품목별 계약단가에 반영할 등락폭이 기존 단가에 품목조정율을 곱해서 결정되는 것인지 아니면 실제 등락에 따른 등락폭을 반영하는 것인지를 명확히 알려주시면 감사하겠습니다. 또한 실제 등락에 따른 등락폭을 반영하는 것이라면 총 계약금액에 품목조정율을 곱하여 산정한 계약금액과 각 품목별 단가에 품목별 등락율을 곱하여 산정한 금액의 합계가 차이가 있는데 이럴 경우에 어떤 금액을 적용하는 것이 맞는지 궁금합니다.

■ **답변내용**

[**질의요지**] 물가변동 품목조정률의 단가적용 시점 및 적용방법에 대한 질의

[**답변내용**] 지방자치단체를 당사자로 하는 계약, 공기업과 준정부기관 및 공공기관의 계약에 관하여는 달리 정한 바가 있으면 그에 따라야 함을 알려 드립니다.

국가기관이 당사자가 되는 공사계약에서 물가변동에 따른 계약금액의 조정은 계약예규 「공사계약일반조건」 제22조 제1항에 따라 「국가를 당사자로 하는 계약에 관한 법률 시행령」(이하 시행령이라 합니다) 제64조와 「국가를 당사자로 하는 계약에 관한 법률 시행규칙」(이하 시행규칙이라 합니다) 제74조에 정한 바에 따르는 것입니다.

물가변동에 따른 계약금액 조정은 시행령 제64조 제1항에 따라 계약을 체결(장기계속공사나 장기물품제조 등의 경우에는 제1차 계약 체결을 말합니다)한 날부터 90일 이상 경과하고, 입찰일(수의계약의 경우에는 계약체결일을, 2차 이후의 계약금액 조정에 있어서는 직전 조정기준일을 말합니다)을 기준일로 하여 품목조정률(또는 지수조정율)이 100분의 3이상 증감된 때에 할 수 있는 것이 원칙(예외는 시행령 제64조 제5항과 제6항 참조)입니다.

'입찰당시 가격'은 입찰서 제출마감일 현재 발주기관이 해당 품목이나 비목에 대하여 예정가격 작성 시 적용한 가격을 조사한 방법과 같은 방법으로 조사한 가격(시행규칙 제7조 제1항 각 호에 정한 거래실례가격, 「통계법」 제15조에 따른 지정기관이 조사하여 공표한 가격 등 객관적인 가격)을 말하며, 2차 이후 조정의 경우에는 직전 조정기준일 당시의 가격을 말하는 것입니다.

'물가변동 당시 가격'을 산정하는 경우에는 입찰당시 가격을 산정한 때에 적용한 기준과 방법을 동일하게 적용하여야 합니다. 천재·지변이나 원자재 가격급등 등 불가피한 사유가 있는 경우에는 입찰당시 가격을 산정한 때에 적용한 방법을 달리할 수 있는 것입니다(시행규칙 제74조 제1항 제3호와 같은 조 제7항). 예를 들어 입찰 당시 적용한 가격이 대한건설협회에서 조사공표하는 '건설업 임금실태 조사보고서' (시중 노임단가)였다면 물가변동 당시 가격을 산정하는 경우에도 (천재·지변이나 원자재 가격급등 등 불가피한 사유가 없다면) 물가변동 당시(조정기준일)에 적용하는 대한건설협회에서 조사공표하는 '건설업 임금실태 조사보고서' (시중 노임단가)를 적용하여야 하는 것입니다.

따라서 귀 질의 '각 품목별 계약단가에 반영할 등락폭이 기존 단가에 품목조정율을 곱해서 결정'하는 것이 아니라, 각 품목 또는 비목에 대하여 '입찰 당시 가격(또는 계약금액 조정기준일 가격)'과 '물가변동 당시 가격'에 대하여 상기와 같이 조사 산정한 실제 등락에 따른 등락폭을 반영하는 것입니다.

4장 계약금액 조정

품목조정방법으로 물가변동시 가격적용방법 문의

2022-11-29

▣ **질의내용**

국가계약법 시행규칙 제74조 제7항에 의거 제1항에 의한 물가변동당시가격을 산정하는 경우에는 입찰당시가격을 산정한 때에 적용한 기준과 방법을 동일하게 적용하는바 품목조정방법으로 물가변동 단가적용방법에 아래와 같이 이견이 있어 문의드립니다.

갑설) 입찰일 시점의 가격은 견적서 가격으로 산정되었기 때문에 물가변동당시에도 같은 제품의 견적서 가격을 적용해야 한다

을설) 입찰일 시점의 가격은 견적서 가격으로 산정되었고 물가변동당시에도 견적서 가격이 존재하지만 다른 제조사의 유사 제품의 시중 물가지 가격으로 적용해야 한다.

▣ **답변내용**

[**질의요지**] 국가계약법 시행규칙 제74조 제7항에 의거 제1항에 의한 물가변동당시가격을 산정하는 경우에는 입찰당시가격을 산정한 때에 적용한 기준과 방법

[**답변내용**] 국가기관이 체결한 계약에 있어서 품목조정율에 따른 물가변동으로 인한 계약금액을 조정할 때는 「국가를 당사자로 하는 계약에 관한 법률 시행규칙」 제74조제1항에 의거 품목 또는 비목 및 계약금액 등은 조정일 이후에 이행될 부분을 그 대상으로 하며, 같은 조 제7항에 의거 물가변동당시가격을 산정하는 경우에는 입찰당시가격을 산정한 때에 적용한 기준과 방법을 동일하게 적용하여야 하는 바, 계약체결당시 가격이 견적에 의하여 결정된 경우에는 물가변동당시가격도 견적에 의하여 산정하여야 하는 것입니다. 다만, 계약체결당시에 존재하던 견적가격등이 물가변동당시에 존재하지 않는 때에는 유사한 가격의 존재여부, 다른 방법에 의한 두 시점의 가격산출가능여부 등 일관성을 유지할 수 있는 다른 방법을 검토하여 당해 계약담당공무원이 직접 처리해야 할 사항입니다. 참고로, 유권해석은 국가의 권한 있는 기관에 의하여 법의 의미내용이 확정되고 설명되는 것으로 구체적인 사실인정이나 적법·정당여부에 대한 사항을 유권해석으로 확인하여 처리하는 것은 적절하지 아니한 것임을 알려드립니다.

[2020 주요 질의회신]

물가변동 적용 후 설계변경으로 해당공종이 삭제되었을 경우
2020-05-28

◼ 질의내용

물가 변동 조건에 따라 물가변동을 실시 하였으나 현장사정으로 (시공사 사유)시공이 중지 된 후 다시 착공하였으나 설계변경으로 당초 공종이 대부분 삭제되었 습니다. 설계변경에 적용된 단가는 신규단가 입니다. 이에 시공사는 설계변경전 적용된 물가변동 대가를 그대로 지급해 달라는 요구이며, 감리단은 물가변동 대상 공종이 변경되었으므로 현 시점에서 물가변동 대상금액을 재 산출하여 변경해야 한다는 의견입니다. 위와 같이 의견이 대립되어 질의 합니다

1. 물가변동 후 설계변경 (신규단가를 적용) 기존공종이 대부분 변경되었을 경우 물가변동 대상금액을 다시 산출 하는 것이 적정한 지.
2. 기 물가변동 후 물가 변동 조건 이 충족하지 않는 경우 설계변경을 사유로 물가변동을 하는 것이 가능한 것인지 .
3. 공사 중지 사유가 시공사 잘못인 경우 공사 중지 기간중 물가상승율을 제외 할수 있는지 보기 : 총 180일간 상승율 6% (공사중지기간 80일 상승율 2%)일때 적용 상승율은 (6%-2%)=4% 적용 혹은 6%적용

◼ 답변내용

[질의요지] 물가변동 적용 후 설계변경으로 해당공종이 삭제되었을 경우에 대한 질의

[답변내용] 아래 사항은 국가기관을 기준으로 해석한 것임을 참고하여 주시기 바라며, 지방자치단체를 당사자로 하는 계약, 공기업과 준정부기관 및 공공기관의 계약에 관하여는 달리 정한 바가 있으면 그에 따라야 함을 알려 드립니다.

귀 질의 내용 3개 항이 모두 상호 연관되어 있어 구분하지 않고 일괄 답변드리겠습니다.

국가기관이 당사자가 되는 공사계약에 있어서 계약금액의 조정은 물가변동이든 설계변경이든 조정사유가 발생한 시점을 기준으로 순차적으로 적용하면 될 것입니다. 물가변동은 조정기준일 당시의 유효한 공사공정예정표 및 산출내역서를 기준으로 조정기준일 이후에 이행할 부분에 대하여 조정하는 것이나 조정기준일전에 이행이 완료되어야 할 부분이 발주기관의 책임있는 사유 또는 천재·지변 등 불가항력 사유(이하 계약상대자의 책임없는 사유라 합니다)로 이행이 지연된 경우 그 부분은 물가변동적용대가에 포함시켜야 하는 것입니다. 계약상대자의 책임없는 사유로 설계변경 시에는 물가변동분이 반영된 단가를 계약단가로 하여 증감되는 수량을 반영하는 것이며, 신규단가로 반영되는 경우에는 해당 단가는 이전 물가변동과는 관계없는 것입니다. 즉, 물가변동 후 설계변경으로 계약금액이 달라졌다하여 이전 물가변동을 변경된 계약단가로 재산정하는 것은 아닙니다.

공사 중지기간 중 물가상승률을 제외하는 명시 규정은 없습니다. 다만 위에서 답변드린 바와 같이 공정상 조정기준일 이전에 완료하지 못한 부분이 계약상대자의 책임이라면 적용 대상에서 제외할 수는 있을 것입니다.

물가변동 품목조정시 제외 품목

2020-05-21

■ **질의내용**

토목공사 중인 현장입니다.(적격심사) 물가변동(품목조정)으로 인해 계약금액 조정이 발생하여 발주처와 자료 검토 중 품목조정률에 이견이 있어 질의 드립니다. 각 품목별로 등락폭을 곱하여 구한 금액을 합계하여 계약금액을 나눈 값으로 품목조정률을 구하여 3%이상이면 조정한다고 알고있습니다. 발주처와 이견이 있는 부분은 각 품목별로 재료비,노무비,경비의 등락폭합계가 +-3%이하인 품목은 제외하고 합계금액을 구해야 된다고 하는데 등락폭 합계가 3%이하인 품목은 제외하고 합계금액을 구해야 되는지 질의드립니다.

■ **답변내용**

[**질의요지**] 품목조정률 산정방식으로 물가변동으로 인한 계약금액을 조정하는 경우 품목별 등락폭이 ±3%미만이 되는 경우 제외하는 것인지 여부

[**답변내용**] 국가를 당사자로 하는 계약에 있어 「국가를 당사자로 하는 계약에 관한 법률 시행령」 제64조에 따라 물가변동으로 인한 계약금액 조정(이하 "물가변동"이라 함)을 품목조정률 산정방식에 따라 산출하는 경우에 품목 또는 비목별 등락폭 산정은 동법 시행규칙 제74조제1항에 따라 물가변동 당시가격에서 입찰당시 가격을 제외한 금액을 입찰당시가격으로 나누어 산정된 율(등락률)에 계약단가를 곱하여 산정하는 것입니다.(아래산식 참조) ① 계약단가 < 입찰당시 가격 < 물가변동당시 가격 • 등락폭 = 계약단가 × 등락률 ② 입찰당시 가격 < 계약단가 < 물가변동 당시 가격 • 등락폭 = 물가변동당시 산정한 가격 - 계약단가 ③ 입찰당시 가격 < 물가변동당시 가격 < 계약단가 • 등락폭 = 0

이후 산정한 등락폭의 값 전체를 더한 금액을 물가변동적용대가로 나눈 값이 3%이상 증·감되는 경우 해당 등락폭이 물가변동 조정금액이 되는 것입니다.

따라서, 귀 질의와 같이 각 품목별 등락폭이 ±3%미만이 되는 경우 제외하는 것이 아니라, 이와 관계없이 전체 등락폭을 더하여 산정하는 것입니다.

4장 계약금액 조정

물가변동시 신규단가 적용기준

2020-04-30

■ 질의내용

물가변동시 설계변경이 1회 되었다면 K값이 당초단가는 K1, 신규단가는 K2로 구분하는데, 신규단가란 "설계변경 당시단가"인 경우로 설계변경을 하는 당시의 물가(자재,노임,경비)를 적용하여 산정된 단가를 말하는데, 실제 현장에서 설계변경시 "설계변경 당시단가"를 적용하는 경우는 동일한 공종이 없을 때 "설계변경 당시단가"를 적용하고 동일한 공종이 있으면 당초단가를 적용하여 설계변경을 합니다.(법 규정으로는 동일한 공종이 있드라도 무조건 "설계변경 당시단가"를 적용?) 질의 내용) 터파기 공종의 수량이 10M3에 단가 10,000원에 100,000원에 당초 계약이 됨. 이 터파기 공종이 설계변경으로 수량이 15M3로 단가 10,000원으로 150,000원으로 변경되었다. 이 경우 조달청에서는 당초 10M3는 K1으로, 증가된 수량 5M3는 K2로 비목구분을 하라고 내부 지침을 정하여 통보받았습니다. 순수 증가된 수량 5M3가 당초단가(최초 계약단가) 10,000원으로 적용이 되었다면 K1으로 비목구분을 하여야 하는지 아니면 "설계변경 당시단가"로 보아 K2로 비목구분을 하여야 하는지요?

■ 답변내용

[질의요지] 물량이 증가되는 설계변경 이후 물가변동 시 계약단가가 적용된 증가된 물량은 기존비목 또는 신규비목 중 어느 비목으로 적용하여야 하는지

[답변내용] 국가기관이 당사자가 되는 시설공사계약에 있어 「국가를 당사자로 하는 계약에 관한 법률 시행령」 제64조에 의한 물가변동으로 인한 계약금액 조정(이하 "물가변동"이라 함)하는 경우에 기존비목은 입찰일 또는 직전조정기준일이 기준시점(K0)이 되는 것이나, 신규비목 또는 협의단가로 적용된 품목 또는 비목은 설계변경당시(단가적용 시점)가 기준시점(K1,2,3...)으로 하는 것입니다.

한편, 시행령 제65조에 따른 설계변경 시 적용하는 단가는 계약예규 「공사계약일반조건」 제20조 제1항제2호의 신규비목의 경우에는 설계변경 당시를 기준으로 산정한 단가에 낙찰률을 적용(이하 "신규비목단가"라 함)하며, 제2항의 발주기관이 설계변경을 요구한 경우(계약상대자의 책임없는 사유 포함)의 증가된 물량 또는 신규비목 단가는 설계변경 당시를 기준으로 산정한 단가와 낙찰률을 곱한 금액 범위안에서 계약당사자간에 협의(이하 "협의단가"라 함)하여 적용하는 것입니다.

따라서, 설계변경 이후 물가변동 시 신규비목 또는 발주기관이 설계변경을 요구한 경우로서 증가된 물량은 비록 기존계약단가를 적용하였다 하더라도 신규비목단가 또는 협의단가를 적용한 것으로 보아 해당 비목은 설계변경당시(계약예규 「공사계약일반조건」 제20조 제1항제2호)를 기준시점으로 하여 물가변동을 산정함이 타당할 것입니다.

물가변동으로 인한 계약금액 조정방법 변경 가능여부

2020-05-08

▣ 질의내용

계약일 : 2019년 7월 11일

준공예정일 : 2020년 5월 26일

공사금액 - 당초 : 1,379,40,800 - 변경 : 1,582,444,60 (11/6)

문의사항 : 당초 계약시 물가변동으로 인한 계약금액 조정방법을 (품목)조정율 계약 (계약서 명시) 하였으나 - 공사 시행전 설계변경으로 인한 계약변경 - 1차 기성 청구 - 선급금 청구 - 1차, 2차 물가 변동 발생 - 설계변경 추가항목 발생으로 변경(감액) 예상 등 으로 품목이 많아 복잡하고 난해 할경우 (지수)조정율로 계약 변경이 가능 한지 문의 드립니다.

다만, (품목)조정율로 인한 조정금액보다 (지수)조정율로 인한 조정금액이 클경우 (품목)조정율로 산정한다는 전제하에 발주처 공사담당 직원 또한 원활한 업무추진을 위하여 (지수)조정율로 변경 되길 원하고 있습니다.

또한, 당현장은 물가변동으로 인한 계약금액 조정방법을 계약당사자간 합의를 통해 별도의 계약금액 조정방법을 계약문서에 명시하지 않았습니다.

▣ 답변내용

[질의요지] 공공기관과의 공사계약에서 물가변동으로 인한 계약금액 조정방법 변경 가능여부

[답변내용] 공기업·준정부기관의 계약에 관하여는 「공기업·준정부기관 계약사무규칙」이 우선 적용되고, 동 규칙에 규정되지 아니한 사항에 관하여는 동 규칙 제2조제5항에 따라 동 규정 및 규칙에서 규정하지 아니한 사항은 국가계약법을 준용하여 처리해야 합니다.

국가기관이 당사자가 되는 공사계약에 있어서 물가변동으로 인한 계약금액의 조정은 「국가를 당사자로 하는 계약에 관한 법률 시행령」 제64조제2항 및 계약예규 공사계약일반조건 제22조제2항에 따라 동일한 계약에 대한 계약금액을 조정할 때에는 품목조정율 및 지수조정율을 동시에 적용하여서는 아니되며, 계약을 체결할 때에 계약상대자가 지수조정율을 원하는 경우외에는 품목조정율 방법으로 계약금액을 조정한다는 뜻을 계약서에 명시하여야 합니다. 이 경우 계약이행 중 계약서에 명시된 계약금액조정방법을 임의로 변경하여서는 아니된다고 규정하고 있습니다.

그러나, 계약담당공무원이 계약 체결 시 물가변동조정률 산출방식(품목조정률, 지수조정률) 중 하나의 방법을 택하여 계약금액을 조정할 수 있다는 뜻을 계약서에 명시하지 않았다면 계약금액의 구성품목, 비목 및 계약목적물의 규모 등을 고려하여 계약당사자 간에 조정방법을 협의하여 결정하는 것이 타당할 것입니다. 만약, 협의가 이루어지지 않는 경우에는 동 시행령 제64조제2항에서 계약담당공무원은 계약을 체결할 때에 계약당사자가 지수조정률을 원하는 경우 지수조정률로 조정하도록 계약서에 명시하도록 하고 있음을 고려할 때 계약상대자가 지수조정률 방법을 원하는 경우에는 동 방법으로 계약금액을 조정하는 것이 규정의 취지에 부합할 것입니다. 다만, 귀하의 질의 경우가 당초 계약서에 미리 물가변동 조정방법을 구체적으로 명시하지 아니한 부득이한 경우에는 발주기관과 계약상대자간 협의를 통해서 조정방법을 결정한 후 계약금액을 조정할 수 있을 것입니다.

참고로, 국가계약법령에도 불구하고 계약당사자간 합의를 통해 별도의 계약금액 조정방법을 계약문서에 명시한 경우, 동 조정방법의 내용이 국가를 당사자로 하는 계약에 관한 법령 및 관계법령에서 정하고 있는 계약상대자의 이익을 침해하지 않는다면 동 계약금액 조정방법의 효력은 인정된다고 할 수 있을 것입니다.

······· 제1절 물가변동에 의한 조정 (2020 주요 질의회신)

조정기준일 산정관련 질의

2020-07-17

▣ 질의내용

단가계약 A를 체결하여 수행중입니다. 생산자물가지수가 하락하여 물가변동을 반영한 변경계약을 체결해야 하는 바 명확한 업무처리를 위한 조정기준일 산정 및 적용관련 문의드립니다. 단가계약 A, 물가변동 기준: 지수(생산자물가지수/공산품)로 계약체결됨 입찰시점 : 2020.2.12 계약체결일 : 2020.2.24(91일째 되는날: 20.5.25~) 물가변동 충족조건 : 20.5.25일부터 지수조정률 3%이상인 경우 검토일자 : 20.7.17

CASE1. 입찰시점('20.2.12, 전월지수적용) : 20년1월지수 (101.92) 91번째 날인 20.5.25의 지수 (전월지수적용) : 20년4월지수(98.04, 6/23일 공표) 기준 -3.8% 발생하여 물가변동 조건 충족 시

Q1. 7월 15일 검토시 조정사유가 발생한 조정기준일을 언제로 봐야할지?

1) 조건을 충족하는(91번째 되는날부터 & 3%이상변동) 가장 빠른날 : '20.5.25

2) 20년4월 지수가 확정, 공표되는 날 : '20.6.23

CASE2. 입찰시점('20.2.12, 전월지수적용) : 20년1월지수 (101.92) 91번째 날인 20.5.25의 지수 (전월지수적용) : 20년4월지수(99.85, 6/23일 공표) 기준 -2% 발생하여 물가변동 조건 미충족, 20년 5월지수(98.04, 7/21 공표) -3.8%로 물가변동 조건 충족 시

Q2. 7월 15일 검토시 조정사유가 발생한 조정기준일을 언제로 봐야할지?

1) (7/21공표 수치가 3%이상변동 가정시) 조건을 충족하는(91번째 되는날부터 & 3%이상변동) 사유가 발생된 날: 20.7.21(5월확정치지수 공표날)

2) 20년 5월 지수가 적용되는 날: 20.5.30 (5월지수는 5.30~6.29 적용, 그 중 제일빠른날짜)

Q3. 조정기준일은 차기 물가변동일과 연관이 있으며 현재 한국은행 물가지수가 시간차로 전전월의 지수가 공표되어(예 7월21일 4월 확정치 발표, 5월 잠정치발표 하며 물가변동은 확정치 지수로 적용한다는 유권해석사례 있음) 해석에 어려움이 있음. 조정기준일이 현시점이 아닌 과거 시점이 되는경우 기 지급된 대금을 소급하여 돌려받아야 하는지 궁금합니다.

▣ 답변내용

[**질의요지**] 단기계약에서 물가변동에 따른 계약금액조정시 조정기준일 산정 관련

4장 계약금액 조정

[**답변내용**] 국가기관이 당사자가 되는 계약에서 계약상대자는 「국가를 당사자로 하는 계약에 관한 법률 시행령」 제64조제1항에 의한 물가변동에 의한 계약금액 조정요건[계약체결일(물가변동에 의한 계약금액 조정을 1회 이상 한 경우에는 직전조정기준일)로부터 90일 이상 경과하고 지수조정율 또는 품목조정율이 100분의 3이상 증감한 경우)을 동시에 충족한 경우에는 물가변동에 의한 계약금액 조정요건을 입증할 수 있는 증빙자료를 첨부하여 발주기관에 물가변동에 의한 계약금액 조정을 신청할 수 있는 바, 상기에 의하여 물가변동으로 인한 계약금액을 지수조정율방식에 의할 경우 각 비목군의 지수는 계약예규 정부 입찰·계약 집행기준 제69조제2항에 의거 입찰시점과 조정기준일 시점의 지수를 각각 적용하는 것인 바, 조정기준일이 월중인 경우에는 전월지수를, 월말인 경우에는 해당 월 지수를 각각 적용하는 것입니다. 이때에 발표되는 지수가 잠정지수와 확정지수로 발표하는 경우에는 확정지수를 적용하여야 할 것입니다.

다만, 구체적인 경우에서의 물가변동에 의한 조정방법 및 조정금액 산출은 해당 기관의 계약서에 첨부된 계약문서의 내용에 따른 사실 판단에 관한 사항으로서 물가변동 등 계약금액조정의 원인이 되는 모든 행위는 발주기관의 계약담당공무원이 결정의 권한을 가지고 있으므로, 계약담당공무원이 해당 계약서에 명시된 물가변동조정방법, 계약상대자의 물가변동에 의한 계약금액 조정신청서류, 입찰당시와 동일한 기준 및 방법에 의한 가격, 각 기관 및 단체에서 발표하는 지수, 계약문서, 관계규정 등을 살펴 계약담당공무원이 적의 판단·결정해야 할 사안입니다.

제2절 설계변경에 의한 조정

1식 단가에 대한 설계변경 가능 여부
2021-08-29

■ 질의내용

1. 당 현장은 한국전력공사에서 발주한 "화성지역 전기공급시설 전력구공사로 계약이행 중 방음하우스 공사의 줄기초 콘크리트 타설 공종이 누락되어 있는 상황입니다.

2. 질의 : 설계내역은 방음하우스 제작 및 설치 1식 단가로 적용되어 있으며 설계내역 단가 산출서를 확인한 결과 설치비, 해체비로 구분하여 세부 공종에 대한 단가산출 내역이 있으나, 줄기초 콘크리트 타설 공종은 누락되어 있는 실정입니다. 이에 따라 당초 1식 단가에 누락된 줄기초 콘크리트 타설 공종을 추가하는 설계변경이 가능한지 질의 드립니다.

■ 답변내용

[질의요지] '1식 단가 구성 공종 누락으로 인한 설계변경 가능 여부

[답변내용] 국가기관이 당사자가 되는 시설공사 계약에 있어 계약담당공무원은 계약예규 「공사계약일반조건」(이하 "일반조건"이라 합니다) 제19조제1항 각호의 어느 하나에 해당하는 경우 설계변경을 하며, 설계변경으로 인한 계약금액은 일반조건 제20조에 따라 조정하여야 합니다.

다만, 이러한 설계변경은 설계서(일반조건 제2조제4호에 따른 발주기관이 제공하는 공사시방서, 설계도면, 현장설명서, 물량내역서)의 변경이 필요하다고 인정되는 경우에 가능한 것이며 설계서에 속하지 아니하는 예정가격조서나 산출내역서 상의 비목이나 품목의 단가에 대한 과다 또는 과소계상 혹은 누락, 예정가격 작성의 참고자료인 품셈의 변경이나 적용의 오류, 발주기관이나 계약상대자가 예정가격이나 입찰금액을 산정하기 위하여 작성하는 일위대가표, 수량산출서나 단가산출서의 누락이나 오류로는 설계변경과 이에 따른 계약금액을 조정할 수 없다 할 것입니다.

아울러 일반조건 제20조제7항에 따라 일부 공종의 단가가 세부공종별로 분류되어 작성되지 아니하고 총계방식으로 작성(이하 "1식단가"라 한다)되어 있는 경우에도 설계도면 또는 공사시방서가 변경되어 1식단가의 구성내용이 변경되는 때에는 동조 제1항 내지 제5항에 의하여 계약금액을 조정하여야 한다고 명시되어 있습니다.

따라서 1식단가로 되어 있는 공종에 대해 설계도면, 공사시방서 등 설계서 변경에 따라 구성내용이 변경되는 때에는 1식단가를 구성하는 수량 및 공종변경에 따른 설계변경으로 인한 계약금액 조정이 가능할 것이나 단순히 1식단가를 구성하는 공종의 단가산출서 누락만으로는 설계변경이 어려울 것으로 보입니다. 다만 구체적인 경우가 이에 해당하는지 여부는 당해 기관의 계약서에 첨부된

4장 계약금액 조정

계약문서의 내용에 따른 사실 판단에 관한 사항으로서 설계변경 등 계약금액조정의 원인이 되는 모든 행위는 발주기관의 계약담당공무원이 결정의 권한을 가지고 있으므로 계약담당공무원이 설계서 및 공사현장 여건, 공사관련 법령 등을 종합적으로 살펴 직접 판단해야 할 사안입니다.

PHC파일 항타작업 관련 설계변경 적용여부 질의
2022-11-03

▣ 질의내용

당 현장은 100억 이상 내역입찰한 가축분뇨처리시설 건설현장입니다. PHC 파일 항타작업과 관련하여(파일 깊이가 20m 이상으로 파일 생산길이가 15m로 중간에 용접이음 필요함)파일용접이음 비용 관련하여

시공사 의견은 내역서에 기초말뚝(SDA)항타 작업과 용접이음밴드가 잡혀있으나 용접비용은 누락되어 있다고 판단하여 설계변경 반영하여 주어야 한다는 입장이고,

감리단 의견은 내역입찰은 시방서와 설계도면이 중요하므로 이를 중심으로 단가를 산출 발주처로부터 받은 공내역서에 단가를 작성 제출하여야 하므로 입찰시 시방서와 설계도면에 PHC파일 용접이음부 용접 상세도면이 명기되어 있고, 내역서에 기초말뚝(SDA)항타 작업과 용접이음밴드도 잡혀 있어, 발주처로 부터 공내역서를 받아 단가를 작성 제출시 기초말뚝(SDA)항타 작업에 용접비용이 반영되어 있는 것으로 보고 내역서에 단가를 적정하게 작성 제출했어야 하기에 설계변경 대상이 아니라는 의견입니다.

▣ 답변내용

[질의요지] PHC파일 항타작업 관련 설계변경 적용여부

[답변내용] 국가기관을 당사자로 하는 공사 계약에서 계약상대자는 계약예규 「공사계약 일반조건」(이하 '일반조건'이라 합니다) 제19조의2 제1항에 따라 공사 이행 중 설계서(공사시방서, 설계도면, 현장설명서, 공사기간의 산정근거 및 물량내역서를 말합니다. 이하 같습니다) 내용이 불분명하거나 누락·오류 및 설계서간 상호모순 등이 있을 때에는 해당 공사부분의 이행 전에 이를 분명히 한 서류를 작성하여, 계약담당공무원과 공사감독관에게 동시에 이를 통지하여야 합니다.

계약담당공무원은 설계서에 누락·오류가 있는 경우에는 그 사실을 조사 확인하고 계약목적물의 기능 및 안전을 확보할 수 있도록 설계서를 보완하여야 합니다. 이에 따라 설계서 내용이 불분명한 경우(설계서만으로는 시공방법, 투입자재 등을 확정할 수 없는 경우)에는 설계자의견 및 발주기관이 작성한 단가산출서 또는 수량산출서 등의 검토를 통하여 당초 설계서에 의한 시공방법·투입자재 등을 확인한 후에 확인된 사항대로 시공하여야 하며, 이 경우 일반조건 제20조에 의한 계약금액조정은 하지 아니하며, 확인된 사항과 다르게 시공하여야 하는 경우 설계서를 보완하고, 계약금액을 조정하여야 하는 것입니다.

상기 규정과 같이 당초 설계서에서 정한 시공방법·투입자재 등의 변경이 없는 경우 설계변경으로 인한 계약금액 조정이 불가 할 것입니다. 하지만 확인된 사항과 다르게 시공하여야 하는 경우 계약금액을 조정 할 수 있을 것입니다. 따라서 귀 질의의 경우 발주기관 계약담당공무원이 계약조건과 관련 규정 및 현장상황 등을 확인하고 설계변경 가능여부를 판단하여야 할 것입니다.

가설사무실 기간연장에 따른 변경 중 계약단가에 손실율 미적용 인한 손실율 재적용 여부
2021-04-20

▣ 질의내용

(공구거리, 한옥마을) 하수관로 정비사업 [전자계약입찰] 설계변경중에 동절기 및 코로나로 인한 공기연장으로 가설사무실 단가 변경을 하고자 하는데 기존 단가산출서에는 사용기간에 따른 손실율이 비반영이 되어 이 번 설계변경시에 누락된 손실율 재반영이 가능한지에 대한 문의를 드립니다.

▣ 답변내용

[질의요지] 당초 계약시 누락된 손료를 계약기간 연장 시 반영 가능한지

[답변내용] 국가기관이 당사자가 되는 공사계약에 있어서 계약담당공무원은 계약예규 공사계약일반조건(이하 일반조건이라 합니다) 제19조제1항 각 호의 어느 하나에 해당하는 경우에는 설계변경을 하고 해당 계약금액을 조정할 수 있는 것입니다. 설계서에 누락.오류가 있는 경우에는 일반조건 제19조의2제2항에 따라 그 사실을 조사 확인하고 계약목적물의 기능 및 안전을 확보할 수 있도록 설계서를 보완하여야 하며, 이에 따라 시공방법의 변경, 투입자재의 변경 등으로 공사량의 증감이 발생하는 경우에는 일반조건 제20조에 따라 계약금액을 조정하는 것입니다.

또한, 계약상대자의 책임없는 사유로 계약기간을 연장하는 경우 일반조건 제23조와 계약예규 정부입찰.계약 집행기준 제16장에 따른 실비를 지급하는 기타계약내용 변경이 가능한 것입니다.

다만, 설계서에 속하지 아니하는 예정가격조서나 산출내역서 상의 비목이나 품목의 단가에 대한 과다나 과소계상 혹은 누락, 예정가격(입찰금액) 작성의 참고자료인 품셈 적용의 오류나 변경, 발주기관이나 계약상대자가 예정가격이나 입찰금액을 산정하기 위하여 작성하는 일위대가표, 수량산출서나 단가산출서의 누락이나 오류로는 설계변경과 이에 따른 계약금액을 조정할 수 없는 것입니다.

4장 계약금액 조정

건설공사 폐기물처리 추가비용 환경보전비로 계상 할 수 있는지 여부
2021-07-19

■ 질의내용

1. 본 공사는 국가를 당사자로 하는 계약 관련임.
2. 건설공사에서 발생하는 건설폐기물의 발생량 100톤 이상으로 발주처에서 건설공사와 건설폐기물 처리용역을 분리 발주됨.
3. 당 현장의 폐기물 중 추가적으로 발생된 폐기물에 대하여 환경보전비로 계상이 가능한지?

■ 답변내용

[질의요지] 건설공사 폐기물처리 추가비용 환경보전비로 계상할 수 있는지 여부

[답변내용] 국가를 당사자로 하는 공사계약에 있어서 계약체결시 환경관리에 필요한 비용(환경관리비)을 「건설기술진흥법」 제66조제3항에 따라 공사금액에 경비로 계상하여야 하는 것이며, 이러한 환경보전비는 동법 시행규칙 제61조제3항 별표8에 따라 건설공사현장에 설치하는 환경오염방지시설의 설치 및 운영에 드는 비용은 직접공사비에 공사의 종류에 따라 정한 일정요율 이상을 적용하여 계상하되, 표준품셈 등 원가계산에 따라 산출한 직접공사비와 현장 여건 등을 고려하여 발주기관에서 적정비율을 반영하여 계상한 간접공사비를 병행·운영토록 규정하고 있습니다. 또한, 별표8 3항에 따라 건설공사 현장의 환경보전에 필요한 환경오염방지시설을 추가로 설치할 경우에는 발주자 또는 건설사업관리용역업자의 확인을 받아 그 비용의 추가계상을 발주자에게 요청할 수 있으며, 이 경우 발주자는 그 내용을 확인하고 설계변경 등 필요한 조치를 하도록 규정하고 있습니다.

따라서, 계약담당공무원은 설계서(국가기관이 설계서를 작성하여 입찰자에게 제공한 경우에는 공사시방서, 설계도면, 현장설명서와 물량내역서)에 오류·누락이나 추가할 사항이 있을 경우에는 계약예규 공사계약일반조건 제19조의2의 규정에 따라 해당 설계서를 변경하고 그에 따라 계약금액을 조정할 수 있을 것입니다(동 일반조건 제1조 참조). 다만, 구체적인 것은 공사현장 여건 및 관계규정을 고려하여 발주기관의 계약담당공무원이 직접 판단해야 할 사항입니다.

건설현장 근로자 안전교육 추가 시행 시 시공사측 인건비 보전 방안 질의
2021-06-15

▣ 질의내용

발주청에서 발주한 건설공사에 투입되는 계약상대자측의 현장근로자들은 산업안전보건법에 따라 사업주가 매분기 6시간 이상 정기교육을 실시하도록 되어 있어, 현재 월 2시간씩 정기교육을 실시하도록 감독하고 있습니다.

발주청이 안전관리 강화 차원에서 이 기준을 상향하여 계약상대자측에 월별 2시간씩 현장근로자 정기교육을 추가실시토록 요구할 시 계약상대자는 해당교육시간동안 인건비를 교육에 할애하게 되어 반발이 예상됩니다.

○ 이에 추가 교육시간(월 2시간)에 대한 현장근로자들의 인건비를 발주청이 계약상대자에게 지원해 줄 수 있는 방안이 있는지 문의드립니다.

○ 또는 추가 교육 사항을 계약문서에 명시하고 계약이 체결된 경우 발주청이 해당 인건비를 지원해 줄 필요 없이 추가교육 요구가 가능한지 문의드립니다.

○ 전체 공사기간동안 월2시간씩 추가교육 조건을 전제로, 총 추가교육 시간을 작업일수로 환산하여 해당 작업일수만큼 공기연장 해주는 것이 가능한지 문의드립니다.

▣ 답변내용

[질의요지] 공사계약에서 건설현장 근로자 안전교육 추가 시행 시 시공사측 인건비 보전 방안

[답변내용] 정부계약은 확정계약이 원칙이나, 민법상 사정변경의 원칙을 반영하여 「국가를 당사자로 하는 계약에 관한 법률 시행령」 제64조(물가변동으로 인한 계약금액조정), 제65조(설계변경으로 이한 계약금액조정), 제66조(기타계약내용의 변경으로 인한 계약금액조정)의 사유로는 계약금액을 변경할 수 있도록 하고 있습니다. 따라서, 귀하의 질의 경우가 상기의 어느 하나의 사유가 발생한 경우에는 그에 따른 계약금액 조정이 가능하다 할 것입니다. 다만, 구체적인 경우가 이에 해당하는지 여부는 당해 기관의 계약서에 첨부된 계약문서의 내용에 따른 사실 판단에 관한 사항으로서 설계변경 등 계약금액조정의 원인이 되는 모든 행위는 발주기관의 계약담당공무원이 결정의 권한을 가지고 있으므로 조달청(또는 기획재정부)의 유권해석대상이 아니며, 계약담당공무원이 설계서 및 공사현장 여건, 공사관련 법령 등을 종합적으로 살펴 직접 판단해야 할 사안입니다.

계약금액 조정/설계변경에 의한 조정/설계변경 가능여부
2022-12-06

▣ 질의내용

질의 내용

도면, 시방서, 수량산출서에 D100mm감압밸브가 2단 감압으로 표기 되여있읍니다 하지만 설계내역서상에 단가는 일반감압밸브와 1단감압밸브로 단가(설계사무소에 문의한 내용)로 적용하였으며 규격상에 밸브의 종류를 표기하지 않고, 내역서상 감압밸브 D100mm만 표기를 하였읍니다. 또한 가격차이가 1단감압밸브와 2단감압밸브의 가격차이가 무려 약 3배이상 차이가 나는데 이렇때 설계변경 및 금액조정이 가능 하는지 궁금합니다.

▣ 답변내용

[질의요지] 감압밸브 설계변경 가능여부

[답변내용] 국가기관을 당사자로 하는 공사 계약에서 계약상대자는 계약예규 「공사계약 일반조건」(이하 '일반조건'이라 합니다) 제19조의2 제1항에 따라 공사 이행 중 설계서(공사시방서, 설계도면, 현장설명서, 공사기간의 산정근거 및 물량내역서를 말합니다. 이하 같습니다) 내용이 불분명하거나 누락·오류 및 설계서간 상호모순 등이 있을 때에는 해당 공사부분의 이행 전에 이를 분명히 한 서류를 작성하여, 계약담당공무원과 공사감독관에게 동시에 이를 통지하여야 합니다.

계약담당공무원은 설계서에 누락·오류가 있는 경우에는 그 사실을 조사 확인하고 계약목적물의 기능 및 안전을 확보할 수 있도록 설계서를 보완하여야 합니다. 이에 따라 설계서 내용이 불분명한 경우(설계서만으로는 시공방법, 투입자재 등을 확정할 수 없는 경우)에는 설계자의견 및 발주기관이 작성한 단가산출서 또는 수량산출서 등의 검토를 통하여 당초 설계서에 의한 시공방법·투입자재 등을 확인한 후에 확인된 사항대로 시공하여야 하며, 이 경우 일반조건 제20조에 의한 계약금액조정은 하지 아니하며, 확인된 사항과 다르게 시공하여야 하는 경우 설계서를 보완하고, 계약금액을 조정하여야 하는 것입니다.

그리고 설계도면과 공사시방서는 서로 일치하나, 물량내역서와 상이한 경우에는 설계도면 및 공사시방서에 물량내역서를 일치하여야 하는 것입니다. 또한 설계도면과 공사시방서가 상이한 경우로서 물량내역서가 설계도면과 상이하거나, 공사시방서와 상이한 경우에는 설계도면과 공사시방서 중 최선의 공사시공을 위하여 우선되어야 할 내용으로 설계도면 또는 공사시방서를 확정한 후 그 확정된 내용에 따라 물량내역서를 일치하는 설계변경을 하는 것입니다.

.... 제2절 설계변경에 의한 조정

그러나 설계서에 속하지 아니하는 예정가격조서 혹은 산출내역서의 작성을 오기한 경우에는 설계변경 대상이 아닙니다. 또한 비목 또는 품목의 단가를 과다 과소 계상한 경우와 단가를 누락한 경우에도 설계변경 대상이 아닙니다. 그리고 예정가격이나 입찰금액을 산정하기 위하여 작성하는 일위대가표, 수량산출서, 단가산출서의 항목을 누락이나 오류가 있는 경우 또한 설계변경 대상이 아닙니다. 그 외에도 품셈기준 변경도 같은 이유로 계약금액 조정을 할 수 없습니다.

상기에서 규정하는 바와 같이 설계도면과 공사시방서는 서로 일치하나, 물량내역서와 상이한 경우 설계도면 및 공사시방서에 물량내역서를 일치하여야 하는 것입니다. 만일 귀 질의 감압밸브가 이에 해당하면 이를 일치시키는 설계변경 및 계약금액 조정이 가능할 것입니다. 하지만 귀 질의의 경우 물량내역서의 감압밸브와 설계도면이나 공사시방서의 감압밸브가 상이한지 여부는 발주기관 계약담당관이 계약조건과 설계자 의견 등을 참조하여 결정할 사항입니다.

계약내용 변경 및 계약금액 조정 등에 관한 질의

2021-01-13

▣ 질의내용

- 계약형태: 공기업인 발주자인 A와 민간기업인 계약상대자인 B 간 용역 계약 (계약기간: `16년 ~ `22년)
- 사실관계: 사업 진행 중 코로나 격리비용 발생 등 경비 분야 실적정산분 금액이 증가하였으나, 저조한 공정률에 따라 사용 실적이 적은 동 분야 다른 비목 내에서 해당 증가금액만큼 삭감하여 최종적으로 계약금액 변동 없이 계약변경을 진행하기로 협의를 함. 단, 계약 진행과정에서 실제 기성(정산) 금액이 계약금액을 초과할 경우 추후 계약변경을 하기로 협의
- 질의 : 상기와 같이 계약금액 내역서 상 경비 부분의 한 비목이 증가하였으나, 해당 증가분 만큼 사용 실적이 저조하거나 없는 경비 부분 내 다른 비목에서 임의로 계약금액을 삭감하여 계약금액 변동 없이 계약변경을 진행하는 것이 적정한지, 국가계약법 등 관련 법령을 저촉하는 부분은 없는지 여부 (즉, 경비 부분의 비목에 추가비용이 발생할 경우 무조건 계약금액을 증가하여 조정시켜야 하는지, 아니면 실제로 계획 대비 공정이나 실적이 저조한 경비 부분 내 다른 비목에 해당 금액만큼 삭감하여, 양사간 동의 후 계약금액 변동 없이 계약변경을 진행하는 것이 가능한지 여부)

▣ 답변내용

[질의요지] 계약내용 변경 및 계약금액 조정 등에 관한 질의

[답변내용] 지방자치단체를 당사자로 하는 계약, 공기업과 준정부기관 및 공공기관의 계약에 관하여는 달리 정한 바가 있으면 그에 따라야 함을 알려 드립니다.

국가기관이 당사자가 되는 용역계약에 있어 계약담당공무원은 계약예규 용역계약일반조건(이하 일반조건이라 합니다) 제16조제1항 및 제3항에 해당하는 경우 과업내용의 변경을 지시하거나 계약상대자의 제안을 승인할 수 있습니다. 이 경우 계약담당공무원은 변경된 과업내용에 따라 계약내용을 변경하고 일반조건 제16조제4항에 따라 계약금액을 조정하여야 하며, 단서 규정에 따라 과업내용이 추가되는 경우 정당한 대가를 지급하여야 합니다.

과업내용변경 등의 조치는 일반조건 제16조 제2항에 따라 부득이한 경우를 제외하고는 변경이 필요한 부분의 이행 전에 완료하여야 합니다. 그리고 일반조건 제16조제5항에서는 계약금액을 조정할 수 있는 예산이 없는 때에는 업무량 등을 조정하여 그 대가를 지급할 수 있다고 규정하고 있으니 참고하시기 바랍니다.

> **계약상대자의 책임없는 사유로 용역비용 증가계약시 적용단가 오류로 계약한 사항을 수정계약요청 할 수 있는지요?   2021-07-09**

◘ **질의내용**

공공기관과 건설사업관리용역 계약을 체결하여 업무수행중 발주처의 사정으로 용역기간이 증가하여 용역비용을 증액 계약하는 과정에서 실수로 변경계약시점의 단가를 적용하지 아니하고 기 계약된 단가가 적용되었으며, 계약과정에서 발주처 담당관, 계약담당관 등의 검토를 거치는 과정에서 스크린이 되지 않고 계약이 체결된 상태입니다. 일정시간 경과 후 이를 발견하였다면 발주처에 수정계약요청을 할 수 있는지요?

◘ **답변내용**

[**질의요지**] 용역계약 변경시 적용된 단가의 수정 가능 여부

[**답변내용**] 국가기관이 당사자가 되는 계약에 있어 계약금액의 조정은 설계(과업내용)변경 등 국가를 당사자로 하는 계약에 관한 법률 시행령 제64조 내지 제66조의 해당 사유가 있는 경우에 가능한 것입니다.

이미 계약이 체결된 경우로서 위 법령 조건에 해당하는 사유가 없이 단지 단가의 오류 등으로는 수정계약이 곤란할 것으로 봅니다.

4장 계약금액 조정

공기연장에 의한 부지임대료 추가반영여부
2021-08-20

▣ 질의내용

1. 당 현장은 국가철도공단에서 발주한 총액입찰공사로서 100억 미만의 공사입니다.
2. 부대공에 부지 임대료는 1식단가로 내역에 반영되어있고, 단가산출서에도 공사용 부지(민간용지 임대)로 반영되어 있습니다.
3. 국가철도공단(발주처)의 지시로 계약외 추가공사의 발생, 현장내 설계변경등으로 6개월 공기가 연장되었습니다.
4. 공기연장(당초 14개월, 변경20개월)에 따른 부지임대료를 설계변경하거나, 도급에 반영할 수 있는지를 질의합니다.

▣ 답변내용

[질의요지] 추가공사 및 설계변경 등으로 인한 공기연장 시 부지임대료 추가 반영 가능 여부

[답변내용] 국가기관이 당사자가 되는 시설공사 계약에 있어 계약담당공무원은 계약예규 「공사계약일반조건」(이하 "일반조건"이라 합니다) 제19조제1항 각호의 어느 하나에 해당하는 경우 설계변경을 하며, 설계변경으로 인한 계약금액은 일반조건 제20조에 따라 조정하여야 합니다.

아울러 일반조건 제20조제7항에 따라 일부 공종의 단가가 세부공종별로 분류되어 작성되지 아니하고 총계방식으로 작성(이하 "1식단가"라 한다)되어 있는 경우에도 설계도면 또는 공사시방서가 변경되어 1식단가의 구성내용이 변경되는 때에는 동조 제1항 내지 제5항에 의하여 계약금액을 조정하여야 한다고 명시되어 있습니다.

따라서 발주기관 지시에 의한 추가공사 및 설계변경으로 인해 공사기간이 연장되었고 이로 인해 부지임대 기간이 연장된 경우라면 부지임대료 항목 또한 설계변경이 가능할 것이며, 부지임대료가 1식단가로 작성되어 있다고 하더라도 해당 구성내용이 변경되는 경우이므로 계약금액을 조정하는 것이 타당할 것입니다. 다만, 구체적인 경우가 이에 해당하는지 여부는 당해 기관의 계약서에 첨부된 계약문서의 내용에 따른 사실 판단에 관한 사항으로서 설계변경 등 계약금액조정의 원인이 되는 모든 행위는 발주기관의 계약담당공무원이 결정의 권한을 가지고 있으므로 계약담당공무원이 설계서 및 공사현장 여건, 공사관련 법령 등을 종합적으로 살펴 직접 판단해야 할 사안입니다.

공사계약에서 설계단가와 공사업체의 실시공단가의 금액이 너무 차이나는 경우 설계변경이 가능한지
2022-10-24

◉ 질의내용

지방조달청과 계약체결하여 전기공사를 시공중인 업체입니다. 설계단가(71,000원/2021년4월 물가정보) => 시공단가는(150,000원/2022년8월 물가정보)으로 가격 차이가 2배이상입니다. 이렇게 공사를 하게되면 손실이 너무 커서 설계변경이 가능한지 질의드립니다.

◉ 답변내용

[질의요지] 공사계약에서 설계단가와 공사업체의 실시공단가의 금액이 너무 차이나는 경우 설계변경이 가능한지

[답변내용] 정부계약은 확정계약이 원칙이나, 민법상 사정변경의 원칙을 반영하여 「국가를 당사자로 하는 계약에 관한 법률 시행령」제64조, 제65조 및 제66조의 규정에 의한 물가변동, 설계변경 및 기타 계약내용 변경으로 인한 경우에만 할 수 있다 할 것입니다.

따라서, 동 시행령 제65조에 의한 설계서의 변경사유가 발생된 경우에는 설계변경이 가능하다 할 것이나, 설계서에서는 누락되지 않고, 설계서에 속하지 아니하는 예정가격조서나 산출내역서 상의 비목이나 품목의 단가에 대한 과다 또는 과소계상 혹은 누락, 예정가격 작성의 참고자료인 품셈의 변경이나 적용의 오류, 발주기관이나 계약상대자가 예정가격이나 입찰금액을 산정하기 위하여 작성하는 일위대가표, 수량산출서나 단가산출서의 누락이나 오류로는 설계변경과 이에 따른 계약금액을 조정할 수 없다 할 것인 바, 귀하의 질의 경우는 설계서 변경이 아닌 동 시행령 제66조의 규정에 의한 물가변동에 따른 계약금액 조정 여부로 검토하여 처리하는 것이 적절할 것으로 보입니다.

4장 계약금액 조정

공사계약일반조건-설계변경:설계서간의 상호 모순 혹은 설계서의 오류로 판단가능한지 여부
2021-01-11

■ 질의내용

『설계서간의 상호모순』 혹은 『설계서의 오류』로 판단가능한지 여부

1. 개요 : 발주처가 교부한 물량내역서의 각 비목이 견적서를 반영하여 작성되었으되 ①견적서에서는 노무비/재료비/경비로 구분작성 되었으나 ②물량내역서에는 각 금액을 재료비란에만 작성된 건입니다.

2. 질의항목

① 설계서(시방서와 물량내역서)의 상호모순으로 판단가능 여부 : 시방서에는 각 비목이 노무비가 필요한 공정으로 설명되어 있습니다. 물량내역서에는 노무비가 필요없고 재료비만 적혀 있습니다. 이때 설계서간(시방서와 물량내역서) 상호모순이라 판단이 가능하여 설계변경 조건에 적합합니까?

② 설계서(물량내역서)의 오류 : 견적서에 노무비/재료비/경비로 구분작성되었으나 물량내역서에 반영시 노무비와 경비 금액도 재료비 항목에 반영된 경우, '물량내역서의 오류' 라 판단이 가능하여 설계변경 조건에 적합합니까?

■ 답변내용

[질의요지] 발주처가 물량내역서 작성시 견적서에는 노무비/재료비/경비로 구분작성 되었으나, 물량내역서에는 각 금액을 재료비란에만 작성된 경우 설계변경이 가능한지

[답변내용] 지방자치단체를 당사자로 하는 계약, 공기업과 준정부기관 및 공공기관의 계약에 관하여는 달리 정한 바가 있으면 그에 따라야 함을 알려 드립니다.

참고로, 국가기관이 체결한 공사계약에 있어서, 계약예규 「공사계약 일반조건」(이하 "일반조건" 이하 합니다) 제3조의 계약문서는 계약서, 설계서, 유의서, 공사계약일반조건, 공사계약특수조건 및 산출내역서로 구성되며, 상호보완의 효력을 가지는 것입니다. 계약상대자는 설계서에서 정한 대로 당해 목적물을 시공하여야 하는 것이며, 이때 설계서라 함은 공사시방서, 설계도면, 현장설명서 및 물량내역서(일반조건 제2조제4호 각목에 해당하는 경우 제외)를 말하는 것입니다.

계약담당공무원은 상기 설계서의 내용이 불분명하거나 누락·오류 또는 상호 모순되는 점이 있을 경우 등 일반조건 제19조제1항 각 호의 어느 하나에 해당하는 경우에 설계변경을 하고 해당 계약금액을 조정할 수 있는 것입니다. 하지만 상기 설계서 변경 없이 단지 수량산출서, 일위대가 상의 물량 또는 단가의 과소를 이유로 계약금액 조정을 할 수 없는 것입니다.

따라서 귀 질의 '발주기관 물량내역서 비목 또는 품목이 재료비, 노무비, 경비의 구분 없이 재료비에 산정' 된 경우 상기 규정의 설계서(공사시방서, 설계도면, 현장설명서 및 물량내역서) 변경 없이 물량내역서 단가만의 과소를 이유로 계약금액을 조정할 수 없는 것입니다.

또한 '설계서 간의 상호모순', '설계서의 오류'는 상기 규정의 설계서(공사시방서, 설계도면, 현장설명서 및 물량내역서)간의 불분명, 누락, 오류 및 서로가 모순되는 경우를 말합니다. 발주기관의 예정가격 작성을 위한 단가 적용 오류는 이에 해당되지 않는 것으로 봅니다. 구체적으로 어떠한 경우에 해당되는지는 계약담당공무원이 설계서 및 계약조건 등을 살펴 직접 판단하여야 할 것입니다.

공사용 가설전기(인입비, 전력요금)의 설계변경 가능여부
2021-06-08

■ 질의내용

국가계약법이 적용되는 OOO현장(300억이상, 종합심사낙찰제, 건축공사현장)의 공사용 가설전기(인입비, 전력요금)의 설계변경 가능여부 질의입니다.

[설계서 현황]

1) 일반시방서 : 시공 작업에 필요한 전기시설이나 전기는 수급인이 공급하고, 비용을 부담해야 한다.

2) 설계도서 : 명시없음

3) 물량내역서 : 내역없음

4) 계약특수조건 : 공사현장에 사용하는 전기 및 상수도 요금등 계약내역에 포함된 각종 공과금은 "공급자(계약상대자)"가 납부한다.

5) 현장현황 : 최선의 공사를 위해서 반드시 가설전기를 인입해야하는 경우임.

[건설사업관리기술자 의견] 시방서 및 계약특수조건에 수급인(계약상대자)이 가설전기의 공급 및 비용부담을 명시하고 있으니 설계변경 대상이 아니고 비용을 수급인(시공사)에서 부담해야 함.

[시공사 의견] 시방서에 수급인이 가설전기의 공급 및 비용부담을 명시하고 있으나 물량내역서에 해당 비목이 미반영되어 있어 설계도서 불일치에 따른 설계변경 대상으로 설계변경(시방서와 물량내역서를 일치) 및 설계변경으로 인한 계약금액의 조정이 필요함 (가설전기 인입비용 및 전력요금)

[질의내용] 공사용 가설전기(인입비, 전력요금)의 설계변경 가능여부를 문의드립니다.

4장 계약금액 조정

▣ 답변내용

[**질의요지**] 공사용 가설전기(인입비,전력요금)의 설계변경 가능여부

[**답변내용**] 국가기관이 당사자가 되는 공사계약에서 계약담당공무원은 설계서(국가기관이 설계서를 작성하여 입찰자에게 제공한 경우에는 공사시방서, 설계도면, 현장설명서와 물량내역서)의 내용이 불분명하거나 누락·오류 또는 상호 모순되는 점이 있을 경우 등 계약예규 공사계약일반조건(이하 "일반조건"이라 합니다) 제19조제1항 각 호의 어느 하나에 해당하는 경우에 설계변경을 하고 일반조건 제20조에 따라 해당 계약금액을 조정할 수 있다 할 것입니다.

그러나, 설계서에서는 누락되지 않고, 설계서에 속하지 아니하는 예정가격조서나 산출내역서 상의 비목이나 품목의 단가에 대한 과다 또는 과소계상 혹은 누락, 예정가격 작성의 참고자료인 품셈의 변경이나 적용의 오류, 발주기관이나 계약상대자가 예정가격이나 입찰금액을 산정하기 위하여 작성하는 일위대가표, 수량산출서나 단가산출서의 누락이나 오류로는 설계변경과 이에 따른 계약금액을 조정할 수 없다 할 것입니다. 다만, 귀하의 질의 경우가 구체적으로 이 경우에 해당하는지 여부는 당해 기관의 계약서에 첨부된 계약문서의 내용에 따른 사실 판단에 관한 사항으로서 설계변경 등 계약금액조정의 원인이 되는 모든 행위는 발주기관의 계약담당공무원이 결정의 권한을 가지고 있으므로 조달청(또는 기획재정부)의 유권해석대상이 아니며, 계약담당공무원이 설계서 및 공사현장 여건, 공사관련 법령 등을 종합적으로 살펴 직접 판단해야 할 사안입니다. 해당공사의 감리를 수행하는 건설기술관리법령상 건설산업관리기술자 또는 감리원은 계약예규 「공사계약일반조건」 제2조제3호의 규정에 의하여 공사계약에서 감독권한을 대행하는 공사감독관으로서 설계변경에 대한 권한을 가지고 있는 것은 아닙니다.

한편, 상기 사유로 계약금액을 조정할 경우에는 각 중앙관서의 장 또는 그 위임·위탁을 받은 공무원은 「국가를 당사자로 하는 계약에 관한 법률」 제5조에 따라 서로 대등한 입장에서 당사자의 합의에 따라 하여야 하며, 관계법령에 규정된 계약상대자의 계약상 이익을 부당하게 제한해서는 아니 될 것인 바, 계약상대자의 정당한 요구에 대하여 발주기관의 판단에 이의가 있는 경우라면, 발주기관(또는 상급기관)에 이의제기, 감사기관에 감사청구, 민사소송 등을 통해 처리해야 할 것입니다.

참고로, 「국가를 당사자로 하는 계약에 관한 법률」 제5조에 정한 바와 같이 발주기관의 국가계약법령에 규정된 계약상대자의 계약상 이익을 부당하게 제한하는 특약 또는 조건이 아닌 한 이를 정할 수 있으며, 부당특약의 경우에는 효력이 없습니다. 부당특약에 해당되는지의 여부는 관계법령에 정한 바에 따라 결정될 사항이며, 부당하게 제한하는 것이 아닌 계약의 성실한 이행을 위하여 정한 특약사항은 계약시 체결된 계약서의 내용에 따라 이행되어야 하는 것입니다. 다만, 구체적인 경우에서의 특수조건의 설정가능여부에 대해서는 발주기관의 계약담당공무원이 해당 계약목적물의 특성과 입찰안내서 내용 및 계약체결상황, 관련 규정 등을 종합고려하여 판단·결정할 사항입니다.

.... 제2절 설계변경에 의한 조정

공사용 자재 직접구매(관급자재)대상을 사급자재로 적용 가능한지에 대한 질의
2022-05-09

▣ 질의내용

질의내용 : 공공기관이 발주로 시공 중에 있는 건설현장입니다. 건설공사를 진행 중 설계변경하여 즉시 시행을 해야 후속공정의 원활한 진행 및 공사기간 지연이 발생하지 않는 여건입니다. 하지만, 설계변경으로 인해 관급자재(레미콘, 스틸그레이팅)대상의 신규자재가 발생하였으며, 관급자재(레미콘, 스틸그레이팅) 금액은 항목별로 4천만원을 초과하여 "중소기업제품 구매 촉진 및 판로지원에 관한 법률"에 따라 관급자재로 적용하여야 하나, 이 경우 발주절차(경쟁입찰 등)으로 인해 관급자재로 공급하기에는 적정시기에 공급하기 어려운 여건입니다. 따라서, 관급자재(공사용 자재 직접구매)대상을 사급자재로 전환 가능유무 및 사급자재로 전환 가능 시 필요한 절차(발주기관에서 필요한 절차)에 대해 질의 드립니다.

▣ 답변내용

[질의요지] 공공기관이 발주 공사현장에서 공사용 자재 직접구매(관급자재)대상을 사급자재로 적용 가능한지 여부

[답변내용] 공공기관의 계약사무를 처리할 때에는 기타공공기관의 경우에는 「기타 공공기관 계약사무 운영규정」을 적용하고 공기업·준정부기관일 경우에는 「공기업·준정부기관 계약사무규칙」을 적용하여야 하며, 동 규정 및 규칙에서 규정하지 아니한 사항은 국가계약법을 준용하여 처리해야 합니다. 또한 국가계약법령해석에 관한 내용이 아닌 계약체결 내용과 관련된 사실판단에 관한 사항에 대하여는 해당 입찰공고를 하여 계약을 체결한 발주기관에서 해당 관련 규정 등을 종합고려하여 판단할 사항입니다.

참고로, 국가계약은 국가기관의 청약과 계약상대자의 승낙을 통하여 계약서의 형태로 체결되며, 동 계약서는 계약당사자가 계약조건을 합의한 것으로 볼 수 있으므로 당해 계약서에 첨부된 계약조건을 기준으로 계약당사자는 관련 업무를 처리하는 것이 타당할 것입니다(해당 계약문서 제1조 참조). 따라서, 공사계약에 있어 계약담당공무원이 계약예규 공사계약일반조건 제19조의6(소요자재의 수급방법 변경)제1항의 규정에 따라 당초 발주처에서 공급키로 한 관급자재가 설계변경과정에서 그 물량이 증가된 경우 적기공급이 어려워 증가된 물량에 대해서는 관급자재로 하지 않고 사급자재로 설계변경을 할 수 있습니다. 동조제5항에 따라 동조제2항 및 제4항에 의하여 추가되는 관급자재를 사급자재로 변경하거나 사급자재를 관급자재로 변경한 경우에는 동 일반조건 제20조에 정한 바에 따라 계약금액을 조정하여야 합니다. 다만, 구체적인 것은 발주기관의 계약담당공무원이 관련 규정과 시공상황등의 사실관계를 직접 확인하여 처리할 사항입니다.

4장 계약금액 조정

과업지시서와 산출내역서가 다른 경우 계약금액 조정이 가능한지
2022-07-18

■ 질의내용

관공서 용역계약을 맺은 업체입니다. 저희가 계약한 용역계약 과업지시서상에는 특별청소항목이 기재되어있습니다. 하지만 산출내역서상에는 특별청소에 관한 비용이 기재되어있지않아 용역계약담당자분께 문의를 했습니다. 과업지시서상에는 특별청소가 표기되어 있으니 진행을 해야한다. 그에 따른 비용은 산출내역서에 반영해줄수 없고 변경계약을 진행해줄수도 없다. 라는 답변이 돌아왔습니다. 그에 따라 과업지시서와 산출내역서 중 무엇을 우선시하여 진행해야하는지 알고싶습니다.

■ 답변내용

[질의요지] 과업지시서와 산출내역서가 다른 경우 계약금액 조정이 가능한지

[답변내용] 국가기관이 당사자가 되는 용역계약에 있어 계약담당공무원은 계약예규 용역계약일반조건(이하 일반조건 이라 합니다) 제16조제1항 각호의 어느 하나에 해당하여, 과업내용의 변경을 지시하거나 승인한 경우, 국가를 당사자로 하는 계약에 관한 법률 시행령 제65조제1항 내지 제6항을 준용하여 계약금액을 조정할 수 있는 것입니다.

산출내역서는 과업지시서를 기준으로 낙찰금액에 맞게 작성하는 것이며, 일반조건 제4조 제1항에 의거 산출내역서는 계약금액의 조정 및 기성부분에 대한 대가의 지급시에 적용할 기준으로서 계약문서로서의 효력을 가지나 산출내역서와 과업지시서의 불일치는 계약금액 변경대상이 아니며, 과업내용의 변경이 없는 경우라면 계약금액 조정대상은 아닙니다.

.... 제2절 설계변경에 의한 조정

관급 토목공사 설계단가 산정 오류의 설계변경 가능여부
2022-12-14

▣ 질의내용

용수로 공사 현장입니다. 설계 당시 공사예정금액 공종별 단가 산정 시 사용하는 표준품셈 적용에 오류가 있어 공사금액에 문제가 있습니다. 관부설 시 PE관 부설 및 융착은 표준품셈에서 적용된 품을 적용하지 않았고 또한 2020년에 발주 했음에도 2017년 노임단가를 적용 공사단가를 작성하여 공사비가 현저하게 차이나고 있는 실정입니다. 또한 관부설을 하는 경우 9m, 6m, 5m, 4m, 3m, 2m, 1m등 관길이가 각기 다름에도 불구하고 관부설 비용을 1.0m단위로 적용하여 관부설 1m인 경우 1개소 융착 비용이 1/6으로 줄어들게 되는 불합리한 실정입니다.

질문1. 국가를 당사자로 하는 계약에 관한 법률 시행령 제14조 물량내역서에 단가를 적어 제출한 계약서를 작성한 경우라도 물량내역서는 발주처에서 수량과 단위를 작성해서 주는 경우에 수량과 단위가 현장여건과 맞지 않다면 설계변경이 가능한지 궁금합니다.

▣ 답변내용

[**질의요지**] 표준품셈 적용 오류 및 산출내역서 단가를 과다 혹은 과소 계상한 경우 설계변경이 가능한지

[**답변내용**] 공공기관이 당사자가 되는 계약은 해당 계약문서, 공공기관의 운영에 관한 법령, 공기업·준정부기관 계약사무규칙이나 기타 공공기관 계약사무 운영규정(기획재정부 훈령) 등 해당 기관의 계약사무규정에 따라 계약업무를 처리하여야 할 것입니다.

참고로 국가기관이 설계서(공사시방서, 설계도면, 현장설명서, 공사기간의 산정근거 및 공종별 목적물 물량내역서를 말합니다. 이하 같습니다)를 작성하여 체결한 공사계약에서 계약상대자는 설계서에 정한 대로 계약 목적물을 시공하여야 합니다. 계약담당공무원은 설계서 내용이 불분명하거나 누락·오류 또는 상호 모순되는 점이 있을 경우 또는 발주기관이 설계변경이 필요하다고 인정할 경우 등 계약예규 「공사계약 일반조건」 제19조 제1항 각호의 어느 하나에 해당하는 경우 설계변경을 할 수 있습니다.

그러나 설계서에 속하지 아니하는 예정가격조서 혹은 산출내역서의 작성을 오기한 경우에는 설계변경 대상이 아닙니다. 또한 비목 또는 품목의 단가를 과다 과소 계상한 경우와 단가를 누락한 경우에도 설계변경 대상이 아닙니다. 그리고 예정가격이나 입찰금액을 산정하기 위하여 작성하는 일위대가표, 수량산출서, 단가산출서의 항목을 누락이나 오류가 있는 경우 또한 설계변경 대상이 아닙니다. 그 외에도 품셈기준 변경도 같은 이유로 계약금액 조정을 할 수 없습니다.

귀 질의의 경우 설계서가 아닌 표준품셈 적용오류는 상기 기준에서 정한 바와 같이 설계변경 대상이 아닙니다. 또한 비목이나 품목의 단가를 과다 또는 과소 계상한 경우 혹은 누락한 경우에도 설계변경 대상이 아닙니다. 하지만 귀 질의의 경우가 이에 해당하는지는 발주기관 계약담당공무원이 계약조건과 관련 규정을 참조하여 판단할 사항입니다.

4장 계약금액 조정

관급자재(레미콘)의 납품문제로 인한 설계변경 질의

2022-05-31

■ **질의내용**

관급자재 레미콘 300M3를 요청했는데 레미콘사의 시멘트 수급 문제로 인해 150M3씩 이틀동안 공급하겠다는 답변이 왔습니다. 그래서 시공사는 하루에 타설하는 물량을 이틀동안 타설을 해야하고, 그로인해 장비대금 및 작업자 노무비가 2배이상 들어가는 상황이 되고말았습니다. 이러한 경우 설계변경이 가능한지 문의드립니다.

■ **답변내용**

[질의요지] 설계변경이 가능 여부

[답변내용] 국가기관이 당사자가 되는 공사계약에서 계약담당공무원은 계약예규 공사계약일반조건 제19조제1항 각 호의 어느 하나의 사유가 있다고 판단하는 경우 설계를 변경하고, 설계변경으로 시공방법의 변경, 투입자재의 변경 등 공사량의 증감이 발생하는 경우에는 계약예규 공사계약일반조건(이하 일반조건 이라 합니다) 제20조에 따라 계약금액을 조정하는 것입니다.

일반조건 제20조의 계약금액의 조정은 설계변경을 전제로 하는 것입니다. 귀 질의 내용은 일반조건에서 정한 설계변경 사유에는 해당되지 않는 것으로 보이며, 설계의 변경도 없고 투입 자재의 증감도 없는 경우에는 계약금액 조정은 가능하지 않은 것입니다. 다만, 개별 계약건에서 구체적인 계약금액 조정 여부는 계약담당공무원이 설계변경 사유에 해당하는지, 계약조건 및 관련법령 등을 검토하여 사실 판단하여야 하는 것입니다.

규격누락으로 인한 설계변경

2022-12-06

■ **질의내용**

내역입찰공사 현장입니다. 하수처리장 외부방수(아스팔트 쉬트방수)는 표준품셈에 수직부와 바닥부로 구분하여 산출하게 명시되었으나 계약내역서 규격에는 T=2mm, 바닥부로만 반영되어 수직부를 구분하여 신규단가로 적용가능여부를 질의드립니다.

■ **답변내용**

[질의요지] 규격누락에 따른 설계변경

[답변내용] 국가기관이 당사자가 되는 공사계약에 있어 설계서의 내용이 불분명하거나 누락.오류 또는 상호 모순되는 점이 있을 경우 등 계약예규 공사계약일반조건(이하 일반조건 이라 합니다) 제19조제1항 각 호의 어느 하나에 해당하는 경우 설계변경을 하며, 이에 따라 수량의 증감 등이 발생하는 경우에는 일반조건 제20조에 따라 계약금액을 조정하는 것입니다.

다만, 설계서(일반조건 제2조제4호에 따른 발주기관이 제공하는 공사시방서, 설계도면, 현장설명서, 물량내역서)에 속하지 아니하는 예정가격조서나 산출내역서 상의 비목이나 품목의 단가에 대한 과다 또는 과소계상 혹은 누락, 예정가격 작성의 참고자료인 품셈의 변경이나 적용의 오류, 발주기관이나 계약상대자가 예정가격이나 입찰금액을 산정하기 위하여 작성하는 일위대가표, 수량산출서나 단가산출서의 누락이나 오류로는 설계변경과 이에 따른 계약금액을 조정할 수 없는 것입니다.

따라서 귀 질의 경우 오류 또는 설계서간 상호모순에 해당하는 경우라면 설계를 변경하고 계약금액을 조정할 수 있을 것으로 보이나, 개별 계약건에서 해당 계약체결 이후에 발생한 설계변경 가능여부의 판단은 구체적으로 설계변경의 귀책사유 여부(발주기관 요구, 계약상대자 책임여부) 및 해당 발주기관의 계약서에 첨부된 계약문서의 내용에 따른 사실 판단에 관한 사항으로서 설계변경 및 그에 따른 계약금액조정 시 단가적용 등, 모든 행위는 발주기관의 계약담당공무원이 결정의 권한을 가지고 있으므로 계약담당공무원이 설계서 및 공사현장 여건, 설계자의 의견, 관련법령 등을 종합적으로 검토하여 직접 판단, 결정하여야 하는 것입니다.

4장 계약금액 조정

| 기본설계서(도면, 내역서) 누락 및 설계 부적합 규격에 대한 설계변경 대상여부 질의 | 2022-01-24 |

■ 질의내용

당 사는 ○○공사(공기업)이 물품(제조)구매입찰공고한 ○○구축사업 건을 일반경쟁, 총액입찰, 협상에 의한 계약방식으로 사업을 수주하여 시공 중인 회사입니다.

계약 후 납품·시공을 위한 설계 검토 과정에서 공사시방서(규격서), 설계도면, 산출내역서 등에 전원선 및 접지선 등 시공 물량이 누락되거나 현장여건에 부적합한 규격이 적용되는 등 문제점이 발견되어 절차에 따라 공사감독관(감리단 경유)에게 설계변경 요청하였으나

담당 감독관은 "상기 내용은 설계변경 요건에 맞지 않다"는 답변을 들었습니다.

상기 내용에 대한 설계변경 가능여부를 문의드립니다.

■ 답변내용

[질의요지] 공기업과 체결한 물품(제조)구매계약의 설계변경 가능여부

[답변내용] 공공기관의 계약사무를 처리할 때에는 기타공공기관의 경우에는 「기타 공공기관 계약사무 운영규정」을 적용하고 공기업·준정부기관일 경우에는 「공기업·준정부기관 계약사무규칙」을 적용하여야 하며, 동 규정 및 규칙에서 규정하지 아니한 사항은 국가계약법을 준용하여 처리해야 합니다. 또한 국가계약법령해석에 관한 내용이 아닌 계약체결 내용과 관련된 사실판단에 관한 사항에 대하여는 직접 해당 입찰공고하여 계약을 체결한 발주기관에서 해당 관련 규정 등을 종합고려하여 판단해야 할 사항입니다.

참고로, 정부계약은 확정계약이 원칙이나, 민법상 사정변경의 원칙을 반영하여 「국가를 당사자로 하는 계약에 관한 법률 시행령」 제64조(물가변동으로 인한 계약금액조정), 제65조(설계변경으로 인한 계약금액조정), 제66조(기타계약내용의 변경으로 인한 계약금액조정)의 사유로는 계약금액을 변경할 수 있도록 하고 있습니다. 따라서, 물품(제조)구매계약의 경우에서 동 시행령 제65조에 의한 설계변경사유가 발생된 경우에는 동조제7항에 의하여 공사계약의 경우를 준용하여 설계변경이 가능하다 할 것입니다.

다만, 개별 계약건에서 구체적으로 이 경우에 해당하는지 여부는 당해 기관의 계약서에 첨부된 물품규격서의 내용에 따른 사실 판단에 관한 사항으로서 설계변경 등 계약금액조정의 원인이 되는 모든 행위는 발주기관의 계약담당공무원이 결정의 권한을 가지고 있으므로 계약담당공무원이 해당 물품규격서 및 계약이행 여건, 관련 법령 등을 종합적으로 살펴 직접 판단해야 할 사항입니다.

한편, 국가계약은 국가기관의 청약과 계약상대자의 승낙을 통하여 계약서의 형태로 체결되며, 동 계약서는 계약당사자가 계약조건을 합의한 것으로 볼 수 있으므로 당해 계약서에 첨부된 계약조건을 기준으로 계약당사자는 관련 업무를 처리하는 것이 타당할 것입니다.

내역입찰 비목누락 설계변경 가능여부

2021-01-25

■ 질의내용

본 공사는 적격심사대상 내역입찰 대상공사(공공기관 계약)입니다.

질의) 공종명에서 2.1 절삭 누락시 설계변경 가능 여부? 공 종 규 격 1. 절삭후 덧씌우기 포장 1.1 절삭 후 아스팔트 덧씌우기, T=70mm,B=3.0m이상, (절삭 내역반영)

2. 절삭후 덧씌우기 포장 2.1 아스팔트 덧씌우기, T=70mm,B=3.0m이상, (절삭 내역누락)

실지 설계내역 일위대가 구성 검토결과 1.1은 절삭반영, 2.1 절삭은 누락되어 있어 설계변경이 가능한지 문의 드립니다.

■ 답변내용

[질의요지] 내역입찰 비목 누락 시 설계변경 가능 여부 질의

[답변내용] 지방자치단체를 당사자로 하는 계약, 공기업과 준정부기관 및 공공기관의 계약에 관하여는 달리 정한 바가 있으면 그에 따라야 함을 알려 드립니다.

국가기관이 당사자가 되는 공사계약에 있어서 계약담당공무원은 계약예규 공사계약일반조건(이하 일반조건이라 합니다) 제19조제1항 각 호의 어느 하나에 해당하는 경우에는 설계변경을 하고 해당 계약금액을 조정할 수 있는 것입니다.

설계서에 누락.오류가 있는 경우에는 일반조건 제19조의2 제2항에 따라 그 사실을 조사 확인하고 계약목적물의 기능 및 안전을 확보할 수 있도록 설계서를 보완하여야 하며, 설계도면과 공사시방서는 서로 일치하나 물량내역서와 상이한 경우 설계도면과 공사시방서에 물량내역서를 일치시키고, 설계도면과 공사시방서가 상이한 경우로서 물량내역서가 설계도면과 상이하거나 공사시방서와 상이한 경우에는 설계도면과 공사시방서중 최선의 공사시공을 위하여 우선되어야 할 내용으로 설계도면 또는 공사시방서를 확정한 후 그 확정된 내용에 따라 물량내역서를 일치시키는 설계변경을 할 수 있는 것입니다.

다만, 설계서에 속하지 아니하는 예정가격조서나 산출내역서 상의 비목이나 품목의 단가에 대한 과다나 과소계상 혹은 누락, 예정가격(입찰금액) 작성의 적용의 오류, 발주기관이나 계약상대자가 예정가격이나 입찰금액을 산정하기 위하여 작성하는 일위대가표, 수량산출서나 단가산출서의 누락이나 오류로는 설계변경과 이에 따른 계약금액을 조정할 수 없는 것입니다.

따라서, 귀 질의의 내용이 설계서(도면, 시방서, 물량내역서, 현장설명서 등) 누락에 해당될 경우에는 이를 보완하는 설계변경이 가능할 것이나, 해당 공사가 이에 해당하는지에 관한 개별사안의 판단은 설계서, 계약조건 및 기타 제반여건 등을 고려하여 계약담당공무원인 직접 하여야 합니다.

녹색인증/BF인증/에너지효율등급인증과 관련하여 준공후 추가요청 발생시 처리방법
2021-05-27

▣ 질의내용

당 현장은 국가기관이 당사자가 되는 공사계약이며, 계약방식은 종합심사낙찰제의 물량수정허용공종(금속.창호.유리.도장.미장.쓰레기이송설비.지중열교환기설치.장비설치.우수처리시설) 적용대상이며 차수별 장기계속공사 입니다. 질의 내용은 녹색인증/BF인증/에너지효율등급인증 관련 입니다. 당현장 준공일은 2021년 5월 10일이며, 준공일 이후(7월경)의 녹색인증/BF인증/에너지효율등급인증 관련 심사를 거쳐 필증을 수령할 예정입니다. 인증 심사시 당초 발주처와의 계약 내역외 공사가 발생시 발주처에 실정보고후 설계변경이 가능한지 문의드립니다. 만약 준공일 이후의 설계변경이 힘들경우 간접비 감액 정산금액으로 추가공사 금액을 받을수 있는지도 문의드립니다.

▣ 답변내용

[질의요지] 녹색인증/BF인증/에너지효율등급인증과 관련하여 준공후 추가요청 발생시 처리방법

[답변내용] 국가기관이 당사자가 되는 공사계약에서 「국가를 당사자로 하는 계약에 관한 법률 시행령」 제65조(설계변경으로 인한 계약금액의 조정)의 규정에 정한 바에 따라 계약금액을 조정할 수 있다 할 것입니다. 이 규정에 의한 과업내용 변경은 당해 설계변경이 필요한 부분에 대한 계약상대자의 이행이 이루어지기 전에 하는 것이며, 이로 인한 동 계약금액의 조정은 불가피한 사유가 있는 경우라도 준공대가(장기계속공사계약인 경우에는 당해 차수준공대가) 지급신청전까지(감액의 경우는 지급전까지) 변경계약을 하여야 가능할 것입니다.

설계변경으로 인한 계약금액의 조정은 공사의 이행도중 당초 계약내용의 일부를 변경하는 것으로서 그 성격상 계약의 본질을 해치지 않는 범위내에서만 인정된다고 볼 것인 바, 해당 공사내역을 변경하고자 하는 경우 이를 당초 공사의 설계변경으로 볼 것인지 또는 새로운 계약을 체결할 지의 여부는 당초 공사의 본질이 변경되는지의 여부 및 계약금액의 변경정도 등을 종합적으로 고려하여 직접 판단해야 할 것입니다. 구체적인 것은 당해 기관의 계약서에 첨부된 계약문서의 내용에 따른 사실 판단에 관한 사항으로서 설계변경 등 계약금액조정의 원인이 되는 모든 행위는 발주기관의 계약담당공무원이 결정의 권한을 가지고 있습니다.

단가계약 수량 초과에 따른 계약변경 가능 범위 질의

2022-05-11

▣ 질의내용

계약 일반조건에 따르면 10%를 초과할 경우에는 계약상대자와 합의 하에 계약변경을 해야하는 것으로 알고있습니다. 그 범위가 어느정도인 지 궁금합니다. 예를 들어, A품목을 100개 계약을 했었는데, 추가 수량이 100개 더 필요할 경우에도 계약변경을 해도 되는 것인 지 아니면 이럴 경우에는 새로이 공고를 시행해야하는 지 궁금합니다. 새로이 공고를 해야한다면 그 기준은 어느정도인 지 궁금합니다.

▣ 답변내용

[질의요지] 단가계약 물품의 수량 증가에 따른 변경계약

[답변내용] 국가기관이 당사자가 되는 물품계약에 있어 계약담당공무원은 물품의 수급상황 등을 고려하여 부득이하다고 판단되는 경우에는 계약예규 물품구매(제조)계약일반조건 제9조에 따라 계약상대자의 동의를 얻어 100분의 10 범위를 초과하여 계약수량을 변경할 수 있습니다.

변경계약은 당초 예상하지 못하였던 사항이 발생하는 경우로서 당초 계약내용의 본질을 벗어나지 않고 수량이 과도하게 늘어나서는 곤란할 것입니다. 물량이 과도하게 증가하는 경우라면 새로운 계약절차에 따르는 것이 적절할 것으로 봅니다.

다만, 과도한 물량에 대한 범위가 별도로 정해진 바가 없고, 새로운 공고 시 단가의 하락 등 국가에 유리한 조건이 개별 건마다 다를 수 있기 때문에 변경계약을 할 것인지, 새로운 입찰에 부칠 것인지는 계약담당공무원이 물품의 동일성, 증가된 물량의 규모, 관련 법령, 계약조건 등을 고려하여 직접 판단하는 것입니다.

단가산출서 오류의 경우 설계변경이 가능한지

2022-11-24

▣ 질의내용

당 현장의 하수관로 공정 중 모래부설이 있으며, 내역서, 시방서, 도면에 모래로 표기되어 있음. (강모래, 부순모래에 대한 언급은 없음) 단가산출서의 자재품목에 강모래 단가를 적용 함. 강모래를 사용 중 해당지역의 강모래 수급이 불가하여 부순모래로 변경하여 시공함. (강모래 납품업체로부터 강모래 납품 불가 공문 접수하였음)

갑 설 : 단가산출서에 강모래로 되어있기 때문에 부순모래를 사용하면 단가를 변경해야 된다.

을 설 : 설계서에 속하지 아니하는 단가산출서의 품목 단가에 대한 과다나 과소계상은 단가변경 대상이 아니다. (공사계약 일반조건)

질 의 : 사급자재 모래를 부순모래로 사용할 경우 단가변경의 대상이 되는지 질의합니다. 단가변경의 대상이 되는지 질의합니다.

▣ 답변내용

[질의요지] 단가산출서 오류의 경우 설계변경이 가능한지

[답변내용] 공공기관이 당사자가 되는 계약은 해당 계약문서, 공공기관의 운영에 관한 법령, 공기업·준정부기관 계약사무규칙이나 기타 공공기관 계약사무 운영규정(기획재정부 훈령) 등 해당 기관의 계약사무규정에 따라 계약업무를 처리하여야 할 것입니다.

참고로 국가기관이 설계서(공사시방서, 설계도면, 현장설명서, 공사기간의 산정근거 및 공종별 목적물 물량내역서를 말합니다. 이하 같습니다)를 작성하여 체결한 공사계약에서 계약상대자는 설계서에 정한 대로 계약 목적물을 시공하여야 합니다. 계약담당공무원은 설계서 내용이 불분명하거나 누락·오류 또는 상호 모순되는 점이 있을 경우 또는 발주기관이 설계변경이 필요하다고 인정할 경우 등 계약예규 「공사계약 일반조건」 제19조 제1항 각호의 어느 하나에 해당하는 경우 설계변경을 할 수 있습니다.

그러나 설계서에 속하지 아니하는 예정가격조서 혹은 산출내역서 작성 오기는 설계변경 대상이 아닙니다. 또한 비목 또는 품목의 단가를 과다 과소 계상한 경우와 단가를 누락한 경우에도 설계변경 대상이 아닙니다. 그리고 예정가격이나 입찰금액을 산정하기 위하여 작성하는 일위대가표, 수량산출서, 단가산출서의 항목을 누락이나 오류가 있는 경우 또한 설계변경 대상이 아닙니다. 그 외에도 품셈기준 변경도 같은 이유로 계약금액 조정을 할 수 없습니다.

상기 기준에서 정한 바와 같이 단가산출서는 설계서에 해당하지 않습니다. 따라서 질의의 경우와 같이 단가산출서 오류는 설계변경 대상이 아닙니다. 하지만 이에 해당하는지는 발주기관 계약담당관이 계약조건과 관련 규정을 참조하여 판단할 사항입니다.

단가산출서상 단가구성항목 변경가능 여부

2022-09-21

▣ 질의내용

당 현장은 국가철도공단이 발주한 재해예방시설 설치공사로써 총액입찰 현장이며 현재 시공중에 있습니다. 내역서 공종중 "모터카 자재운반"의 단가산출서 구성항목이 ① 자재상차시 타이어크레인 사용료 ② 자재상차시 비계공, 보통인부 인건비 ③ 자재하차시 비계공, 보통인부 인건비 ④ 모터카 운반 의 조합으로 계약된 단가입니다.

질문내용으로는

1. 현장(역구내)에서는 자재상치시 전차선으로 인하여 타이어크레인을 사용할수 없고 모터카에 탑재된 크레인을 사용하여 상차를 하였기에 타이어크레인 사용료를 무조건 삭제해야 되는 것인지며,

2. ④모터카 운반의 재료비, 노무비, 경비는 설계당시 한국철도공사 보선장비 임대표에 의해 작성되었는데 실제 한국철도공사에 납부한 금액과는 다소 차이가 있어 실제 납부한 금액으로 단가를 변경해야 하는 것인지 입니다.

시공사가 계약한 단가며, 설계서의 변경없이 단가구성요소를 변경할수 없다는 주장과 단가도 실제 일한대로 변경해야된다는 주장으로 의견이 나누어져 있습니다.

▣ 답변내용

[질의요지] 단가산출서 구성항목의 오류는 설계변경이 가능한지

[답변내용] 공공기관이 당사자가 되는 계약은 해당 계약문서, 공공기관의 운영에 관한 법령, 공기업·준정부기관 계약사무규칙이나 기타 공공기관 계약사무 운영규정(기획재정부 훈령) 등 해당 기관의 계약사무규정에 따라 계약업무를 처리하여야 할 것입니다.

참고로 국가기관이 설계서(공사시방서, 설계도면, 현장설명서, 공사기간의 산정근거 및 공종별 목적물 물량내역서를 말합니다. 이하 같습니다)를 작성하여 체결한 공사계약에서 계약상대자는 설계서에 정한 대로 계약 목적물을 시공하여야 합니다. 계약담당공무원은 설계서 내용이 불분명하거나 누락·오류 또는 상호 모순되는 점이 있을 경우 또는 발주기관이 설계변경이 필요하다고 인정할 경우 등 계약예규 「공사계약 일반조건」 제19조 제1항 각호의 어느 하나에 해당하는 경우 설계변경을 할 수 있습니다.

그러나 설계서에 속하지 아니하는 예정가격조서 혹은 산출내역서의 작성을 오기한 경우에는 설계변경 대상이 아닙니다. 또한 비목 또는 품목의 단가를 과다 과소 계상한 경우와 단가를 누락한 경우에도 설계변경 대상이 아닙니다. 그리고 예정가격이나 입찰금액을 산정하기 위하여 작성하는 일위대가표, 수량산출서, 단가산출서의 항목을 누락이나 오류가 있는 경우 또한 설계변경 대상이 아닙니다. 그 외에도 품셈기준 변경도 같은 이유로 계약금액 조정을 할 수 없습니다.

질의의 경우 단가산출서 구성항목의 오류로 보입니다. 상기 규정에서 정하는 바와 같이 단가산출서는 설계서에 포함되지 않는 것입니다. 따라서 단가산출서의 항목 오류 설계변경에 의한 계약금액 조정대상이 아닌 것으로 봅니다.

단가적용 오류 설계변경 가능여부 문의
2021-03-25

■ 질의내용

국토교통부에서 발주한 OO단지 진입도로 건설공사는 입찰서에 산출내역서를 첨부하는 내역입찰 대상 공사이며, 최초 입찰 당시 토공사의 흙쌓기 중 노체, 노상의 단가(표준시장단가)가 서로 바뀌어 적용 되어있어 아래와 같이 변경하여 공사비를 감액 가능한지 문의

O 당초 – 노체 수량 300,000m3 X 1,893(노상 표준시장단가)원 = 금액 532백만원 – 노상 수량 70,000m3 X 1,448(노체 표준시장단가)원 = 금액 101백만원 – 총계 : 633백만원

O 변경 – 노체 수량 300,000m3 X 1,448(노체 표준시장단가)원 = 금액 434백만원 – 노상 수량 70,000m3 X 1,893(노상 표준시장단가)원 = 금액 133백만원 – 총계 : 567백만원

O 감액 금액 – 66백만원

■ 답변내용

[질의요지] 공사계약에서 단가적용 오류시 설계변경 가능여부

[답변내용] . 국가기관이 당사자가 되는 공사계약에서 계약예규 공사계약일반조건(이하 "일반조건"이라 합니다) 제1조에 정한 바와 같이 계약담당공무원과 계약상대자는 공사도급표준계약서(이하 "계약서"라 한다)에 기재한 공사의 도급계약에 관하여 제3조에 의한 계약문서에서 정하는 바에 따라 신의와 성실의 원칙에 입각하여 이를 이행하는 것입니다. 따라서, 계약담당공무원은 설계서(국가기관이 설계서를 작성하여 입찰자에게 제공한 경우에는 공사시방서, 설계도면, 현장설명서와 물량내역서)의 내용이 불분명하거나 누락·오류 또는 상호 모순되는 점이 있을 경우 등 계약예규 공사계약일반조건(이하 "일반조건"이라 합니다) 제19조제1항 각 호의 어느 하나에 해당하는 경우에 설계변경을 하고 일반조건 제20조에 따라 해당 계약금액을 조정할 수 있다 할 것입니다.

그러나, 설계서에서는 누락되지 않고, 설계서에 속하지 아니하는 예정가격조서나 산출내역서 상의 비목이나 품목의 단가에 대한 과다 또는 과소계상 혹은 누락, 예정가격 작성의 참고자료인 품셈의 변경이나 적용의 오류, 발주기관이나 계약상대자가 예정가격이나 입찰금액을 산정하기 위하여 작성하는 일위대가표, 수량산출서나 단가산출서의 누락이나 오류로는 설계변경과 이에 따른 계약금액을 조정할 수 없다 할 것입니다. 다만, 귀하의 질의 경우가 구체적으로 이 경우에 해당하는지 여부는 당해 기관의 계약서에 첨부된 계약문서의 내용에 따른 사실 판단에 관한 사항으로서 설계변경 등 계약금액조정의 원인이 되는 모든 행위는 발주기관의 계약담당공무원이 결정의 권한을 가지고 있으므로 계약담당공무원이 설계서 및 공사현장 여건, 공사관련 법령 등을 종합적으로 살펴 직접 판단해야 할 사안입니다. 또한, 「국가를 당사자로 하는 계약에 관한 법률 시행규칙」 제42조 제1항에 따라 입찰참가자가 제출하는 입찰서(동 시행규칙 별지 제5호 서식)에서는 입찰참가자가 해당 입찰서상의 입찰금액으로 계약을 이행할 것을 확약하도록 규정하고 있는 바, 계약금액의 사후정산은 원칙적으로 「국가를 당사자로 하는 계약에 관한 법률」 제23조의 개산계약 및 동법 시행령 제73조의 사후원가검토조건부계약으로 체결한 경우에 가능한 것이며, 해당 계약특수조건 등에 사후정산조건을 정하거나 개별법에서 정산하도록 규정된 경우에도 정산이 가능할 것입니다.

참고로, 설계변경등의 사유로 계약금액을 조정할 경우에는 「국가를 당사자로 하는 계약에 관한 법률」 제5조에 따라 서로 대등한 입장에서 당사자의 합의에 따라 하여야 하며, 각 중앙관서의 장 또는 그 위임·위탁을 받은 공무원은 관계법령에 규정된 계약상대자의 계약상 이익을 부당하게 제한해서는 아니 될 것인 바, 계약상대자의 정당한 요구에 대하여 발주기관의 판단에 이의가 있는 경우라면, 발주기관(또는 상급기관)에 이의제기, 감사기관에 감사청구, 민사소송 등을 통해 처리해야 할 것입니다.

4장 계약금액 조정

도면과 내역이 상이한 경우 설계변경여부

2022-10-13

■ **질의내용**

군청 발주 공사중 도면과 내역의 상이한 부분이 발견되어 설계변경 가능 여부 문의 드립니다.
1. 도면 – UTP 케이블 옥내 포설 2. 내역 – UTP 케이블 옥외 포설 3. 설계사 확인 – UTP 케이블 옥내 포설이 맞음.
도면대로 시공을 해야되는 상황이며 인건비가 약 3배 차이가 납니다.
신규비목 – UTP 케이블 옥내포설을 추가하여 설계변경 가능한지 확인 부탁드립니다.

■ **답변내용**

[질의요지] 설계도면과 물량내역이 상이한 경우 설계변경이 가능한지

[답변내용] 국가기관을 당사자로 하는 공사 계약에서 계약상대자는 계약예규 「공사계약 일반조건」(이하 '일반조건'이라 합니다) 제19조의2 제1항에 따라 공사 이행 중 설계서(공사시방서, 설계도면, 현장설명서, 공사기간의 산정근거 및 물량내역서를 말합니다. 이하 같습니다) 내용이 불분명하거나 누락·오류 및 설계서간 상호모순 등이 있을 때에는 해당 공사부분의 이행 전에 이를 분명히 한 서류를 작성하여, 계약담당공무원과 공사감독관에게 동시에 이를 통지하여야 합니다.

계약담당공무원은 설계서에 누락·오류가 있는 경우에는 그 사실을 조사 확인하고 계약목적물의 기능 및 안전을 확보할 수 있도록 설계서를 보완하여야 합니다. 이에 따라 설계서 내용이 불분명한 경우(설계서만으로는 시공방법, 투입자재 등을 확정할 수 없는 경우)에는 설계자의견 및 발주기관이 작성한 단가산출서 또는 수량산출서 등의 검토를 통하여 당초 설계서에 의한 시공방법·투입자재 등을 확인한 후에 확인된 사항대로 시공하여야 하며, 이 경우 일반조건 제20조에 의한 계약금액조정은 하지 아니하며, 확인된 사항과 다르게 시공하여야 하는 경우 설계서를 보완하고, 계약금액을 조정하여야 하는 것입니다.

그리고 설계도면과 공사시방서는 서로 일치하나, 물량내역서와 상이한 경우에는 설계도면 및 공사시방서에 물량내역서를 일치하여야 하는 것입니다. 또한 설계도면과 공사시방서가 상이한 경우로서 물량내역서가 설계도면과 상이하거나, 공사시방서와 상이한 경우에는 설계도면과 공사시방서 중 최선의 공사시공을 위하여 우선되어야 할 내용으로 설계도면 또는 공사시방서를 확정한 후 그 확정된 내용에 따라 물량내역서를 일치하는 설계변경을 하는 것입니다.

질의의 경우 상기 규정과 같이 설계도면과 물량내역서가 상이한 경우 설계도면과 물량내역서를 일치시키는 설계변경을 하여야 할 것입니다.

레미콘타설 방법 변경에 따른 설계변경 가능 여부

2022-02-15

▣ 질의내용

○ 공사내용

- 공 사 명 : ○○공공하수처리시설 건설공사
- 입찰방식 : 종합심사낙찰제
- 공사금액 : 800억(VAT포함)

○ 질의 개요 당 현장은 종심제 방식으로 시공사가 선정된 현장이며, 하수처리장 전체가 전면 지하화로 설계되었습니다. 질의내용은 내역서 공종중 레미콘 타설 및 치기는 현장설명서에 펌프차붐 32m(규격 철근구조물(200㎥이상)), 표준시장단가로 표기 되어 있으며 도급내역서에도 펌프차붐 32m(규격 철근구조물(200㎥이상))로 명기되어 있으나 32m로 시공시 타설불가능 구간이 발생하여 전구간 타설이 가능한 펌프차 규격을 당초 32m를 변경 68m로 변경하여야 시공이 가능합니다.

○ 이견사항

- 설계사 : 물량내역서의 펌프차 붐 32m는 오기이며, 입찰시 해당 항목은 "표준시장단가"로 공고되었고, 표준시장단가에는 펌프차 붐 길이에 대한 규제가 없어 설계변경(증액)이 불가능 하다는 입장입니다.

- 시공사 : 물량내역서는 설계서로 설계서 오류는 설계변경 사항임. 레미콘 타설 및 치기는 현장설명서에 펌프차붐 32m로 표기되어 있으나, 32m로 시공시 타설불가능 구간이 발생하여 전구간 타설이 가능한 펌프차 규격 변경이 필요함으로 설계변경이 가능하다고 판단됩니다.(표준시장단가에 단가에대한 규정이 있음. 첨부 펌프차붐 단가 관련 검토사항)

▣ 답변내용

[질의요지] 표준시장단가가 적용된 공종의 설계서 작성 오류 또는 작업여건 상이로 인한 설계변경 가능 여부

4장 계약금액 조정

[답변내용] 국가기관이 당사자가 되는 시설공사 계약에 있어 계약담당공무원은 계약예규 「공사계약일반조건」(이하 "일반조건"이라 한다) 제19조제1항의 각호에 해당하는 경우 설계변경을 하며 그로 인한 계약금액 조정은 제20조제1항에 따라 증감된 공사량의 단가는 계약단가로, 신규비목에 대한 단가는 설계변경 당시를 기준으로 산정한 단가에 낙찰율을 곱한 금액으로 하는 것입니다. 다만 발주기관이 설계변경을 요구한 경우(계약상대자의 책임없는 사유로 인한 경우를 포함)에는 동조 제2항에 따라 설계변경당시를 기준으로 하여 산정한 단가와 동 단가에 낙찰율을 곱한 범위 안에서 성실히 협의하여 결정하되, 표준시장단가가 적용된 공사의 경우에는 동조 제3항에 따라 제2항에도 불구하고 다음 각호의 어느 하나의 기준에 의하여 계약금액을 조정하는 것입니다.

1. 증가된 공사량의 단가는 예정가격 산정시 표준시장단가가 적용된 경우에 설계변경 당시를 기준으로 하여 산정한 표준시장단가로 한다. 2. 신규비목의 단가는 표준시장단가를 기준으로 산정하고자 하는 경우에 설계변경 당시를 기준으로 산정한 표준시장단가로 한다.

따라서 표준시장단가를 적용한 경우로 설계서 작성 시의 오류로 인한 경우에는 일반조건 제19조의2에 따른 설계서의 오류로 인한 설계변경이 가능할 것이며, 해당 표준시장단가의 작업조건과 상이한 현장여건으로 인해 설계서의 변경 없이 시공이 불가능한 경우에는 일반조건 제19조의3에 따라 현장상태와 설계서의 상이로 인한 설계변경이 가능할 것으로 보입니다. 아울러 해당 공종은 일반조건 제20조제2항 내지 제3항에 따라 계약상대자의 책임없는 사유로 인한 경우로 신규비목이 품셈 등에 의한 단가라면 설계변경당시를 기준으로 하여 산정한 단가와 동 단가에 낙찰율을 곱한 범위 안에서 성실히 협의하여 결정하고 표준시장단가를 적용하는 경우라면 설계변경당시를 기준으로 산정한 표준시장단가로 함이 타당할 것입니다. 다만, 구체적인 경우가 이에 해당하는지 여부는 당해 기관의 계약서에 첨부된 계약문서의 내용에 따른 사실 판단에 관한 사항으로서 설계변경 등 계약금액조정의 원인이 되는 모든 행위는 발주기관의 계약담당공무원이 결정의 권한을 가지고 있으므로 계약담당공무원이 설계서 및 공사현장 여건, 공사관련 법령 등을 종합적으로 살펴 직접 판단해야 할 사안입니다.

물가변동으로 인한 계약금액 조정 후 발주처 사유로 인한 설계변경 시 적용단가 문의
2022-11-03

■ 질의내용

물가변동으로 인한 계약금액 조정 후 발주처 사유로 인한 공사수량 증가로 설계 변경을 하려고 합니다.

수량 증가분에 대한 단가를 당초 계약단가로 하는지 물가변동이 적용된 조정단가를 적용해야하는지 문의 드립니다.

품목조정율 입니다.

■ 답변내용

[질의요지] 물가변동으로 가격조정 후 설계변경시 단가 적용

[답변내용] 국가기관이 당사자가 되는 계약에 있어 계약금액의 조정은 국가를 당사자로 하는 계약에 관한 법률 시행령 제64조 내지 제66조의 사유에 해당하는 경우에 가능한 것으로 두 가지 이상의 사유가 발생하는 경우에는 발생시기에 따라 순차적으로 시행하여야 하는 것입니다. 따라서 물가변동에 따른 계약금액조정이 먼저 있는 경우라면 이후 설계변경 발생시 물량 증감 사항은 기 물가변동된 사항을 기준으로 설계변경에 반영하면 될 것이고, 또 다시 물가변동이 발생되면 설계변경된 사항을 포함한 물가변동조정기준일 현재 사항으로 물가변동에 적용하면 되는 것입니다.

물품 제조 구매를 위한 입찰에 따른 낙찰 이후 계약내용 변경 가능 여부 문의
2022-04-20

◪ 질의내용

최근 업무에 필요한 근무복 제작에 대한 입찰을 통해 특정업체와 계약을 체결하였는데 계약 이후 최초 입찰 공고 시에는 포함되지 않았던 새로운 복장이 추가되었습니다. 이럴 경우 기존 계약업체와의 계약서에 해당 물품만을 추가하여 구매할 수 있는지 아니면 신규 품목에 대해서는 새로운 입찰이 필요한지 문의드립니다.

◪ 답변내용

[질의요지] 물품 제조 구매를 위한 입찰에 따른 낙찰 이후 추가 물량 발생에 따른 계약내용 변경 가능 여부

[답변내용] 정부계약은 확정계약이 원칙이나, 민법상 사정변경의 원칙을 반영하여 「국가를 당사자로 하는 계약에 관한 법률 시행령」제64조(물가변동으로 인한 계약금액조정), 제65조(설계변경으로 인한 계약금액조정), 제66조(기타계약내용의 변경으로 인한 계약금액조정)의 사유로는 계약금액을 변경할 수 있도록 하고 있습니다. 따라서, 귀하의 질의 경우가 동 시행령 제65조에 의한 설계변경사유가 발생되었다고 판단된 경우에는 동조제7항에 의하여 공사계약의 경우를 준용하여 설계변경이 가능하다 할 것입니다. 다만, 구체적으로 이에 해당하는지 여부는 당해 기관의 계약서에 첨부된 물품규격서의 내용에 따른 사실 판단에 관한 사항으로서 설계변경 등 계약금액조정의 원인이 되는 모든 행위는 발주기관의 계약담당공무원이 결정의 권한을 가지고 있으므로 계약담당공무원이 해당 규격서 및 계약이행 상황, 관련 법령 등을 종합적으로 살펴 직접 판단할 사항입니다.

참고로, 설계변경으로 인한 계약금액의 조정은 해당 계약 이행도중 당초 계약내용의 일부를 변경하는 것으로서 그 성격상 계약의 본질을 해치지 않는 범위내에서만 인정된다고 볼 것인 바, 귀 질의와 같이 새로운 규격이 추가되는 경우 이를 당초 물품의 설계변경으로 볼 것인지 또는 새로운 계약을 체결할 지의 여부는 당초 물품의 본질이 변경되는지의 여부 및 계약금액의 변경정도 등을 종합적으로 고려하여 계약담당공무원이 직접 판단할 사항임을 알려드립니다.

물품 제조 계약의 설계내역서 상이로 인한 설계변경 가능 여부
2020-04-13

■ **질의내용**

금속제창 제작 및 납품현장 총액입찰
당사에서는 설계내역서와 계약내역사상 상이한점을 설계변경요청을 하였으나 반려하였습니다. 설계변경사유에 해당하는 사유가 아닙니까?

■ **답변내용**

[**질의요지**] 물품제조계약의 설계내역서 상이로 인한 설계변경 가능 여부

[**답변내용**] 국가기관이 당사자가 되는 공사계약에 있어 계약담당공무원은 「국가를 당사자로 하는 계약에 관한 법률 시행령」(이하 "시행령"이라 함) 제65조에 따라 설계변경으로 인하여 공사량의 증감이 발생하는 등의 사유가 발생한 경우 계약금액을 조정하는 것이며 동조 제7항에 따라 관련 규정은 제조·용역 등의 계약에 있어서 계약금액을 조정하는 경우에 이를 준용할 수 있습니다. 아울러 계약예규 「물품구매(제조)계약일반조건」(이하 "일반조건"이라 함) 제3조제1항에 따라 계약문서는 계약서, 규격서, 유의서, 물품구매계약일반조건, 물품구매계약특수조건 및 산출내역서 등으로 구성되는 것으로 산출내역서는 계약금액의 조정 및 기성부분에 대한 대가의 지급시에 적용할 기준으로 계약문서의 효력을 가지며, 일반조건 제11조의2제1항에 따라 물가변동으로 인한 계약금액의 조정 외의 경우로 다음 각 호의 어느 하나의 사유로 인하여 계약금액을 조정할 필요가 있는 경우에는 그 변경된 내용에 따라 실비를 초과하지 아니하는 범위내에서 이를 조정하는 것입니다. 1. 최저임금법에 다른 최저임금을 시간당 노무비 단가로 정한 경우에 최저임금이 변경된 경우 2. 기타 계약내용이 변경된 경우

이에 귀 질의의 물품제조계약의 경우로 시행령 제64조에 따른 물가변동으로 인한 계약금액 조정 외의 사유로 계약금액 조정이 필요한 경우, 시행령 제65조에 따른 설계변경으로 인한 계약금액 조정을 준용하거나 일반조건 제11조의2에 따른 기타 계약내용의 변경으로 인한 계약금액 조정에 따라 해당 계약의 계약금액을 조정할 수 있는 것이나 귀 질의의 설계내역서와 계약내역서가 상이한 경우에는 해당 설계내역서는 발주기관(또는 설계사)에서 예정가격작성을 위한 참고자료로 작성한 것으로 계약문서에 해당하지 않아 이로 인한 계약금액 조정은 어려운 것으로 보입니다. 다만 계약금액 조정에 대한 구체적인 사항은 당해 기관의 계약서에 첨부된 계약문서의 내용에 따른 사실 판단에 관한 사항으로서 설계변경 등 계약금액 조정의 원인이 되는 모든 행위는 발주기관의 계약담당공무원이 결정의 권한을 가지고 있으므로 해당 계약담당공무원이 계약문서, 관련법령 등을 종합적으로 고려하여 직접 결정하여야 할 사항임을 알려드립니다.

4장 계약금액 조정

| 보수보강 설계변경 및 반영여부 | 2021-06-07 |

▣ **질의내용**

1. 당 현장은 해안도로 및 OO부두 보강 시설공사로 OO부두 잔교구간 하부슬라브에 복합섬유시트보강을 위해 공간작업비계를 설치하여 작업 중 염해 및 열화에 의한 손상이 설계도서와 일치하지 않고 구조물 손상이 심각하여 작업 중단 후 정밀안전진단을 의뢰한 결과 보수보강이 필요한 실정임.
2. 도급액 : 약 59억, 보수보강 증액 : 약17-20억 중 위와 같은 상황에서 공사계약일반조건 제19조3(현장상태와 설계서의 상이로 인한 설계변경)에 의거 설계변경 및 설계반영이 적합한지요?

▣ **답변내용**

[질의요지] 현장상태와 설계서의 상이에 따른 설계변경

[답변내용] 국가기관이 당사자가 되는 공사계약에서 계약담당공무원은 설계서(국가기관이 설계서를 작성하여 입찰자에게 제공한 경우에는 공사시방서, 설계도면, 현장설명서와 물량내역서)의 내용이 현장상태와 상이한 경우 등 계약예규 공사계약일반조건(이하 일반조건이라 합니다) 제19조제1항 각 호의 어느 하나에 해당하는 경우에 설계변경을 하고 일반조건 제20조에 따라 해당 계약금액을 조정하는 것입니다.

귀 질의의 경우 발주기관에서 교부한 설계서와 현장 상태가 상이한 경우에는 설계변경이 가능할 것으로 보이나 구체적으로 이에 해당하는지는 발주기관의 입찰안내서 및 계약조건 등에 의하여 계약당사자가 설계서 및 공사현장 여건, 공사관련 법령 등을 종합적으로 확인하여 직접 판단할 사항입니다.

그리고 변경금액이 과도하게 증액되는 경우에 계약담당공무원은 추가되는 업무의 당초 계약 연관성, 분리 시 예산절감 가능성 등 해당사업과 국가예산의 효율적 집행, 관련법령이나 조건 등을 고려하여 분리하여 변경계약으로 할 것인지 또는 새로운 계약으로 추진할 것인지를 검토하여야 할 것으로 봅니다.

설계공모 완료 후 과업내용 변경에 따른 계약업무

2022-07-01

◩ **질의내용**

2021년 4월 설계공모당선되어 2021년 12월까지 80%정도 실시설계용역 공정율 진행하였습니다. 2021년 12월 대지위치변경건으로 용역중지 후 2022년 5월 대지위치변경하여 다시 용역재개되었습니다. 기존 대지에 맞게 설계되어있던 건물을 새로운 대지에 맞춰 수정,보완하여 용역이 재개된 경우 과업내용변경에따른 변경계약을 진행할 수 있는지 알고싶습니다. 귀한 의견 부탁드립니다.

◩ **답변내용**

[질의요지] 용역 이행 중에 과업내용이 변경되는 경우 계약변경

[답변내용] 국가기관이 당사자가 되는 용역계약에 있어 계약담당공무원은 용역공정계획의 변경 등 계약예규 용역계약일반조건 제16조제1항 각 호의 어느 하나에 해당하는 경우에는 과업내용을 변경(추가, 삭제)하고 계약금액을 조정할 수 있습니다.

변경계약은 당초 예상하지 못하였던 사항이 발생하는 경우로서 당초 계약내용의 본질을 벗어나지 않는 추가업무나 연관이 있어 부득이 함께 진행하여야 할 특별업무인 경우에 하는 것이며, 이에 해당하지 않는 경우에는 새로운 계약절차에 따를 수도 있는 것입니다.

구체적인 경우에 있어서 과업내용에 따라 변경계약을 할 것인지, 새로운 입찰에 부칠 것인지는 계약담당공무원이 과업내용(당초, 변경), 관련 법령, 계약조건 등을 고려하여 직접 판단하는 것입니다.

설계도면변경에 따른 1식단가 내 수량 및 단가산출 설계변경 가능여부
2021-04-26

■ **질의내용**

당 현장은 ○○공사에서 발주한 △△시 안정적 맑은물공급시설공사로 계약이행 중 하천횡단부 강가시설 계획하상고 와 실제하상고의 불일치로 인해 하상구간 토피고 확보를 위해 관로 계획고변경 및 암판정에 의한 토질변경 상황입니다.

질의 : 관로계획고 변경 및 암판정으로 인한 토질변경에 따라 1식단가(하천횡단부 강가시설) 내 수량 및 단가변경(H-PILE천공 암판정에 따른 대가변경)이 가능한지 문의드립니다.

■ **답변내용**

[**질의요지**] 공공기관 발주 공사에서 설계도면변경에 따른 1식단가 내 수량 및 단가산출 설계변경 가능여부

[**답변내용**] 공공기관의 계약사무를 처리할 때에는 기타공공기관의 경우에는 「기타 공공기관 계약사무 운영규정」을 적용하고 공기업·준정부기관일 경우에는 「공기업·준정부기관 계약사무규칙」을 적용하여야 하며, 동 규정 및 규칙에서 규정하지 아니한 사항은 국가계약법을 준용하여 처리해야 합니다. 따라서, 귀하의 질의경우처럼 동 법령의 규정을 직접 적용받지 아니하는 기관이 체결하는 계약에 있어서는 자체 계약규정 및 관련법령 등에 따라 처리될 사항이며, 또한 국가계약법령해석에 관한 내용이 아닌 입찰공고(또는 계약체결) 내용과 관련된 사실판단에 관한 사항에 대하여는 해당 입찰공고를 한 발주기관에서 해당 관련 규정 등을 종합고려하여 판단해야 할 사항입니다.

참고로, 국가기관이 당사자가 되는 공사계약에서 계약담당공무원은 설계서(국가기관이 설계서를 작성하여 입찰자에게 제공한 경우에는 공사시방서, 설계도면, 현장설명서와 물량내역서)의 내용이 불분명하거나 누락·오류 또는 상호 모순되는 점이 있을 경우 등 계약예규 공사계약일반조건(이하 "일반조건"이라 합니다) 제19조제1항 각 호의 어느 하나에 해당하는 경우에 설계변경을 하고 일반조건 제20조에 따라 계약금액을 조정할 수 있다 할 것입니다.

이 경우 계약담당공무원은 일부 공종의 단가가 세부공종별로 분류되어 작성되지 아니하고 총계방식으로 작성(1식단가)되어 있는 경우에도, 설계도면이나 공사시방서가 변경되어 1식단가의 구성내용이 변경되는 때에는 일반조건 제20조제7항에 따라 변경되는 부분에 한하여 일반조건 제20조제1항부터 제6항까지에 따라 계약금액을 조정하여야 합니다. 1식단가 구성내용 중 변경되지 않는 부분은 해당 계약금액을 조정하지 아니하고 당초 금액을 그대로 적용하는 것입니다.

1식 단가 구성내용 중 변경되는 부분은 산출내역서 작성의 기초가 되는 것으로 계약상대자가 제출한 단가산출서나 일위대가표(일반조건 제52조 참조)상의 단가에 따르되 설계변경당시 이러한 단가산출서 등이 제출되어 있지 않은 경우라면, 발주기관의 단가산출서나 일위대가표상의 단가를 기준으로 해당 공종의 설계내역서 금액에 대한 산출내역서상 금액 비율 등을 적용하여 계약금액을 조정할 수 있을 것입니다.

그러나, 설계서에 속하지 아니하는 예정가격조서나 산출내역서 상의 비목이나 품목의 단가에 대한 과다 또는 과소계상 혹은 누락, 예정가격 작성의 참고자료인 품셈의 변경이나 적용의 오류, 발주기관이나 계약상대자가 예정가격이나 입찰금액을 산정하기 위하여 작성하는 일위대가표, 수량산출서나 단가산출서의 누락이나 오류로는 설계변경과 이에 따른 계약금액을 조정할 수 없다 할 것입니다.

다만, 귀하의 질의 경우가 구체적으로 이 경우에 해당하는지 여부는 당해 기관의 계약서에 첨부된 계약문서의 내용에 따른 사실 판단에 관한 사항으로서 설계변경 등 계약금액조정의 원인이 되는 모든 행위는 발주기관의 계약담당공무원이 결정의 권한을 가지고 있으므로 계약담당공무원이 설계서 및 공사현장 여건, 공사관련 법령 등을 종합적으로 살펴 직접 판단해야 할 사안입니다.

한편, 설계변경 등의 사유로 계약금액을 조정할 경우에는 「국가를 당사자로 하는 계약에 관한 법률」 제5조에 따라 서로 대등한 입장에서 당사자의 합의에 따라 하여야 하며, 각 중앙관서의 장 또는 그 위임·위탁을 받은 공무원은 관계법령에 규정된 계약상대자의 계약상 이익을 부당하게 제한해서는 아니 될 것인 바, 계약상대자의 정당한 요구에 대하여 발주기관의 판단에 이의가 있는 경우라면, 발주기관(또는 상급기관)에 이의제기, 감사기관에 감사청구, 민사소송 등을 통해 처리해야 할 것입니다.

4장 계약금액 조정

| 설계변경 가능여부 질의 | 2022-12-19 |

▣ 질의내용

◎ 사실관계
- 건축설계 용역을 체결하여 수행 중 발주사 사정(사업부지 재검토)로 인해 용역 일시중지
- 발주사 사정으로 건축설계 대상 사업부지를 변경 : 사업규모 및 과업범위는 동일, 인허가 관련 (도시계획변경) 과업 일부 감소

◎ 질의사항
- 위 상황에서 현재 수행사와의 계약을 설계변경하여 진행이 가능한지요?
* 계약예규 제17조(기타 계약내용의 변경으로 인한 계약금액의 조정) 제1항2호 적용이 가능한지요?
* 혹여 설계변경이 불가하다면 기존 계약을 타절하고 신규 계약을 발주하는게 맞는건지요?

▣ 답변내용

[질의요지] 설계변경이 가능한지

[답변내용] 국가기관이 당사자가 되는 계약에 있어 계약금액 조정은 국가를 당사자로 하는 계약에 관한 법률 시행령(이하 시행령 이라 합니다) 제64조 내지 제66조에 따라 물가변동, 설계변경, 그리고 위 두 가지 이외의 기타 사유로 인하여 조정할 필요가 있는 경우에 가능한 것입니다.

용역계약의 경우 계약예규 용역계약일반조건(이하 일반조건 이라 합니다) 제16조제1항 각 호의 어느 하나에 해당하는 경우 과업내용을 조정하고 이에 따라 계약금액을 조정할 수 있으며, 일반조건 제17조에 해당하는 경우에도 계약금액을 조정할 수 있는 것입니다. 과업내용이 추가되거나 이행조건이 변경되었다면 규정에 따라 계약금액은 조정되어야 할 것으로 보여지나,

개별 계약의 계약내용 변경과 그로 인한 계약금액 조정, 기존 계약의 타절 여부는 법령해석이 아닌 사실관계 판단에 근거하여야 하므로 계약담당공무원이 관련법령과 계약조건, 계약이행과 관련된 사실관계 등에 따라 해당 사안이 일반조건의 각 사유에 해당하는지를 확인하여 설계변경을 할 것인지, 타절할 것인지를 직접 판단하여야 하는 것입니다.

설계변경시 원가계산 보험료 요율 적용기준 문의

2021-05-28

■ 질의내용

당 현장은 2020년 발주된 항만시설 유지보수공사 총액입찰 7등급 공사이며 장기계속공사입니다 입찰당시 공고문에 의하면 "입찰금액을 산정할 때 예비가격 기초금액과 함께 발표된 국민건강보험료, 국민연금보험료, 노인장기요양보험료, 건설근로자 퇴직공제부금금액을 조정하지 않고 그대로 반영"하라고 되어있어 본계약시 원가계산에 그대로 고정된 금액으로 반영하였습니다 이렇게 낙찰 받은 경우 위의 반영된 보험료 요율은 법정 요율과는 다르게 됩니다

질문

1 : 본공사 착공 후 설계변경시 상기 4가지 보험료는 고정된 금액이라도 계약이후의 설계변경이라 법정 요율로 다시 적용하여야 한다?(보험료 감액)

2 : 설계변경시 상기 4가지 보험료는 고정금액 이기에 당초 계약금액 요율(직접공사비 대비 요율 환산)로 환산하여 적용하여야 한다?

■ 답변내용

[질의요지] 공사계약 설계변경시 원가계산 보험료 요율 적용기준

[답변내용] 국가기관이 당사자가 되는 공사계약에서 설계변경으로 인한 계약금액 조정함에 있어서 계약예규 공사일반조건 제20조제5항에 따라 계약금액의 증감분에 대한 간접노무비, 산재보험료 및 산업안전보건관리비 등의 승율비용과 일반관리비 및 이윤은 산출내역서상의 동 비율에 의하되 설계변경당시의 관계법령 및 기획재정부장관 등이 정한 율을 초과할 수 없는 것입니다.

예를 들어, 계약상대자의 산출내역서상의 산재보험요율이 3.4%이고, 설계변경당시의 산재보험료의 법정요율이 2.9%인 경우라면 계약금액의 증가분에 대한 산재보험료율은 2.9%가 적용되는 것임을 참고하시기 바랍니다. 즉, 설계변경으로 증가되는 금액에 대하여는 관계법령 등에서 정한 비율이 산출내역서상의 비율보다 낮은 비율일 경우 그 낮은 비율을 적용해야 하는 것인 바, 이때 계약금액 증가분에 대하여 당초 산출내역서상에 반영된 특정 승율비목의 비율과 관계법령 등에서 정한 율을 비교할 때 증가분금액에 대해서 별도 적용해야할 율을 기준으로 비교하는 것은 아니고 새로운 계약금액에 따라 적용해야할 율을 기준으로 비교하는 것이 타당할 것입니다.

설계변경에 따른 계약금액 증액 가능 여부(물량내역수정허용공종)
2021-02-19

▣ 질의내용

당 현장은 종합심사낙찰제(고난도공사) 항만현장(계약금액 약 600억)으로 입찰시 A공종(물량내역수정허용공종)에 대하여 물량 수정없이 제출하였습니다. 그후 A공종의 현장여건이 설계서와 상이(측량결과 침하로 인한 수량증가 발생)한 경우, 물량내역수정허용공종이라 하더라도 그에 따른 설계변경 및 계약금액 증액이 가능한지 질의드립니다.

1) 갑설 : 물량내역수정허용공종은 이유불문 설계변경 불가
2) 을설 : 물량내역수정허용공종은 사유가 인정시 설계변경은 가능하나, 계약금액 감액만 가능
3) 병설 : 물량내역수정허용공종은 사유가 인정시 설계변경이 가능하며, 그에 따른 계약금액 증감이 모두 가능

▣ 답변내용

[질의요지] 종합심사낙찰제 공사계약에서 설계변경에 따른 계약금액 증액 가능 여부(물량내역수정허용공종)

[답변내용] 국가기관이 발주하는 공사계약에서 계약예규 「공사계약일반조건」(이하 "일반조건"이라 합니다) 제2조제4호에서는 설계서를 공사시방서, 설계도면, 현장설명서 및 물량내역서로 규정하고 있으며, 일반조건 제19조2에서는 설계서에 누락·오류가 있는 경우에는 설계변경이 가능하다고 규정하고 있습니다. 따라서 물량내역서의 오류가 있는 경우에는 설계변경이 가능할 것이며, 이에 따른 공사량의 증감이 있는 경우에는 계약금액 조정도 가능하다 할 것입니다. 다만, 일반조건 제21조제2항각호에 해당하는 경우에는 물량내역서의 누락사항이나 오류 등으로 설계를 변경하는 경우에 그 계약금액을 변경할 수 없다 할 것입니다(입찰참가자가 교부받은 물량내역서의 물량을 수정하고 단가를 적은 산출내역서를 제출하는 경우에는 입찰참가자의 물량수정이 허용되지 않은 공종에 대하여는 변경 가능).

귀하의 질의 경우가 구체적으로 이 경우에 해당하는지 여부는 당해 기관의 계약서에 첨부된 계약문서의 내용에 따른 사실 판단에 관한 사항으로서 설계변경 등 계약금액조정의 원인이 되는 모든 행위는 발주기관의 계약담당공무원이 결정의 권한을 가지고 있으므로 발주기관의 계약담당공무원이 설계서 및 공사현장 여건, 공사관련 법령 등을 종합적으로 살펴 직접 판단해야 할 사안입니다.

참고로, 설계변경등의 사유로 계약금액을 조정할 경우에는 「국가를 당사자로 하는 계약에 관한 법률」 제5조에 따라 서로 대등한 입장에서 당사자의 합의에 따라 하여야 하며, 각 중앙관서의 장 또는 그 위임·위탁을 받은 공무원은 관계법령에 규정된 계약상대자의 계약상 이익을 부당하게 제한해서는 아니 될 것인 바, 계약상대자의 정당한 요구에 대하여 발주기관의 판단에 이의가 있는 경우라면, 발주기관(또는 상급기관)에 이의제기, 감사기관에 감사청구, 민사소송 등을 통해 처리해야 할 것입니다.

설계변경에 따른 계약금액의 조정이 가능한지 여부

2021-07-27

▣ 질의내용

전자조달시스템을 통한 용역 입찰공고 후 낙찰된 업체(이하 위탁사)에서 제출한 계약금액 산출내역서를 근거로 계약을 체결하였는데, 뒤늦게 계약금액 산출내역서의 오류를 발견하여 설계변경이 필요한 경우 총액의 변경이 가능한지에 관한 질의입니다.

◎ 상황

1. 당사에서 근로자 위탁관리 용역을 발주낼 때 추정가격을 산출하기 위해 내역서(설계서)를 작성하였고, 해당 세부내역은 공개하지 않고 추정가격만 공개된 채로 입찰이 진행되었음. (내역서 작성 시 일반관리비 및 이윤은 상한치로 적용)

2. 위탁사가 선정되었고, 위탁사는 당사에서 별도로 제공한 공내역서를 이용하여 계약금액 산출내역서를 제출하였고, 그것을 근거로 계약이 체결됨 (공내역서 : 당사에서 임의로 넣어놓은 계산식이 포함됨) * 이때 위탁사는 근로자에게 기존 임금수준 이상을 지급하기로한 서약서를 제출함

3. 계약체결 이후 추정가격 산출에 오류가 있음을 발견하였고, 공내역서 안에 포함된 산식 또한 잘못되었음을 발견, 이에 따라 작년대비 임금 수준 이상 유지(용역근로자 근로조건 보호지침) 불가

◎ 질의

1. 위탁사는 근로자들 또는 당사에 기존 근로자의 임금 수준을 질의하지 않고 당사에서 제공한 공내역서만을 기반으로 내역을 산출하여 근로자의 임금보존이 이뤄지지 않게 되었는데, 이럴 경우 위탁사의 귀책 사유로 보고 계약금 총액의 변경 없이 내역만 변경이 가능한지.

2. 해당건은 당사에서 제공한 공내역서를 통해 산출내역서가 작성이 되었고, 계약금액 산출내역서(인건비 지급 예정금액 포함)에 대한 충분한 검토가 이뤄지지 않았으니, 당사의 귀책사유로 보고 설계변경시 총액을 증가시켜야 하는지.

3. 또는 귀책 사유에 대한 주체와 관계없이 처리 방법이 따로 있을지

▣ 답변내용

[질의요지] 용역계약 체결후 산출내역서의 오류를 발견하여 설계변경이 필요한 경우 총액의 변경이 가능한지

4장 계약금액 조정

[**답변내용**] 국가계약은 국가기관의 청약과 계약상대자의 승낙을 통하여 계약서의 형태로 체결되며, 동 계약서는 계약당사자가 계약조건을 합의한 것으로 볼 수 있으므로 당해 계약서에 첨부된 계약조건을 기준으로 계약당사자는 관련 업무를 처리하는 것이 타당할 것입니다(해당 계약문서 제1조 참조). 따라서, 발주기관은 계약예규 용역계약일반조건 제16조제1항 내지 제3항에 따라 계약의 목적상 필요하다고 인정하는 경우에는 과업내용을 변경할 수 있는 바, 발주기관은 계약의 목적상 필요한 경우에는 과업변경이 가능하다 할 것입니다. 이 경우 「국가를 당사자로 하는 계약에 관한 법률 시행령」 제65조제1항 내지 제6항의 규정에 정한 바에 따라 계약금액을 조정할 수 있는 것입니다(공사계약의 경우를 준용).

그러나, 계약상대자가 수행하여야 하는 업무로서 과업내용서에 기재된 업무인 기본업무에서는 누락되지 않고, 동 업무에 속하지 아니하는 예정가격조서나 산출내역서 상의 비목이나 품목의 단가에 대한 과다 또는 과소계상 혹은 누락, 예정가격 작성의 참고자료인 품셈의 변경이나 적용의 오류, 발주기관이나 계약상대자가 예정가격이나 입찰금액을 산정하기 위하여 작성하는 일위대가표, 수량산출서나 단가산출서의 누락이나 오류로는 설계변경과 이에 따른 계약금액을 조정할 수 없다 할 것입니다.

다만, 귀하의 질의 경우가 구체적으로 이 경우에 해당하는지 여부는 당해 기관의 계약서에 첨부된 계약문서의 내용에 따른 사실 판단에 관한 사항으로서 해당 용역에 대한 과업변경 등 계약금액조정의 원인이 되는 모든 행위는 발주기관의 계약담당공무원이 결정의 권한을 가지고 있으므로 계약담당공무원이 계약문서 및 용역이행 여건, 관련 법령 등을 종합적으로 살펴 직접 판단해야 할 사안입니다.

한편, 상기 사유로 계약금액을 조정할 경우에는 「국가를 당사자로 하는 계약에 관한 법률」 제5조에 따라 서로 대등한 입장에서 당사자의 합의에 따라 하여야 하며, 각 중앙관서의 장 또는 그 위임·위탁을 받은 공무원은 관계법령에 규정된 계약상대자의 계약상 이익을 부당하게 제한해서는 아니 될 것인 바, 계약상대자의 정당한 요구에 대하여 발주기관의 판단에 이의가 있는 경우라면, 발주기관(또는 상급기관)에 이의제기, 감사기관에 감사청구, 민사소송 등을 통해 처리해야 할 것입니다.

설계변경으로 인한 계약금액 조정 문의

2021-07-27

▣ 질의내용

발주사와 용역 낙찰 후 낙찰율을 인건비 등에 적용하지 않고 기술료(ex.110%->90%), 제경비(ex.20%->12%) 비율을 조정하여 계약산출내역서를 작성하였습니다.

용역 수행 도중 공기가 연장이 되어 추가 물량이 발생하였습니다.

이때 추가 물량에 대해서 낙찰율은 이미 기술료 제경비에 적용하였는데 엔지니어링 단가에 적용하는 것이 맞는지 궁금합니다.

발주사는 기술료 제경비 요율을 최초 계약산출에 따르고, 엔지니어링 단가X(낙찰율+ ((1-낙찰율)/2) 를 적용하라고 하는데 낙찰율 이중 적용으로 생각이 됩니다.

▣ 답변내용

[질의요지] 설계변경시 단가 적용방법

[답변내용] 국가기관이 당사자가 되는 용역계약에 있어 과업내용이 변경되어 계약금액을 조정하는 경우 국가를 당사자로 하는 계약에 관한 법률 시행령 제65조제7항에 근거하여 공사의 설계변경에 따른 계약금액 규정을 준용할 수 있습니다. 이에 따라 과업내용이 변경이 되는 등 계약예규 용역계약일반조건 제16조제1항 각호의 어느 하나에 해당하여 과업내용을 변경하는 경우에는 계약예규 공사계약일반조건(이하 일반조건이라 합니다) 제20조에 따라 계약금액을 조정하여야 하는 것입니다.

발주기관이 과업내용(설계)변경을 요구한 경우(계약상대자의 책임없는 경우를 포함합니다)로서 증가된 물량이나 신규비목(같은 품목이라도 규격이 다른 경우 신규비목으로 봅니다)의 단가는 일반조건 제20조제2항에 따라 설계변경 당시를 기준으로 하여 산정한 단가와 동 단가에 낙찰율을 곱한 금액의 범위 안에서 발주기관과 계약상대자가 서로 협의하여 결정하나, 계약당사자 사이에 협의가 이루어지지 아니하는 경우에는 설계변경 당시를 기준으로 하여 산정한 단가와 동 단가에 낙찰율을 곱한 금액을 합한 금액의 100분의 50으로 하는 것입니다.

귀 질의의 경우에도 일반조건 제20조제2항에 따른 단가산출방식에 적합하여야 할 것으로 봅니다.

설계변경으로 인한 계약금액의 조정 문의

2021-06-24

■ 질의내용

[설계서 현황] 건물 바닥에 설치하는 바닥레일이 설계도면과 물량내역서가 상이함 (설계도서 불일치) 1) 설계도면 바닥레일설치 / 15kg, L=21.1m / 1ea 2) 물량내역서 품명 : 바닥레일설치, 규격 : 22kg, 수량 : 1ea 3) 설계변경 : 설계도면 기준으로 물량내역서를 변경함. 품명 : 바닥레일설치, 규격 : 15kg, L=21.1m, 수량 : 1ea 4) 참고로 유사규격이 물량내역서 기 존재하고 있는 상황임 유사규격 : 바닥레일설치 / 15kg L=38m / set 설계변경은 확정되었으나 설계변경으로 인한 계약금액의 조정에 대한 이견이 발생되어 질의합니다.

[시공사 의견] 설계도서 불일치에 따른 설계변경사항으로 공사계약일반조건 제20조② (계약상대자의 책임없는 사유)에 해당되어 설계변경 당시를 기준으로 산정한 단가에 협의율을 적용함.

[건설사업관리기술자 의견] 설계도서 불일치에 따른 설계변경사항으로 공사계약일반조건 제20조② (계약상대자의 책임없는 사유)에 해당되나, 신규단가 적용시 기존 유사내역의 단가보다 금액이 상승되어 유사내역을 기준으로 환산한 단가를 적용하는 것이 타당함.

[질의내용] 설계도서 불일치에 따른 설계변경사항으로 공사계약일반조건 제20조② (계약상대자의 책임없는 사유)에 해당되는 경우의 계약금액 조정은

1. 설계변경 당시를 기준으로 산정한 단가에 협의율을 적용하는 것인지,
2. 기존 유사내역을 환산하여 적용하는 것인지

■ 답변내용

[질의요지] 설계변경으로 인한 계약금액 조정시 단가 적용

[답변내용] 국가기관이 설계서(공사시방서, 설계도면, 현장설명서와 물량내역서)를 작성하여 체결한 공사계약에서 계약담당공무원은 설계서의 변경으로 시공방법의 변경, 투입자재의 변경 등으로 공사량의 증감이 발생하는 경우에는 계약예규 공사계약일반조건(이하 일반조건이라 합니다) 제20조에 따라 계약금액을 조정하여야 하는 것입니다.

설계도서간 불일치로 설계서가 변경되는 경우(계약상대자의 책임없는 사유인 경우 포함)로서 증가된 물량이나 신규비목의 단가는 일반조건 제20조제2항에 따라 설계변경 당시를 기준으로 하여 산정한 단가와 동 단가에 낙찰율을 곱한 금액의 범위 안에서 발주기관과 계약상대자가 서로 협의하여 결정하나, 계약당사자 사이에 협의가 이루어지지 아니하는 경우에는 설계변경 당시를 기준으로 하여 산정한 단가와 동 단가에 낙찰율을 곱한 금액을 합한 금액의 100분의 50으로 하는 것입니다.

귀 질의 유사내역의 단가는 당사자간 단가조정 협의 시 참고는 될 수 있으나 계약금액 조정의 기준이 될 수는 없습니다.

설계변경으로 인한 계약금액의 조정 심의

2021-01-29

▣ **질의내용**

설계변경으로 인한 계약금액의 조정을 함에 있어 계약담당공무원은 예정가격의 100분의 86 미만으로 낙찰된 공사계약의 계약금액을 증액조정하려는 경우로서 해당 증액조정금액이 당초 계약서의 계약금액의 100분의 10이상인 경우에는 제 94조 제11항에 따른 계약심의위원회, 국가재정법 시행령 제 49조에 따른 예산집행심의회 또는 건설기술진흥법 시행령 제19조에 따른 기술자문위원회의 심의를 거쳐 소속중앙관서의 장의 승인을 얻어야 한다고 되어있습니다.

예정가격의 100분의 86이상으로 낙찰된 공사계약의 증액조정금액이 당초 계약서의 계약금액의 100분의 10이상인 경우에도 위와 같은 심의를 거쳐서 소속중앙관서의 장의 승인을 얻야야 하는지 아니면 심의를 받지 안고 소속중앙관서의 장의 승인을 얻기만 하면 되는지 문의드립니다.

▣ **답변내용**

[**질의요지**] 100분의 86이상으로 낙찰된 공사의 경우 설계변경금액이 총공사 계약금액 100분의 10 이상이어도 기술자문심의를 거칠 필요가 없는지

[**답변내용**] 국가기관이 당사자가 되는 공사계약에서 계약담당공무원은 「국가를 당사자로 하는 계약에 관한 법률 시행령」 (이하 "시행령" 이라 합니다) 제65조 제2항 및 계약예규 「공사계약일반조건」 (이하 "일반조건" 이라 합니다) 제20조 제6항에 따라 예정가격의 100분의 86미만으로 낙찰된 공사계약의 계약금액을 설계변경에 따라 계약금액을 증액조정하려는 경우로서 해당 증액조정금액(2차 이후의 계약금액 조정에 있어서는 그 전에 설계변경으로 인하여 감액 또는 증액 조정된 금액과 증액조정하려는 금액을 모두 합한 금액을 말한다)이 당초 계약서의 계약금액(장기계속공사의 경우에는 시행령 제69조 제2항에 따라 부기된 총공사금액을 말한다)의 100분의 10 이상인 경우에는 시행령 제94조 제1항에 따른 계약심의위원회, 국가재정법 시행령 제49조에 따른 예산집행심의회 또는 건설기술 진흥법 시행령 제19조에 따른 기술자문위원회(이하 "기술자문위원회"라 한다)의 심의를 거쳐 소속중앙관서의 장의 승인을 얻어야 합니다.

그러나, 귀 질의의 공사가 예정가격의 100분의 86 이상으로 낙찰된 공사계약인 경우에는 위 조건에 해당하지 아니하므로 동 심의를 거쳐야 되는 것은 아닙니다.

4장 계약금액 조정

설계서(물량내역서) 누락에 따른 설계변경시 신규단가 적용
2021-12-06

▣ **질의내용**

1. 저희 현장 계약유형은 적격공사(종합심사제)이고, 국토교통부에서 2019년 발주한 ○○도로확장공사 현장이며 2019년 6월 계약체결되었습니다.
2. 최초 물량내역서에 터널 공동구 암반청소비가 누락되어 설계변경을 시행하려합니다.
3. 이때 신규비목에 대한 단가는 2019년 표준품셈의 품을 적용하는 것이 맞는지, 아니면 현재 2021년 표준품셈의 품을 적용하는 것이 맞는지 질의 드립니다. 참고로 2020년에 해당공종의 품이 일부 개정됨에 따라 신규단가 적용에 따라 단가차이가 발생할 수 있으니 명쾌한 답변을 부탁드립니다

▣ **답변내용**

[**질의요지**] 설계서(물량내역서) 누락에 따른 설계변경시 신규비목에 대한 단가는 2019년 표준품셈의 품을 적용하는 것이 맞는지, 아니면 현재 2021년 표준품셈의 품을 적용하는 것이 맞는지

[**답변내용**] 국가기관이 체결한 공사계약에 있어서 발주기관이 설계변경을 요구(계약상대자의 책임없는 사유로 인한 경우 포함)하여 물량이 증가되는 경우로서 설계변경당시의 표준품셈이 계약체결시와 다른 때에는 증가물량에 대해서는 설계변경당시의 표준품셈을 적용하는 것이 타당하다 할 것입니다.

설계시공일괄입찰(턴키)공사에서 도면과 내역이 상이 할 경우
2021-07-09

▣ 질의내용

당 현장은 턴키공사이며 음식물쓰레기처리기설비 중 건조기가 도면에는 반영 되어있으나 내역서는 미반영 되어있습니다. 건조기를 설치하지 않을 경우 공사비를 감액해야 되는지 여부에 대해 질의 드립니다.

▣ 답변내용

[질의요지] 설계시공일괄입찰(턴키)공사의 계약금액 조정

[답변내용] 국가기관이 당사자가 되는 시설공사 계약에 있어 계약담당공무원은 계약예규 「공사계약 일반조건」(이하 '일반조건'이라 합니다) 제19조제1항에 따라 다음 각호의 어느 하나에 해당하는 경우에 설계변경을 하고 해당 계약금액을 조정할 수 있습니다. 1. 설계서의 내용이 불분명하거나 누락·오류 또는 상호 모순되는 점이 있을 경우 2. 지질, 용수등 공사현장의 상태가 설계서와 다를 경우 3. 새로운 기술·공법사용으로 공사비의 절감 및 시공기간의 단축 등의 효과가 현저할 경우 4. 그 밖에 발주기관이 설계서를 변경할 필요가 있다고 인정할 경우 등

아울러 일반조건 제2조제4호나목에 따라 「국가를 당사자로 하는 계약에 관한 법률 시행령」 제78조에 따라 일괄입찰을 실시하여 체결된 공사와 대안입찰을 실시하여 체결된 공사(대안이 채택된 부분에 한함)의 산출내역서는 설계서에 포함하지 아니합니다.

따라서 설계시공일괄입찰에 있어 설계도면과 산출내역서의 불일치는 일반조건 제19조제1항에 의한 설계변경 대상이 아니므로 귀 질의처럼 건조기 설치 공종이 산출내역서에 없는 경우 해당 공종은 무대(시공대가 없음)로 시공해야 할 것입니다.

그러나 해당 공종이 없어지는 경우라면 무대로 시공해야 할 부분이 없어지는 것임으로 별도로 당초의 계약금액에서 감액할 부분은 없다고 봄이 타당할 것입니다.

4장 계약금액 조정

| 설계용역 설계변경 관련 질의 | 2022-06-20 |

■ **질의내용**

총 3건의 설계용역을 진행하던 중 1개의 설계용역 공사가 개보수 공사에서 신축공사로 변경이 되었습니다. 이에 설계변경을 할려고 하는데, 공사자체가 바뀜에 따라서 기본적인 추가설계(제로에너지, 인테리어비 등) 요율이 변동이 되었습니다. (기존 공사2건은 그대로 진행.) 이런경우 총 2건의 공사에 대해서만 인정을 해줘서 1개의 용역비를 정산하고 새로 공고를 나가 1개의 설계용역을 진행하는 게 맞는것인지 아니면 설계변경을 통해 3건의 공사를 전부 인정받아 진행을 할 수 있는것인지 궁금합니다.

■ **답변내용**

[질의요지] 설계용역의 계약내용 변경

[답변내용] 국가기관이 당사자가 되는 용역계약에 있어 계약담당공무원은 계약예규 용역계약일반조건 제16조제1항 각 호의 어느 하나에 해당하는 경우에는 과업내용을 변경(추가, 삭제)하고 계약금액을 조정할 수 있습니다.

변경계약은 당초 예상하지 못하였던 사항이 발생하는 경우로서 당초 계약내용의 본질을 벗어나지 않는 추가업무나 연관이 있어 부득이 함께 진행하여야 할 특별업무인 경우에 하는 것이며, 이에 해당하지 않는 경우에는 새로운 계약절차에 따르는 것이 적절할 것으로 봅니다.

구체적인 경우 과업내용에 따라 변경계약을 할 것인지, 새로운 입찰에 부칠 것인지는 계약담당공무원이 과업내용(당초, 변경), 관련 법령, 계약조건 등을 고려하여 직접 판단하는 것입니다.

설계진행시 설계안전성 검토 수행을 위한 설계변경(용역대가 변경) 근거 문의
2022-06-22

▣ 질의내용

본 용역은 2018년 12월에 계약한 "군도"설계 용역으로 현재 실시설계가 진행중에 있고, 구조물설계 완료 후 설계안전성검토 적용대상으로 확정되어 금회 수행해야하는 상황이나, 발주처에서는 설계시 당연히 포함된 수행건으로 참여자가 부담해서 진행해야하는 내용으로 판단하고 있고, 설계서(과업지시서) 내에 설계안전성검토 내용이 일체 없으며, 설계조건(해당 건설공사의 위험요소 및 저감대책 등) 또한 없고, 도급내역서상 설계안전성검토 항목과 금액도 미반영되어 있는 실정입니다. 업무수행을 위해서는 설계 발주단계에서 건설안전을 고려한 설계가 될 수 있도록 발주처에서 발굴한 해당 건설공사의 위험요소 및 저감대책이 우선 제시되어야 하나, 당초에 누락된 사항으로 설계변경이 필요한 사항으로 판단됩니다. 따라서 "제2장 건설공사 참여자 안전관리업무/ 제1절 발주자의 안전관리 업무/ 제5조 항목 미작성" "(계약예규) 용역계약일반조건 / 제2조 ② / 유사한 용역의 계약조건을 준용" " 제2장 일반용역계약조건(공통) / 제16조(과업내용의 변경) ①, ④ " 의 내용에 따라 설계변경(용역비 추가)이 가능한지 문의드립니다

▣ 답변내용

[질의요지] 용역 설계진행시 설계안전성 검토 수행을 위한 설계변경(용역대가 변경) 가능여부

[답변내용] 국가계약은 국가기관의 청약과 계약상대자의 승낙을 통하여 계약서의 형태로 체결되며, 동 계약서는 계약당사자가 계약조건을 합의한 것으로 볼 수 있으므로 당해 계약서에 첨부된 계약조건을 기준으로 계약당사자는 관련 업무를 처리하는 것이 타당할 것입니다

따라서, 발주기관은 계약예규 용역계약일반조건 제16조제1항 내지 제3항에 따라 계약의 목적상 필요하다고 인정하는 경우에는 과업내용을 변경할 수 있다 할 것인 바, 이때에는 「국가를 당사자로 하는 계약에 관한 법률 시행령」 제65조제7항의 규정에 의하여 공사계약의 설계변경을 준용할 수 있을 것입니다. 이러한 과업변경으로 인한 계약금액의 조정은 민법상의 사정변경원칙을 반영한 것으로서 과업수행중 해당 사업계획의 변경 또는 민원 등 불가피한 사유로 인하여 당초 계약내용의 일부를 변경하는 것으로서 그 성격상 계약의 본질을 해치지 않는 범위내에서만 인정된다고 할 것입니다.

다만, 귀하의 질의 경우처럼 실제적으로 이에 해당하는지 여부는 당해 기관의 계약서에 첨부된 계약문서의 내용에 따른 사실 판단에 관한 사항으로서 과업변경 등 계약금액조정의 원인이 되는 모든 행위는 발주기관의 계약담당공무원이 결정의 권한을 가지고 있으므로 계약담당공무원이 해당 과업지시서 및 용역이행상황, 관련 규정을 종합검토하여 직접 판단하여 처리 할 사항입니다.

한편, 해당 계약목적물 관련으로 국가기관이 시행하는 입찰 및 계약의 절차에 관한 법령인 국가계약법령 이외의 다른 법령등에서 따로 정한 바가 있다면 그에 따라 처리할 수 있는 것입니다(「국가를 당사자로 하는 계약에 관한 법률」 제3조 참조).

소방감리용역 계약변경 문의

2022-01-14

■ 질의내용

저는 공공기관에서 공사감독으로 근무중인 직원입니다. 다름이 아니라, 저희 건설현장에 고급감리가 배치되어야하나 소방법을 제대로 인지하지 못하여 초급으로 계약이 진행되었고 착수일이 지정될 때쯤에 업체측이 문의하여 배치기준이 고급감리임을 인지하게 되었습니다. 당연하게도, 실수를 인정하고 감리원 배치변경을 진행하고자 하였으나 저희측 계약담당자는 설계오류의 경우에는 설계변경이 불가능하며 계약해지 사유에도 될 수 없다라고 답변을 하였습니다.

따라서 현재 상황에서는 설계변경(계약변경)도 되지 않는 상황이며 계약해지도 불가능하다라고 하는데, 그렇다면 조치할 수 있는 방법이 없는지, 소방법을 어기면서 감리(초급)를 진행해야 하는 상황인지 궁금합니다.

■ 답변내용

[질의요지] 공공기관 발주 소방감리용역계약의 과업변경 가능 여부

[답변내용] 공공기관의 계약사무를 처리할 때에는 기타공공기관의 경우에는 「기타 공공기관 계약사무 운영규정」을 적용하고 공기업·준정부기관일 경우에는 「공기업·준정부기관 계약사무규칙」을 적용하여야 하며, 동 규정 및 규칙에서 규정하지 아니한 사항은 국가계약법을 준용하여 처리해야 합니다. 또한 국가계약법령해석에 관한 내용이 아닌 계약체결 내용과 관련된 사실판단에 관한 사항에 대하여는 해당 입찰공고를 하여 계약을 직접 체결한 발주기관에서 해당 관련 규정 등을 종합고려하여 판단해야 할 사항입니다.

참고로, 국가계약은 국가기관의 청약과 계약상대자의 승낙을 통하여 계약서의 형태로 체결되며, 동 계약서는 계약당사자가 계약조건을 합의한 것으로 볼 수 있으므로 당해 계약서에 첨부된 계약조건을 기준으로 계약당사자는 관련 업무를 처리하는 것이 타당할 것입니다(해당 계약문서 제1조 참조).

따라서, 발주기관의 계약담당공무원은 계약예규 용역계약일반조건 제16조(과업내용의 변경)제1항 내지 제3항에 따라 계약의 목적상 필요하다고 인정하는 경우에는 과업내용을 변경할 수 있다 할 것이며, 이때에는 「국가를 당사자로 하는 계약에 관한 법률 시행령」 제65조제1항부터 제6항의 규정을 준용하여 계약금액을 조정할 수 있는 것입니다(동법 시행령 제65조제7항).

다만, 개별 계약건에서 구체적인 경우가 이에 해당하는지 여부는 당해 기관의 계약서에 첨부된 계약문서의 내용에 따른 사실 판단에 관한 사항으로서 과업변경 등 계약금액조정의 원인이 되는 모든 행위는 발주기관의 계약담당공무원이 결정의 권한을 가지고 있으므로, 계약담당공무원이 과업지시서 및 용역이행상황, 관련 규정 등을 종합적으로 살펴 직접 판단해야 할 사항입니다.

한편, 「국가를 당사자로 하는 계약에 관한 법률」 제3조에서는 국가를 당사자로 하는 계약에 관하여는 다른 법률에 특별한 규정이 있는 경우를 제외하고는 이 법에서 정하는 바에 따른다고 규정하고 있는 바, 귀하의 질의에 있어 해당 계약관련으로 다른 기관에서 운영하고 있는 소방법령에 따로 정한 바가 있다면 그에 따라 처리할 수 있을 것입니다.

수량 변경 시 변경계약서 작성 의무

2022-09-21

▣ 질의내용

물품구매(제조)계약일반조건 제9조 수량변경과 관련하여 질의 드립니다.

제9조(수량변경) 계약담당공무원은 필요에 따라 계약된 물품의 수량을 100분의 10 범위내에서 변경할 수 있다. 다만, 계약담당공무원이 해당 물품의 수급상황 등을 고려하여 부득이하다고 판단하는 경우 계약상대자의 동의를 얻어 100분의 10 범위를 초과하여 계약수량을 변경시킬 수 있다. <개정 2015.9.21.>

위 조항의 해석과 관련하여, "계약된 물품의 수량을 100분의 10 범위 내 에서 변경" 요구하는 경우

1. "변경계약서" 또는 국가계약법 시행령 제50조에 따른 계약성립(변경)의 증거로서의 서류 작성을 생략하고 사후 정산의 형태로 처리할 수 있는 것인지?
2. 아니면 변경계약서 또는 국가계약법 시행령 제50조를 준용하여 협정서 등 계약성립의 증거를 별도로 구비해야만 하는것인지?
3. 아니면 수량 변경과 관련한 계약서 등의 작성 여부는 전적으로 당사자간 합의로 결정할 수 있는 사항인지? 문의드립니다.

▣ 답변내용

[질의요지] 물품의 변경계약

[답변내용] 국가기관이 당사자가 되는 물품계약에 있어 계약담당공무원은 필요에 따라 계약된 물품의 수량을 100분의 10 범위내에서 변경하거나 해당 물품의 수급상황 등을 고려하여 부득이하다고 판단하는 경우 계약상대자의 동의를 얻어 100분의 10 범위를 초과하여 계약수량을 변경시킬 수 있습니다.

이때 변경계약서 작성 여부는 수량의 100분의 10 범위내와는 무관하며 총액계약은 변경계약서를 작성하여야 하고, 단가계약의 경우 변경계약서를 작성할지 여부는 발주기관의 필요 등에 따라 계약담당공무원이 판단하여야 합니다. 단가계약의 수량은 예상수량에 불과하고 필요시마다 분할납품을 하도록 하는 요구서가 하나의 계약으로 간주되어 그 요구건별로 독립적으로 납기, 수량, 금액 등이 확정되고 대가가 지급되기 때문입니다. 다만, 단가계약이라하더라도 일건으로 수량이 초과된다면 회계관련 규정에 비추어 변경계약을 체결함이 적절할 것으로 봅니다.

수량산출서 오류에 따른 설계변경으로 인한 계약금액 조정 가능 여부
2021-08-17

▣ 질의내용

설계도서검토중 (산출내역서,도면등)내역수량산출서 시스템비계설치의 면적산출이 설계사의 오류로 수량이 누락되었음을 발견하고 공사감독관에 실정보고를 통한 설계변경을 요청하였으나, 설계변경의 요건이 아니라는 답변을 받았습니다. 국가를 당사자로하는 계약에 관한법률 시행령 제65조에는 "각 중앙관서의장 또는 계약담당공무원은 공사계약에 있어서 설계변경으로 인하여 공사량의 증감이 발생한때에는 법 제19조의 규정에 의하여 당해 계약금액을 조정한다"라고 되어있는데 실정보고를 통한 설계변경이 요건이 아닌지 알고싶습니다.

▣ 답변내용

[**질의요지**] 수량산출서 오류에 따른 설계변경으로 인한 계약금액 조정 가능 여부

[**답변내용**] 국가기관이 당사자가 되는 시설공사 계약에 있어 계약담당공무원은 계약예규 「공사계약일반조건」(이하 "일반조건"이라 합니다) 제19조제1항에 따라 다음 각호의 어느 하나에 해당하는 경우 설계변경을 하며, 설계변경으로 인한 계약금액은 일반조건 제20조에 따라 조정하여야 합니다. 1. 설계서의 내용이 불분명하거나 누락·오류 또는 상호 모순되는 점이 있을 경우 2. 지질, 용수등 공사현장의 상태가 설계서와 다를 경우 3. 새로운 기술·공법사용으로 공사비의 절감 및 시공기간의 단축 등의 효과가 현저할 경우 4. 기타 발주기관이 설계서를 변경할 필요가 있다고 인정할 경우

다만, 설계서(일반조건 제2조제4호에 따른 발주기관이 제공하는 공사시방서, 설계도면, 현장설명서, 물량내역서)에 속하지 아니하는 예정가격조서나 산출내역서 상의 비목이나 품목의 단가에 대한 과다 또는 과소계상 혹은 누락, 예정가격 작성의 참고자료인 품셈의 변경이나 적용의 오류, 발주기관이나 계약상대자가 예정가격이나 입찰금액을 산정하기 위하여 작성하는 일위대가표, 수량산출서나 단가산출서의 누락이나 오류로는 설계변경과 이에 따른 계약금액을 조정할 수 없다 할 것입니다.

따라서 설계도면, 물량내역서 등 설계서에 명시된 공사량의 누락 또는 오류로 인해 증감이 발생하는 경우라면 설계변경이 가능할 것이나, 귀 질의가 설계서가 아닌 수량산출서의 산정식에서 특정항목이 누락된 수량산출서 오류에 해당하는 경우라면 설계변경으로 인한 계약금액 조정은 어려워 보입니다. 다만, 구체적으로 이 경우에 해당하는지 여부는 당해 기관의 계약서에 첨부된 계약문서의 내용에 따른 사실 판단에 관한 사항으로서 설계변경 등 계약금액조정의 원인이 되는 모든 행위는 발주기관의 계약담당공무원이 결정의 권한을 가지고 있으므로 계약담당공무원이 설계서 및 공사현장 여건, 공사관련 법령 등을 종합적으로 살펴 직접 판단해야 할 사안입니다.

4장 계약금액 조정

| 시방서와 설계서 상이에 따른 용역설계변경 | 2021-06-17 |

■ 질의내용

시설 위탁관리용역 관련입니다. 시방서에는 위탁시설의 관리와 그에 소요되는 수탁자 계약상 비용부담, 위탁시설의 보일러 시설에 대한 유지보수, 관리 운영에 수반하는 관계 법령 이행 등 위탁시설관리에 따른 내용이 기재되어 있지만 설계서에는 시설의 유지보수와 몇몇 시설관리 법령에 따른 비용이 계상되어 있지 않습니다.

공사계약의 경우 공사계약일반조건 19조따라 계약금액이 조정가능하다고 나와있는 반면, 용역계약일반조건엔 해당 내용이 나와 있지 않은 거 같습니다. 용역계약의 시방서와 설계서 상이, 누락이 있는 경우 설계서와 시방서의 상호보완하기 위하여 설계변경이 가능한지 궁금합니다.

■ 답변내용

[질의요지] 용역계약의 설계변경

[답변내용] 국가기관이 당사자가 되는 용역계약에서 계약예규 용역계약일반조건(이하 일반조건이라 합니다) 제16조제1항 각 호의 어느 하나에 해당하는 경우 설계(과업내용)를 변경하고 계약금액을 조정할 수 있습니다. 용역계약의 계약금액 조정은 국가를 당사자로 하는 계약에 관한 법률 시행령 제65조제7항에 따라 공사의 설계변경을 준용하고 있습니다.

따라서 용역계약의 경우에도 설계서(국가기관이 작성한 시방서 과업내용 등 내역을 말하며 계약상대자가 작성한 제안서 및 산출내역서는 해당 안됨)의 내용의 누락이나 상호모순이 있는 경우 계약예규 공사계약일반조건 제19조 내지 제19조의2, 제20조에 따라 계약금액 조정이 가능할 것입니다.

구체적으로 귀 질의의 경우가 이에 해당하는지 여부는 당해 기관의 계약서에 첨부된 계약문서의 내용에 따른 사실 판단에 관한 사항으로서 설계변경 등 계약금액조정의 원인이 되는 모든 행위는 발주기관의 계약담당공무원이 결정의 권한을 가지고 있으므로, 계약담당공무원이 설계서 및 현장여건, 계약조건 및 관련법령 등을 종합적으로 살펴 직접 판단해야 하는 것입니다.

실정보고 시점에 따른 설계변경 가능 여부

2021-03-27

▣ 질의내용

설계변경 가능여부에 대해 질의드립니다. 당공사는 내역입찰대상 공사이며 장기계속공사로서 2018년 착공하여 현재 3차수 공사중입니다. 계약상대자는 착공 이후 건설기술진흥법 제62조(건설공사의 안전관리)에 의거 안전점검을 3회(총4회 해당)을 실시하였고 잔여 1회를 남겨놓고 발주처에 안전점검 비용의 설계내역 누락의 사유(동법 제63조(안전관리비용))로 실정보고 하였습니다. 이에 발주처는

사유1) 실정보고 전 안전점검을 이미 실시하였기에

사유2) 착공 이후 상당한 시간이 흘렀음에도 늦게 실정보고 하였다는 이유로 설계변경이 불가능하다며 실정보고를 반려하였습니다.

질의1) 계약예규 제19조(설계변경 등) 제3항에 따라 '설계변경이 필요한 부분의 시공전에 완료하여야 한다'는 규정이 있으므로 당공사의 안전점검 비용은 설계변경이 불가능한지 여부. (사견으로 설계변경의 사유에 해당하지만 이 규정만 엄격히 적용하여 설계변경이 불가하다면 대부분 설계변경의 원인이 계약상대자의 책임이 없음에도 불구하고 설계내역을 작성한 발주처의 책임이 계약상대자에게 전가되는 문제가 있어 보입니다.)

질의2) 안전점검 잔여 1회의 비용은 설계변경이 가능한지 여부.

▣ 답변내용

[질의요지] 공사계약에서 실정보고 시점에 따른 설계변경 가능 여부

[답변내용] 국가기관이 당사자가 되는 공사계약에서 계약예규 공사계약일반조건(이하 "일반조건"이라 합니다) 제1조에 정한 바와 같이 계약담당공무원과 계약상대자는 공사도급표준계약서(이하 "계약서"라 한다)에 기재한 공사의 도급계약에 관하여 제3조에 의한 계약문서에서 정하는 바에 따라 신의와 성실의 원칙에 입각하여 이를 이행하는 것입니다. 따라서, 계약담당공무원은 설계서(국가기관이 설계서를 작성하여 입찰자에게 제공한 경우에는 공사시방서, 설계도면, 현장설명서와 물량내역서)의 내용이 불분명하거나 누락·오류 또는 상호 모순되는 점이 있을 경우 등 일반조건 제19조제1항 각 호의 어느 하나에 해당하는 경우에 설계변경을 하고 해당 계약금액을 조정할 수 있다 할 것입니다. 이러한 설계변경은 그 설계변경이 필요한 부분의 시공전에 완료하여야 하되, 계약담당공무원은 공정이행의 지연으로 품질저하가 우려되는 등 긴급하게 공사를 수행할 필요가 있는 때에는 계약상대자와 협의하여 설계변경 시기 등을 명확히 정하고, 설계변경을 완료하기 전에 우선시공을 하게 할 수 있는 것입니다.

아울러 계약상대자는 공사의 이행 중에 지질, 용수, 지하매설물 등 공사현장의 상태가 설계서와 다른 사실을 발견하였을 때에는 일반조건 제19조의3(현장상태와 설계서의 상이로 인한 설계변경) 제1항에 의거 지체없이 설계서에 명시된 현장상태와 상이하게 나타난 현장상태를 기재한 서류를 작성하여 계약담당공무원과 공사감독관에게 동시에 이를 통지하여야 하며, 계약담당공무원은 통지를 받은 즉시 현장을 확인하고 현장상태에 따라 설계서를 변경하여야 하는 것입니다. 이 경우 계약상대자는 이러한 사실을 계약담당공무원으로 부터 통보 받은 즉시 공사이행상황 및 자재수급 상황 등을 검토하여 설계변경 통보 내용의 이행가능 여부(이행이 불가능하다고 판단될 경우에는 그 사유와 근거자료를 첨부)를 계약담당공무원과 공사감독관에게 동시에 이를 서면으로 통지하여야 하는 것입니다.

다만, 책임감리대상공사인 때에는 계약상대자의 설계변경에 관한 실정보고서 제출은 책임감리자를 경유하여야 함이 타당할 것이나, 구체적인 것은 당해 기관의 계약서에 첨부된 계약문서의 내용에 따른 사실 판단에 관한 사항으로서 설계변경 등 계약금액조정의 원인이 되는 모든 행위는 발주기관의 계약담당공무원이 결정의 권한을 가지고 있으므로 계약담당공무원 설계서 및 공사공정표에 따른 이행상황, 공사관련 법령 등을 종합적으로 살펴 직접 판단해야 할 사안입니다.

한편, 설계변경등의 사유로 계약금액을 조정할 경우에는 「국가를 당사자로 하는 계약에 관한 법률」 제5조에 따라 서로 대등한 입장에서 당사자의 합의에 따라 하여야 하며, 각 중앙관서의 장 또는 그 위임·위탁을 받은 공무원은 관계법령에 규정된 계약상대자의 계약상 이익을 부당하게 제한해서는 아니 될 것인 바, 계약상대자의 정당한 요구에 대하여 발주기관의 판단에 이의가 있는 경우라면, 발주기관(또는 상급기관)에 이의제기, 감사기관에 감사청구, 민사소송 등을 통해 처리해야 할 것입니다.

안전관리비 초과분 설계변경 가능 여부

2021-03-18

▣ 질의내용

당공사는 내역입찰대상이며 장기계속계약 공사로서 최초 도급공사비 110억원, 산업안전관리비는 1억 6천만원입니다. 공사 중 2차례 설계변경이 발생하여 현재 공사비가 128억입니다. 착공시 공사금액 120억 이하에 해당하므로 공사업무와 안전관리를 겸직하여 인건비 절반을 안전관리비로 계상하였으나, 공사중 설계변경으로 공사금액이 120억이 초과하여 관련 법령(산업안전보건법 제12조(안전관리자의 선임 등) 제2항)에 따라 전담 안전관리자를 배치하였습니다.

질의1) 공사중 공사비가 변경되어 법령(산안법)의 적용을 받게되는 점은, 입찰 후 법정경비를 반영하는 물량증감에 해당하게 되므로 변경(전담배치)으로 인해 추가되는 안전관리자 인건비는 설계변경이 가능한지 여부?

질의2) 산업안전보건관리비는 근로자의 산업재해 및 건강장해 예방을 위한 목적으로 사용하여야 하므로, 공사도급계약서에 표시한 안전보건관리비를 초과하더라도 사용목적에 꼭 필요한 경우라면 설계변경이 가능한지 여부?

▣ 답변내용

[질의요지] 안전관리비 초과분 설계변경

[답변내용] 국가기관이 당사자가 되는 공사계약에서 설계변경으로 계약금액을 조정할 경우에 (계약예규) 「공사계약 일반조건」 제20조 ⑤항에 의거 계약금액 증감분에 대한 간접노무비, 산재보험료 및 산업안전보건관리비 등의 승율비용과 일반관리비 및 이윤은 계약상대자가 제출한 설계변경 당시 산출내역서상의 간접노무비율, 산재보험료율 및 산업안전보건관리비율 등의 승율비용과 일반관리비율 및 이윤율에 의하되 설계변경당시의 관계법령 및 기획재정부장관 등이 정한 율을 초과할 수 없는 것인 바,

따라서 귀 질의 2차례 설계변경이 발생하여 현재 공사비가 증액(110억→128억)되었다하더라도 산업안전보건관리비 등의 조정은 위 규정에 따라 산출내역서상의 비율을 적용하여 계약금액을 조정하되, 설계변경당시 관계법령이 정한 율을 초과할 수 없는 것입니다.

4장 계약금액 조정

암발파 단가 변경 가능 여부

2022-03-10

◨ 질의내용

당 현장은 택지조성공사 현장으로 암발파 단가의 변경에 대하여 문의드립니다.

1. 개요 최초 암발파공사 수량 216,242㎥ - 해당공종은 암판정 등을 통하여 공사 완료 암발파 공사 종료 후 단지의 특화설계로 인하여 암발파 수량 334,436㎥ 증가됨. 특화설계에 대한 설계변경시 최초 입찰당시의 암발파 단가가 표준품셈 및 단가지침의 변경으로 일부 수정됨. 변경된 발파단가 (천공준비 ~ 발파암 허물기)를 적용하는 과정에서 일부 단가의 누락(발파암 허물기)이 발생하였다면

2. 질의 : 위 단가의 누락(발파암 허물기)이 발생되었으며, 이 단가의 조정이 가능한지 여부를 문의 드립니다.

3. 의견

갑설 : 특화설계에 따른 변경 수량의 단가 산출과정에서 오류로써 변경가능

을설 : 특화 설계에 따른 설계변경 당시 단가 협의 등을 통해 충분히 검토가 가능한 부분이었으므로 변경 불가(검토 부족)

◨ 답변내용

[질의요지] 일부 단가의 누락에 따른 계약금액 조정이 가능한지

[답변내용] 국가기관이 당사자가 되는 계약에 있어 계약금액의 조정은 국가를 당사자로 하는 계약에 관한 법률 시행령 제64조 내지 제66조의 규정에 적합한 경우에 가능한 것이며, 설계변경의 경우 시행령 제65조와 계약예규 공사계약일반조건(이하 일반조건이라 합니다) 제19조제1항 각 호의 어느 하나에 해당하는 경우 설계를 변경하고 계약금액을 조정할 수 있습니다.

그러나, 설계서에서는 누락되지 않고, 설계서에 속하지 아니하는 예정가격조서나 산출내역서 상의 비목이나 품목의 단가에 대한 과다 또는 과소계상 혹은 누락, 예정가격 작성의 참고자료인 품셈의 변경이나 적용의 오류, 발주기관이나 계약상대자가 예정가격이나 입찰금액을 산정하기 위하여 작성하는 일위대가표, 수량산출서나 단가산출서의 누락이나 오류로는 설계변경과 이에 따른 계약금액을 조정할 수 없다 할 것입니다.

다만, 개별계약의 질의 내용이 일반조건 제19조에 해당하는지 여부는 당해 기관의 계약서에 첨부된 설계서의 내용에 따른 사실 판단에 관한 사항으로서 설계변경 등 계약금액조정의 원인이 되는 모든 행위는 발주기관의 계약담당공무원이 결정의 권한을 가지고 있으므로, 계약담당공무원이 계약서, 계약조건, 관련 법령 등을 종합적으로 살펴 직접 판단해야 할 사안입니다.

엔지니어링 용역 설계변경 적용문의

2022-01-20

▣ 질의내용

계약현황 : 발주자 설계한 금액의 85%로 낙찰되어 계약상대자가 용역 산출내역서를 낙찰률 85%에 맞춰 제출하면서 제경비와 기술료의 요율을 발주자 설계요율(제경비 : 110%, 기술료 : 20%) 보다 낮게 조정하여 산출내역서를 제출함 (제경비 : 110% -> 100%, 기술료 20% -> 7%)

설계변경 진행시 발주자 의견 : 산출내역서에 따라 낮게 조정된 제경비와 기술료의 요율을 적용하고, 노임단가는 설계변경 당시 기준으로 발주자와 협의하여 적용하되, 협의가 안될시 (노임단가*낙찰률) 과 노임단가의 중간값을 적용

설계변경 진행시 계약상대자 의견 : 산출내역서에 따라 낮게 조정된 제경비와 기술료의 요율을 적용하고 노임단가는 설계변경 당시 기준으로 발주자와 협의하여 적용하되, 협의가 안될시 (노임단가*낙찰률)과 노임단가의 중간값을 적용하면 설계변경 진행 역무는 낙찰률보다 낮은 금액으로 역무가 진행되므로 불합리하다는 의견

상기와 같이 발주자와 계약상대자의 의견이 다를 경우,

1. 설계변경시에 제경비와 기술료의 요율은 어떤것(설계당시 요율 또는 산출내역서 작성시 요율)을 적용해야 하는지 문의드립니다.
2. 노임단가는 어떻게 적용해야 하는지 문의드립니다.

▣ 답변내용

[질의요지] 공공기관에서 발주한 엔지니어링 용역 수행 중 발주자 필요에 의해 설계변경 진행시 단가적용

[답변내용] 공공기관의 계약사무를 처리할 때에는 기타공공기관의 경우에는 「기타 공공기관 계약사무 운영규정」을 적용하고 공기업·준정부기관일 경우에는 「공기업·준정부기관 계약사무규칙」을 적용하여야 하며, 동 규정 및 규칙에서 규정하지 아니한 사항은 국가계약법을 준용하여 처리해야 합니다. 또한 국가계약법령해석에 관한 내용이 아닌 계약체결 내용과 관련된 사실판단에 관한 사항에 대하여는 해당 입찰공고를 하여 계약을 직접 체결한 발주기관에서 해당 관련 규정 등을 종합고려하여 판단해야 할 사항입니다.

참고로, 국가계약은 국가기관의 청약과 계약상대자의 승낙을 통하여 계약서의 형태로 체결되며, 동 계약서는 계약당사자가 계약조건을 합의한 것으로 볼 수 있으므로 당해 계약서에 첨부된 계약조건을 기준으로 계약당사자는 관련 업무를 처리하는 것이 타당할 것입니다

따라서, 발주기관의 계약담당공무원은 계약예규 용역계약일반조건 제16조(과업내용의 변경)제1항 내지 제3항에 따라 계약의 목적상 필요하다고 인정하는 경우에는 과업내용을 변경할 수 있다 할 것이며, 이때에는 「국가를 당사자로 하는 계약에 관한 법률 시행령」 제65조제1항부터 제6항의 규정을 준용하여 계약금액을 조정할 수 있는 것입니다(동법 시행령 제65조제7항). 과업변경으로 인한 계약금액 조정함에 있어서 계약금액의 증감분에 대한 간접노무비, 산재보험료 및 산업안전보건관리비 등의 승율비용과 일반관리비 및 이윤은 산출내역서상의 동 비율에 의하되 과업변경당시의 관계법령 및 기획재정부장관 등이 정한 율을 초과할 수 없는 것입니다(계약예규 공사일반조건 제20조제5항 참조).

다만, 개별 계약건에서 구체적인 경우가 이에 해당하는지 여부는 당해 기관의 계약서에 첨부된 계약문서의 내용에 따른 사실 판단에 관한 사항으로서 과업변경 등 계약금액조정의 원인이 되는 모든 행위는 발주기관의 계약담당공무원이 결정의 권한을 가지고 있으므로, 계약담당공무원이 과업지시서 및 용역이행상황, 관련 규정 등을 종합적으로 살펴 직접 판단해야 할 사항입니다.

용역 설계변경 시 이윤율 적용 관련 질의

2022-04-04

◘ **질의내용**

　공기업·준정부기관 계약사무규칙 및 국가계약법 등의 적용을 받는 공공기관의 계약에서 용역 설계변경 시 이윤율 적용 관련 사항을 질의하고자 합니다. 계약예규 용역계약일반조건 제16조 제4항 및 국가계약법 시행령 제65조 제6항에 의하면, 용역계약 설계변경 계약금액의 증감분에 대한 일반관리비 및 이윤등은 산출내역서상의 일반관리비율 및 이윤율등에 의하되 기획재정부령이 정하는 율을 초과할 수 없다고 명시되어있습니다. 최초 용역계약체결 시 산출내역서 상 이윤율이 아래와 같이 상이할 때 설계변경시에 어떤 이윤율을 적용해야하는지 궁금합니다.

1. 산출내역서 이윤 항목 25,237,129원, 직접인건비·경비·일반관리비 항목 소계 378,762,871
　→ 이윤율 : 6.66% 적용
2. 산출내역서 비고 란 : 10% 이내 → 이윤율 10% 이내 임의 수치 적용 가능

◘ **답변내용**

[질의요지]　설계변경시 적용되는 이윤율

[답변내용]　국가기관이 당사자가 되는 계약에 있어 설계변경으로 인한 계약금액 조정 시 계약금액의 증감분에 대한 일반관리비 및 이윤 등은 국가를 당사자로 하는 계약에 관한 법률 시행령 제65조제6항의 규정에 따라 산출내역서상의 일반관리비율 및 이윤율에 의하되, 설계변경당시의 관계법령 및 기획재정부장관 등이 정한 율을 초과할 수 없는 것입니다.

　귀 질의 산출내역서에 이윤율이 6.66%로 반영되었다면 설계변경시에도 동일하게 적용하는 것이며 6.66%가 설계변경 당시에 관계법령이나 기획재정부장관 등이 정하는 율을 초과하지 않는 한 이를 변경하여서는 안 될 것입니다.

4장 계약금액 조정

용역계약의 설계변경시 대가의 지급기준

2021-01-08

■ 질의내용

○ 질의배경 계약상대자는 공공기관에서 발주하여 엔지니어링산업진흥법에 따른 적격심사후 낙찰제를 적용한 비파괴검사 용역입니다. 현재 용역 계약기간 종료 안내 및 계약물량 소진으로 인하여 연장시 추가비용 발생에 대해 서면으로 발주기관에 발송하였습니다. 이에 발주기관은 사업공정계획 변경(35개월 연장)으로 인하여 계약변경 협의 진행 및 사업공정에 영향이 없도록 추가업무(긴급, NCR, 현안작업 등) 수행지시를 계약상대자에게 서면으로 통지 하였습니다. 과업내용의 변경으로 인하여 국가기술자격을 보유한 기술자들의 현장 상주 및 검사장비 투입기간의 연장, 용역대가 기준변경 등을 협의 중입니다. 발주기관 추가업무의 성격이 완공 전까지 현장에서 발생 할 수 있는 현안사항의 비파괴검사 적기수행으로서 물량의 추정이 불가능하고 현재의 용역대가 산정기준인 표준품셈에 의한 단가계산으로는 산출이 불가능 하여 투입된 인원수에 따른 비용으로 용역대가를 변경하고자 합니다.

○ 질의1 설계변경시 용역계약서 특수조건에 명시된 용역대가 지급기준의 변경 가능여부?

○ 질의2 지급기준의 변경이 가능하다면 투입된 기술자의 용역대가를 엔지니어링산업 진흥법에 따른 엔지니어링 사업대가 적용의 타당성 여부?

○ 질의2의 적용근거 1)국가를 당사자로 하는 계약에 관한 법률 시행령 제65조(설계변경으로 인한 계약금액의 조정) 3항 - 설계변경 당시를 기준으로 하여 산정 2)국가를 당사자로 하는 계약에 관한 법률 시행령 제9조(예정가격의 결정기준) - 거래실례가격(법령의 규정에 의하여 가격이 결정된 경우) 3)국가를 당사자로 하는 계약에 관한 법률 시행령 제3조(다른 법령과의 관계) -다른 법령에 특별한 규정이 있는 경우(엔지니어링산업 진흥법) 4)기획재정부계약예규 (계약예규) 예정가격작성기준 제2조(계약담당공무원의 주의사항) - ②계약담당공무원은 이 예규에 따라 예정가격 작성시에 표준품셈에 정해진 물량, 관련 법령에 따른 기준가격 및 비용 등을 부당하게 감액하거나 과잉 계상되지 않도록 하여야 하며, 불가피한 사유로 가격을 조정한 경우에는 조정사유를 예정가격조서에 명시하여야 한다. 5)기획재정부계약예규 (계약예규) 예정가격작성기준 제30조(기타용역의 원가계산) - ① 엔지니어링사업, 측량용역, 소프트웨어 개발용역 등 다른 법령에서 그 대가기준(원가계산기준)을 규정하고 있는 경우에는 해당 법령이 정하는 기준에 따라 원가계산을 할 수 있다.

■ 답변내용

[질의요지] 용역계약에서 설계변경시 특수조건에 명시된 용역대가 지급기준의 변경 가능여부 등

제2절 설계변경에 의한 조정

[**답변내용**] 국가기관이 체결하는 용역계약에 있어 발주기관은 계약예규 「용역계약일반조건」 제16조제1항 내지 제3항에 따라 계약의 목적상 필요하다고 인정하는 경우에는 과업내용을 변경할 수 있는 바, 발주기관은 계약의 목적상 필요한 경우에는 과업변경이 가능하다 할 것입니다. 이 경우 「국가를 당사자로 하는 계약에 관한 법률 시행령」 제65조제1항 내지 제6항의 규정에 정한 바에 따라 계약금액을 조정할 수 있다 할 것입니다(공사계약의 경우를 준용).

동 설계변경으로 인한 계약금액의 조정은 용역의 수행도중 당초 계약내용의 일부를 변경하는 것으로서 그 성격상 계약의 본질을 해치지 않는 범위내에서만 인정된다고 볼 것인 바, 귀하의 질의 경우처럼 추가업무의 성격이 이를 당초 용역의 과업변경으로 볼 것인지 또는 새로운 계약을 체결할지의 여부는 당초 용역의 본질이 변경되는지의 여부 및 계약금액의 변경정도 등을 종합적으로 고려하여 발기관의 계약담당공무원이 판단해야 할 사항입니다.

또한, 해당 용역을 계약상대자와 일정 계약기간을 정하여 체결하여 계약종료한 이후에 동 계약상대자와 해당 용역의 연속성 등을 감안하여 발주기관의 필요에 의하여 새로운 계약체결시까지 일정기간동안까지 연장하여 처리하는 것은 계약당사자간에 합의하여 가능할 것입니다.

발주기관의 책임있는 사유로 인한 과업변경으로 계약금액을 조정하는 경우 자체 계약특수조건 등이 동 일반조건과 상충하는 경우에는 동 특수조건 등의 해당조항은 효력이 없는 바, 이에 해당하는지 여부는 발주기관에서 직접 판단해야 하는 것이며, 귀 질의의 경우와 같이 동 특약내용대로 계약체결·완료한 후 동 특약내용의 부당성을 이유로 계약금액을 조정할 수 있는지에 대하여는 소송 등의 절차를 통하여 동 특약의 유·무효여부를 판단후 처리해야 할 사항입니다.

참고로, 국가계약법령은 국가기관이 시행하는 입찰 및 계약의 절차에 관한 법령으로서 귀하께서 질의관련 법령도 발주기관의 공무원이 관련 업무진행시 준수해야 할 것인 바, 동 법령에 위반된 경우에 관해서는 동 법령에서 규정할 사항이 아니며, 공무원의 동 법령위반에 따른 책임 등에 대한 사항은 국가공무원법 및 감사원법 등에서 정한 바에 따라 처리될 사항임을 알려드립니다.

자재수급 방법을 변경하는 설계변경

2021-06-02

■ 질의내용

조달사업에 관한법령 시행령 제11조에 따르면 제3자를 위한 단가계약, 다수공급자계약이 되어있는 물품은 쇼핑몰 제품을 구매해야하도록 되어있습니다. 위의 이유로 레미콘, 시멘트, 철근, 아스콘 등을 계약상대자가 직접 구입하여 투입하는 자재로 구매하지 않고 수요기관에서 나라장터쇼핑몰을 통해 구입하는 경우가 많은데

공사계약일반조건제19조의6에 따르면 " 계약담당공무원은 발주기관의 사정으로 인하여 당초 관급자재로 정한 품목을 계약상대자와 협의하여 계약상대자가 직접 구입하여 투입하는 자재(이하 "사급자재"라 한다)로 변경하고자 하는 경우 또는 관급자재 등의 공급지체로 공사가 상당기간 지연될 것이 예상되어 계약상대자가 대체사용 승인을 신청한 경우로서 이를 승인한 경우에는 이를 서면으로 계약상대자에게 통보하여야 한다. 이때 계약담당공무원은 계약상대자와 협의하여 변경된 방법으로 일괄하여 자재를 구입할 수 없는 경우에는 분할하여 구입하게 할 수 있으며, 분할 구입하게 할 경우에는 구입시기별로 이를 서면으로 계약상대자에게 통보하여야 한다"라고 나와 있습니다. 그렇다면 위에 사유(공사계약일반조건제19조의6 제1항) 해당한다면 관급자재(레미콘,시멘트,철근,아스콘)가 나라장터쇼핑몰에 등록되어 있는 규격이라도 사급자재로 변경하여 구입할 수 있는지 여부를 알고 싶습니다.

■ 답변내용

[질의요지] 자재수급 방법을 변경하는 설계변경

[답변내용] 국가기관이 당사자가 되는 공사계약에 있어 계약담당공무원은 계약예규 공사계약일반조건(이하 일반조건이라 합니다) 제19조의6제1항에 따라 발주기관의 사정, 관급자재 등의 공급지체로 공사가 상당기간 지연될 것이 예상되어 계약상대자가 대체사용 승인을 신청, 이를 승인한 경우에는 이를 서면으로 계약상대자에게 통보하고, 계약상대자와 협의하여 일괄 또는 분할 구입하게 할 수 있습니다.

일반조건 제19조의6제3항에 따르면 발주기관의 대체사용 승인에 따라 설계변경 없이 자재가 대체사용된 경우에 계약담당공무원은 계약상대자와 합의된 장소 및 일시에 현품으로 반환할 수도 있으며, 반환하지 않고 설계를 변경하여 통보당시의 가격에 의하여 그 대가를 기성대가 또는 준공대가에 합산하여 지급할 수도 있습니다.

이러한 방법의 결정은 발주기관과 계약상대자의 협의에 따라 정하는 것이며 발주기관이 일반조건 제19조의6에 해당한다고 판단하여 설계변경으로 관급자재를 사급자재로 변경하는 경우에는 계약상대자가 자재를 직접 구입하는 것이므로 나라장터쇼핑몰 등록규격이라 하더라도 계약상대자는 자체 구입이 가능할 것입니다.

장기계속공사의 차수별계약 및 설계변경 시 제비율(승율비용) 적용 기준
2020-04-13

■ **질의내용**

국가기관인 ○○청에서 발주한 "○○항 건설공사"는 장기계속계약공사로서, 2021.04.16 공사입찰공고된 토목공사입니다.

○ 위 토목공사는 간접노무비율이 13.1%로 최초 계약되어, 2021년01월06일 발표된 원가계산 간접공사비 제비율 적용기준인 직접노무비의 12.9%(공사규모(직접공사비 50~300억 미만 / 36개월 초과))를 초과하여 계약되었고, 산재보험료 및 고용보험료도 제비율 원가계산 적용기준을 초과하여 계약되었습니다.

○ 향후, 차부별로 계약 또는 설계변경시 간접노무비는 원가계산 간접공사비 제비율 적용기준인 직접노무비의 12.9%를 적용하여야 하는지 아니면, 최초 공사계약시 13.1%를 적용하여야 하는지. 아울러, 산재보험료 및 고용보험도 어느 방법을 적용하여 계약 변경해야 하는지 질의합니다.

■ **답변내용**

[**질의요지**] 장기계속공사의 차수별계약 및 설계변경 시 제비율(승율비용) 적용 기준

[**답변내용**] 국가기관이 당사자가 되는 시설공사 계약에 있어 계액담당공무원은 「국가를 당사자로 하는 계약에 관한 법률 시행령」 제69조제2항에 따라 장기계속공사는 낙찰 등에 의하여 결정된 총공사금액을 부기하고 당해 연도의 예산의 범위안에서 제1차공사를 이행하도록 계약을 체결하여야 합니다. 이 경우 제2차공사이후의 계약은 부기된 총공사금액(제64조 내지 제66조의 규정에 의한 계약금액의 조정이 있는 경우에는 조정된 총공사금액을 말함)에서 이미 계약된 금액을 공제한 금액의 범위안에서 계약을 체결할 것을 부관으로 약정하여야 하며 제69조제4항에 따라 제1차 및 제2차이후의 계약금액은 총공사·총제조등의 계약단가에 의하여 결정하는 것입니다.

아울러 계약담당공무원은 계약예규 「공사계약일반조건」(이하 "일반조건"이라 합니다) 제19조제1항 각호의 어느 하나에 해당하는 경우 설계변경을 하며, 설계변경으로 인한 계약금액은 일반조건 제20조에 따라 조정하여야 합니다. 이러한 일반조건 제20조제1항 및 제2항에 따른 설계변경으로 인한 계약금액 조정 시 계약금액의 증감분에 대한 승율비용과 일반관리비 및 이윤은 일반조건 제20조제5항에 따라 산출내역서상의 간접노무비율, 산재보험료율 및 산업안전보건관리비율 등의 승율비용과 일반관리비율 및 이윤율에 의하되 설계변경당시의 관계법령 및 기획재정부장관 등이 정한 율을 초과할 수 없는 것입니다. 이 경우 승율비용 등은 당초 산출내역서상의 비율을 적용하되 증감되는 금액에 대하여는 관계법령 등에서 정한 비율이 산출내역서상의 비율보다 낮은 비율일 경우 그 낮은 비율을 적용한다는 것을 의미하는 것입니다.

따라서 질의하신 장기계속공사의 차수별 공사에 대한 승율비용(간접노무비, 산재보험료, 고용보험료 등)은 국가계약법령에 명확히 명시된 바는 없으나 시행령 제69조제4항을 준용하여 당초 계약한 산출내역서에 명시된 율에 의해 계상하는 것이 타당할 것이며, 다만 설계변경으로 인한 계약금액 조정분에 대해서는 일반조건 제20조제5항에 따라 산출내역서에 명시된 율에 의하되 설계변경 당시의 관계법령 및 기획재정부장관 등이 정한 율을 초과할 수 없는 것입니다. 참고로 조달청에서 발표하는 「토목공사(혹은 건축공사) 원가계산 간접공사비(제비율) 적용기준」의 간접노무비 등은 조달청 계약담당공무원이 공사의 원가계산 시 예정가격 결정할 때 자체적으로 적용하고자 만든 내부기준으로 관련법령 및 기획재정부장관 등이 정한 율에 해당하지 아니합니다.

제3자 단가계약의 수량 또는 단가 변경 시 변경계약 생략 여부
2022-06-08

▣ 질의내용

기관 특성상 공사가 많아 제3자단가계약으로 관급자재 구매를 많이 하고 있는데, 단가 또는 수량의 증감이 상시 발생하고 있습니다.

단가나 수량이 증감이 발생하는 경우 변경계약 절차가 필요한지, 또는 변경계약 절차 없이 준공 하면 되는 것인지 궁금합니다.

▣ 답변내용

[질의요지] 단가계약물품의 수량증감에 따른 변경계약서 작성

[답변내용] 국가기관이 당사자가 되는 물품계약에 있어 계약담당공무원은 사정의 변경으로 수량의 증감이 있거나 가격의 변동 적용조건이 충족되는 경우에는 그 변동되는 내용에 따라 변경계약서를 작성하여야 합니다.

이는 지출원인이 되는 행위의 내용변경에 해당하여 회계관련 법령에 따라 지출원인행위액과 지출액이 동일하여야 하기 때문입니다.

4장 계약금액 조정

제안공모계약 체결 후 추가 물량에 대한 계약방법

2022-04-08

▣ 질의내용

올해 3월에 추정가격 1억3천만원의 건축설계 용역 건을 제안공모 방식으로 계약을 체결했습니다. 계약체결 이후에 ('22.4월) 군에서 해당지역의 해당사업이지만 다른 건축물 설계를 추가로 해주기를 요청하였고 당초 계약 금액(1억3천)에서 추가로 요청한 설계 금액을 합하면 최종 금액이 대략적으로 2억이 넘는다고 합니다. 이럴 경우 변경계약으로 처리가 가능한가요?

아니면 이미 계약한 건에 대해서는 계약한 것으로 하고 맺음하고 새로운 건에 대해서는 새로 계약을 해야하는 건가요?

▣ 답변내용

[질의요지] 용역계약의 계약내용 변경

[답변내용] 국가기관이 당사자가 되는 용역계약에 있어 계약담당공무원은 계약예규 용역계약일반조건 제16조제1항 각 호의 어느 하나에 해당하는 경우에는 과업내용을 변경(추가, 삭제)하고 계약금액을 조정할 수 있습니다.

변경계약은 당초 예상하지 못하였던 사항이 발생하는 경우로서 당초 계약내용의 본질을 벗어나지 않는 추가업무나 연관이 있어 부득이 함께 진행하여야 할 특별업무인 경우에 하는 것이며, 당초 계약된 용역과 별건의 용역이거나 물량이 과도하게 증가하는 경우라면 새로운 계약절차에 따르는 것이 적절할 것으로 봅니다.

다만, 구체적으로 연관이 있는 정도에 따라 과업을 추가하여 변경계약을 할 것인지, 새로운 입찰에 부칠 것인지는 계약담당공무원이 과업내용의 연관성 또는 동일성(당초와 추가), 증가된 물량의 규모, 관련 법령, 계약조건 등을 고려하여 직접 판단하는 것입니다.

준공예정일 이후 설계변경신청 여부

2021-07-13

▣ 질의내용

2017. 3 국가기관(지방자치단체)을 상대로 계약한 OO공사입니다.

준공예정일 이후에 실정보고 또는 설계변경신청서류를 건설사업관리기술자 또는 공사감독관에게 제출할 수 있는지?

▣ 답변내용

[질의요지] 준공예정일 이후 설계변경으로 인한 계약금액 조정

[답변내용] 국가기관이 당사자가 되는 시설공사 계약에 있어 계약예규 「공사계약일반조건」(이하 "일반조건"이라 함) 제19조제1항의 다음 각 호의 어느 하나에 해당하는 경우에 설계변경을 하고 해당 계약금액을 조정할 수 있는 것이며, 설계변경은 그 설계변경이 필요한 부분의 시공 전에 완료하여야 하나, 계약담당공무원은 공정이행의 지연으로 품질저하가 우려되는 등 긴급하게 공사를 수행할 필요가 있는 때에는 계약상대자와 협의하여 설계변경의 시기 등을 명확히 정하고, 설계변경을 완료하기 전에 우선시공을 하게 할 수 있습니다. 1. 설계서의 내용이 불분명하거나 누락·오류 또는 상호 모순되는 점이 있을 경우 2. 지질, 용수 등 공사현장의 상태가 설계서와 다를 경우 3. 새로운 기술·공법사용으로 공사비의 절감 및 시공기간의 단축 등의 효과가 현저할 경우 4. 그 밖에 발주기관이 설계서를 변경할 필요가 있다고 인정할 경우 등

따라서 귀 질의와 같이 공사의 지체로 준공기한이 경과하여 이행 중인 경우에도 일반조건 제19조제1항 각호의 설계변경 사유가 발생하였다면 설계변경으로 인한 계약금액 조정이 가능하다고 보이나, 구체적인 것은 공사 진행상황, 관련법령 등을 고려하여 계약담당공무원이 판단할 사항입니다.

책임감리용역의 설계변경

2021-09-23

◨ 질의내용

기획재정부 고시 계약예규에 따르면 일반공사는 공사계약일반조건 제19조에 설계변경이 가능한 4가지 경우가 명시되어 있지만, 기술용역은 용역계약일반조건에 설계변경에 관한 내용이 구체적으로 명시되어 있지 않아 설계변경이 가능한 사항인지 확인할 수가 없습니다.

저희 회사는 책임감리 용역 발주 시 해당 대가기준인 전력기술관리법 운영요령에 따라 지역별로 2건 이상의 공사를 묶어서 발주하는 통합감리방식으로 용역이 발주되고 있습니다.

그런데 용역계약 이후 해당 공사건 중 사업이 취소되거나 또는 신규 공사가 발생하여 추가를 시켜야 할 상황들이 발생되는데 이러한 경우 기존에 계약된 책임감리용역을 설계변경하여 기존에 계획되지 않은 공사 건을 추가시키는 것이 설계변경 사항에 해당되는지 여부가 궁금합니다.

◨ 답변내용

[질의요지] 책임감리용역의 설계변경

[답변내용] 국가계약은 국가기관의 청약과 계약상대자의 승낙을 통하여 계약서의 형태로 체결되며, 동 계약서는 계약당사자가 계약조건을 합의한 것으로 볼 수 있으므로 당해 계약서에 첨부된 계약조건을 기준으로 계약당사자는 관련 업무를 처리하는 것이 타당할 것입니다(해당 계약문서 제1조 참조). 따라서, 발주기관은 계약예규 용역계약일반조건 제16조제1항 내지 제3항에 따라 계약의 목적상 필요하다고 인정하는 경우에는 과업내용을 변경할 수 있다 할 것이며, 이때에는 「국가를 당사자로 하는 계약에 관한 법률 시행령」 제65조제1항 내지 제6항의 규정을 준용하여 계약금액을 조정할 수 있다 할 것입니다(동법 시행령 제65조제7항 참조).

다만, 개별 계약건에서 구체적으로 이에 해당하는지 여부는 당해 기관의 계약서에 첨부된 계약문서의 내용에 따른 사실 판단에 관한 사항으로서 과업변경 등 계약금액조정의 원인이 되는 모든 행위는 발주기관의 계약담당공무원이 결정의 권한을 가지고 있으므로, 계약담당공무원이 과업지시서 및 용역이행상황, 관련 법령 등을 종합적으로 살펴 직접 판단해야 할 사안입니다. 아울러, 유권해석은 국가의 권한 있는 기관에 의하여 법의 의미내용이 확정되고 설명되는 것으로 구체적인 사실 인정이나 적법·정당여부에 대한 사항을 유권해석으로 확인하는 것은 적절하지 아니한 것임을 알려드립니다.

한편, 과업변경으로 인한 계약금액의 조정은 용역의 과업수행도중 당초 계약내용의 일부를 변경하는 것으로서 그 성격상 계약의 본질을 해치지 않는 범위내에서만 인정된다고 볼 것인 바, 신규 과업이 추가될 경우 이를 당초 용역의 과업변경으로 볼 것인지 또는 새로운 계약을 체결할 지의 여부는 당초 용역의 본질이 변경되는지의 여부 및 계약금액의 변경정도 등을 종합적으로 고려하여 발주기관의 계약담당공무원이 직접 판단해야 할 사안입니다.

천재지변, 전쟁 등으로 인한 물품 납품 불가 시 품목 제외 가능 여부
2022-09-22

◘ 질의내용

(계약예규) 물품구매(제조)계약일반조건 제9조(수량변경)에 따르면, 계약담당공무원이 해당 물품의 수급상황 등을 고려하여 부득이하다고 판단하는 경우 계약상대자의 동의를 얻어 100분의 10 범위를 초과하여 계약수량을 변경시킬 수 있다고 되어있습니다. 물품 구매계약 체결 후 예측할 수 없는 사항(우크라이나-러시아 전쟁, 계약상대자의 책임 X)으로 인해 일부 품목이 납품 불가능한 경우 계약담당공무원이 해당 물품의 수급상황 및 현장상황 등을 고려하여 부득이하다고 판단하는 경우에 일부 품목의 수량 전체를 변경시킬 수 있는지 문의드립니다.

◘ 답변내용

[질의요지] 물품구매계약의 변경

[답변내용] 국가기관이 당사자가 되는 물품구매계약에 있어 계약담당공무원은 사업의 변경 등 부득이한 사유가 있는 경우에는 계약예규 물품구재(제조)계약일반조건에 따라 변경계약을 할 수 있습니다.

이러한 변경계약은 부득이한 사유로 당초 계약내용의 일부를 변경시키는 것으로서 그 성격 계약의 본질을 해치지 않는 범위내에서의 변경을 의미하는 것이며, 구체적인 개별 계약건에서 변경계약이 가능한지에 대하여는 발주기관의 계약담당공무원이 사업의 성격과 변동사항, 물품의 수요시기 등 여러 사유들을 고려하여 직접 판단하는 것입니다.

총 공사비 증가에 따른 감리비 증액 가능여부

2021-10-13

▣ 질의내용

□ 계약관련현황 우리 기관은 국가계약법을 준용하는 기타 공공기관으로, 2019. 3. 25 A 설계감리 업체와 설계감리 용역계약을 체결했습니다. 계약당시 감리 용역비 산출조서는 공공발주사업에 대한 건축사의 업무범위와 대가기준에 의거, 직선보간법에 따라 총 공사비에 일정 요율을 곱하여 산정되었습니다. 이후 해당 공사의 설계변경이나 추가과업은 없었으나, 2021년 현재 실제 공사비는 기존 32억원에서 45억원으로 약 13억 증가하였습니다. 관련하여 업체는 공사비 증가로 인한 감리 업무가 증가하여 용역금액 조정을 요구하였습니다.

□ 질의사항 애초에 용역비 산출이 총 공사비에 요율을 곱한 값(직선보간법 산정식)으로 계상되었으므로, 총 공사비 증가를 이유로 감리용역 계약금액을 조정할 수 있는지 문의드립니다.

▣ 답변내용

[질의요지] 국가계약법을 준용하는 기타 공공기관에서 총 공사비 증가에 따른 감리비 증액 가능 여부

[답변내용] 국가를 당사자로 하는 계약에 관한 법령은 국가기관이 계약의 일방당사자가 되어 계약을 체결하는 경우에 적용되는 법령인 바, 동 법령의 규정을 직접 적용받지 아니하는 기관이 체결하는 계약에 있어서는 자체 계약규정 및 관련법령 등에 따라 처리될 사항이며, 또한 귀 질의의 경우처럼 국가계약법령이나 계약예규 해석에 관한 내용이 아닌 계약체결내용과 관련된 사항에 대하여는 당해 계약을 직접 체결한 발주기관에서 판단할 사항임을 알려드립니다.

참고로, 국가계약에서 계약금액 조정제도는 계약체결 후 발생한 사유로 기 체결된 계약의 대금을 증액 또는 감액하는 제도로서 민법상 사정변경의 원칙을 반영한 제도입니다. 그중 설계변경에 따른 계약금액 조정제도는 계약체결 후 「국가를 당사자로 하는 계약에 관한 법률 시행령」 제65조에 의한 설계변경사유가 발생된 경우에는 설계변경이 가능하다 할 것입니다. 그러나, 설계서(또는 과업내용서)에서는 누락되지 않고, 설계서에 속하지 아니하는 예정가격조서나 산출내역서 상의 비목이나 품목의 단가에 대한 과다 또는 과소계상 혹은 누락, 예정가격 작성의 참고자료인 품셈의 변경이나 적용의 오류, 발주기관이나 계약상대자가 예정가격이나 입찰금액을 산정하기 위하여 작성하는 일위대가표, 수량산출서나 단가산출서의 누락이나 오류로는 설계변경과 이에 따른 계약금액을 조정할 수 없다 할 것입니다.

다만, 개별 계약건에서 구체적으로 이에 해당하는지 여부는 당해 기관의 계약서에 첨부된 계약문서의 내용에 따른 사실 판단에 관한 사항으로서 설계변경 등 계약금액조정의 원인이 되는 모든 행위는 발주기관의 계약담당공무원이 결정의 권한을 가지고 있으므로, 계약담당공무원이 설계서 및 공사현장 여건, 공사관련 법령 등을 종합적으로 살펴 직접 판단해야 할 사안입니다.

한편, 국가계약은 국가기관의 청약과 계약상대자의 승낙을 통하여 계약서의 형태로 체결되며, 동 계약서는 계약당사자가 계약조건을 합의한 것으로 볼 수 있으므로 당해 계약서에 첨부된 계약조건을 기준으로 계약당사자는 관련 업무를 처리하는 것이 타당할 것입니다(해당 계약문서 제1조 참조).

총액입찰제 공사의 내역서 누락사항 설계변경 반영여부
2021-01-29

■ 질의내용

OO체육관 건립공사에서 건설사업관리용역을 진행 중에 설계변경 가능여부에 대해 문의드립니다. 당 현장의 건축공사는 총액입찰제로 계약되었으며, 입찰 당시 발주청에서 도면, 시방서, 현장설명서, 설계내역서를 제시하여 입찰 및 낙찰이 되어 현재 공사중에 있습니다. 여기서 질의 할내용은 건축 및 기계도면에는 에어컨실외기 콘크리트 기초가 명시되어 있고, 설계내역서에는 항목이 누락되어 공사비가 미반영 된 사안입니다

발주청 입장 : 시공사에서 입찰할 때, 참고하라고 준 내역서일 뿐, 총액입찰제로 입찰했기 때문에 내역서에 누락된 부분도 도면에 명시되어 있으면 설계변경에 의한 금액증감 없이 도면대로 시공해야한다는 입장

시공사 입장 : 발주청에서 입찰시 사전에 배포한 설계내역서의 수량을 기준으로 산출한 입찰금액이기 때문에, 그 내역서 안에 누락 항목은 설계변경에 의한 금액증감을 반영해야 한다는 입장 임

결론적으로 에어컨 패드는 도면에 명기되어 있기 때문에 시공사에서는 시공을 하여야 하는데, 총액입찰로 입찰하였기 때문에 실정보고는 인정 받지 못하는 상황입니다.

실정보고를 통한 설계변경이 적법한지 문의드립니다.

■ 답변내용

[질의요지] 공사계약 내역서 누락사항 설계변경 반영 여부 질의

[답변내용] 지방자치단체를 당사자로 하는 계약, 공기업과 준정부기관 및 공공기관의 계약에 관하여는 달리 정한 바가 있으면 그에 따라야 함을 알려 드립니다.

4장 계약금액 조정

국가기관이 당사자가 되는 공사계약에서 계약예규 공사계약일반조건(이하 일반조건이라 합니다) 제19조의2제1항제1호에 따라 계약상대자는 공사계약의 이행중에 설계서(국가기관이 설계서를 작성하여 입찰자에게 제공한 경우에는 공사시방서, 설계도면, 현장설명서와 물량내역서)의 내용이 불분명하거나 설계서에 누락.오류 및 설계서간에 상호모순 등이 있는 사실을 발견하였을 때에는 설계변경이 필요한 부분의 이행전에 해당사항을 분명히 한 서류를 작성하여 계약담당공무원과 공사감독관에게 동시에 이를 통지하여야 합니다.

계약담당공무원은 제1항에 의한 통지를 받은 즉시 공사가 적절히 이행될 수 있도록 설계도면과 공사시방서가 상이한 경우로서 물량내역서가 설계도면과 상이하거나 공사시방서와 상이한 경우에는 설계도면과 공사시방서중 최선의 공사시공을 위하여 우선되어야 할 내용으로 설계도면 또는 공사시방서를 확정한 후 그 확정된 내용에 따라 물량내역서를 일치시켜야 합니다.

그러나, 계약담당공무원은 설계서에 속하지 아니하는 예정가격조서나 산출내역서 상의 비목이나 품목의 단가에 대한 과다나 과소계상 혹은 누락, 예정가격(입찰금액) 작성의 참고자료인 품셈 등의 변경이나 적용의 오류, 발주기관이나 계약상대자가 예정가격이나 입찰금액을 산정하기 위하여 작성하는 일위대가표, 수량산출서나 단가산출서의 누락이나 오류로는 설계변경과 이에 따른 계약금액을 조정할 수 없는 것입니다.

구체적으로 귀 질의의 경우가 이에 해당하는지 여부는 당해 기관의 계약서에 첨부된 계약문서의 내용에 따른 사실 판단에 관한 사항으로서 설계변경 등 계약금액조정의 원인이 되는 모든 행위는 발주기관의 계약담당공무원이 결정의 권한을 가지고 있으므로, 계약담당공무원이 설계서 및 공사현장 여건, 공사관련 법령 등을 종합적으로 살펴 직접 판단해야 하는 것입니다.

턴키공사 설계변경 및 공사비 증액 관련 질의

2022-12-16

■ 질의내용

- 설계시공 일괄일찰공사(턴키공사) 낙찰자로 선정되어 국가기관과 장기계속공사 계약체결하여 시행 중인 OO공사와 관련입니다.
- 당 현장 산출내역서 및 도면에는 샌드위치판넬 벽체 자재가 EPS판넬(비드법 2종 1호, 난연2등급, 준불연재료)로 설계되어 있으며 당시 관련법령에 의거하여 기준에 맞는 자재로 건축 허가 승인을 받았습니다.
- 본 공사 착공이후 2020년 이천 물류 화재사고 등과 관련하여 관련법령 기준이 강화(2022.02.11.)되어 시험성적서를 충족시킬 수 있는 EPS판넬 생산업체가 없어 자재 생산이 중단된 상태로 수급이 불가한 실정이며 언제 시험성적서를 충족시킬 수 있는 자재가 생산되어 수급할 수 있는지는 불투명한 상황입니다. [관련법규 : 건축물의 피난·방화구조 등의 기준에 관한 규칙 제24조(건축물의 마감재료 등) 6항 (시행 2022.02.11.)] - 대안으로 샌드위치판넬 벽체 자재를 EPS판넬에서 관련법령 기준을 충족시킬 수 있는 글라스울판넬로 규격 변경이 필요한 실정입니다.
- 관련법령 재개정으로 인한 상기 사유로 규격 변경에 따른 설계변경 및 공사비 증액을 받을 수 있는지 알고 싶습니다. [관련법규 : 공사계약일반조건 제21조의5항(정부의 책임있는 사유 또는 불가항력의 사유로 인한 설계변경) 3호 공사관련법령(표준시방서, 전문시방서, 설계기준 및 지침 등 포함)의 제·개정으로 인한 경우]

■ 답변내용

[질의요지] 일괄입찰공사 설계변경

[답변내용] 국가계약법 시행령 제79조 제1항 제5호에서 규정하는 설계시공일괄입찰(이하 '일괄입찰'이라 합니다)은 계약담당공무원이 일반공사와 다르게 설계도면 등 설계서를 작성하지 아니합니다. 정부가 제시하는 공사일괄입찰 기본계획 및 지침(공사의 범위, 규모, 설계 시공기준, 품질 및 공정관리 등)에 따라 입찰자가 설계서를 직접 작성하게 되는 것입니다. 이에 따라 계약예규「공사계약 일반조건」(이라 '일반조건'이라 합니다) 제2조 제4호에서 규정한 설계서의 하자(결함)는 계약상대자의 책임으로 귀속되는 것입니다.

위와 같이 일괄입찰 공사계약은 계약상대자가 설계서를 작성하여 체결한 경우입니다. 이에 따라 설계서 작성 오류는 계약상대자 책임입니다. 이로 인한 계약금액 조정은 일반조건 제21조 제7항에 따라 전체 공사에 대하여 증감되는 금액을 합산하여 조정하되 계약금액을 증액할 수는 없는 것입니다. 다만 설계변경이 정부에 책임 있는 사유 또는 천재지변 등 불가항력의 사유로 인한 경우에는 같은 조 제1항에 따라 계약금액의 증액도 가능한 것입니다.

질의의 경우 상기 단서조항에 따라 정부에 책임이 있는 사유 또는 천재지변 등 불가항력의 사유인 경우 증액도 가능합니다. 그리고 같은 조 제5항은 정부의 책임 있는 사유 또는 불가항력의 사유를 명시하고 있습니다. 이에 따라 같은 항 제3호에서 정하고 있는 바와 같이 공사관련법령(표준시방서, 전문시방서, 설계기준 및 지침 등 포함)의 제·개정으로 과업이 추가된 경우는 이 규정에 따라 증액도 가능할 것으로 봅니다. 하지만 귀 질의의 경우가 이에 해당하는지는 발주기관 계약담당공무원이 공사 관련 법령 개정 내용과 시행 일자 등을 확인하여 판단하여야 할 것입니다.

.... 제2절 설계변경에 의한 조정

턴키공사에서 추가 투입된 자재에 대한 폐기물 처리비용 부담주체 문의
2021-06-09

◨ **질의내용**

설계시공일괄발주(턴키)방식의 공공공사 진행중이며, 계약조건 상 폐기물에 대한 처리주체는 발주처, 처리비용은 계약상대자가 부담하게 되어있음. 공사 중 비산방지를 목적으로 당초 계획에 없던 다량의 천막, 마대, 차광막 등의 자재가 투입되었으며 이는 발주처 부담으로 계약에 반영되었으나 해당 자재의 폐기물 처리를 위한 별도의 비용 반영이 안된 상황임. 이 경우 해당 자재의 폐기물 처리비용은 발주처에서 부담하는 것이 타당할 것으로 판단되는데, 이에 대한 적정성을 문의함.

◨ **답변내용**

[**질의요지**] 턴키공사에서 추가로 투입된 자재로 인한 폐기물 처리비용 부담

[**답변내용**] 국가기관이 당사자가 되는 설계시공일괄입찰에 따른 계약은 계약상대자가 설계와 시공을 모두 책임지는 것이므로 당해 공사수행상 발생하는 폐기물의 물량을 정확하게 산출, 계상하여야 할 책임이 전적으로 계약상대자에게 있는 것인 바, 설계서 작성시 물량산출상의 오류등으로 당초에 산출, 계상된 공사물량보다 더 많은 공사물량이 추가로 발생한 경우 동 추가물량에 대하여는 계약상대자가 계약금액증액조정 없이 시공(이행)하는 것이 원칙입니다.

물량의 증가가 계약상대자의 책임있는 사유인 경우 계약상대자가 부담하는 것이나, 다만, 계약상대자가 설계시 공사관련법령 등에 정한 바에 따라 설계서가 작성되었음에도 불가항력 등 정부의 책임있는 사유로 설계를 변경하여야 한다면 계약예규 공사계약일반조건 제21조제5항에 따라 발주기관이 폐기물처리 비용을 부담하여야 할 것으로 보여집니다.

귀 질의 내용이 구체적으로 이에 해당하는지는 계약담당공무원이 규정에 정한 바의 책임소재가 어디에 속하는지를 종합 검토하고 이에 따라 계약금액을 조정하여야 할 것입니다.

4장 계약금액 조정

| 토취장 복구비 설계반영 여부 판단 | 2021-07-15 |

■ 질의내용

1. 공사개요

   1) 현장 : 도로 개설공사

   2) 설계(예정)금액 : 16,037,670,000원

   3) 입찰방식 : 제한경쟁입찰(시공능력제한), 내역입찰, 적격심사, 장기계속공사

2. 토취장 관련 공사 진행 상황

   1) 설계시 토취장 지정되어 있음.

   - 설계보고서에 토취장 소유주의 토취장 사용 동의확인서 있으나,

   - 토취장 인허가관련비용, 복구설계, 복구비용에 대한 구체적 협의 내용 없음

   2) 설계도서에 토취장 복구비 반영 없음

   - 통상 PS금액으로 반영해 놓은 경우가 많은데... 설계 누락으로 시공사 판단.

   3) 시공사에서 관할 지자체에 토취장 개발인허가(토석채취)를 득한후 토색채취를 시행함.

   4) 시공사에서 토석채취 종료시점에 관할 지자체에 토취장 복구 계획서를 제출, 승인받고 토취장 복구 예정중에 있음.

3. 감독원 의견

   1) 채취토 운반단가에 운반, 깎기, 평탄작업 외에 벌개제근, 부지임대료, 복구비를 포함하여 m3당 단가로 반영되어 있어 설계반영 불가함.

   2) 토취장의 인허가 작성비(복구비 설계용역 등)는 실비 설계반영 가능함.

4. 시공사 의견

   1) 채취토 운반단가에 토취장 복구비 없음.

   - 물공량 내역서에 채취토 운반 외에 복구비 항목이 없음.

   - 단가설명상에도 토취장 복구비 항목 없음.   - 단가설명서 발췌 a 채취토 운반(토사)

   - (M3당) 이 단가에는 자연상태 기준의 흙 1m3 토취장 정리 및 토취장 사용료를 포함한다. 이 단가에는 채취토운반에 필요한 벌개제근, 벌목, 흙깍기토사 비탈면보호, 덤프트럭(15TON)의 운반비용을 포함한다.

   2) 토취장 복구 설계 관련

   - 관할 지자체에서는 개발행위 허가시 당초 토취장(산지)의 수목만큼의 수목식재를 하도록 하고 있고,

   - 토지소유주는 토취장 복구는 원인자(발주처 또는 시공자)가 해야한다 주장

■ 답변내용

[**질의요지**] 공공기관 발주 공사에서 토취장 복구비 설계반영 여부 판단

[**답변내용**] 공공기관의 계약사무를 처리할 때에는 기타공공기관의 경우에는 「기타 공공기관 계약사무 운영규정」을 적용하고 공기업·준정부기관일 경우에는 「공기업·준정부기관 계약사무규칙」을 적용하여야 하며, 동 규정 및 규칙에서 규정하지 아니한 사항은 국가계약법을 준용하여 처리해야 합니다. 또한 국가계약법령해석에 관한 내용이 아닌 계약체결 내용과 관련된 사실판단에 관한 사항에 대하여는 해당 계약을 체결한 발주기관에서 해당 관련 규정 등을 종합고려하여 판단해야 할 사항입니다.

참고로, 국가기관이 당사자가 되는 공사계약에서 계약담당공무원은 설계서(국가기관이 설계서를 작성하여 입찰자에게 제공한 경우에는 공사시방서, 설계도면, 현장설명서와 물량내역서)의 내용이 불분명하거나 누락·오류 또는 상호 모순되는 점이 있을 경우 등 계약예규 공사계약일반조건(이하 "일반조건"이라 합니다) 제19조제1항 각 호의 어느 하나에 해당하는 경우에 설계변경을 하고 일반조건 제20조에 따라 해당 계약금액을 조정할 수 있다 할 것입니다.

'설계서에 오류가 있는 경우' 라 함은 설계를 함에 있어 기준이 되는 관련법령, 표준시방서, 전문시방서, 설계기준 및 지침 등에 상반되거나 상이한 설계내용이 있는 경우를 의미하며, '설계서간에 상호모순에 의한 경우' 라 함은 설계도면, 공사시방서, 현장설명서, 물량내역서 등 설계서간 동일항목에 대하여 서로 상이한 내용을 정하고 있는 경우를 의미합니다.

그러나, 설계서에서는 누락되지 않고, 설계서에 속하지 아니하는 예정가격조서나 산출내역서 상의 비목이나 품목의 단가에 대한 과다 또는 과소계상 혹은 누락, 예정가격 작성의 참고자료인 품셈의 변경이나 적용의 오류, 발주기관이나 계약상대자가 예정가격이나 입찰금액을 산정하기 위하여 작성하는 일위대가표, 수량산출서나 단가산출서의 누락이나 오류로는 설계변경과 이에 따른 계약금액을 조정할 수 없다 할 것입니다.

다만, 구체적인 경우에서 상기 설계변경 사유에 해당하는지 사실 여부에 대하여는 당해 기관의 계약서에 첨부된 계약문서의 내용에 따른 사실 판단에 관한 사항으로서 설계변경 등 계약금액조정의 원인이 되는 모든 행위는 발주기관의 계약담당공무원이 결정의 권한을 가지고 있으므로 계약담당공무원 설계서 및 공사현장 여건, 공사관련 법령 등을 종합적으로 살펴 직접 판단해야 할 사안입니다.

한편, 국가계약은 국가기관의 청약과 계약상대자의 승낙을 통하여 계약서의 형태로 체결되며, 동 계약서는 계약당사자가 계약조건을 합의한 것으로 볼 수 있으므로 당해 계약서에 첨부된 계약조건을 기준으로 계약당사자는 관련 업무를 처리하는 것이 타당할 것입니다.

또한, 상기 사유로 계약금액을 조정할 경우에는 「국가를 당사자로 하는 계약에 관한 법률」 제5조에 따라 서로 대등한 입장에서 당사자의 합의에 따라 하여야 하며, 각 중앙관서의 장 또는 그 위임·위탁을 받은 공무원은 관계법령에 규정된 계약상대자의 계약상 이익을 부당하게 제한해서는 아니 될 것인 바, 계약상대자의 정당한 요구에 대하여 발주기관의 판단에 이의가 있는 경우라면, 발주기관(또는 상급기관) 에 이의제기, 감사기관에 감사청구, 민사소송 능을 통해 처리해야 할 것입니다.

4장 계약금액 조정

파일 천공시 부상토 관련 문의

2021-09-01

■ 질의내용

파일공사에서 천공 할 경우 부상토가 필히 발생합니다 당 현장의 설계 수량 산출서에 '부상토' 관련 사토처리 수량이 누락되어 설계 변경을 요청하였습니다. 감리원으로 부터 '전례가 없다'는 명목으로 거절 통보를 받았습니다

* 파일공사 내용 설계 파일 직경(D) : 500 총 천공 내역 길이 : 4,500m 예상 부상토 수량 : 0.275 * 0.275 * 3.14 * 4500 * 1.2(토사할증) = 1.282.29m3

감리원의 주장대로 상기 부상토 관련 '사토처리 비용'이 시공사 책임인가요?

■ 답변내용

[질의요지] 공사설계 수량 산출서에 '부상토' 관련 사토처리 수량이 누락된 경우 설계변경

[답변내용] 국가계약은 국가기관의 청약과 계약상대자의 승낙을 통하여 계약서의 형태로 체결되며, 동 계약서는 계약당사자가 계약조건을 합의한 것으로 볼 수 있으므로 당해 계약서에 첨부된 계약조건을 기준으로 계약당사자는 관련 업무를 처리하는 것이 타당할 것입니다(해당 계약문서 제1조 참조).

따라서, 계약상대자는 계약예규 공사계약일반조건 제19조의2제1항에 정한 바와 같이 공사계약의 이행중에 설계서(국가기관이 설계서를 작성하여 입찰자에게 제공한 경우에는 공사시방서, 설계도면, 현장설명서와 물량내역서)의 내용이 불분명하거나 설계서에 누락·오류 및 설계서간에 상호모순 등이 있는 사실을 발견하였을 때에는 설계변경이 필요한 부분의 이행전에 해당사항을 분명히 한 서류를 작성하여 계약담당공무원과 공사감독관에게 동시에 이를 통지하여야 하며, 발주기관의 계약담당공무원은 동조제1항에 의한 통지를 받은 즉시 공사가 적절히 이행될 수 있도록 동조제2항 각 호의 어느 하나의 방법으로 설계변경 등 필요한 조치를 하여야 합니다.

그러나, 설계서에 속하지 아니하는 예정가격조서나 산출내역서 상의 비목이나 품목의 단가에 대한 과다나 과소계상 혹은 누락, 예정가격(입찰금액) 작성의 참고자료인 품셈 등의 변경이나 적용의 오류, 발주기관이나 계약상대자가 예정가격이나 입찰금액을 산정하기 위하여 작성하는 일위대가표, 수량산출서나 단가산출서의 누락이나 오류로는 설계변경과 이에 따른 계약금액을 조정할 수 없는 것입니다.

다만, 구체적인 계약 건에서 이에 해당하는지 여부에 대하여는 당해 기관의 계약서에 첨부된 계약문서의 내용에 따른 사실 판단에 관한 사항으로서 설계변경 등 계약금액조정의 원인이 되는 모든 행위는 발주기관의 계약담당공무원이 결정의 권한을 가지고 있으므로 조달청(또는 기획재정부)의 유권해석 또는 판단사항이 아니며, 발주기관의 계약담당공무원이 설계서 및 공사현장 여건, 공사관련 법령 등을 종합적으로 살펴 직접 판단해야 할 사안입니다.

참고로, 해당공사의 감리를 수행하는 건설기술관리법령상 건설산업관리기술자 또는 감리원은 일반조건 제2조제3호의 규정에 의하여 공사계약에서 감독권한을 대행하는 공사감독관으로서 설계변경 등에 대한 권한을 가지고 있는 것은 아닙니다.

표준시장단가에 낙찰율 적용 여부

2021-07-07

▣ 질의내용

당 현장은 100억이상의 관급공사 토목현장입니다

강관비계 공종에 대해 최초 입찰시 표준시장단가 금액에 83.6%를 곱한금액을 투찰하였고 계약이 되었습니다

발주처 지침에 의해 강관비계 →시스템비계로 설계변경 예정인데 시스템비계 공종을 표준시장단가로 적용할 예정입니다.

갑설 : 표준시장단가의 100% 적용

을설 : 표준시장단가에 단가 낙찰율 83.6% 적용

▣ 답변내용

[질의요지] 설계변경 시 표준시장단가 적용 방법

[답변내용] 국가기관이 당사자가 되는 시설공사 계약에 있어 계약담당공무원은 설계변경으로 시공방법의 변경, 투입자재의 변경 등으로 공사량의 증감이 발생하는 경우에는 계약예규 「공사계약일반조건」(이하 "일반조건"이라 합니다.) 제20조 각항에 정한 바에 따라 계약금액을 조정하여야 하며, 다만 발주기관이 설계변경을 요구한 경우, 일반조건 제20조제2항에도 불구하고 표준시장단가가 적용된 공사의 경우에는 일반조건 제20조제3항 다음 각 호의 어느 하나의 기준에 의하여 계약금액을 조정하여야 합니다. 1. 증가된 공사량의 단가는 예정가격 산정시 표준시장단가가 적용된 경우에 설계변경 당시를 기준으로 하여 산정한 표준시장단가로 한다. 2. 신규비목의 단가는 표준시장단가를 기준으로 산정하고자 하는 경우에 설계변경 당시를 기준으로 산정한 표준시장단가로 한다.

따라서 질의하신 바와 같이 당초 예정가격 산정시 표준시장단가가 적용된 공사로 발주기관 요구에 의해 설계변경이 이루어진 경우 신규비목에 대한 단가라면 낙찰율을 적용하지 아니하고 설계변경 당시를 기준으로 산정한 표준시장단가로 적용하는 것이 타당하다고 보입니다.

품질관리활동비 소급 적용 가능 여부(설계 누락분)

2021-01-28

◨ 질의내용

1. 공사기간: 2017.02.03.~2021.04.30.(51개월)
2. 공 정 률: 91.63%(2021.1.22. 기준)
3. 품질관리활동비 산출 : 실비를 초과하지 않는 범위에서 품질관리자 승인 인원청구 (간접노무비 해당 최하위 등급 품질관리자 인원은 제외) (기간산정: '17.02.03~ '21.04.30, 51개월)
4. 질 의 : 건설기술진흥법 제56조 및 시행규칙 제53조 제1항에 따른 설계서에 누락된 품질관리활동비 소급 적용일 기준관련

1) 갑설: 현재 잔여공사기간 금액만 인정 ('21.01월~ '21.04월, 4개월)
2) 을설: 실시설계 당시 누락되었고, 착공일부터 소급 적용하여 산출금액내에서 설계변경이 가능하다 ('17.02월(착공일부터)~ '21.04월, 51개월) 당 현장은 기성대가만 수령한 상태이며, 차수별 준공은 하지 않은 상태임. 그럼으로 설계변경으로 인한 계약상대자의 계약금액조정 청구는 공사계약일반조건 제20조 제10항에 따라 준공대가(장기계속 계약의 경우에는 각 차수별 준공대가) 수령전까지(계약금액 증액 또는 감액에 관계없이) 조정신청이 가능하여 기간을 소급적용하여 51개월 적용하는게 타당함.

◨ 답변내용

[질의요지] 품질관리활동비 누락된 현장에서 현재시점 이전분을 소급하여 변경가능여부

[답변내용] 국가기관을 당사자로 하는 공사계약에 있어서 계약상대자는「건설기술진흥법 시행령」제89조에 해당하는 공사의 경우에 「건설기술진흥법」 제55조에 따라 품질 및 공정 관리 등 건설공사의 품질관리계획 또는 시험 시설 및 인력의 확보 등 건설공사의 품질시험계획을 수립하고, 이를 발주자에게 제출하여 승인을 받아야 하며, 발주자는 「건설기술진흥법」 제56조에 따라 건설공사의 품질관리에 필요한 비용(이하 "품질관리비"라 한다)을 국토교통부령으로 정하는 바에 따라 공사금액에 계상하여야 합니다.

아울러, 계약상대자는 「건설기술진흥법」제56조 및 같은 법 시행규칙 [별표6]에 정한 바에 따라 품질관리활동비를 사용하여야 하며, 발주자 또는 건설사업관리용역업자가 확인한 시험성적서 등에 의한 품질관리 활동실적에 따라 정산해야 하나, 품질관리활동비 자체가 설계서(물량내역서)에 누락된 경우에는 이를 추가하는 설계변경 및 그에 따른 계약금액조정이 가능한 것입니다.

······· 제2절 설계변경에 의한 조정

다만, 설계변경은 시공전에 완료하여야 하나, 품질저하 우려 등 긴급하게 공사를 수행할 필요가 있는 경우에는 설계변경 완료 전에 우선시공하게 할 수 있는 것인바, 상기 품질관리활동에 필요한 조치를 발주기관과 협의하여 우선 추진한 경우로서 준공금액(장기계속공사의 경우 차수준공) 수령 이전이라면 이전 활동부분을 소급한 비용으로 계약금액조정이 가능해 보임을 알려드립니다.

품질점검 지적사항 설계변경에 따른 계약금액 조정
2021-08-18

▣ 질의내용

공사계약 유형 : 실시설계일괄입찰(턴키)

발주처:0000공사 , 인허가기관 : 00지방해양수산청 000건설사무소

인허가기관에서 실시한 품질점검결과 : 유수실 덮개블록 에어홀 불필요 부분 삭제

▣ 질의) 인허가기관의 품질점검시 지적사항으로 공사계약 일반조건 제19조①항1호에 의거 설계서의 내용 오류로 인한 설계변경을 함에 있어서

갑설) 설계서의 오류로 설계변경을 함에 있어서 품질점검시 지적사항이므로 공사계약 일반조건 제21조⑤항2호 "발주기관 외에 해당공사와 관련된 인허기 관 등의 요구가 있어 이를 발주기관이 수용하는 경우"에 해당되므로 감액처리 해야한다

을설) 품질점검시 지적사항이지만 공사계약 일반조건 제19조①항1호 "설계서의 내용 오류" 에 해당되므로 공사계약 일반조건 제21조⑦항에 의거 "전체공사에 대하여 증감되는 금액을 합산하여 계약금액을 조정하되, 계약금액을 증액할수 없다 "

▣ 답변내용

[질의요지] 설계시공일괄입찰(턴키)공사의 품질점검 지적사항에 따른 계약금액 조정

[답변내용] 국가기관이 당사자가 되는 설계시공일괄입찰 공사에 있어서 계약담당공무원은 설계서(공사시방서, 설계도면, 현장설명서)의 내용이 불분명하거나 누락·오류 또는 상호 모순되는 점이 있을 경우 등 계약예규 「공사계약 일반조건」(이하 '일반조건' 이라 합니다) 제19조제1항 각 호의 어느 하나에 해당하는 경우에는 설계변경을 하고, 일반조건 제21조에 따라 계약금액을 조정하는 것입니다.

아울러 「국가를 당사자로 하는 계약에 관한 법률 시행령」(이하 '시행령'이라고 합니다) 제91조제1항 및 일반조건 제21조제1항에서 일괄입찰방식에 의한 계약에 있어 설계변경으로 인하여 계약내용을 변경하는 경우 정부의 책임있는 사유 또는 천재·지변 등 불가항력의 사유로 인한 경우를 제외하고는 그 계약금액을 증액할 수 없다고 규정하고 있으며, 이러한 정부의 책임있는 사유 또는 불가항력의 사유는 '사업계획 변경 등 발주기관의 필요에 의한 경우', '발주기관 외에 당해공사와 관련된 인허가기관 등의 요구가 있어 이를 발주기관이 수용하는 경우' 등으로 일반조건 제21조제5항 각호에 규정되어 있습니다.

따라서 귀 질의와 같이 품질점검 인허가기관의 설계서 오류 지적으로 공사물량이 감소한 경우라면 일반조건 제21조제5항 각호의 계약금액의 증액 가능 사유에 해당하는 것이 아니라 제21조제7항에 따라 동조 제3항 각호의 사유 및 제5항 각호의 사유에 해당되지 않는 경우로서 현장상태와 설계서의 상이 등으로 인하여 설계변경을 하는 경우에는 전체공사에 대하여 증감되는 금액을 합산하여 계약금액을 조정하되 계약금액을 증액할 수 없는 것이며 그 감소된 공사량의 단가는 시행령 제91조제3항 제1호에 따라 동 시행령 제85조제2항 및 제3항의 규정에 의하여 계약상대자가 제출한 산출내역서상의 단가로 하는 것이 타당할 것입니다.

해상공사 사석 할증 적용 가능 여부

2021-09-13

■ 질의내용

우리 현장은 공공기관에서 발주한 최저가 현장으로 현재 해상공사를 진행하고 있습니다. 사석보호공의 사석은 현장내 터널 발파에서 나오는 사석을 선별유용하는 것으로 설계되었으나, 현장내 사석이 계약상대자의 책임없는 사유(발주처 운영 BP장의 사석 우선 사용)로 [사석유용→외부구매]로 변경 결정되었습니다.

(질의사항)

1. [사석유용→외부구매] 설계변경에 따른 신규단가 산출시 표준품셈에 의거한 사석 할증 반영이 가능한지
2. 해상공사의 사석 할증 반영시 할증을 수량(산출서)에 반영하여 재료비와 시공비에 모두 적용이 가능한지(아니면 단가산출 내의 재료비에만 할증을 반영해야 하는지)

■ 답변내용

[질의요지] 해상공사의 설계변경 시 사석 할증 적용 여부

[답변내용] 나. 국가기관이 당사자가 되는 시설공사 계약에 있어 계약예규 「공사계약일반조건」 (이하 "일반조건"이라 합니다) 제20조제1항에 따라 산출내역서에 없는 품목 또는 비목(동일한 품목이라도 성능, 규격 등이 다른 경우를 포함하며, 이하 "신규비목"이라 한다)에 대한 단가는 설계변경당시를 기준으로 산정한 단가에 낙찰율을 곱한 금액으로 계약금액을 조정하는 것입니다. 다만 발주기관이 설계변경을 요구한 경우(계약상대자의 책임없는 사유로 인한 경우를 포함)에는 동조 제2항에 따라 설계변경당시를 기준으로 하여 산정한 단가와 동 단가에 낙찰율을 곱한 범위 안에서 성실히 협의하여 결정하되 계약당사자간에 협의가 이루어지지 아니하는 경우에는 설계변경당시를 기준으로 하여 산정한 단가와 동 단가에 낙찰율을 곱한 금액을 합한 금액의 100분의 50으로 하는 것입니다.

다만, 설계서(일반조건 제2조제4호에 따른 발주기관이 제공하는 공사시방서, 설계도면, 현장설명서, 물량내역서)에 속하지 아니하는 예정가격조서나 산출내역서 상의 비목이나 품목의 단가에 대한 과다 또는 과소계상 혹은 누락, 예정가격 작성의 참고자료인 품셈의 변경이나 적용의 오류, 발주기관이나 계약상대자가 예정가격이나 입찰금액을 산정하기 위하여 작성하는 일위대가표, 수량산출서나 단가산출서의 누락이나 오류로는 설계변경과 이에 따른 계약금액을 조정할 수 없다 할 것입니다.

4장 계약금액 조정

따라서 설계변경으로 인해 발생하는 신규비목에 대한 단가는 일반조건 제20조제2항에 따라야 할 것이나 질의하신 표준품셈에 의한 재료의 할증 반영 여부와 할증수량 및 재료비, 시공비 단가에 반영하는 방법에 대해서는 국가계약법령에 명시하고 있지 않으므로 표준품셈의 해석과 관련된 사항은 소관부처인 국토교통부에 직접 문의하여 주시기 바랍니다. 아울러 설계변경으로 인한 계약금액 조정의 원인이 되는 모든 행위는 당해 기관의 계약서에 첨부된 계약문서의 내용에 따른 사실 판단에 관한 사항으로서 발주기관의 계약담당공무원이 결정의 권한을 가지고 있으므로 질의하신 세부 공종의 할증을 반영한 단가의 적용 여부 등은 계약담당공무원이 설계서 및 공사현장 여건, 공사관련 법령 등을 종합적으로 살펴 직접 판단해야 할 사안입니다.

현장설명서와 내역서 상이할시 설계변경 가능한지

2021-03-18

▣ 질의내용

당현장은 조달청 발주공사로 계약방식은 종합심사낙찰제이고, 발주처가 설계서를(시방서,설계도면,현장설명서,물량내역서) 작성배포하였으며, 입찰서에 산출내역서를 첨부하는 내역입찰 대상공사 입니다. 질의내용은 현장설명서상 특기사항에 .. "8) 계약 상대자는 「건축물 에너지효율등급 인증 및 제로에너지건축물 인증 기준(국토교통부)」, 「건축물의 에너지절약 설계기준(국토교통부)」등 관계법규에 의한 건축물 에너지 효율인증(1등급) 녹색건축인증(우수등급) 등이 본 인증대상이며, 계약상대자의 책임하에 해당 등급 이상으로 인증 취득 및 제반절차(인증수수료는 공사비에 포함)를 이행한다. 23) 계약상대자는 설계변경 및 시공변경 등에 대한 공사내용을 정확히 기록, 유지하여 준공 시 준공설계도서에 명확히 표기하여 제출(준공도면: 원도 1부, 청사진 3부)하여야 하며 준공 사진첩 및 공사 종결보고서, 기타 공사 관련 서류를 '건설지' (내용, 부수는 감독관 상의)로 제작하여 제출한다. 또한, 상기 전체내용이 포함된 CD 3부(수요기관 1부, 조달청 2부)를 작성하여 제출하여야 한다. 단, 작성방법에 대하여는 감독관의 지시에 따른다. 4) 구조물설치를 위한 지장물 이설공사에 따른 설치 및 부대비용은 본 공사에 포함된다. 6) 준공에 따른 준공안내판, 정초석, 현판 등은 본 공사에 포함한다. 7) 계약상대자는 시공 중에 작성되는 유지관리지침서, 보고서 제작비용 일체는 본 공사에 포함한다. 9) 화재보험협회의 준공 전 진단비용은 본 공사비에 포함한다. 10) 실내오염물질 농도 저감을 위한 베이크아웃(Bake-Out, 48시간 이상)을 실시해야 하고, 시공자 및 감리자 확인서를 제출하여야 하며, 이에 수반되는 비용은 공사비에 포함된다." 라고 명기되어 있습니다.

질문) 발주처에서는 특기시방서 상기항목을 근거로 설계변경이 불가능하다고 말하고 있는 중입니다. 이럴 경우 현장설명서의 내용(녹색건축본인증 수수료, 건설지 제작비용, 구조물설치를 위한 지장물이설 및 부대 비용일체, 준공안내판,정초석,현판,각종 제작 및 진단비용등이 물량내역서에 반영되지 않았을경우 설계변경이 가능한지 궁금합니다.

▣ 답변내용

[질의요지] 현장설명서와 내역서가 상이할 시 설계변경이 가능한지

[답변내용] 국가기관이 체결한 공사계약에 있어서, 계약예규 「공사계약 일반조건」(이하 "일반조건" 이하 합니다) 제3조의 계약문서는 계약서, 설계서, 유의서, 공사계약일반조건, 공사계약특수조건 및 산출내역서로 구성됩니다. 이들은 상호보완 효력을 가지는 것입니다. 계약상대자는 설계서에서 정한 대로 당해 목적물을 시공하여야 합니다. 이때 설계서라 함은 공사시방서, 설계도면, 현장설명서 및 물량내역서(일반조건 제2조제4호 각목에 해당하는 경우 제외)를 말하는 것입니다.

4장 계약금액 조정

계약담당공무원은 상기 설계서 내용이 불분명하거나 누락·오류 또는 상호 모순되는 점이 있을 경우 등 일반조건 제19조제1항 각 호 어느 하나에 해당하는 경우 설계변경하고 해당 계약금액을 조정할 수 있습니다.

설계도면과 공사시방서가 상이한 때(물량내역서가 설계도면 또는 공사시방서와 상이한 경우 포함)는 이중 최선의 공사시공을 위하여 우선되어야 할 내용으로 확정한 후 그 확정된 내용에 따라 물량내역서를 일치하는 설계변경을 하는 것입니다. 이때 발주기관의 예정가격조서 작성을 위한 참고자료인 수량산출서, 일위대가 또는 단가산출서는 설계서가 아니므로 이의 오류로는 계약금액 조정이 곤란한 것입니다.

따라서 귀 질의와 같이 시설물의 품질확보를 위하여 공사특기시방서에 계약상대자가 집행하도록 명기되어 있으나 물량내역서에 누락되어 있다면, 설계서(공사시방서, 설계도면, 현장설명서 및 물량내역서)간의 불분명, 누락, 오류 및 서로가 모순으로 상기 규정에 따라 설계변경이 가능할 것으로 보입니다. 하지만 일위대가 또는 단가산출서는 설계서가 아니므로 이의 오류로는 계약금액 조정이 곤란한 것입니다. 구체적으로 어떠한 경우에 해당되는지는 계약담당공무원이 설계서 및 계약조건 등을 살펴 직접 판단하여야 할 것입니다.

한편 질의 중 건설지 및 유지관리지침서 보고서 제작비용은 기타경비 항목의 도서인쇄비에 해당하는 것으로 보입니다. 이 경우 설계변경 및 계약금액조정이 불가합니다. 하지만 이에 대한 제작비용이 기타경비에 해당하는지 여부는 계약담당공무원이 관련규정 및 계약조건을 확인하여 판단 결정하시기 바랍니다.

협상에 의한 계약 설계개선으로 인한 계약 변경 문의

2021-01-14

■ **질의내용**

ㅁ 계약 개요 1. 계약종류: 물품 제조(구매) 계약 2. 품명: 산업용 로봇 1식 3. 계약방법 : 총액, 제한, 협상에 의한 계약 4. 사업예산 : 110,000,000원 5. 계약금액 : 109,890,000원(낙찰률99.9%)

ㅁ 질의 내용

국가기관인 수요기관입니다. 위 산업용 로봇 제조(구매) 조달청 계약 요청을 위해 기초금액을 산정하면서 당초에는 산업용 로봇이 작동하기 위한 필수부품인 '공기압축기'를 저희 기관에서 기 보유하고 있던 제품으로 사용하려고 하였으나, 벤치마킹테스트 용역 수행 중에 우리기관에서 보유중인 공기압축기는 사용이 불가하다고 판단되어 제안서 평가 후 1순위 업체와의 기술협상 과정에서 제작 로봇에 적합한 공기압축기를 납품목록에 추가하고 계약금액을 증액 하려고 하였으나, 공기압축기에 대한 계약금액을 증액 하면(약 350만원) 최종 계약금액이 사업예산을 초과하여 '협상에 의한 계약체결기준 제12조 제2항'에 따라 계약금액 조정이 불가능하여, 기술협상 합의서에 '공기압축기는 물가정보지 가격에 낙찰률을 곱한 가격을 적용하여 계약변경 한다.' 라는 문구를 삽입하고 최종 계약을 체결하였습니다. 이에 따라 계약 체결 후에 공기압축기를 포함하는 설계변경내역을 발주처인 저희 기관에서 승인하고 설계개선으로 이한 계약금액 증액 계약변경을 요청하고자 하는데,

질의의 요지는 아래 두 의견 중 어느 의견이 위 계약건에 적용되는지 여부입니다.

갑설) 협상의 의한 계약의 주요 절차 중 하나인 기술협상 시 계약상대자간의 합의를 거친 합의서는 계약문서로서 효력을 가지므로 발주처의 요청 및 계약상대방의 동의에 의해 위와 같이 계약변경을 요청한 경우 계약변경이 가능함

을설) 공기압축기는 최초 발주시에 포함된 품목이 아니므로 계약상대방간의 합의 여부와는 관계없이 공기압축기는 별도계약으로 구매계약을 체결해야 함

■ **답변내용**

[질의요지] 물품 협상에 의한 계약 설계개선으로 인한 계약 변경 관련

[답변내용] 정부계약은 확정계약이 원칙이나, 민법상 사정변경의 원칙을 반영하여 「국가를 당사자로 하는 계약에 관한 법률 시행령」제64조(물가변동으로 인한 계약금액조정), 제65조(설계변경으로 이한 계약금액조정), 제66조(기타계약내용의 변경으로 인한 계약금액조정)의 사유로는 계약금액을 변경할 수 있도록 하고 있습니다. 따라서, 귀하의 질의 경우가 동 시행령 제65조에 의한 설계변경사유가 발생된 경우에는 공사계약의 경우를 준용하여 설계변경이 가능하다 할 것입니다.

또한, 국가계약법령에도 불구하고 계약당사자간 합의를 통해 별도의 계약금액 조정방법을 계약문서에 명시한 경우, 동 조정방법의 내용이 국가를 당사자로 하는 계약에 관한 법령 및 관계법령에서 정하고 있는 계약상대자의 이익을 침해하지 않는다면 동 계약금액 조정방법의 효력은 인정된다고 할 수 있다 할 것입니다.

다만, 구체적인 것은 당해 기관의 계약서에 첨부된 계약문서의 내용에 따른 사실 판단에 관한 사항으로서 설계변경 등 계약금액조정의 원인이 되는 모든 행위는 발주기관의 계약담당공무원이 결정의 권한을 가지고 있으므로, 계약담당공무원이 설계서 및 공사현장 여건, 공사관련 법령 등을 종합적으로 살펴 직접 판단해야 하는 것입니다.

참고로, 공사계약에서 설계변경으로 인한 계약금액의 조정은 공사의 시공도중 당초 계약내용의 일부를 변경하는 것으로서 그 성격상 계약의 본질을 해치지 않는 범위내에서만 인정된다고 볼 것인 바, 귀하의 질의경우 이를 당초 계약의 설계변경으로 볼 것인지 또는 새로운 계약을 체결할 지의 여부는 당초 물품의 본질이 변경되는지의 여부 및 계약금액의 변경정도 등을 종합적으로 고려하여 계약담당공무원이 판단해야 할 사항임을 알려드립니다.

[2020 주요 질의회신]

도급공사 설계변경 시 간접비의 제비율 적용여부
2020-07-21

■ **질의내용**

공기업 발주의 공사를 진행중이고, 설계변경이 있을 예정입니다. 저희 현장의 공사는 내역입찰로 낙찰되었고, 발주된 설계내역서와 계약된 도급내역서의 제경비 제비율에 차이가 있습니다.

이러한 상황에서 직접공사비 증액에 따른 설계변경시 간접공사비의 증액은 설계내역상의 제비율을 반영해야하는지, 현재 계약된 원가상의 제비율을 따라야하는지에 대한 답변을 부탁드립니다.

■ **답변내용**

[**질의요지**] 설계변경시 제비율 적용에 관한 질의

[**답변내용**] 아래 사항은 국가기관을 기준으로 해석한 것임을 참고하여 주시기 바라며, 지방자치단체를 당사자로 하는 계약, 공기업과 준정부기관 및 공공기관의 계약에 관하여는 달리 정한 바가 있으면 그에 따라야 함을 알려 드립니다.

국가기관이 당사자가 되는 공사계약에 있어 낙찰자(계약상대자)는 낙찰금액 범위 안에서 산출내역서상 단가나 금액(경비, 일반관리비 및 이윤율 등)을 자율적으로 기재하여 작성하면 되는 것이나, 입찰방법의 구분에 관계없이 계약체결(산출내역서 작성) 당시의 관련법령과 기획재정부에서 고시한 금액(요율)을 초과할 수는 없는 것입니다.

산출내역서는 계약예규 공사계약 일반조건 제3조에 따라 계약금액의 조정 및 기성부분에 대한 대가의 지급시에 기준금액이 되는 것입니다. 그리고 국가를 당사자로 하는 계약에 관한 법률 시행령 제65조 제6항은 계약금액의 증감분에 대한 일반관리비 및 이윤 등은 제14조제6항 또는 제7항의 규정에 의하여 제출한 산출내역서상의 일반관리비 및 이윤율등에 의하되 기획재정부령이 정하는 율을 초과할 수 없다라고 규정하고 있습니다.

따라서 귀 질의 제비율 적용은 계약된 산출내역서를 기준으로 적용하되 상한율을 지키면 될 것입니다.

4장 계약금액 조정

설계변경시 간접비 적용방법
2020-04-09

■ 질의내용

설계변경으로 인한 간접비 적용시 계약예규 공사계약일반조건 제20조(설계변경으로 인한 계약금액의 조정) ⑤항에 대하여 질의합니다.

"계약금액의 증감분에 대한 간접노무비, 산재보험료 및 산업안전보건관리비 등의 승율비용과 일반관리비 및 이윤은 산출내역서상의 간접노무비율, 산재보험료율 및 산업안전보건관리비율 등의 승율비용과 일반관리비율 및 이윤율에 의하되 설계변경당시의 관계법령 및 기획재정부장관 등이 정한 율을 초과할 수 없다." 라고 되어 있습니다.

이때 아래와 같이 두가지 의견이 상충되어 질의하오니 답변 부탁드리겠습니다.

ex) "간접노무비"가 최초 산출내역서상 "직접노무비 × 8%"로 계상되었고 원가계산서상 간접노무비 총금액은 직접비 총금액의 2.1%의 금액으로 구성되어 있을 경우

금회 설계변경금액의 직접비 비목구성이 재료비 0원, 노무비 0원, 경비 100원 (총 100원)이라면

1안) 산출내역서상의 승율비용과 일반관리비율, 이윤율에 의한다는 의미는 최초 계약시 계약된 직접비 대비 각 간접비 항목의 비율을 반영하는 것임. 즉, 간접노무비 반영금액은 100원(금회 설계변경 직접비) × 2.1%(간접노무비 구성비율) = 2.1원

2안) 산출내역서상의 승율비용과 일반관리비율, 이윤율에 의한다는 의미는 최초 계약시 계약된 각 간접비의 산출방식으로 적용하는 것임 즉, 간접노무비 반영금액은 0원(직접노무비) ×8% = 0원

질문내용 : 1안)과 2안) 중 어느것으로 적용해야 하는지 답변 부탁드리겠습니다. (참고로 본 계약은 턴키공사입니다.)

■ 답변내용

[질의요지] 설계변경시 간접비 적용방법 질의

[답변내용] 아래 사항은 국가기관을 기준으로 해석한 것임을 참고하여 주시기 바라며, 지방자치단체를 당사자로 하는 계약, 공기업과 준정부기관 및 공공기관의 계약에 관하여는 달리 정한 바가 있으면 그에 따라야 함을 알려 드립니다.

국가기관이 당사자가 되는 공사계약에 있어서 계약담당공무원은 설계서(공사시방서, 설계도면, 현장설명서)의 내용이 불분명하거나 누락·오류 또는 상호 모순되는 점이 있을 경우 등 계약예규 공사계약일반조건(이하 '일반조건'이라 함) 제19조제1항 각 호의 어느 하나에 해당하는 경우에 설계변경을 하고, 일반조건 제20조 또는 제21조에 따라 계약금액을 조정하는 것입니다.

이 경우에 일괄입찰을 실시하여 체결한 공사계약은 계약상대자가 설계와 시공을 책임지는 것으로서 일반조건 제21조제1항에 따라 정부에 책임있는 사유 또는 천재·지변 등 불가항력의 사유로 인한 경우를 제외하고는 그 계약금액을 증액할 수 없는 것입니다. 그러므로 일반조건 제21조제3항 각호의 사유 및 제21조제5항 각호의 사유에 해당되지 않는 경우로서 설계변경을 하는 경우에는 같은 조 제7항에 의거 전체공사에 대하여 증.감되는 금액을 합산하여 계약금액을 조정하되, 계약금액을 증액할 수는 없습니다.(감액은 가능)

귀 질의의 경우 위 규정에 따른 금액조정과 별개로 간접노무비의 계상은 직접노무비에 따라 일정 비율 만큼 하여야 하는 바, 간접비 전체에 대한 비율을 기준으로 적용하는 것은 타당하지 않아 보입니다. 산출내역서상의 승율비용, 일반관리비율, 이윤율에 의한다는 의미는 각각의 비율만큼 적용한다는 뜻이지 모두를 합한 금액이 기준이 된다는 것은 아닐 것입니다. 그러므로 설계변경 시 간접노무비 등 승률비용은 당초 산출내역서에 명시된 비율에 의하되, 설계변경당시의 관계법령 및 기획재정부장관 등이 정한 율을 초과할 수 없는 것입니다. 다만, 이러한 요율 등이 명시되지 아니한 경우로서 승률비용 산정이 곤란할 경우에는 직접공사비 비율방식에 의할 수도 있을 것입니다.

4장 계약금액 조정

설계변경시 신규비목 협의단가 적용질의

2020-07-31

◾ 질의내용

관급자재(철근) 수급여건으로 관급업체의 납품불가로 인하여 사급자재 변경 시 신규비목 단가산정에 대하여 질의드립니다. 설계변경 협의단가를 적용할 시, 1) 기존 관급업체 계약단가 A , 시공사 견적 조사단가 B, 발주처요구단가 (B x 낙찰율) = C단가라 할때 공사계약일반조건 '제20조제2항의 규정에 따라 설계변경당시를 기준으로 하여 산정한 단가와 동 단가에 낙찰율을 곱한 금액의 범위 안에서' 라는 법령에서 금액의 범위 기준이라는 단어 의미의 상세한 설명을 부탁드립니다. 협의 시 금액의 범위가 B단가와 C단가 금액 범위 안에서 협의가 가능하다면 B단가 혹은 C단가로 협의가 가능한 부분인지도 궁금합니다. 2) 또한, 동 예규 '계약당사자간 협의가 이루어지지 않는 경우에는 설계변경당시를 기준으로하여 산정한단가 동 단가에 낙찰율을 곱한 금액을 합한 금액의 100분의 50으로 조정하는것이다'라고 나와있습니다. 협의단가 산정시 A단가+B단가의 100분의 50으로 설계변경이 가능한지 문의드립니다.

◾ 답변내용

[질의요지] 설계변경 시 협의단가 적용에 관한 질의

[답변내용] 아래 사항은 국가기관을 기준으로 해석한 것임을 참고하여 주시기 바라며, 지방자치단체를 당사자로 하는 계약, 공기업과 준정부기관 및 공공기관의 계약에 관하여는 달리 정한 바가 있으면 그에 따라야 함을 알려 드립니다.

국가기관이 발주하는 시설공사계약에 있어서 설계변경으로 계약금액을 조정하는 경우에는 적용하는 단가는 국가를 당사자로 하는 계약에 관한 법률 시행령 제9조 각호에 따라 산정할 수 있는 것이며, 원가계산에 의한 가격 결정 시에는 거래실례가격, 지정기관 조사 공표 가격, 기획재정부장관이 단위당 가격을 별도로 정한 경우 해당 가격, 감정가격, 유사 거래실례가격, 견적가격 순으로 적용하는 것이며, 표준품셈을 이용하여 원가계산을 하는 경우에는 가장 최근의 표준품셈을 이용하여야 합니다. 이들 단가는 계약담당공무원이 직접 조사하여 산정하는 것이며, 발주기관의 사유로 설계서를 변경하는 경우에는 계약예규 공사계약 일반조건 제20조제2항에 따라 설계변경당시를 기준으로 하여 계약담당공무원이 산정한 단가와 그 단가에 낙찰률을 적용한 금액 범위내에서 협의하되 협의가 안될 경우에는 그 중간단가를 적용하는 것입니다.(질의1)

질의1의 답변과 마찬가지로 설계변경당시를 기준으로 하여 산정한 단가와 동 단가에 낙찰율을 곱한 금액을 합한 금액의 100분의 50으로 하여야 하고 시공사 견적조사단가를 적용할 수는 없는 것입니다.(질의2)

수량산출서에는 재료할증이 포함되어 있으나, 내역서에는 미포함 됨에 따라 설계변경 가능여부

2020-07-27

■ 질의내용

당 현장은 철근운반 및 콘크리트 타설 수량산출서에는 할증률이 포함되어 있고, 내역서에는 미포함으로 되어있어 설계변경이 가능한지 질의합니다. 1. 철근 및 무근 콘크리트 물량은 할증률이 수량산출서에는 포함이 되어 있으며, 내역서에 콘크리트 타설시 할증률이 미포함으로 되어 있습니다. 여기에 감리단에 구두상이나 제출된 서류는 표준품셈2020년 (제1장 적용기준, 1-4할증 ,1-4-1 재료의 할증,6 기타재료, p69 레지믹스트 콘크리트 타설시 할증률 , 현장혼합콘크리트 타설 할증률 / 제6장 철근콘크리트 공사 , 6-1-1 레디믹스트 콘크리트 타설 ,(주) (1) 본품은 현장내 콘크리트 운반,타설, 다짐 및 양생준비를 포함한다.)입니다.

▶감리단 답변은 재료비에 포함되어 있어서 콘크리트 타설시에는 할증률이 미포함 된다고 답변을 받았습니다. 2.철근운반 및 소운반시 물량은 할증률이 포함되어 있는 표준품셈(제1장 적용기준, 1-4할증 ,1-4-1 재료의 할증, 5 강재류 (이형철근 할증률) / 1-5 운반, 1.소운반의 운반거리) 입니다. - 감리단 미제출 즉 1)-1 ● 철근 및 콘크리트 물량은 할증률(수량산출서)이 포함이 되어 있는데 콘크리트 타설시 미포함 물량(내역서).. 2)-1 ○ 철근물량은 할증률(수량산출서) 포함 , → 철근운반 및 소운반 미포함 물량(내역서).. 상기와 같이 표준품셈에 관련하여 다음과 같이 질의합니다.

■ 답변내용

[질의요지] 수량산출서에는 재료할증이 포함되어 있으나, 내역서에는 미포함 됨에 따라 설계변경 가능여부

[답변내용] 국가기관이 발주하는 시설공사계약에 있어서 계약담당공무원은 계약예규 공사계약일반조건 제19조제1항 각 호의 어느 하나에 해당하는 경우에 설계변경을 하고 해당 계약금액을 조정할 수 있는 것입니다.

만일, 설계서에 누락·오류가 있는 경우에는 그 사실을 조사 확인하고 계약목적물의 기능 및 안전을 확보할 수 있도록 설계서를 보완하여야 하며, 설계도면과 공사시방서는 서로 일치하나 물량내역서와 상이한 경우 설계도면과 공사시방서에 물량내역서를 일치시키고, 설계도면과 공사시방서가 상이한 경우로서 불량내역서가 설계도면과 상이하거나 공사시방서와 상이한 경우에는 설계도면과 공사시방서중 최선의 공사시공을 위하여 우선되어야 할 내용으로 설계도면 또는 공사시방서를 확정한 후 그 확정된 내용에 따라 물량내역서를 일치시키는 설계변경을 할 수 있는 것입니다.(일반조건 제19조의2 제2항)

4장 계약금액 조정

다만, 설계서에 속하지 아니하는 예정가격조서나 산출내역서 상의 비목이나 품목의 단가에 대한 과다나 과소계상 혹은 누락, 예정가격(입찰금액) 작성의 적용의 오류, 발주기관이나 계약상대자가 예정가격이나 입찰금액을 산정하기 위하여 작성하는 일위대가표, 수량산출서나 단가산출서의 누락이나 오류로는 설계변경과 이에 따른 계약금액을 조정할 수 없는 것입니다.

따라서, 예정가격 조서 작성을 위한 세부산출근거에 품에 할증을 적용하지 않았다는 이유로는 계약금액 조정은 곤란한 것입니다.

품질관리활동비 추가 설계반영 여부

2020-05-21

■ **질의내용**

당 현장은 일반산업단지 조성공사 100억이상 내역입찰 현장입니다. 2017년09월에 공사착공하여 2019년09월(24개월)에 준공예정 이였으나, 발주처 사유로 인하여 2020년09월(12개월)까지 공사기간이 연장 되었습니다. 건설기술진흥법 시행규칙 제50조4항 별표5에 의거 중급품질관리 대상(중급1인,초급1인) 현장으로 당초 공사기간 이외에 추가로 발생되는 품질관리활동비에 대하여 설계변경이 가능한지 질의하고자 합니다.

■ **답변내용**

[**질의요지**] 공기연장에 따른 품질관리활동비 증액 가능 여부

[**답변내용**] 국가기관이 당사자가 되는 공사계약에서 계약담당공무원은 공사기간의 연장 등 계약내용의 변경으로 계약금액을 조정하여야 할 필요가 있는 경우에는 계약예규「공사계약일반조건」(이하 "일반조건"이라 합니다.) 제23조 제1항에 따라 그 변경된 내용에 따라 실비를 초과하지 아니하는 범위 안에서 이를 조정하며, 실비의 산정은 계약예규「정부입찰·계약 집행기준」제14장을 적용합니다.

귀 질의의 경우 발주기관 사유로 계약기간을 연장하여 품질관리활동비가 추가로 발생한 경우라면 일반조건 제26조 제4항에 따라 그 변경된 내용에 따라 실비를 초과하지 아니하는 범위안에서 계약금액을 조정하여야 할 것입니다.

제3절 기타사유에 의한 조정

> **공공발주사업에서의 설계용역비 감액 정산 관련 질의**
> 2022-01-21

◨ 질의내용

공공발주 사업에서 설계용역비를 「공공발주사업에 대한 건축사의 업무범위와 대가 기준」에 따른 요율에 공사비예가를 곱하여 산정한 계약에서 설계용역 납품금액(최종 공사비)이 대가산출 금액(공사비예가)보다 적을(물량 변동 없음) 경우 최종 공사비에 다시 요율을 곱하여 설계용역비 감액 정산이 가능한지 여부.

정산이 불가능 하다면 과업지시서 등 계약문서에 위 사항에 대한 정산을 한다는 문구를 별도로 명시하였을 경우 정산할 수 있는지 여부.

◨ 답변내용

[질의요지] 용역계약의 계약금액 사후정산

[답변내용] 국가기관이 당사자가 되는 계약은 확정계약이 원칙이나 국가를 당사자로 하는 계약에 관한 법률 시행령 제70조의 개산계약, 제73조의 사후원가검토조건부 계약, 기타 계약 당시 세부단가 산출이 곤란한 경우 등으로서 발주기관이 판단하여 공고시부터 사후정산함을 알리고 계약서에 이를 반영하여 계약체결한 경우에 사후정산이 가능하며 이에 해당하지 않는 경우에는 사후정산을 할 수 없습니다.

과업내용의 변경이 없이 단순히 용역결과 설계비(최종공사비)가 용역계약당시의 공사비예가와 다른 것은 계약예규 용역계약일반조건 제16조에 따른 계약금액 조정사유에 해당하지 않을 것으로 보여집니다.

4장 계약금액 조정

공사계약에서 공기연장에 따른 간접비 산정방식

2021-06-16

▣ 질의내용

당 공사는 내역입찰대상 공사이며 장기계속공사로서 2018년 착공하여 현재 3차수 공사중입니다. 2차수 공사 중 발주기관과 계약상대자는 공기연장 사유로 세 차례 도급계약을 변경하였고, 2차수 준공전 계약상대자는 공기연장에 대한 간접비를 책임감리에 제출하였습니다. 책임감리가 간접비 청구서에 대해 산정이 잘못되었다고 회신을 하였기에 귀청에 질의하고자 합니다.

질의1) 세 건의 공기연장 사유 중 우천으로 인한 공사지연에 대해, 우천은 발주기관의 책임이 아니므로 간접비를 청구할 수 없다고 하는데 계약상대자는 계약예규 제32조(불가항력)의 '누구의 책임에도 속하지 아니하는 경우'에 해당하므로 간접비는 31조(일반적 손해)의 '손해'에 해당하므로 청구할 수 있다고 주장합니다.

질의2) 2차수 공사 중 흙막이공사 착수지연(계약상대자의 책임 아닌 사유이며 공사중지 없음)으로 공기연장 계약을 하였는 바, 간접비 산정시 공사지연 사유가 발생한 기간이 아닌 연장된 기준으로 산정하였으나 감리는 공사지연이 발생한 기간에 대해 간접비를 재산정하라고 합니다.

질의3) 간접비 산정시 가설사무소, 울타리, 비계에 대해 감리는 내역서의 직접공사비에 해당하는 품목은 간접비가 아니므로 간접비 산정에서 제외하라고 합니다.

▣ 답변내용

[질의요지] 공사계약에서 공기연장에 따른 간접비 산정방식

[답변내용] 국가기관이 체결한 공사계약에 있어서 발주기관의 책임있는 사유로 공사가 연장된 경우에는 계약상대자는 계약예규 "공사계약일반조건" 제26조에 따라 계약기간 연장신청과 계약금액 조정신청을 함께 해야 합니다. 따라서, 계약상대자의 공기연장 신청과 그에 따른 계약금액 조정신청을 함께 한 경우라면, 발주기관의 계약담당공무원은 계약예규 「정부 입찰·계약 집행기준」 (이하 "집행기준"이라 합니다.) 제73조의 기준에 따라 국가계약법령 및 동 조건상 공사연장기간에 대한 간접비를 지급해야 할 것입니다.

따라서, 계약담당공무원은 계약상대자의 책임없는 사유로 공사기간이 연장되는 경우에는 계약상대자로 하여금 집행기준 제73조제2항에 따라 연장기간에 대하여 현장유지·관리에 소요되는 인력투입계획을 제출하도록 하고, 공사의 규모, 내용, 기간 등을 고려하여 해당 인력투입계획을 조정할 필요가 있다고 인정되는 경우에는 계약상대자에게 이의 조정을 요구하여, 승인 등의 절차를 거쳐야 할 것이며, 동 승인된 내용을 바탕으로 한 간접노무비는 집행기준 제73조제1항(간접노무비는 연장 또는 단축된 기간중 해당현장에서 계약예규 「예정가격작성기준」 제10조제2항 및 제18조에 해당하는 자가 수행하여야 할 노무량을 산출하고, 동 노무량에 급여 연말정산서, 임금지급대장 및

공사감독의 현장확인복명서 등 객관적인 자료에 의하여 지급이 확인된 임금을 곱하여 산정하되, 정상적인 공사기간 중에 실제 지급된 임금수준을 초과할 수 없음)에 따라 산정하여야 할 것입니다 집행기준 제72조제1항의 "객관적으로 인정될 수 있는 자료"라 함은 집행기준 제72조제3항에서 규정한 "계약상대자로부터 경비지출 관련 계약서, 요금고지서, 영수증 등 객관적인 자료", 제73조제1항에서 규정한 "급여 연말정산서, 임금지급대장 및 공사감독의 현장확인복명서 등 객관적인 자료", 제73조제3항에서 규정한 "경비지출관련 계약서, 요금고지서, 영수증 등 객관적인 자료", 제73조제4항에서 규정한 "계약상대자로부터 제출받은 보증수수료의 영수증 등 객관적인 자료"를 예시하고 있는 바와 같이 계약당사자 및 제3자 모두가 증빙자료로 인정할 수 있는 자료를 "객관적으로 인정될 수 있는 자료"라고 할 수 있을 것이므로 집행기준 제72조 및 제73조의 규정에 의한 실비산정은 객관적으로 인정될 수 있는 자료를 우선적으로 적용하여 실비를 산정하여야 할 것이며, 객관적으로 인정될 수 있는 자료가 발생되지 아니하는 경우로서 직접계상이 가능한 유휴장비비 등의 경우에는 표준품셈 등의 객관적인 기준에 따라 실비를 산정할 수 있을 것입니다.

다만, 구체적인 경우에서의 공사기간 연장에 따른 간접비 산출은 발주기관의 계약담당공무원이 공기연장 승인내용, 계약상대자의 간접비관련 제출서류, 계약문서, 관계규정 등을 종합적으로 살펴 발주기관의 판단·결정해야 할 사안입니다.

참고로, 국가기관이 당사자가 되는 공사계약에서 해당공사의 감리를 수행하는 건설기술관리법령상 건설산업관리기술자 또는 감리원은 계약예규 「공사계약일반조건」 제2조제3호의 규정에 의하여 공사계약에서 감독권한을 대행하는 공사감독관으로서 설계변경 등에 대한 권한을 가지고 있는 것은 아니며, 설계변경 등 계약금액조정의 원인이 되는 모든 행위는 발주기관의 계약담당공무원이 결정의 권한을 가지고 있는 것임을 알려드립니다.

공사기간에 따른 자재손료 변경 계약

2021-05-26

■ 질의내용

당현장은 자재에 대한 계약현황이 자재총수량*단가의 형태가 아닌 자재총수량*손료(30%) * 단가의 형태로 계약이 되어있습니다 예를 들면 소요되는 총 자재량이 100이라 하면 (100*단가=금액)의 형태가 아닌 100에 대한 손료를 30%적용하여 (30*단가=금액)의 형태로 되어있읍니다 즉, 회수가능한 자재에 대해 손료를 지급하는 방식이 단가가 아닌 자재수량으로 되어있습니다 이러한 상황에서 공사기간 연장으로인한 손료기간의 연장발생시 설계변경은 단가가 아닌 수량으로 적용하는 것이 맞는건지요? 즉 손료지급이 단가조정일 경우=(자재수량(100)*단가(손료30%)=금액)의 설계변경은 (자재수량(100)*단가(손료70%)이고 손료지급이 수량조정일 경우=(자재수량(30)*단가=금액)의 설계변경은(자재수량(70)*단가=금액) 으로 적용하는것이 맞는방법인지 질의 드립니다

■ 답변내용

[질의요지] 공사기간 연장에 따른 자재손료 변경 계약

[답변내용] 국가기관이 집행하는 공사계약에 있어서 계약상대자의 책임없는 사유로 공사기간이 연장되거나 당초 설계서의 공법 변경으로 인한 가설재의 사용기간이 변경되는 경우에는 변경되는 강재사용기간에 해당하는 손율을 적용하여 계약금액을 조정할 수 있을 것이나, 손율의 상한은 표준품셈에서 정한 상한율을 초과할 수 없을 것입니다. 다만, 구체적인 것은 당해 기관의 계약서에 첨부된 계약문서의 내용에 따른 사실 판단에 관한 사항으로서 설계변경 등 계약금액조정의 원인이 되는 모든 행위는 발주기관의 계약담당공무원이 결정의 권한을 가지고 있으므로 계약담당공무원이 설계서 및 공사현장 여건, 공사관련 법령 등을 종합적으로 살펴 직접 판단해야 할 사안입니다.

공사손해보험 의무 가입대상이 아닌 공사인 경우 가입이 가능한지와 가입시 설계변경으로 반영할 수 있는지의 여부
2021-07-14

■ **질의내용**

국가를 당사자로 하는 계약이지만 의무적으로 공사손해보험에 가입하여야 하는공사는 아니나, 도심지 공사로 주변 지하 지장물(우수관, 오수관, 지역난방, 도시가스, 통신(광케이블), 전기 등) 이 많이 매설되어 있으며 공사구간 인근 상가(주,야간업소 등) 건물들이 밀집되어 있는 지역입니다. 또한, 관로부 구간 인근에 고층상가 건물(50층) 신축현장이 있어 지하연속벽 가시설의 붕괴 및 전도 위험이 있어 안전시공을 위한 안전대책으로 부득이 공사손해보험 가입이 필수불가결한 상황인 경우 국가를 당사자로 하는 시행령 제53조의 규정 및 정부입찰계약집행기준 제14장 공사의 손해보험가입 업무집행의 규정에 따라 가입이 가능한지 여부와 이를 설계변경에 반영할 수 있는지 등의 여부에 대하여 문의드립니다.

■ **답변내용**

[**질의요지**] 공사손해보험 의무 가입대상이 아닌 공사의 손해보험가입으로 인한 설계변경 가능 여부

[**답변내용**] 국가기관이 당사자가 되는 시설공사 계약에 있어 계약상대자는 계약예규 「공사계약일반조건」 제10조제1항에 따라 「국가를 당사자로 하는 계약에 관한 법률 시행령」 제78조, 제97조 및 추정가격이 200억원 이상인 공사로 계약예규 「입찰참가자격사전심사요령」 제6조제5항제1호에 규정된 공사에 대하여 특별한 사유가 없는 한 계약목적물 및 제3자 배상책임을 담보할 수 있는 손해보험에 가입하여야 하며, 계약담당공무원은 계약예규 「정부 입찰·계약 집행기준」 제55조에 따라 위의 규정된 공사에 대하여 공사손해보험에 가입하거나 계약상대자에게 공사손해보험에 가입하도록 하여야 합니다. 그러나, 동 보험의 의무가입 대상공사가 아닌 공사인 경우로 당해 보험가입을 발주기관에서 요구하는 경우에는 소요되는 비용을 계약상대자에게 지급하여야 하며, 해당 비용은 동법 시행령 제66조(기타 계약내용의 변경으로 인한 계약금액의 조정) 및 동 집행기준 제16장(실비의 산정)에 정한 바에 따라서 계약금액 조정이 가능할 것입니다

참고로, 이에 해당하지 않는 공사로서 계약상대자가 착공 후 임의적으로 공사손해보험에 가입한 경우에는 발주기관이 동 보험료를 부담할 대상이 아님을 알려드립니다.

4장 계약금액 조정

공사중지 중 현장대리인의 현장 철수시 간접비 계상 여부
2022-10-19

▣ **질의내용**

1. 공사현황

① 2021. 02. 09 : 착공(계약기간 180일, 당초 준공일 : 2021. 08. 07)

② 2021. 04. 28 : 공사 부분중지(기설 설비와의 간섭으로 일부 구간 공사불가)

③ 2021. 08. 09 : 공사 전면중지(기설 설비와의 간섭으로 공사 불가하여 중지, '22.03 재개 예정)

④ 2022. 08. 16 : 공사재개(변경 준공일 : 2021. 11. 27)

2. 간접비 청구 현황

① 간접비 청구 대상일 : 2021. 08. 07 ~ 2022. 08. 15

② 간접비 청구 대상항목 : 간접노무비 및 간접경비

③ 간접비 청구 대상인원 : 현장대리인 1인

④ 간접경비 청구 대상 항목 : 보험료 및 일반관리비, 이윤 등

3. 질의 내용

- 당 현장은 최초 설계시 2구간으로 나뉘어 설계되었으며, 2021년 1구간 완료 후 공사 중지, 2022년 공사 재개 후 2구간 공사 예정이었음 (기설 설비 철거 후 2구간 재개 가능)
- 당초 '22.03월 재개 예정이었으나 휴전 지연 등으로 기설 설비 철거 및 2구간공사 재개 순연됨 (~'22.08월)
- 재개 시점이 지연되긴 했으나 업체 또한 착공시 1구간 및 2구간 사이 공백이 있을 예정임을 인지하고 있었음
- 1구간 작업 종료 후 현장 작업이 없으므로 현장대리인 또한 현장에서 철수함(감독과 현장대리인 협의 후 철수하였으나, 관련 행정절차가 이루어지진 않음)
- 현장가설사무실의 경우 임대가 아닌 구입품으로 임대료 등은 지출되지 않음
- 공사중지 기간 중 현장대리인은 타 현장에 현장대리인으로 근무하지 않음
- 이러한 경우 현장에서 간접비 청구할 시 (법정)현장대리인의 간접노무비의 계상 기준에 대해 질의합니다.

① 사용이 예상되는 금액(공사의 정상적인 진행 중 지출된 금액)을 적용해야 하나요?

② 아니면 실제 이 현장으로 인하여 지출된 간접노무비(철수하였으므로 0원)를 적용해야 하나요? 만약 그렇다면 0원은 전 기간에 대해 적용되나요? 아니면 당초 예상 재개시점('22.03월) ~ 실 재개시점('22.08)까지는 공사의 정상적인 진행 중 지출된 금액이 적용되야 하나요?

▣ 답변내용

[질의요지] 공사 중지 중 간접노무비 실비 정산

[답변내용] 공공기관이 당사자가 되는 계약은 해당 계약문서, 공공기관의 운영에 관한 법령, 공기업·준정부기관 계약사무규칙이나 기타 공공기관 계약사무 운영규정(기획재정부 훈령) 등 해당 기관의 계약사무규정에 따라 계약업무를 처리하여야 할 것입니다.

참고로 국가기관이 체결한 공사계약에 있어서 계약상대자의 책임 없는 사유에 의한 계약기간 연장 등 계약내용의 변경으로 계약금액을 조정하여야 할 필요가 있는 경우에는 「국가를 당사자로 하는 계약에 관한 법률 시행령」 제66조 및 계약예규 「공사계약 일반조건」(이하 '일반조건'이라 합니다) 제23조의 규정에 의하여 실비를 초과하지 아니하는 범위 내에서 계약금액을 조정할 수 있는 것입니다. 이에 따른 계약금액 조정은 계약예규 「정부입찰·계약 집행기준」(이하 '집행기준'이라 합니다) 제16장에서 정한 실비의 산정을 적용하는 것입니다.

상기 규정에 의하여 계약담당공무원은 집행기준 제73조 제2항에 따라 계약상대자로 하여금 공사이행기간의 변경사유가 발생하는 즉시 현장유지·관리에 소요되는 인력투입계획을 제출하도록 하여야 합니다. 공사 규모, 내용, 기간 등을 고려하여 해당 인력투입계획을 조정할 필요가 있다고 인정되는 경우에는 계약상대자와 협의하여 이를 조정하여야 합니다.

간접노무비 실비 정산은 같은 조 제1항에 따라 계약담당공무원은 간접노무자의 해당하는 자가 수행하여야 할 노무량을 산출하고, 동 노무량에 급여 연말정산서, 임금지급대장 및 공사감독의 현장확인복명서 등 객관적인 자료에 의하여 지급이 확인된 임금을 곱하여 산정하되, 정상적인 공사기간 중에 실제 지급된 임금수준을 초과할 수 없는 것입니다.

상기 인력투입계획에 의하여 공사이행 기간 증감이 있는 경우 그 증감된 동안 현장에 배치된 배치기술자 및 관리직원 인건비 등 간접노무비 실비 정산이 가능할 것입니다. 따라서 귀 질의의 경우와 같이 동 기간 동안 현장에 배치하지 않은 배치기술자 및 관리직원의 인건비는 정산대상이 아닌 것으로 봅니다.

국가계약 공사 일용직 근로자 퇴직금의 도급 공사비 반영이 가능한지
2022-10-28

◼ 질의내용

국가를 당사자로 하는 계약 건(최저가 입찰) 공사를 도급받아 수행하고 있는 원도급사입니다.

발주처 사유에 의한 공사 기간의 연장으로 인해 당해 공사에 종사하는 일용직 근로자(철근공, 목수 등)들의 공사참여 기간이 만 1년이 경과하게 되었고, 이에 따라 관련 법상 별도의 퇴직금이 추가로 발생하여 해당 근로자들에게 지급해 주었으나, 당해 공사의 도급계약 금액에는 이러한 퇴직금이 내역에 반영돼 있지 않아 원도급사의 추가 원가 부담이 발생하고 있는 실정입니다.

대부분의 공사는 1년 이상 단위로 참여하는 일용직의 빈도수가 거의 없어 근로자 퇴직금이 해당 사업비에 계상 안돼있는 것으로 알고 있습니다. (해당 퇴직금은 건설근로자퇴직공제부금과는 별개의 개념) 그러나, 당해 사업과 같이 공사기간의 연장 등으로 인해 1년 이상 참여한 근로자를 대상으로 별도의 퇴직금을 추가로 지급하게 되는 경우, 해당 퇴직금 정산 비용을 원도급사의 도급 공사비에 반영할 수 있는지 여부에 대해 질의드립니다.

◼ 답변내용

[질의요지] 건설공사 현장에서 발생한 근로자 퇴직금 정산

[답변내용] 한 주 평균 근로시간이 15시간 이상인 상태로 1년 이상 근로한 노동자에게는 「근로자퇴직급여 보장법」 제17조 제2항에서 정하는 바와 같이 퇴직연금 사용자는 가입자의 퇴직 등 급여를 지급할 사유가 발생한 날부터 14일 이내에 퇴직연금사업자로 하여금 적립금의 범위에서 지급의무가 있는 급여 전액을 지급하도록 하여야 합니다.

따라서 귀 질의 건설현장근로자 퇴직금은 상기 규정에서 정한 바와 같이 퇴직연금사업자 적립금의 범위에서 지급하는 것이므로, 발주기관이 지급하는 것이 아닙니다. 따라서 건설공사 퇴직금은 정산 대상이 아님을 알려드립니다.

발주기관 사유로 공사를 일시정지 할 경우 경비 정산

2022-11-17

◼ **질의내용**

당 현장은 적격심사낙찰제 공동이행방식의 공동도급 현장입니다. 현재 직원구성원 중 일부가 임대를 한 숙소생활을 하고 있는데, 발주처의 사유로 공기연장에 대한 협의를 진행중입니다. 공기연장을 함에 있어 임대숙소를 하는 직원들의 공기연장만큼 임대숙소비를 지원하는 것에는 이견이 없습니다. 여기에서 질의합니다.

1. 임대숙소에서 발생하는 임대숙소 관리비, 즉 전기세, 수도세, 가스요금 및 공동생활관리비 등에 대한 청구에 대한 타당성

- A 의견(발주처) : 당초 현장사무실 설치 및 철거가 내역에 반영되어 있으나, 부지가 부족하여, 현장사무실용 임대건물을 이용함에 있어 거기서 발생하는 관리비는 별도 청구하지 않음과 다름없으며, 그 비용은 원가계산서 구성항목 일반관리비 및 기타경비 등에 포함되어 있다는 논리

- B 의견(시공사) : 발주처의 사유로 인해 공기연장 발생 시 기존 준공기한까지 계약되어 있는 임대숙소 직원들의 숙소생활 관리비는 당초 도급내역에 포함되어 있지 않으며, 이로 인해 원가계산서 일반관리비 및 기타경비에 포함되어질 수 없다는 논리로 추가 청구가 필요하다는 주장.

2. 수급사에서 기존에 직원들의 개인 차량으로 현장 공사관리용으로 운용중이었는데, 발주처의 사유로 공기연장 시 공기연장 기간만큼 현장 공사관리용 거리만큼 유류대 청구에 대한 타당성

- A 의견(발주처) : 발주처의 내규 또는 공사계약일반조건, 국가를 당사자로 하는 계약에 관한 법률 등 법규 및 지침에 따른 근거를 제시하라는 요구로 일반적인 비용에 대한 청구가 아님을 알면서도 법률 등의 근거를 요구하며, 사실상 반영의 어려움 의견제시

- B 의견(시공사) : 일반적인 상황이면 공사준공과 함께 자연 소멸되어지는 경비이므로 1번 항목처럼 발주처의 사유로 인해 공기연장이 이루어지는 만큼 현장관리요원의 별도 유류대경비가 발생하므로 도급내역의 세부공종과는 상관없이 청구되어야 한다는 주장

◼ **답변내용**

[**질의요지**] 발주기관 사유로 공사를 일시정지 할 경우 경비 정산

[**답변내용**] 국가기관이 체결한 공사계약에 있어서 계약상대자의 책임 없는 사유에 의한 계약기간 연장 등 계약내용의 변경으로 계약금액을 조정하여야 할 필요가 있는 경우에는 「국가를 당사자로 하는 계약에 관한 법률 시행령」 제66조 및 계약예규 「공사계약 일반조건」(이하 '일반조건'이라 합니다) 제23조의 규정에 의하여 실비를 초과하지 아니하는 범위 내에서 계약금액을 조정할 수 있는 것입니다.

이 경우 계약금액을 조정할 경우에는 일반조건 제23조 제4항의 규정에 의하여 계약상대자의 신청에 의거 조정하여야 하며, 계약담당공무원은 계약금액을 조정함에 있어서는 계약예규 「정부 입찰·계약 집행기준」(이하 '집행기준' 이라 합니다) 제72조 제1항의 규정에 의하여 실제 사용된 비용 등 객관적으로 인정될 수 있는 자료와 시행규칙 제7조의 규정에 의한 가격을 활용하여 실비를 산출하여야 하는 것입니다.

그리고 집행기준 제73조 제3항에 따라 경비 중 지급임차료, 보관비, 가설비, 유휴장비비 등 직접계상이 가능한 비목의 실비는 계약상대자로부터 제출 받은 경비지출관련 계약서, 요금고지서, 영수증 등 객관적인 자료에 의하여 확인된 금액을 기준으로 변경되는 공사기간에 상당하는 금액을 산출합니다. 수도광열비, 복리후생비, 여비·교통비·통신비, 세금과공과, 도서인쇄비, 지급수수료(7개 항목을 '기타경비' 라 합니다)와 산재보험료, 고용보험료 등은 그 기준에 되는 비목의 합계액에 계약상대자의 산출내역서상 해당비목의 비율을 곱하여 산출된 금액과 당초 산출내역서상의 금액과의 차액으로 실비 정산합니다.

귀 질의의 공사 중지 중 숙소의 전기요금, 수도요금, 가스요금과 여비·교통비·통신비는 상기 규정의 기타경비에 해당하는 것으로 봅니다. 이 경우 그 기준에 되는 비목의 합계액에 계약상대자의 산출내역서상 해당비목의 비율을 곱하여 산출된 금액과 당초 산출내역서상의 금액과의 차액으로 실비 정산할 수 있을 것입니다.

발주처 사유로인한 공사기간 연장시 간접비 정산 방법 문의
2021-06-22

▣ 질의내용

1. 2020년 계약하여 2021년 현재 공사가 진행 되고 있습니다. 공사중 발주처 사유로 인한 설계변경으로 공사 기간이 3~4개월 연장이 될 것 같습니다.
2. 공사 기간이 연장될 경우 시공사 입장에서 간접비 증가가 월 5,000만원가량 증가가 발생하게 되어 금전적 부담이 큰 상황입니다. (직원 급여, 숙박, 식대, 주유, 공과금 등) 설계변경으로 인한 공사비 증감은 거의 없는 상황이라 간접노무비로 상쇄하기는 어려운 상황입니다.

◎ 질문

1. 간접비 적용시 직원 급여 처리방법 (실 지급액 / 초급,고급,특급등 노임*낙찰률 / 간접노무비 일 계산 등등)
2. 실 경비 반영 항목 (숙소, 주유, 식대, 공과금, 교통비등등 / 하도급 업체 역시 증가분에 대한 청구 가능 여부:하도급업체 숙박비등)
3. 관련 법규 항목

▣ 답변내용

[질의요지] 발주기관의 사유로 인하여 공사기간이 연장되는 경우 계약금액 조정에 관한 것

[답변내용] 국가기관이 당사자가 되는 공사계약에 있어 공사기간, 운반거리 등 물가변동과 설계변경을 제외한 기타 사유로 인한 계약내용의 변경으로 계약금액을 조정하는 경우 계약담당공무원은 계약예규 공사계약일반조건 제23조 및 계약예규 정부 입찰.계약 집행기준(이하 집행기준이라 합니다) 제16장에서 정한 바에 따라 조정하는 것입니다(하도급업체가 지출한 비용을 포함합니다).

집행기준 제73조제1항에 따라 간접노무비에 대한 실비산정은 연장된 기간 중 해당현장에서 계약예규 예정가격작성기준 제18조에 해당하는 자가 수행하여야 할 노무량을 산출하고, 그 노무량에 급여, 연말정산서, 임금지급대장 및 공사감독의 현장확인복명서 등 객관적인 자료에 의하여 지급이 확인된 임금을 곱하여 산정하되, 정상적인 공사기간 중에 실제 지급된 임금수준을 초과할 수는 없습니다. 또한 같은 조 제2항 내지 제5항에 따라 경비 등에 대하여도 실비 정산이 가능할 것입니다.

구체적인 적용항목은 계약담당공무원은 공사기간 변경사유, 변경내용에 따라 달라지므로 계약담당공무원이 필요항목과 비용을 산정하고 객관적 자료에 따라 조정하여야 할 것입니다.

4장 계약금액 조정

사토운반거리 변경시 실적단가적용

2021-05-10

▣ **질의내용**

계서상 토공 사토 단가가 실적단가로 적용 되었는데 사토운반거리 변경으로 사토단가를 변경하게 되었습니다. 이에 시공사에서는 품셈단가로 적용할려하는데 발주처에서는 실적단가 적용 품명은 같은 실적단가로 변경해야 한다는 애기를 들었습니다. 이에 답변좀 부탁드립니다.

▣ **답변내용**

[질의요지] 사토운반거리 변경시 실적단가적용

[답변내용] 국가계약에 있어서 운반거리의 변경은 기타 계약내용의 변경으로 인한 계약금액 조정이며, 그 조정금액은 계약예규 「정부 입찰·계약 집행기준」 제74조에 따라서 실비를 산정하여야 할 것입니다. 당초 운반거리가 표준시장단가(종전 실적공사비)로 작성되어 있었다면, 당초 운반로 부분은 당초 계약단가인 표준시장단가를 적용하되, 운반로가 변경되는 부분에 대해서는 변경당시 품셈을 기준으로 산정한 단가와 동단가에 낙찰율을 곱한 단가의 범위내에서 계약당사자간에 협의하여 결정하여야 할 것이며, 협의가 이루어지지 아니하는 경우에는 그 중간금액으로 하여야 할 것입니다.

설계도서에 언급이 없는 석재원(골재원) 변경에 따른 운반거리 설계변경 가능여부
2021-01-22

▣ 질의내용

1. 당 현장은 총액입찰방식으로 계약된 어항건설공사 입니다. 설계도서중 석재원 운반거리에 대하여 내역서/시방서/도면에 언급이 없는 상태로서, 물량내역서에 기초사석 운반거리가 없고 비고란에 일위대가표 및 단가산출서 참조로 명기되어 있음. 그리고 일위대가표 작성시 재료비를 A석산의 견적서 적용하였으며, 단가산출서에 A석산의 명칭은 없고 운반거리(육상 L=17km + 해상 L=39km)로 적용되어 있습 니다.

2. 그러나 공사착공이후 설계당시 적용된 A석산으로부터 석재(골재) 생산 및 공급이 불가하다는 통보를 받고, 발주처 담당관이 현장을 답사하여 재차 확인하였으며 이후 석재원(골재원)을 현장에서 제일 근접한 위치에 있는 새로운 B석산으로 자재공급원을 제출하여 승인을 받은 사항입니다.

3. 상기와 같은 사항으로 설계서(공사시방서, 설계도면, 현장설명서, 물량내역서)에 명시되지 않은 B석산으로 석재원(골재원) 변경에 따른 운반거리변경으로 인한 설계변경이 가능한지 질의드리며, 또한 당초 설계서는 물량내역서 작성시 일위대가표 및 단가산출서를 참조하여 설계단가를 결정함 그러나 일위대가표에 사석 육상운반거리 단가는 명시 하였으나 육상운반수량이 누락되어 있는 사항으로, 금차에 기초사석 육상운반거리 변경에 따라 운반거리 신규단가 및 누락되었던 육상운반수량을 적용하여 설계변경이 가능한지 문의 드립니다.

- 갑설 : 운반거리가 설계서(공사시방서, 설계도면, 현장설명서, 물량내역서)에 명시 되지 않아 최초 설계당시 일위대가표 작성에 누락된 육상운반수량은 설계 변경이 불가하고 해상운반거리만 설계변경에 반영

- 을설 : 설계서의 불분명하거나, 설계서 누락.오류 및 설계서간의 상호모순등에 의해 석재원변경 관련하여 운반거리가 변경되었으므로 누락된 육상운반수량 및 육상운반거리 변경, 해상운반거리를 변경하여 설계변경이 가능

▣ 답변내용

[질의요지] 공사계약에서 설계도서에 언급이 없는 석재원(골재원) 변경에 따른 운반거리 설계변경 가능여부

4장 계약금액 조정

[**답변내용**] 국가기관이 체결하는 공사계약에서 공사기간, 운반거리 변경 등 계약내용의 변경으로 계약금액을 조정할 필요가 있을 경우에는 「국가를 당사자로 하는 계약에 관한 법률 시행령」 제66조 및 계약예규 정부 입찰·계약 집행기준 제74조에 따라 실비를 초과하지 않는 범위에서 조정하여야 하는 것입니다(계약예규 공사계약일반조건 제23조). 따라서, 귀하의 질의 경우가 발주기관에서 제공한 당초 설계서상의 운반거리가 실제 계약이행과정에서 운반거리가 변경된 경우에는 이에 따라 처리하는 것이 타당할 것이나, 그러나, 설계서에서는 누락되지 않고, 설계서에 속하지 아니하는 예정가격조서나 산출내역서 상의 비목이나 품목의 단가에 대한 과다 또는 과소계상 혹은 누락, 예정가격 작성의 참고자료인 품셈의 변경이나 적용의 오류, 발주기관이나 계약상대자가 예정가격이나 입찰금액을 산정하기 위하여 작성하는 일위대가표, 수량산출서나 단가산출서의 누락이나 오류로는 설계변경과 이에 따른 계약금액을 조정할 수 없다 할 것입니다. 다만, 구체적인 경우가 이에 해당하는지 여부에 대하여는 당해 기관의 계약서에 첨부된 계약문서의 내용에 따른 사실 판단에 관한 사항으로서 설계변경 등 계약금액조정의 원인이 되는 모든 행위는 발주기관의 계약담당공무원이 결정의 권한을 가지고 있으므로, 계약담당공무원이 설계서 및 관련서류와 현상상황과의 사실관계를 확인하여 직접 판단해야 할 사항임을 알려드립니다.

한편, 상기 사유로 계약금액을 조정할 경우에는 「국가를 당사자로 하는 계약에 관한 법률」 제5조에 따라 서로 대등한 입장에서 당사자의 합의에 따라 하여야 하며, 「국가를 당사자로 하는 계약에 관한 법률 시행령」 제4조에 따라 각 중앙관서의 장 또는 그 위임·위탁을 받은 공무원은 관계법령에 규정된 계약상대자의 계약상 이익을 부당하게 제한해서는 아니 될 것인 바, 계약상대자의 정당한 요구에 대하여 발주기관의 판단에 이의가 있는 경우라면, 발주기관(또는 상급기관)에 이의제기, 감사기관에 감사청구, 민사소송 등을 통해 처리해야 할 것입니다.

야간작업 시간변경(당초 3시간에서 2시간)으로 변경시 설계변경
2022-11-02

■ 질의내용

1. 국가철도공단에서 발주한 방음벽공사 현장입니다
2. 국철에 근접한 선로변 공사가 주작업으로 원설계에는 야간작업(3시간)으로 설계에 반영되어있습니다.
3. 하지만 현장 주변에 차량기지가 있어, 전철객차의 입출고 시간 변수가 있어 철도공사 수송운용처에서 승인된 차단시간은 평균 2시간입니다
4. 야간차단 작업시간이 변경됨에 따라 설계변경이 가능한지를 질의합니다

■ 답변내용

[질의요지] 발주기관의 사정으로 야간작업 시간을 조정한 경우

[답변내용] 공공기관이 당사자가 되는 계약은 해당 계약문서, 공공기관의 운영에 관한 법령, 공기업·준정부기관 계약사무규칙이나 기타 공공기관 계약사무 운영규정(기획재정부 훈령) 등 해당 기관의 계약사무규정에 따라 계약업무를 처리하여야 할 것입니다.

참고로, 국가기관이 체결하는 공사계약에 있어서 설계서의 변경 없이 발주기관의 부득이한 사유로 인하여 휴일 또는 야간작업을 지시하였을 때나, 당초 설계서 상 작업조건 변경(주간작업을 야간작업으로 변경)등 계약내용 변경이 있는 경우에는 계약예규 「공사계약 일반조건」 제18조 및 제23조에 정하는 바와 같이 그 변경된 내용에 따라 실비를 초과하지 아니하는 범위 안에서 계약금액을 조정하는 것입니다.

귀 질의의 경우와 같이 발주기관 사정으로 작업 시간을 조정한 경우 상기 규정에 따라 실비를 초과하지 아니하는 범위 안에서 계약금액을 조정할 수 있을 것으로 봅니다.

턴키공사에서 관급자재를 사급자재 전환시 계약금액 조정 문의
2022-04-12

▣ 질의내용

질문) 당 현장 레미콘 수급불안으로 인하여 일부 관급 레미콘 수량을 공사계약일반조건 제19조의 6(소요자재의 수급방법 변경)에 의거, 관급자재(레미콘)를 사급으로 전환할 경우 턴키공사에서 최종 계약금액 조정방법에 양측 의견이 있사오니 어느 의견이 적정한지 문의드립니다.

a의견) 관급수량 일부를 사급으로 전환할 경우 기존 관급자재대 + 사급전환 자재대가 당초 계약 관급자재대로 부족하면 계약상대자가 추가로 부담하여야 하며, 관급자재대가 남는다면 계약 상대자에게 귀속(당초의 공사도급금액으로 환원)시켜야 한다.

b의견) 관급수량 일부를 사급으로 전환할 경우 해당 사급전환 자재대는 기존 관급자재대 단가를 적용하며, 만약 추가되는 금액은 계약상대자가 부담하여야 함.

▣ 답변내용

[질의요지] 턴키공사에서 관급자재를 사급자재로 변경하는 경우 단가변경의 책임

[답변내용] 국가기관이 일괄입찰로 체결하는 공사계약에서 계약상대자는 자기책임으로 현장조사한 내용을 바탕으로 입찰안내서(설계지침 포함) 및 공사관련법규(표준시방서, 전문시방서, 설계기준 및 지침 등 포함)에 부합되게 설계서를 작성하고 계약을 이행하는 것입니다. 하지만 계약이행 중 설계서 내용이 입찰안내서 및 공사관련법규에 부합되지 않거나 설계서와 현장조사 내용이 상이한 경우 등 계약상대자의 책임이 있는 사유로 설계변경을 하는 경우에는 계약예규 「공사계약 일반조건」(이하 '일반조건'이라 합니다) 제21조 제7항에 따라 전체 공사에 대하여 증·감되는 금액을 합산하여 계약금액을 조정하되 계약금액을 증액할 수는 없는 것입니다.

그러나 계약체결 후 계약상대자가 공사관련법령에서 정한 바에 따라 설계서를 작성한 경우로서 사업계획 변경 등 발주기관의 필요에 의한 경우, 발주기관 외에 해당공사와 관련된 인허가기관 등의 요구를 발주기관이 수용하는 경우, 공사관련법령(표준시방서, 전문시방서, 설계기준 및 지침 등 포함)의 제·개정으로 인한 경우 등 일반조건 제21조 제5항 각호에 해당하는 경우에는 별도로 증액 조정이 가능한 것입니다.

한편, 공사계약에서 계약담당공무원은 발주기관의 사정으로 당초 관급자재로 정한 품목을 계약상대자와 협의하여 계약상대자가 직접 구입하여 투입하는 자재(사급자재)로 변경하고자 자재 수급방법을 변경 통보한 경우 계약담당공무원은 일반조건 제19조의6 제3항에 따라 통보 당시의 가격에 따라 그 대가(기성부분에 실제 투입된 자재에 대한 대가)를 기성대가나 준공대가에 합산하여 지급하여야 하는 것입니다.

상기 규정에 따라 관급자재를 사급자재로 전환한 경우 해당 사급자재의 구매책임은 계약상대자에게 있습니다. 따라서 설계변경 후 사급자재 가격 증감의 부담 또한 계약상대자에게 있는 것입니다.

현장관리자 공사 관련 보험료(국민건강보험료, 노인장기요양보험료, 국민연금보험료) 정산	2022-11-01

▣ 질의내용

(계약예규)정부 입찰·계약 집행기준 제94조 ③항 2. 생산직 상용근로자(직접노무비 대상에 한함)는 소속회사에서 납부한 납입확인서에 의하여 정산하되 현장인 명부등을 확인하여 해당 사업장 계약이행기간 대비 해당 사업장에 실제로 투입된 일자를 계산(현장명부 등 발주기관이나 감리가 확인한 서류에 의함)하여 보험료를 일할 정산한다.

(계약예규) 예정가격작성기준 별표 2의1 나.계상방법 (다) 간접노무비(현장관리인건비)의 대상으로 볼 수 있는 배치인원은 현장소장, 현장사무원(총무, 경리, 급사 등), 기획·설계문종사자, 노무관리원, 자재·구매관리원, 공구담당원, 시험관리원, 교육·산재담당원, 복지후생부문종사자, 경비원, 청소원 등을 들 수 있음.

상기 예규를 기준하여 직접시공 참여란 설계 내역서를 산출하기 위한 일위대가(단가산출서)의 직접노무비에 해당되는 노무자만 말하는 건지? 아니면, 실제 시공을 위하여 시공관리 및 점검, 측량 등의 업무도 직접시공에 해당되는지 궁금합니다.

만약 시공관리 및 점검, 측량 등의 업무가 직접시공에 해당된다면 예정가격작성기준 별표 2의1에서 명기되지 않은 시공관리 및 점검, 측량 등의 업무를 담당하는 원도급사 소속 공사·공무 업무담당 직원 및 하도급사 소속 직원의 보험료 정산이 가능한지 질의 드립니다.

▣ 답변내용

[질의요지] 현장관리자 공사 관련 보험료(국민건강보험료, 노인장기요양보험료, 국민연금보험료) 정산

[답변내용] 국가기관이 체결한 공사계약은 계약예규 「공사계약 일반조건」(이하 '일반조건'이라 합니다) 제40조의2의 규정에 따라 국민건강보험료, 노인장기요양보험료 및 국민연금보험료(이하 '국민건강보험료 등'이라 합니다)를 사후정산하기로 한 계약은 대가지급 시 계약예규 「정부입찰·계약 집행기준」(이하 '집행기준'이라 합니다) 제94조에서 정한 바에 따라 정산하여야 합니다.

같은 조 제3항에 따라 사업자 부담분의 국민건강보험료 등에 대한 납입확인서 금액을 정산하되, 일용근로자는 해당 사업장단위로 기재된 납입확인서 납입금액으로 정산하는 것입니다. 이때 생산직 상용근로자(직접노무비 대상에 한함)는 소속회사에서 납부한 납입확인서에 의하여 현장인 명부 등을 확인하여 해당 사업장 계약 이행 기간 대비 해당 사업장에 실제로 투입된 일자를 계산(현장명부 등 발주기관이나 감리가 확인한 서류에 의함)하여 보험료를 일할 정산하는 것입니다. 다만, 해당 사업장단위로 보험료를 별도 분리하여 납부한 경우에는 해당 사업장단위로 기재된 납입확인서의 납입금액으로 정산할 수 있는 것입니다.

상기 규정에 따라 국민건강보험료 등 정산대상은 일용직 근로자와 생산직 상용근로자에 대한 사업자 부담 분 국민건강보험료 등입니다. 정산 대상은 직접노무비입니다. 직접노무비는 공사현장에서 계약목적물을 완성하지 위하여 직접 작업에 종사하는 종업원과 노무자에 의하여 제공되는 노동력 대가를 말하는 것입니다.

상기 규정에 따라 간접노무비는 국민건강보험료 등 정산대상이 아닙니다. 여기에서 간접노무비란 계약예규 「예정가격 작성기준」(이하 '작성기준'이라 합니다) 별표 2-1의 1. 직접계상방법에 간접노무비(현장관리 인건비)를 말하는 것입니다. 이 규정에서 예시한 간접노무비는 현장소장(공사현장대리인), 현장사무원(총무, 경리, 급사 등), 기획·설계부문종사자, 노무관리원, 자재·구매관리원, 공구담당원, 시험관리원, 교육·산재담당원, 복지후생부문종사자, 경비원, 청소원 등입니다.

귀 질의 시공관리 및 점검, 측량 등의 업무를 담당하는 원도급사 소속 공사·공무 업무담당 직원 및 하도급사 소속 직원은 공사현장에서 계약목적물을 완성하기 위하여 직접 작업에 종사하는 직접노무자는 아닌 것으로 보입니다. 따라서 그 인원의 대가는 국민건강보험료 등 정산대상이 아닙니다. 하지만 이들이 해당 계약 목적물을 직접 시공하는 인원인 경우 국민건강보험료 등 정산이 가능할 것으로 봅니다.

[2020 주요 질의회신]

가설자재 손료 설계변경 문의
2020-05-08

▣ 질의내용

공사명: 00지하차도확장공사 총액입찰 계약금액 58억 당사는 국가기관과 공사계약을 체결하여 공사 중 철도레일 보강을 위한 레일빔 설치공사를 시행하였습니다. 당초 레일빔 손료는 6개월로 설계반영되어, 1차 공사기간 연장으로 12개월 이상으로 가설자재(강재:레일빔) 손료를 반영하였으나, 2차 공사기간 연자에 따라 계약상대자(시공사)의 귀책사유가 아닌 사유로 공사기간을 연장하였고, 가설자재(레일빔)의 존치기간이 28개월로 존치되어 발주처(감리단)에 가설재 추가 손료를 요구하였으나, [표준품셈의 가시설강재손료는 12개월이상의 손료의 최대치를 70%이며, 나머지30%는잔존가치로 보아 미반영된것으로 판단됩니다. 시공사의 입장에서는 (특수자재:레일빔)을 시공사의 귀책사유가 아닌 사유로 공기가 연장되어 계약상대자 입장에서는 공사기간 연장에 따른 타사업으로의 전용이 늦어지는데 따른 추가비용을 요구하는 경우 강재 사용료를 추가로 더 적용할 수 있는지 여부에 대하여 질의 드립니다. 시공사:는 타사업의 전용이 늦어지므로 발생된 피해가 크므로 가설재 (강재:레일빔)의 신재가격을 초과하지 않는 범위내에서 추가 손료를 요구함.

건설사업관리단: 표준품셈에서 가설재의 손료를 12개월이상은 70%로 적용토록 되어 있으므로 어떠한 경우라도 손료를 70%이상 적용할 수없다.

시공사는 실제적인 타사업에 전용이 늦어지므로 발생된 피해가 크므로 실비 정산을 요구하고 있습니다.

▣ 답변내용

[질의요지] 레일빔 손료를 12개월 이상으로 가설자재 손료를 적용한 경우로서 공기연장된 경우 추가손료 반영가능여부

4장 계약금액 조정

[**답변내용**] 아래 사항은 국가기관을 기준으로 해석한 것임을 참고하여 주시기 바라며, 지방자치단체를 당사자로 하는 계약, 공기업과 준정부기관 및 공공기관의 계약에 관하여는 달리 정한 바가 있으면 그에 따라야 함을 알려 드립니다.

국가기관이 발주한 시설공사의 가설시설물(흙막이 등)에 사용되는 회수 가능한 강재에 대하여는 신재물량에 표준품셈 2-2-1에 따른 손율을 반영하여 공사비를 산정하는 것입니다. 이때, 강재류의 사용기간별 손율은 설치 후 일정기간 존치기간 후 철거하는 가설재에 적용하는 것으로서 가설재(신재) 존치기간에 따른 재화의 잔존가치 나타난 것이며, 만일 가설재가 매몰되거나, 고재로서 재사용의가치가 없어지는 경우에는 신재 100%로 반영되는 것이나, 철거되어 재사용의 가치가 인정되는 경우에는 해당 존치기간의 해당하는 손율을 반영하는 것입니다.

귀 질의와 같이 가설재(강재)를 회수하는 것으로 표준품셈 상 최대 손율로 계약금액에 반영된 경우에는 공기 연장 등의 사유라도 최대손율 이상 추가지급은 곤란하다 판단되나, 구체적으로는 계약담당공무원이 현장여건, 설계서, 계약조건 및 기타제반사항을 고려하여 판단하여야 할 것입니다.

계약서상 계약연장 문구로 수의 계약 가능 여부 문의

2020-06-29

▣ 질의내용

입찰을 통해서 2년간 10억 정도의 버스임차 용역을 했습니다.
계약기간 종료일이 도래하여 다시 2년간 10억 정도의 버스임차 용역을 해야합니다.
이전에 계약서 작성할때 "계약연장"의 내용이 있었습니다.
계약서 조항에 "상호간의 합의에 따라 1회(2년간) 계약연장할수 있다."라는 항목이 있는데 이를 통하여 1회 계약연장이 가능한지 상충되는 법률이 있는지 궁금합니다.

▣ 답변내용

[질의요지] 계약서의 조항에 따른 계약연장이 가능한 지

[답변내용] 국가를 당사자로 하는 용역계약에 있어 계약담당공무원은 (계약예규) 「용역계약일반조건」 제4조 ②항에 따라 국가를 당사자로 하는 계약에 관한 법률, 시행령, 시행규칙, 특례규정, 관계법령 및 이 조건에 정한 계약일반사항 외에 해당 계약의 적정한 이행을 위하여 필요한 경우 용역계약특수조건을 정하여 계약을 체결할 수 있습니다. 다만, 이와 같이 정한 용역계약특수조건에 법률, 시행령, 시행규칙, 특례규정, 관계법령 및 이 조건에 의한 계약상대자의 계약상 이익을 제한하는 특수조건의 해당내용은 효력이 인정되지 않습니다.

따라서 계약상대자의 계약상 이익을 제한하지 않는 범위 내에서 계약상대자의 동의를 받아 상호간의 합의에 따라 차기 계약이 지연되는 경우 차기 계약시 까지 계약연장하는 등의 계약특수조건을 정하여 운영할 수 있다고 보나, 귀 질의와 같이 1회 계약을 연장하는 등의 특약조건은 해당 계약상대자에 대한 특혜로 인정될 수 있어 불가하다고 보나 구체적으로는 계약담당공무원이 동 조건 제4조 ②항 규정의 취지를 고려하여 운영하여야 할 것입니다.

4장 계약금액 조정

> **공기연장으로 인한 가설재(SHEET PILE)의 손료 추가 적용 방법 계약 상호 간의 이견**
> 2020-04-13

■ 질의내용

시공사 주장 : 공법변경(직타에서 천공삽입)으로 공기연장(2개월) 주장 시트파일 임대기간 (당초 6개월미만 손료 30%)에서 (전체12개월미만 손료 50%)를 적용, 주장 수용 시 임대료가 신규 비목으로 표준품셈 적용 2배 가량 증가되어 비 합리적이고, 공법변경으로 공사비 증대부분은 기 계상됨.

cm단 주장 : 공법변경으로 공사비 증대부분은 기 계상되었고 공기연장 1개월 인정 시 시트파일 임대기간 (계약단가 6개월미만 손료 30%)에서 (전체를 계약단가 손료 30%적용하고, 공기연장 1개월만 추가로 50%손료 표준품셈 적용)를 적용하면 임대료가 계약대비 20%정도 증액이 되어 합리적이라고 판단됨.

■ 답변내용

[**질의요지**] 공기연장시 손료 추가 적용에 관한 질의

[**답변내용**] 아래 사항은 국가기관을 기준으로 해석한 것임을 참고하여 주시기 바라며, 지방자치단체를 당사자로 하는 계약, 공기업과 준정부기관 및 공공기관의 계약에 관하여는 달리 정한 바가 있으면 그에 따라야 함을 알려 드립니다.

국가기관이 당사자가 되는 공사계약에 있어서 계약담당공무원은 계약예규 공사계약 일반조건(이하 일반조건 이라 합니다) 제19조에 해당하는 사항이 발생하는 경우 설계를 변경하고 일반조건 제20조에 따라 계약금액을 조정하여야 합니다. 그러나 설계서에 속하지 아니하는 예정가격조서나 산출내역서 상의 비목이나 품목의 단가에 대한 과다나 과소계상 혹은 누락, 예정가격(입찰금액) 작성의 참고자료인 품셈 등의 변경, 발주기관이나 계약상대자가 예정가격이나 입찰금액을 산정하기 위하여 작성하는 일위대가표, 수량산출서나 단가산출서의 누락이나 오류로는 설계변경과 이에 따른 계약금액을 조정할 수 없는 것입니다. 계약상대자의 책임없는 사유로 당초 설계서의 공법 변경으로 인한 가설재의 사용기간이 변경되는 경우에는 변경되는 강재사용기간에 해당하는 손율을 적용하여 계약금액을 조정할 수 있을 것이나, 손율의 상한은 표준품셈에서 정한 상한율을 초과할 수 없을 것이며, 당초 사용기간에 해당하는 강재손료는 계약단가를, 추가되는 사용기간의 손율은 상한치 손율(귀 질의의 경우 50%)에서 당초기간에 해당하는 손율(귀 질의의 경우 30%)을 차감한 손율(20%)을 적용하여 추가되는 사용기간(귀 질의의 경우는 2개월)은 일반조건 제20조 제2항의 규정에 따라 산정한 단가를 합산한 단가(1년 이하에 해당하는 손율 50%)를 설계변경단가로 하는 것이 타당할 것입니다.

구체적인 경우 귀 질의의 내용이 설계변경에 의한 계약금액 조정의 대상이 되는지 여부 및 조정 등은 설계변경사유, 현장여건, 계약서류(설계서 포함), 설계변경 내용, 관련규정 등을 살펴 계약담당공무원이 사실, 판단하여야 할 것입니다

동절기 공사중지에 대한 계약기간 연장 검토

2020-12-01

◾ 질의내용

기타공사로 진행되고 있는 100억이상 공사 입니다. 대부분의 공종이 동절기에 수행시 품질저하가 우려되는 등 공사시행이 어려울 것으로 판단되어 공사중지를 시행하였습니다. 다만 시공사는 품질저하의 우려가 없는 일부 공종(시트파일 근입 등)을 수행하기 위해서 공사수행계획서를 제출한 상태입니다. 이후 동절기 공사중지에 대한 공기연장에 따른 계약기간 연장을 요청하고자 합니다. 갑설) 발주처 의견 : 공사수행계획서를 제출하고 공사를 지속적으로 이행했으므로 공기연장을 해줄수 없다. 을설) 시공사 의견 : 동절기 공사중지에 대하여 주공종을 수행할 수 없이 중지된 상태에서 일부공종을 안전하게 수행하기 위한 계획서와 공사진행이었을 뿐 공정률을 진행할 수 있는 공사가 진행되었다고 볼 여지가 없으므로 당연히 공기연장이 필요하다. - 일반조건 47조 '공사의 전부 또는 일부'의 해석이 갈리는 듯 합니다.

◾ 답변내용

[질의요지] 건설공사 중 동절기로 습식공사 중지, 습식공사가 아닌 공사를 진행한 경우

[답변내용] 아래 사항은 국가기관을 기준으로 해석한 것임을 참고하여 주시기 바라며, 지방자치단체를 당사자로 하는 계약, 공기업과 준정부기관 및 공공기관의 계약에 관하여는 달리 정한 바가 있으면 그에 따라야 함을 알려 드립니다.

국가기관이 당사자가 되는 공사계약에 있어서 공사기간은 동절기, 우기 등 공사불능일수를 고려하여 산정하는 것이므로 그에 따라 동절기 공사 중지로 인한 공사연장은 곤란해 보이나, 해당 공사기간인 동절기를 감안하여 산정했는지 여부는 계약담당공무원이 판단하여 공기연장여부를 결정하여야 할 것입니다. 동절기 기온저하로 공사목적물의 품질저하가 우려되어 공사 일부를 중지한 경우 공사기간 연장이 가능한지 여부 또한 계약담당공무원이 상기조건을 포함한 해당공사 일부 공종 공사 중지로 인하여 총 공사기간에 영향을 주는지 여부를 감안하여 판단하여야 하는 것입니다.

운반거리 변경에 의한 설계변경 여부

2020-05-26

■ **질의내용**

oo 특화단지 조성사업 현장입니다. 토취장 및 특화단지(성토장)의 위치가 정해져 있고 변경이 없는 상태에서 가. 내역서 표기 : 순성토운반(토사) - 덤프24톤+백호1.0㎥ 나. 단가산출서 표기 : 운반거리 2.6Km 적용 다. 운반거리 조견표 및 상세도 없음. 위와 같은 조건으로 도급하여 공사를 시행하던 중 1. 운반 경로가 동일하며 순성토운반(토사)의 단가산출서상의 2.6km와 실제운반거리가 상이한 경우 설계변경대상여부 2. 설계변경대상일 경우 단가적용여부(낙찰률적용 or 협의단가적용)에 대하여 문의 드립니다.

■ **답변내용**

[**질의요지**] 토취장 및 성토장의 위치가 정해져 있는 경우 단가산출서 상의 운반거리와 실제 운반거리가 상이한 경우 설계변경 가능여부

[**답변내용**] 국가기관이 당사자가 되는 공사계약에서 계약담당공무원은 설계서(국가기관이 설계서를 작성하여 입찰자에게 제공한 경우에는 공사시방서, 설계도면, 현장설명서와 물량내역서)의 내용이 불분명하거나 누락.오류 또는 상호 모순되는 점이 있을 경우 등 계약예규 공사계약 일반조건(이하 일반조건이라 합니다) 제19조 제1항 각 호의 어느 하나(아래)에 해당하는 경우에 설계변경을 하고 해당 계약금액을 조정할 수 있는 것입니다. 1. 설계서의 내용이 불분명하거나 누락·오류 또는 상호 모순되는 점이 있을 경우 2. 지질, 용수등 공사현장의 상태가 설계서와 다를 경우 3. 새로운 기술·공법사용으로 공사비의 절감 및 시공기간의 단축 등의 효과가 현저할 경우 4. 그 밖에 발주기관이 설계서를 변경할 필요가 있다고 인정할 경우 등

이러한 경우로서 설계도면과 공사시방서는 서로 일치하나 물량내역서와 상이한 경우에 계약담당공무원은 일반조건 제19조의2 제2항 제3호에 따라 설계도면과 공사시방서에 물량내역서를 일치시키고, 설계도면과 공사시방서가 상이한 경우로서 물량내역서가 설계도면과 상이하거나 공사시방서와 상이한 경우에는 일반조건 제19조의2 제2항 제4호에 따라 설계도면과 공사시방서중 최선의 공사시공을 위하여 우선되어야 할 내용으로 설계도면이나 공사시방서를 확정한 후 그 확정된 내용에 따라 물량내역서를 일치시키는 설계변경을 하고 해당 계약금액을 조정할 수 있을 것입니다.

그러나 계약담당공무원은 설계서에 속하지 아니하는 예정가격조서나 산출내역서 상의 비목이나 품목의 단가에 대한 과다나 과소계상 혹은 누락, 예정가격(입찰금액) 작성의 참고자료인 품셈 등의 변경이나 적용의 오류, 발주기관이나 계약상대자가 예정가격이나 입찰금액을 산정하기 위하여 작성하는 일위대가표, 수량산출서나 단가산출서의 누락이나 오류로는 설계변경과 이에 따른 계약금액을 조정할 수 없는 것입니다.

따라서 귀 질의의 경우와 같이 단가산출서 오류만으로는 변경이 곤란해 보입니다.

제 5 장

공동계약 하도급 및 대형공사

제1절 공동계약 / 549

제2절 하도급관련(부대입찰) 등 / 577

제3절 대형공사 / 591

제5장 공동계약 하도급 및 대형공사

제1절 공동계약

1개 업체가 단독 및 공동수급체로 중복하여 입찰 가능한지
2022-01-05

▣ 질의내용

공동수급(공동이행방식)가능한 1건의 공고에 아래의 예시와 같이 A업체가 중복하여 입찰이 가능한지요?

1. A업체 단독 입찰 / B(대표업체)+A(참여업체) 공동수급체 구성하여 입찰
2. A업체 단독 입찰 / A(대표업체)+B(참여업체) 공동수급체 구성하여 입찰

15조(입찰무효) 11호에서 공동계약의 공동수급체구성원이 동일 입찰건에 대하여 공동수급체를 중복적으로 결성하여 참여한 경우는 입찰무효라고 되어있는데, 위와 같은 경우 A업체가 단독으로 입찰했기 때문에 입찰 무효가 아닌지 궁금합니다.

▣ 답변내용

[질의요지] 동일인의 중복 입찰 여부

[답변내용] 국가기관이 당사자가 되는 입찰에 있어 국가를 당사자로 하는 계약에 관한 법률 시행규칙 제44조제1항제4호는 동일사항에 동일인(1인이 수개의 법인의 대표자인 경우 해당수개의 법인을 동일인으로 봅니다)이 2통 이상의 입찰서를 제출한 입찰을 입찰무효 사유로 규정하고 있습니다.

공동도급이 허용된 입찰에서도 입찰자는 단독이든 공동이든 어느 한 곳으로만 입찰서를 제출하여야 합니다. 그러므로 1인이 단독으로 입찰서를 제출하고 또 다른 공동수급체의 구성원(대표사 여부와는 무관합니다)으로 참여하여 공동으로 입찰서를 제출하였다면 그 입찰자가 소속된 입찰서는 모두 무효에 해당한다 할 것입니다. 다만, 일인의 대표자가 복수 법인의 대표자인 경우 그 법인들로 하나의 공동수급체를 구성하여 하나의 입찰서를 제출하는 경우는 중복투찰로 보지 않습니다.

5장 공동계약 하도급 및 대형공사

공동계약 운영요령 공동이행 구성원 출자비율 변경 가능여부 질의
2021-04-30

▣ 질의내용

[질의] 공동계약 운영요령 제12조(공동도급내용의 변경) 제 1항 에 따라 다음과 같은 상황시 국개법 시행령 제66조 항목 중 '공사기간·운반거리의 변경 등' 으로 보아 공동이행 구성원의 출자비율 변경이 가능한지 여부를 질의 드립니다. - 다 음- 건설사업관리용역 및 감리용역 수행 시 최초 계약 체결시 공동이행방식으로 A사 : 50%, B사 : 50% 로 구성하여 계약을 체결하였으나, A사와 B사와의 실재 투입인력의 배치비율이 A사 : 70%, B사 : 30%로 변경되었습니다. 건설사업관리 및 감리용역의 경우 장비 및 자재비 항목이 없이 노무비(인원)가 100% 이므로 실재 투입인력의 배치비율이 '공동수급체의 구성원별 실제 참여한 부분' 입니다.

▣ 답변내용

[질의요지] 건설사업관리용역에서 공동수급체간 실재 투입인력 배치비율이 변경된 경우 공동수급체구성원의 출자비율을 변경할 수 있는지

[답변내용] 국가기관이 체결하는 공동이행방식의 공동도급계약에 있어서 공동수급체는 "공동도급계약운용요령" 제7조제1항의 규정에 의하여 발주기관에 대한 계약상의 의무이행에 대하여 연대하여 책임을 지되, 그 출자비율과 이행방법은 공동수급체 구성원이 협의하여 출자비율과 일치하게 정하여 이행하여야 하는 바, 자본 또는 인력투입 등을 포괄한 공동수급체 구성원별 계약이행내용은 당초 공동수급협정서에 명시된 출자비율과 일치하여야 하는 것입니다.

또한 계약담당공무원은 공동계약을 체결한 후 공동수급체구성원의 출자비율 또는 분담내용을 변경하게 할 수 없습니다. 다만, 시행령 제64조 내지 제66조에 의한 계약내용의 변경이나 파산, 해산 등 중도탈퇴의 사유로 인하여 당초 협정서의 내용대로 계약이행이 곤란한 구성원이 발생하여 공동수급체구성원 연명으로 출자비율 또는 분담내용의 변경을 요청한 경우에는 그러하지 않는 것입니다.

귀 질의의 경우가 감리용역의 내용이 변경된 경우라면 공동수급체 출자비율 변경이 가능할 것이나 계약내용의 변경 없이 공동수급체 구성사의 실재 투입인력의 배치비율이 변경된 사유만으로는 공동수급체구성원의 출자비율 변경은 어렵다고 봅니다.

공동계약-분담이행에 대한 업종(자격, 면허 등)제한 관련 질의
2022-11-30

◩ 질의내용

국가계약법에 따라 계약을 체결하는 공공기관에서 근무하고 있는 직원입니다. 발주 예정인 용역의 과업 성격이 학술적인 과업과 기술적인 과업이 혼재되어 있는 상황입니다. 해당용역을 엔지니어링 기술진흥법에 의한 기술용역(공동계약-분담이행)으로 발주하고자 계획하고 있습니다.

1. 위의 용역을 기술용역으로 추진 시 기술용역-공동계약-분담이행으로 발주 시 업종제한(자격, 면허)을 설정할 계획입니다. 엔지니어링산업진흥법 및 엔지니어링기술진흥법에 따른 업종코드와 학술연구용역 업종코드(코드:1169)를 동시에 2개 설정할 수 있는지 궁금합니다.
2. 위의 질문에 대한 답변에서 위에 해당하는 2개의 자격제한 설정이 가능할 경우, 기재부 예규 공동계약운용요령 제9조(공동수급체구성) 1항 1목의 분담이행방식의 경우 구성원 공동이 자격요건을 갖추면 된다고 명시되어 있는데 업종제한(자격, 면허)을 2개로 설정한다고 가정하였을 때, A업체가 2개의 업종코드(자격, 면허)를 소유하고 B업체가 0개의 업종코드(자격, 면허)를 가지고 있을 시 A업체가 대표가 되는 이 컨소시엄이 입찰에 참여할 수 있는지 궁금합니다.

◩ 답변내용

[질의요지] 공동계약(분담이행방식)에 대한 자격, 면허

[답변내용]

질의1에 대하여 국가기관이 당사자가 되는 계약에 있어 입찰참가자의 자격은 법령 등에서 정한 요건이 필요한 경우 계약담당공무원은 그 요건을 갖추고 있는 자에 한하여 입찰에 참가할 수 있도록 하여야 합니다.

다만, 계약목적물에 따라 2개 이상의 요건이 필요한 경우에는 국가를 당사자로 하는 계약에 관한 법률 시행령 제72조에 따라 요건을 서로 보완, 공동수급체를 구성하여 입찰에 참가하게 할 수 있습니다. 이때 어떤 요건이 필요한지는 해당 법령과 계약목적물에 따라 발주기관이 판단하여 정하는 것입니다.

질의2에 대하여 공동계약을 함에 있어 분담이행방식은 해당 분야별 요건을 공동수급체 구성원 모두가 가진 요건을 합하여 만족하면 입찰참가자격을 갖춘 것으로 봅니다. 귀 질의의 경우 두 개의 업체 중 하나의 업체가 필요로 하는 요건을 하나도 갖추지 못하는 경우 그 업체는 분담할 부분이 없게 되는 바, 이는 공동계약의 취지와는 맞지 않는 것(요건 미비자에게 계약 이행 분담)으로 보여집니다.

공동계약이 가능한 것으로 공고가 되더라도 일인이 모든 요건을 갖추고 있는 경우에는 단독 입찰도 가능합니다. 요건을 갖추지 못한자를 공동수급체에 포함시키는 것은 적절하지 않은 것으로 봅니다.

공동계약 운용요령 제12조 단서조항 관련 문의

2022-12-22

■ 질의내용

계약예규(공동계약운용요령)과 관련하여 문의사항이 있어 질의 드립니다.

공동계약운용요령 제12조(공동도급내용의 변경) 조문에 보면… 공동계약을 체결 후 공동수급체 구성원의 출자비율 또는 분담내용을 변경할 수 없으나, 단서조항으로, 국가계약법 시행령 제64조 내지 제66조에 의한 계약내용의 변경시에는 가능토록 하고 있습니다. [제64조(물가변동으로 인한 계약금액의 조정), 제65조(설계변경으로 인한 계약금액 조정), 제66조(기타 계약내용의 변경으로 인한 계약금액 조정)]

또한, 동 운용요령과 관련한 별첨1)공동수급표준협정서(공동이행방식) 제9조(구성원의 출자비율)을 보면… ② 제1항의 비율은 다음 각호의 어느 하나에 해당하는 경우에 변경 할 수 있다. 1. 발주기관과의 계약내용 변경에 따라 계약금액이 증감되었을 경우 라고 명시되어 있습니다.

[질의1] 물품(아스콘) 구매를 조달청 위탁구매를 통해 공동계약(공동이행방식)으로 계약 후… 추가 물량 발생에 따른 설계변경으로 인한 계약금액 조정시 관련 예규에 따라… 최초 출자[분담]비율(지분율) 일부를 변경하여 조정할 수 있는지??

[질의2] 출자[분담]비율(지분율)이 조정이 가능한 경우, 필수적으로 필요한 서류 및 행정절차가 있는지? [공동수급체 구성원 연명으로 지분율 변경에 합의한 서류 등]

■ 답변내용

[질의요지] 공동계약운용요령 제12조 단서조항 관련

[답변내용] 국가기관이 공동이행방식으로 공동계약을 체결한 경우 계약예규 "공동계약운용요령" 제12조제1항단서조항에 의하여 「국가를 당사자로 하는 계약에 관한 법률 시행령」 제65조내지 제66조에 의한 계약내용의 변경이나 파산, 해산, 부도, 법정관리, 워크아웃(기업구조조정촉진법에 따라 채권단이 구조조정 대상으로 결정하여 구조조정중인 업체), 중도탈퇴의 사유로 인하여 당초 협정서의 내용대로 계약이행이 곤란한 구성원이 발생하여 공동수급체구성원 연명으로 출자비율 또는 분담내용의 변경을 요청한 경우와 동 요령 제12조제4항의 경우에는 공동수급체구성원의 출자비율 또는 분담내용을 변경하게 할 수 있는 것입니다.

따라서, 귀하의 질의 경우가 동 시행령 제65조에 따른 설계변경으로 공동수급체 구성원들의 출자비율이 변경된다면, 그에 따라 동 협정서 제9조의 내용을 변경할 수 있는 바, 구체적인 실무처리절차 등에 대하여는 각 발주기관의 계약담당공무원이 직접 관련 서류를 확인하여 처리할 사항입니다.

공동도급 현장의 공동도급사간 지분변경 관련 질의

2022-10-26

▣ 질의내용

2016년 발주한 종합심사 낙찰제 현장(입찰공고-조달청 등급 3등급)으로 공동수급운영방식의 장기계속계약공사입니다. 2016년 발주 후 공동수급운영방식(3개사)으로 진행하는 도중 당초 2차로 → 4차로 확장 계획 수립에 따라 공기연장 및 계약금액증액 등의 설계변경의 사유가 발생될 경우 주관사를 제외한 2개사가 현재의 계약까지만 진행하겠으며 변경공사에 대해서는 참여하지 않겠다는 공문을 발송한 상황입니다.

계약예규 공동계약운영요령 제12조(공동도급내용의 변경)중 "계약담당 공무원은 공동계약을 체결한 후 공동수급체구성원의 출자비율 또는 분담내용을 변경하게 할 수 없다. 다만 시행령 제64조 내지 제 66조에 의한 계약내용의 변경이나 파산, 해산, 부도, 법정관리, 워크아웃(생략), 중도탈퇴의 사유로 인하여 당초 협정서의 내용대로 계약이행이 곤란한 구성원이 발생하여 공동수급체 구성원 연명으로 출자비율 또는 분담내용의 변경을 요청한 경우" 에는 그러하지 아니하다.

질의 1) 공동계약운영요령 제12조의 시행령 제64조 내지 제 66조에 의한 계약내용의 변경에 의한 구성원의 출자비율 또는 분담내용 변경 -공사기간 연장 및 계약금액 증액에 대한 설계변경에 동의하지 않기 때문에 당초 계약내용의 변경(공기연장 및 계약금액증액)에 대해서는 계약에 참여하지 않겠다는 계약내용 변경의 사유로 인해 공동수급체 구성원의 출자비율 또는 분담내용의 변경이 가능한지 여부에 대해 질의합니다.

질의 2) 공동계약운영요령 제12조의 중도탈퇴의 사유와 관련한 공동수급체 구성원의 출자비율 또는 분담내용 변경 -공사기간 연장 및 계약금액 증액에 대한 설계변경에 동의하지 않기 때문에 당초 계약내용의 변경(공기연장 및 계약금액증액)에 대해서는 계약에 참여하지 않겠다는 사유가 중도탈퇴의 사유에 포함되어 공동수급체 구성원의 출자비율 또는 분담내용의 변경이 가능한지 여부에 대해 질의합니다.

▣ 답변내용

[질의요지] 공동도급 현장의 공동도급사간 지분변경

[답변내용] 기획재정부 계약예규 「공동계약운용요령」 [별첨1] 공동수급표준협정서(공동이행방식) 제12조제2항에서는 "동조 제1항에 의하여 구성원중 일부가 탈퇴한 경우에는 잔존 구성원이 공동연대하여 해당계약을 이행한다. 다만, 잔존구성원만으로 면허, 실적, 시공능력공시액 등 잔여계약이행에 필요한 요건을 갖추지 못할 경우에는 잔존구성원이 발주기관의 승인을 얻어 새로운 구성원을 추가하는 등의 방법으로 해당 요건을 충족하여야 한다."고 규정하고 있는 바, 잔존구성원만으로 잔여계약이행에 필요한 요건을 갖추지 못할 경우에는 발주기관의 승인을 얻어 새로운 구성원을 추가하는 방법 등으로 계약을 이행하여야 할 것입니다.

위의 면허, 실적, 시공능력공시액 등은 모두 잔여계약이행을 위해 잔존구성원이 갖추어야 할 요건으로 보는 것이 타당할 것인 바, 공동이행방식에서 구성원중 일부가 탈퇴한 경우에 잔존 구성원이 공동연대하여 해당계약을 이행할 수 있는지 여부를 판단하는 경우에 면허, 실적, 시공능력공시액 등의 요건을 갖추었는지의 여부는 잔여계약이행에 필요한 요건으로 평가하는 것이 적정할 것입니다.

공동이행방식에 의한 공동계약을 체결함에 있어 공사이행보증서 제출로 계약이행을 보증하게 한 경우 수급체 구성원중 일부가 부도 등의 사유로 계약이행이 불가능하여 잔존구성원만으로 계약을 이행해야 할 경우 잔존구성원은 계약예규 "정부 입찰·계약 집행기준" 제50조 규정에 따라 면허, 도급한도액 등 당해계약이행요건을 갖추어야 합니다. 이 경우 당해계약이행요건이란 연대보증인 입보시 공동수급표준협정서 제12조와 같이 잔여계약이행에 필요한 요건을 의미합니다. 따라서, 잔존구성원은 잔여계약이행요건으로 면허보유 뿐만아니라 시공능력공시액도 충족해야 합니다.

공동수급체 구성원은 계약예규「공동계약운용요령」(이하 "운용요령"이라 합니다.) [별첨1]공동수급표준협정서(공동이행방식) 제12조제1항에 따라 제12조제1항 각 호의 어느 하나에 해당하는 경우 외에는 입찰 및 해당계약의 이행을 완료하는 날까지 탈퇴할 수 없으나, 다만, 제3호에 해당하는 경우에는 다른 구성원이 반드시 탈퇴조치를 하여야 합니다.

운용요령 [별첨1] 공동수급표준협정서(공동이행방식) 제12조제2항에서는 "동조제1항에 의하여 구성원중 일부가 탈퇴한 경우에는 잔존 구성원이 공동연대하여 해당계약을 이행한다. 다만, 잔존구성원만으로 면허, 실적, 시공능력공시액 등 잔여계약이행에 필요한 요건을 갖추지 못할 경우에는 잔존구성원이 발주기관의 승인을 얻어 새로운 구성원을 추가하는 등의 방법으로 해당 요건을 충족하여야 한다."고 규정하고 있습니다.

이 경우 탈퇴자의 잔여 출자비율은 공동수급표준협정서(공동이행방식) 제12조(중도탈퇴에 대한 조치)제3항에 따라 잔존 구성원의 출자비율에 따라 분할하여 잔존 구성원의 당초 출자비율에 가산하는 것입니다. 다만, 잔존 구성원이 1인인 경우로서 잔여 계약이행에 필요한 요건을 갖추고 있을 경우에는 그 1인의 당초 출자비율에 탈퇴자의 잔여 출자비율 모두를 가산할 수 있는 것입니다. 따라서, 발주기관에서는 구체적으로 동조제1호에 해당하는 경우에는 탈퇴가 가능한 것이나, 발주기관은 사유가 적정한지를 고려하여 탈퇴여부 동의를 결정해야 할 것입니다.

한편, 일부 구성원이 정당한 이유없이 계약이행계획서에 따라 실제 계약이행에 참여하지 않거나 분담내용과 다르게 시공하는 등의 사유로 탈퇴조치를 할 경우 동 운용요령 제13조제5항에 따라 입찰참가자격제한조치를 해야 하며, 이 경우 발주자와 구성원 전원이 일부 구성원 탈퇴에 동의를 했다고 해도 부정당업자제재를 면할 수 없음을 알려드립니다. 동 규정상 "정당한 이유"라 함은 천재·지변 또는 예기치 못한 돌발사태 등을 포함하여 명백한 객관적인 사유로 인하여 부득이 계약이행을 하지 못한 경우로서, 이는 각 중앙관서의 장이 구체적 사실 등을 고려하여 판단·결정해야 할 사항입니다.

참고로, 국가계약법령과 계약예규는 국가기관이 시행하는 입찰 및 계약의 절차에 관한 법령인 바, 계약당사자는 해당 계약이행과정에서 동 규정에서 명시하고 있는 사항이 발생하는 경우에는 직접 구체적인 사실관계를 확인하여 처리해야 하는 것이 원칙입니다.

공동도급 계약에서 중도탈퇴에 따른 계약보증금 환수 여부
2022-11-17

■ **질의내용**

A업체(70%), B업체(30%)으로 공동도급 계약을 체결했고, A업체의 경영악화(부도직전)로 인해 중도탈퇴처리 후 B업체(100%) 단독계약으로 진행하고자합니다.

계약금액 전체에 대한 계약보증서를 B업체에게 추가로 징구할 예정인데, 기존 A업체의 중도탈퇴에 따른 A업체의 계약보증금을 용역계약일반조건 제9조(계약보증금의처리)에 의거 환수해야하는지 문의드립니다.

해야한다면, 국가계약법시행령 제51조(계약보증금의 국고귀속)제2항제1호에 의거 기성부분은 제외하여 계약보증금을 환수해야하나요?

■ **답변내용**

[**질의요지**] 공공기관 발주 공동도급계약에서 중도탈퇴에 따른 계약보증금 환수 여부

[**답변내용**] 공공기관의 계약사무를 처리할 때에는 기타공공기관의 경우에는 「기타 공공기관 계약사무 운영규정」을 적용하고 공기업·준정부기관일 경우에는 「공기업·준정부기관 계약사무규칙」을 적용하여야 하며, 동 규정 및 규칙에서 규정하지 아니한 사항은 국가계약법을 준용하여 처리해야 합니다. 또한 국가계약법령해석에 관한 내용이 아닌 계약체결 내용과 관련된 사실판단에 관한 사항에 대하여는 해당 입찰공고를 하여 계약을 체결한 발주기관에서 해당 관련 규정 등을 종합검토하여 직접 판단할 사항입니다.

참고로, 국가기관과 공동계약방식으로 계약을 체결한 공동계약에 있어서 공동수급체 구성원 중 일부가 정당한 이유없이 계약이행계획서에 따라 계약을 이행하지 않은 경우라면, 계약담당공무원은 계약예규 공동계약운용요령 제13조제5항에 따라 해당 구성원에 대하여 입찰참가자격 제한조치를 하여야 하는 것이며, 그럴 경우에는 별첨1 공동수급표준협정서(공동이행방식) 제12조의 규정에 의거 해당 구성원을 탈퇴시켜야 하는 것이나, 발주기관은 사유가 적정한지를 고려하여 탈퇴여부 동의를 판단·결정해야 할 사항으로서, 이는 조달청(또는 기획재정부)의 유권해석대상이 아닙니다.

일부 구성원이 정당한 이유없이 계약이행계획서에 따라 실제 계약이행에 참여하지 않거나 분담내용과 다르게 시공하는 등의 사유로 탈퇴조치를 할 경우 동 요령 제13조제5항에 따라 입찰참가자격제한조치를 해야 하며, 이 경우 발주자와 구성원 전원이 일부 구성원 탈퇴에 동의를 했다고 해도 부정당업자제재를 면할 수 없는 것입니다. 동 규정상 "정당한 이유"라 함은 천재·지변 또는 예기치 못한 돌발사태 등을 포함하여 명백한 객관적인 사유로 인하여 부득이 계약이행을 하지 못한 경우로서, 이는 각 중앙관서의 장이 구체적 사실 등을 고려하여 판단·결정해야 할 사항입니다.

공동계약에서 공동수급체 구성원 중 일부가 탈퇴하고 잔존 구성원이 계약을 이행하는 경우에 계약담당공무원은 해당 계약을 해제나 해지하는 것이 아닌 바, 탈퇴한 구성원이 발주기관에 납부한 계약보증금은 계약이 완료 될 때 까지 유지할 수 있으나, 출자지분을 인수받은 다른 구성원의 계약보증금을 증액변경하고 당해 탈퇴자의 보증금을 반환할 수도 있을 것입니다.

공동도급 내용의 변경

2022-10-25

■ 질의내용

저희 공사에서 공동도급(공동이행방식 A사: 70%, B사: 30%)으로 용역계약을 체결하였고, 현재 A사는 부도직전(업종폐업)으로 계약기간 내 업무 수행이 불가한 상황입니다. 이에 업체는 공동수급 중도탈퇴를 하고 전체 잔존과업을 B사에게 이전하겠다고합니다.

여기서 문의드립니다.

1) (계약예규) 공동계약운용요령 제12조(공동도급내용의 변경)에 의하면 파산, 해산, 부도, 중도탈퇴 등의 사유로 인해 출자비율 또는 분담내용의 변경을 할 수 있다고 나와있는데, "부도직전"인 상황도 이에 상응하여 내용 변경(B사: 100%)이 가능한지?
2) 가능한경우, A사에게 국가계약법시행령 제76조제2항제2호가목(정당한 이유없이 체약을 이행하지 아니한 자)에 의거 부정당제재를 가해야하는지?

■ 답변내용

[질의요지] 공공기관 발주 공동도급(공동이행방식 A사: 70%, B사: 30%) 용역계약에서 일부구성원의 중도탈퇴시 처리방안

[답변내용] 공공기관의 계약사무를 처리할 때에는 기타공공기관의 경우에는 「기타 공공기관 계약사무 운영규정」을 적용하고 공기업·준정부기관일 경우에는 「공기업·준정부기관 계약사무규칙」을 적용하여야 하며, 동 규정 및 규칙에서 규정하지 아니한 사항은 국가계약법을 준용하여 처리해야 합니다. 또한 국가계약법령해석에 관한 내용이 아닌 계약체결 내용과 관련된 사실판단에 관한 사항에 대하여는 해당 입찰공고를 하여 계약을 체결한 발주기관에서 해당 관련 규정 등을 종합고려하여 직접 판단·처리할 사항입니다.

참고로, 국가기관과 공동계약방식으로 계약을 체결한 경우, 공동수급체 구성원은 계약예규「공동계약운용요령」(이하 "운용요령"이라 합니다.) [별첨1]공동수급표준협정서(공동이행방식) 제12조제1항에 따라 제12조제1항 각 호의 어느 하나에 해당하는 경우 외에는 입찰 및 해당계약의 이행을 완료하는 날까지 탈퇴할 수 없으나, 다만, 제3호에 해당하는 경우에는 다른 구성원이 반드시 탈퇴조치를 하여야 합니다.

운용요령 [별첨1] 공동수급표준협정서(공동이행방식) 제12조제2항에서는 "동조제1항에 의하여 구성원중 일부가 탈퇴한 경우에는 잔존 구성원이 공동연대하여 해당계약을 이행한다. 다만, 잔존구성원만으로 면허, 실적, 시공능력공시액 등 잔여계약이행에 필요한 요건을 갖추지 못할 경우에는 잔존구성원이 발주기관의 승인을 얻어 새로운 구성원을 추가하는 등의 방법으로 해당 요건을 충족하여야 한다."고 규정하고 있습니다.

이 경우 탈퇴자의 잔여 출자비율은 공동수급표준협정서(공동이행방식) 제12조(중도탈퇴에 대한 조치)제3항에 따라 잔존 구성원의 출자비율에 따라 분할하여 잔존 구성원의 당초 출자비율에 가산하는 것입니다. 다만, 잔존 구성원이 1인인 경우로서 잔여 계약이행에 필요한 요건을 갖추고 있을 경우에는 그 1인의 당초 출자비율에 탈퇴자의 잔여 출자비율 모두를 가산할 수 있는 것입니다. 따라서, 발주기관에서는 구체적으로 동조제1호에 해당하는 경우에는 탈퇴가 가능한 것이나, 발주기관은 사유가 적정한지를 고려하여 탈퇴여부 동의를 결정해야 할 것입니다.

한편, 일부 구성원이 정당한 이유없이 계약이행계획서에 따라 실제 계약이행에 참여하지 않거나 분담내용과 다르게 시공하는 등의 사유로 탈퇴조치를 할 경우 운용요령 제13조제5항에 따라 입찰참가자격제한조치를 해야 하며, 이 경우 발주자와 구성원 전원이 일부 구성원 탈퇴에 동의를 했다고 해도 부정당업자제재를 면할 수 없음을 알려드립니다. 동 규정상 "정당한 이유"라 함은 천재·지변 또는 예기치 못한 돌발사태 등을 포함하여 명백한 객관적인 사유로 인하여 부득이 계약이행을 하지 못한 경우로서, 이는 각 중앙관서의 장이 구체적 사실 등을 고려하여 판단·결정해야 할 사항입니다.

5장 공동계약 하도급 및 대형공사 ········

공동수급체 구성원 수 제한 관련 질의

2021-08-23

▣ 질의내용

---- 공동계약운용요령 제9조(공동수급체의 구성) ⑤계약담당공무원은 공동계약의 유형별 구성원 수와 구성원별 계약참여 최소지분율을 다음 각 호에 따라 처리한다. 다만, 공사의 특성 및 규모를 고려하여 계약담당공무원이 필요하다고 인정할 경우에는 공동계약의 유형별 구성원 수와 구성원별 계약참여 최소지분율을 각각 20% 범위내에서 가감할 수 있다. 나. 공동이행방식에 의한 경우 : 5인 이하, 10% 이상 ---

위 제5항 단서에서는 공사계약에서 필요 시 구성원 수를 20% 범위내에서 가감할 수 있다고 했고, 나목에서 공동이행방식에 의한 경우에는 5인 이하로 구성원 수를 제한하도록 되어 있는데,

1. 물품 제조계약에도 위 제5항 단서조항이 적용되는 지 여부
2. 물품 제조계약에서는 계약부서 판단에 따라 필요한 경우에 2인 이하, 3인 이하 또는 4인 이하로도 구성원 수를 제한할 수 있는 지 여부를 문의 드립니다.

▣ 답변내용

[질의요지]   물품 공동계약에 있어 구성원의 수 제한

[답변내용] 국가기관이 당사자가 되는 계약에 있어 공동이행방식에 의하는 경우 공동수급체 구성원의 수는 계약예규 공동계약운용요령 제9조제5항에 따라 5인 이내로 구성하여야 합니다. 다만, 공사의 경우로 한정하여 계약담당공무원이 판단, 필요한 경우 20% 범위내에서 조정 가능하도록 하고 있으나 물품의 경우 구체적으로 명시하지 않고 있어 적용이 곤란할 것으로 보여집니다.

참고로, 물품의 경우 국가를 당사자로 하는 계약에 관한 법률 시행령 제17조의 다량물품의 입찰, 제46조 다량물품을 제조.구매할 경우의 낙찰자 결정에 대하여 따로 규정하고 있으나 이 경우는 공동계약과 다른 방식이기는 하나 낙찰자의 수를 구체적으로 제한하지는 않고 있습니다.

공동수급체 중도탈퇴시 행정조치 질의

2022-11-08

■ **질의내용**

공동계약 공동수급체 구성원 관련 질의드리고자 합니다.

1. 공동수급체 구성원중 부도, 파산, 워크아웃, 법정관리, 중도탈퇴의 사유로 인하여 잔존구성원만으로는 면허, 시공능력 및 실적 등 계약이행에 필요한 요건을 갖추지 못할 경우로서 공동수급체구성원 연명으로 구성원의 추가를 요청한 경우에는 공동수급 구성원을 추가할 수 있는 바

이경우 공동수급 구성원 중 주대표업체가 법정관리등으로 탈퇴할경우 주대표업체를 제외한 나머지 구성원들로 하여금 새로운 주대표업체를 선정하여 공동수급구성원 대표업체로 선정이 가능한지 여부

■ **답변내용**

[질의요지] 공동수급체 중도탈퇴시 행정조치 질의

[답변내용] 운용요령 제12조 제3항에 따르면 계약담당공무원은 공동수급체 구성원을 추가하게 할 수 없습니다. 하지만 같은 항 단서 조항에 따라, 계약내용의 변경이나 공동수급체 구성원의 파산, 해산, 부도, 법정관리, 워크아웃(기업구조조정촉진법에 따라 채권단이 구조조정 대상으로 결정하여 구조조정중인 업체), 중도탈퇴의 사유로 인하여 잔존구성원만으로는 면허, 시공능력 및 실적 등 계약이행에 필요한 요건을 갖추지 못할 경우로서 공동수급체구성원 연명으로 구성원의 추가를 요청한 경우에는 그러하지 아니합니다. 따라서 잔존구성원이 당해계약을 이행함에 필요한 자격요건을 구비하지 못하였을 경우 필요한 자격요건을 구비한 새로운 구성원을 추가 할 수 있을 것입니다.

5장 공동계약 하도급 및 대형공사 ·········

관급자재(지급자재) 레미콘 계약(공동이행방식)에서 각 레미콘사별 계약시 지분율과 납품시 지분율이 차이가 있을 경우　　　　2021-05-17

▣ 질의내용

우리현장은 관급자재(지급자재) 레미콘중 일부규격(특수제품)에 대해 조달청 총액입찰방식으로 레미콘업체를 선정하였으며, 레미콘업체는 공동이행방식(A사:35%, B사:30%, C사:20%, D사:15%) 및 [총액계약, 장기계속방식(2021.03.30-2025.12.31)]으로 계약이 체결되었습니다. 또한 장기계속방식에 따라 매년 (1,2,3)차 년도별로 공동이행방식에 따른 각 사의 지분율(A사:35%, B사:30%, C사:20%, D사:15%)로 계약이 진행되고 있습니다. 위의 공동이행방식과 장기계속계약에 따른 레미콘 현장납품시 각 사별 지분율에 대해

질의 1) 매년 차수별 계약시에도 (전체분)지분율(A사:35%, B사:30%, C사:20%, D사:15%)대로 계약을 하여야 하는 지 여부?

질의 2) 질의 1의 차수별 계약시에는 지분율 변경이 가능한 경우, 매년 (1,2,3)차 차수별 계약시 각 사별 지분율을 레미콘사 및 현장 여건에 맞게 조정하되, 각 사별 (전체분)계약지분율을 초과하지 않는 범위내에서 계약을 진행하고, 각 사별 (전체분)계약기간내에 (전체분)계약지분율대로 레미콘을 납품하면 되는 지 여부?

질의 3) 레미콘사 또는 현장 사정으로 각 사별 계약지분율대로 레미콘 납품이 불가할 경우 (전체 또는 차수)계약 지분율을 변경할 수 밖에 없을것 같은데 이를 경우 공동이행 레미콘사(A,B,C,D 사)의 합의서(지분변경 동의)만 첨부하여 계약지분율 조정을 위한 변경계약을 요청할 수 있는 지 여부?

질의 4) 질의 3의 합의서(지분변경 동의)만으로 변경계약 요청이 불가할 경우 변경계약을 위한 행정절차를 어떻게 하여야 하는 지 여부?

질의 5) 여러 사정으로 일부레미콘사가 계약지분율보다 많은 수량을 납품한 경우 추가납품한 수량을 변경계약을 전제로 우선 기성을 집행할 수 있는 지 여부?, 아니면 변경계약을 선행한 후에 추가 납품한 수량에 대해 기성집행을 하여야 하는지 여부?

▣ 답변내용

[질의요지] 관급자재(지급자재) 레미콘 계약(공동이행방식)에서 각 레미콘사별 계약시 지분율과 납품시 지분율이 차이가 있을 경우 처리방법

[**답변내용**] 국가기관이 당사자라 되는 공동이행방식의 공동도급공사계약에 있어서 공동수급체는 계약예규 공동도급계약운용요령 제7조제1항의 규정에 의하여 발주기관에 대한 계약상의 의무이행에 대하여 연대하여 책임을 지되, 그 시공비율과 방법은 공동수급체 구성원이 협의하여 출자비율과 일치하게 정하여 이행하여야 하며, 각 구성원에게 지급하는 기성대가는 각 구성원이 시공하기로 한 부분에 대해 실제로 시공한 부분에 대한 대가를 산정하여 각자에게 지급하는 것이나, 준공시(장기계속공사의 경우는 최종 준공시) 전체적으로 공동수급협정서상의 출자비율과 일치해야 하는 것입니다. 다만, 구체적인 것은 당해 기관의 계약서에 첨부된 계약문서의 내용에 따른 사실 판단에 관한 사항으로서 계약관련 모든 행위는 발주기관의 계약담당공무원이 판단·결정의 권한을 가지고 있으므로, 계약담당공무원이 계약문서에 따른 계약이행상황 등을 직접 확인하여 처리해야 할 사안임을 알려드립니다.

한편, 국가계약법령은 국가기관이 시행하는 입찰 및 계약의 절차에 관한 법령으로서, 여기에서 규정하고 있지 아니한 사안에 대하여는 그 관련 규정이나 해당 계약문서에 정한 바에 따라 계약당사자간에 상호 협의하여 처리해야 할 사안입니다.

분담이행 방식으로 입찰하는 경우 분담비율을 명시해야 하는지
2021-02-15

◨ 질의내용

계약예규에 의거하여, 공동계약 중 분담이행방식으로 입찰을 진행하고자 합니다.

A와 B 두가지 면허를 필요로 하는 공사인데 A면허를 가진자와 B면허를 가진자가 상호 보완하여 분담이행방식으로 입찰에 참여할 수 있게 입찰을 진행코자 합니다.

A와 B공정에 대한 비율을 명시해 줘야 입찰에 참여하는 업체들이 공사 공정에 대한 정확한 이해가 있을 것 같아 총 공사 대비 A공사와 B공사 내역에 대한 분담비율을 입찰공고시 명시하고자 합니다.

질문 1. 입찰공고시 분담비율을 반드시 명시해야 하는지? (예를 들어 설계서상 A:B=7:3으로 되어 있어 입찰공고시 분담비율을 7:3으로 명시해야 하는지?)

질문 1-1. 입찰공고시 분담비율을 명시했다면 입찰에 참여한 업체들이 공동수급협정서 작성시 입찰공고에 명시된 비율을 반드시 적용해야 하는지? 아니면 입찰공고의 분담비율은 참고로 하고 비율을 자율적으로 정해도 되는지?

질문 2. 입찰공고시 분담비율을 명시하지 않고 업체들 자율에 맡겨 비율을 정해도 되는지?

◨ 답변내용

[질의요지] 분담이행 방식으로 입찰하는 경우 분담비율을 명시해야 하는지

[답변내용] 국가기관이 계약을 체결하고자 하는 경우 귀 질의 분담이행방식으로 입찰공고 시 분담이행비율 및 분담금액(세부내역) 등을 명시하지 아니하여도 무방합니다. 분담이행방식에 의한 경우 구성원은 분담내용에 따라 각자 책임을 지도록 하는 것입니다.

분담이행 방식의 공동계약 관련 질의

2022-06-15

▣ 질의내용

현재 저희가 진행하고자 하는 용역은 2.1억 미만의 타당성 조사 용역이며, 분담이행방식에 의한 공동계약(A부문/B부문)으로 진행하고 싶어합니다.

제가 궁금한 점은

1. 분담이행 가능 여부
 - A역무와 B역무는 과업 내용상 구분이 가능하나, 업종이나 면허로 구분되는 것이 아닙니다. (계약예규) 공동계약운영요령상 "분담이행방식이라 함은 공동수급체 구성원이 일정 분담내용에 따라 나누어 공동으로 계약을 이행하는 공동계약을 말한다." 라고 명시가 되어 있으나, 보통 면허자격 보완을 위해 분담이행을 진행하고 있어, 해당 용역건을 분담이행방식으로 진행해도 무방한 것인지 궁금합니다.

2. 공동수급체 입찰참가자격 관련
 - 분담이행방식(공동이행방식X) 의 공동계약의 경우에는, 수급체 구성원끼리 입찰참가자격을 보완하는 것으로 알고 있습니다. 2.1억 미만의 경우에는 중소기업자 우선조달에 해당되는데, 분담이행방식의 공동계약의 경우에는 구성원 중 1인만 중소기업자면 되는 것인지 궁금합니다. 법령 취지상 구성원 모두 중소기업자여야 할 것으로 보이는데, 모두 중소기업자여야한다면 관련 규정을 어디서 확인할 수 있을까요?

▣ 답변내용

[질의요지] 용역 분담이행 가능 여부 및 공동수급체 입찰참가자격

[답변내용] . 국가기관이 시행하는 입찰 및 계약의 절차에 관한 법령인 「국가를 당사자로 하는 계약에 관한 법률 시행령」(이하 "시행령"이라 합니다.) 제36조제13호의 규정에 의하면 입찰공고에는 시행령 제72조의 규정에 의한 공동계약을 허용하는 경우에는 공동계약이 가능하다는 뜻과 공동계약의 이행방식을 명시하여야 하며, 시행령 제72조 및 계약예규 공동도급계약운용요령에 의하면 공동계약의 이행방식은 공동이행방식과 분담이행방식으로 구성되어 있는 바, 발주기관의 계약담당공무원이 당해 계약의 목적 및 성질상 공동계약을 허용하는 경우에는 공동계약의 이행방식 간 특성 등을 감안, 그 중 하나를 선택하여 입찰공고문에 명시한 후 입찰 및 계약절차를 진행하여야 하는 것입니다.

또한, 용역입찰에 있어서 계약담당공무원은 시행령 제12조제1항의 규정에 의하여 당해 용역 관련 법령에 의하여 허가·인가·면허·등록·신고 등을 요하거나 자격요건을 갖추어야 할 경우에는 동 관련법령의 내용을 정확하게 파악하여 당해 허가·인가·면허·등록·신고 등을 받았거나 당해 자격요건을 갖춘 자에 한하여 경쟁입찰에 참가하게 하여야 하는 것입니다(「국가를 당사자로 하는 계약에 관한 법률」 제3조 참조).

다만, 구체적인 경우에서 당해 계약목적물 이행에서 어떠한 자격요건이 필요한지 여부에 대하여는 국가계약법령해석에 관한 내용이 아닌 당해 계약목적물의 특성과 관련된 사항으로 직접 입찰공고를 하는 발주기관에서 관련 규정을 종합검토하여 온전히 직접 판단하여 처리할 사항입니다.

분담처리 이행방식의 공동수급 진행

2021-04-05

◨ 질의내용

《 폐기물위탁처리용역, 적격심사, 2억미만 》 폐기물 위탁처리용역 관련하여 질의 드립니다.

고시금액 미만으로써 지역제한 입찰을 진행할 예정인데 저희 기관 주변 지역업체 중에는 처리업체가 없어 면허보완으로 분담이행방식의 공동수급으로 계약을 진행하려고 합니다. 만약에 A업체(대표사_지역업체), B업체(구성원_지역업체X) 형태로 진행될 경우 계약을 진행하는데 법적으로 문제가 없는지 답변 부탁드립니다. 다시 정리하자면, 지역업체를 대표사로 하고 구성업체는 지역업체가 아닌 경우로 참여시 지역제한의 분담이행방식 공동수급으로 계약이 행되는데 문제가 없는지 문의드립니다.

◨ 답변내용

[질의요지] 분담이행 용역 입찰 진행시 공동수급체 중 대표자만 지역업체이고 지역업체가 아닌 자를 공동수급체로 구성하여 입찰에 참여할 수 있는 지

[답변내용] 국가를 당사자로 하는 계약에 있어 「국가를 당사자로 하는 계약에 관한 법률 시행령」 제72조에 따른 분담이행방식 공동계약의 경우에는 계약예규 공동계약운용요령 제9조 제1항에 따라 공동수급체 구성원은 해당 계약을 이행하는데 필요한 면허.허가.등록 등의 자격요건을 수급체 구성원 공동으로 갖추어야 하는 것이므로, 그 주된 영업소의 소재지로 경쟁입찰참가자의 자격을 제한하는 경우에도 수급체 구성원은 모두 그 요건을 갖추어야 할 것입니다.

따라서, 동 시행령 제21조제1항제6호에 따라 입찰참가자격을 주된 영업소의 소재지로 지역제한을 하는 경우에는 공동수급체 구성원의 자격요건은 동 운용요령에 따라야 하므로 분담이행방식으로 공동수급체를 구성하는 모든 업체가 그 요건을 갖추어야 할 것입니다.

사업 발주를 위한 입찰공고 시 공동수급 의무화 가능 여부 질의
2022-09-13

◨ 질의내용

현재 계약예규 공동계약요령에 따라 공동수급을 허용하는 사업을 진행하는데 단순히 허용을 넘어 본 사업에 참여하기 위해 공동수급(공동이행의 경우)의 의무화가 가능한지 여쭙습니다. 지역업체의무가 아닌 공동수급 자체를 의무화(공동수급이 아닐 경우 입찰참가 불가) 시켜 입찰에 참가하도록 하는 것이 가능한지 여부에 대해 알고싶습니다. 또한 만약 가능하다면 관련 규정을 알고싶습니다.

◨ 답변내용

[질의요지] 계약예규 공동계약요령에 따라 공동수급을 허용하는 용역사업을 진행하는데, 단순히 허용을 넘어 본 사업에 참여하기 위해 공동수급(공동이행의 경우)의 의무화가 가능한지

[답변내용] 각 중앙관서의 장 또는 계약담당공무원은 「국가를 당사자로 하는 계약에 관한 법률 시행령」 제72조제3항 각호의 어느 하나에 해당하는 사업인 경우에는 공사현장을 관할하는 특별시·광역시·특별자치시·도 및 특별자치도에 법인등기부상 본점소재지가 있는 자 중 1인 이상을 공동수급체의 구성원으로 해야 합니다(다만, 해당 지역에 공사의 이행에 필요한 자격을 갖춘 자가 10인 미만인 경우에는 그렇지 않음).

다만, 중앙관서의 장 등이 건설업 등의 균형발전을 위해 필요하지 않다고 인정하는 경우에는 동 시행령 제72조제3항의 적용을 배제할 수 있을 것이나, 이 경우에도 지역의무공동도급 제도의 도입 목적이 지역경제 활성화에 있음을 감안할 때 균형발전의 필요성 유무에 대한 판단은 엄격한 요건 하에 이루어져야 하며, 균형발전의 필요성이 명백히 인정되지 않는 경우에 한하여 제한적으로만 이루어져야 할 것입니다. 구체적인 경우가 계약의 목적 및 성질상 공동계약에 의하는 것이 타당한지 여부는 각 중앙관서의 장 또는 계약담당공무원이 직접 판단·처리할 사항입니다.

참고로, 각 중앙관서의 장 또는 계약담당공무원이 경쟁에 의하여 계약을 체결하고자 할 경우에는 동조제2항에 따라 계약의 목적 및 성질상 공동계약에 의하는 것이 부적절하다고 인정되는 경우를 제외하고는 공동계약의 활성화를 위하여 가능한 한 공동계약에 의하도록 하고 있습니다. 동 조항은 공동계약이 비록 의무사항은 아니나 동 계약의 장점을 활용할 수 있도록 가능한 공동계약에 의하도록 권고하고 있는 것으로 볼 수 있은 바, 해당 계약목적물의 과업수행 및 관리·감독 등의 측면에서 공동계약에 의할 경우 계약의 목적 달성이 곤란하다고 판단한 경우에는 공동계약에 의하지 아니할 수도 있을 것입니다.

동조제2항의 "계약의 목적 및 성질상 공동계약에 의하는 것이 부적절 하다고 인정되는 경우" 라 함은 계약예규 「공동계약운용요령」 제8조(입찰공고)제1항에서 동일현장에 2인이상의 수급인을 투입하기 곤란하거나 긴급한 이행이 필요한 경우 등으로 범위를 설정하고 있는 것입니다.

또한, 동조항의 "가능한 한"의 문구는 예외적인 계약체결형태 중 하나인 공동계약을 의무사항으로 규정할 수는 없지만 공동계약제도의 장점이 최대한 활용될 수 있도록 권고하는 수준으로 규정된 것인 바, 동 문구를 불확정 개념으로 해석하기 보다는 동 문구의 도입 배경 등을 고려하여 발주기관에서 공동계약 허용여부를 결정토록 한 것으로 이해하는 것이 타당하다고 봅니다.

5장 공동계약 하도급 및 대형공사

설계용역 수의계약가능여부 관련 문의

2022-06-21

◨ 질의내용

공공기관 건물 증축공사 설계관련하여 질의드립니다. 총 설계용역 금액이 5500만원 이하로 예상되어, 여성기업과 수의계약으로 진행하고자 합니다.

여성기업인 업체는 건축기계 자격사항을 가지고 있어서 건축설계하는데는 문제가 없으나, 전기통신소방의 경우 자격은 없어서 자격사항이 있는 다른업체와 분담이행으로 진행할 수 있는지 궁금합니다.

1. 총 계약금액은 여성기업과 수의계약가능 금액(5,500만원이하) 여성기업과 수의계약(건축설계)을 하되 전기,통신, 소방설계용역을 타 업체(여성기업은아님)와 분담이행방식이 가능한지 ?
2. 입찰공고진행한 경우에만 분담이행방식이 가능한걸까요 ? 수의계약인 경우도 분담이행을 구성해도 되는걸까요 ?

◨ 답변내용

[질의요지] 설계용역 수의계약시 공동계약 가능여부

[답변내용] 국가기관이 시행하는 계약에서 「국가를 당사자로 하는 계약에 관한 법률」제25조의 공동계약제도는 당해 계약을 이행하는데 필요한 출자비율 또는 면허 등의 보완을 위한 제도인 바, 동법 시행령 제26조의 규정에 의하여 수의계약을 하는 경우에도 당해 계약의 이행을 위하여 일부 공종에 대한 면허를 소지하고 있지 않은 경우 등 불가피한 경우에는 공동도급계약에 의할 수 있을 것입니다. 다만, 개별건에서 구체적으로 불가피한 경우에 해당하여 공동계약으로 추진할 것인지 여부는 각 발주기관의 장이 해당 계약목적물의 특성과 계약이행가능성, 관련 규정 등을 종합검토하여 온전히 직접 판단할 사항입니다. 참고로, 같은 법 시행규칙 제37조(경쟁계약에 관한 규정의 준용)에 의하여 동 시행규칙 제14조제1항 및 제2항은 수의계약의 경우에 준용하는 것임을 알려드립니다.

제1절 공동계약

> 주계약자 계약방식에서 주계약자 계약분을 부계약자로 하도급 또는 설계변경(변경계약) 가능여부 문의
> 2022-01-25

■ 질의내용

□ 내 용 – 당 현장은 2021년 국가계약법에 의한 주계약자 공동도급 방식의 공업용수도 개량공사 현장이며, 계약내용 중 토공/철콘/상하수도/포장공사는 주계약자, 보링그라팅공사(추진공법: Semi-shield)는 부계약자 계약분으로 되어있습니다. 그러나, 추진공법 시행을 위해서는 작업구(추진/도달기지) 설치가 선행되어야 하나, 해당 작업구 설치공정(가시설 및 토공)이 주계약자 계약분으로 계약되어 있습니다. 해당 작업구 설치는 가시설 및 터파기로 부계약자 계약분인 추진공법의 선행공종 및 연계공종으로 품질 및 구조적안정성 확보를 위하여 부계약자가 시행함이 타당할 것으로 사료됩니다.

□ 질의 1) : 상기와 같은 상황에서 주계약자 계약분인 작업구 설치공종을 부계약자에게 하도급계약이 가능한지 문의드리며,

□ 질의 2) : 질의 1의 하도급계약이 불가한 경우 작업구(가시설/토공) 공정을 주계약자 계약분에서 부계약자(보링그라우팅 공사) 계약분으로 설계변경(변경계약)이 가능하지 여부를 문의 드립니다.

■ 답변내용

[질의요지] 주계약자 계약방식 공사계약에서 주계약자 계약분을 부계약자로 하도급 또는 변경계약 가능여부

[답변내용]

<질의1관련> 국가기관이 체결하는 공사계약에 있어서 "공동계약"은 2인 이상이 공동 수급체를 구성하여 발주기관과 체결하는 계약으로 공동수급체 구성원 모두가 계약상대자가 되는 것인 바, 도급받은 건설공사의 전부 또는 일부를 도급하기 위하여 수급인이 제3자와 체결하는 "하도급계약"은 공동수급체 구성원간에는 허용되지 않습니다. 즉, '공동수급체 구성원 모두는 계약상대자'에 해당하는 것으로서 공동수급체 구성원간에는 계약상대자 이외의 제3자와 체결할 수 있는 하도급계약을 체결할 수 없습니다.

<질의2관련> 국가기관이 체결한 주계약자 방식의 공동계약으로 체결한 계약에 있어서 공동도급 내용의 변경은 계약예규 공동계약운용요령 제12조제1항 단서의 규정에 따릅니다. 즉, 동조제4항에 정한 바와 같이 주계약자관리방식에서 주계약자는 구성원이 정당한 사유없이 계약을 이행하지 아니하거나 지체하여 이행하는 경우 또는 주계약자의 계획·관리 및 조정 등에 협조하지 않아 계약이행이 곤란하다고 판단되는 경우에는 구성원의 출자비율 또는 분담내용, 해당 구성원을 변경할 수 있다 할 것입니다.

이 경우에 주계약자는 변경사유와 변경내용 등을 발주기관의 계약담당공무원에게 통보하여야 하며, 계약담당공무원은 주계약자의 변경내용이 계약의 원활한 이행을 저해하지 않는 한 승인해야 합니다.

5장 공동계약 하도급 및 대형공사

지역의무 공동도급시 계열사간 가능 여부

2022-04-01

◼ 질의내용

<기획재정부 계약예규> 제9조(공동수급체의 구성) ④ 계약담당공무원은 공동수급체구성원이 동일 입찰건에 대하여 공동수급체를 중복적으로 결성하여 입찰에 참가하게 하거나, 시행령 제72조제3항에 의한 공동계약의 경우와 주계약자관리방식에 의한 공동계약의 경우 「독점규제 및 공정거래에 관한 법률」에 의한 상호출자제한기업집단소속 계열회사간에 공동수급체를 구성하게 하여서는 아니된다.

<국가계약법 시행령> 제72조(공동계약) ④ 제3항의 규정에 의한 공동계약의 경우 공동수급체의 구성원중 당해 지역의 업체와 그외 지역의 업체간에는 「독점규제 및 공정거래에 관한 법률」에 의한 계열회사가 아니어야 한다.

위에 보면 계약예규상으로는 공동도급시 상호출자제한기업집단소속 계열회사간에 공동수급체가 안된다고 되어있는데, 국가계약법 시행령에 보면 계열회사간이 안되어있다고 합니다.

지역의무공동도급의 경우, 어느 부분이 우선이 되는건지 알고 싶습니다.

◼ 답변내용

[질의요지] 지역의무공동도급시 계열사간의 정확한 의미

[답변내용] 「국가를 당사자로 하는 계약에 관한 법률 시행령」 제72조제4항과 계약예규 공동계약운용요령 제9조제4항에서는 '같은 법 시행령 제72조제3항의 규정에 의한 공동계약의 경우 공동수급체의 구성원중 당해 지역의 업체와 그외 지역의 업체간에는 「독점규제 및 공정거래에 관한 법률」에 의한 계열회사가 아니어야 한다'고 규정하고 있었습니다. 위 규정에 언급된 계열회사의 정의가 너무 광범위하여 확인하기 곤란하여, 기획재정부에서는 당초 '계열회사간'으로 표시된 것을 2014.1.10.에 '상호출자제한기업집단 소속 계열회사'로 명확하게하여 동 운용요령을 개정한 것임을 알려드립니다.

[2020 주요 질의회신]

공동도급의 출자비율 변경 관련
2020-11-04

▣ 질의내용

기타공공기관에서 근무하는 계약담당자입니다.

현재 환경영향평가용역을 A사(70%)와 B사(30%)가 공동수급체(공동이행방식)를 구성하여 계약을 수행하고 있던 중, B사의 환경영향평가업을 A사로 이전하는 양도.양수 계약을 체결하였습니다. (환경영향평가업 면허, 관련인력, 수행중인 계약 및 실적 등을 포괄적 승계함을 목적으로 함)

[질의사항]
위와 같은 상황에서 공동수급협정서 제9조(구성원의 출자비율) 제2항 2호 [공동수급체의 구성원중 파산, 해산, 부도, 법정관리, 워크아웃, 중도탈퇴 등의 사유로 인하여 당초 협정서의 내용대로 계약이행이 곤란한 구성원이 발생하여 공동수급체구성원 연명으로 출자비율의 변경을 요청한 경우] 에 해당한다고 보아, 출자비율은 A사(100%), B사(0%)로 변경계약이 가능한지의 여부

▣ 답변내용

[질의요지] 공동수급체간 포괄적 양도양수가 있는 경우 출자변경이 가능한지

[답변내용] 공공기관이 당사자가 되는 계약은 해당 계약문서, 「공공기관의 운영에 관한 법」, 「공기업·준정부기관 계약사무규칙」이나 기타공공기관 계약사무 운영규정(기획재정부훈령)등 해당기관의 계약사무규정에 따라 계약업무를 처리하여야 할 것입니다.

참고로, 국가기관이 당사자가 되는 공사계약에서 계약담당공무원은 계약예규 「공동계약운용요령」 제12조 제1항에 따라 공동계약을 체결한 후 공동수급체구성원의 출자비율 또는 분담내용을 변경하게 할 수 없습니다. 다만, 「국가를 당사자로 하는 계약에 관한 법률 시행령」 제64조 내지 제66조에 의한 계약내용의 변경이나 파산, 해산, 부도, 법정관리, 워크아웃(기업구조조정촉진법에 따라 채권단이 구조조정 대상으로 결정하여 구조조정중인 업체), 중도탈퇴의 사유로 인하여 당초 협정서의 내용대로 계약이행이 곤란한 구성원이 발생하여 공동수급체구성원 연명으로 출자비율 또는 분담내용의 변경을 요청한 경우와 제12조 제4항의 경우에는 그러하지 아니합니다.

이 경우 계약담당공무원은 「공동계약운용요령」 제12조 제2항에 따라 제12조 제1항 단서에 의하여 공동수급체 구성원의 출자비율 또는 분담내용의 변경을 승인함에 있어 구성원 각각의 출자지분 또는 분담내용 전부를 다른 구성원에게 이전하게 하여서는 아니됩니다.

다만, 귀 질의의 경우 계약상대자인 공동수급체구성원 B사가 「상법」이나 「민법」 및 「건설산업기본법」 등 관련 법령에 따라 B사의 권리와 의무를 포괄적으로 A사에 양도하는 포괄적 양도·양수계약을 체결하여 B사의 권리와 의무가 A사에 포괄적으로 양도·양수된 경우라면 B사의 출자지분 전부를 A사에 이전하게 할 수 있을 것입니다.

다만, 해당 계약과 관련된 사항만 양도·양수한 경우라면 B사의 출자지분 전부를 A사에 이전하게 할 수 없습니다.

공동수급 계약 운영 중 공동수급체 구성원 추가 가능 여부
2020-03-24

■ **질의내용**

폐기물처리용역을 3개 사 공동수급(운반사2, 처리사1)으로 운영하고 있습니다. 폐기물(비산재)의 재활용 판매 시장이 악화가 됨에 따라 처리사에서 발생되는 비산재를 전량 처리하지 못하고 있어 재차 처리요구를 하였으나, 처리사 사정에 의해 처리가 불가함에 따라 공동수급사를 1개사를 추가하여 운영하면 어떻냐는 계약상대자의 의견이 있습니다.

계약예규 공동계약운용요령 제12조 3항에 따르면, 계약담당공무원은 공동수급체 구성원을 추가할 수 없으나 구성원의 파산, 해산, 중도탈퇴 등의 사유로 잔존구성원만으로 계약이행이 불가할 경우 공동수급체구성원 연명으로 구성원의 추가를 요청한 경우 추가가 가능하고 4항에 따르면, 주계약자관리방식에서 주계약자는 계약이행이 곤란하다고 판단되는 경우에는 구성원의 출자비율 또는 분담내용, 해당 구성원을 변경할 수 있다 라고 합니다.

앞서 말씀드린 사업현황은 제12조 3항이나 4항에 따라 기존 구성원을 교체하는 경우에 해당하지는 않으나, 현재 공동수급 구성원을 추가하지 않으면, 원활한 계약이행이 어렵다고 판단되는 바, 이와 같은 사유로 구성원을 추가해도 되는 것인지 궁금합니다.

■ **답변내용**

[**질의요지**] 폐기물 처리 용역을 공동수급체와 계약 진행 중에 공동수급체의 사정에 의해 계약의 원활한 진행이 어려운 경우 신규로 구성원 추가가 가능한 지

[**답변내용**] 국가를 당사자로 하는 계약에 있어서 (계약예규)공동계약운용요령 제12조 제3항에 따라 계약담당공무원은 공동수급체 구성원을 추가하게 할 수 없습니다. 다만, 계약내용의 변경이나 공동수급체 구성원의 파산, 해산, 부도, 법정관리, 워크아웃, 중도탈퇴의 사유로 인하여 잔존구성원만으로는 면허, 시공 능력 및 실적 등 계약이행에 필요한 요건을 갖추지 못할 경우로서 공동수급체구성원 연명으로 구성원의 추가를 요청한 경우에는 그러하지 아니합니다. 따라서 귀질의의 경우와 같이 공동수급체 구성원의 사정에 의해 계약 이행에 어려움이 있다는 사유만으로는 기존 구성원의 탈퇴 없이 새로운 구성원을 추가할 수는 없는 것입니다.

5장 공동계약 하도급 및 대형공사 ·········

공사 실시 장소(지역)에 따른 계약 분담이행방식 적용 가능 여부
2020-04-08

■ **질의내용**

다음의 계약에 있어서 분담이행방식이 적용 가능한지에 대한 여부를 여쭤보고 싶습니다. ************** 현재 우리 회사의 경우, 관할 지사 두 곳의 도장 공사를 추진해야 하는 입장입니다. 그런데 관할 지사의 위치가 한 곳은 ○○, 한 곳은 △△로 인접하여 있지 않아 한 업체를 선정하여 계약하기가 쉽지 않은 실정입니다. **************** 이러할 경우, A업체는 ○○, B업체는 △△ 이런 식으로 지역을 나누어 계약을 하고 싶습니다.

■ **답변내용**

[질의요지] 공사실시 장소 별로 분담이행방식이 가능한 지 여부

[답변내용] 국가를 당사자로 하는 공동계약에 있어 공동수급체 구성원의 자격요건은 계약예규 공동계약운용요령 제9조제1항에 의거 계약담당공무원은 공동수급체 구성원으로 하여금 해당계약을 이행하는데 필요한 면허·허가·등록 등의 자격요건을 갖추게 하여야 하며, 계약이행에 필요한 자격요건은 다음 각 호에 따라 구비되어야 하는 것입니다.

1. 분담이행방식의 경우 : 구성원 공동 2. 공동이행방식의 경우 : 구성원 각각 3. 주계약자관리방식의 경우 가. 주계약자 : 전체공사를 이행하는데 필요한 자격요건 나. 구성원 : 분담공사를 이행하는데 필요한 자격요건

분담이행방식으로 공동수급체를 구성하는 경우라면 구성원이 공동으로 해당계약을 이행하는데 필요한 면허, 등록 등의 자격요건을 갖추어야 하는 것으로, 일정 분담 내용에 따라 나누어 공동으로 계약을 이행하는 방식을 말합니다. 이때 분담 내용은 면허, 등록 등의 자격 요건에 의한 업무 구분을 말하는 것으로 귀 질의 공사 현장 별로 분담 내용을 구분하는 것은 어렵다고 봅니다. 귀 질의의 경우 입찰참가자격이 도장공사업 하나라면 공동이행방식으로 진행하거나 공사현장별로 분리 발주하는 것이 타당할 것으로 여겨집니다.

국가계약법에 의한 공동협정 문의

2020-08-12

◼ 질의내용

Q1. 국가계약법에 의거 집행되는 공사 용역 및 물품 입찰공고에 있어서 입찰참가자격 등록규정(조달청 고시 제 2019-4호, 2020.2.1.)에 의거 개찰전일까지 세부품명에 대한 입찰 참가자격을 모두 갖춘 경우에 자격이 부여 되는 것으로 알고 있습니다. 참가자격기준에 적합한 유자격자와 명시되지 아니한 자와 자격이 불비한 자 간에 공동이행으로 협정체결이 가능 한지요?

Q2. 자격기준에 정부가 고시에 의하여 2020년1월1일부터 개정된 사항으로 등록을 하여 사업을 영위하도록 고시되어 있는데, 대표사만 개정된 등록기준에 맞추어 자격 등록이 구비 하였고, 구성사는 종전의 등록 기준만을 유지하고 있음에도 대표사와 구성사간에 공동이행을 협정이 승낙 될 수 있는지요 ?

◼ 답변내용

[질의요지] 공동계약에 있어 수급체 구성원의 자격에 관한 질의

[답변내용] 아래 사항은 국가기관을 기준으로 해석한 것임을 참고하여 주시기 바라며, 지방자치단체를 당사자로 하는 계약, 공기업과 준정부기관 및 공공기관의 계약에 관하여는 달리 정한 바가 있으면 그에 따라야 함을 알려 드립니다.

각 중앙관서의 장 또는 계약담당공무원이 경쟁에 의하여 계약을 체결하고자 할 경우에는 국가를 당사자로 하는 계약에 관한 법률 시행령 제72조제2항에 따라 계약의 목적 및 성질상 공동계약에 의하는 것이 부적절하다고 인정되는 경우를 제외하고는 가능한 한 공동계약에 의하여야 합니다.

공동계약은 하나의 계약목적물에 대하여 2인 이상의 계약상대자가 이행에 필요한 자격, 면허 등을 상호 보완하여 이행하는 것으로 계약예규 공동계약운용요령 제9조에 따라 계약담당공무원은 공동수급체 구성원으로 하여금 해당계약을 이행하는데 필요한 면허, 허가, 등록 등의 자격요건을 갖추게 하여야 한다고 하고 있습니다. 따라서 공동계약의 구성원은 법령 및 규정에서 정한 자격을 가진 자들로 구성하여야 하며, 등록규정 변경의 경우 경과규정 등 별도 규정에 따라 종전 자격이 인정되거나 유지되는 경우에 가능할 것입니다.(질의1, 질의2)

5장 공동계약 하도급 및 대형공사 ········

동일대표이사 공동도급

2020-11-27

◨ **질의내용**

동일인이 A,B 2개 회사의 대표이사로 등록되어있을 경우 동일입찰에 참여는 불가하며, 만약, 동일입찰에 참가하더라도 이중투찰로 입찰무효사유에 해당되어 낙찰에서 배제될 것입니다. 그렇다면 A,B 두개 회사의 대표이사가 동일인 이라면 공동도급은 가능한지 문의 드립니다.

◨ **답변내용**

[질의요지] 법인이 다른 동일 대표이사의 공동도급 참여 가능 여부에 관한 질의

[답변내용] 아래 사항은 국가기관을 기준으로 해석한 것임을 참고하여 주시기 바라며, 지방자치단체를 당사자로 하는 계약, 공기업과 준정부기관 및 공공기관의 계약에 관하여는 달리 정한 바가 있으면 그에 따라야 함을 알려 드립니다.

국가기관이 당사자가 되는 계약에 있어 입찰참가자가 동일사항에 동일인이 2통 이상의 입찰서를 제출하는 경우 무효입찰에 해당합니다. 그러나 2인 이상으로 구성되어야 하는 공동계약에 있어, 공동수급체가 2인 이상으로 구성되었는지에 대한 판단은 법인의 경우 대표자의 동일성 여부와 관계없이 별도의 법인인지 여부에 따라 판단해야 하는 것이며, 이는 공동수급체 단위로 한 건의 입찰서를 제출한 것으로 보는 것입니다. 그러나 동일한 대표자가 각각 다른 공동수급체에 포함되어서는 안 될 것입니다.

제2절 하도급관련(부대입찰) 등

2개의 공정을 동일한 업체로 하도급 승인받은 경우 단일 건으로 계약 가능한지
2021-03-22

▣ 질의내용

하도급 관리계획서 상에 하도급동일업체에 토공,철콘 2공종으로 분할하여 제출하여 승인을 받았습니다. 하도급 계약시 토공과철콘을 한 건의 계약으로 진행 가능한지 여부가 궁금합니다.

▣ 답변내용

[질의요지] 2개의 공정을 동일한 업체로 하도급 승인받은 경우 단일 건으로 계약 가능한지

[답변내용] 국가기관이 당사자가 되는 계약에 있어 하도급 계약은 계약상대자와 하수급인 간에 이루어지는 계약관계로 이에 대하여 국가계약법령에서는 구체적으로 규정하고 있지 않습니다. 동일 계약건에 같은 업체에 2이상의 공정을 하도급하고자 하여 발주기관으로부터 승인을 받은 경우라면 특별히 하도급에 관한 법령에서 제한하지 않는 한 단일 건으로 계약체결이 가능할 것으로 보여지나, 이후 계약관리, 공고내용 및 계약조건 등을 검토하여 발주기관과 협의 결정하여야 할 것으로 봅니다.

5장 공동계약 하도급 및 대형공사

건설공사 중 국민건강보험료 등 사후정산항목 적용기준 문의
2021-02-03

▣ 질의내용

문제점 - 정부 입찰계약 집행기준 제94조(대가지급시 정산절차 등)에 따르면 건설공사 도급내역에 반영된 국민건강보험료 등 사후정산 대상 근로자 범위를 생산직 상용근로자(직접노무비 대상에 한함)로 정하고 있고 직접노무비 대상으로 건설현장에서 계약 목적물을 완성하기 위하여 직접 작업에 종사하는 종업원에 원하도급사 소속 현장 직원 포함 여부 불분명합니다.

질의내용
- case1) 원도급사에서 하도급발주 했을경우 생산직 상용근로자의 범위에 현장배치 확인된 원도급사 소속 공무,공사, 업무 담당직원, 하도급사 속속 직원을 포함시켜 사후정산 가능한지 여부.
- case2) 원도급사 직접시공(직영공사) 실시했을 경우 생산직 상용근로자의 범위에 현장배치 확인된 원도급사 소속 공무,공사, 업무 담당직원, 포함시켜 사후정산 가능한지 여부.

▣ 답변내용

[질의요지] 건설공사 도급내역에 반영된 국민건강보험료 등 사후정산 대상 근로자 범위를 생산직 상용근로자(직접노무비 대상에 한함)로 현장 배치된 공무 등도 정산이 가능한지

[답변내용] '지방자치단체를 당사자로 하는 계약', '공기업과 준정부기관 및 공공기관의 계약' 은 달리 정한 바가 있으면 그에 따라야 함을 알려 드립니다.

참고로 국가기관이 당사자가 되는 공사계약에서 국민건강보험료, 노인장기요양보험료, 국민연금보험료, 퇴직급여충당금 및 퇴직공제부금(이하 '보험료'라 함)은 계약예규 「정부입찰.계약 집행기준」 (이하 '집행기준' 이라 한다.) 제91조 내지 제94조에 따라 기성대가나 준공대가 지급 시에 하도급계약을 포함하여 계약상대자가 발주기관이 산정한 대로 산출내역서에 반영한 보험료와 계약상대자가 제출한 납입확인서(하수급인의 보험료 납입확인서를 포함) 등으로 확인한 실제 납입한 보험료의 차액을 정산하여야 하는 것입니다.

이 경우에 정산대상은 집행기준 제94조제3항에 따라 해당 계약상대자와 하수급자의 일용직 근로자와 생산직 상용근로자(직접노무비 대상에 한하며, 발주기관이나 감리가 현장인 명부 등을 통하여 확인)에 대한 사업자 부담분의 보험료입니다.

노무비 대상 중 계약예규 「예정가격작성기준」 별표 2-1의 1. 직접계상방법에 간접노무비(현장관리 인건비)의 대상으로 예시한 현장소장(공사현장대리인), 현장사무원(총무, 경리, 급사 등), 기획·설계부문종사자, 노무관리원, 자재·구매관리원, 공구담당원, 시험관리원, 교육·산재담당원, 복지후생부문종사자, 경비원, 청소원 등에 대한 보험료는 정산대상이 아닌 것입니다.

하지만 질의 중 하도급공사(직영공사 포함) 부분에 현장배치 확인된 원도급사 소속 공무, 공사, 업무 담당직원 들이 해당 공사를 직접 시공하는 인원인 경우에는 보험료 지급이 가능합니다.

공공기관 발주 물품제조 구매계약의 하도급이 가능한지 여부
2022-02-05

■ **질의내용**

발전설비 물품제조 구매계약 관련입니다. 입찰참가업체 자격요건으로 해당 물품(제품)에 대한 직접생산확인증명서를 포함하였고, 이를 확인한 후 A사와 계약을 체결했습니다. 이후 A사에서 위 물품에 대한 제조를 동종제품의 직접생산확인증명서가 발급가능한 B사로 하도급을 승인 요청하였을 때 "B사의 규모가 작음으로 인한 품질저하 우려"로 거부할 수 없는지요?

■ **답변내용**

[질의요지] 공공기관 발주 물품제조 구매계약의 하도급이 가능한지 여부

[답변내용] 공공기관의 계약사무를 처리할 때에는 기타공공기관의 경우에는 「기타 공공기관 계약사무 운영규정」을 적용하고 공기업·준정부기관일 경우에는 「공기업·준정부기관 계약사무규칙」을 적용하여야 하며, 동 규정 및 규칙에서 규정하지 아니한 사항은 국가계약법을 준용하여 처리해야 합니다. 또한 국가계약법령해석에 관한 내용이 아닌 계약체결 내용과 관련된 사실판단에 관한 사항에 대하여는 해당 입찰공고를 하여 계약을 체결한 발주기관에서 해당 관련 규정 등을 종합고려하여 직접 판단해야 할 사항입니다.

한편, 국가계약법령에서는 물품구매(제조)계약에서 하도급 가능 여부 등에 관하여는 별도로 정하고 있지 않은 바, 계약상대자가 계약의 적정한 이행을 위하여 계약의 일부를 하도급 승인요청을 하는 경우에는 발주기관의 계약담당공무원이 계약예규 물품구매(제조)계약일반조건 제3조제2항에 의하여 정한 해당 계약특수조건이나 당해 계약이행에 관련되는 규정 등을 직접 확인하여 처리해야 할 사항입니다.

따라서, 귀하의 질의경우도 구체적으로 하도급을 할 수 있는지 여부는 계약담당자가 계약 체결시 자격조건 등을 해당 물품을 계약상대자가 직접 제조하는 것을 전제로 하고 정한 것인지 또는 계약특수조건 및 관련 법령에 하도급을 하면 안되도록 한 규정이 있는지 등을 종합적으로 검토하여 판단해야 할 사항입니다.

참고로, 국가계약은 국가기관의 청약과 계약상대자의 승낙을 통하여 계약서의 형태로 체결되며, 동 계약서는 계약당사자가 계약조건을 합의한 것으로 볼 수 있으므로 당해 계약서에 첨부된 계약조건을 기준으로 계약당사자는 관련 업무를 처리하는 것이 타당할 것입니다(해당 계약조건 제1조 참조).

따라서, 발주기관에서는 계약상대자가 당해 계약문서에 정한 바에 따라 하도급을 했는지 여부, 하도급을 했다면 하도급을 한 부분이 그 사업의 주요부분인지 여부 등을 종합적으로 살펴 직접 판단하여 처리해야 할 것입니다. 만약, 발주관서의 승인없이 사업의 전부 또는 주요 부분을 하도급한 자에 대하여 각 중앙관서의 장은 「국가를 당사자로 하는 계약에 관한 법률」제27조제1항제3호에 따라 입찰참가자격을 제한하여야 하는 것입니다.

한편, 각 중앙관서의 장 또는 계약담당공무원은 입찰공고시 하도급과 관련하여 계약상대자가 숙지하여야 할 계약예규 정부 입찰·계약 집행기준 제2조의3제1항 각호의 사항 등을 공고하여야 함을 알려드립니다. 동조를 2017.12.28.에 신설한 취지는 공공계약에 있어 하도급은 발주기관의 승인하에 허용하고 있으나, 입찰공고시 하도급 가부 및 하도급업체 요건 등에 대하여 공지하지 않아 업체의 예측가능성 저해 우려되어 입찰공고시 하도급 가부, 하도급업체 요건, 하도급 승인절차 등에 관한 사항을 공고토록 하여 입찰참여자가 미리 숙지하도록 한 것을 알려드리니 참고하시기 바랍니다.

도급계약기간을 초과한 하도급계약 가능여부 질의

2021-08-13

◘ 질의내용

최초에 도급계약기간 24개월(시운전 6개월 포함)으로 공사를 수주하였으나 부족한 공기에 공기연장 1회를 추진하여 현재는 도급계약기간이 30개월로 연장되어 공사를 진행중에 있습니다. 하지만 현재 공정률은 약 58%으로 30개월 내에 공사 완료는 불가한 상황이며 36개월에서 40개월정도 공사를 진행해야 공사를 준공할 것으로 예정하고 있습니다. 건설산업기본법 등 건설관련 법상에서 하도급계약기간이 도급계약기간을 초과할 수 없다고 명시된 것은 없지만 발주처에서는 하도급계약기간을 도급계약기간을 초과하여 계약을 진행하지 않도록 의견을 내고 있습니다. 짧은 공기의 도급계약기간을 초과하여 하도급계약을 체결하지 못함으로 인하여 당사와 하도급사는 잦은 하도급변경 체결로 인한 행정적 낭비가 발생하고 있으며, 변경계약 시 마다 하도급업체가 계약기간 증가에 따른 간접비를 요청함에 따라 원사업자와 하도급사 사이에 업무상 어려움이 발생하고 있습니다. 도급계약기간을 초과한 하도급 계약기간은 불가능한 것인지 문의드립니다.

◘ 답변내용

[질의요지] 하도급계약의 계약기간

[답변내용] 귀 질의처럼 수차례 하도급계약을 갱신함에 따라 번거로운 점이 이해되는 부분이기는 하나, 일반적으로 공사 계약상대자는 계약기간 내에 공사를 완료하여야 하는 계약조건을 고려한다면 비록 준공기한 연기가 예상된다 하더라도 하도급자도 원도급 계약기간 내에 완료할 것을 약정하여야 되지 않을까 여겨집니다.

5장 공동계약 하도급 및 대형공사

하도급 계획서 제출 현장에서 계측용역 계약(하도급 계획서에 포함 안됨)도 하도급율을 지켜야 되는지 2021-06-21

◾ **질의내용**

연약지반 개선공사를 시공하고 있습니다. 본 현장은 하도급계획서 제출 현장입니다. 하도급계획서에는 토목사업, 철근콘크리트사업, 비계구조물 해체공사업으로 나눠 보고가 된 현장입니다. 이중 연약지반 계측은 용역계약을 체결하여 운영하고자 하도급 계획서 공정에는 포함시키지 않았습니다. 그래서 연약지반 계측 부분을 용역계약을 체결하여 운영하고자 하는데, 계약율을 하도급 계획서에 제출한 계약율 이상 적용해야 되는지 궁금합니다.

◾ **답변내용**

[**질의요지**] 하도급 계획서 제출 현장에서 계측용역 계약(하도급 계획서에 포함안됨)도 하도급율을 지켜야 되는지

[**답변내용**] 국가기관이 당사자가 되는 공사계약에서 계약예규 공사계약일반조건(이하 "일반조건"이라 합니다) 제1조에 정한 바와 같이 계약담당공무원과 계약상대자는 공사도급표준계약서(이하 "계약서"라 한다)에 기재한 공사의 도급계약에 관하여 제3조에 의한 계약문서에서 정하는 바에 따라 신의와 성실의 원칙에 입각하여 이를 이행하는 것입니다. 따라서, 계약당사자인 계약담당공무원과 계약상대자는 해당 계약문서에 포함되니 아니한 사안에 대하여는 그 관련 규정에 따라 발주기관에서 적의 판단하여 처리해야 하는 것입니다.

하도급인 현장대리인 및 관리자들의 건강보험료 및 국민연금 가능여부
2021-02-01

▣ 질의내용

계약상 간접노무비 금액은 반영되어 있지 않은 상태며, 현장대리인 및 관리자는 상용직으로 현장인명부는 출력할때 마다 매일 제출 하고 있습니다. 또한 사업장별도로 별도분리하여 가입하여 납부하고 있습니다. 여기서 하수급인 현장대리인 및 관리자들의 건강보험료 및 국민연금 정산이 가능한지 문의드립니다.

▣ 답변내용

[질의요지] 하도급인 현장대리인 및 관리자들의 건경보험료 및 국민연금 가능여부

[답변내용] '지방자치단체를 당사자로 하는 계약', '공기업과 준정부기관 및 공공기관의 계약'은 달리 정한 바가 있으면 그에 따라야 함을 알려 드립니다.

참고로 국가기관이 당사자가 되는 공사계약에서 국민건강보험료, 노인장기요양보험료, 국민연금보험료, 퇴직급여충당금 및 퇴직공제부금(이하 '보험료'라 함)은 계약예규 「정부입찰.계약 집행기준」(이하 '집행기준'이라 한다.) 제91조 내지 제94조에 따라 기성대가나 준공대가 지급 시에 하도급계약을 포함하여 계약상대자가 발주기관이 산정한 대로 산출내역서에 반영한 보험료와 계약상대자가 제출한 납입확인서(하수급인의 보험료 납입확인서를 포함) 등으로 확인한 실제 납입한 보험료의 차액을 정산하여야 하는 것입니다.

이 경우에 정산대상은 집행기준 제94조제3항에 따라 해당 계약상대자와 하수급자의 일용직 근로자와 생산직 상용근로자(직접노무비 대상에 한하며, 발주기관이나 감리가 현장인 명부 등을 통하여 확인)에 대한 사업자 부담분의 보험료입니다.

질의의 경우 노무비 대상 중 계약예규 「예정가격작성기준」 별표 2-1의 1. 직접계상방법에 간접노무비(현장관리 인건비)의 대상으로 예시한 현장소장(공사현장대리인), 현장사무원(총무, 경리, 급사 등), 기획·설계부문종사자, 노무관리원, 자재·구매관리원, 공구담당원, 시험관리원, 교육·산재담당원, 복지후생부문종사자, 경비원, 청소원 등에 대한 보험료는 정산대상이 아닌 것입니다.

[2020 주요 질의회신]

```
신기술(특허)사용협약서 체결시 하도급 비율 문의
                                        2020-12-22
```

▣ 질의내용

당사는 상기 공사를 낙찰받아 현재 전자계약체결 하였습니다. 공고문 내용을 보면 신기술(특허) 공법에 관한 사항이 명시되어 있고 입찰참여전 발주처와 신기술(특허) 보유자간에 기 체결된 협약서 내용을 반드시 확인 및 숙지 후 입찰 참여를 하라고 공지 하였습니다.

신기술(특허)협약서의 내용 중 제4조(하도급 등) 2항의 내용을 살펴보면.. "신기술(특허)보유자"가 "낙찰자"로 부터 하도급을 받는 경우 하도급부분에 해당하는 예정가격에 원도급공사의 낙찰률(낙찰률이 80% 미만인 경우에는 80%) 및 건설산업기본법 시행령 제34조에 따른 비율을 곱한 금액과 동 금액에 건설기술진흥법 제14조에 의한 기술사용료를 더한 금액의 범위내에서 낙찰자와 기술보유자간 합의한 금액으로 하도급대금을 정한다. 라고 명시되어 있습니다.

질의 1. 건설산업기본법 시행령 제34조에 따른 비율이라 하면 하도급계약의 적정성 심사의 대상이 되는 82%로 판단하면 되는 것인지 답변 부탁드립니다.

질의 2. 낙찰자와 특허보유자간 하도급 계약을 체결할 경우 기존 설계시 반영되어 있는 건설신기술 기술사용료는 감액대상인지 아니면 하도급계약시 기술사용료를 더한 금액을 하도급사와 계약하여 지급하는 것인지 문의 드립니다.

질의 3. 질의1에서 건설산업기본법 시행령 제34조에 따른 비율을 82%로 인정될경우 특허보유자가 그 비율을 초과하는 금액으로 하도급계약체결 요청을 할 경우 낙찰자는 거부할수 있는지 문의드립니다.

질의 4. 특허보유자의 과도한 하도급 비율 요구로 인하여 특허사용에관한 세부협약이 체결되지 않아 협약서 제출이 불가능 할 경우 낙찰자는 발주처로부터 불이익이(계약해지등) 없는지 문의드립니다.

▣ 답변내용

[질의요지]

1. 건설산업기본법 시행령 제34조에 따른 비율이라 하면 하도급계약의 적정성 심사의 대상이 되는 82%를 말하는 것인지

2. 낙찰자와 특허보유자간 하도급 계약을 체결할 경우 기존 설계시 반영되어 있는 건설신기술 기술사용료는 감액대상인지 아니면 하도급계약시 기술사용료를 더한 금액을 하도급사와 계약하여 지급하는 것인지

3. 질의1에서 건설산업기본법 시행령 제34조에 따른 비율을 82%로 인정될경우 특허보유자가 그 비율을 초과하는 금액으로 하도급계약체결 요청을 할 경우 낙찰자는 거부할수 있는지

4. 특허보유자의 과도한 하도급 비율 요구로 인하여 특허사용에관한 세부협약이 체결되지 않아 협약서 제출이 불가능 할 경우 발주처로부터의 불이익

[답변내용] 아래 사항은 국가기관을 기준으로 해석한 것임을 참고하여 주시기 바라며, 지방자치단체를 당사자로 하는 계약, 공기업과 준정부기관 및 공공기관의 계약에 관하여는 달리 정한 바가 있으면 그에 따라야 함을 알려 드립니다.

참고로, 국가기관이 발 국가기관이 발주하는 공사에 있어 계약담당공무원은 해당 공사에 신기술이나 특허공법(이하 "신기술 등"이라 함)이 포함되는 경우로서 신기술 등의 보유자가 하도급으로 참여하는 경우에 하도급 대금 결정은 하도급부분에 해당하는 예정가격에 원도급공사의 낙찰률 및 「건설산업기본법 시행령」 제34조에 따른 비율(82%)을 곱한 금액과 동 금액에 「건설기술진흥법」 제14조에 의한 기술사용료를 더한 금액의 범위 내에서 낙찰자와 기술보유자 간 합의한 금액으로 하는 것입니다.(계약예규「정부 입찰·계약 집행기준」 제5조의2제4항)

그러나, 물가변동 등에 따라 원도급사와 특허(신기술)업체간 상호 합의하였을 경우에는 「건설산업기본법 시행령」 제34조에 따른 비율 이상으로 하도급계약 체결은 가능할 것으로 여겨집니다. 다만, 기술보유자가 낙찰받거나, 하도급으로 시공에 참여할 경우에는 신기술사용료는 지급하지 아니하는 것입니다.

만일, 하수급자가 일방적으로 하도급대금을 요구하여 하도급계약이 체결되지 못하는 경우에는 기체결된 신기술 사용협약에서 정한 바에 따라야 할 것입니다. 만일, 하도급계약 체결지연으로 인해 전체공사에 지장을 주는 경우에는 해당기술만 제공(기술사용료만 납부)받는 것으로 협의하거나, 계약예규「정부 입찰·계약 집행기준」 [별지 제2호]의 서식에 의한 경우에는 제5조에 따라 설계변경 등의 조치도 가능해 보이나, 해당 발주기관 및 신기술업체와 적정 하도급대가를 합의하여 조치함이 타당할 것입니다.

5장 공동계약 하도급 및 대형공사

하도급 계약 관련

2020-04-13

▣ 질의내용

당 현장은 적격심사 대상공사로 발주시 하도급 관리계획서를 제출한 공사입니다. 따라서 이번에 하도급계약 체결을 할려고하는데 대상 공종은 토공사 와 구조물공사(철콘) 입니다. 이 경우 토공사 1개 업체와 따로 계약해야되고 구조물공사 1개 업체와 따로 계약을 해야하는지요? 아니면 1개업체에 토공 및 구조물공사로 묶어서 계약이 가능한지 문의드립니다.

▣ 답변내용

[질의요지] 하도급 대상자 선정에 관한 질의

[답변내용] 아래 사항은 국가기관을 기준으로 해석한 것임을 참고하여 주시기 바라며, 지방자치단체를 당사자로 하는 계약, 공기업과 준정부기관 및 공공기관의 계약에 관하여는 달리 정한 바가 있으면 그에 따라야 함을 알려 드립니다.

국가기관이 당사자가 되는 공사계약에서 계약상대자가 계약된 공사의 일부를 제3자에게 하도급 하고자 하는 경우에는 건설산업기본법 등 관련 법령에서 정한 바에 따라야 하며, 계약담당공무원은 계약상대자로부터 하도급계약을 통보받은 때에는 계약예규 공사계약 일반조건 제42조에 따라 국토교통부장관이 고시한 건설공사 하도급 심사기준에서 정한 바의 하도급금액의 적정성을 심사하여야 하는 것입니다.

이때 하도급자 선정은 건설산업관련법령에서 정한 공종 분류와 면허 등 자격이 있는 자로 선정하여야 하며 하도급관리계획서 상의 내용을 준수해야 하는 것이므로 해당 계획서에서 정한바에 따라야 할 것이나, 동등이상의 경우 하도급관리계획서의 변경도 가능한 것인바, 이러한 하도급계약은 귀 질의 1개 업체가 법령에서 반드시 분리 발주를 하도록 한 경우가 아닌 경우로서 관련 조건을 충족한다면 1개 업체로 하도급계약이 가능할 것입니다.

하도급 계약 비율	2020-09-03

▣ **질의내용**

원도급 공사 계약(장기계속공사) 체결 : 국가기관과 계약 1. 국가기관이 체결한 공사계약으로서 적격심사평가항목인 하도급 관리계획에 따른 하도급비율에 관한 질의 1) 원도급 금액의 하도급 비율이 각 공종별로 82%이상 되어야 하는지 여부 (ex. 토목 82%, 철콘 83%, 미장 85%....) 혹은 하도급 비율이 총 원도급 금액의 82% 이상이 되면 되는지 여부(ex. 공종관련없이 원도급 계약금액이 100원 이라면 하도급 전체 계약금액이 82원 이상이면 되는지)

▣ **답변내용**

[질의요지] 하도급 계약 비율

[답변내용] 국가기관이 당사자가 되는 공사계약에서 계약상대자는 (계약예규)「공사계약 일반조건」(이하 '일반조건'이라 함) 제53조 ①항에 의거 (계약예규)「입찰참가자격사전심사요령」, 「적격심사기준」, 및 「종합심사낙찰제 심사기준」 [별표]의 심사항목에 규정된 사항에 대하여 적격심사 당시 제출한 내용대로 철저하게 이행하여야 하는 것입니다.

따라서 귀하가 질의하신 하도급 관리계획에 따른 하도급비율도 일반조건 제53조 ①항에 따라 귀하가 입찰당시 제출한 적격심사평가 자료에 표시된 대로 이행하여야 합니다.

하도급관리계획서 변경

2020-05-04

■ 질의내용

종합심사낙찰제로 입찰하여 시공중인 시공사입니다 하도급관리계획서상 하도급계약 공사업종은 총 11개업종(실내건축공사업,토공사업,미장방수조적공사업, 비계·구조물해체공사업,금속구조물·창호공사업,철근·콘크리트공사업,기계설비공사업, 상·하수도설비공사업,보링·그라우팅공사업,포장공사업, 조경식재공사업)으로 구분하여 제출하였습니다.

하도급계약시 전문건설업 면허를 다수 보유하고 있을때 1안) 하도급관리계획서상 11개업종별로 별도 계약해야함(해당공정이 5개 전문업종이면 5건의 별건 계약) 2안) 전문건설업 면허를 다수 보유하고있다면 1건계약(토공사업. 상·하수도설비공사업,보링·그라우팅공사업 면허보유시 1건 계약)

■ 답변내용

[**질의요지**] 종심제로 낙찰받은 공사에서 하도급관리계획서 상 하도급공사가 11종으로 구분된 경우 이를 별도로 계약하여야 하는지 1개업체가 전문건설업 면허를 다수 보유하고 있을 때 1건 계약으로 가능한지 여부

[**답변내용**] 국가를 당사자로 하는 공사계약 중 「국가를 당사자로 하는 계약에 관한 법률 시행령」 제42조제1항에 의한 종합심사낙찰제로 낙찰자 결정 시 하도급계획 심사는 계약예규 「종합심사낙찰제 심사기준」 [별표3]제2호다.하도급계획 심사(감점)에 의하며, 하도급점수는 하도급계약별로 하도급업체에 지급할 금액이 발주기관 내역서상 금액의 100분의 64이상으로서, 하도급할 부분에 대한 입찰금액(직·간접 노무비, 재료비, 경비를 기준으로 산출한 금액에 일반관리비, 이윤, 부가가치세를 포함한 금액, 지급자재 및 하도급대금 지급보증서 발급금액은 제외)의 100분의82이상인 경우 100점으로 평가하고, 그 외에는 0점으로 평가하는 것입니다.

또한 각 중앙관서의 장 또는 계약담당공무원은 매년 2회 이상 낙찰자의 하도급계획 이행여부를 확인하여야 하며, 하도급계획 불이행을 확인한 경우에는 즉시 그 위반사실을 통보하여야 하며 위반사실을 통보한 날로부터 해당 발주기관의 입찰에서 2년간 감점을 부여하는 것입니다.

따라서, 하도급관리계획서에 명시된 비율 이상으로서 계획대로 이행하는 것을 전제로 한다면 다수 전문공사를 통합하여 단일건으로 하도급계약을 체결하여도 무방해 보입니다.

하도급관리계획서 변경전 하도급계약 이행가능 여부
2020-05-28

▣ 질의내용

계약자가 조달청인 공사를 수행하고 있는 현장으로 하도급관리계획서 변경 전 하도급계약체결 가능 여부를 질의하고자 합니다.

[질의]

1. 당초 하도급관리계획서 상의 하도급예정업체의 하도급대상금액 변동시 하도급관리계획서를 변경하여 발주처의 승인을 받은 후 하도급계약을 진행하여야 하는지 여부
2. 당초 하도급관리계획서 상의 하도급예정업체의 하도급대상금액 변동시 하도급계약을 우선 체결후 하도급계약통보 기간 전에 하도급관리계획서 변경 승인이 가능한지 여부
3. 당초 하도급관리계획서에 공종 추가로 인한 신규 하도급예정업체 발생시 하도급관리계획서 변경 승인 후 하도급계약을 체결하여야 하는지 여부.

▣ 답변내용

[질의요지] 하도급관리계획 승인 등 하도급 관련 질의

[답변내용] 아래 사항은 국가기관을 기준으로 해석한 것임을 참고하여 주시기 바라며, 지방자치단체를 당사자로 하는 계약, 공기업과 준정부기관 및 공공기관의 계약에 관하여는 달리 정한 바가 있으면 그에 따라야 함을 알려 드립니다.

국가기관이 당사자가 되는 공사계약에 있어서 계약상대자가 계약된 공사의 일부를 제3자에게 하도급 하고자 하는 경우에는 건설산업기본법 등 관련법령에 정한 바에 의하여야 하며, 계약담당공무원은 계약상대자로부터 하도급계약을 통보받은 때에는 계약예규 공사계약 일반조건 제42조제2항에 따라 국토교통부장관이 고시한 건설공사하도급심사기준에 정한 바에 따라 하도급금액의 적정성을 심사하여야 하는 것입니다.

하도급관리계획서는 계약이행 시 계약상대자가 준수해야 하는 사항으로서 변경은 가능하나, 변경하고자 할 경우에는 우선 발주기관에 당초 하도급할 금액비율 등 하도급관리계획서에 제출된 비율의 동등 이상으로 변경할 것을 승인받은 후에 가능한 것이므로, 하도급 계약 체결 이전에 관리계획을 변경하여야 할 것으로 보이며, 당초 하도급관리계획서 상에 없는 항목을 하도급하는 경우에는 별도로 하도급관리계획서의 변경 승인은 불필요해 보입니다.

제3절 대형공사

건설현장 품질관리자 인건비에 대한 질의
2021-06-29

■ 질의내용

발주자 : ○○공사 공사명 : ○○택지개발공사 입찰방식 : 실시설계 기술제안 공사기간 : 2015.00. ~ 2021.07.(69개월) 품질관리자 배치기준 : 고급품질관리 대상공사(고급이상 1명, 중급이상 2명, 발주당시 기준) 내역반영 : 품질관리자 인건비(고급 1인, 중급 2인) x 공사기간(60개월)

당사는 상기 공사를 수행하는 시공사로, 산출내역서 상의 품질관리활동비 중 품질관리자인건비에 대하여 발주자와 이견이 있어 질의하오니 회신부탁드립니다.

[갑설] 건설기술진흥법에 따르면, 품질관리활동비의 인건비는 시험관리인(품질관리업무를 수행하는 건설기술인 중 최하위 등급자)를 제외한 기술자의 인건비를 반영하도록 되어있음. 그런데, 당 현장의 경우 품질관리자인건비 단가산출서 상 시험관리인의 인건비가 반영되어 있으므로 이를 감액하여야 한다.

[을설] 공사계약 일반조건 제2조 4항 다호에 의하면, 실시설계 기술제안 입찰을 실시하여 체결된 공사의 산출내역서는 설계서에 포함되지 아니한다고 명시하고 있음. 설계서에 속하지 아니하는 산출내역서 상의 비목의 단가에 대한 과다, 과소계상 혹은 누락, 참고자료인 품셈 등의 변경이나 적용의 오류, 예정가격이나 입찰금액을 산정하기 위하여 참고로 작성하는 일위대가표, 수량산출서나 단가산출서의 누락, 오류로는 설계변경과 설계변경과 이에 따른 계약금액을 조정할 수 없음.

■ 답변내용

[질의요지] 공공기관 발주 건설현장 품질관리자 인건비 변경

[답변내용] 공공기관의 계약사무를 처리할 때에는 기타공공기관의 경우에는 「기타 공공기관 계약사무 운영규정」을 적용하고 공기업·준정부기관일 경우에는 「공기업·준정부기관 계약사무규칙」을 적용하여야 하며, 동 규정 및 규칙에서 규정하지 아니한 사항은 국가계약법을 준용하여 처리해야 합니다. 따라서, 귀하의 질의경우처럼 동 법령의 규정을 직접 적용받지 아니하는 기관이 체결하는 계약에 있어서는 자체 계약규정 및 관련법령 등에 따라 처리될 사항이며, 또한 국가계약법령해석에 관한 내용이 아닌 입찰공고(또는 계약체결) 내용과 관련된 사실판단에 관한 사항에 대하여는 해당 입찰공고를 한 발주기관에서 해당 관련 규정 등을 종합고려하여 판단해야 할 사항입니다.

1. 국가기관이 실시설계 기술제안입찰을 실시하여 체결한 계약에 있어서 기술제안이 채택된 부분에 대하여 설계변경을 하는 경우에는 계약예규 공사계약일반조건 제21조제1항제3호에 따라 정부에 책임있는 사유 또는 천재·지변 등 불가항력의 사유로 인한 경우를 제외하고는 그 계약금액을 증액할 수 없으나, 기술제안을 하지 않은 부분에 대하여 설계변경을 하는 경우에는 계약금액 증감이 가능하다 할 것입니다. 동조 제5항 각 호의 어느 하나에 해당되지 않는 경우로서 계약상대자의 기술제안이 채택된 부분에 대하여 현장상태와 설계서의 상이 등 계약상대자의 책임있는 사유로 설계변경을 하는 경우에는 동조제7항에 따라 전체 공사에 대하여 증·감되는 금액을 합산하여 계약금액을 조정하되 계약금액을 증액할 수는 없는 것입니다.

    품질관리비는 경비의 세비목에 속하는 것으로 해당 계약목적물의 품질관리를 위하여 「건설기술진흥법」 제56조 및 같은 법 시행규칙 [별표6] "품질관리비의 산출 및 사용기준"에 따라 품질시험비 및 품질관리활동비로 구분하여 산출하는데, 계약조건에 따라 요구되는 비용(품질시험 인건비를 포함)을 말하는 것이나, 다만 간접노무비에 계상(시험관리인)되는 것은 제외합니다(계약예규 예정가격작성기준 제19조제3항제7호).

    발주기관의 계약담당공무원은 해당공사의 품질확보를 위하여 "품질관리비의 산출 및 사용기준"에 따른 품질시험 및 검사의 종목·방법 및 횟수 등 품질관리에 필요한 비용을 설계서(시방서, 물량내역서 등)에 명시하여야 하는 바, 만약 반드시 수행하여야 할 품질시험 및 검사의 종목 등이 설계서에 누락되어 있거나 품질관리활동비 등 품질관리에 필요한 비목이 누락된 경우라면 이를 설계서에 반영하고 계약금액을 조정할 수 있을 것입니다.

    다만, 구체적인 경우에서 설계변경 사유에 해당되는지 여부는 당해 기관의 계약서에 첨부된 계약문서의 내용에 따른 사실 판단에 관한 사항으로서 설계변경 등 계약금액조정의 원인이 되는 모든 행위는 발주기관의 계약담당공무원이 결정의 권한을 가지고 있으므로 계약담당공무원이 설계서 및 공사현장 여건, 공사관련 법령 등을 종합적으로 살펴 직접 판단해야 할 사안입니다.

    참고로, 발주기관이 동 설계변경의 사유에 해당되는지 여부를 판단함에 있어서는 당해 입찰안내서, 설계서 및 관련법령 등의 내용을 종합 고려하여야 할 것인 바, 계약상대자가 설계당시 발주기관이 제공한 입찰안내서 등 제반서류, 설계당시 당해공사 관련법령 등에 따라 설계서를 작성하였고, 당초 설계서에 없는 부분에 대하여 계약이행중 발주기관의 사업계획 변경 등에 의하여 설계변경이 필요한 경우라면, 발주기관의 책임있는 사유 또는 불가항력의 사유로 볼 수 있을 것입니다.

2. 국가기관이 당사자가 되는 계약은 '확정계약'이 원칙이나, 「국가를 당사자로 하는 계약에 관한 법률 시행령」(이하 "시행령"이라 합니다) 제70조에 따른 "개산계약", 시행령 제73조에 따른 "사후원가검토조건부 계약"이나 「건설산업기본법」 등 관련 법령이나 계약조건에서 정산하도록 규정하고 있는 경우에 한하여 계약금액의 정산이 가능합니다. 따라서, 발주기관의 계약담당공무원은 관련 법령 또는 계약조건에 따른 정산 절차와 기준(정산대상과 범위, 적용단가, 계약상대자가 제출할 서류 등)을 미리 정하고 그에 따라 계약을 체결한 경우라면, 동 계약이행이 완료된 후에는 그 기준과 절차에 따라 정산하여야 할 것인 바, 구체적인 것은 계약당사자가 해당 계약문서에서 정한 정산기준 등을 확인하여 처리할 사항입니다.

턴키공사에서의 설계도서 검토

2021-05-21

▣ 질의내용

저희 현장은 턴키공사로 발주된 공공공사입니다.

다름이 아니오라 설계도서(도면,시방서,입찰안내서)의 변경없이는 실정보고가 안된다는 의견과 관련하여 궁금한점이 있어서 문의드립니다.

건설기술진흥법 제48조는 설계도서를 검토하고 시공전 그 결과를 발주처에 보고하게 되어 있습니다. 이때 설계도서와 내역서 수량산출서의 상호 모순이나 누락,오류등을 확인한 후 그 내용들을 일치시켜 그 결과를 발주처에 제출하였습니다.

질의) 이때 도면에 있는 내용들이 내역서에 누락되어 있고 이를 조정하여 발주처에 보고하였다면, 이는 계약금액 변경이 아닌 계약금액내에서의 증감이 가능한 것이 아닌지요? 원활한 공정진행 문제점 사전 해결

▣ 답변내용

[**질의요지**] 공공기관 발주 턴키공사 도면에 있는 내용들이 내역서에 누락되어 있고 이를 조정하여 발주처에 보고하였다면, 이는 계약금액 변경이 아닌 계약금액내에서의 증감이 가능한 것이 아닌지

[**답변내용**] 공공기관의 계약사무를 처리할 때에는 기타공공기관의 경우에는 「기타 공공기관 계약사무 운영규정」을 적용하고 공기업·준정부기관일 경우에는 「공기업·준정부기관 계약사무규칙」을 적용하여야 하며, 동 규정 및 규칙에서 규정하지 아니한 사항은 국가계약법을 준용하여 처리해야 합니다. 또한 국가계약법령해석에 관한 내용이 아닌 입찰공고(또는 계약체결) 내용과 관련된 사실판단에 관한 사항에 대하여는 해당 입찰공고를 한 발주기관에서 해당 관련 규정 등을 종합 고려하여 판단해야 할 사항입니다.

참고로, 「국가를 당사자로 하는 계약에 관한 법률 시행령」제91조 및 계약예규 「공사계약일반조건」 제21조에서는 일괄입찰방식에 의한 계약에 있어 설계변경으로 인하여 계약내용을 변경하는 경우 정부의 책임있는 사유 또는 천재·지변 등 불가항력의 사유로 인한 경우를 제외하고는 그 계약금액을 증액할 수 없다고 규정하고 있으며, 정부의 책임있는 사유 또는 불가항력의 사유로 '사업계획 변경 등 발주기관의 필요에 의한 경우', '발주기관 외에 당해공사와 관련된 인허가기관 등이 요구가 있어 이를 발주기관이 수용하는 경우' 등을 규정하고 있습니다.

따라서, 귀하의 질의 경우가 동 시행령 제91조제2항 각 호의 어느 하나에 해당하는 사유가 발생하여 계약금액을 증액하는 조정을 할 필요가 있는 경우에는 계약금액을 증액하는 조정을 하여야 할 것이며, 발주기관의 설계변경 요구(계약상대자의 책임없는 사유로 인한 경우 포함)로 설계변경하

5장 공동계약 하도급 및 대형공사

여 증·감된 금액은 계약상대자의 책임있는 사유로 설계변경을 하여 증·감된 금액과 합산 조정할 수 없는 것이니 그 자체만으로 증·감 조정하여야 할 것입니다. 아울러, 계약체결 후 일반조건 제21조제3항이나 제5항 각 호의 어느 하나에 해당되지 않는 경우로서 현장상태와 설계서의 상이 등 계약상대자의 책임있는 사유로 설계변경을 하는 경우에는 일반조건 제21조 제7항에 따라 전체 공사에 대하여 증·감되는 금액을 합산하여 계약금액을 조정하되 계약금액을 증액할 수는 없는 것입니다.

다만, 구체적인 것은 당해 기관의 계약서에 첨부된 계약문서의 내용에 따른 사실 판단에 관한 사항으로서 설계변경 등 계약금액조정의 원인이 되는 모든 행위는 발주기관의 계약담당공무원이 결정의 권한을 가지고 있으므로 조달청(또는 기획재정부)의 유권해석대상이 아니며, 당초 입찰공고시 발주기관이 제시한 기본계획서·입찰안내서, 계약문서(설계서 포함), 공사 관련규정 등을 종합적으로 살펴서 계약담당공무원이 직접 판단해야 할 사안입니다.

[2020 주요 질의회신]

기본설계 기술제안방식에서 투찰금액의 정의
2020-03-05

■ 질의내용

기본설계 기술제안방식에서의 투찰금액에 대한 질의가 있어 아래와 같이 질의를 드립니다.

기본설계 기술제안방식으로 진행된 입찰에서 공고문 상 다음과 같이 명시한 바 있습니다.

기술제안서의 "시공효율성 검토 등을 통한 공사비절감방안"에서 입찰자가 제시한 공사비절감액(기술제안서에서 제시한 공사비 절감 총괄금액)은 추정금액 대비 절감액을 의미하며 입찰자는 추정금액에서 공사비절감액을 공제한 가격 이하로 입찰금액을 제시하여야 합니다. (입찰금액이 제시된 공사비절감액을 공제한 금액보다 높을 경우 계약 체결시 입찰금액을 공제한 금액으로 감액조정하여 계약체결)

공고문에 위와 같이 명시했음에도 불구하고 업체의 투찰금액은 공사비절감액을 공제한 가격 이상이었으며, 계약은 공고문에 명시한 바와 같이 감액조정한 금액으로 계약을 체결했습니다.

이 경우 '투찰금액'을 아래 중 어떤 것으로 보아야 하는지 질의드립니다. 1. 개찰 시 업체가 투찰했던 금액(공사비절감액을 공제한 가격 이상) 2. 공고문에 감액조정한 금액으로 계약을 체결하겠다고 명시했으므로 실제 투찰금액에도 불구하고 감액조정한 금액 (=계약금액)

■ 답변내용

[질의요지] 기본설계 기술제안방식에서 투찰금액의 정의

[답변내용] 국가기관이 실시하는 기본설계 기술제안입찰의 경우에 입찰참여자의 투찰금액에 대해 따로 규정된 바가 없는 바, 「국가를 당사자로 하는 계약에 관한 법률 시행령」 제14조(공사의 입찰)제3호에 정한 기획재정부령으로 정하는 서류(동 시행규칙 제41조에 정한 서식)에 기재된 금액으로 보아야 할 것입니다.

한편, 기본설계 기술제안입찰의 절차 등은 동 시행령 제105조부터 제108조의 규정을 따르는 것으로, 각 중앙관서의 장은 위 규정에 의거 입찰자가 제출한 기술제안서의 평가를 위한 세부심사기준을 정하고 이를 입찰에 참가하려는 자가 열람할 수 있도록 하여야 하는 바, 특정 공사입찰에서의 입찰안내서는 발주기관에서 직접 작성한 것이므로 이 관련에 대하여는 발주기관의 계약담당공무원이 직접 해석·판단해야 할 사안임을 알려드립니다.

5장 공동계약 하도급 및 대형공사

| 설계변경시 단가 적용에 대한 질의 | 2020-06-04 |

■ 질의내용

기본설계기술제안 입찰방식의 경우 설계변경시 증가된 공사량에 대하여 단가선정 질의 드립니다.
 1) 설계변경 당시 기준 산정 단가로 적용을 하는지?
 2) 산출내역서상 단가 범위 안에서 적용을 하는지?
 3) 설계변경 시점과 산출내역서상의 단가 합의 50/100을 적용하는지?
 4) 발주처랑 협의를 해야하는지?
 5) 그 외에 다른 방법으로 단가선정을 해야하는지?

■ 답변내용

[질의요지] 기본설계기술제안 입찰방식의 경우 설계변경시 증가된 공사량에 대하여 단가선정에 대해

[답변내용] 국가기관이 기본설계 기술제안입찰을 실시하여 체결된 공사계약에 있어 설계변경으로 계약금액을 조정하고자 할 때에는 「국가를 당사자로 하는 계약에 관한 법률 시행령」 제91조제3항 다음 각호의 기준에 의하는 것입니다. 1. 감소된 공사량의 단가 : 동 시행령 제85조 제2항 및 제3항의 규정에 의하여 제출한 산출내역서상의 단가 2. 증가된 공사량의 단가 : 설계변경당시를 기준으로 산정한 단가와 제1호의 규정에 의한 산출내역서상의 단가의 범위안에서 계약당사자간에 협의하여 결정한 단가. 다만, 계약당사자 사이에 협의가 이루어지지 아니하는 경우에는 설계변경당시를 기준으로 산정한 단가와 제1호의 규정에 의한 산출내역서상의 단가를 합한 금액의 100분의 50으로 함. 3. 제1호의 규정에 의한 산출내역서상의 단가가 없는 신규비목의 단가 : 설계변경당시를 기준으로 산정한 단가

설계변경으로 인하여 증가된 공사물량이나 신규비목의 단가 산정에 있어 "계약당사자간에 협의"하여 단가를 정하도록 한 취지는 계약상대자는 당초의 계약물량을 초과하는 물량에 대하여는 시장가격을 적용하도록 요구할 것이고, 발주기관은 당초 설계물량에 포함되었더라면 낙찰률이 적용되었을 것이라는 상반된 주장을 하게 될 것이라는 점을 고려하여 개별 공사의 특성, 현장조건, 수급상황 등에 따라 계약당사자간에 자율적으로 그리고 서로 주장하는 각각의 단가기준에 대한 근거자료 제시 등을 통하여 성실히 협의하여 단가를 결정하도록 한 것입니다. 동 단가협의가 성립된 경우에는 협의단가와 단가협의 불성립시 적용되는 협의범위의 중간단가와의 비교는 불필요한 것입니다. 다만, 구체적인 것은 설계변경 등 모든 계약금액조정의 원인이 되는 행위는 발주기관의 계약담

당공무원이 결정의 권한을 가지고 있으므로, 설계변경 승인 여부 등 제반사항을 고려하여 발주기관의 계약담당공무원이 직접 판단해야 할 사항입니다.

신기술(특허공법) 사용협약서 체결 주체에 관한 질의
2020-04-14

■ 질의내용

○ 본 공사는 국가계약법 시행령 제8장에 의한 '기본설계 기술제안입찰'로 집행한 공사입니다.
○ 기획재정부 계약예규 '정부입찰·계약 집행기준' 별지 제2호 '신기술(특허공법) 사용협약서 제1조(목적)에는 '발주자와 신기술(특허공법)보유자는 해당 신기술(특허공법)을 공사의 낙찰자가 공사에 사용할 수 있도록 사용협약을 체결하는 것을 목적으로 한다.'라고 기재되어 있습니다.
○ 실시설계 적격자로 선정된 업체에서는 현재 실시설계를 진행 중이며, 입찰 당시 특정 신기술의 사용을 기술제안하여 그 제안이 발주자로부터 채택이 되었습니다.
○ 질의 : 위와 같은 경우 제안된 신기술의 사용협약서 체결 주체가 발주자와 신기술 소지자에게 있는 것인지, 아니면 실시설계 적격자와 신기술 소지자에게 있는지 여부에 대하여 질의합니다.

■ 답변내용

[질의요지] 기본설계 기술제안입찰에서 입찰안내서에 따른 제안된 신기술의 사용협약서 체결 주체가 발주자와 신기술 소지자에게 있는 것인지, 아니면 실시설계 적격자와 신기술 소지자에게 있는지 여부

5장 공동계약 하도급 및 대형공사

[답변내용] 「국가를 당사자로 하는 계약에 관한 법률 시행령」(이하 "시행령") 제8장의 기본설계 기술제안입찰은 발주기관이 작성하여 교부한 기본설계서와 입찰안내서에 따라 입찰자가 공사비 절감방안, 생애주기비용 개선방안, 공기단축방안 등을 기재한 기술제안서를 작성하여 입찰서와 함께 제출하는 입찰을 말하는 것입니다. 따라서, 귀하의 질의 경우도 발주기관에서 입찰공고시 제시한 입찰안내서에 정한 바에 따라 처리해야 할 것으로 보입니다.

한편, 「국가를 당사자로 하는 계약에 관한 법률」 제3조에서는 국가를 당사자로 하는 계약에 관하여는 다른 법률에 특별한 규정이 있는 경우를 제외하고는 이 법에서 정하는 바에 따른다고 규정하고 있는 바, 귀하의 질의경우가 발주기관에서 제시한 입찰안내서에 관련된 경우라면, 이 경우에는 발주기관에서 직접 판단해야 할 것입니다.

참고로, 국가기관이 당사자가 되는 공사계약에서 발주기관은 계약예규 정부 입찰·계약 집행기준 제5조의2 및 제5조의3에 따라 발주기관은 신기술 또는 특수한 성능 등을 설계서 또는 규격서에 반영하고자 하는 경우 기술보유자 또는 제조사와 기술사용협약을 체결하고 동 협약내용을 입찰공고에 명시하여 낙찰자가 기술지원확약서를 원활히 발급받을 수 있도록 하여야 하며, 동 기술사용 협약자는 국토교통부 장관이 정하는 "건설신기술 기술사용료 적용기준" 에 따라 공사원가계산에 계상된 기술사용료를 공사 진척에 따라 분할하여 (공사계약의) 낙찰자로부터 지급받고 "신기술(특허공법)보유자"가 보유한 기술적 노하우를 낙찰자에게 제공하여 공사품질이 확보되도록 최선을 다하여야 합니다. 이것은 기술지원 확약과정에서 발생할 수 있는 기술보유자의 부당한 요구를 방지하여 낙찰자가 확약서 발급을 원활히 받을 수 있도록 하기 위한 취지로 규정하고 있는 것입니다.

그러므로, 공사 전반에 신기술 또는 특허공법(이하 "신기술 등")이 필요하여(일반공사가 일부만 포함되는 경우도 포함) 신기술 등을 보유한 자가 계약을 이행하는 것이 객관적으로 타당한 경우로서 기술 보유자가 다수 존재하여 경쟁이 가능하다면 입찰참가자격을 신기술 등을 보유한 자로 한정하여 제한경쟁입찰에 의할 수 있으나, 입찰 시 그 보유자가 사실상 1인뿐이어서 경쟁이 불가능한 신기술 등을 지정한 후 기술사용협약서 또는 기술지원확약서 등을 입찰참가자격요건으로 정하거나 공고문 등에서 낙찰자(계약자)에게 동 서류를 제출하도록 명시하는 경우는 입찰자 또는 낙찰자가 특정 기술을 보유한 업체에 의해 결정되거나 해당 업체와 입찰자 간에 담합 및 부당 하도급 요구의 소지 등 정부계약의 경쟁성을 저해할 소지가 있어 경쟁성을 전제로 하는 제한경쟁입찰제도의 기본취지에 위배된다고 할 것인 바, 이 경우에는 동 집행기준 제5조의2제1항제1호 본문에 따라 계약방법을 결정하는 것이 타당할 것입니다.

실시설계 기술제안 입찰에서 인허가 처리간 발생한 설계변경사항에 대한 금액사용에 대한 문의   2020-04-14

▣ 질의내용

당 현장은 국가계약법령에 따라 실시설계 기술제안입찰로 입찰 및 계약 체결한 공사입니다. 착공 인허가 과정에서 설계변경사항이 발생하였는데, 이로 인해 발생한 설계변경(계약금액 조정 또는 합산처리)에 대해 질의 드립니다.

[사안 개요] 계약상대자는 착공 인허가를 위해 안전관리계획서를 작성하여 발주자에게 제출하였고 발주자는 동 계획서를 한국시설안전공단에 검토 의뢰하였습니다. 한국시설안전공단은 안전시공을 위해 추가 안전성을 확보하라는 의견을 주었고 발주자는 이를 수용하여 이행을 하라 계약상대자에게 지시하였습니다. 한국시설안전공단의 검토의견을 반영할 경우 적용할 경우 공사 물량의 증감이 발생합니다. 설계변경에 따른 계약금액 조정과 관련하여 아래 [갑 설]과 [을 설] 중 어느 의견이 타당한지요?

[갑 설] 안전관리계획서 보완을 위해 설계도면을 변경하여야 한다면 이는 설계오류로 볼 수 있고, 실시설계 기술제안 입찰의 경우 설계변경에 따른 계약금액 조정은 공사계약일반조건 제21조 제 1항 및 제7항에 따라 전체 공사에 대하여 증감되는 금액을 합산하여 계약금액을 조정하되, 계약금액을 증액할 수 없음

[을 설] 안전관리계획서 보완으로 설계변경이 발생하는 부분은 한국시설안전공단의 검토의견 "설계조건을 원안(기술제안)보다 보수적인 조건으로 고려"로 인해 발생함.

원안(기술제안)의 설계조건은 발주처가 설계자문위원회를 통해 실시한 설계안전성검토를 거쳐 보완조치가 완료된 상태임(첨부 참조). 이는 갑설의 "기술제안의 오류"라는 주장은 원안의 설계조건에 오류가 있다는 말인데, 원안의 설계안전성검토 보완조치 결과와 모순이 되는 상황임. 따라서 설계변경의 사유는 한국시설안전공단 같은 "인허가기관의 요구가 있어 발주처가 이를 수용하는 경우"로 보는것이 타당함.

즉 공사계약일반조건의 제21조 5항 중 "인허가 기관이 요청이 있어 발주자가 이를 수용하는 경우"로써 계약상대자의 책임이 없는 설계변경사항으로 합산처리가 아니라 계약금액의 조정대상으로 보는것이 타당함.

▣ 답변내용

[질의요지] 공공기관과 체결한 실시설계 기술제안입찰 공사계약에서 인허가 처리간 발생한 설계변경사항에 대한 금액사용에 대한 문의

[**답변내용**] 공공기관의 계약사무를 처리할 때에는 기타공공기관의 경우에는 '기타 공공기관 계약사무 운영규정'을 적용하고 공기업·준정부기관일 경우에는 '공기업·준정부기관 계약사무규칙'을 적용하여야 하며, 동 규정 및 규칙에서 규정하지 아니한 사항은 국가계약법을 준용하여 처리해야 합니다.

국가기관이 실시설계 기술제안입찰을 실시하여 체결한 계약에 있어서 기술제안이 채택된 부분에 대하여 설계변경을 하는 경우에는 계약예규「공사계약일반조건」제21조제1항제3호에 따라 정부에 책임있는 사유 또는 천재·지변 등 불가항력의 사유로 인한 경우를 제외하고는 그 계약금액을 증액할 수 없으나, 기술제안을 하지 않은 부분에 대하여 설계변경을 하는 경우에는 계약금액 증감이 가능하다 할 것입니다. 정부의 책임있는 사유 또는 불가항력의 사유란 동조제5항 각 호의 어느 하나의 경우를 말하는 것으로서, 설계시 공사관련법령 등에 정한 바에 따라 설계서가 작성된 경우에 한합니다.

다만, 귀하의 질의 경우가 구체적으로 설계변경 사유에 해당되는지 여부는 당해 기관의 계약서에 첨부된 계약문서의 내용에 따른 사실 판단에 관한 사항으로서 설계변경 등 계약금액조정의 원인이 되는 모든 행위는 발주기관의 계약담당공무원이 결정의 권한을 가지고 있으므로, 계약담당공무원이 설계서 및 공사현장 여건, 공사관련 법령 등을 종합적으로 살펴 직접 판단해야 하는 것입니다.

참고로, 발주기관이 상기 사유에 해당되는지 여부를 판단함에 있어서는 당해 입찰안내서, 설계서 및 관련법령 등의 내용을 종합 고려하여야 할 것인 바, 계약상대자가 설계당시 발주기관이 제공한 입찰안내서 등 제반서류, 설계당시 당해공사 관련법령 등에 따라 설계서를 작성하였고, 당초 설계서에 없는 부분에 대하여 계약이행중 발주기관의 사업계획 변경 등에 의하여 추가시공이 필요한 경우라면, 발주기관의 책임있는 사유 또는 불가항력의 사유로 볼 수 있을 것입니다.

턴키공사 정기안전점검 및 초기점검 비용 반영 가능여부
2020-06-03

▣ 질의내용

2002년 11월 2일 입찰공고하여 2002년 11월 11일 현장설명하였으며, 2003년 4월 11일 입찰 및 2003년 12월 23일 계약하여 공사를 진행중에 있습니다. 계약방식은 설계·시공일괄입찰(턴키)공사 및 장기계속공사입니다.

상기 공사의 현장설명 입찰안내서의 내용은 아래와 같습니다.

1. "2.2 공사입찰 특별유의서(Ⅰ) 제12조(산출내역서의 제출) ①항 및 ②항1호와 <붙임양식5>"에 근거하여 「배부한 전산내역디스켓을 이용하여 산출내역서를 작성」토록 되어있으며, 2. "3.3 공사계약 특수조건(Ⅱ) 제55조(안전관리 및 재해예방) ④ 계약상대자는 공사중 ,,,,, 계약상대자 비용부담으로 ..... 안전진단 전문기관의 안전점검을 받고 ...."로 되어있고,

3. "4.2 시공지침 7)안전관리 가) 구조안전 : 계약자는 ..... 자체안전점검, 정기안전점검, 정밀안전점검 및 초기점검을 실시해야 한다."로 되어있으며,

4. "5.1 관리지침 (7) 정기 및 정밀 안전점검의 실시 ① 안전관리계획서에 명시된 시기와 횟수에 따라 안전점검을 실시하여야 한다."라고 되어있습니다.

질의내용은 다음과 같습니다.

1. 입찰시 배부한 전산내역디스켓 및 <붙임양식5>상에 정기안전점검 및 초기점검 대가(비용)을 입력할 칸이 없을 경우에, 소요비용이 입찰금액에 포함된 것(계약금액 미조정)으로 볼 수 있는지? 아니면 설계변경시 추가로 반영(계약금액조정) 가능한지? 에 대하여 질의합니다.

2. 상기와 같이 입찰안내서상의 내용이 상이함에 따라 "3.3 공사계약 특수조건(Ⅱ) 제3조 계약문서 ②항의 우선순위에 의거하여 정기안전점검을 제외한 초기점검(기본조사) 비용을 설계변경시 반영(계약금액조정)이 가능한지에 대하여 질의합니다.

▣ 답변내용

[질의요지] 턴키공사 정기안전점검 및 초기점검 비용 반영 가능여부

5장 공동계약 하도급 및 대형공사

[**답변내용**] 「국가를 당사자로 하는 계약에 관한 법률 시행령」제91조 및 계약예규 「공사계약일반조건」 제21조에서는 일괄입찰방식에 의한 계약에 있어 설계변경으로 인하여 계약내용을 변경하는 경우 정부의 책임있는 사유 또는 천재·지변 등 불가항력의 사유로 인한 경우를 제외하고는 그 계약금액을 증액할 수 없다고 규정하고 있으며, 정부의 책임있는 사유 또는 불가항력의 사유로 '사업계획 변경 등 발주기관의 필요에 의한 경우', '발주기관 외에 당해공사와 관련된 인허가기관 등의 요구가 있어 이를 발주기관이 수용하는 경우' 등을 규정하고 있습니다.

따라서, 귀하의 질의 경우가 동 시행령 제91조제2항 각 호의 어느 하나에 해당하는 사유가 발생하여 계약금액을 증액하는 조정을 할 필요가 있는 경우에는 계약금액을 증액하는 조정을 하여야 할 것입니다. 다만, 구체적으로 이에 해당하는지 여부는 당해 기관의 계약서에 첨부된 계약문서의 내용에 따른 사실 판단에 관한 사항으로서 설계변경 등 계약금액조정의 원인이 되는 모든 행위는 발주기관의 계약담당공무원이 결정의 권한을 가지고 있으므로, 계약담당공무원이 설계서 및 공사현장 여건, 공사관련 법령 등을 종합적으로 살펴 직접 판단해야 하는 것입니다.

한편, 「국가를 당사자로 하는 계약에 관한 법률」 제3조에서는 국가를 당사자로 하는 계약에 관하여는 다른 법률에 특별한 규정이 있는 경우를 제외하고는 이 법에서 정하는 바에 따른다고 규정하고 있는 바, 귀하의 입찰안내서 관련 질의는 발주기관에서 운영하고 있는 법령 등에 관련되므로 동 기관에서 직접 판단해야 할 것이며, 특수조건 등의 설정가능여부에 대해서도 발주기관의 계약담당공무원이 해당 계약목적물의 특성과 입찰안내서 내용 및 계약체결상황, 관련 규정 등을 종합고려하여 판단·결정할 사항으로서, 이의 부당특약에 해당되는지의 여부는 관계법령에 정한 바에 따라 결정될 사항이며, 부당하게 제한하는 것이 아닌 계약의 성실한 이행을 위하여 정한 특약사항은 계약시 체결된 계약서의 내용에 따라 이행되어야 하는 것입니다

참고로, 설계변경 등의 사유로 계약금액을 조정할 경우에는 「국가를 당사자로 하는 계약에 관한 법률」 제5조에 따라 서로 대등한 입장에서 당사자의 합의에 따라 하여야 하며, 각 중앙관서의 장 또는 그 위임·위탁을 받은 공무원은 관계법령에 규정된 계약상대자의 계약상 이익을 부당하게 제한해서는 아니 될 것인 바, 계약상대자의 정당한 요구에 대하여 발주기관의 판단에 이의가 있는 경우라면, 발주기관에 이의제기, 감사기관에 감사청구, 민사소송 등을 통해 처리해야 할 것입니다.

제 6 장

기 타

제6장 기　　타

개인사업자에서 법인으로 전환시 조달청 실적 승계여부
2022-03-22

▣ **질의내용**

개인사업에서 법인으로 전환시 조달청 실적 승계 여부에 대해 궁금합니다.

▣ **답변내용**

[**질의요지**] 개인사업자에서 법인으로 전환시 조달청 실적 승계여부

[**답변내용**] 국가기관이 체결하는 계약에 있어 계약상대자인 개인 업체가 법인으로 전환하는 경우, 국가기관과 체결한 계약과 관련된 권리·의무에 대하여 승계가 가능한 바, 구체적인 경우 승계 여부는 상법의 일반적 영업양도 등 관련법령 및 계약내용 등을 검토하여 발주기관의 계약담당공무원이 직접 판단하여 처리해야 할 사항임을 알려드립니다.

6장 기　　타

비관리청 항만공사의 국가계약법령 적용

2021-06-09

■ 질의내용

○ 국가를 당사자로 하는 계약에 관한 법률 시행령 제65조(설계변경으로 인한 계약금액의 조정) 제3항 ○ 공사계약일반조건 제20조(설계변경으로 인한 계약금액의 조정) 관련입니다.

○ 질의 – 비관리청 항만개발사업 계약당사자가 사업시행자, 시공사인 경우 국가를 당사자로 하는 계약에 관한 법률 시행령 및 공사계약일반조건 설계변경으로 인한 계약금액의 조정 규정을 적용하는지 여부

■ 답변내용

[질의요지] 비관리청 항만공사의 국가계약법령 적용

[답변내용] 국가를 당사자로 하는 계약에 관한 법령과 기획재정부 계약예규는 국가기관이 계약업무를 수행함에 있어 적용하여야 하는 제반 절차와 방법 등을 규정한 것으로 일반적으로 국가기관을 대상으로 하나 정부공기업 및 공공기관의 경우 기관이 필요하다고 판단하는 경우와 관련 법규에서 적용하도록 정한 경우에는 이를 적용하거나 준용하고 있습니다.

이러한 기관 이외의 기관이 위 법령과 예규를 업무에 적용하는 것은 온전히 발주기관의 선택사항임을 알려 드립니다. 다만, 귀 질의의 경우에도 허가청이 계약이나 기타 관리 등에 관하여 특정 법령 등의 적용을 조건으로 정하였다면 이를 따르는 것입니다.

[2020 주요 질의회신]

계약 시 지체상금율 설정 및 입찰시 시담금액 관련 질의
2020-04-07

■ **질의내용**

질의 1. 민간기업 간의 계약 시 지체상금율 설정

과거 국가계약법 시행규칙 상 일일 지체상금율은 0.1%(1/1000)로 연이자율로 계산했을 경우 36.5%로 이자제한법상 최고이율인 연24% 보다 높아 고리사채나 다를 바 없다는 지적이 일어 2017년 지체상금율을 0.05%(0.5/1000)로 인하 하였습니다. 그러나 민간공사의 경우 우월적 지위의 발주자가 몇 배의 지체상금 요율을 요구해도 시공사로선 어쩔 수 없이 수용을 해야 하는 상황입니다. 보통 발주처에서는 계약 관행으로 지체상금율을 3/1000을 요구하는 경우가 많으며 연이자율로 계산하면 109.5%로 법정 최고이율 24%보다 약 4.5배 높은 수준입니다. 이와 같은 경우에 지체상금율을 계약 당사자 간의 협의 하에 결정을 하는 방법뿐인지 아니면 법적으로 보호 받을 수 있는 부분이 있는지 궁금합니다. 추가로 만약에 지체상금을 물더라도 계약금의 몇%를 초과할 수 없다거나 상황에 따라 지체상금을 감액 받을 수 있는 법적 제도가 있는지 궁금 합니다.

질의 2. 낙찰금액 보다 낮은 시담금액 제시 시 불공정거래행위 해당 여부

일반경쟁 입찰에 참여하여 투찰한 금액으로 낙찰이 되었는데 발주처 측에서 낙찰금액보다 낮은 시담금액으로 계약이 가능한지 여부를 역으로 제시를 하였습니다. 입찰설명회에서나 관련문서에서 시담에 대한 언급은 전혀 없었는데 발주처의 관행이라고 하면서 시담을 진행합니다. 당사는 해당 입찰 외에도 발주처와 지속적인 거래 관계를 유지하여야 하는데 앞으로의 관계를 위해 현 상황을 수용해야 하는 방법뿐인지 아니면 상호간 계약불이행 또는 불공정거래행위에 해당하여 법적으로 보호받을 방법이 있는지 궁금합니다.

■ **답변내용**

[**질의요지**] 민간분야 입찰 및 지체상금적용에 대한 질의

[**답변내용**] 국가기관이 아닌 사인, 법인, 단체, 사설기관 등 민간공사의 계약(사인간의 계약)은 당사자들간 자체적으로 정한 계약규정이나 민법 등에 따라 협의하여 정하고 이행하거나 필요시 변호사의 법률자문 등을 받아 계약업무를 처리하여야 함을 알려드립니다.

6장 기　　타

참고로 국가기관이 당사자가 되는 계약에 있어서 계약상대자가 준공(납품)기한을 지체하여 납부할 지체상금은 국가를 당사자로 하는 계약에 관한 법률 시행령 제74조에 따라 계약금액(기성부분 또는 기납부분에 대하여 검사를 거쳐 이를 인수한 경우에는 그 부분에 상당하는 금액을 계약금액에서 공제한 금액)의 100분의 30을 초과하는 경우에는 100분의 30으로 하고 있음을 알려드립니다.

단순상호변경시 변경처리되는동안 입찰가능여부
2020-04-21

■ **질의내용**

법인사업자,등록번호,대표등 다른사항의 변경없이 단순하게 상호만 변경코자 할 경우 등기 및 사업자 변경후 조달청 등록시까지 나라장터를 통한 입찰,개찰, 계약등이 어떻게되는지 여부?

■ **답변내용**

[질의요지] 법인등기부등본 상의 상호 변경 처리 기한 동안 나라장터를 통한 입찰 참여 가능 여부

[답변내용] 국가기관이 집행하는 입찰에서 입찰자가 국가를 당사자로 하는 계약에 관한 법률 시행규칙 제15조 제1항에 따라 경쟁입찰참가자격을 등록한 후 입찰 전에 상호 또는 법인의 명칭이나 대표자의 성명이 변경되었을 경우에 이를 변경등록하지 아니하고 입찰서를 제출한 입찰은 동 시행규칙 제44조 제6의3호에 따라 무효가 됩니다.

따라서 입찰서 제출 전에 법인등기사항 증명서상 상호나 대표자의 변경등기가 완료되었음에도 종전 상호나 대표자 명의로 입찰한 경우에는 무효입찰에 해당합니다. 그러나 입찰서 제출 전에 등기사항 변경신청을 하였으나 등기관청에서 변경사항이 아직 확정되지 아니한 경우에는 종전 상호나 대표자 명의로 입찰이 가능한 것으로 추후 발주기관에 이러한 사실을 입증해 주어야 합니다.

민간 발주처와 체결한 공사의 간접비 적용요율

2020-04-09

▣ 질의내용

민간발주처와 공사계약을 체결함에 있어 도급공사내역에 적용된 간접비 요율과 법정요율이 상이할 경우, 어느 쪽을 적용하는 것이 타당한지에 대해 질의코져 합니다. 1)국토부 고시 요율적용 2)도급내역서상 해당 간접비 요율

예를 들어 2019년 국민건강보험의 국토부고시 요율은 '직접노무비의 3.23%'이고, 도급계약서상에 적용된 요율이 '순공사비(자재비+노무비)의 0.8721%'인 경우, 도급계약에 적용하여야 할 요율은 어느 쪽이 맞는지, 또한 국토부고시 요율이 강제성이 있는지 궁금합니다.

▣ 답변내용

[질의요지] 민간 발주처와 체결한 공사의 간접비 적용요율 질의

[답변내용] 아래 사항은 국가기관을 기준으로 해석한 것임을 참고하여 주시기 바라며, 지방자치단체를 당사자로 하는 계약, 공기업과 준정부기관 및 공공기관의 계약에 관하여는 달리 정한 바가 있으면 그에 따라야 함을 알려 드립니다.

국가기관이 아닌 사인, 법인, 단체,사설기관,사립대학교 등은 당해 기관이 자체적으로 정한 계약규정이나 민법, 기타 관련 법령 등에 정한 바에 따라 처리하여야 함을 알려드립니다.

참고로, 국가기관이 당사자가 되는 계약에 있어서 예정가격에 반영하는 경비 중에 보험료 등 법령상 의무 경비는 규정에 정한 요율 또는 금액을 그대로 반영하고 있습니다.

불용품 매각 계약 미이행(수거지연)으로 인하여 발생하는 비용(지체상금) 청구

2020-07-13

■ 질의내용

불용품 매각 계약 미이행(수거지연)으로 인하여 발생하는 비용(지체상금) 청구 가능 여부에 대하여 문의 드립니다. 불용품 매매 계약서 제7조(물품 수거 기간)에 따르면 "매수자는 계약일로부터 2주 이내 매매 물품을 수거해야 한다."라고 명시되어있습니다.

하지만 불용품 매매 계약 상대자는 일신상의 이유 등으로 일부 물품을 수거를 지연시키고 있습니다.

불용품 수거 요청을 3차까지 진행하였으나, 답변도 수거도 하지 않고 있습니다. 소속 기관에서는 불용품을 보관하느라 주차장, 창고 등 보관장소와 인력이 낭비되고 있습니다.

*계약일자: 19.11.27. (수거기한:20.1.8./ 188일 지연 중) *불용품은 강원도 소속 기관(17개)에서 보관중 *불용품 수거요청 3회 문서 우편 등기 발송 (2.24. / 3.11. / 6.25.)

문의드립니다.

1. 국가를 당사자로하는 계약에 관한 법률에 따라 불용품 수거 지연으로 지체상금을 부과하는 내용을 계약서에 명시할 수 있는지 여부
2. "1."이 가능한 경우 지체상금 요율은 몇 % 인지
3. 국가를 당사자로하는 계약에 관한 법률을 적용하여 계약서 상에 지체상금에 관한 부분이 명시되지 않아도 적용할 수 있는지 여부 (계약서 상에 "~관련 법률을 따른다."고 명시)

■ 답변내용

[질의요지] 불용품 매각 계약 미이행에 따른 비용 등에 관한 질의

[답변내용] 국가기관이 집행하는 계약에 있어 국가계약법령은 대부분 국고의 부담이 되는 물품구매나 공사.용역 등의 계약에 대하여 입찰 및 계약에 대하여 절차나 방법 등을 규정하고 있지만 귀 질의 물품매각계약의 경우에 대하여는 구체적으로 계약체결의 절차나 방법을 규정하고 있지 않으며(지체상금의 경우도 포함), 이러한 경우 당초 계약서(계약조건)에서 정한 경우가 아니라면 지체상금도 부과하기 어려울 것으로 보입니다.

참고로, 국가를 당사자로 하는 계약에 관한 법률 시행령 제76조제1항제2호가목에서는 계약상대자가 계약을 이행하지 않는 경우 입찰참가자격을 제한하도록 하고 있으므로 계약담당공무원이 이에 해당한다고 판단이 되는 경우 입찰참가자격을 제한(부정당 재재) 하여야 합니다. 이 때 계약의 해제 또는 해지도 가능하므로 계약을 해지하고 새로운 매각절차를 진행할 수도 있을 것입니다.

입찰유의서에 현장설명 청취자에 한하여 입찰 참가자격 부여
2020-08-21

■ **질의내용**

아파트 도장공사 제한경쟁 입찰공고문에 현장설명일을 지정하여(대상업체수:10개업체) 지정일에 실시할때 10:00~16:00시 까지로으로 시차를 두어 실시하였는데 입찰 절차의 하자에 해당되는지요?

■ **답변내용**

[질의요지] 현장설명 시기에 관한 질의

[답변내용] 귀 질의와 같이 민간기관이 입찰공고서에서 제시한 입찰설명회 참석판단 등에 대한 해석은 이에 해당하지 않아 구체적인 답변이 곤란하므로 해당 법인(기관)의 계약사무규정, 민법 등 관련법령에서 정하는 바에 따라 계약업무를 처리하여야 할 것입니다.

참고로, 국가기관의 경우 국가를 당사자로 하는 계약에 관한 법률 시행령 제14조의2에 따라 시행하는 현장설명의 시행 시기는 동조 제3항 각호에서 정한 기간 전에 실시하여야 하나, 실시 방법 및 운영은 해당 발주기관에서 입찰공고서에서 정한 바에 따르는 것인바, 이 경우에도 계약담당공무원이 직접 판단하여야 합니다.

국가계약(질의회신)유권해석집 2023

인　　쇄 : 2023년 2월 17일
발　　행 : 2023년 2월 27일
편　　저 : 한국정책연구원
발행자 : 김 태 윤
발행처 : 도서출판 건설정보사
주　　소 : 경기도 구리시 갈매순환로 198 비젼Ⅱ프라자 304호
Ｔ Ｅ Ｌ : (031)571-3397
Ｆ Ａ Ｘ : (031)572-3397
등　　록 : 1998년 12월 24일 제 3-1122호
http://www.gunsulbook.co.kr

ISBN 978-89-6295-272-8 93530　　　　　　　　　정가 45,000원

◎ 본서의 무단 복제를 금합니다.
◎ 파본 및 낙장은 교환하여 드립니다.